# ARM嵌入式

# Linux系统开发详解

（第3版）

弓 雷◎编著

清華大学出版社
北 京

## 内 容 简 介

本书是获得大量读者好评的“Linux 典藏大系”中的《ARM 嵌入式 Linux 系统开发详解》的第 3 版。本书由浅入深，全面、系统地介绍基于 ARM 体系结构的嵌入式 Linux 系统开发涉及的方方面面知识，并给出 53 个典型实例和 5 个综合案例供读者实战演练。**本书提供 707 分钟配套教学视频、程序源代码、思维导图、教学 PPT、习题参考答案和软件工具等超值配套资源，帮助读者高效、直观地学习。**

本书共 25 章，分为 4 篇。第 1 篇基础知识，包括嵌入式系统入门、嵌入式软硬件系统、ARM 处理器、嵌入式 Linux、软件开发环境搭建、第一个 Linux 应用程序；第 2 篇应用开发，包括 Linux 应用程序开发基础、多进程和多线程开发、网络通信应用、串口通信编程、嵌入式 GUI 程序开发、软件项目管理；第 3 篇系统分析，包括 ARM 体系结构及开发实例、深入 Bootloader、解析 Linux 内核、嵌入式 Linux 的启动流程、Linux 文件系统、交叉编译工具、强大的命令系统 BusyBox、Linux 内核移植，以及内核和应用程序调试技术；第 4 篇项目实战，包括 Linux 设备驱动开发基础知识、网络设备驱动程序开发、Flash 设备驱动开发和 USB 驱动开发。

本书内容丰富，实用性强，适合 ARM 嵌入式 Linux 系统开发的初学者、从业者、研究者和爱好者等相关人员阅读，也适合 IT 培训机构和高等院校的相关专业作为教材。



**图书在版编目（CIP）数据**

ARM 嵌入式 Linux 系统开发详解 / 弓雷编著. -- 3 版.
北京 : 清华大学出版社, 2024. 8. -- (Linux 典藏大系).
ISBN 978-7-302-67087-2
Ⅰ. TP316.85
中国国家版本馆 CIP 数据核字第 2024FH8244 号

责任编辑：王中英
封面设计：欧振旭
责任校对：徐俊伟
责任印制：杨　艳

出版发行：清华大学出版社
网　　址：https://www.tup.com.cn，https://www.wqxuetang.com
地　　址：北京清华大学学研大厦 A 座　　邮　　编：100084
社 总 机：010-83470000　　邮　　购：010-62786544
投稿与读者服务：010-62776969，c-service@tup.tsinghua.edu.cn
质量反馈：010-62772015，zhiliang@tup.tsinghua.edu.cn
印 装 者：涿州汇美亿浓印刷有限公司
经　　销：全国新华书店
开　　本：185mm×260mm　　印　　张：29.75　　字　　数：741 千字
版　　次：2010 年 1 月第 1 版　　2024 年 9 月第 3 版　　印　　次：2024 年 9 月第 1 次印刷
定　　价：119.00 元

产品编号：101173-01

# 前言

随着计算机处理器技术的不断发展，嵌入式系统的应用越来越广泛，目前已经普遍应用于人们生活的方方面面，如手机、平板计算机和家用电器等领域。嵌入式系统开发占据计算机系统开发的比例越来越高。

嵌入式系统开发与传统的 PC 程序开发不同，前者涉及软硬件开发，是一个协同工作的统一体。目前，市场上已经有许多嵌入式系统硬件和操作系统软件，其中应用最广泛的是 ARM 嵌入式处理器和 Linux 系统，而这方面的书籍大多是针对某个特定领域编写的，专业性和针对性都较强，不适合初学者学习。基于这个原因，笔者编写了本书。

本书是获得大量读者好评的“Linux 典藏大系”中的《ARM 嵌入式 Linux 系统开发详解》的第 3 版。截至本书完稿，本书第 1、2 版累计 17 次印刷，印数超过 4 万册。本书在第 2 版的基础上进行了全新改版，不但更新了开发环境，而且对第 2 版中的一些疏漏进行了修订，并对书中的一些实例和代码进行了修订，使其更加易读。相信读者可以在本书的引领下跨入嵌入式开发的大门。

## 关于“Linux 典藏大系”

“Linux 典藏大系”是专门为 Linux 技术爱好者推出的系列图书，涵盖 Linux 技术的方方面面，可以满足不同层次和各个领域的读者学习 Linux 的需求。该系列图书自 2010 年 1 月陆续出版，上市后深受广大读者的好评。2014 年 1 月，创作者对该系列图书进行了全面改版并增加了新品种。新版图书一上市就大受欢迎，各分册长期位居 Linux 图书销售排行榜前列。截至 2023 年 10 月底，该系列图书累计印数超过 30 万册。可以说，“Linux 典藏大系”是图书市场上的明星品牌，该系列中的一些图书多次被评为清华大学出版社“年度畅销书”，还曾获得“51CTO 读书频道”颁发的“最受读者喜爱的原创 IT 技术图书奖”，另有部分图书的中文繁体字版在中国台湾出版发行。该系列图书的出版得到了国内 Linux 知名技术社区 ChinaUnix（简称 CU）的大力支持和帮助，读者与 CU 社区中的 Linux 技术爱好者进行了广泛的交流，取得了良好的学习效果。另外，该系列图书还被国内上百所高校和培训机构选为教材，得到了广大师生的一致好评。

## 关于第 3 版

随着技术的发展，本书第 2 版与当前 ARM 嵌入式 Linux 系统开发环境和涉及的开发工具等有所脱节，这给读者的学习带来了不便。应广大读者的要求，笔者结合当前 ARM 嵌入式 Linux 系统开发技术的发展，对第 2 版图书进行了全面的升级改版，推出第 3 版。相比第 2 版图书，第 3 版在内容上的变化主要体现在以下几个方面：

- ❑ 将 Linux 系统更改为 Ubuntu 22.04；

- 对 Linux 内核的介绍增加 5.x 系列；
- 对 IT 业界的动态进行更新；
- 对 GCC 软件包和 Bugzilla 等工具进行更新；
- 修订第 2 版中的一些疏漏，并重新表述一些不准确的内容；
- 新增对模拟器 Qemu 的介绍；
- 新增对版本控制系统 Git 的介绍；
- 新增对文档维护工具的介绍；
- 对一些函数及其形式进行修改；
- 新增思维导图和课后习题，以方便读者梳理和巩固所学知识。

## 本书特色

### 1．视频教学，高效、直观

本书特意提供 707 分钟多媒体教学视频，以高效、直观的方式讲解重要的知识点和操作，从而帮助读者取得更好的学习效果。

### 2．内容全面、新颖

本书涵盖 ARM 嵌入式 Linux 系统开发的大部分重要知识点，包括 Linux 内核的构成、工作流程、驱动程序开发、文件系统和程序库等，而且基于当前流行的开发环境和工具的稳定版本进行讲解，便于读者对 ARM 嵌入式 Linux 系统开发的最新知识有较为全面的了解。

### 3．讲解由浅入深，循序渐进

ARM 嵌入式 Linux 系统开发涉及的知识面广，技术复杂。为了让初学者快速入门，本书一开始先对嵌入式系统的软硬件进行全面介绍，然后从关键点入手，理论知识结合典型实例，抽丝剥茧地剖析技术原理，从而让读者对嵌入式开发有深入的理解。

### 4．实例丰富，实用性强

本书结合 53 个完整的实例讲解重要的知识点。这些实例都有完整的实验环境描述，并提供详细的实现步骤，而且经过笔者一一验证，给出了实验结果，有较强的实用性，可以带领读者上手实践，从而加深对知识的理解。

### 5．案例典型，提高实战水平

本书详细分析串口应用、字符设备驱动、DM9000 网卡驱动、NAND Flash 设备驱动和 USB 驱动 5 个典型案例的实现，让读者了解实际的 ARM 嵌入式 Linux 系统开发流程，提高开发水平，尤其独立开发驱动程序的水平。

### 6．提供习题、程序源代码、思维导图和教学 PPT

本书特意在每章后提供多道习题，用以帮助读者巩固和自测该章的重要知识点，另外还提供程序源代码、思维导图和教学 PPT 等配套资源，以方便读者学习和老师教学。

## 本书内容

### 第 1 篇　基础知识

本篇涵盖第 1～6 章，主要包括嵌入式系统入门、嵌入式软硬件系统、ARM 处理器、嵌入式 Linux、软件开发环境搭建、第一个 Linux 应用程序。通过学习本篇内容，读者可以掌握 ARM 嵌入式 Linux 系统开发的基础知识和开发环境的搭建等。

### 第 2 篇　应用开发

本篇涵盖第 7～12 章，主要包括 Linux 应用程序开发基础、多进程和多线程开发、网络通信应用、串口通信编程、嵌入式 GUI 程序开发、软件项目管理。通过学习本篇内容，读者可以掌握 ARM 嵌入式 Linux 系统开发的核心技术与应用。

### 第 3 篇　系统分析

本篇涵盖第 13～21 章，主要包括 ARM 体系结构及开发实例、深入 Bootloader、解析 Linux 内核、嵌入式 Linux 的启动流程、Linux 文件系统、交叉编译工具、强大的命令系统 BusyBox、Linux 内核移植，以及内核和应用程序调试技术。通过学习本篇内容，读者可以对 Linux 系统从内核到文件系统再到启动流程等有更深入的理解。

### 第 4 篇　项目实战

本篇涵盖第 22～25 章，主要包括 Linux 设备驱动开发基础知识、网络设备驱动程序开发、Flash 设备驱动开发、USB 驱动开发。通过学习本篇内容，读者可以全面掌握 ARM 嵌入式 Linux 系统开发的基本流程与思想。

## 读者对象

- ARM 嵌入式 Linux 系统开发初学者；
- 需要系统学习 ARM 嵌入式 Linux 系统开发的人员；
- ARM 嵌入式 Linux 系统开发从业人员；
- ARM 嵌入式 Linux 系统开发爱好者；
- 大中专院校的学生；
- 社会培训班的学员。

## 配书资源获取方式

本书涉及的配套资源如下：

- 高清教学视频；
- 程序源代码；

- 高清思维导图；
- 习题参考答案；
- 教学课件（PPT）；
- 书中涉及的工具。

上述配套资源有 3 种获取方式：关注微信公众号“方大卓越”，然后回复数字“29”自动获取下载链接；在清华大学出版社网站（www.tup.com.cn）上搜索到本书，然后在本书页面上找到“资源下载”栏目，单击“网络资源”按钮进行下载；在本书技术论坛（www.wanjuanchina.net）上的 Linux 模块进行下载。

## 技术支持

虽然笔者对书中所述内容都尽量予以核实，并多次进行文字校对，但因时间所限，可能还存在疏漏和不足之处，恳请读者批评与指正。

读者在阅读本书时若有疑问，可以通过以下方式获得帮助：

- 加入本书 QQ 交流群（群号：302742131）进行提问；
- 在本书技术论坛（见上文）上留言，会有专人负责答疑；
- 发送电子邮件到 book@ wanjuanchina.net 或 bookservice2008@163.com 获得帮助。

弓雷

2024 年 7 月

# 目录

## 第1篇 基础知识


第1章 嵌入式系统入门……2

1.1 什么是嵌入式系统……2

1.2 嵌入式系统的应用领域……2

1.2.1 家用电器和电子类产品……2

1.2.2 交通工具……3

1.2.3 公共电子设施……3

1.3 嵌入式系统的发展……4

1.3.1 嵌入式微控制器……4

1.3.2 嵌入式微处理器……5

1.3.3 嵌入式系统的发展方向……5

1.4 典型嵌入式系统的组成……6

1.5 小结……6

1.6 习题……7

第2章 嵌入式软硬件系统……8

2.1 电路基础知识……8

2.1.1 什么是模拟电路……8

2.1.2 什么是数字电路……8

2.1.3 数制转换……9

2.2 计算机基础知识……10

2.2.1 计算机体系结构的发展……10

2.2.2 中央处理器……10

2.2.3 存储系统……11

2.2.4 总线系统……11

2.2.5 输入与输出系统……12

2.3 软件基础知识……12

2.3.1 什么是软件……12

2.3.2 软件的开发流程……13

2.3.3 常见的软件开发模型……13

2.3.4 计算机编程语言……14

2.3.5 数据结构……15

2.4 操作系统基础知识…… 15
2.4.1 什么是操作系统…… 15
2.4.2 操作系统的发展历史…… 15
2.4.3 操作系统的组成…… 16
2.4.4 几种操作系统的设计思路…… 16
2.4.5 操作系统的分类…… 17
2.5 小结…… 17
2.6 习题…… 17
第 3 章 ARM 处理器…… 19
3.1 微处理器和微控制器…… 19
3.2 ARM 处理器简介…… 19
3.2.1 ARM 微处理器的应用领域…… 20
3.2.2 ARM 处理器的优点…… 20
3.3 ARM 指令集…… 21
3.3.1 算术运算指令…… 21
3.3.2 逻辑运算指令…… 22
3.3.3 分支指令…… 23
3.3.4 数据传送指令…… 23
3.4 ARM 体系结构…… 24
3.4.1 ARM 体系结构的命名方法…… 24
3.4.2 处理器的划分…… 25
3.4.3 处理器的工作模式…… 25
3.4.4 存储系统…… 26
3.4.5 寻址方式…… 27
3.5 ARM 的功能选型…… 29
3.5.1 ARM 的选型原则…… 29
3.5.2 几种常见的 ARM 核处理器选型参考…… 31
3.6 小结…… 32
3.7 习题…… 33
第 4 章 嵌入式 Linux…… 34
4.1 常见的嵌入式操作系统…… 34
4.1.1 VxWorks 简介…… 34
4.1.2 Windows CE 简介…… 35
4.1.3 PalmOS 简介…… 35
4.1.4 Android 简介…… 35
4.2 嵌入式 Linux 操作系统…… 36
4.2.1 什么是 Linux…… 36

4.2.2 Linux 与 UNIX 的不同——GPL 版权协议简介 …… 36
4.2.3 Linux 发行版 …… 37
4.2.4 常见的嵌入式 Linux 系统 …… 38
4.3 小结 …… 38
4.4 习题 …… 39
第 5 章 软件开发环境搭建 …… 40
5.1 安装 Linux 系统 …… 40
5.1.1 安装 Ubuntu Linux …… 40
5.1.2 安装和卸载软件 …… 43
5.1.3 配置系统服务 …… 43
5.1.4 安装主要的开发工具 …… 44
5.1.5 安装其他开发工具 …… 45
5.2 运行在 Windows 上的 Linux 系统 …… 45
5.2.1 什么是 Cygwin …… 45
5.2.2 安装 Cygwin …… 46
5.2.3 安装开发环境 …… 49
5.3 Linux 的常用工具 …… 49
5.3.1 Linux Shell 及其常用命令 …… 50
5.3.2 文本编辑工具 vi …… 51
5.3.3 搜索工具 find 和 grep …… 52
5.3.4 FTP 工具 …… 56
5.3.5 串口工具 minicom …… 57
5.4 Windows 的常用工具 …… 58
5.4.1 代码编辑管理工具 Source Insight …… 59
5.4.2 串口工具 Xshell …… 64
5.5 ARM 的集成开发环境 ADS …… 66
5.5.1 ADS 集成开发环境简介 …… 66
5.5.2 配置 ADS 调试环境 …… 67
5.5.3 建立自己的工程 …… 68
5.6 小结 …… 70
5.7 习题 …… 70
第 6 章 第一个 Linux 应用程序 …… 71
6.1 向世界问好——Hello,World! …… 71
6.1.1 用 vi 编辑源代码文件 …… 71
6.1.2 用 gcc 命令编译程序 …… 72
6.1.3 执行程序 …… 72
6.2 程序背后做了什么 …… 73

6.2.1 程序执行的过程……73
6.2.2 窥视程序执行中的秘密……73
6.2.3 动态库的作用……75
6.3 程序如何来的——编译的全过程……75
6.3.1 编译源代码……76
6.3.2 链接目标文件到指定的库……77
6.4 更简单的办法——用 Makefile 管理工程……77
6.4.1 什么是 Makefile……77
6.4.2 Makefile 是如何工作的……78
6.4.3 如何使用 Makefile……78
6.4.4 好的源代码管理习惯……79
6.5 小结……79
6.6 习题……79

# 第 2 篇 应用开发

第 7 章 Linux 应用程序开发基础……82
7.1 内存管理和使用……82
7.1.1 堆和栈的区别……82
7.1.2 内存管理函数 malloc()和 free()……84
7.1.3 实用的内存分配函数 calloc()和 realloc()……85
7.1.4 内存管理编程实例……86
7.2 ANSI C 文件管理……89
7.2.1 文件指针和流……89
7.2.2 存储方式……90
7.2.3 标准输入、标准输出和标准错误……90
7.2.4 缓冲……90
7.2.5 打开和关闭文件……91
7.2.6 读写文件……92
7.2.7 文件流定位……94
7.2.8 ANSI C 文件编程实例……95
7.3 POSIX 文件 I/O 编程……96
7.3.1 底层的文件 I/O 操作……96
7.3.2 文件描述符……96
7.3.3 创建、打开和关闭文件……97
7.3.4 读写文件内容……100
7.3.5 文件内容定位……101
7.3.6 修改已打开文件的属性……102
7.3.7 POSIX 文件编程实例……102

7.4 小结……103
7.5 习题……104

第 8 章 多进程和多线程开发……105

8.1 多进程开发……105
8.1.1 什么是进程……105
8.1.2 进程环境和属性……106
8.1.3 创建进程……107
8.1.4 等待进程结束……109
8.1.5 退出进程……110
8.1.6 常用进程间的通信方法……112
8.1.7 进程编程实例……116
8.2 多线程开发……117
8.2.1 线程的概念……117
8.2.2 进程和线程对比……117
8.2.3 创建线程……118
8.2.4 取消线程……119
8.2.5 等待线程……120
8.2.6 使用 pthread 库实现多线程操作实例……121
8.3 小结……122
8.4 习题……122

第 9 章 网络通信应用……124

9.1 网络通信基础……124
9.1.1 TCP/IP 簇……124
9.1.2 IP 简介……125
9.1.3 TCP 简介……126
9.1.4 UDP 简介……127
9.1.5 网络协议分析工具 Wireshark……127
9.2 Socket 通信的基本概念……128
9.2.1 创建 Socket 对象……128
9.2.2 面向连接的 Socket 通信……129
9.2.3 面向连接的 echo 服务编程实例……131
9.2.4 无连接的 Socket 通信……135
9.2.5 无连接的时间服务编程实例……136
9.3 Socket 高级应用……139
9.3.1 Socket 超时处理……139
9.3.2 使用 Select 机制处理多连接……140
9.3.3 使用 poll 机制处理多连接……141

9.3.4　多线程环境 Socket 编程 143
9.4　小结 143
9.5　习题 144

第 10 章　串口通信编程 145

10.1　串口简介 145
10.1.1　什么是串口 145
10.1.2　串口的工作原理 145
10.1.3　串口的流量控制 146
10.2　开发串口应用程序 147
10.2.1　操作串口需要用到的头文件 147
10.2.2　串口操作方法 148
10.2.3　串口属性设置 148
10.2.4　与 Windows 串口终端通信 152
10.3　串口应用案例——发送手机短信 154
10.3.1　PC 与手机连接发送短信的物理结构 154
10.3.2　AT 指令简介 155
10.3.3　GSM AT 指令集 155
10.3.4　PDU 编码方式 156
10.3.5　建立与手机的连接 157
10.3.6　使用 AT 指令发送短信 158
10.4　小结 161
10.5　习题 161

第 11 章　嵌入式 GUI 程序开发 163

11.1　Linux GUI 简介 163
11.1.1　Linux GUI 的发展 163
11.1.2　常见的嵌入式 GUI 164
11.2　开发图形界面程序 165
11.2.1　安装 Qt 开发环境 165
11.2.2　建立简单的 Qt 程序 167
11.2.3　Qt 库编程结构 170
11.3　深入 Qt 编程 170
11.3.1　使用 Widget 170
11.3.2　对话框程序设计 172
11.3.3　信号与槽系统 176
11.4　将 Qt 移植到 ARM 开发板上 177
11.4.1　tslib 的移植 177
11.4.2　Qt 的移植 178

11.4.3 安装 Qt Creator 编译环境……179
11.4.4 设置 Qt Creator 编译环境……184
11.4.5 配置开发板的环境变量……187
11.5 模拟器 QEMU……188
11.5.1 使用 QEMU 搭建 ARM 嵌入式 Linux 开发环境……188
11.5.2 使用 Qt 程序进行测试……191
11.6 小结……191
11.7 习题……191
第 12 章 软件项目管理……193
12.1 源代码管理……193
12.1.1 软件的版本……193
12.1.2 版本控制的概念……194
12.2 版本控制系统 Git……195
12.2.1 在 Linux 系统中使用 Git……195
12.2.2 在 Windows 系统中使用 Git……198
12.3 常见的开发文档……202
12.3.1 可行性研究报告……202
12.3.2 项目开发计划……202
12.3.3 软件需求说明书……202
12.3.4 概要设计……203
12.3.5 详细设计……203
12.3.6 用户手册……203
12.3.7 其他文档……203
12.4 文档维护工具……203
12.4.1 Sphinx 工具……203
12.4.2 GitHub 工具……206
12.5 Bug 跟踪系统……210
12.5.1 Bug 管理的概念和作用……210
12.5.2 使用 Bugzilla 跟踪 Bug……211
12.6 小结……214
12.7 习题……214

# 第 3 篇　系统分析

第 13 章 ARM 体系结构及开发实例……216
13.1 ARM 体系结构……216
13.1.1 ARM 体系结构简介……216
13.1.2 ARM 指令集简介……217

13.2 编程模型……218
13.2.1 数据类型……218
13.2.2 处理器模式……218
13.2.3 寄存器……219
13.2.4 通用寄存器……219
13.2.5 程序状态寄存器……221
13.2.6 异常处理……221
13.2.7 内存及其 I/O 映射……222
13.3 内存管理单元……223
13.3.1 内存管理简介……223
13.3.2 内存访问顺序……224
13.3.3 地址翻译过程……224
13.3.4 内存访问权限……225
13.4 常见的接口和控制器……225
13.4.1 GPIO 简介……225
13.4.2 中断控制器……226
13.4.3 RTC 控制器……226
13.4.4 看门狗定时器……227
13.4.5 使用 GPIO 点亮 LED 实例……227
13.5 小结……228
13.6 习题……228
第 14 章 深入 Bootloader……230
14.1 初识 Bootloader……230
14.1.1 PC 的 Bootloader……230
14.1.2 什么是嵌入式系统的 Bootloader……231
14.1.3 嵌入式系统常见的 Bootloader……231
14.2 U-Boot 分析……232
14.2.1 获取 U-Boot……232
14.2.2 U-Boot 工程结构分析……232
14.2.3 U-Boot 的工作流程……233
14.3 U-Boot 的启动流程分析……234
14.3.1 _start 标号……234
14.3.2 reset 标号……237
14.3.3 cpu_init_crit 标号……238
14.3.4 lowlevel_init 标号……239
14.3.5 main 标号……240
14.3.6 board_init_f()函数……243
14.3.7 relocate_code()函数……243

14.3.8 board_init_r()函数 ······ 245

14.3.9 main_loop()函数 ······ 245

14.4 U-Boot 移植 ······ 246

14.4.1 U-Boot 移植的一般步骤 ······ 246

14.4.2 将 U-Boot 移植到目标开发板上 ······ 247

14.4.3 U-Boot 移植的常见问题 ······ 249

14.5 小结 ······ 249

14.6 习题 ······ 249

**第 15 章 解析 Linux 内核 ······ 251**

15.1 基础知识 ······ 251

15.1.1 什么是 Linux 内核 ······ 251

15.1.2 Linux 内核的版本 ······ 252

15.1.3 如何获取 Linux 内核代码 ······ 252

15.1.4 编译内核 ······ 252

15.2 Linux 内核的子系统 ······ 258

15.2.1 系统调用接口 ······ 259

15.2.2 进程管理子系统 ······ 260

15.2.3 内存管理子系统 ······ 261

15.2.4 虚拟文件系统 ······ 261

15.2.5 网络堆栈 ······ 262

15.2.6 设备驱动 ······ 263

15.2.7 内核体系结构代码分离设计解析 ······ 264

15.3 Linux 内核代码的工程结构 ······ 264

15.3.1 源代码目录布局 ······ 264

15.3.2 几个重要的 Linux 内核文件 ······ 266

15.4 内核编译系统 ······ 267

15.4.1 内核编译系统的基本架构 ······ 267

15.4.2 内核的顶层 Makefile 文件分析 ······ 268

15.4.3 内核编译文件分析 ······ 270

15.4.4 目标文件清除机制 ······ 273

15.4.5 编译辅助程序 ······ 273

15.4.6 Kbuild 变量 ······ 274

15.5 小结 ······ 275

15.6 习题 ······ 275

**第 16 章 嵌入式 Linux 的启动流程 ······ 277**

16.1 Linux 内核的初始化流程 ······ 277

16.2 PC 的初始化流程 ······ 278

16.2.1 PC BIOS 的功能和作用 279
16.2.2 磁盘的数据结构 279
16.2.3 PC 的完整初始化流程 280
16.3 嵌入式系统的初始化 280
16.4 Linux 内核的初始化 282
16.4.1 解压缩内核映像 282
16.4.2 进入内核代码 284
16.5 启动 init 内核进程 287
16.6 根文件系统的初始化 288
16.6.1 根文件系统简介 288
16.6.2 挂载虚拟文件系统 290
16.7 内核交出权限 295
16.8 systemd 进程 295
16.8.1 systemd 的 Unit 295
16.8.2 配置文件 295
16.8.3 常用命令 297
16.9 初始化 RAM Disk 298
16.9.1 RAM Disk 简介 298
16.9.2 如何使用 RAM Disk 299
16.9.3 使用 RAM Disk 作为根文件系统实例 299
16.10 小结 300
16.11 习题 301
第 17 章 Linux 文件系统 302
17.1 Linux 文件管理 302
17.1.1 文件和目录的概念 302
17.1.2 文件的结构 303
17.1.3 文件的类型 303
17.1.4 文件系统的目录结构 305
17.1.5 文件和目录的存取权限 307
17.1.6 文件系统管理 308
17.2 Linux 文件系统的原理 309
17.2.1 非日志文件系统 309
17.2.2 日志文件系统 310
17.3 常见的 Linux 文件系统 311
17.3.1 Ext2 文件系统 311
17.3.2 Ext3 文件系统 313
17.3.3 ReiserFS 文件系统 314
17.3.4 JFFS 文件系统 315

17.3.5 CRAMFS 文件系统 …… 317
17.4 其他文件系统 …… 317
17.4.1 网络文件系统 …… 317
17.4.2 /proc 影子文件系统 …… 319
17.5 小结 …… 321
17.6 习题 …… 322

第 18 章 交叉编译工具 …… 323
18.1 什么是交叉编译 …… 323
18.2 交叉编译产生的原因 …… 324
18.3 安装交叉编译工具的条件 …… 324
18.4 如何安装交叉编译工具 …… 324
18.4.1 手动安装 …… 324
18.4.2 使用 apt 工具安装 …… 326
18.4.3 测试 …… 326
18.5 小结 …… 326
18.6 习题 …… 327

第 19 章 强大的命令系统 BusyBox …… 328
19.1 BusyBox 简介 …… 328
19.1.1 简单易懂的 BusyBox …… 328
19.1.2 BusyBox 的工作原理 …… 329
19.1.3 安装 BusyBox …… 330
19.2 交叉编译 BusyBox …… 333
19.3 在目标板上安装 BusyBox …… 335
19.4 小结 …… 337
19.5 习题 …… 337

第 20 章 Linux 内核移植 …… 338
20.1 Linux 内核移植的要点 …… 338
20.2 Linux 内核的平台代码结构 …… 339
20.3 实现交叉编译 …… 340
20.3.1 加入编译菜单项 …… 342
20.3.2 实现编译 …… 343
20.4 小结 …… 344
20.5 习题 …… 344

第 21 章 内核和应用程序调试技术 …… 345
21.1 使用 gdb 调试应用程序 …… 345
21.2 基本的调试技术 …… 345

21.2.1 列出源代码……348
21.2.2 断点管理……350
21.2.3 执行程序……352
21.2.4 显示程序变量……352
21.2.5 信号管理……353
21.2.6 调试实例……354
21.3 多进程调试……354
21.4 调试意外终止的程序……357
21.5 内核调试方法……359
21.5.1 printk 打印调试信息……359
21.5.2 动态输出……360
21.5.3 BUG_ON()和 WARN_ON()宏……360
21.5.4 使用/proc 虚拟文件系统……363
21.6 小结……364
21.7 习题……364


# 第 4 篇 项目实战


第 22 章 Linux 设备驱动开发基础知识……366
22.1 设备驱动简介……366
22.2 Linux 内核模块简介……367
22.2.1 内核模块速览……367
22.2.2 内核模块的结构……367
22.2.3 内核模块的加载和卸载……368
22.2.4 编写一个基本的内核模块……369
22.2.5 编译内核模块……370
22.2.6 为内核模块添加参数……371
22.3 Linux 设备驱动工作方式简介……372
22.3.1 PCI 局部总线简介……372
22.3.2 Linux 设备驱动的基本概念……373
22.3.3 字符设备……374
22.3.4 块设备……376
22.3.5 网络设备……377
22.4 字符设备驱动开发案例……377
22.4.1 开发一个基本的字符设备驱动……377
24.4.2 测试字符设备……380
22.5 小结……381
22.6 习题……381

第23章　网络设备驱动程序开发 ...... 382

23.1　网络基础知识 ...... 382

23.1.1　OSI网络参考模型 ...... 382

23.1.2　Linux系统内核与TCP/IP ...... 383

23.2　以太网基础 ...... 385

23.2.1　工作原理 ...... 386

23.2.2　常见的以太网标准 ...... 386

23.2.3　拓扑结构 ...... 387

23.2.4　工作模式 ...... 387

23.3　网卡的工作原理 ...... 388

23.4　内核网络分层结构 ...... 389

23.4.1　内核网络结构 ...... 389

23.4.2　与网络有关的数据结构 ...... 390

23.4.3　内核网络部分的全局变量 ...... 391

23.5　内核网络设备驱动框架 ...... 392

23.5.1　net_device结构 ...... 392

23.5.2　数据包的接收流程 ...... 394

23.5.3　数据包的发送流程 ...... 395

23.6　DM9000网卡驱动分析案例 ...... 396

23.6.1　DM9000芯片简介 ...... 396

23.6.2　网卡驱动程序框架 ...... 396

23.6.3　DM9000网卡驱动的数据结构 ...... 397

23.6.4　加载驱动程序 ...... 398

23.6.5　停止和启动网卡 ...... 402

23.6.6　发送数据包 ...... 403

23.6.7　接收数据包 ...... 404

23.6.8　中断的处理 ...... 405

23.7　小结 ...... 406

23.8　习题 ...... 406

第24章　Flash设备驱动开发 ...... 407

24.1　Linux Flash驱动结构 ...... 407

24.1.1　什么是MTD ...... 407

24.1.2　MTD系统结构 ...... 408

24.2　Flash设备基础 ...... 409

24.2.1　存储原理 ...... 409

24.2.2　性能比较 ...... 410

24.3　内核MTD层 ...... 411

24.3.1　mtd_info结构 ...... 411

24.3.2 mtd_part 结构 ······ 415
24.3.3 mtd_partition 结构 ······ 415
24.3.4 map_info 结构 ······ 416
24.3.5 nand_chip 结构 ······ 418
24.4 Flash 设备框架 ······ 419
24.4.1 NOR Flash 设备驱动框架 ······ 419
24.4.2 NAND Flash 设备驱动框架 ······ 420
24.5 NAND Flash 设备驱动分析案例 ······ 421
24.5.1 S3C2440 NAND 控制器简介 ······ 421
24.5.2 数据结构 ······ 423
24.5.3 注册驱动 ······ 424
24.5.4 驱动卸载 ······ 427
24.5.5 初始化 NAND 控制器 ······ 427
24.5.6 设置芯片操作 ······ 429
24.5.7 电源管理 ······ 431
24.6 小结 ······ 432
24.7 习题 ······ 432
第 25 章 USB 驱动开发 ······ 433
25.1 USB 体系概述 ······ 433
25.1.1 USB 的设计目标 ······ 433
25.1.2 USB 体系简介 ······ 434
25.1.3 USB 体系的工作流程 ······ 435
25.2 USB 驱动程序框架 ······ 435
25.2.1 Linux 内核 USB 驱动框架简介 ······ 435
25.2.2 主机驱动结构 ······ 438
25.2.3 设备驱动结构 ······ 442
25.2.4 USB 驱动程序框架 ······ 445
25.3 USB 驱动案例剖析 ······ 447
25.3.1 USB 串口驱动 ······ 447
25.3.2 USB 键盘驱动 ······ 449
25.4 小结 ······ 452
25.5 习题 ······ 452

# 第1篇 基础知识

⏭ 第1章　嵌入式系统入门

⏭ 第2章　嵌入式软硬件系统

⏭ 第3章　ARM 处理器

⏭ 第4章　嵌入式 Linux

⏭ 第5章　软件开发环境搭建

⏭ 第6章　第一个 Linux 应用程序

# 第 1 章　嵌入式系统入门

嵌入式系统是当今计算机领域最热门的技术之一。翻开计算机杂志或书籍，经常能见到嵌入式系统这个词。其实，不仅书籍和杂志，嵌入式系统和普通人的生活联系都很紧密。本章将从应用角度出发，介绍什么是嵌入式系统，带领读者进入嵌入式系统开发领域。本章的主要内容如下：

- 嵌入式系统的定义；
- 嵌入式系统的应用领域；
- 嵌入式系统的发展趋势。

## 1.1　什么是嵌入式系统

嵌入式系统的英文名称是 Embedded System。对于没有接触过嵌入式系统的人来说，嵌入式系统这个词可能感觉比较深奥，甚至充满了神秘色彩。其实，嵌入式系统和普通人的生活联系非常紧密，如日常生活中使用的手机、微波炉、有线电视机顶盒等，都属于嵌入式系统。与通常使用的 PC 相比，嵌入式系统的形式多样、体积小，可以灵活地适应各种设备的需求。因此，可以把嵌入式系统理解为一种为特定设备服务的软件和硬件可“裁剪”的计算机系统。

从嵌入式系统的定义可以看出，一个嵌入式系统具备体积小、功能单一、软件和硬件可“裁剪”等特点。这些特点也能反映出嵌入式系统与传统的 PC 的不同之处。本书使用常见的 ARM（Advanced RISC Machines）嵌入式系统为例，讲解嵌入式 Linux 系统移植和开发技术。

## 1.2　嵌入式系统的应用领域

从嵌入式系统的特点可以看出，它的应用领域是很广泛的，不仅在家电领域，在其他领域也有很大的需求。本节将介绍嵌入式系统的一些应用的领域。

### 1.2.1　家用电器和电子类产品

电子类产品里最常见的就是手机。手机是一个典型的嵌入式系统，如图 1-1 所示。

手机的核心是一个嵌入式处理器，负责管理各种外部设备，包括 LCD（液晶显示屏）、键盘、电源和无线信号单元等。在嵌入式微处理器上运行有专门的软件，用户通过软件提供的界面进行操作。

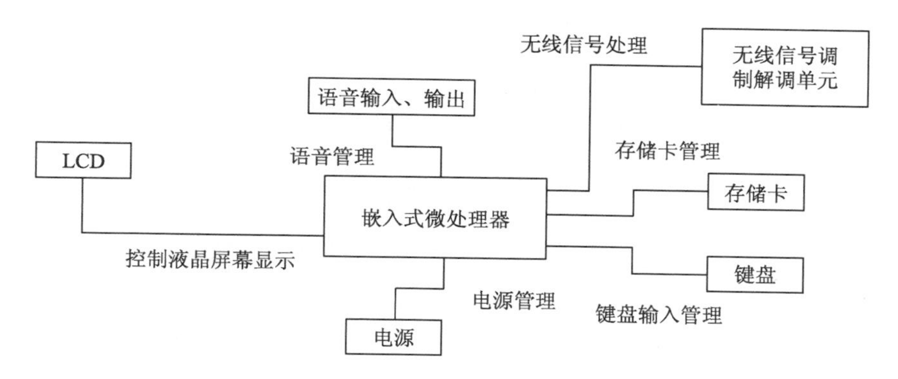


图 1-1　手机管理流程示意

## 1.2.2　交通工具

人们最常使用的交通工具就是汽车了，不管是公交车、私家车还是各种专用车辆，都有嵌入式系统的身影，如图 1-2 所示。

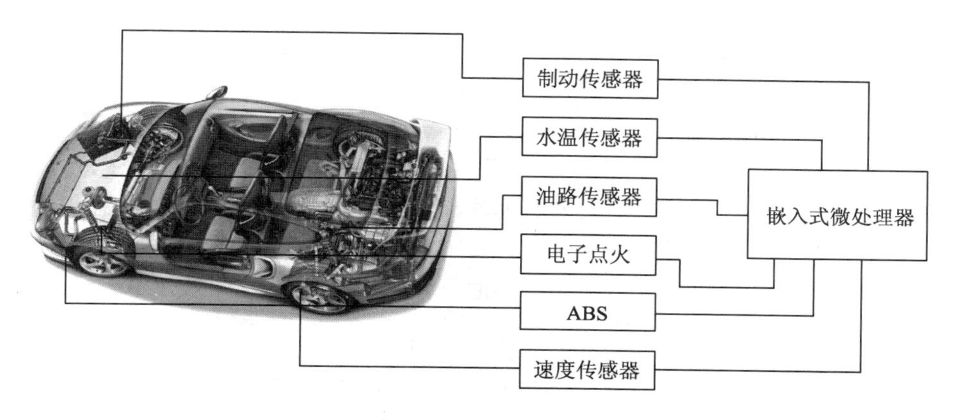


图 1-2　汽车的嵌入式系统控制示意

嵌入式系统对于现代的汽车来说是不可缺少的一部分。通过各种传感器和嵌入式微处理器，能得到汽车的各零部件的工作状态并且即时地做出判断。用户的操作通过嵌入式处理器转换后发送命令给相应的部件。可以说，现代的汽车离开嵌入式系统是很难工作的。

## 1.2.3　公共电子设施

银行的 ATM 自动取款机是一种常见的公共电子设备。自动取款机也是一个嵌入式系统，其典型结构如图 1-3 所示。

ATM 机负责控制点钞设备及钱箱等，并且从键盘接收用户的输入，通过屏幕向用户输出信息。此外，还需要有网络通信功能，验证用户身份及更新银行账户信息等。

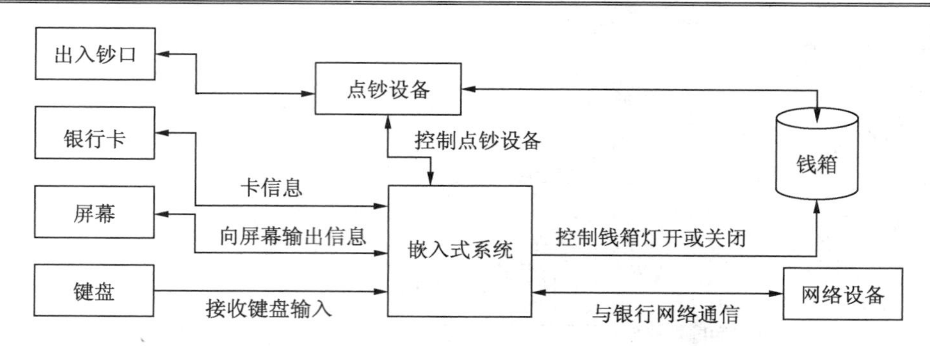


图 1-3 银行 ATM 机工作示意

# 1.3 嵌入式系统的发展

从 1946 年第一台现代电子计算机诞生以来，计算机始终朝着两个方向发展：一个方向是体积大型化、处理能力超强的大型计算机；另一个方向是体积小型化、功能多样化的微型计算机。而嵌入式系统是计算机系统小型化发展的一个热门分支。

嵌入式系统的种类繁多，按照系统硬件的核心处理器来分，可以将其分成嵌入式微控制器和嵌入式微处理器。

## 1.3.1 嵌入式微控制器

嵌入式微控制器也就是传统意义上的单片机，它可以说是嵌入式系统的前身。单片机就是把一个计算机的主要功能集成到一个芯片上，简单说，一个芯片就是一个计算机。嵌入式微控制器的特点是体积小、结构简单、便于开发、价格较低。

一个单片机芯片通常包含运算处理单元、ARM、Flash 存储器及一些外部接口等。通过外部接口可以输出或者输入信号，控制相应的设备，用户可以把编写好的代码烧写到单片机芯片内部来控制外部设备。单片机常被用在智能仪器、工业测量和办公自动化方面，如数字电表、公交 IC 刷卡系统和打印机等内部都有单片机的身影。如图 1-4 所示是常见的 8051 单片机和 ATMega8 单片机芯片。

扁平封装的8051系列芯片

直列封装的ATMega8芯片

图 1-4 常见的两种单片机芯片

从图 1-4 中可以看出，单片机集成了许多功能，但是体积却很小。体积小的特点简化了系统设计的复杂度。

### 1.3.2 嵌入式微处理器

单片机的发展时间较早，处理能力很低，只能用在一些相对简单的控制领域。嵌入式微处理器是近几年随着大规模集成电路的发展同步发展起来的。与单片机相比，嵌入式微处理器的处理能力更强。嵌入式处理器在一个芯片上集成了复杂的功能，同时一些微处理器还把常见的外部设备控制器也集成到芯片内部。以ARM芯片为例，ARM在内部规定了一个32位的总线，厂商可以在总线上扩展外部设备控制器。例如，三星的ARM9芯片S3C2440A把常见的串行控制器、RTC控制器、看门狗、$I^2C$总线控制器甚至LCD控制器等都集成在了一个芯片内，可以提供强大的处理能力。

由于嵌入式微处理器提供了强大的处理能力，一些厂商以及计算机爱好者在嵌入式微处理器上开发出了操作系统，帮助使用嵌入式系统的用户简化开发、提高工作效率，这在单片机上是很难实现的。如图 1-5 所示是一个常见的 ARM 嵌入式微处理器结构。

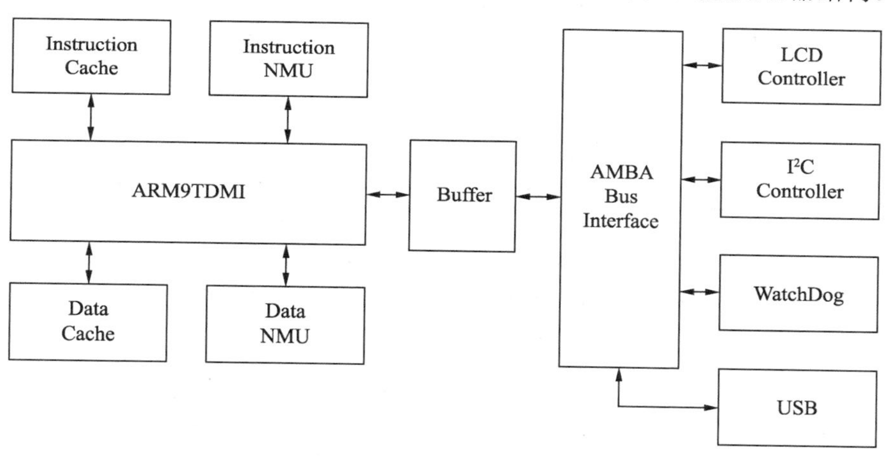


图 1-5 ARM 嵌入式微处理器结构示意

从图 1-5 中可以看出，在一个嵌入式微处理器内部集成了许多外部设备控制器。这种设计方法大大简化了外部电路的设计和调试，同时整个系统的硬件体积也大幅缩小。

### 1.3.3 嵌入式系统的发展方向

随着微电子技术的不断发展及电子制造工艺的进步，嵌入式系统的硬件会不断缩小，系统稳定性也会不断增强，可以把更多的功能集成在一个芯片上。另外，功耗方面也会不断降低，使嵌入式设备在自带电源的情况下（如使用电池）使用时间更长，而且设备的功能也更强大。

此外，随着网络的普及和 IPv6 技术的应用，越来越多的嵌入式设备也会加入网络中。例如，家中的微波炉或者洗衣机都可以通过无线信号接入网络，被其他设备控制。

## 1.4　典型嵌入式系统的组成

嵌入式系统与传统的 PC 一样，也是一种计算机系统，是由硬件和软件组成的。硬件包括嵌入式微控制器和微处理器以及一些外围元器件和外部设备；软件包括嵌入式操作系统和应用软件。

与传统计算机不同的是，嵌入式系统的种类繁多。许多芯片厂商和软件厂商也加入嵌入系统，导致有多种硬件、软件和解决方案。一般来说，不同的嵌入式系统的软件和硬件是很难兼容的，软件必须修改，而硬件必须重新设计才能使用。虽然软件和硬件的种类繁多，但是不同的嵌入式系统还是有很多相同之处的。一个典型的嵌入式系统组成如图 1-6 所示。

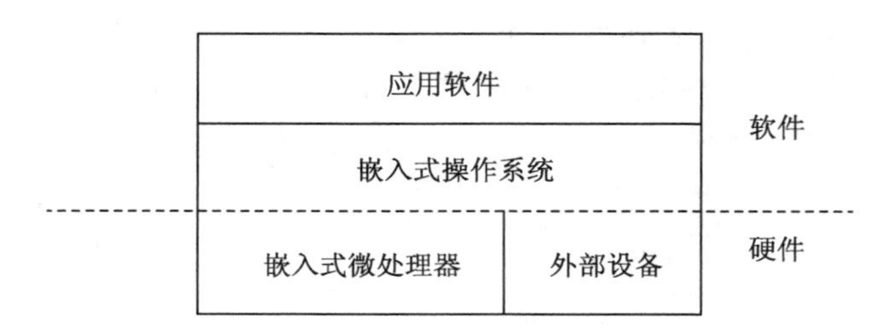


图 1-6　典型的嵌入式系统构成

从图 1-6 中可以看出，一个典型的嵌入式系统是由软件和硬件组成的整体。硬件部分可以分成嵌入式微处理器和外部设备。微处理器是整个系统的核心，负责处理所有的软件程序及外部设备的信号。外部设备在不同的系统中有不同的选择。例如汽车，其外部设备主要是传感器，用于采集数据；而对于手机来说，其外部设备可以是键盘和液晶屏幕等。

软件部分可以分成两层，最靠近硬件的是嵌入式操作系统。操作系统是软件和硬件的接口，负责管理系统的所有软件和硬件资源。操作系统还可以通过驱动程序与外部设备打交道。最上层的是应用软件，应用软件利用操作系统提供的功能开发出针对某个需求的程序，供用户使用。用户最终是和应用软件打交道的，例如在手机上编写一条短信，用户看到的是短信编写的界面，看不到手机里的操作系统及嵌入式处理器等硬件。

## 1.5　小　　结

本章介绍了嵌入式系统的基本常识和组成结构，通过实例使读者对嵌入式系统有一个初步的认识。本章的知识比较笼统，偏重一些概念方面的介绍，读者可以结合实际生活，加深对嵌入式系统的了解。第 2 章将讲解嵌入式软件和硬件系统的基本知识。

# 1.6　习　　题

## 一、填空题

1．嵌入式系统的英文名称是________。

2．嵌入式微控制器也就是传统意义上的________。

3．嵌入式系统是由________和软件组成的。

## 二、选择题

1．手机在嵌入式应用的领域中属于（　　）。

A．家用电器和电子类产品　　B．交通工具

C．公共电子设施　　D．其他

2．以下不是嵌入式系统特点的是（　　）。

A．功能单一　　B．软件和硬件可“裁剪”

C．体积大　　D．其他

3．以下说法不正确的是（　　）。

A．单片机常被用在智能仪器、工业测量和办公自动化方面

B．现代的汽车不需要使用嵌入式系统

C．单片机的发展时间较早，处理能力很低，只能用在一些相对简单的控制领域

D．其他

## 三、判断题

1．ARM 的英文名称为 A RISC Machines。（　　）

2．自动取款机是一个嵌入式系统。（　　）

3．嵌入式系统按照系统软件的核心处理器来分可以分为嵌入式微控制器和嵌入式微处理器。（　　）

# 第 2 章 嵌入式软硬件系统

嵌入式系统是由软件和硬件组成的。与传统的 PC 不同，在设计嵌入式系统的时候，软件和硬件通常都需要设计。本章的主要目的是通过讲解基本的软件和硬件知识，帮助读者建立嵌入式系统的认知。本章的主要内容如下：

- 模拟电路和数字电路介绍；
- 基本的数制转换；
- 计算机基础知识；
- 软件基础知识；
- 操作系统简介。

## 2.1 电路基础知识

电路就是电流通过的路径。一个最简单的电路是由电源、负载和导线构成的。复杂的电路还有电阻、电容、晶体管和集成电路等元件。这些元件的功能不同，通过不同的组织方式构成不同功能的电路。无论什么样的电路，最终的功能都是用于处理电子信号的。按照电子信号的工作方式可以把电路分成模拟电路和数字电路。

### 2.1.1 什么是模拟电路

处理模拟信号的电路称作模拟电路。模拟信号的特点是信号是线性变化的，意思是信号变化是连续的。例如，经常使用的收音机、电视机和电话机都是使用的模拟信号。常见的模拟电路有变压电路和放大电路。评估一个模拟电路常见的参数有放大倍数、信噪比和工作频率等。模拟电路是数字电路的基础，数字电路可以看作模拟电路的一种特殊形式。

### 2.1.2 什么是数字电路

数字电路，顾名思义是处理数字信号的电路。数字电路通常具有逻辑运算和逻辑处理的功能。与模拟信号不同，数字信号使用电压的高低或者有无电流来表示逻辑上的 1 或 0，因此数字电路可以方便地表示出二进制数。数字电路可以分成脉冲电路和逻辑电路两部分，脉冲电路负责信号转换和测量；逻辑电路负责处理数字逻辑。

与模拟电路不同，数字电路关心的是信号状态的变化。通过数字逻辑可以处理复杂的二进制信息，因此数字电路是计算机的基础。由于数字电路具有电路结构简单、容易加工和制造等优点，所以数字电路可以大批量地生产，成本也变得低廉。数字电路广泛应用在测量、科学计算和自动控制等领域。

### 2.1.3　数制转换

计算机是由数字电路构成的，其内部数据的传输和处理都使用二进制方式。日常生活中普遍使用十进制方式表示数字，因此在使用计算机时需要用到数制转换。常见的有二进制到十进制的转换，从事嵌入式开发还会用到十六进制，有的时候还会用到八进制。

二进制的特点是"逢 2 进 1"。例如，十进制的 0 对应二进制的 0，十进制的 1 对应二进制的 1，十进制的 2 对应二进制的 10，以此类推。从这个推演规律中可以看出，二进制数从右往左每个位数都是 2 的位数次幂。举个例子，将二进制数 1010 转换为十进制数：

$$(1010)_2 = (2^3 \times 1) + (2^2 \times 0) + (2^1 \times 1) + (2^0 \times 0) = 8 + 0 + 2 + 0 = (10)_{10}$$

从例子中看出，二进制数转换为十进制数，是把每一位上 2 的位数幂乘以所在位数的数值，然后求和就是十进制数。反过来，十进制数转换为二进制数就简单了。对一个十进制数除以 2，如果能除尽则记下余数为 0；如果除不尽则记下余数为 1；接下来看商是否大于 2，如果大于 2 则继续除 2，以此类推。最终把得到的余数和商按照除的顺序排列就得到对应的二进制数。读者可以自己计算一下十进制数 10 的二进制数，看能否得到例子中的结果。

在嵌入式开发中，使用二进制数非常烦琐，容易出错，通常是使用十六进制数来代替。与十进制数类似，十六进制数是逢 16 进 1 位。十六进制数使用 0～9 和 A～F 共 16 个字符表示，其中，A～F 对应的是十进制的 10～15。

十六进制和二进制之间的转换是很简单的，这里推荐一个快速掌握的方法，表 2-1 列出了十六进制基本数字对应的二进制数。请读者观察这些数字的对应关系，可以发现，一个十六进制数最多可以使用 0000～1111 中的 4 位的二进制数来表示。记住这个变化规律，在实际使用中，只需要把一个二进制数从低到高每 4 位分成一个段，把每个段的二进制数转换为一个基本的十六进制字符，最后把这些字符组合在一起就是十六进制数。反过来，也可以把一个十六进制数转换为二进制数，原理类似，不再赘述。

表 2-1　十六进制数与二进制数的对应关系

| 十六进制 | 二进制 | 十六进制 | 二进制 | 十六进制 | 二进制 |
|---|---|---|---|---|---|
| 0 | 0000 | 6 | 0110 | C | 1100 |
| 1 | 0001 | 7 | 0111 | D | 1101 |
| 2 | 0010 | 8 | 1000 | E | 1110 |
| 3 | 0011 | 9 | 1001 | F | 1111 |
| 4 | 0100 | A | 1010 | | |
| 5 | 0101 | B | 1011 | | |

利用表 2-1 的转换关系，转换二进制数为十六进制数的过程如下：

$$(1001110001101110)_2 = (1001)_2\ (1100)_2\ (0110)_2\ (1110)_2 = (9C6E)_{16} = 0x9C6E$$

☎提示：十六进制数前通常加一个 0x 以示区分。

八进制数与十六进制数的原理是一样的，只是采用三位二进制数来表示一位八进制数。读者可以按照十六进制数与二进制数的转换关系，自己演示八进制数和二进制数的转换过程。

## 2.2 计算机基础知识

一个计算机系统硬件是由中央处理器、存储系统、总线系统和输入输出系统几个基本部分组成的。本节将从计算机体系结构发展的角度介绍计算机的组成和工作原理。

### 2.2.1 计算机体系结构的发展

计算机是由硬件系统和软件系统两大部分组成的，按照其功能可以划分为指令系统、存储系统和输入输出系统等。计算机体系结构简单地说就是研究计算机各系统和组成部分的总称。如果从存储结构来分，则可以把计算机体系分成冯·诺依曼结构和哈佛结构。

冯·诺依曼结构是以数学家 John Von Neumann 的名字命名的，他最早提出了该结构。冯·诺依曼结构把计算机分成运算器、控制器、存储器、输入设备和输出设备 5 个部分。它的工作原理是把计算机工作的指令（也可理解为程序）存储在存储器内，工作流程是从存储器中取出指令，由运算器运算指令，控制器负责处理输入设备和输出设备。

冯·诺依曼结构奠定了现代计算机的基础，但是其自身也存在许多缺点。最大的缺点是将数据和指令存放在一起，运算器在取指令的时候不能同时取数据，造成工作流程上的延迟，因而运算效率不高。为了解决这个问题，出现了哈佛结构。

哈佛结构最大的特点就是把指令和数据分开存储。控制器可以先读取指令，然后交给运算器解码，得到数据地址后，控制器读取数据交给运算器；在运算器运算的时候，控制器可以读取下一条指令或者数据。这种把指令和数据分开存储的方式可以获得较高的执行效率。另外，分开存储可以使指令和数据使用不同的数据宽度，方便了芯片的设计。在嵌入式系统中，大多数处理器都使用哈佛结构，如常见的 ARM 处理器及一些单片机等。

### 2.2.2 中央处理器

中央处理器（Central Process Unit，CPU）是计算机系统的核心。CPU 是由运算器、控制器、寄存器和内部总线组成的。在 CPU 之外再加入总线、存储设备、输入输出设备就可以构成一个完整的计算机系统。

CPU 有几个重要的参数，包括工作频率、字长、指令集和缓存。工作频率通常是用户听到最多的参数，一个 CPU 的工作频率包括主频和外频及外部总线频率。主频是 CPU 的实际工作频率，外频是 CPU 工作的基准频率，还有一个是总线的工作频率。一般来说，工作频率越高的 CPU，其执行指令的速度就越快，但并不是完全如此。

决定 CPU 处理数据能力的是 CPU 的字长，也称为位宽，它是 CPU 在一个周期内能处理的最大数据宽度。例如，一个 32 位的 CPU 在一个周期内可以处理 32 位数据，而一个 8 位的 CPU 只能处理 8 位的数据。在同等工作频率下，一个 8 位的 CPU 处理数据的能力仅是 32 位 CPU 的四分之一。由此看出，衡量一个 CPU 的处理能力不仅要看工作频率，还要看处理数据的位宽。

CPU 内部是通过执行指令工作的。每种 CPU 都有专门的一组指令，称为指令集。按照指令的执行方式，可以把计算机 CPU 指令集分成复杂指令集和精简指令集。复杂指令集（CISC）的特点是使程序中的指令按照顺序执行。复杂指令集的优点是结构简单，便于控制；缺点也很明显，由于指令是按顺序执行的，计算机各部分不能同时工作，所以执行效率不高。常见的 CPU CISC 指令集是 Intel 的 x86 系列。

精简指令集（RISC）改进了复杂指令集的缺点。RISC 的特点是简化了每条指令的复杂度并且减少了总的指令数量。RISC 还发展了一种“超标量和流水线结构”，可以把要执行的指令按照流水线排序，在执行一条指令的时候，把后面要执行的若干条指令都取出来排队，提高了执行效率。嵌入式系统 CPU 大多采用 RISC，如 ARM 系列的 CPU。

缓存是 CPU 内部一个重要的器件，主要用来暂时存储指令和数据，其是由于 CPU 内部和外部工作的速度不同造成的。一个 CPU 的缓存越大，相对处理指令的能力就越强。

## 2.2.3　存储系统

计算机在工作中需要从内部存储器中读取指令和数据，并且把计算的结果存入外部存储器。由于材料和价格因素的限制，计算机的存储器件在容量和速度等方面需要匹配。存储系统的作用就是设计一个让各种存储器相互配置达到最优性价比的方案。

计算机的存储系统采用了速度由慢到快、容量由大到小的多层次存储结构，如图 2-1 所示。

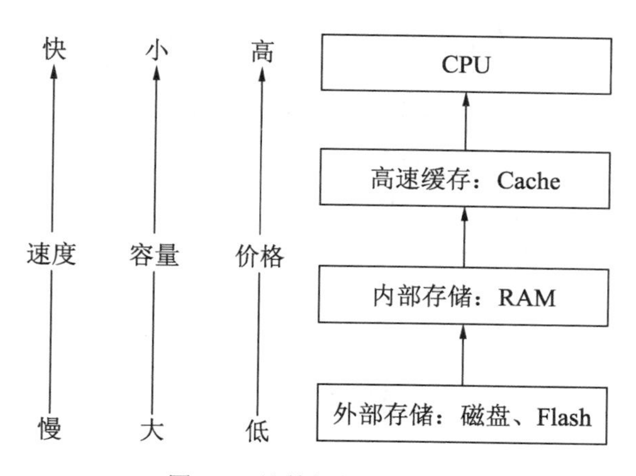


图 2-1　计算机的存储层次

从图 2-1 中可以看出，计算机存储系统从下至上越接近 CPU，速度越快，容量越小，价格也越高。

## 2.2.4　总线系统

总线是 CPU 连接外部设备的通道，通常包括数据总线（DataBus）、地址总线（AddressBus）和控制总线（ControlBus）。地址总线负责向外部设备发送地址信息；数据总线负责从外部设备读取或者写入信息；控制总线负责发送信号控制外部设备。

计算机的总线系统是由总线和相应的控制器构成的，如嵌入式系统中常见的 $I^2C$ 总线和 SPI 总线，它们的特点是控制简单，成本低廉，在后面的章节中将会具体介绍。其他的还有 PCI 总线，支持复杂的功能和很高的系统吞吐量。

总线的出现规范了 CPU 和外设之间的通信标准，简化了外部器件的设计。使用一些通用的总线可以有效地降低开发成本。

### 2.2.5　输入与输出系统

输入与输出系统由外部设备以及输入和输出控制器组成，是 CPU 与外部通信的系统。CPU 通过总线与输入输出系统相连。由于外部设备的速度差异，CPU 可以使用不同的方式控制外部设备的访问。常见的方式有轮询方式、程序中断方式和 DMA 方式。

程序轮询方式最简单，CPU 通过不断地查询某个外部设备的状态，如果外部设备准备好，就可以向其发送数据或者读取数据。这种方式由于 CPU 不断查询总线，导致指令执行受到影响，效率非常低。

程序中断方式克服了 CPU 轮询外部设备的缺点。正常情况下，CPU 执行指令时不会主动去检查外部设备的状态。外部设备的数据准备好之后，向 CPU 发起中断信号，CPU 收到中断信号后停止当前的工作，根据中断信号指定的设备号处理相应的设备。这种处理方式既不影响 CPU 的运行，又能保证外部设备的数据得到及时处理，工作效率很高。嵌入式系统通常会设计许多中断信号控制线，以便连接不同的外部设备。

程序中断方式虽然效率高，但是对于大量数据的传输就力不从心了。例如，从网络接收一个比较大的文件存放到内存。在这个过程中，网络控制器每接收到一个数据包时都会向 CPU 发出一个中断，大量的中断会导致 CPU 忙于处理中断而减小对指令的处理，效率会变得很低。更好的方法是，对于这种大量的数据传输可以不通过 CPU 而直接传送到内存，这种方式叫作直接内存访问（Direct Memory Access，DMA）。使用 DMA 方式，外部设备在数据准备好之后只需要向 DMA 控制器发送一个命令，把数据的地址和大小传送过去，由 DMA 控制器负责把数据从外部设备直接存放到内存。DMA 方式对处理大量的数据十分有效，因此越来越多的嵌入式处理器开始支持这种方式。

## 2.3　软件基础知识

嵌入式系统的基础是硬件，软件是嵌入式系统的灵魂。离开了软件，系统的功能就无法发挥。因此软件设计开发是嵌入式系统开发的一个重要环节。本节将介绍软件的基础知识、开发流程及基本技术。

### 2.3.1　什么是软件

使用过计算机的读者都使用过各种各样的软件，如最常见的 Word 文字处理软件及上网时使用的浏览器等。严格地说，软件是由程序和文档构成的，程序是一组按照特定结构组织的指令和数据集合。

软件通常可以分成系统软件、应用软件及目前兴起的介于二者之间的中间件软件。系统软件是使用计算机提供的基本功能，如操作系统和数据库系统。它们不是针对某种特殊需求，而是面向通用的领域。应用软件是针对某种特殊需求设计的，一般来说具有专门的功能。例如，MP3 播放软件就是针对播放音乐设计的。

软件的另一个组成部分是文档。随着软件复杂程度的提高，文档也越来越重要。常见的软件文档有开发文档和用户文档，前者面向开发人员，后者面向最终用户。软件开发人员应该养成编写文档的好习惯。

## 2.3.2　软件的开发流程

软件开发流程是软件在开发过程中需要执行的步骤，经过几十年的发展已形成一套公认的开发流程。软件开发流程大致可以分成 4 个部分：需求分析、概要设计和详细设计、编码和调试、测试和维护，如图 2-2 所示。

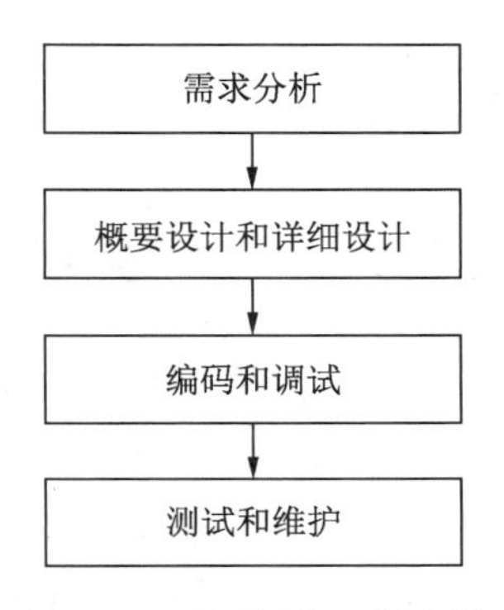

图 2-2　通用软件开发流程

从图 2-2 中可以看出，软件开发的流程是依次完成的。最初是需求分析，主要目的是了解用户的需求，并转化为可供开发使用的文档或者文字描述。需求分析还可以分成需求确认、总体设计、概要设计和详细设计等。该阶段的最终文档可以供编码调试阶段直接使用。

编码和调试是最关键的一个环节。该阶段根据需求分析的结果，按照文档的要求在特定的平台和工具环境下完成程序编写和调试的工作。在整个软件开发流程中，编码和调试是占用时间最长的，这个过程需要细心和经验丰富的程序员来完成。

编码和调试完成后，软件的基本雏形就有了，接下来进入测试阶段。测试的目的是找出软件的问题或者存在的缺陷（Bug）。软件测试可以分成不同层次，代码级别的有单元测试，高层的有集成测试等。测试手段的有效性直接决定软件的质量。

软件通过测试后就可以发布了，随后进入维护阶段。维护阶段的主要任务是修正软件中没有发现的错误和漏洞，以及在小范围内为软件添加新功能。软件维护的目的是保证整个软件的健壮性。

## 2.3.3　常见的软件开发模型

在软件发展过程中，前人总结并设计出了几种软件开发模型。软件开发模型制定了软件开发流程中的规范和参考原则，指导开发人员按照特定的步骤工作。由于现实的差异性，很少有适用于所有软件的开发模型，但有一些经过验证比较有效的模型可以供开发人员参考。常见的模型有瀑布开发模型、增量开发模型以及现在比较热门的统一软件开发模型（UML）。

瀑布模型把软件开发分成需求阶段、规格说明阶段、设计阶段和实现阶段。需求阶段由系统分析师确定整个系统的功能需求，被认可后，制定整体的规格并且建立文档。进入设计阶段后，系统分析员按照模块划分整个系统，并且设计每个模块的功能和接口。最后在实现阶段由程序员完成模块的编码调试，组合成完整的软件。瀑布模型让线性结构便于管理，因此被广泛地应用在软件开发团队中。

增量模型的思想是通过不断增加软件的功能完成整个系统。该模型首先开发出一个基本的软件框架，然后不断增加新的功能。增加功能是按照一定的步骤和策略完成的，最终目标是完成所有的需求。增量模型的好处是可以让用户尽早地看到软件产品，可以提出意见，促进以后的修改。

统一软件开发模型借鉴了之前的成功经验和失败的教训，融入了瀑布模型和增量模型的思想。统一软件开发模型把一个软件项目分成初始阶段、细化阶段、构造阶段和移交阶段。在每个阶段保留瀑布模型的工作流程。在整个流程中采用增量模型的迭代思想不断演进，最终完成所有软件设计的目标。统一软件开发模型是一个复杂的开发过程，适合大型的软件系统。该模型还制定了过程描述语言 UML，可以帮助开发人员减少开发过程中的错误。

### 2.3.4　计算机编程语言

计算机内部是通过执行指令完成各种操作的，无论指令还是数据，在计算机内部都使用二进制表示，对于用户的识别和输入都很困难。计算机编程语言就是为解决这个问题而设计的。计算机编程语言是一种有规范格式和语法，供人类描述计算机指令的字符串集合。举例来说，在计算机内部使用二进制 10100101 表示一个求加法操作，计算机语言可以通过 add 字符串表示这个加法操作，便于人类识别。

计算机语言可以分成机器语言、汇编语言和高级语言。其中：机器语言是供计算机本身识别的，为二进制串；汇编语言是对机器语言的抽象，其实质与机器语言是相同的。汇编语言的指令与机器语言是一一对应的。此外，汇编语言还设计了伪指令和宏指令，以帮助开发者提高开发效率。汇编语言是依赖体系结构的，在一种 CPU 上能执行的汇编语言在其他 CPU 上很可能就无法执行了。

虽然汇编语言简化了计算机编程的复杂度，但是仍然需要了解计算机的工作细节。例如一个加法操作，在汇编语言中至少需要设置两个寄存器，一个存放加数，另一个存放被加数，和可以存放在其中一个寄存器上。这种方法显然是很烦琐的，而且很容易出错，于是开发出了高级语言。

高级语言从程序的功能角度出发，从各种功能中抽象出计算机可以处理的方法供开发者使用。用户可以像使用自然语言一样书写程序，极大地提高了开发效率。高级语言的一个功能或者说一个函数可能对应汇编语言的若干条指令。嵌入式系统开发中常见的高级语言有 C 和 C++。

无论汇编语言还是高级语言，都不能被计算机直接执行，需要转换为机器语言，这个过程叫作编译。对于高级语言来说，还有一类解释型的语言，通过特定的解释器可以边解释开发者编写的程序内容边输出结果。常见的脚本语言都属于解释语言。

计算机编程语言的出现带动了软件的发展。对于一个嵌入式软件开发人员来说，应该掌握一门基本的开发语言，如 C 语言。本书的编程实例基本都是基于 C 语言的，以后会进行详细讲解。

### 2.3.5 数据结构

计算机的本质是处理数据的机器。数据是计算机加工和处理的对象。计算机中的数据有很多种类，如何处理数据就成为一门学问。数据结构就是研究如何组织和处理数据的。数据结构包括数据逻辑结构、物理结构和数据操作 3 个方面。

计算机把处理的数据分成多种类型，包括一些基本类型如整型和浮点型等，还有一些结构类型。在数据结构中，数据元素是基本的类型。数据的逻辑结构描述数据元素之间的逻辑关系，是抽象出来的数学模型，与具体的机器无关。

数据的物理结构描述数据元素的存储结构，依赖于具体的计算机实现。例如，一个统计表格是数据元素之间的逻辑结构，但是把表格存放到计算机中需要考虑存储结构，可以按照行的顺序存储，也可以按照列的顺序存储，这就是数据的物理结构。

数据结构还定义了数据元素的操作方法，通常也称作算法。算法可以理解为一种思路。例如，对 10 个无序的数字按照大小排序，可以有冒泡排序、二分排序和插入排序等多种方法。在计算机编程中，一个好的算法可以起到事半功倍的效果。

## 2.4 操作系统基础知识

现代计算机的应用软件都是在操作系统下工作的。嵌入式系统早期的应用程序是直接运行在 CPU 上，如单片机。随着嵌入式系统硬件处理能力的提升，应用也越来越复杂，目前主流的嵌入式系统都配备了操作系统，应用软件可以使用操作系统提供的功能。本节将介绍操作系统的基础知识。

### 2.4.1 什么是操作系统

操作系统是一类特殊的系统软件。它管理整个系统的所有硬件和软件，通常是整个计算机系统中最接近硬件的系统软件。操作系统屏蔽了硬件的底层特性，向应用软件提供了一个统一的接口。对于应用软件来说，不需要知道硬件的具体特性，使用操作系统提供的接口即可完成相应的功能。除此之外，操作系统通过特定的算法统筹安排整个计算机系统的软硬件资源，使计算机的资源利用率更高，甚至获得比硬件更多的功能。

操作系统是软件领域的一个重要部分。常见的嵌入式操作系统有 μClinux 和 VxWorks 等。第 4 章将会详细介绍嵌入式 Linux 操作系统以及 Linux 与其他系统的差异。

### 2.4.2 操作系统的发展历史

最早的计算机没有操作系统。在同一时间，开发者只能通过打孔机等外部设备将程序输入，计算机按照程序执行。如果程序出现问题，那么整个计算机就会停止工作。之后将常用的程序设计成库并装入计算机，以方便用户使用，这可以算是操作系统的雏形。

早期的操作系统多种多样，在大型机领域，几乎每个系列的计算机都有自己的操作系统。这种方式造成了很大的资源浪费，同样功能的程序在不同的计算机上由于操作系统不同有可能无法运行。后来，AT&T 公司在小型机上成功开发了 UNIX 操作系统（几乎同时 C 语言也诞生了），并且免费发放，用户可以修改其代码。UNIX 的这种授权方式得到了广泛的应用并被移植到了各种计算机上，是现代操作系统的开端。UNIX 操作系统的设计思想也是现在许多操作系统参考的基础。

20 世纪 70 年代后期，随着个人计算机的兴起，出现了苹果计算机和 IBM PC。PC 的普及带动了个人计算机操作系统的发展，先后出现了 DOS 操作系统和 Windows 操作系统。目前，Windows 操作系统已经成为个人计算机领域的标准。

1991 年，一个芬兰学生发布了他的操作系统并命名为 Linux。这个操作系统因为其开源特性，一经发布就得到了广泛的支持，并且在后来的十余年中发展迅猛。Linux 目前已经被移植到包括大型计算机和小型计算机的各种计算机上，在嵌入式领域更是占据了市场的半壁江山。后面将会重点介绍嵌入式 Linux 系统开发的相关内容。

### 2.4.3　操作系统的组成

前面提到操作系统用于管理软件资源和硬件资源。实际上，操作系统是一个庞大的管理程序，从功能上看，操作系统包括进程管理、文件管理、设备管理和作业管理几部分。进程管理是一种软件资源的管理，操作系统把每个执行的任务称作进程，根据资源分配情况和一定的调度策略管理系统中的进程；文件管理是操作系统很重要的一部分，例如，在 Linux 系统内部是把文件作为基本的外部资源单位进行管理的；设备管理控制计算机的所有硬件资源（也包括一些虚拟设备）；作业管理向用户提供批量执行任务的功能。操作系统的这几部分管理功能都不是独立的，是一个有机结合体。

按照软件的结构划分，操作系统可以分成内核、驱动程序和程序库。内核是操作系统的核心，也是整个系统软件的核心。一般来说，内核从抽象的层面提供最基本的功能，通常其代码短小、精炼。驱动程序是计算机系统必不可少的一类系统软件，系统会和驱动程序打交道而不会直接访问硬件。驱动是软件和硬件连接的接口，系统通过驱动间接地控制硬件完成目标任务。程序库是操作系统向用户提供的程序接口。

### 2.4.4　几种操作系统的设计思路

操作系统的基本结构都是内核、驱动程序及程序库。其中最关键的就是内核，其是体现一个操作系统设计智慧的地方，决定系统的稳定性和执行效率。内核通常分为简单结构、层次结构、微内核结构和虚拟机结构等。

简单结构比较好理解，是指内核中的各种功能没有严格的界限，混杂在一起。这种系统往往从实验室发展而来。由于实验室的硬件资源有限，所以通常只会设计结构简单的系统。例如，MS-DOS 操作系统及早期的 UNIX 系统，在设计的时候由于受到硬件资源的限制，都是简单的内核结构，这也成为其后来发展的瓶颈。在嵌入式领域，掌上计算机 Palm OS 5 之前的操作系统及其他小型的嵌入式操作系统都是这种情况。

层次结构的设计思想是把内核需要提供的功能划分出层次，最底层仅提供抽象出来的最基本的功能，每一层利用下面的一层功能，以此类推，最上面的一层可以提供丰富的功能。这种设计思路结构清晰是操作系统内核的一大进步。

微内核结构是 20 世纪 80 年代产生的一种内核结构。其设计思想是内核提供最基本、最核心的功能，注重把系统的服务功能和基本操作分开。例如，内核只提供中断处理和内存管理等基本功能，网络传输数据之类的功能可以设计成一个系统服务来完成。这种设计思路使得内核的设计更加简单，内核可以根据需要启动或者关闭系统服务，极大地提高了整个系统的工作效率。此外，微内核还会设计一个硬件抽象层，对内核屏蔽硬件底层特性，让内核可以专注提供各种功能。目前，使用微内核结构的系统越来越多，常见的如 Linux 和 Windows NT 都采用了微内核的设计思想。

### 2.4.5　操作系统的分类

操作系统根据工作特点有不同的分类方法，本节介绍几种常见的分类方法。按照用户角度可以分成单用户操作系统和多用户操作系统。单用户操作系统仅支持一个用户，特点是系统利用率低，但是便于管理；多用户操作系统支持数个用户，并且同时可以运行多个用户的程序，提高了资源利用率，但是管理难度也相应提高。例如，早期的 DOS 就是单用户操作系统，Linux 是一个多用户操作系统。

按照系统对任务的处理时间来划分，可以把操作系统分成分时系统和实时系统。在分时系统中，不同用户的进程按照一定的策略分别得到 CPU 资源，未能得到资源的用户只能等待。实时系统则不然，其任务是按照优先级和响应时间分配的，在一个设定的响应时间内，任务必须得到响应。例如导弹拦截系统，当收到导弹拦截请求时需要在特定的时间内得到响应。实时操作系统常用在军事、航空航天和电信等领域。分时操作系统的应用很广泛，Linux 就是一个性能优越的分时操作系统。

随着网络的发展，又出现了分布式操作系统。分布式操作系统是把一个网络内的计算机资源共享，将一个计算任务分散在不同的计算机上执行，最后将结果汇总。分布式操作系统能最大限度地利用现有的资源，得到强大的计算能力，是未来科学计算领域的一个发展趋势。

## 2.5　小　　结

本章概括介绍了嵌入式开发领域软件和硬件的基础知识，包括电路基础知识、计算机基础知识、软件基础知识及操作系统基础知识。本章的知识点比较多，读者只需要了解即可，后面会详细对各知识点展开介绍。第 3 章将介绍 ARM 处理器。

## 2.6　习　　题

#### 一、填空题

1．电路就是电流通过的________。

2．程序是一组按照特定________组织的指令和数据集合。

3．按照软件的结构划分，操作系统可以分成内核、________和程序库。

## 二、选择题

1．二进制数 1101 对应的十六进制数是（　　）。

A．A　　B．B　　C．C　　D．D

2．总线不包含的选项是（　　）。

A．DateBus　　B．ControlBus　　C．AddressBus　　D．DataBus

3．对编程语言描述错误的是（　　）。

A．计算机语言可以分成机器语言、汇编语言和高级语言

B．机器语言是供计算机本身识别的，为二进制串

C．嵌入式系统开发中常见的高级语言有 C 和 C++

D．在计算机内部使用二进制 10100101 表示一个求乘法操作

## 三、判断题

1．数字信号的特点是信号是线性变化的。（　　）

2．决定 CPU 处理数据能力的是 CPU 的工作频率。（　　）

3．瀑布模型把软件开发分成需求阶段、规格说明阶段、设计阶段和实现阶段。（　　）

# 第 3 章　ARM 处理器

ARM 既是一种嵌入式处理器体系结构的缩写，也是一家公司的名称。现在有很多公司使用 ARM 体系结构开发自己的芯片，支持的外部设备和功能丰富多样。ARM 体系相比其他的体系具有结构简单、使用入门快等特点。使用 ARM 核心的处理器虽然众多，但是其核心都是相同的。因此，了解 ARM 的体系结构，在使用不同的处理器时，只要是基于 ARM 核心的都能很快上手。本章的主要内容如下：

- 微处理器和微控制器的关系；
- ARM 处理器的简介；
- ARM 体系结构简介；
- ARM 的功能选型简介。

## 3.1　微处理器和微控制器

从世界上第一个晶体管发明到现在的 70 多年间，半导体技术发展突飞猛进。半导体的发展经历了晶体管、集成电路、超大规模集成电路等几代。目前的集成电路制造工艺已经朝纳米领域发展，为了表示制造工艺的提高，通常把这种集成电路称作“微处理器”。实际上，微处理器并不是因为制造工艺高超而出名的。现代计算机可以把功能复杂的 CPU，以及一些外部器件都集成在一个芯片上，微处理器因此而得名。

微处理器可以根据应用领域大致分成通用微处理器、嵌入式微处理器和微控制器。通用微处理器主要用于高性能计算，如 PC 的 CPU 就是一个通用微处理器；嵌入式微处理器是针对某种特定应用的高能力计算，如 MP3 解码和移动电话控制等；微控制器主要用于控制某种设备，其通常集成了多种外部设备控制器，处理指令的能力一般不是很强，但是价格低廉，多用在汽车和空调等设备上。

微控制器除了针对专门设备设计以外，还具备微处理器不具备的特点，如很强的环境适应性，可以在特殊的高温或者低温环境下工作等。这些特点一般的微处理器是不具备的。目前的嵌入式微处理器大多集成了外部设备控制器，功能不断增强，价格也在下降。

## 3.2　ARM 处理器简介

ARM 是 Advanced RISC Machines 的缩写，中文为高性能 RISC 机器。从名称中可以看出，ARM 是一种基于 RISC 架构的高性能处理器。实际上 ARM 同时也是它的设计公司的名称。与其他的嵌入式芯片不同，ARM 是由 ARM 公司设计的一种体系结构，主要用于出售技术授权，并不生产芯片。其他芯片设计公司可以通过购买 ARM 的授权，设计和生产基于 ARM 体系的芯片。

目前，采用 ARM 体系的微处理器已经遍布于电子消费、工业控制、通信和网络等领域。在全球范围内，使用 ARM 授权来生产微处理器芯片的厂商多达数十家。就连众所周知的英特尔公司在通信领域也开发了基于 ARM 体系结构的微处理器，如 StrongARM、IXP428、IXP2400 和 IXP2800 等。以前的手机控制芯片大多采用 DSP（一种处理数字信号的芯片），现在大部分的手机芯片厂商（包括苹果）使用 ARM 体系结构设计手机处理芯片。后面重点介绍的三星公司的 S3C2440A 嵌入式微处理器，就是在 ARM 核的基础上加入了多种外围电路设计而成的。

## 3.2.1　ARM 微处理器的应用领域

ARM 已经渗透到许多应用领域，下面具体介绍。

### 1．移动设备

ARM 处理器被广泛用于智能手机、平板电脑和可穿戴设备等方面，其低功耗和高性能的特点成为移动设备的首选处理器架构。

### 2．嵌入式系统

ARM 处理器在嵌入式系统中也有广泛的应用，其低功耗、高性能和可定制的特点适用于工业控制、汽车电子、智能家居和医疗设备等各种嵌入式应用场景。

### 3．物联网（IoT）设备

随着物联网技术的发展，越来越多的智能设备需要使用低功耗、高效能的处理器。ARM 处理器因为能够满足这些需求而在物联网设备中得到了广泛应用，包括智能家居设备、智能城市系统、传感器节点等。

### 4．智能驾驶和自动驾驶

在汽车电子领域，ARM 处理器也扮演着重要的角色。它被用于智能驾驶系统、车载娱乐系统、车载网络和车载通信等方面，为汽车电子提供高性能和低功耗的解决方案。

### 5．服务器和数据中心

ARM 处理器在服务器和数据中心领域也得到了越来越多的应用。一些厂商推出了基于 ARM 架构的服务器处理器，以满足对低功耗、高密度和高效能的需求。

## 3.2.2　ARM 处理器的优点

ARM 核心处理器采用的是 RISC 体系结构，其具有以下优点：

- 芯片体积小，功耗低，制造成本低，性能优异。
- 支持 Thumb（16 位）和 ARM（32 位）两种指令集，8 位和 16 位设备兼容性好。

- ❑ 采用 RISC 架构，在内部大量使用寄存器，执行指令速度快。
- ❑ 大部分的指令都是操作寄存器，只有很少指令会访问外部内存。
- ❑ 采用多级流水线结构，处理速度快。
- ❑ 支持多种寻址方式，数据存取方式灵活。
- ❑ 指令长度固定，便于编译器操作及执行指令。

# 3.3　ARM 指令集

指令集指一个微处理器所有指令的集合，每种微处理器都有自己的指令集。在第 2 章讲过处理器的指令集可以分成 CISC（复杂指令集）和 RISC（精简指令集）两种，ARM 处理器使用的是 RISC。

精简指令集的最大特点是所有的指令占用相同的存储空间。ARM 处理器支持 ARM 和 Thumb 两种指令集：ARM 指令集工作在 32 位模式下，指令长度都是 32b；Thumb 指令集工作在 16 位模式下，指令长度都是 16b。

ARM 指令集按照功能可以分为算术运算指令、逻辑运算指令、分支指令、软件中断指令和程序数据装载指令等。

## 3.3.1　算术运算指令

算术运算指令用于普通数据计算。常见的算术运算指令有 ADD、ADC、SUB 和 SBC。

### 1. ADD指令

ADD 指令用于普通的加法运算。

```
格式：ADD{条件}{S} <dest>, <op_1>, <op_2>
```

其中，dest 是目的寄存器，op_1 和 op_2 是操作数，dest = op_1 + op_2。

ADD 指令把两个操作数 op_1 和 op_2 相加，结果存放到目的寄存器 dest 中。操作数 op_1 和 op_2 可以是寄存器或者是一个立即数。举例如下：

```
ADD     R0, R1, R2           ; R0 = R1 + R2
ADD     R0, R1, #256         ; R0 = R1 + 256
ADD     R0, R2, R3,LSL#1     ; R0 = R2 + (R3 << 1)
```

☎提示：ADD 指令可以在有符号或无符号数中执行运算。

### 2. ADC指令

ADC 指令用于带进位的加法运算。

```
格式：ADC{条件}{S} <dest>, <op_1>, <op_2>
```

其中，dest 是目的寄存器，op_1 和 op_2 是操作数，dest = op_1 + op_2 + carry。

ADC 指令把两个操作数 op_1 和 op_2 相加，结果存放到目的寄存器 dest 中。ADC 指令使用一个进位标志位，可以进行大于 32 位的加法操作。例如，计算两个 32 位数的和，结果可以存放到一个 64 位数中。

```
;64 位数结果：存放在寄存器 R0 和 R1 中
;两个 32 位数：存放在寄存器 R2 和 R3 中
ADCS    R0,R2,R3      ; 带进位加，结果保存在 R0 和 R1 寄存器中
```

☎提示：进位加法使用 S 后缀更改进位标志。

### 3. SUB指令

SUB 指令用于普通的减法运算。

```
格式：SUB{条件}{S} <dest>, <op_1>, <op_2>
```

其中，dest 是目的寄存器，op_1 和 op_2 是操作数，dest = op_1 - op_2。

SUB 指令使用操作数 op_1 减去操作数 op_2，结果存放到目的寄存器 dest 中。其中，op_1 是一个寄存器，op_2 可以是一个寄存器也可以是一个立即数。举例如下：

```
SUB     R0, R1, R2            ; R0 = R1 - R2
SUB     R0, R1, #256          ; R0 = R1 - 256
SUB     R0, R2, R3,LSL#1      ; R0 = R2 - (R3 << 1)
```

☎提示：SUB 指令可以在有符号和无符号数中执行运算。

### 4. SBC指令

SBC 指令用于带借位的减法运算。

```
格式：SBC{条件}{S} <dest>, <op_1>, <op_2>
```

其中，dest 是目的寄存器，op_1 和 op_2 是操作数，dest = op_1 - op_2 - !carry。

SBC 指令的作用是执行两个操作数的减法运算，结果存放到目的寄存器中。SBC 指令支持借位标志，因此可以支持大于 32 位数的减法操作。

## 3.3.2　逻辑运算指令

逻辑运算不同于算术运算。逻辑运算按照逻辑代数的运算法则操作数据，得到逻辑结果。

### 1. AND指令

AND 指令用于求两个操作数的逻辑与的结果。

```
格式：AND{条件}{S} <dest>, <op_1>, <op_2>
```

其中，dest 是目的寄存器，op_1 和 op_2 是操作数，dest = op_1 AND op_2。

AND 指令在两个操作数 op_1 和 op_2 之间执行逻辑与操作，结果存放到目的寄存器 dest 中。AND 指令常用于屏蔽寄存器中的某一位。op_1 是寄存器，op_2 可以是寄存器或者立即数。举例如下：

```
AND     R0, R0, #3            ; R0 的第 0 和第 1 位保持不变，其他位清零
```

☎提示：在配置 ARM 的控制寄存器时，经常使用 AND 指令设置某些比特位。

#### 2. EOR指令

EOR 指令对两个操作数执行异或运算。

```
格式：EOR{条件}{S} <dest>, <op_1>, <op_2>
```

其中，dest 是目的寄存器，op_1 和 op_2 是操作数，dest = op_1 EOR op_2。

EOR 指令的作用是对两个操作数 op_1 和 op_2 执行逻辑异或操作，结果存放到目的寄存器中，常被用于设置某个特定位反转。在 EOR 指令中，op_1 是寄存器，op_2 可以是寄存器或者立即数。举例如下：

```
EOR     R0, R0, #3              ; R0 的第 0 位和第 1 位被反转
```

#### 3. MOV指令

MOV 可以在两个操作数之间复制数据。

```
格式：MOV{条件}{S} <dest>, <op_1>
```

其中，dest 是目的寄存器，op_1 是操作数，dest = op_1。

MOV 指令的作用是把另一个寄存器或者立即数复制到目的寄存器中，支持操作数的移位操作。例如：

```
MOV     R0, R0                  ; R0 = R0，相当于没有操作
MOV     R0, R0, LSL#3           ; R0 = R0 * 8，LSL 寄存器左移 3 位，相当于乘 8
```

### 3.3.3　分支指令

在汇编语言中，代码的跳转都是通过分支指令来完成的，ARM 的分支指令比较简单，本节将介绍基本的分支指令——B 指令。

B 指令可以根据设置的条件跳转到指定的代码地址上。

```
格式：B{条件} <地址>
```

B 指令是分支跳转指令。在程序中遇到 B 指令时会立即跳转到指定地址，然后继续从新的地址开始运行程序。高级语言（如 C 语言）的 goto 语句常被翻译成 B 指令。

### 3.3.4　数据传送指令

数据传送指令用于 CPU 和存储器之间的数据传送，其是 ARM 处理器唯一能与外部存储器交换数据的一类指令。

#### 1. 单一数据传送指令

单一数据传送指令用于向内存装载和存储一个字节或者一个字长的数据。

```
格式：
LDR{条件}    Rd, <地址>
STR{条件}    Rd, <地址>
LDR{条件}B   Rd, <地址>
STR{条件}B   Rd, <地址>
```

单一数据传送指令 STR 和 LDR 可以在内存和寄存器之间装载或者存储一个或多个字节的数据，并且提供了灵活的寻址方式。Rd 是要操作的数值，地址可以是基址寄存器 Rbase 和变址寄存器 Rindex 指定的地址。在条件后加入标志 B 代表一次传送 1B（字节）的数据。常见的寻址方式如下：

```
STR   Rd, [Rbase]              ; 将 Rd 存储到 Rbase 所包含的有效地址中
STR   Rd, [Rbase, Rindex]      ; 将 Rd 存储到 Rbase+Rindex 合成的有效地址中
STR   Rd, [Rbase, #index]      ; 将 Rd 存储到 Rbase+index 所合成的有效地址中。index
                                 是立即数
```

### 2. 多数据传送指令

多数据传送指令用于向内存装载和存储多个字节或字的数据。

```
格式：xxM{条件}{类型}  Rn{!}, <寄存器列表>{^}
```

其中，xx 可以是 LD，表示装载，也可以为 ST，表示存储。多数据传送指令用于在寄存器和内存之间复制多个数据，具体指令包括：

```
LDMED     LDMIB       ; 装载前增加地址,相当于 C 语言的++p
LDMFD     LDMIA       ; 装载后增加地址,相当于 C 语言的 p++
LDMEA     LDMDB       ; 装载前减小值,相当于 C 语言的++*p
LDMFA     LDMDA       ; 装载后减小值,相当于 C 语言的*p++
STMFA     STMIB       ; 存储前增加地址
STMEA     STMIA       ; 存储后增加地址
STMFD     STMDB       ; 存储前增加值
STMED     STMDA       ; 存储后增加值
```

多数据传送指令用在大量数据传送场合，充分利用了 RISC 多寄存器的优点。

# 3.4 ARM 体系结构

基于 ARM 的芯片有许多，功能结构也不同，但是最基本的是 ARM 核。无论学习哪种 ARM 类型的处理器，基本的内容都是一样的。本节介绍 ARM 体系结构的相关知识，内容比较抽象，读者可以在后面的开发过程中结合本节的知识深入体会。

## 3.4.1 ARM 体系结构的命名方法

ARM 体系结构的命名可以分成两部分，一部分是 ARM 体系版本的命名，另一部分是 ARM 体系版本的处理器命名。ARM 体系结构的命名格式如图 3-1 所示。

| ARM | v（版本号） | x1（指令集） | x2（指令集） |
|---|---|---|---|

图 3-1 ARM 体系结构的命名格式

从图 3-1 中可以看出，ARM 的体系结构命名可以分成 4 部分。其中，ARM 是固定字符，v 代表版本号，x1 代表支持的指令集，x2 代表不支持的指令集。x1 和 x2 的定义见表 3-1。

表 3-1　ARM体系结构指令集列表

| 指令集缩写 | 含　　义 | 指令集缩写 | 含　　义 |
|---|---|---|---|
| T | Thumb指令集 | J | 支持Java加速器 |
| M | 长乘法指令集 | SIMD | 多媒体功能扩展指令集 |
| E | 增强DSP指令集 | | |

从表 3-1 中可以看出，在同一个版本的 ARM 体系下可以支持不同的指令集。例如，ARMv7TxE 的含义是 ARM 第 7 版本，支持 Thumb 指令集，但是不支持增强 DSP 指令集。

## 3.4.2　处理器的划分

在确定了一种 ARM 体系结构后，可以形成一系列处理器。处理器的命名主要是功能上存在一些细小差别，基本核心是相同的。ARM 处理器的命名规则如图 3-2 所示。

| ARM | xyz | m |
|---|---|---|

图 3-2　ARM 处理器的命名规则

其中：ARM 代表处理器类型；x 代表处理器系列；y 代表是否有存储管理；z 代表 Cache 类型；m 代表支持的功能，请参考表 3-2。

表 3-2　ARM处理器功能缩写

| 功能缩写 | 含　　义 | 功能缩写 | 含　　义 |
|---|---|---|---|
| T | 支持Thumb指令集 | E | 支持增强DSP指令 |
| D | 支持片上调试 | J | 支持Java程序加速 |
| M | 支持快速乘法器 | F | 支持浮点运算单元 |
| I | 支持嵌入式ICE调试 | -S | 综合版本，支持所有功能 |

例如，ARM7TDMI 表示基于 ARM 内核的第 7 个版本，支持 Thumb 指令集、片上调试、快速乘法器及嵌入式 ICE 调试；三星的 S3C2440A 芯片是 ARM920T-S 类型的处理器，表示 ARM 核版本是 9，支持所有的功能。

## 3.4.3　处理器的工作模式

在介绍 ARM 处理器工作模式之前，先了解一下 ARM 微处理器的两种工作状态：Thumb 状态和 ARM 状态。在 3.1 节和 3.2 节中都提到了 Thumb 指令集，这是一种 16 位的指令集，设计的目的是兼容一些 16 位及 8 位指令宽度的设备，方便用户处理。Thumb 状态就是一种执行 Thumb 指令集的状态，这种状态下的指令都是 16 位的，并且是双字节对齐的。还有一种是 ARM 状态，这是最常用的状态。ARM 状态下执行 32 位的 ARM 指令。绝大多数指令都是 ARM 状态下工作的。

ARM 微处理器可以在工作中随时切换状态。切换工作状态不会影响工作模式和寄存器的内容。但是 ARM 体系要求在处理器启动的时候应该处于 ARM 状态。ARM 处理器使用操作寄存器的 0 位表示工作状态，取值为 1 时代表 Thumb 状态，取值为 0 时代表 ARM 状态。可以使用 BX 指令切换状态。当处理器启动的时候操作寄存器取值为 0，保证默认进入 ARM 状态。

ARM 处理器支持 7 种工作模式，这对一些通用处理器来说确实有点多。不过，通过分析可以发现，ARM 的工作模式大多都是处理外部中断和异常的，只不过是对异常和中断的分类比较详细。ARM 处理器支持的 7 种工作模式见表 3-3。

表 3-3　ARM处理器支持的工作模式

| 工作模式名称 | 含　　义 |
| --- | --- |
| 用户模式（usr） | 正常的程序执行状态 |
| 快速中断模式（fiq） | 高速数据传输和通道处理 |
| 外部中断模式（irq） | 通用的中断处理 |
| 管理模式（svc） | 供操作系统使用（相当于x86体系的保护模式） |
| 数据访问终止模式（abt） | 供虚拟内存和存储保护使用 |
| 系统模式（sys） | 运行具有特权的操作系统任务 |
| 未定义模式（und） | 当执行不存在的指令时将进入该模式 |

系统软件和外部中断都可以改变 ARM 处理器的工作模式。应用程序运行在用户模式下，此时，一些被保护的资源是不能被用户访问的。除用户模式外，另外 6 种模式都称作特权模式。特权模式的响应代码由操作系统提供，用户是不能直接访问的。ARM 处理器定义了 31 个通用寄存器和 6 个状态寄存器。在不同的工作模式下，分配的寄存器是不同的。

当应用程序产生异常时，会引起处理器模式切换。例如，外部中断请求就是一种异常，处理器会进入 irq 模式。ARM 处理器允许同时产生多个异常，处理器会按照优先级来处理。ARM 处理器收到异常后，把当前模式下一条指令的地址存入 LR 寄存器，把 CPSR 寄存器内容复制到 SPSR 寄存器中，然后根据异常类型设置 CPSR 的运行模式，处理器进入对应的异常模式。异常处理结束后，处理器把 LR 寄存器保留的指令地址写回 PC 寄存器，然后复制 SPSR 内容到 CPSR 寄存器中。如果异常处理程序设置了中断屏蔽，则需要清除。经过这些步骤，处理器返回异常处理前的工作模式。

### 3.4.4　存储系统

嵌入式微处理器大多采用一种线性的存储管理模式，ARM 也是如此。这种管理模式的特点是，系统内所有的存储器和外部设备都被安排到一个统一的地址空间内，通过地址映射到不同的设备上，当访问某个设备时，只需要访问该设备映射的内存地址即可。线性地址空间便于对处理器的管理和用户操作。

当操作超过 8 位的数据时，存在两种不同的访问方法：大字端模式和小字端模式。这两种数据模式的表示方法如图 3-3 所示。

从图 3-3 中可以看出，两种模式的区别是读取数据的先后顺序不同。大字端模式第 1 字节数据在高位，小字端正好相反。通常，在网络上传输的数据都采用大字端模式，使用这种方式也称作网络序；此外，把小字端称作主机序。

对于一个 8 位数据来说，不存在大小字端的问题。但是，ARM 的数据宽度是 32 位，一次可以读写 32 位宽的数据大小字端的问题就必须要注意了，否则会造成数据读写错误。ARM 体系本身支持这两种存储方式，用户可以根据需要选择一种。

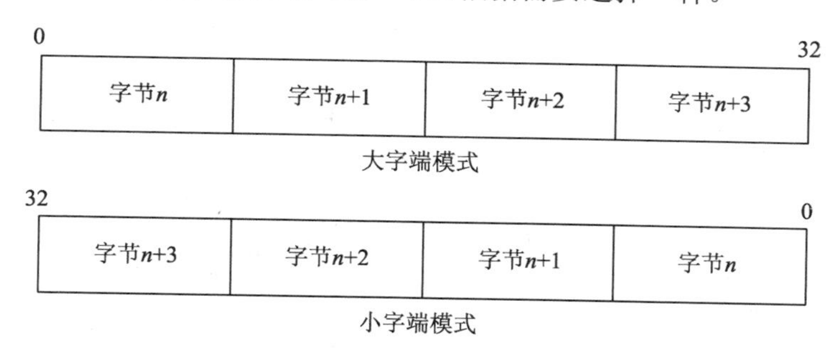


图 3-3　两种不同的数据存储模式

与存储体系有关的另一个概念是 MMU（Memory Manager Unit，内存管理单元）。ARM 使用了线性地址空间，当一个程序访问外部设备时，是通过访问一个内存地址实现的。如何知道用户访问的地址是外部设备还是一块内存，就需要 MMU 进行相应的转换。此外，现代计算机都支持虚拟内存，虚拟内存的空间远大于实际内存空间，此时也需要 MMU 进行虚拟地址到物理地址之间的映射。在 ARM 体系结构中，使用 CP15 寄存器配置 MMU。在移植操作系统时必须配置该寄存器。

ARM 处理器还有一项 FCSE（Fast Context Switch Extension，快速上下文切换）技术。该技术的特点是通过修改系统中不同进程的虚拟地址，避免在进程切换过程中物理地址和虚拟地址的映射，提高了进程的切换速度。FCSE 位于 CPU 和 MMU 之间，读者只需了解此项技术即可。

### 3.4.5　寻址方式

寻址就是根据指令中的地址码找出操作数地址的过程，是计算机进行数据处理的重要组成部分。对编写程序来说，不同的寻址方式是存取速度和存取空间权衡的一个考虑因素。本节将介绍 7 种常见的 ARM 处理器寻址方式。

#### 1. 立即寻址

在立即寻址方式中，操作数已经写在指令里，取出指令时会把操作数也取出来。这是最简单的寻址方式。举例如下：

```
SUBS R0, R0, #1                    ; R0 减 1 写回 R0
MOV R0, #0xff00                    ; 给 R0 赋值 0xff00
```

立即寻址使用“#”表示数值。

#### 2. 寄存器寻址方式

在寄存器寻址方式中，操作数存放在寄存器中，指令直接读取寄存器即得到操作数。举例如下：

```
MOV R1, R2                         ; 把 R2 的值赋给 R1
SUB R0, R1, R2                     ; 把 R1-R2 的值写入 R0
```

### 3．寄存器偏移寻址

寄存器偏移寻址方式是通过将寄存器的值移位来得到结果。举例如下：

```
MOV R0, R1, LSL #3          ; 把 R1 的值左移 3 位写入 R0，即 R0=R1*8
ANDS R0, R1, R2, LSL #R3    ; 把 R2 的值左移 R3 位，然后与 R1 做与操作，结果写入 R0
```

ARM 处理器支持的移位操作请参考表 3-4。

表 3-4　ARM处理器支持的移位操作

| 操 作 名 称 | 功　　能 |
| --- | --- |
| LSL（Logical Shift Left）逻辑左移 | 寄存器的二进制位从右往左移动，空出的位补0 |
| LSR（Logical Shift Right）逻辑右移 | 寄存器的二进制位从左往右移动，空出的位补0 |
| ASR（Arithmetic Shift Right）算术右移 | 在移位过程中保持符号位不变，如果源操作数为正数，则字的高端空出的位补0，否则补1 |
| ROR（Rotate Right）循环右移 | 将寄存器的低端移出的位填入字的高端空出的位 |
| RRX（Rotate Right eXtended by 1 place）带扩展的循环右移 | 操作数右移一位，高端空出的位用原C标志值填充 |

### 4．寄存器间接寻址

寄存器间接寻址方式是把寄存器的值当作地址，然后从对应的内存中取出数据。举例如下：

```
LDR R0, [R1]          ; 把 R1 的值当作地址，从内存中取出数据并存放到 R0 中
SWP R0, R0, [R1]      ; 把 R1 的值当作地址，从内存中取出数据并与 R0 交换
```

寄存器间接寻址方式类似于 C 语言的指针。

### 5．基址寻址

基址寻址方式把寄存器的内容与指定的偏移相加，得到数据地址，然后从内存中取得数据。举例如下：

```
LDR R0, [R1, #0xf]    ; 把 R1 的数值与 0xf 相加得到数据地址
STR R0, [R1, #-2]     ; 把 R1 的数值减 2 得到数据地址
```

基址寻址常用来访问基址附近的存储单元，如查表和数组操作等。

### 6．多寄存器寻址

多寄存器寻址方式允许一次可以传输多个寄存器的值。举例如下：

```
LDMIA R1!,{R2-R7,R12}; 把 R1 单元中的数据读出到 R2～R7 和 R12,R1 指定的地址自动加 1
STMIA R0!, {R3-R6,R10}; 把 R3～R6 和 R10 中的数据保存到 R0 指向的地址，R0 的地址自动
                        加 1
```

### 7．栈寻址

栈是一个特殊的数据结构，数据采取“先进后出”的方式。栈寻址通过一个栈指针寄存器寻址。举例如下：

```
STMFD SP!, {R0~R7, LR}      ; 把 R0～R7 和 LR 的内容压入堆栈
```

```
LDMFD SP!, {R0~R7, LR}        ；从堆栈中取出 R0～R7 和 LR 的数据
```

有关堆栈的更多操作可以参考 ARM 的指令手册，这里不再赘述。

# 3.5　ARM 的功能选型

随着嵌入式应用的发展，ARM 芯片的使用也不断增多。但是，由于 ARM 公司的技术授权，许多厂商都在生产基于 ARM 核的芯片，给用户的选择带来困扰。本节从 ARM 芯片的结构和功能出发，介绍在 ARM 芯片选型过程中需要注意的问题，并且最后会介绍几种 ARM 芯片。

## 3.5.1　ARM 的选型原则

基于 ARM 核的处理器众多，功能相差也很大。选型主要从应用角度出发，根据功能需求、是否有升级要求及成本等多方面考虑。下面从技术角度介绍 ARM 选型应考虑的因素。

### 1. ARM核心

不同的 ARM 核心性能差别很大，需要根据使用的操作系统选择 ARM 核心。使用 Windows CE 或者 Linux 之类的操作系统可以减少开发时间，但是至少需要选择 ARM720T 以上并且带有 MMU 的芯片，ARM920T 和 ARM922T 等核心的芯片都可以很好地支持 Linux。选择合适的 ARM 核心对移植和开发工作都有很大帮助。

### 2. 时钟控制器

ARM 芯片的处理能力起决定作用的是时钟速度。ARM7 核心每兆赫（MHz）的处理能力为 0.9MIPS（MIPS=百万条指令/秒），也就是说一个 ARM7 处理器时钟频率每提高 1MHz，在相同时间就能多处理 90 万条指令。ARM9 的处理能力比 ARM7 高，为 1.1MIPS/MHz。常见的 ARM7 处理器时钟频率为 20～133MHz。常见的 ARM9 处理器时钟频率为 100～233MHz。

不同的处理器，时钟处理方式也不同，在一个处理器上可以有一个或者多个时钟。使用多个时钟的处理器，处理器核心和外部设备控制器使用的是不同的时钟源。一般来说，一个处理器的时钟频率越高，处理能力也越强。

### 3. 内部存储器

许多 ARM 芯片都带有内部存储器 Flash 和 RAM。带有内部存储器的芯片，无论安装还是调试都很方便，而且减少了外围器件，降低了成本。但是内部存储器受到体积和工艺的限制不能做得很大。如果用户的程序不大，并且升级内容不多，那么可以考虑使用带有内部存储器的芯片。表 3-5 列出了几种常见的 ARM 芯片内部的存储容量。

表 3-5　常见的ARM芯片内部的存储容量

| 芯片型号 | 供应商 | Flash容量 | RAM容量 |
| --- | --- | --- | --- |
| AT91FR4081 | ATMEL | 1MB | 128KB |
| SAA7750 | Philips | 384KB | 64KB |
| HMS30C7202 | Hynix | 192KB | 无 |
| LC67F500 | Snayo | 640KB | 32KB |

从表 3-5 中可以看出，不同的芯片其内部存储容量差异很大。在选择一个芯片时可以参考该芯片的用户手册或硬件描述文档等。

#### 4．中断控制器

标准的 ARM 核仅支持快速中断（FIQ）和标准中断（IRQ）两种中断。芯片厂商在设计的时候，为了支持各种外部设备往往会加入自己的中断控制器，以方便用户的开发。外部中断控制是选择芯片的一个重要因素，一个设计合理的外部中断控制器可以减轻用户开发的工作量。例如，有的芯片把所有的 GPIO 口设计为可以作为外部中断输入，并且支持多种中断方式，这种设计极大简化了用户外围电路和系统软件的设计。如果外部中断很少，则用户需要采用轮询方式获取外部数据，降低了系统效率。

#### 5．GPIO

GPIO 的数量也是一个重要指标。嵌入式微处理器主要用来处理各种外围设备的数据，如果一个芯片支持较多的 GPIO 引脚，无疑对用户的开发和以后的扩展都留有很大余地。需要注意的是，有的芯片的 GPIO 是和其他功能复用的，在选择时应当考虑这一点。

#### 6．实时钟RTC

许多 ARM 芯片都提供了 RTC（Real Time Clock，实时钟控制器）这个功能。使用 RTC 可以简化设计，用户可以通过 RTC 控制器的数据寄存器直接得到当前的日期和时间。需要注意的是，有的芯片仅提供一个 32 位数，需要使用软件计算出当前的时间；有的芯片的 RTC 直接提供了年、月、日、时、分、秒格式的时间，如 S3C2440A 微处理器。

#### 7．串行控制器

串行通信是嵌入式开发必备的一个功能。用户在开发的时候都需要用到串口，查看或调试输出信息，甚至提供给客户的命令行界面也都是通过串口控制的。几乎所有的 ARM 芯片都集成了 UART 控制器，用于支持串口操作。如果需要很高波特率的串口通信，则需要特别注意，目前大多数 ARM 芯片内部集成的 UART 控制器波特率都不超过 25600bps。

#### 8．看门狗计数器

目前，几乎所有的 ARM 芯片都提供了看门狗计数器（WatchDog），操作也很简单。用户根据芯片的编程手册直接读写看门狗计数器相关的寄存器即可。

### 9．电源管理功能

ARM 芯片在电源管理方面设计得非常好，一般的芯片都有省电模式、睡眠模式和关闭模式。用户可以参考芯片的编程手册设计系统软件。

### 10．DMA控制器

一些 ARM 芯片集成了 DMA 控制器，可以直接访问磁盘等外部高速数据存储设备。如果用户设计一个影音播放器或者是机顶盒等，那么可以优先考虑集成 DMA 控制器的芯片。

### 11．$I^2C$接口

$I^2C$ 是常见的一种芯片间的通信方式，具有结构简单、成本低的特点。目前越来越多的 RAM 芯片都集成了 $I^2C$ 接口。与外部设备之间小量的数据传输可以考虑使用 $I^2C$ 接口。

### 12．ADC和DAC控制器

有的 ARM 芯片集成了 ADC 和 DAC 控制器，可以方便地与处理模拟信号的设备互联。开发电子测量仪器如电压电流检测及温度控制等都会用到 ADC 和 DAC 控制器。

### 13．LCD控制器

越来越多的嵌入式设备开始提供友好的界面，使用最多的就是 LCD 屏。如果需要向客户提供一个 LCD 屏界面，那么选择一个带有 LCD 控制器的芯片可以极大地降低开发成本。例如，S3C2440A 微处理器集成了一个彩色的 LCD 控制器，可以向用户提供更加友好的界面。

### 14．USB接口

USB（Universal Serial Bus，通用串行总线）是目前最流行的数据接口。在嵌入式产品中提供一个 USB 接口很大程度上方便了用户的数据传输。许多 ARM 芯片都提供了 USB 控制器，有些芯片甚至同时提供了 USB 主机控制器和 USB 设备控制器，如 S3C2440A 处理器。

### 15．$I^2S$接口

$I^2S$ 是 Integrate Interface of Sound 的简称，中文意思是集成音频接口。使用该接口可以把解码后的音频数据输出到音频设备上。如果是开发音频类产品，如 MP3，那么这个接口是必备的。S3C2440A 微处理器提供了一个 $I^2S$ 接口。

## 3.5.2　几种常见的 ARM 核处理器选型参考

介绍了 ARM 的功能选型以后，本节将介绍在不同领域里的几种 ARM 核芯片。

### 1. Intel的IXP处理器

IXP 系列处理器是 Intel 推出的针对网络处理的嵌入式芯片。该芯片基于 ARM5 内核，并且专门为基于网络应用设计的微引擎提供网络数据包转发功能。

中低端的 IXP 芯片有 IXP425 和 IXP1200 系列，高端的 IXP 芯片有 IXP2400 和 IXP2800 等系列。低端的 IXP 芯片主要用来设计家庭网关、SOHO 防火墙等，高端的 IXP 芯片可以支持 OC48 和 OC192 等电信网络，目前在许多电信设备如核心路由器及 GSM 基站中都有应用。

IXP 系列处理器具有内部部件多、处理能力强的特点，对于从事电信设备开发的读者可以深入了解。

### 2. Philips的LPC处理器

LPX21XX 系列处理器是飞利浦公司推出的基于 ARM7TDMI 内核的微控制器。其特点是体积小，集成了丰富的外部设备控制器，并且具有很强的处理和控制功能，在测量和工业控制领域有很多应用。

这里介绍一下 LPC2138 微控制器。该控制器集成了 512KB 的内部 Flash 存储器和 32KB 的 RAM、2 个 32 位定时器、2 个 10 位 8 路 ADC 控制器、1 个 10 位 DAC 控制器及 47 个 GPIO。此外，LPC2138 微控制器还集成了外部中断控制器、RTC、UART、$I^2C$ 和 SPI 等多种总线和控制器，还提供了两种电源管理模式；非常适合工业设备中的信号测量和设备控制。

国内使用 LPC 系列芯片开发的相对较少，感兴趣的读者可以从飞利浦的网站下载 LPC 微控制器的手册，该芯片入门简单。

### 3. 三星的S3C244X处理器

三星的 S3C244X 系列处理器是基于 ARM920T 内核的嵌入式微处理器。该处理器集成了丰富的外部控制器和多种总线，在消费类电子领域有广泛的应用。

### 4. ARM的Cortex-X4

Cortex-X4 系列是 ARM 在 2023 年 5 月推出的处理器架构。Cortex-X4 主打性能提升，相比 Cortex-X3，性能提升了 15%。

## 3.6 小　　结

本章介绍了 ARM 处理器的相关知识，包括微处理器和微控制器的概念与差异，介绍了 ARM 的体系结构特点和功能选型，最后给出了几个不同领域 ARM 核的芯片介绍。本章的内容偏于理论，读者需要了解相关名词和术语的概念，在后面章节中涉及具体应用的时候会用到。随着实践的增多，读者会不断加深对这些概念的理解。第 4 章将介绍嵌入式 Linux 的基本知识。

## 3.7 习　　题

### 一、填空题

1．微处理器可以根据应用领域大致分成________微处理器、________微处理器和微控制器。

2．ARM 的英文全称为________。

3．在 ARM 处理器中快速上下文切换技术的英文缩写为________。

### 二、选择题

1．在 ARM 处理器功能缩写中对 M 的解释正确的是（　　）。

A．长乘法指令集　　B．Thumb 指令集

C．增强 DSP 指令集　　D．其他

2．用于带借位的减法运算的指令是（　　）。

A．ADC　　B．SBC　　C．SUB　　D．其他

3．irq 的工作模式名称为（　　）。

A．用户模式　　B．快速中断模式

C．外部中断模式　　D．其他

### 三、判断题

1．传统的用户 ADSL 拨号上网设备多采用 DSP。（　　）

2．CISC 表示精简指令集。（　　）

3．ARM 微处理器的两种工作状态为 Thumb 状态和 ARM 状态。（　　）

### 四、操作题

1．使用指令实现 R0 = R1 + 200 的功能。

2．使用指令给 R0 赋值为 0xffff。

# 第 4 章　嵌入式 Linux

Linux 是嵌入式领域应用最广泛的操作系统之一。本书的主题也是嵌入式 Linux 开发，在具体开发之前，有必要了解嵌入式 Linux 系统相关的知识。本章将从嵌入式系统引入对 Linux 的介绍，主要内容如下：

- 什么是嵌入式操作系统；
- 常见的嵌入式操作系统对比；
- 嵌入式 Linux 操作系统入门；
- 常见的嵌入式 Linux 系统。

## 4.1　常见的嵌入式操作系统

嵌入式操作系统通俗地说就是为嵌入式系统设计的操作系统，是运行在嵌入式硬件上的一类系统软件。嵌入式系统负责管理系统资源，为用户提供调用接口，方便用户应用程序开发。一般来说，嵌入式操作系统是由启动程序（Bootloader）、内核（Kernel）和根文件系统（Root File System）组成的。通过特殊的烧录工具把编译好的嵌入式系统文件映像烧写到目标板的只读存储器（ROM）或者 Flash 存储器中。

一个嵌入式系统的好坏很大程度上决定了整个嵌入式系统的。按照实时性能，嵌入式操作系统可以分成实时系统和分时系统。实时系统主要用在控制和通信领域，分时系统主要用于消费类电子产品。本节将介绍几种常见的嵌入式操作系统。

### 4.1.1　VxWorks 简介

VxWorks 是美国 WindRiver 公司（国内也称为风河公司）开发的高性能实时嵌入式操作系统，其特点是使用了自己公司开发的 WIND 内核，具有很高的实时性。该系统支持多种处理器，包括 PowerPC、x86、MIPS 和 ARM 等，内核具备很好的裁剪能力，支持应用程序动态下载和链接。VxWorks 系统提供了强大的开发工具 Wind River Studio。此外 VxWorks 还具有很好的兼容性，其接口符合 POSIX（可移植操作系统接口）标准，用户可以把其他系统上的应用程序快速移植到 VxWorks 系统上，降低了开发难度。

VxWorks 系统内核是由进程管理、存储管理、设备管理、文件管理和网络协议等组成。VxWorks 内核占用很小的存储空间，最小的 WIND 内核可以配置到编译后仅有十几 KB 大小。因此 VxWorks 系统被用在美国的火星探测器上，可见其稳定性和实时性确实很高。

国内最早在 1996 年引进 VxWorks 系统，其主要应用在通信、国防、工业控制和医疗设备领域。VxWorks 系统是研究嵌入式操作系统的一个很好的平台，但它是一个商业操作系统，开发和使用成本都非常高。

### 4.1.2　Windows CE 简介

Windows CE 是微软公司为嵌入式产品设计的一种嵌入式操作系统，主要针对需要多线程、多任务而且资源有限的设备。该系统采用模块化设计，开发人员可以定制不同的功能。Windows CE 系统支持丰富的外部硬件设备，包括键盘、鼠标、触摸板、串口、网口、USB 和音频设备等，并且该系统与 Windows 的图形界面一致，提高了用户体验。

Windows CE 的最大特点就是支持上千个微软 Win32 编程接口（Microsoft Win32 API）。在 Windows 环境下开发过应用程序的开发人员可以很快地熟悉 Windows CE。此外，Windows CE 还支持 PC 上的模拟器，开发人员可以从模拟器上开发应用，调试完毕后再下载到目标板执行，提高了开发效率。

Windows CE 系统设计简单、灵活，主要应用在各种小型设备如掌上电脑、餐厅点餐器等设备上。

### 4.1.3　PalmOS 简介

Palm 是 3Com 公司开发的一种掌上电脑产品。PalmOS 是为该产品专门设计的一种 32 位嵌入式操作系统。它在设计的时候就充分地考虑了掌上电脑资源紧张的情况，因此适合内存较小的掌上电脑使用。除此之外，PalmOS 提供了一个开放的操作系统接口，其他厂商和用户可以为其编写应用程序。

PalmOS 最大限度地考虑了节能和硬件资源问题，提供了良好的电源管理功能和合理的内存管理功能。Palm 设备的内存都是可读写的 RAM，因此访问速度非常快。此外，PalmOS 还有很强的同步能力，可以与 PC 同步数据。

### 4.1.4　Android 简介

Android 是一种基于 Linux 内核的自由及开放源代码的操作系统，最初由安迪•鲁宾开发，主要使用在移动设备，如智能手机和平板电脑上。2022 年 5 月 12 日，谷歌在举办的 I/O 开发者大会上正式发布 Android 13。以下是 Android 操作系统的优点。

- 开放性：平台允许任何移动终端厂商加入 Android 联盟。显著的开放性使其拥有更多的开发者。开放性对于 Android 发展而言有利于积累人气，这里的人气包括消费者和厂商，而对于消费者来讲，最大的受益正是丰富的软件资源。开放的平台也会带来更大的竞争，如此一来，消费者将可以用更低的价位购得心仪的手机。
- 丰富的硬件：由于 Android 的开放性，众多的厂商会推出功能各具特色的多种产品。功能上的差异却不会影响数据同步甚至软件的兼容。
- 方便开发：Android 平台为第三方开发商提供了一个十分宽泛、自由的环境，不会受到各种条件的限制，由此激发了很多新颖别致的软件诞生。

# 4.2　嵌入式 Linux 操作系统

4.1 节介绍的几种嵌入式操作系统都是商业系统。虽然它们有良好的性能和开发工具支持，但是对于学习嵌入式开发的人来说，无论从成本和学习难度而言都是不小的挑战。本节将介绍著名的 Linux 操作系统及其在嵌入式领域的应用。

## 4.2.1　什么是 Linux

许多读者可能都听说过 Linux 操作系统。Linux 系统是一个免费使用的类似 UNIX 的操作系统，最初运行在 x86 架构的处理器。Linux 最初由芬兰的一位计算机爱好者 Linus Torvalds 设计开发，经过多年的发展，现在该系统已经是一个非常庞大、功能完善的操作系统。Linux 系统的开发和维护是由分布在全球各地的数万名程序员完成的，这得益于它的源代码开放的特性。

与商业系统相比，Linux 系统在功能上一点都不差，甚至在许多方面要超过一些著名的商业操作系统。Linux 不仅支持丰富的硬件设备、文件系统，更主要的是它提供了完整的源代码和开发工具。对于嵌入式开发来说，使用 Linux 系统可以帮助用户从底层了解嵌入式开发的全过程，以及一个操作系统内部是如何运作的。学习 Linux 系统开发对初学者有很大的帮助。

## 4.2.2　Linux 与 UNIX 的不同——GPL 版权协议简介

UNIX 是一种商业系统的名称，也是注册商标，有严格的商业版权。Linux 系统在界面、功能方面与 UNIX 很相似，但是在版权方面有很大不同。Linux 使用了 GNU 的 GPL（General Public License，GPL）版权协议，实际上，Linux 系统的发展很大程度上也依赖 GPL 版权协议。GNU 是美国自由软件基金会创建的一个非营利组织，致力于设计和推广自由软件，它的所有软件都是基于 GPL 版权协议的。

GPL 是自由软件基金会为促进开放源代码软件发展而设计的一种版权协议。GPL 版权协议规定，使用该协议的软件作者必须公开全部源代码，源代码的版权归作者所有。GPL 还规定，使用带有 GPL 版权协议的软件，必须公开源代码且遵守 GPL 版权协议。从 GPL 版权协议中可以看出，它是一种递归的定义，凡是采用 GPL 版权协议的软件，按照协议的规定无论如何发展，最终都是开放源代码的。

GPL 版权协议仅是多种软件协议中的一种，实际上，开放源代码的版权协议还有许多。与传统的商业软件不开放源代码相比，采用 GPL 版权协议的开放源代码（简称开源）软件对于用户的影响很大。用户可以自由加入某个软件开发中，不断地升级和开发新的软件和功能，极大地促进了软件行业的发展。同时，普通用户也可以读到一些顶尖高手编写的程序，从中学习，这也是 GPL 版权协议的一个初衷。

在自由软件基金会的推动下涌现出了无数的自由软件，其中最重要的是 GCC 编译器。自由软件基金会开发的软件全部采用了 GPL 版权协议，因此使用 GCC 这样的编译器开发的程序也是开源的，这种模式推动自由软件迅速发展起来。

由于 Linux 的开发使用了 GNU 的编译器和程序库，所以 Linux 顺理成章地就是基于 GPL 版权协议的开源软件了。由于 GPL 版权协议的特点，一些厂商不愿意加入开源软件中。因为 Linux 环境下的所有程序都是基于 glibc 库和 GCC 编译器开发的，所以必须是开源的。为此，GNU 为商业软件厂商设计了一种 LGPL 版权协议，意思是受到限制的版权协议，允许不开放源代码。LGPL 版权协议的出现对设备厂商是很有利的，他们可以使用 LGPL 版权协议开发 Linux 系统下的驱动程序而不用担心竞争对手得到设备的详细信息。

### 4.2.3　Linux 发行版

Linux 系统是开放的，任何人都可以制作自己的系统，因此许多厂商和个人都在发行自己的 Linux 系统。据统计，目前，Linux 的发行版已经超过上百种，而且还在不断增加。如此多的发行版，对于任何一个人来说都是不可能学全的，本节将介绍几种国内常见的 Linux 发行版供读者参考。

#### 1．Red Hat

目前，世界上使用量最多的 Linux 发行版可能就是 Red Hat 公司的 Linux 发行版了。Red Hat 公司发行了两个系列的 Linux 发行版。其中，Red Hat Enterprise Linux（RHEL）是企业版本，是一种收费的 Linux 发行版；还有一种 Red Hat Fedora Core 是由自由软件社区维护的免费版本。Red Hat 公司推荐使用 RHEL 版本。

Red Hat 公司出品的 Linux 发行版的特点是用户数量多，因此在遇到问题时有众多的技术支持资源。此外，Red Hat 开发了自己的 rpm 软件包管理器，其也是 Linux 系统上使用最多的软件管理器。读者可以通过网络下载或者到软件商店购买 Red Hat 的发行版。

#### 2．Debian

Debian 是自由软件社区使用最多的发行版。Debian 的发行是最遵守 GNU 规范的，它的系统把每个版本都分成 stable（稳定版）、testing（测试版）和 unstable（不稳定版）。其中：unstable 版包含最新的软件包，但是不保证系统是稳定的，适合桌面用户使用；testing 是正在测试的版本，相对 unstable 较稳定；stable 是经过测试的稳定版本，适合服务器或者软件开发者使用。

Debian 开发了自己的软件包管理器 dpkg，并且充分利用了网络的优势，软件包可以从网络上下载，通过配置 apt 服务可以获取指定的软件包。dpkg 比 rpm 方便许多，用户不用从网络上查找软件包，然后下载到本地再安装。在 Debian 系统中，配置好服务器地址，通过 apt-get 命令就可以得到软件包和依赖的库等。

Debian 使用比较方便，但是相对其他发行版的安装过程比较麻烦，新手往往在安装系统时会遇到许多麻烦。该系统可以从官方网站下载。

#### 3．Ubuntu

Ubuntu 是基于 Debian 的一个 Linux 发行版。Ubuntu 最大的特点就是继承了 Debian 强大的软件包管理，并且安装非常容易。此外，Ubuntu 的更新速度也比 Debian 快，新的软件包很快就被集成到 Ubuntu 系统中。

通过 Ubuntu 系统，Linux 用户不用烦琐地去找一个软件包，只需要配置好更新的服务器地址，通过简单的命令就可以更新经过验证的最新软件包。此外，Ubuntu 的图形界面在目前主流的 Linux 发行版中也是最完善的，对桌面用户来说，安装和使用都非常容易。

笔者的主机安装的 Linux 系统都是基于 Ubuntu 发行版，读者可以从官方网站获取最新的版本。第 5 章会详细介绍 Ubuntu。

### 4.2.4　常见的嵌入式 Linux 系统

在 4.2.3 节介绍的都是安装在 PC 上的 Linux 发行版，本节介绍几种嵌入式领域用到的 Linux 系统，通常这些发行版统称为“嵌入式 Linux 系统”。

#### 1. RT-Linux嵌入式系统

RT 是英文 RealTime 的简写，中文意思是实时。RT-Linux 系统强调的是实时处理能力。该系统的设计思想是在 Linux 内核之外设计了一个精巧的内核，把传统的 Linux 作为一个应用程序去执行。用户程序也可以和传统的内核并列工作，由新设计的实时内核统一调度，达到了良好的实时性。RT-Linux 的设计思想既兼顾了实时调度，又保留了 Linux 内核的强大功能，是一种优秀的嵌入式 Linux 系统。

RT-Linux 系统已经被运用在航天飞机数据采集和科学测量领域。

#### 2. μClinux嵌入式系统

Linux 内核本身支持 MMU（内存管理单元），对于一些没有 MMU 的处理器，Linux 无法在其上工作。μClinux 是针对这类没有 MMU 的处理器设计的，它去掉了传统 Linux 内核的 MMU 功能，并且移植到了多种平台上。

由于没有 MMU 支持，任务调度的难度加大。μClinux 的设计非常精巧，很好地解决了多任务调度的问题。另外，μClinux 的代码很少，但是保留了 Linux 内核的许多优点。μClinux 应用在许多小型的嵌入式系统中。

## 4.3　小　　结

本章介绍了嵌入式 Linux 系统的入门知识及一些常见的嵌入式操作系统。嵌入式 Linux 系统是新兴的一门技术，还在不断地发展。目前的嵌入式 Linux 系统种类繁多，但是万变不离其宗。读者在了解这些系统的同时，重点需要掌握基本的 Linux 系统的相关知识。第 5 章将介绍如何搭建嵌入式 Linux 开发环境。

# 4.4 习　题

## 一、填空题

1．嵌入式操作系统是由________、核心和________组成的。
2．VxWorks 是美国________公司开发的。
3．Palm 是________公司开发的一种掌上电脑产品。

## 二、选择题

1．VxWorks 系统提供的集成开发工具为（　　）。
A．Tornado　　B．Torn　　C．vs　　D．其他
2．对 Linux 介绍错误的是（　　）。
A．Linux 系统是收费使用的
B．Linux 最初运行在 x86 架构的处理器
C．Linux 最初由 Linus Torvalds 设计开发
D．其他
3．以下 Linux 发行版不包含（　　）。
A．Red Hat　　B．Debian　　C．Ubuntu　　D．RT-Linux

## 三、判断题

1．GPL 版权协议的英文全称为 GPL Public License。（　　）
2．Ubuntu 是基于 Red Hat 的一个 Linux 发行版。（　　）
3．μClinux 是针对有 MMU 的处理器设计的。（　　）

# 第 5 章　软件开发环境搭建

工欲善其事，必先利其器。在进行嵌入式软件开发之前，必须建立一个开发环境。开发环境包括操作系统、编译器、调试器、集成开发环境和各种辅助工具等。嵌入式 Linux 开发需要在主机上开发目标系统的程序，建立主机开发环境可以在 Linux 系统中也可以在 Windows 系统中。在这两种系统中建立开发环境各有利弊，本章将介绍如何在 Linux 系统和 Windows 系统中搭建嵌入式开发环境，主要内容如下：

- ❑ 如何安装独立的 Linux 发行版；
- ❑ 如何搭建 Linux 发行版下的开发环境；
- ❑ 如何在 Windows 系统中安装 Linux 系统模拟环境；
- ❑ Linux 系统的常用命令和工具简介；
- ❑ Windows 系统的常用工具简介；
- ❑ ADS 集成开发环境简介。

## 5.1　安装 Linux 系统

本节介绍如何在虚拟机中安装 Linux 系统。目前的 Linux 系统发行版有许多，Ubuntu Linux 界面友好，软件安装配置简单，适合初学者学习使用。本节使用 Ubuntu Linux 22.04 发行版本作为嵌入式 Linux 开发的主机环境。

### 5.1.1　安装 Ubuntu Linux

以下是在虚拟机中安装 Ubuntu Linux 的具体操作步骤。

（1）打开虚拟机，这里使用的是 VMware Workstation 虚拟机软件。

（2）在菜单栏中选择“文件”|“新建虚拟机”命令，弹出“新建虚拟机向导——欢迎使用新建虚拟机向导”对话框，选择“典型（推荐）”复选框。

（3）单击“下一步”按钮，弹出“新建虚拟机向导——安装客户机操作系统”对话框。选择“稍后安装操作系统”复选框，如图 5-1 所示。

（4）单击“下一步”按钮，弹出“新建虚拟机向导——选择客户机操作系统”对话框，如图 5-2 所示。在“客户机操作系统”下方选择 Linux 复选框，在“版本”下方选择 Ubuntu 64 位。

（5）单击“下一步”按钮，弹出“新建虚拟机向导——命名虚拟机”对话框，如图 5-3 所示。这里可以输入虚拟机的名称并设置虚拟机所在的位置。

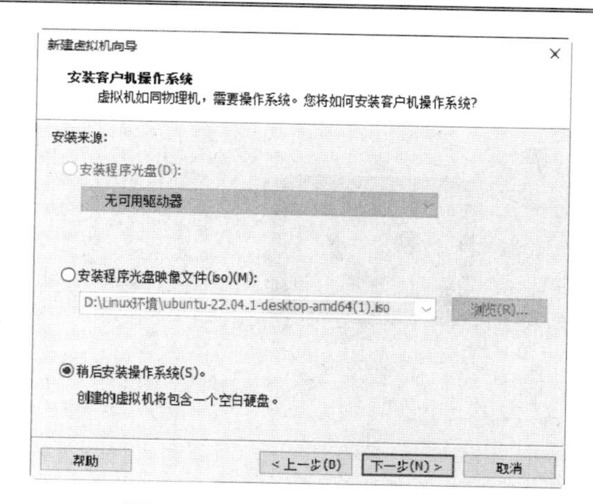


图 5-1 “新建虚拟机向导——安装客户机操作系统”对话框

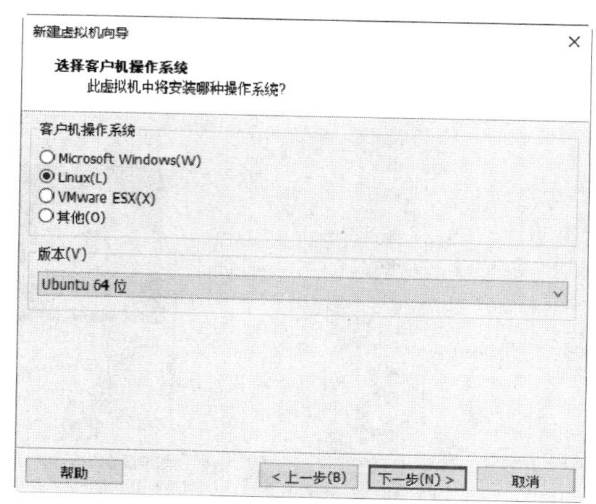


图 5-2 “新建虚拟机向导——选择客户机操作系统”对话框

（6）单击“下一步”按钮，弹出“新建虚拟机向导——指定磁盘容量”对话框，如图 5-4 所示。将最大磁盘大小设置为 20.0，选择“将虚拟磁盘拆分成多个文件”复选框。

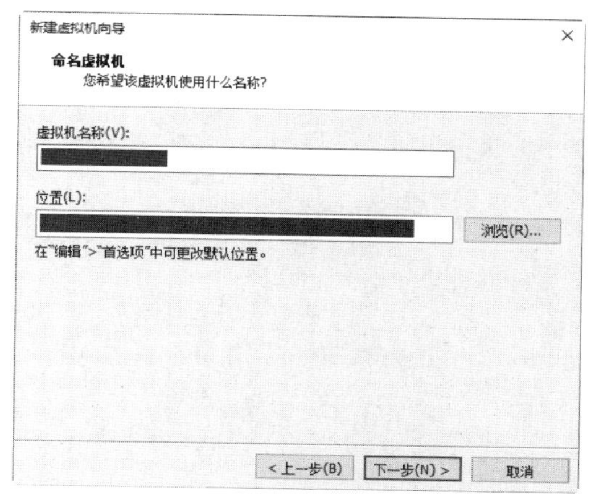


图 5-3 “新建虚拟机向导——命名虚拟机”对话框

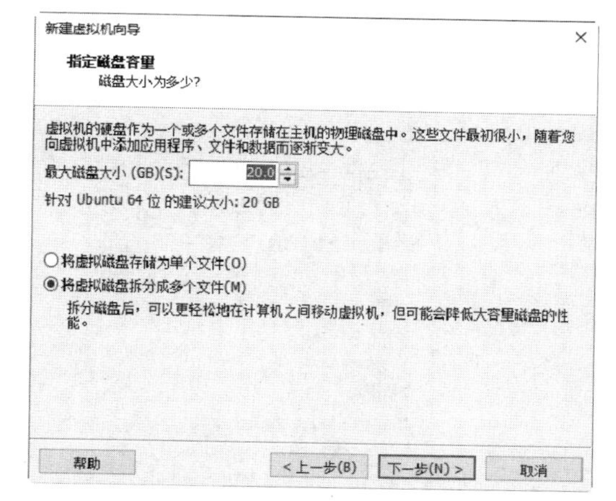


图 5-4 “新建虚拟机向导——指定磁盘容量”对话框

（7）单击“下一步”按钮，弹出“新建虚拟机向导——已准备好创建虚拟机”对话框，单击“完成”按钮。此时在“我的计算机”列表中将出现当前创建的虚拟机的名称。右击此名称，在弹出的快捷菜单中选择“设置”命令，弹出“虚拟机设置”对话框，在此对话框中，选择“CD/DVD（SATA）”选项，在右侧的面板中，将“连接”下方的“使用 ISO 映像文件”复选框选中，在文本框中输入下载的 ubuntu-22.04.1-desktop-amd64.iso 的所在地址。设置完毕后，单击“确定”按钮。

（8）通过 Ubuntu Live CD 引导计算机，屏幕上将会弹出“欢迎”对话框，如图 5-5 所示。

选择语言为“中文（简体）”，以后的安装程序都会使用简体中文作为界面操作语言。

（9）选择好语言后，可以看到有“试用 Ubuntu”和“安装 Ubuntu”两个选项，这里选择“安装 Ubuntu”选项，弹出“键盘布局”对话框。

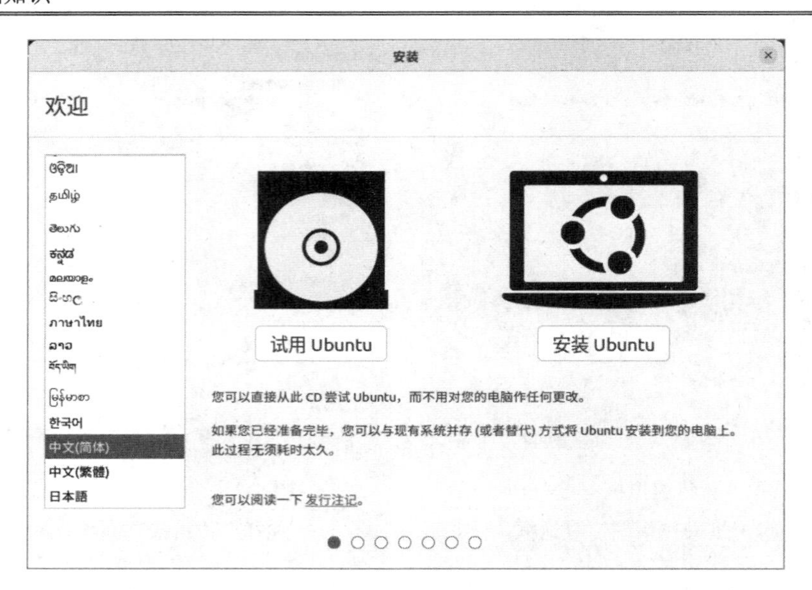


图 5-5　“欢迎”对话框

（10）单击“继续”按钮，弹出“更新和其他软件”对话框，选择“正常安装”和“安装 Ubuntu 时下载更新”复选框，如图 5-6 所示。

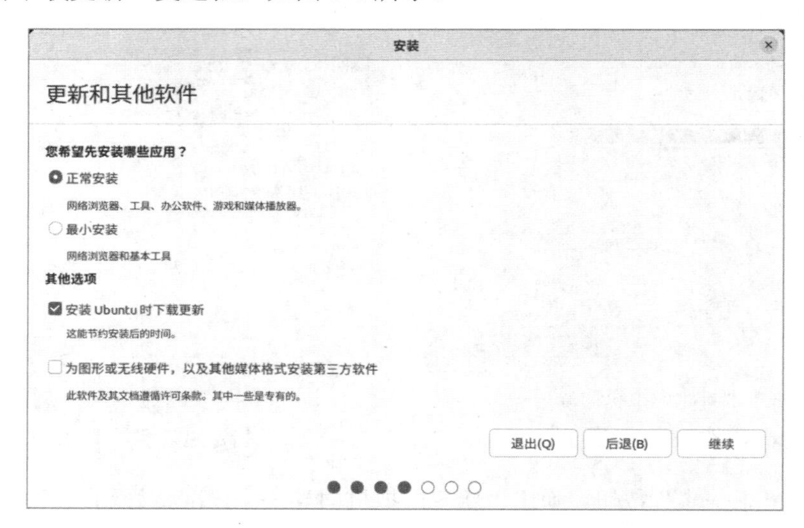


图 5-6　“更新和其他软件”对话框

（11）单击“继续”按钮，弹出“安装类型”对话框，选择“清除整个磁盘并安装 Ubuntu”复选框。

（12）单击“现在安装”按钮，弹出“将改动写入磁盘吗？”对话框。

（13）单击“继续”按钮，弹出“您在什么地方？”对话框，选择中国地图，默认在上海。

（14）单击“继续”按钮，弹出“您是谁？”对话框，如图 5-7 所示。在其中设置姓名、计算机名、用户名和密码。所有设置都可以自定义，单击“继续”按钮，等待安装完成。

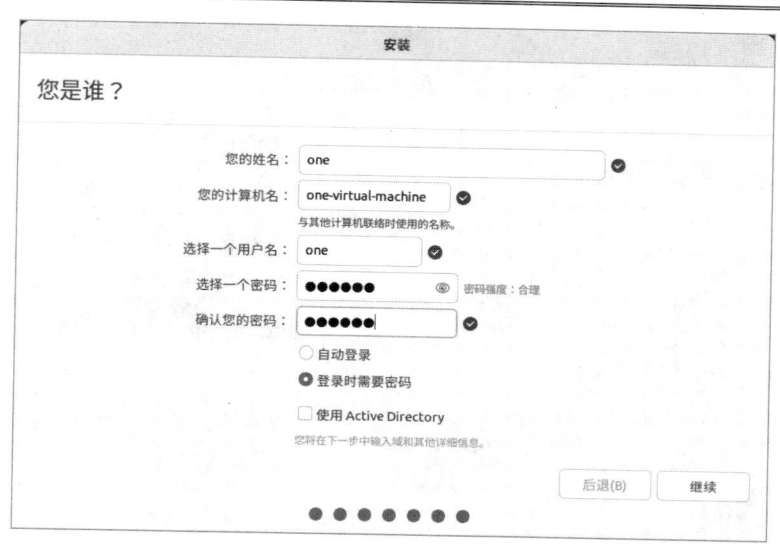


图 5-7　“您是谁？”对话框

（15）安装完毕后，系统将提示重新启动。单击“现在重启”按钮，重新启动计算机。

（16）重新启动后，计算机会进入 Ubuntu 系统登录界面，输入之前设置的密码后就可以进入 Ubuntu 系统界面了。到此为止，一个全新的 Ubuntu 系统就安装完毕了。

## 5.1.2　安装和卸载软件

Ubuntu Linux 使用了 apt 管理软件包。apt 是一种软件包管理器，其最大的特点就是可以从网络上安装软件包，并且能自动获取每个软件包的依赖关系，确保正确安装所需的软件包。

Ubuntu 安装和卸载软件都非常方便，使用 apt-get 命令可以完成对软件的管理，具体格式如下：

```
apt-get install <软件包名称>
apt-get uninstall <软件包名称>
```

其中，软件包名称不包括版本。例如，安装 SSH 服务器和客户端只需要在终端输入 sudo apt-get install ssh 命令，然后按 Enter 键，系统会搜索本地的软件包数据库，如果没有发现软件包，则从源查找，然后给出提示，如果用户需要继续安装，输入 Y，然后按 Enter 键即可开始安装。

卸载软件的过程与安装过程基本相同，这里不再赘述。

## 5.1.3　配置系统服务

在 Ubuntu 下配置系统服务非常简单，只需要一个名称为 sysv-rc-conf 的软件包。使用 sudo apt-get install sysv-rc-conf 命令安装软件包，安装完毕后在 shell 终端输入 sudo sysv-rc-conf 命令，将会弹出一个文本界面。其中，最左边是系统的服务名称，右边依次是系统运行级别 1～6。每个系统服务在对应的系统级别下都可以选择 X，表示在该级别下启动，去掉 X 表示不启动。

用户根据需要选择以后，输入字母 q 保存并退出。

### 5.1.4　安装主要的开发工具

Ubuntu Linux 把主要的开发工具打包放在一起，安装的时候直接安装一个软件包就可以把基本的开发工具和程序都装到系统内。

（1）安装主要的开发工具。在控制台界面输入 sudo apt-get install build-essential 后按 Enter 键，系统给出提示如下：

```
$ sudo apt-get install build-essential
正在读取软件包列表... 完成
正在分析软件包的依赖关系树... 完成
正在读取状态信息... 完成
将会同时安装下列软件：
  binutils binutils-common binutils-x86-64-linux-gnu dpkg-dev fakeroot g++
  g++-11 gcc gcc-11 libalgorithm-diff-perl libalgorithm-diff-xs-perl
  libalgorithm-merge-perl libasan6 libatomic1 libbinutils libc-dev-bin
  libc-devtools libc6-dev libcc1-0 libcrypt-dev libctf-nobfd0 libctf0
  libdpkg-perl libfakeroot libfile-fcntllock-perl libgcc-11-dev libitm1
  liblsan0 libnsl-dev libquadmath0 libstdc++-11-dev libtirpc-dev libtsan0
  libubsan1 linux-libc-dev lto-disabled-list make manpages-dev rpcsvc-proto
建议安装：
  binutils-doc debian-keyring g++-multilib g++-11-multilib gcc-11-doc
  gcc-multilib autoconf automake libtool flex bison gcc-doc gcc-11-multilib
  gcc-11-locales glibc-doc git bzr libstdc++-11-doc make-doc
下列【新】软件包将被安装：
  binutils binutils-common binutils-x86-64-linux-gnu build-essential
dpkg-dev
  fakeroot g++ g++-11 gcc gcc-11 libalgorithm-diff-perl
  libalgorithm-diff-xs-perl libalgorithm-merge-perl libasan6 libatomic1
  libbinutils libc-dev-bin libc-devtools libc6-dev libcc1-0 libcrypt-dev
  libctf-nobfd0 libctf0 libdpkg-perl libfakeroot libfile-fcntllock-perl
  libgcc-11-dev libitm1 liblsan0 libnsl-dev libquadmath0 libstdc++-11-dev
  libtirpc-dev libtsan0 libubsan1 linux-libc-dev lto-disabled-list make
  manpages-dev rpcsvc-proto
升级了 0 个软件包，新安装了 40 个软件包，要卸载 0 个软件包，有 28 个软件包未被升级。
需要下载 54.1 MB 的归档。
解压缩后会消耗 186 MB 的额外空间。
您希望继续执行吗？ [Y/n]
```

系统将会提示需要安装的软件包列表及必须安装的软件包，最后询问是否安装。输入 y，按 Enter 键继续安装，等待几分钟后，安装完毕。

（2）检查开发工具是否安装成功。在控制台中输入 gcc --version 命令后按 Enter 键，将会显示 GCC 的版本信息：

```
$ gcc --version
gcc (Ubuntu 11.3.0-1ubuntu1~22.04) 11.3.0
Copyright (C) 2021 Free Software Foundation, Inc.
This is free software; see the source for copying conditions.  There is NO
warranty; not even for MERCHANTABILITY or FITNESS FOR A PARTICULAR PURPOSE.
```

如果控制台输出 GCC 的版本信息，证明 GCC 编译器安装成功。然后在控制台输入 gdb --version 命令后按 Enter 键，将会显示 gdb 的版本信息：

```
$ gdb --version
GNU gdb (Ubuntu 12.0.90-0ubuntu1) 12.0.90
Copyright (C) 2022 Free Software Foundation, Inc.
License GPLv3+: GNU GPL version 3 or later <http://gnu.org/licenses/
gpl.html>
This is free software: you are free to change and redistribute it.
There is NO WARRANTY, to the extent permitted by law.
```

如果输出以上 gdb 版本信息，则证明 gdb 调试器已经成功安装。GNU 的命令行程序几乎都有一个--version 参数，使用这个参数可以输出程序的版本信息，以后安装的程序也可以使用这个方法检查是否安装成功。

☎提示：读者安装的软件版本可能与上面列出的略有差异，这是因为 Ubuntu 会不定期地更新软件版本，尤其是一些比较大或者重要的软件。

### 5.1.5　安装其他开发工具

主要开发工具安装完毕后，仅能保证编译和调试程序。对于大部分开源软件来说，还需要安装 autoconf 和 automake 等工具。其他工具的安装命令如下：

```
sudo apt-get install autoconf automake          // 生成工程 Makefile 的工具
sudo apt-get install flex bison                 // 词法扫描分析工具
sudo apt-get install manpages-dev               // C 语言函数用户手册
// 其他程序的用户手册
sudo apt-get install binutils-doc cpp-doc gcc-doc glibc-doc stl-manual
```

以上程序的安装与主要的开发工具的方法相同，这里不再赘述。

## 5.2　运行在 Windows 上的 Linux 系统

对于多数没有使用过 Linux 系统的读者来说，初次使用 Linux 开发会遇到许多问题。初学者可以在 Windows 系统中使用类似 Linux 的模拟环境熟悉一下。此外，在 Linux 模拟环境下可以完成大多数的操作。关于 Windows 的 Linux 模拟环境有许多，其中应用最广泛的是 Cygwin 系统。

### 5.2.1　什么是 Cygwin

Cygwin 是 Cygnus 公司开发的运行在 Windows 平台上的 Linux 系统模拟环境，该软件是自由软件。Cygwin 对学习 Linux 的使用，以及 Windows 和 Linux 系统之间应用程序的移植都有很大帮助。在嵌入式开发领域，Cygwin 已被越来越多的开发人员所使用。

Cygwin 的设计思想十分巧妙。与其他工具不同的是，Cygwin 没有逐个把 Linux 中的工具移植到 Windows 系统，而是在 Windows 系统中设计了一个 Linux 系统调用中间层。Linux 系统调用中间层的作用是在 Windows 系统中模拟 Linux 系统调用，之后只需要把 Linux 中的工具在 Windows 系统中重新编译，做一些较小的修改即可移植到 Windows 系统中。

Cygwin 几乎将 Linux 系统常用的开发工具都移植到了 Windows 系统中，使用户感觉就像在 Linux 系统中工作一样，为用户在 Windows 环境下开发 Linux 程序提供了保障。

### 5.2.2　安装 Cygwin

Cygwin 的安装比较简单。其安装程序需要从其官方网址 http://www.cygwin.com/上下载（文件名为 setup.exe）。Cygwin 支持网络在线安装和从本地安装两种模式。由于 Cygwin 的服务器在国外，建议国内用户下载 Cygwin 的本地安装包从本地安装。如图 5-8 所示为安装包解压缩后的文件结构。其中，setup.ini 是安装程序的配置文件，release 目录存放的是软件包。

图 5-8　Cygwin 安装文件

（1）双击 setup.exe 文件，弹出 Cygwin 安装对话框，如图 5-9 所示，提示用户开始安装 Cygwin。图 5-9 中标出了安装程序的版本。

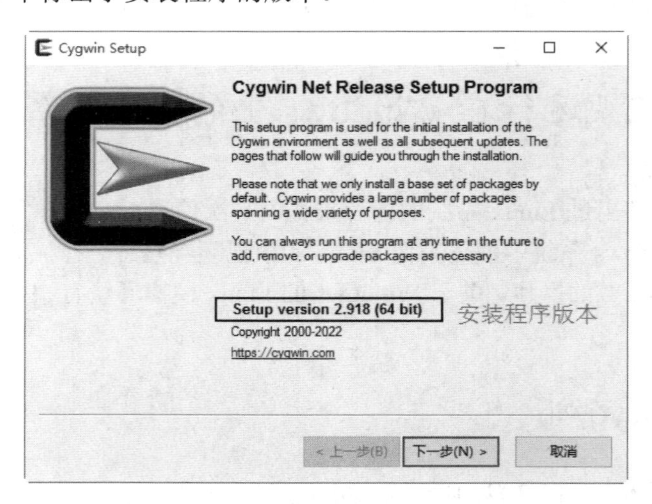


图 5-9　Cygwin 安装对话框

（2）单击“下一步”按钮，弹出选择安装源对话框，如图 5-10 所示。

在其中选择 Install from Local Directory 单选按钮，表示从本地磁盘安装。

（3）单击“下一步”按钮，弹出安装目标选择对话框，如图 5-11 所示。默认的安装目录是 C:\cygwin64，用户可以自行选择其他目录，这里使用默认目录，其他选项均使用默认。

Cygwin Setup - Choose Installation Type
Choose A Download Source
Choose whether to install or download from the internet, or install from files in a local directory.
Install from Internet
(downloaded files will be kept for future re-use)
Download Without Installing
Install from Local Directory
从本地磁盘安装
< 上一步(B)
下一步(N) >
取消

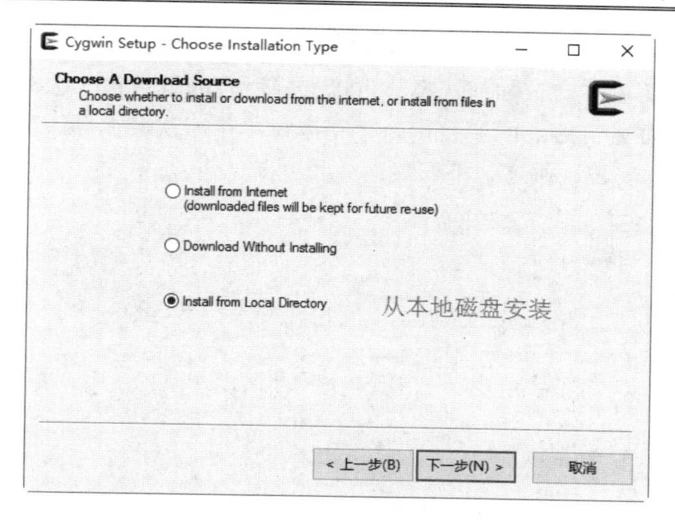

图 5-10　选择安装源

Cygwin Setup - Choose Installation Directory
Select Root Install Directory
Select the directory where you want to install Cygwin. Also choose a few installation parameters.
Root Directory
C:\cygwin64
Browse...
Install For
All Users (RECOMMENDED)
所有用户都可以访问
Cygwin will be available to all users of the system.
Just Me
Cygwin will still be available to all users, but Desktop Icons, Cygwin Menu Entries, and important Installer information are only available to the current user. Only select this if you lack Administrator privileges or if you have specific needs.
< 上一步(B)
下一步(N) >
取消

图 5-11　选择安装目标

（4）单击“下一步”按钮，弹出选择软件包源路径对话框，如图 5-12 所示。

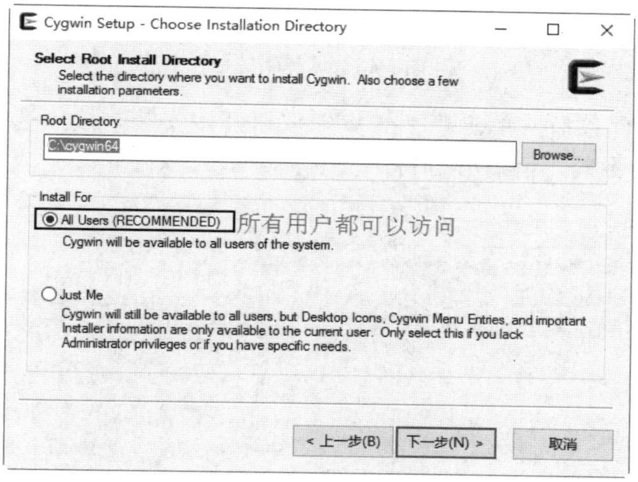

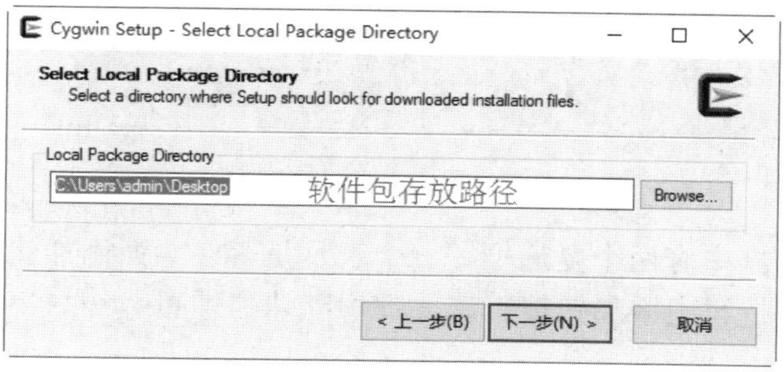

Cygwin Setup - Select Local Package Directory
Select Local Package Directory
Select a directory where Setup should look for downloaded installation files.
Local Package Directory
C:\Users\admin\Desktop
软件包存放路径
Browse...
< 上一步(B)
下一步(N) >
取消

图 5-12　选择软件包路径

选择软件包的存放路径为 setup.ini 所在的目录。

（5）单击“下一步”按钮，弹出软件包选择对话框，如图 5-13 所示。软件包可以使用默认的选项，如果不知道应该如何选择，可以选择所有的软件包。选择软件包的方法是，单击软件包名称后面的 Default 字符串，字符串每单击一次会循环改变为 Install、Skip、Uninstall，分别表示安装、跳过、不安装。

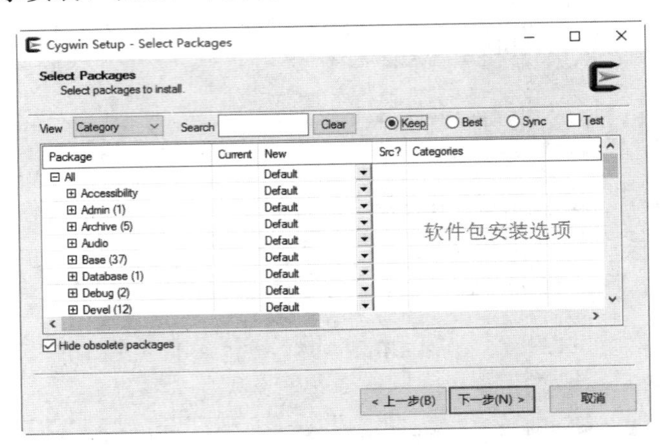


图 5-13　选择软件包

（6）选择好软件包后，单击“下一步”按钮开始安装。按照选择软件包的多少，安装时间长短也会不同，请耐心等待。安装完毕后，弹出安装完成对话框，如图 5-14 所示。

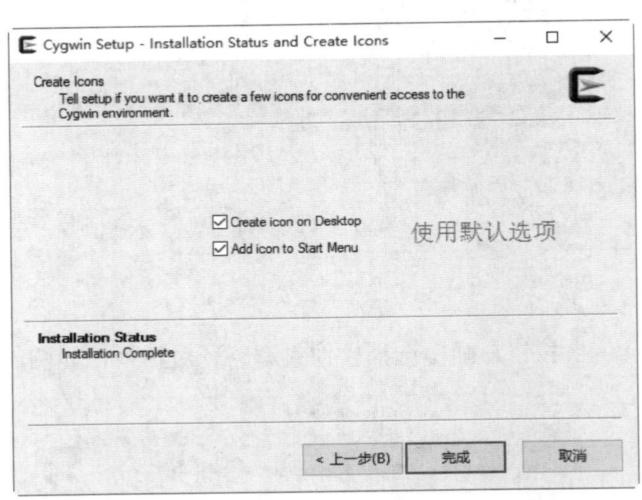


图 5-14　Cygwin 安装完成

安装完成对话框中有两个复选框，一个表示是否在桌面添加快捷方式，另一个表示是否在“开始”按钮中添加快捷方式，使用默认值即可。然后单击“完成”按钮完成安装。

（7）Cygwin 安装完成后，需要验证安装是否成功。依次选择“开始” | “所有程序” | Cygwin | Cygwin Terminal 命令，进入 Cygwin 主界面，如图 5-15 所示。

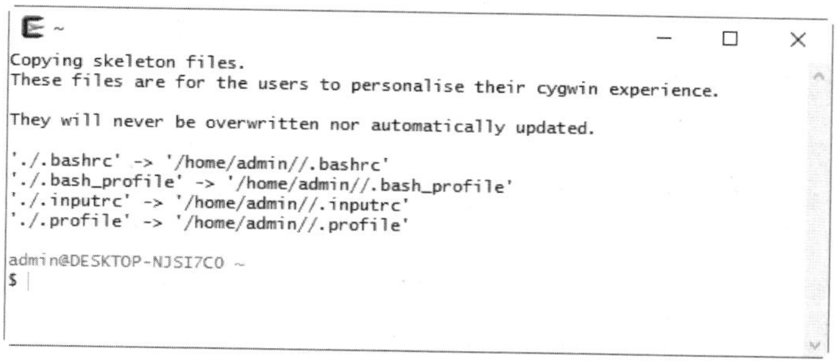

```
Copying skeleton files.
These files are for the users to personalise their cygwin experience.

They will never be overwritten nor automatically updated.

'./.bashrc' -> '/home/admin//.bashrc'
'./.bash_profile' -> '/home/admin//.bash_profile'
'./.inputrc' -> '/home/admin//.inputrc'
'./.profile' -> '/home/admin//.profile'

admin@DESKTOP-NJSI7C0 ~
$
```

图 5-15　Cygwin 工作界面

图 5-15 是 Cygwin 的终端控制台界面。该界面在 Windows 环境下模拟了 Linux 终端控制台的大部分操作，并且根据安装的软件包，可以在 Windows 系统下使用 Linux 软件和命令。

### 5.2.3　安装开发环境

Cygwin 在安装包中自带了绝大多数 Linux 软件和工具在 Windows 系统的移植版本。默认的软件包选项自带了基本的开发工具，安装好后无须配置就可以使用 GNU 的开发环境。为了验证开发环境是否安装成功，可以查看各开发工具的版本。

```
$ gcc --version
gcc (GCC) 11.3.0
Copyright (C) 2021 Free Software Foundation, Inc.
This is free software; see the source for copying conditions.  There is NO
warranty; not even for MERCHANTABILITY or FITNESS FOR A PARTICULAR PURPOSE.

$ gdb --version
GNU gdb (GDB) (Cygwin 11.2-1) 11.2
Copyright (C) 2022 Free Software Foundation, Inc.
License GPLv3+: GNU GPL version 3 or later <http://gnu.org/licenses/
gpl.html>
This is free software: you are free to change and redistribute it.
There is NO WARRANTY, to the extent permitted by law.
```

从 GCC 和 gdb 的版本信息中可以看出，基本的开发工具已经能正常工作了，用户可以在 Cygwin 环境下开发 Linux 系统的应用程序了。

## 5.3　Linux 的常用工具

目前大多数的 Linux 发行版都提供了图形对话框作为默认对话框，但是，命令行工具在 Linux 中仍然很重要。Linux 工具的特点是一个程序包含的功能尽量专一，不同的程序通过文件和管道等进程间数据共享的方法可以组合使用，达到处理复杂功能的目的。学习使用 Linux 系统，命令行工具是基础。GNU 的命令行工具都有相同的特点，初学者从一些基本的工具入手，比较容易学习。

## 5.3.1 Linux Shell 及其常用命令

使用过 DOS 系统和 Windows 终端控制台的人对命令行界面都有一定的了解。与这些系统不同，Linux 命令行是通过一种叫作 Shell 的程序提供的。Shell 程序负责接收用户的输入，解析用户输入的命令和参数，调用相应的程序，并给出结果和出错提示。Linux 支持多种 Shell 程序，早期的 Shell 程序功能比较单一，现在主流的 Linux 发行版使用 Bash 作为默认的 Shell。Bash 支持功能强大的脚本、命令行历史记录、终端彩色输出等功能。Shell 是 Linux 的外壳，用户通过 Shell 使用系统提供的功能。

在 Linux 系统中，仅有内核还是不够的，需要应用程序支持才能发挥内核提供的功能。无论 Linux 发行版还是嵌入式 Linux 开发版的系统，都提供了常见的一些命令，见表 5-1。

表 5-1 Linux常用命令

| 命令 | 作　用 | 常用参数 | 参数作用 |
|---|---|---|---|
| ls | 列出指定目录的列表，包括文件和子目录。默认是当前目录 | -l | 以列表方式查看 |
| | | -a | 显示隐含文件和目录 |
| | | -h | 以便于阅读的方式查看文件的大小 |
| ln | 建立连接 | -s | 软连接 |
| | | -f | 连接是一个目录 |
| df | 查看磁盘空间 | -h | 以便于阅读的方式查看文件的大小 |
| du | 查看指定目录占用的空间。默认是当前目录 | -h | 以便于阅读的方式查看文件的大小 |
| pwd | 显示当前工作目录的绝对路径 | | |
| chmod | 修改文件或目录的读写权限 | -R | 递归调用 |
| chgrp | 修改文件或目录的用户组 | -R | 递归调用 |
| chown | 修改文件或目录的所有者 | -R | 递归调用 |
| date | 查看日期 | | |
| cat | 输出文件内容到屏幕 | | |
| echo | 回显一个字符串或者环境变量到屏幕 | | |
| uname | 查看计算机的名称 | | |
| ps | 查看进程状态 | -e | 查看系统所有进程 |
| kill | 向指定进程发送信号 | -9 | 强制杀死进程 |

Linux 是一个支持多用户的系统，自身有严格的权限机制。在 Linux 系统中可以有多个用户，每个用户都属于一个用户组。系统只有一个用户 root 称为超级用户，其拥有至高无上的权利，可以修改系统的任何文件，访问所有的资源。除超级用户 root 外，其他用户都是普通用户，普通用户访问的资源是受到限制的，与系统配置有关的文件和命令普通用户几乎都无法运行。表 5-1 是普通用户常见的命令，超级用户也可以运行。表 5-2 列出了超级用户 root 可以运行的常见命令。

表 5-2　Linux超级用户的常用命令

| 命　令 | 作　用 | 命　令 | 作　用 |
|---|---|---|---|
| ifconfig | 查看和配置网卡 | lsmod | 内核模块列表 |
| fdisk | 磁盘分区工具 | modprobe | 内核模块管理工具 |
| mkfs | 磁盘格式化 | reboot | 重启计算机 |
| insmod | 加载内核模块 | halt | 停机 |

所有 GNU 提供的命令都有一些共同的特点。例如，命令只有在出错的时候才会报错，否则只输出正常的结果；所有的命令都有 help 参数，用户可以通过该参数查看命令的使用方法。本书涉及的命令在使用时会结合上下文给出使用方法，请读者阅读的时候要注意。

## 5.3.2　文本编辑工具 vi

Linux 系统的文本编辑工具有许多，其中使用最广泛的就是 vi 编辑器了。vi 编辑器的功能十分强大，并且体积非常小，适合安装在嵌入式系统中使用。vi 虽然功能强大，但是对于初学者来说，掌握比较困难，初学者往往被 vi 奇怪的操作弄得失去学习的信心。本书有关 vi 的使用仅涉及基本操作，目的是帮助初学者学习 vi 的基本操作。更高级的 vi 操作可以参考 vi 的帮助文档。

vi 编辑器支持编辑模式、浏览模式、插入模式和可视模式共 4 种模式。其中，插入模式包括插入文本和替换文本两种模式。当启动 vi 的时候，默认进入浏览模式。浏览模式只能查看和删除文档内容，但是不能修改；编辑模式用户可以修改文档内容，与普通的文本编辑器相同；覆盖模式下用户输入的内容会覆盖光标所在位置的文本；可视模式提供了一种选择文本的方法，可以使用键盘完成鼠标选择文本的功能。

在学习 vi 的具体操作之前，首先弄清楚 vi 的模式切换，请参考图 5-16 所示的 vi 编辑模式切换图。

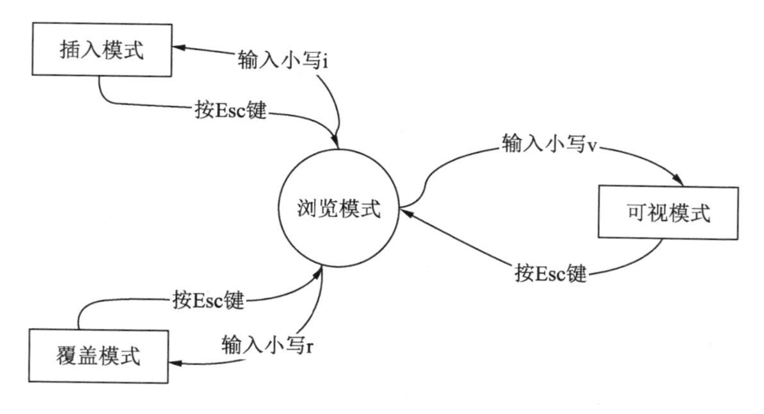


图 5-16　vi 编辑模式切换示意

从图 5-16 中可以看出，vi 各模式的切换都是通过浏览模式中转的。换句话说，从任何一个模式切换到其他模式，都需要先切换到浏览模式。观察图 5-16 可以发现，任何模式下通过按 Esc 键都可以切换到浏览模式。在浏览模式下切换到插入模式时输入小写字母 i，表示 insert（插入）的意思；当切换到覆盖模式时输入小写字母 r，表示 replace（覆盖）的意思；当切换到虚拟模式时输入小写字母 v，表示 visual（可视的）的意思。

清楚 vi 的模式切换后，下面给出一个具体的操作。在命令行中输入 vi test，然后按 Enter 键，弹出 vi 界面。对话框最下方是一行提示：

```
"test" [新]
```

其中，test 是刚才输入的文件名，“[新]”说明文件是新建的。此时 vi 处于浏览模式，在键盘上按一些键，屏幕没有任何反应。输入小写字母 i，vi 进入插入模式，屏幕最下方一行给出提示“-- 插入 --”，表示已经进入插入模式，当在键盘上输入一些字母时，会在屏幕上显示。在插入模式下可以在屏幕上进行编辑。现在切换到覆盖模式，按键盘上的 Esc 键，把光标移动到刚才输入的文本最前方，然后输入小写字母 r 进入覆盖模式。在覆盖模式下输入一些文字，可以看到刚才输入的文字已被覆盖。最后，切换到可视模式，按键盘上的 Esc 键，然后把光标移动到文本的最前方，输入小写字母 v，屏幕下方提示“-- 可视 --”表示进入可视模式。

在可视模式下，用户发现不能像插入模式那样移动光标，这是 vi 一个特殊的地方。在可视模式和浏览模式下，vi 使用 h、j、k、l 这 4 个小写字母分别代表光标的左、上、下、右 4 个功能键。

☎提示：vi 移动光标的功能对初学者来说比较难以适应，可以多加练习，习惯以后会发现这个功能非常方便。

退出 vi 需要切换到浏览模式。按 Esc 键，输入“:q!”然后按 Enter 键，退出 vi 编辑器。“:”的含义是切换到 vi 的命令行，vi 通过命令行可以提供许多复杂的功能。q 表示 quit（退出）的意思，!表示不保存文件。

vi 在浏览模式下通过输入“:”字符可以打开 vi 的命令行，该命令行提供了丰富的功能。常见的如 w 表示保存文件，q 表示退出，e 表示编辑文件，在后面涉及 vi 的操作中将会具体讲解。

## 5.3.3　搜索工具 find 和 grep

find 和 grep 是 Linux 系统常用的两个搜索工具。这两个工具的不同之处是 find 用于查找文件，grep 用于查找文件内容。

grep 支持正则表达式（一种描述字符串特征的语法），其在一个或多个文件中搜索字符串，符合的内容被送到屏幕上显示。grep 工具不会修改文件内容。grep 通过返回值表示搜索状态，如果搜索成功则返回 0，如果失败则返回 1，如果搜索的文件不存在则返回 2。因此，grep 可以用于 shell 脚本。

在学习 grep 之前，首先学习一下正则表达式的语法。grep 支持的正则表达式语法见表 5-3。

表 5-3　正则表达式语法

| 正则表达式符号 | 含　义 |
| --- | --- |
| ^ | 指定从一行的开头匹配。例如，^grep用于指定匹配开头包含grep字符串的行 |
| $ | 指定从一行的结尾匹配。例如，grep$用于指定匹配结尾包含grep字符串的行 |

续表

| 正则表达式符号 | 含　义 |
| --- | --- |
| * | 匹配任意个数的字符。例如，*grep匹配任意字符开头以grep结尾的字符串 |
| [] | 匹配指定范围内的字符。例如，[Gg]rep匹配字符串Grep和grep |
| [^] | 匹配指定范围以外的字符。例如，[^ab]def匹配不是a和b开头，结尾是def的字符串 |
| \(..\) | 标记匹配字符。例如，\(hello\)标记字符串hello为1 |
| x\{m\} | 字符x重复m次。例如，a\{10\}把字符a重复10次 |
| x\{m,n\} | 字符x至少重复m~n次 |
| \w | 匹配字数为w次的字符串。例如，\5匹配长度是5次的字符串 |

在 Linux 的 Shell 中输入 grep，然后按 Enter 键，显示 grep 的使用方法：

```
$ grep
用法: grep [选项]... 模式 [文件]...
```

其中，“选项”是 grep 的命令行参数，具体见表 5-4。

表 5-4　grep工具的命令行参数

| 参　　数 | 含　　义 |
| --- | --- |
| -? | 显示匹配行的上下各?行，?代表行数 |
| -b，--byte-offset | 打印匹配行所在的块号码 |
| -c,--count | 只打印匹配的行数，不显示匹配内容 |
| -f File，--file=File | 从文件中提取模板 |
| -h，--no-filename | 搜索多个文件时，不显示匹配文件名前缀 |
| -i，--ignore-case | 忽略英文字母大小写 |
| -q，--quiet | 不显示任何信息 |
| -l，--files-with-matches | 打印匹配模板的文件清单 |
| -L，--files-without-match | 打印不匹配模板的文件清单 |
| -n，--line-number | 输出匹配行的行号 |
| -s，--silent | 不显示错误信息 |
| -v，--revert-match | 只显示不匹配的行 |
| -w，--word-regexp | 如果被\<和\>引用，就将表达式作为一个单词进行搜索 |
| -V，--version | 显示软件的版本信息 |
| --help | 打印帮助信息 |

使用好 grep 工具的关键在于正则表达式，这里给出几个 grep 使用的例子：

显示 main.c 文件中以#开头的行：

```
$ grep '^#' main.c
#include <stdio.h>
```

显示 fs 子目录下包含 5 个字符长度的字符串所在的行：

```
$ grep -Rn '\{5\}' fs/*
匹配到二进制文件 fs/nls/nls_cp949.ko
匹配到二进制文件 fs/nls/nls_cp949.o
```

显示 mm 子目录下包含 Kmalloc 或者 kmalloc 的行及行号：

```
$ grep -Rn '[Kk]malloc' mm/
匹配到二进制文件 mm/swapfile.o
mm/util.c:14:   void *ret = ____kmalloc(size, flags);
mm/util.c:25: * @gfp: the GFP mask used in the kmalloc() call when allocating
memory
mm/util.c:36:   buf = ____kmalloc(len, gfp);
mm/util.c:62:   p = kmalloc(length, GFP_KERNEL);
```

find 工具用来查找指定的文件。在 Linux 系统中有成千上万个文件，其中有系统自带的文件、用户自己的文件及网络文件系统的文件等。如果忘记一个文件的存放位置，在系统中查找是一件费时的事情。使用 find 工具可以很方便地找出指定的文件。

在 Linux 系统中，文件的命名是没有固定格式的，仅从文件名上无法推断出文件类型。因此需要指定文件的其他属性，帮助用户查找文件，find 工具可以支持复杂的文件查找条件。

在 Linux 的 shell 下输入 find --help，然后按 Enter 键，会得到 find 工具的帮助信息：

```
$ find --help
Usage: find [-H] [-L] [-P] [-Olevel] [-D debugopts] [path...] [expression]

默认路径为当前目录；默认表达式为 -print
表达式由操作符、选项、测试表达式及动作组成：
操作符 (优先级递减；未做任何指定时默认使用 -and)：
      ( EXPR )   ! EXPR   -not EXPR   EXPR1 -a EXPR2   EXPR1 -and EXPR2
      EXPR1 -o EXPR2   EXPR1 -or EXPR2   EXPR1 , EXPR2
位置选项 (总是真)：-daystart -follow -regextype

普通选项 (总是真，在其他表达式前指定)：
      -depth --help -maxdepth LEVELS -mindepth LEVELS -mount -noleaf
      --version -xdev -ignore_readdir_race -noignore_readdir_race
测试(N 可以是 +N 或-N 或 N)：-amin N -anewer FILE -atime N -cmin
      -cnewer 文件 -ctime N -empty -false -fstype 类型 -gid N -group 名称
      -ilname 匹配模式 -iname 匹配模式 -inum N -ipath 匹配模式 -iregex 匹配模式
      -links N -lname 匹配模式 -mmin N -mtime N -name 匹配模式 -newer 文件
      -nouser -nogroup -path PATTERN -perm [-/]MODE -regex PATTERN
      -readable -writable -executable
      -wholename PATTERN -size N[bcwkMG] -true -type [bcdpflsD] -uid N
      -used N -user NAME -xtype [bcdpfls]      -context 文本

actions: -delete -print0 -printf FORMAT -fprintf FILE FORMAT -print
      -fprint0 FILE -fprint FILE -ls -fls FILE -prune -quit
      -exec COMMAND ; -exec COMMAND {} + -ok COMMAND ;
      -execdir COMMAND ; -execdir COMMAND {} + -okdir COMMAND ;

Valid arguments for -D:
exec, opt, rates, search, stat, time, tree, all, help
Use '-D help' for a description of the options, or see find(1)

Please see also the documentation at https://www.gnu.org/software/
findutils/.
You can report (and track progress on fixing) bugs in the "find"
program via the GNU findutils bug-reporting page at
https://savannah.gnu.org/bugs/?group=findutils or, if
you have no web access, by sending email to <bug-findutils@gnu.org>.
```

从帮助信息中可以看出，find 工具支持表达式，可以通过文件大小、日期等属性设置查找条件。下面通过几个实例帮助读者学习 find 的使用方法。

查找系统中 Apache 的配置文件存放位置：

```
$ sudo find / -name 'apache2.conf'
/etc/apache2/apache2.conf
```

其中，“/”代表从根目录开始查找整个文件系统，-name 参数指定被查找的文件名。输入命令后很快会得到结果。如果读者的计算机上没有输出结果，则表示没有安装 Apache 服务器。

find 是一个所有用户都能使用的命令，但是普通用户在使用的时候常会出现权限不够的提示，原因是一些文件只有 root 用户可以访问。例如上面的例子，如果不以 root 身份运行，则会提示很多权限不够的信息，可以通过错误重定向把 find 输出的错误屏蔽掉。

```
$ find / -name 'apache2.conf' 2>/dev/null
/etc/apache2/apache2.conf
```

其中，2 是标准错误输出的文件句柄号，/dev/null 是一个特殊的设备，类似于天体中的黑洞，凡是输入到这个设备的数据都会被吃掉，不会输出到任何地方。

除了指定文件名查找外，对于不知道文件名的查找，可以指定文件大小或者时间。例如：

```
$ sudo find / -size 10000c
/usr/bin/xcursorgen
```

指定查找大小是 10 000B 的文件。还可以使用模糊的方法来查找，例如：

```
$ sudo find / -size +10000000c
/var/cache/apt/srcpkgcache.bin
/var/cache/apt/pkgcache.bin
/var/cache/apt/archives/smbclient_2%3a3.6.3-2ubuntu2.6_i386.deb
/var/cache/apt/archives/firefox_21.0+build2-0ubuntu0.12.04.3_i386.deb
/var/cache/apt/archives/linux-headers-3.5.0-32_3.5.0-32.53~precise1_all.deb
/var/cache/apt/archives/libreoffice-core_1%3a3.5.7-0ubuntu4_i386.deb
/var/cache/apt/archives/linux-headers-3.2.0-45_3.2.0-45.70_all.deb
/var/cache/apt/archives/libreoffice-common_1%3a3.5.7-0ubuntu4_all.deb
/var/cache/apt/archives/thunderbird_17.0.6+build1-0ubuntu0.12.04.1_i386.deb
/var/cache/apt/archives/openjdk-6-jre-headless_6b27-1.12.5-
0ubuntu0.12.04.1_i386.deb
/var/cache/apt/archives/linux-image-3.5.0-32-generic_3.5.0-
32.53~precise1_i386.deb
/var/cache/apt/archives/linux-firmware_1.79.4_all.deb
/var/cache/cups/ppds.dat
/var/lib/anthy/mkworddic/anthy.wdic
/var/lib/anthy/anthy.dic
```

使用+表示大于某个文件大小，在本例中查找大于 10MB 的文件。此外，还可以通过文件的访问或修改时间来查找，下面是几种根据时间查找文件的方法：

```
$ sudo find / -amin -15                # 查找最近 15min 访问过的文件
$ sudo find / -atime -2                # 查找最近 48h 访问过的文件
$ sudo find / -empty                   # 查找空文件或者文件夹
$ sudo find / -mmin -10                # 查找最近 10min 里修改过的文件
$ sudo find / -mtime -1                # 查找最近 24h 里修改过的文件
```

还可以通过文件所有者查找文件：

```
$ sudo find / -group root              # 查找属于 root 用户组的文件
$ sudo find / -nouser                  # 查找无效用户的文件
$ sudo find / -user test1              # 查找属于 test1 用户的文件
```

以上列举的都是经常使用的查找方法，find 还有其他许多查找设置，读者可以在实践过程中不断摸索。

### 5.3.4　FTP 工具

FTP 是标准的互联网文件传输协议，被广泛地应用于网络文件传输方面，是不同计算机间进行文件传输简单有效的方法。FTP 允许传输二进制和文本文件。在许多系统中都提供了 FTP 客户端软件，用来从 FTP 服务器上下载或者上传文件。本节介绍的 FTP 客户端工具可以在 Linux 和 Windows 系统中使用，是一种简单、易用的文件传输手段。

连接到一个 FTP 服务器需要合法权限的用户名和密码，一般来说，在 Linux 系统上，合法的登录用户就是 FTP 用户。

FTP 命令的格式为“ftp 主机名 [端口号]”，端口号是可选的，默认的端口号是 21。连接到一个服务器：

```
$ ftp 192.168.2.106
Connected to 192.168.2.106.
220 Serv-U FTP Server v5.0 for WinSock ready...
Name (192.168.2.106:tom): sys                            # 输入用户名
331 User name okay, need password.
Password:                                                # 输入密码
230 User logged in, proceed.                             # 提示登录成功
Remote system type is UNIX.
Using binary mode to transfer files.
ftp>
```

在本例中是连接到 Windows 系统，地址是 192.168.2.106。登录服务器后，首先提示输入用户名，然后输入密码，验证通过后进入 FTP 的命令行提示符。

登录到 FTP 服务器后，就可以开始文件传输操作了。FTP 提供了一组帮助用户传输文件的命令，常见的命令可参考表 5-5。

表 5-5　FTP工具的常用命令

| 命 令 名 称 | 含　　义 |
|---|---|
| dir | 列出服务器的目录 |
| cd | 改变服务器上的目录 |
| lcd | 改变本地目录 |
| ascii | 使用文本方式传输文件 |
| binary | 使用二进制方式传输文件 |
| bye | 退出FTP工具 |
| hash | 显示文件传输进度 |
| get | 从服务器上下载文件 |
| put | 上传文件到服务器上 |
| ! | 切换到shell对话框，在shell中使用exit命令可以退回FTP对话框 |

☎提示：需要注意的是，FTP 工具不能和 shell 一样一次进入多级目录。

## 5.3.5　串口工具 minicom

串口是嵌入式开发使用最多的通信方式。Linux 系统提供了一个串口工具 minicom，可以完成复杂的串口通信工作。本节介绍 minicom 的使用。首先是安装 minicom，在 Ubuntu Linux 系统的 shell 下输入 sudo apt-get install minicom，按 Enter 键后即可安装 minicom 软件。软件安装好后，第一次使用之前需要配置 minicom。

（1）在 shell 中输入 sudo minicom –s，弹出 minicom 配置端口界面，如图 5-17 所示。minicom 配置菜单在屏幕中央，每个菜单项都包括一组配置。

（2）用光标键移动高亮条到 Serial Port setup 菜单项，按 Enter 键后进入串口参数配置界面，如图 5-18 所示。

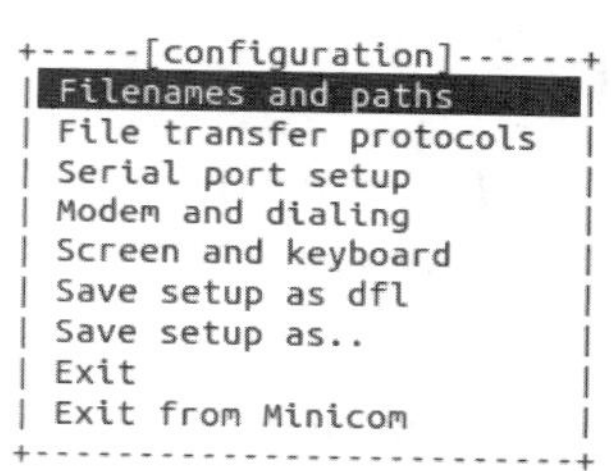


图 5-17　minicom 配置界面

```
+-----------------------------------------------------------------------+
| A -    Serial Device      : /dev/tty0                                  |
| B - Lockfile Location     : /var/lock                                  |
| C -   Callin Program      :                                            |
| D -  Callout Program      :                                            |
| E -    Bps/Par/Bits       : 115200 8N1                                 |
| F - Hardware Flow Control : Yes                                        |
| G - Software Flow Control : No                                         |
| H -     RS485 Enable      : No                                         |
| I -   RS485 Rts On Send   : No                                         |
| J -  RS485 Rts After Send : No                                         |
| K -  RS485 Rx During Tx   : No                                         |
| L -  RS485 Terminate Bus  : No                                         |
| M - RS485 Delay Rts Before: 0                                          |
| N - RS485 Delay Rts After : 0                                          |
|                                                                        |
|    Change which setting?                                               |
+-----------------------------------------------------------------------+
```

图 5-18　串口参数配置界面 1

在串口配置界面中列出了串口的配置项，每个配置项前都有一个英文字母，代表进入配置项的快捷键。首先配置端口，输入小写字母 a，光标移动到/dev/tty8 字符串最后，并且进入编辑模式。以笔者的计算机为例，修改为/dev/tty0，代表连接到系统的第一个串口。

（3）设置好串口设备后按 Enter 键，保存参数并且回到提示界面。输入小写字母 e，返回串口参数配置界面，如图 5-19 所示。

```
+-----------------+---------[Comm Parameters]----------+----------------+
| A -    Serial De|                                     |                |
| B - Lockfile Loc|     Current: 115200 8N1             |                |
| C -   Callin Pro| Speed            Parity      Data   |                |
| D -  Callout Pro| A: <next>        L: None     S: 5   |                |
| E -     Bps/Par/B| B: <prev>        M: Even     T: 6   |                |
| F - Hardware Flo| C:    9600       N: Odd      U: 7   |                |
| G - Software Flo| D:   38400       O: Mark     V: 8   |                |
| H -     RS485 En| E: 115200        P: Space            |                |
| I -   RS485 Rts |                                     |                |
| J -  RS485 Rts A| Stopbits                            |                |
| K -  RS485 Rx Du| W: 1             Q: 8-N-1           |                |
| L -  RS485 Termi| X: 2             R: 7-E-1           |                |
| M - RS485 Delay |                                     |                |
| N - RS485 Delay |                                     |                |
|                 | Choice, or <Enter> to exit?         |                |
|   Change which +-------------------------------------+                |
+-----------------------------------------------------------------------+
```

图 5-19　串口参数配置界面 2

在串口参数界面中可以配置串口波特率、数据位和停止位等信息。一般只需要配置波特率，如在笔者机器上需要配置波特率是 38400，输入小写字母 d，屏幕上方 current 字符串后的波特率改变为 38400。

（4）设置好波特率后按 Enter 键，保存并退出，回到串口配置界面，如图 5-20 所示。

```
+-----------------------------------------------------------------------+
| A -    Serial Device      : /dev/tty0                                 |
| B - Lockfile Location     : /var/lock                                 |
| C -   Callin Program      :                                           |
| D -  Callout Program      :                                           |
| E -    Bps/Par/Bits       : 38400 8N1                                 |
| F - Hardware Flow Control : Yes                                       |
| G - Software Flow Control : No                                        |
| H -     RS485 Enable      : No                                        |
| I -   RS485 Rts On Send   : No                                        |
| J -  RS485 Rts After Send : No                                        |
| K -  RS485 Rx During Tx   : No                                        |
| L -  RS485 Terminate Bus  : No                                        |
| M - RS485 Delay Rts Before: 0                                         |
| N - RS485 Delay Rts After : 0                                         |
|                                                                       |
|    Change which setting?                                              |
+-----------------------------------------------------------------------+
```

图 5-20　minicom 配置端口结束

请看图 5-20 所示的配置，串口被设置为 tty0，波特率是 38400，其他配置使用默认设置。如果保存配置，直接按 Enter 键退出。选择 Save setup as dfl 选项后按 Enter 键，配置信息被保存为默认配置文件，下次启动的时候会自动加载。

保存默认配置后，选择 Exit 选项后按 Enter 键，退出配置界面，minicom 自动进入终端界面。在终端界面中会自动连接到串口，如果串口没有连接任何设备，则屏幕右下角的状态提示为 Offline。

（5）退出 minicom，使用 Ctrl+A 键，然后输入字母 z，弹出 minicom 的命令菜单，如图 5-21 所示。

```
Welco+-------------------------------------------------------------------+
     |                    Minicom Command Summary                        |
OPTIO|                                                                   |
Port |              Commands can be called by CTRL-A <key>               |
     |                                                                   |
Press|               Main Functions                  Other Functions     |
     |                                                                   |
     | Dialing directory..D  run script (Go)....G | Clear Screen.......C |
     | Send files.........S  Receive files......R | cOnfigure Minicom..O |
     | comm Parameters....P  Add linefeed.......A | Suspend minicom....J |
     | Capture on/off.....L  Hangup.............H | eXit and reset.....X |
     | send break.........F  initialize Modem...M | Quit with no reset.Q |
     | Terminal settings..T  run Kermit.........K | Cursor key mode....I |
     | lineWrap on/off....W  local Echo on/off..E | Help screen........Z |
     | Paste file.........Y  Timestamp toggle...N | scroll Back........B |
     | Add Carriage Ret...U                                              |
     |                                                                   |
     |             Select function or press Enter for none.              |
     +-------------------------------------------------------------------+
```

图 5-21　minicom 命令界面

命令菜单列出了 minicom 的命令，输入大写字母 Q，屏幕提示是否退出，选择 Yes 选项按 Enter 键退出 minicom。

## 5.4　Windows 的常用工具

嵌入式开发的开发环境和运行环境往往不是同一台计算机。作为开发环境，Windows 中通常运行一些客户端和代码管理工具及文档管理工具等。本节将介绍 Windows 中常用的两个工具。

## 5.4.1　代码编辑管理工具 Source Insight

Source Insight 是一个功能强大的代码管理工具，该工具可以轻松管理代码庞大的工程，并且提供了丰富的编辑功能，支持函数、变量的类型定义查看和跳转等。Source Insight 对 C 语言代码支持最好，本节将介绍 Source Insight 的安装和使用。

### 1．设置Source Insight工程

Source Insight 使用工程管理代码文件。在使用 Source Insight 之前，需要建立 Source Insight 工程。下面首先介绍如何安装 Source Insight，然后讲解建立 Source Insight 工程的步骤。

（1）Source Insight 的安装比较简单，找到安装文件 sourceinsight40124-setup.exe 双击启动安装程序，按照步骤单击“下一步”按钮即可完成安装。

（2）安装完毕后，选择“开始”|“所有程序”| Source Insight 4.0 | Source Insight 4.0 命令启动软件，软件主界面如图 5-22 所示。

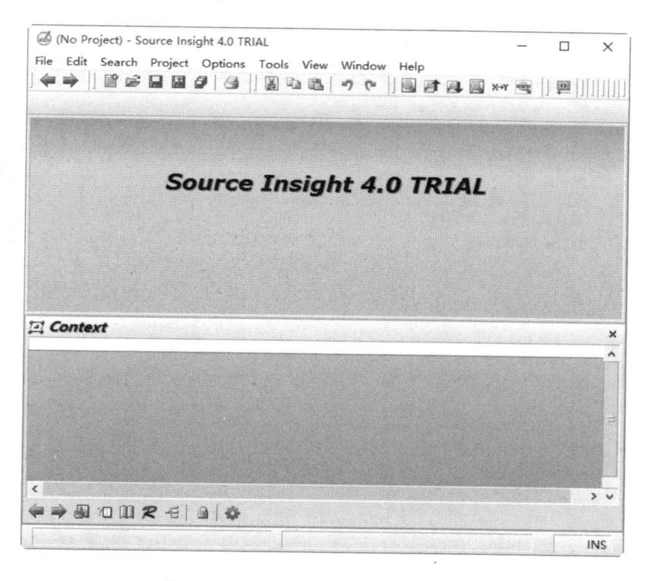


图 5-22　Source Insight 主界面

Source Insight 主界面可以分成 4 个功能区域：菜单栏、工具栏、上下文窗口和关联窗口。其中：菜单栏是软件所有功能按照相关类别组合成菜单形式；工具栏存放的是常用的功能；上下文窗口是当用户打开一个代码文件时，单击代码里的变量或者函数，会显示出变量或者函数的定义和内容；关联窗口可以显示出光标所在位置的函数被哪些函数调用。从界面中可以看出，Source Insight 的功能很多，但是组织得非常有条理。

（3）Source Insight 启动后，选择 Project | New Project 命令弹出新建工程对话框，如图 5-23 所示。

在其中需要输入工程名称，工程路径使用默认的即可。本节以 Linux 5.15 内核代码为例，在工程名称文本框中输入 linux-5.15。

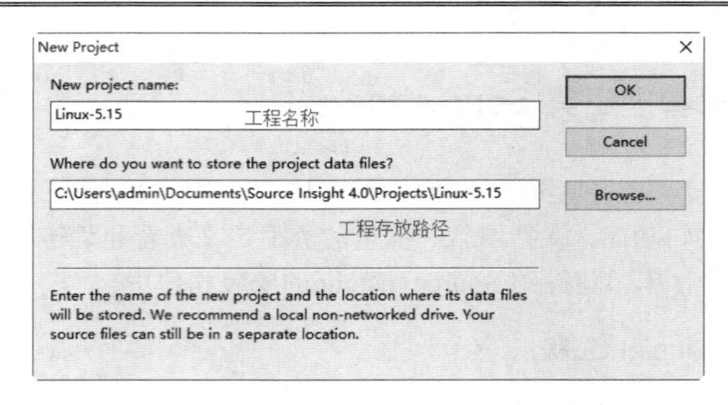


图 5-23　Source Insight 创建新工程对话框

（4）单击 OK 按钮，弹出工程设置对话框，如图 5-24 所示。

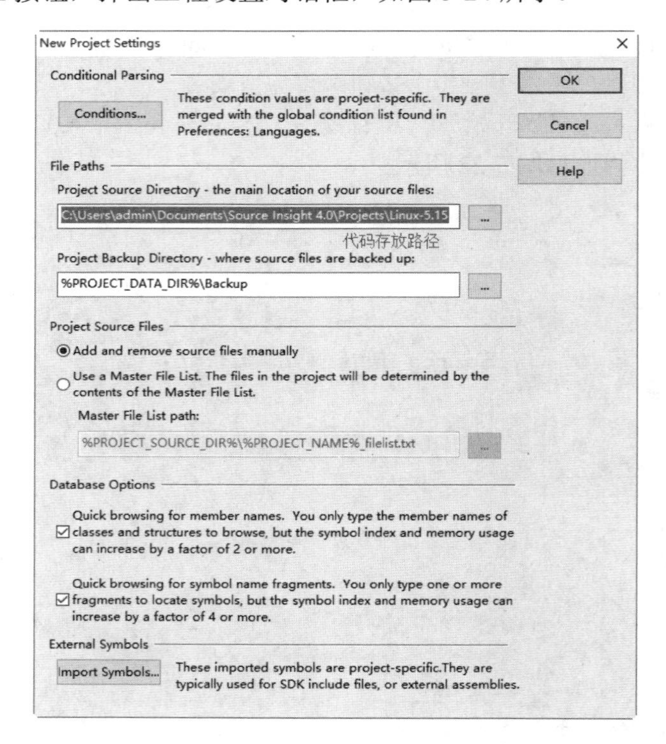


图 5-24　Source Insight 工程设置对话框

工程设置对话框主要包括工程的模式和存放路径等信息。

（5）在工程设置对话框中输入代码的存放路径，然后单击 OK 按钮，弹出添加或删除代码对话框，如图 5-25 所示。

添加或删除代码对话框有 3 个文件列表框：工程目录、工程文件列表和添加到工程代码列表。在工程列表中，高亮选择条默认会停留在设定的工程代码目录上。

（6）将所有代码添加到工程中，单击 Add Tree 按钮，弹出是否添加的提示，单击“是”按钮后所有的文件将添加到工程中。添加完毕后，会在工程文件列表中列出已经添加的文件。单击 Close 按钮退出添加代码对话框。此时建立工程完毕，在主对话框右侧的文件列表中会列出工程包含的文件。

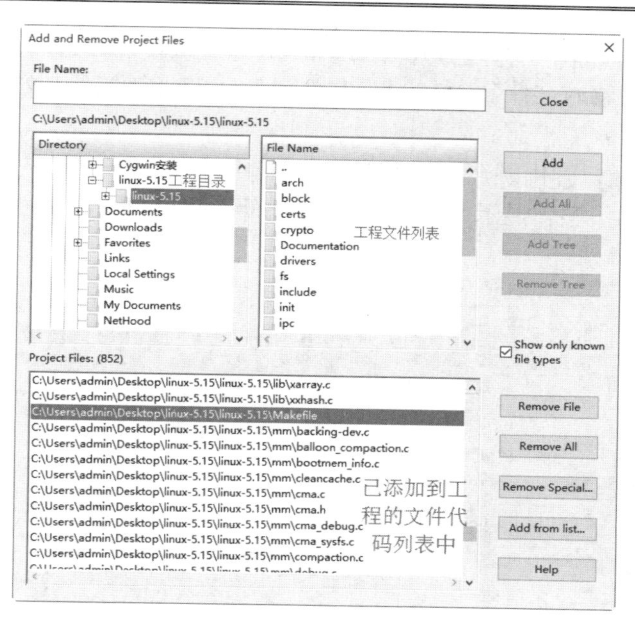


图 5-25　将代码添加到工程中

在进行代码编辑和阅读之前，建议对工程的代码进行同步，尤其是文件较多的工程更需要同步。同步的作用是生成整个工程代码中所有函数和变量的交叉引用关系，同步之后，当查看函数和变量的定义时候速度会很快。

（7）选择 Project | Synchronize Files 命令，弹出如图 5-26 所示的代码同步设置对话框。

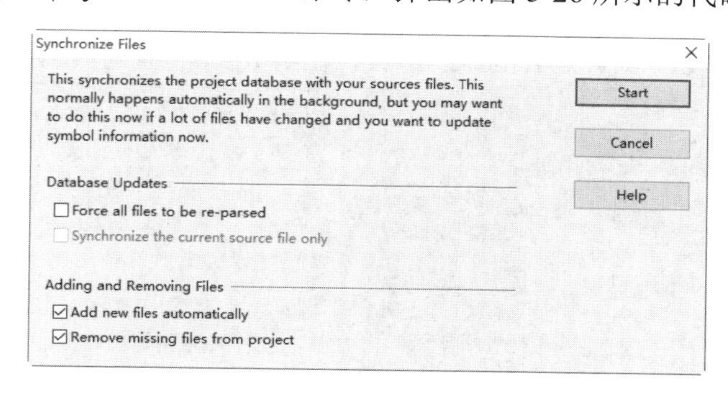


图 5-26　工程代码同步设置

在代码同步设置对话框中有 4 个选项，分别是强制所有文件被重新解析、仅同步当前代码文件、自动添加新文件和从工程中删除不存在的文件。在本例中使用默认设置即可。

（8）单击 Start 按钮开始同步。由于 Linux 内核代码比较多，同步需要几分钟时间，请读者耐心等待。

### 2. Source Insight特色功能

工程设置完毕后，下面介绍 Source Insight 的几个特色功能，传统的编辑功能与普通的文本编辑器相同，这里不再赘述。Source Insight 最强大的功能就是能根据函数名找到调用该函数的位置，对于学习 Linux 内核代码来说，这个功能是十分必要的。下面介绍具体操作步骤。

（1）首先打开 3c509.c 文件，使用键盘上的 Ctrl+O 键，光标会跳转到屏幕右侧工程代码列表位置处，然后输入文件名 3c509.c，文件列表会自动定位到该文件，按 Enter 键打开文件。

（2）按 Ctrl+G 键，弹出跳转到行号对话框，输入行号 489 然后按 Enter 键，光标跳转到代码第 489 行（为了整体显示 Source Insight 文件编辑窗口，这里没有给出代码行号），如图 5-27 所示。

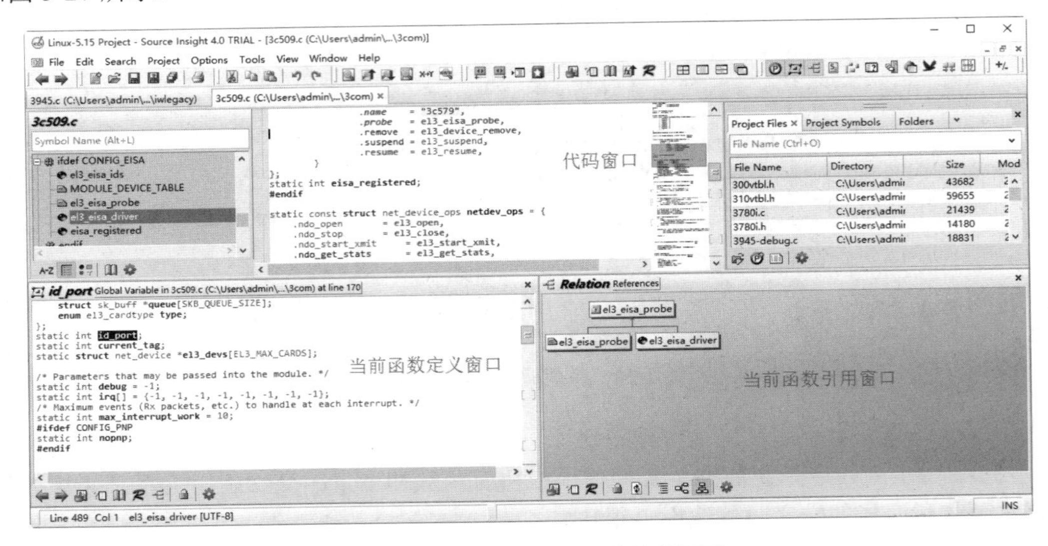


图 5-27　Source Insight 文件编辑界面

第 489 行有一个 el3_device_remove()函数，在函数上右击，弹出如图 5-28 所示的快捷菜单。

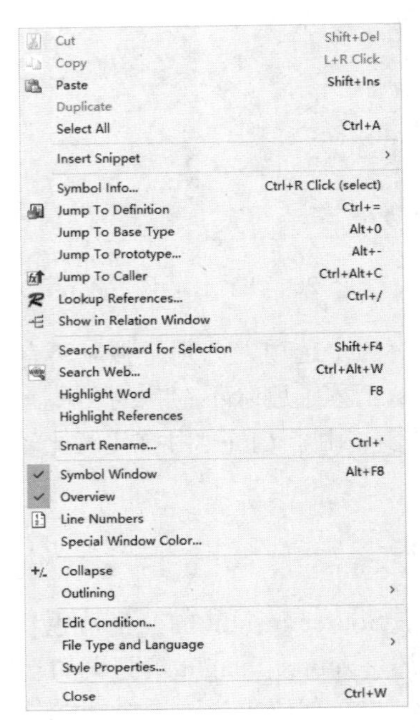


图 5-28　Source Insight 调用函数快捷菜单

（3）选择 Jump To Caller 命令，跳转到调用该函数的地方。按住 Ctrl 键单击该函数，代码跳转到 el3_device_remove()函数的定义处，如图 5-29 所示。

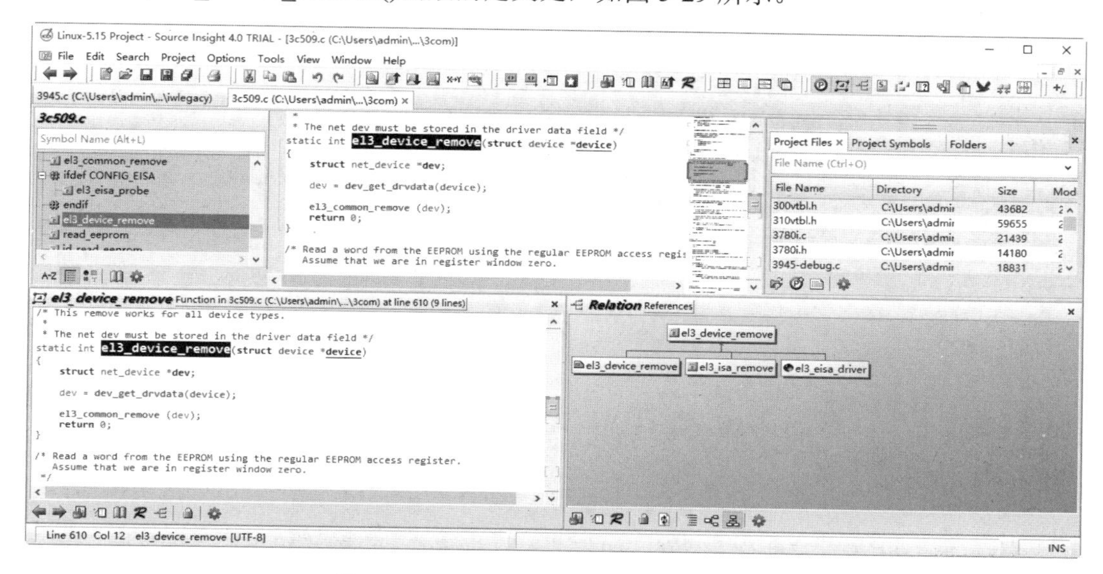


图 5-29　Source Insight 函数调用跳转结果

Source Insight 的搜索功能也非常强大，接下来学习其搜索功能。

（4）在跳转结果的第 610 行，单击 el3_device_remove()函数，然后单击工具栏中的按钮，弹出如图 5-30 所示的搜索设置对话框。

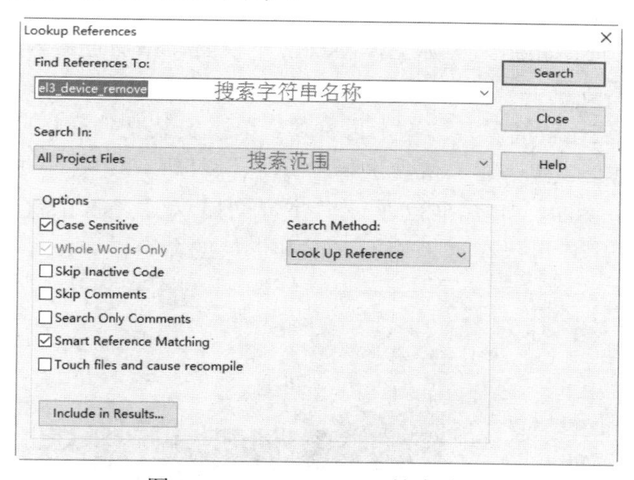


图 5-30　Source Insight 搜索选项

在搜索设置对话框中，搜索字符串文本框中默认是当前光标处的函数或者变量名称，省去了用户输入；搜索范围默认是整个工程；搜索选项可以选择大小写敏感、全字匹配、跳过无效代码和跳过注释等。在本例中使用默认选项。

（5）单击 Search 按钮开始搜索，由于已经做过代码同步，很快会得到搜索结果，如图 5-31 所示。

搜索结果列出了所有包含 el3_device_remove 关键字的文件所在的行。每个结果前面有一个按钮，单击该按钮可以定位到代码所在的文件。

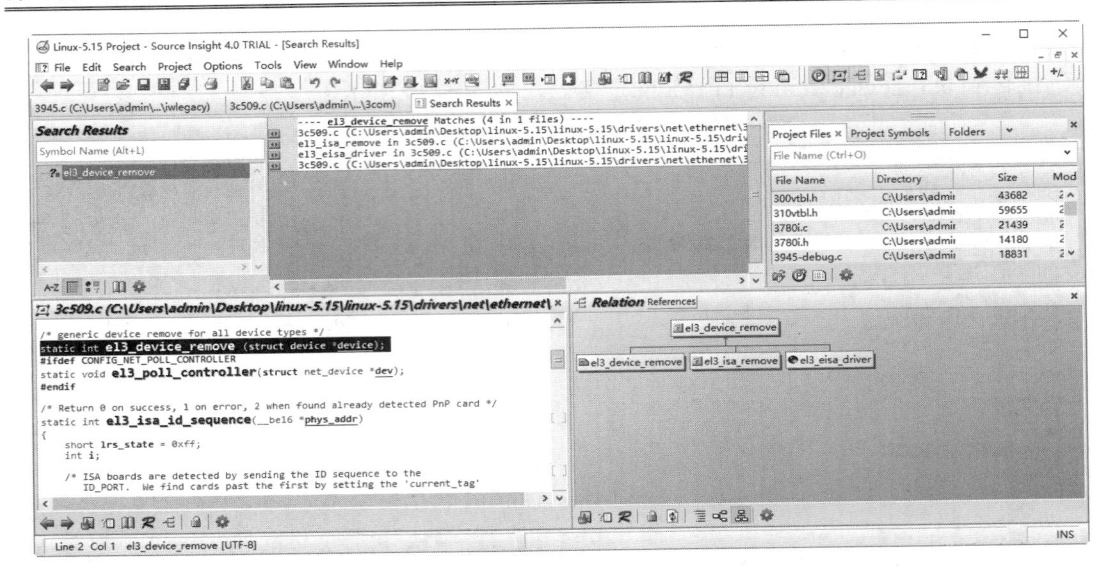


图 5-31　Source Insight 搜索结果

Source Insight 还有其他许多功能，如支持对话框更换、设置代码关键字的字体颜色等，读者可以自行研究。

## 5.4.2　串口工具 Xshell

在 5.3.5 节中介绍了 Linux 系统中的串口工具 minicom，本节将介绍一个在 Windows 中比较好用的串口工具 Xshell。实际上，Xshell 不仅支持串口连接，而且可以连接 Telnet 服务器和 SSH 服务器等。

（1）Xshell 的安装比较简单，这里不再赘述，单击安装文件后按照提示单击“下一步”按钮即可完成安装。安装完毕后，依次选择“开始”|“所有程序”| Xshell 7 | Xshell 命令打开 Xshell 软件的主界面，如图 5-32 所示。主界面显示了 Xshell 软件的版本信息，并且有一个终端对话框，用户可以在这里输入 Xshell 支持的命令。

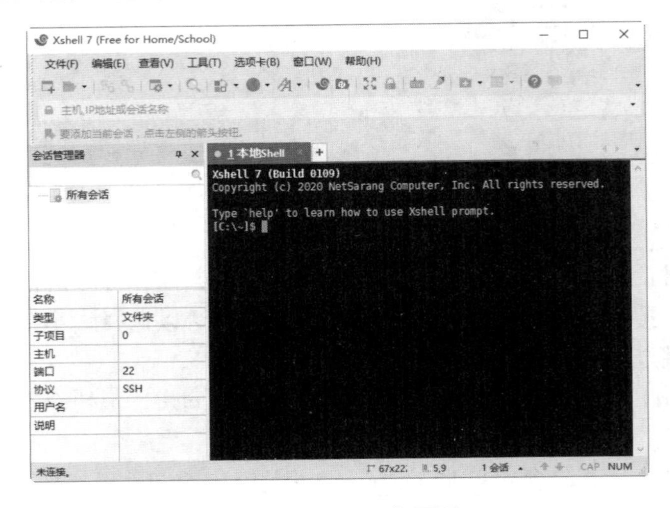


图 5-32　Xshell 主界面

（2）连接到一个串口需要新建连接，依次选择“文件”|“新建”命令，弹出“新建会话属性”对话框，如图 5-33 所示。

图 5-33　“新建会话属性”对话框

（3）在“新建会话属性”对话框的“名称”文本框中输入连接名称 my_com1，在“协议”下拉列表框中选择 SERIAL，在“主机”和“端口号”选项中不需要输入信息。单击“确定”按钮，弹出“会话”对话框，如图 5-34 所示。

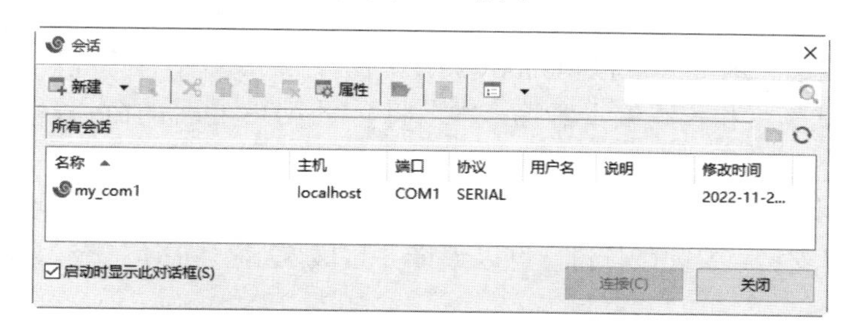


图 5-34　Xshell 连接列表

☎提示：连接的名称不能是 Com1 和 Com2 之类的名称，因为会与 Windows 系统的串口设备名称重名。

（4）在连接列表中，选择条默认停留在新建立的连接上。单击“连接”按钮连接到串口 1，如图 5-35 所示。

在终端界面中将显示出 Connected 字样，表示成功连接到串口设备。

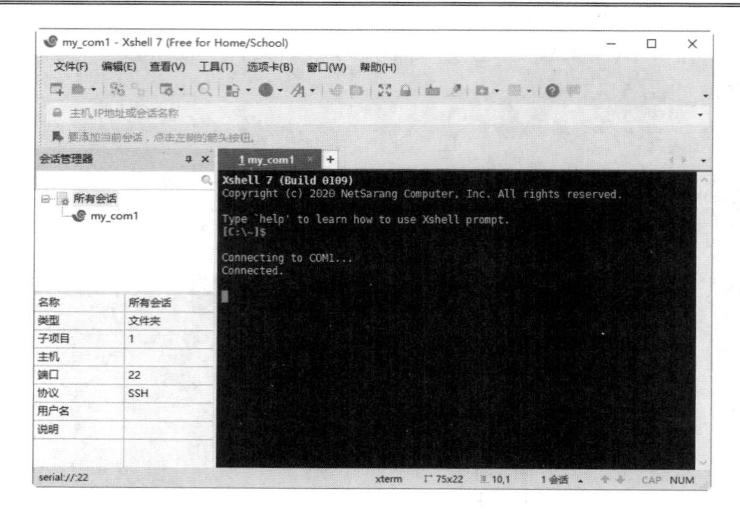


图 5-35　Xshell 连接到串口对话框

# 5.5　ARM 的集成开发环境 ADS

在没有集成开发环境（Integrated Development Environment，IDE）之前，软件开发过程中的编辑、编译、调试需要不同的工具操作，不仅效率低，而且容易出错。IDE 的作用是把编辑、编译和调试等工具集成在一起，并且向用户提供一个图形对话框的开发环境。ARM 开发有标准的开发环境 ARM Development Studio，简称 ADS。

## 5.5.1　ADS 集成开发环境简介

ADS 是 ARM 公司推出的 ARM 集成开发工具，目前最新版本是 5，可以在 Windows 和 Linux 系统中安装（这里演示在 Windows 中安装）。ADS 包括程序库、命令行开发工具、图形对话框、调试工具和代码编辑器等。本节将介绍 ADS 自带的命令行工具。

### 1. C语言编译器armcc

armcc 编译器支持 ANSI C 标准，可以编译并生成 32 位 ARM 指令。armcc 的基本语法如如下：

```
armcc [options] <file1> [file2] [file2] ...
```

可以一次编译多个文件，常见的参数如下：

- -c：只编译不连接。
- -D：定义预编译宏。
- -E：仅对代码做预处理。
- -O：代码优化选项，共有 3 个优化级别，0 表示不优化，1 表示控制代码优化，2 表示最大可能的优化。
- -I：指定头文件目录。

❑ -S：编译后生成汇编文件。

### 2. C++语言编译器armcpp

armcpp 编译器支持 ISO C++和 EC++标准的代码，可以编译并生成 32 位 ARM 指令。armcpp 的使用语法与 armcc 基本相同。

此外，ADS 还提供了 Thumb 模式下的 tcc 编译器和 tcpp 编译器，可以把 C 或者 C++语言代码编译成 16 位 Thumb 指令。ADS 还提供了 armlink 连接器，可以把一个或多个目标文件连接在一起生成目标映像文件。armsd 是一个调试器，可以进行源码级的调试。

学习命令行工具主要目的是熟悉 ADS 开发环境，为处理出错的编译程序做准备。在实际使用中，ADS 集成环境会调用相应的编译和调试工具。

## 5.5.2　配置 ADS 调试环境

在使用 ADS 之前，需要安装 ADS 开发环境。ADS 是一个商业软件，需要支付版权费用才可以使用，没有购买版权的用户会受到功能限制。

（1）双击 ADS 的安装文件 armds-2022.1.exe，弹出 ADS 安装提示对话框，如图 5-36 所示。

（2）单击 Next 按钮，进入安装协议对话框，如图 5-37 所示，选择 I accept the terms in the License Agreement 复选框。

（3）单击 Next 按钮，进入安装路径选择对话框，如图 5-38 所示。读者可以单击 Browse…按钮选择安装的路径，本例使用默认路径。

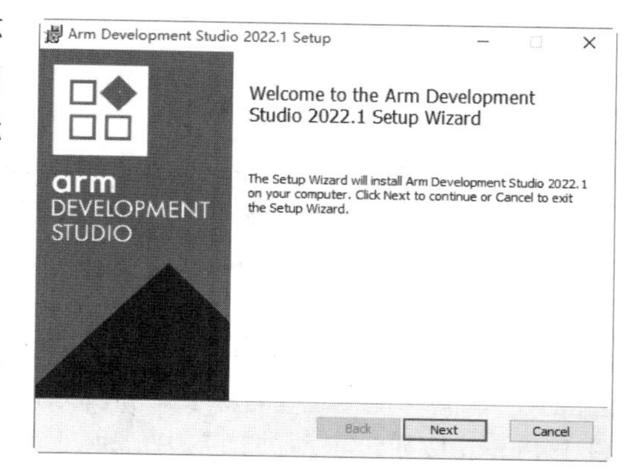


图 5-36　ADS 安装对话框

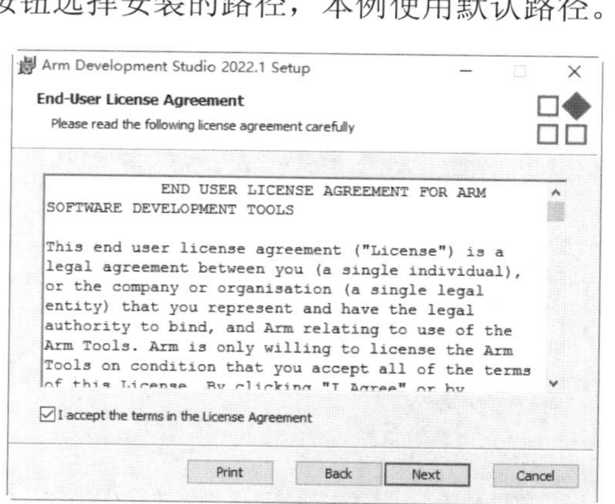


图 5-37　安装协议对话框

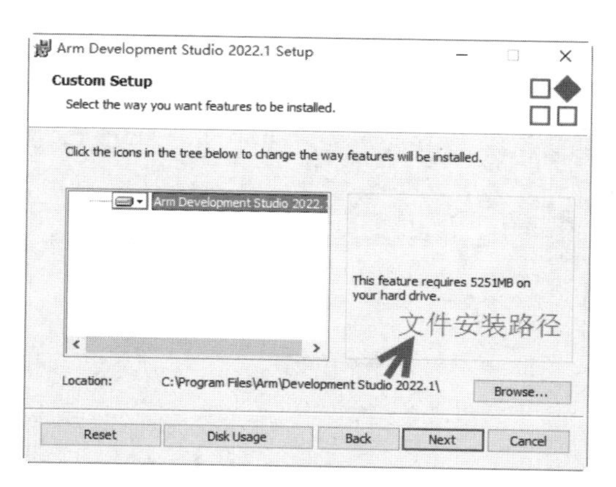


图 5-38　ADS 安装路径设置

（4）单击 Next 按钮，进入准备安装对话框，如图 5-39 所示。

（5）单击 Install 按钮开始安装。

（6）在经过数分钟的安装过程后，弹出如图 5-40 所示的安装完成对话框，然后单击

Finish 按钮完成 ADS 的安装。

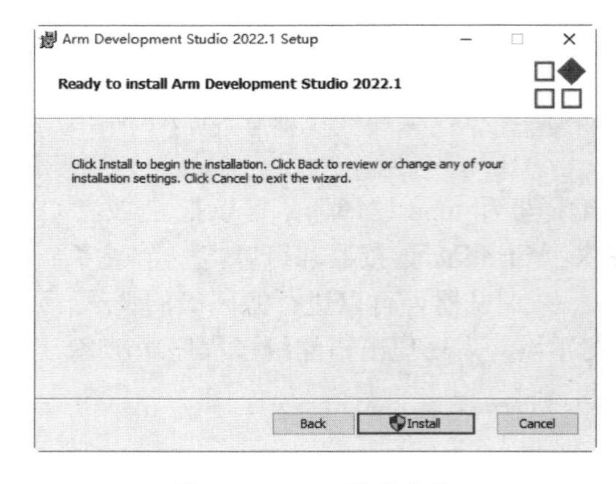

图 5-39　ADS 准备安装

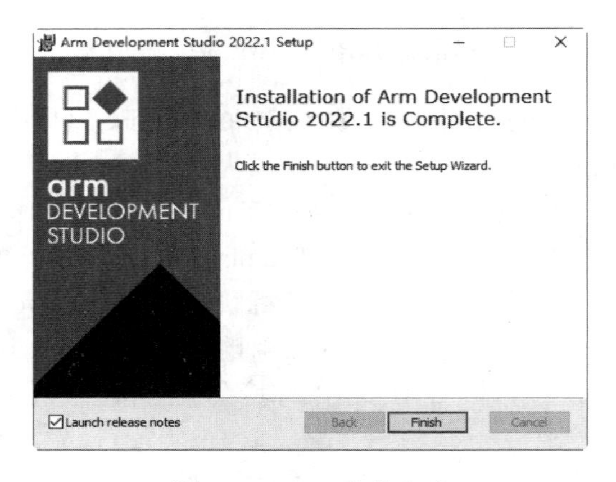


图 5-40　ADS 安装完成

## 5.5.3　建立自己的工程

本节介绍如何在 ADS 环境下建立自己的工程并且编译生成目标文件。

（1）选择“开始”|“所有程序”| ARM DS 2022.1 |Arm DS IDE 2022.1 命令，进入 ADS 的主界面。在其中选择 File | New | Project 命令，弹出 ADS 新建项目对话框，如图 5-41 所示。

（2）这里选择 C Project 选项，单击 Next 按钮，弹出如图 5-42 所示的对话框。在 Project name 文本框中输入工程名称 test_project，在 Location 文本框中输入工程的存放路径，然后单击 Finish 按钮，工程创建完毕，进入工程管理窗口，如图 5-43 所示。

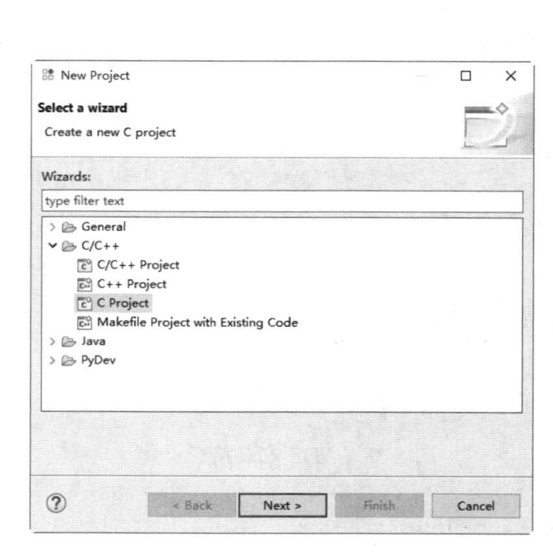


图 5-41　ADS 创建工程选项

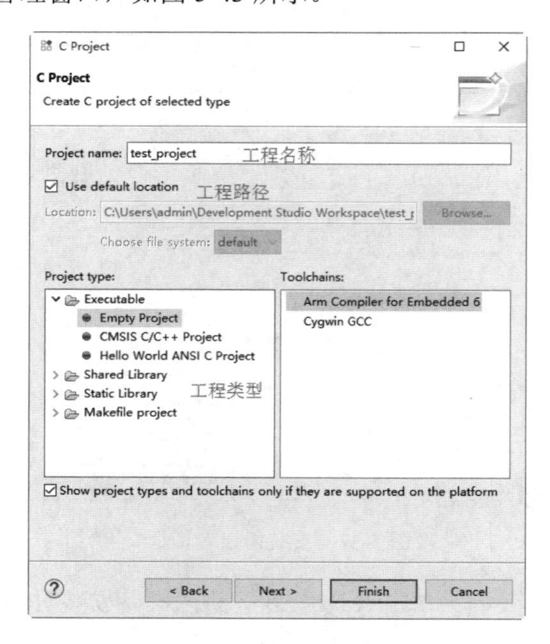


图 5-42　ADS 创建文件窗口

工程管理窗口中提供了工程文件列表，可以列出工程包含的文件名称及相关信息。新创建的工程没有文件，因此列表是空白的。

（3）选择主菜单的 File | New | Source File 命令，弹出 ADS 新建文件对话框。在 Source file 文本框中输入新建的文件名 main.c，单击 Finish 按钮，文件将被自动添加到工程中并打开。

（4）为了演示如何编译工程，在打开的编辑框中输入如图 5-44 所示的代码，然后选择 File | Save 命令保存文件。

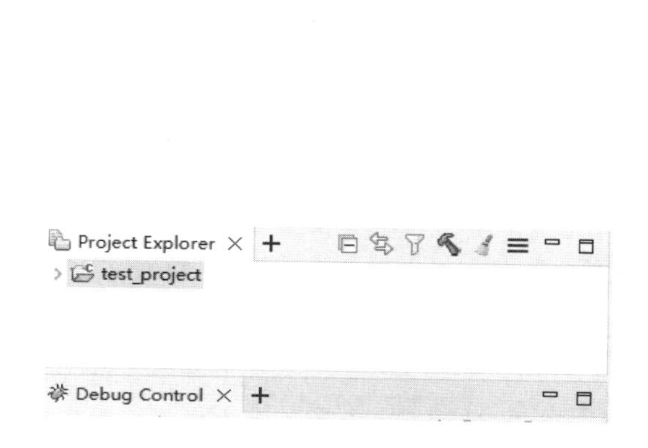


图 5-43　ADS 工程管理

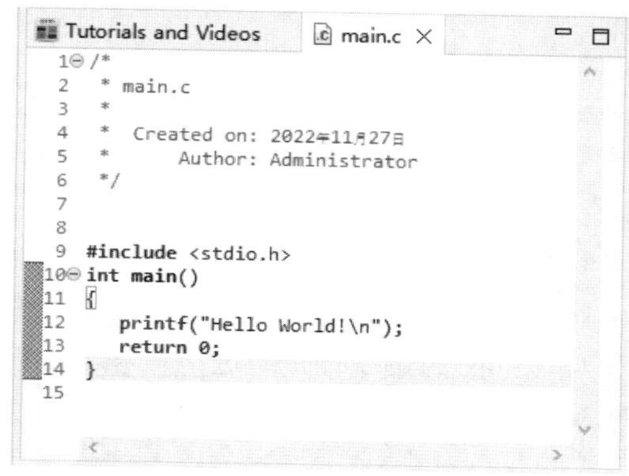


图 5-44　ADS 编写源代码

☎提示：在第 6 章中将会详细讲解本例这段适合入门者学习的代码。

（5）选择主菜单的 Project | Build Project 命令开始编译工程，编译结束后弹出编译结果窗口，如图 5-45 所示。

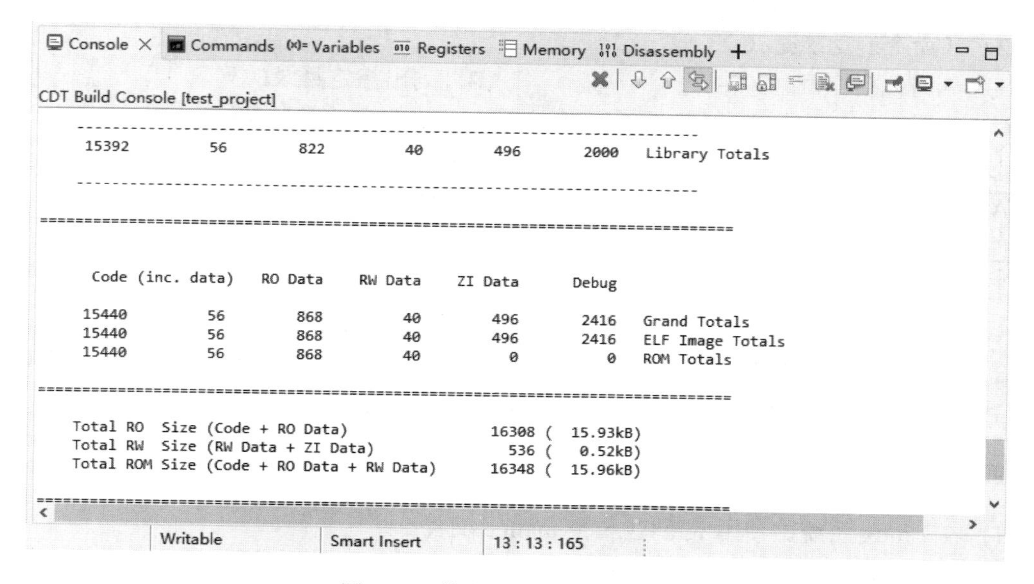


图 5-45　输出 ADS 工程编译结果

编译结果列出了代码和数据占用的空间、生成目标文件的信息等。

## 5.6 小　　结

本章讲解了嵌入式 Linux 开发环境的相关知识，包括系统环境、开发工具和辅助工具等。开发工具是嵌入式开发不可缺少的，每种工具都有自己的用途和范围，读者应该多实践，掌握常见开发工具的使用方法。从第 6 章开始将介绍基本的程序开发知识。

## 5.7 习　　题

### 一、填空题

1．Ubuntu Linux 使用了________管理软件包。

2．Linux 的命令行是通过________的程序提供的。

3．grep 通过________表示搜索状态。

### 二、选择题

1．用来实现词法扫描分析工具安装的命令是（　　）。

A．sudo apt-get install autoconf automake

B．sudo apt-get install flex bison

C．sudo apt-get install manpages-dev

D．sudo apt-get install binutils-doc

2．df 命令的功能是（　　）。

A．查看磁盘空间　　B．列出指定目录的列表

C．显示当前工作目录的绝对路径　　D．修改文件或目录的所有者

3．指定从一行的结尾匹配的正则表达式符号是（　　）。

A．^　　B．*　　C．[]　　D．$

### 三、判断题

1．Cygwin 把 Linux 中的工具逐个移植到 Windows 系统中。（　　）

2．vi 各模式的切换都是通过插入模式中转的。（　　）

3．ARM 开发有标准的开发环境 ARM Development Studio。（　　）

### 四、操作题

1．在 Linux 系统中使用 vi 创建一个 main.c 文件。

2．使用 grep 工具查看一个 C 文件中以#开头的行。

# 第 6 章　第一个 Linux 应用程序

学习嵌入式程序开发首先要从最简单的程序开始。一个最基本的 Linux 应用程序可以涵盖编程的基本知识，因此通过编写 Linux 可以快速入门程序开发。本章的目的是通过实际的程序向读者介绍 Linux 程序的基本框架和工作流程，主要内容如下：

- 编写一个最基本的应用程序；
- 分析程序的执行过程；
- 展示程序生成过程；
- 程序编译过程管理。

## 6.1　向世界问好——Hello,World!

本节以一个“Hello,World!”程序向初学者展示如何编写程序。这个程序很简单，却展示了 C 程序的基本要素，如语法格式、引用头文件和调用库函数等。本节将展示程序的编辑、编译和执行的相关知识。

### 6.1.1　用 vi 编辑源代码文件

在 5.3.2 节介绍了 vi 编辑器的用法，下面使用 vi 编辑器编写第一个源代码文件。具体操作过程如下。

#### 1．创建源代码文件hello_test.c

在 Linux 控制台界面输入 vi hello_test.c，弹出如图 6-1 所示的窗口。

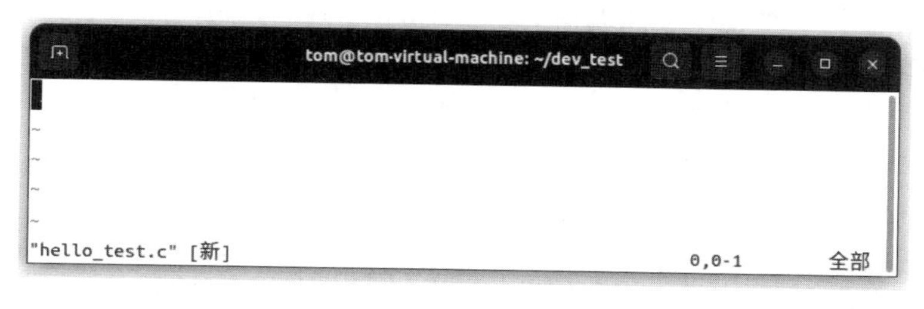


图 6-1　使用 vi 创建 hello_test.c 文件

#### 2．编写源代码

从图 6-1 中可以看到，屏幕的左下角出现了"hello_test.c" [新]字样，表示创建的文件名是 hello_test.c，文件是新文件。然后在键盘上输入小写字母 i，屏幕的左下角显示“--插入--”，表示现在已进入编辑插入模式，此时可以输入源代码。源代码如实例 6-1 所示。

**【实例 6-1】** HelloWorld.c 源代码。

```
#include <stdio.h>
int main(void)
{
    printf("Hello,World!\n");   /* 打印字符串 Hello,World!到屏幕 */
    return 0;
}
```

**3．保存退出**

输入实例 6-1 所示的源代码后，就可以保存并退出了。在当前状态下按 Esc 键，输入字符，然后输入 wq，按 Enter 键，保存文件并且退出 vi。

### 6.1.2　用 gcc 命令编译程序

编辑好 hello_test.c 源文件后，需要把它编译成可执行文件才可以在 Linux 中运行。在控制台模式的当前目录下输入以下命令完成编译：

```
gcc hello_test.c
```

GCC 编译器会将源代码文件编译链接成 Linux 可以执行的二进制文件。如果没有错误，则会返回到控制台界面，并且没有任何提示，表示程序已经编译成功了。例如，下面的结果表示已经编译成功：

```
tom@tom-virtual-machine:~/dev_test$ gcc hello_test.c
tom@tom-virtual-machine:~/dev_test$
```

这时候可以使用 ls 命令查看当前的目录下是否有一个名为 a.out 的文件。例如下面的结果：

```
tom@tom-virtual-machine:~/dev_test$ ls
a.out  hello_test.c
```

### 6.1.3　执行程序

到目前为止，第一个程序已经编译好了，下面就该执行程序了。大多数的 Linux 系统都是通过一个名为 PATH 的环境变量来管理系统可执行程序的路径，但不幸的是，这个变量里并没有包含当前路径的“./”，因此需要按照下面的方式执行程序：

```
./a.out
```

执行 a.out 程序后，输出结果如下：

```
tom@tom-virtual-machine:~/dev_test$ ./a.out
Hello,World!
```

6.2 节将具体介绍程序是如何输出这个结果的。

# 6.2　程序背后做了什么

前面讲了如何编辑和编译程序并且展示了程序的输出结果。可能有人会问程序是如何输出在屏幕上的。带着这个问题，本节通过程序加载和执行的过程来分析 Linux 应用程序是如何在计算机上运行的。实例 6-1 所示的基本程序包括执行 Linux 应用程序的所有的细节。

## 6.2.1　程序执行的过程

一个 Linux 程序的加载和执行过程如图 6-2 所示。

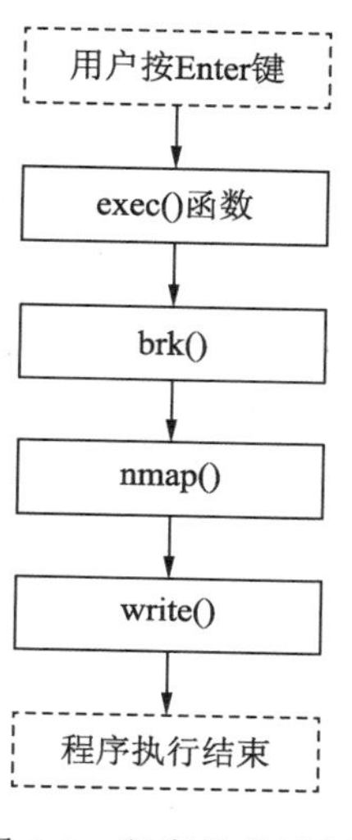


图 6-2　程序执行过程

用户从控制台输入将要执行的程序文件名后，shell 会使用 exec 函数执行程序。exec 是一个系统调用函数，与以下 6 种函数对应：

```
int execl(const char *path, const char *arg, ...);
int execlp(const char *file, const char *arg, ...);
int execle(const char *path, const char *arg, ...);
int execv(const char *path, char *const argv[]);
int execvp(const char *file, char *const argv[]);
int execve(const char *path, char *const argv[],
char *const envp[]);
```

看起来这些函数比较复杂，但是实际上只有 execve()函数是真正的系统调用函数，其他函数都是从 execve()函数演化而来的。execve()函数的作用是执行指定的可执行文件，用可执行文件的内容替换调用 execve()函数进程的内容。从宏观上看，新的可执行文件覆盖了当前正在运行的程序，最终结果是创建了新的进程。

☎提示：execve()函数使用的可执行文件既可以是二进制文件，也可以是合法的 Linux 脚本文件。

exec 系统调用函数的执行过程如下：

（1）使用 brk()函数设置当前进程的数据段。

（2）打开预先编译时指定的共享库的文件并把共享库加载到内存中。因为程序在编译的时候默认是使用共享库方式的，只有加载了共享库到内存，才能保证程序执行的正确性。

（3）这是最关键的一步——执行程序，按照编写的代码执行程序，可以看到例子输出的“Hello,World!”。

## 6.2.2　窥视程序执行中的秘密

上面的程序执行过程比较难理解，这里推荐使用 strace 工具分析这个程序的执行流程。再次执行 a.out 目录，输入以下命令：

```
tom@tom-virtual-machine:~/dev_test$ strace ./a.out
```

按 Enter 键后会打印出程序使用系统调用函数的结果。由于输出信息比较多，下面分析其中的关键步骤。

（1）使用 exec 系统调用函数执行可执行文件。这里使用 execve()函数，它是一个系统调用函数，实际上，绝大多数 Linux 程序都是使用这个系统调用函数来执行的。

```
execve("./a.out", ["./a.out"], 0x7fff6e638f60 /* 59 vars */) = 0
```

（2）使用 brk()函数设置创建进程的数据段。brk()函数很重要，该系统调用函数用于创建存放程序内容的内存区域。

```
brk(NULL)                               = 0x555946b17000
```

（3）打开共享库文件并且加载到内存中。

```
openat(AT_FDCWD, "/etc/ld.so.cache", O_RDONLY|O_CLOEXEC) = 3
//打开链接共享文件
newfstatat(3, "", {st_mode=S_IFREG|0644, st_size=58499, ...},
AT_EMPTY_PATH) = 0
mmap(NULL, 58499, PROT_READ, MAP_PRIVATE, 3, 0) = 0x7f281c295000
close(3)                                = 0
//打开 glibc 共享库文件
openat(AT_FDCWD, "/lib/x86_64-linux-gnu/libc.so.6", O_RDONLY|O_CLOEXEC) = 3
read(3, "\177ELF\2\1\1\3\0\0\0\0\0\0\0\0\3\0>\0\1\0\0\0P\237\2\0\0\0\0\0"
..., 832) = 832
pread64(3, "\6\0\0\0\4\0\0\0@\0\0\0\0\0\0\0@\0\0\0\0\0\0\0@\0\0\0\0\0\0\0"
..., 784, 64) = 784
pread64(3, "\4\0\0\0\0\0\0\0\5\0\0\0GNU\0\2\0\0\300\4\0\0\0\3\0\0\0\0\0\0\0"
..., 48, 848) = 48
pread64(3, "\4\0\0\0\24\0\0\0\3\0\0\0GNU\0i8\235HZ\227\223\333\350s\360\
352,\223\340."..., 68, 896) = 68
newfstatat(3, "", {st_mode=S_IFREG|0644, st_size=2216304, ...},
AT_EMPTY_PATH) = 0
pread64(3, "\6\0\0\0\4\0\0\0@\0\0\0\0\0\0\0@\0\0\0\0\0\0\0@\0\0\0\0\0\0\0"
..., 784, 64) = 784
mmap(NULL, 2260560, PROT_READ, MAP_PRIVATE|MAP_DENYWRITE, 3, 0) =
0x7f281c06d000
mmap(0x7f281c095000, 1658880, PROT_READ|PROT_EXEC, MAP_PRIVATE|MAP_FIXED|
MAP_DENYWRITE, 3, 0x28000) = 0x7f281c095000
mmap(0x7f281c22a000, 360448, PROT_READ, MAP_PRIVATE|MAP_FIXED|MAP_DENYWRITE,
3, 0x1bd000) = 0x7f281c22a000
mmap(0x7f281c282000, 24576, PROT_READ|PROT_WRITE, MAP_PRIVATE|MAP_FIXED|
MAP_DENYWRITE, 3, 0x214000) = 0x7f281c282000
mmap(0x7f281c288000, 52816, PROT_READ|PROT_WRITE, MAP_PRIVATE|MAP_FIXED|
MAP_ANONYMOUS, -1, 0) = 0x7f281c288000
//映射共享库文件到内存
close(3)                                = 0
mmap(NULL, 12288, PROT_READ|PROT_WRITE, MAP_PRIVATE|MAP_ANONYMOUS, -1, 0)
= 0x7f281c06a000
```

（4）调用 write()函数输出字符串到屏幕。write()是共享库中的一个函数，也是一个系统调用函数，printf()函数最终调用的就是 write()函数。

```
write(1, "Hello,World!\n", 13Hello,World!
)          = 13
exit_group(0)                           = ?
```

到这里已经分析完了程序执行的整个过程，理解程序的执行流程，是以后学习和理解多进程和多线程程序开发的基础。

### 6.2.3　动态库的作用

Linux 系统有两种程序库，一种称作静态库（static library），当程序进行链接时，静态库的目标代码会与程序的其他目标代码一起合并到一个可执行文件中；另一种就是前面提到的动态库（shared library），动态库又称为共享库。

动态库是 Linux 系统最广泛的一种程序使用方式，它的工作原理是相同功能的代码可以被多个程序共同使用。在程序加载的时候，内核会检查程序使用的动态库是否已经加载到内存中，如果没有加载到内存中，则从系统库路径搜索并且加载相关的动态库；如果动态库已经被加载到内存中，程序可以直接使用而无须进行加载。

从动态库的工作原理中可以看出，任何一个动态库仅会被系统加载一次。使用程序动态库还有一个好处，就是可以减小应用程序占用的空间和加载时间。下面对静态库和动态库的使用做一个比较。

首先看一下使用静态方式编译 hello_world.c。

```
gcc -static hello_test.c
```

查看 a.out 文件的大小：

```
tom@tom-virtual-machine:~/dev_test$ ls -l -h a.out
-rwxr-xr-x 1 tom tom 734K  11月 28 18:12 a.out
```

再来看一下使用动态方式（默认）编译 hello_world.c。

```
gcc hello_test.c
```

查看 a.out 文件的大小：

```
tom@tom-virtual-machine:~/dev_test$ ls -l -h a.out
-rwxr-xr-x 1 tom tom 7.0K  11月 28 18:14 a.out
```

使用静态编译的 a.out 文件的大小是 734KB，而使用动态方式编译的 a.out 文件的大小仅为 7KB，两个文件大小相差 100 多倍！动态库的优势就显现出来了，即执行同样的程序，使用静态库编译的程序比使用动态库编译的程序要多占用很多内存。

几百 KB 的内存对于一个主流配置的 PC 来说不算什么，但是对于嵌入式系统并不大的内存空间来说，动态程序库的优势非常明显。使用动态程序库可以节约嵌入式系统宝贵的内存空间。

有兴趣的读者不妨看一下使用静态库编译的程序是怎么执行的，使用 strace 命令查看静态编译的 a.out 文件，观察其与动态库编译的程序有何不同。

## 6.3　程序如何来的——编译的全过程

在 6.1.2 节，通过命令行输入 gcc hello_test.c 就可以编译出一个可执行文件 a.out。在使用 gcc 编译 C 语言源代码文件的时候，GCC 编译器隐藏了两个执行过程：编译和链接，确切地说应该是编译链接 C 语言源代码文件，下面将具体讲解这个过程。

### 6.3.1　编译源代码

编译器是把人书写的高级语言代码翻译成目标程序的语言处理程序，编译用的程序（如 GCC）也可以称为编译系统。

编译系统把一个源程序翻译成目标程序的工作过程分为 5 个阶段：词法分析、语法分析、中间代码生成、代码优化和目标代码生成。其中的主要阶段是词法分析和语法分析，也可以称为源代码分析，如果在分析过程中发现有语法错误，就给出提示信息。

#### 1. 词法分析

词法分析的目的是处理源代码中的单词。词法分析程序按照从左到右的顺序依次扫描源代码，生成单词对应的符号，然后把字符描述的程序转换为符号描述的中间程序。词法分析程序也称为词法扫描器。词法分析过程可以用手工构造和自动生成两种方法。手工构造可以使用状态图，自动生成的构造方法通常使用确定步骤的程序状态机。

#### 2. 语法分析

语法分析程序使用词法分析程序的结果作为输入。语法分析的功能是分析单词符号是否符合语法要求，如表达式、赋值和循环等是否构成语法要求。此外，语法分析程序还按照语法规则分析检查程序的语句是否符合正确的逻辑结构。

语法分析方法有自上而下分析和自下而上分析两种方法。自上而下分析方法从文法开始的符号向下推导，逐步分析。自下而上分析方法利用堆栈的原理，把词法符号按顺序入栈，然后分析语法是否符合要求。

#### 3. 中间代码生成

中间代码也称作中间语言，是一种介于源代码与目标代码之间的表示方式。使用中间代码可以完整地表达源代码的意思，同时又使编译程序在逻辑结构上简单、明确。中间语言是供编译器使用的，常见的表示形式有逆波兰记法、四元式和三元式和树等。

#### 4. 代码优化

代码优化的目标是生成有效的目标代码。代码优化通过对中间代码的分析进行等价变换，达到减小存储空间和缩短运行时间的目的。程序优化并不改变源代码程序的功能。代码优化还可以对目标代码进行优化，与中间代码优化相比，对目标代码优化依赖计算机类型，但是优化的效果相对较好。

☎提示：GCC 编译器可以对代码进行指定级别地优化，使用参数-O<优化级别>对编译的代码进行优化。

#### 5. 目标代码生成

编译程序的最后一项任务是生成目标代码。目标代码生成器把中间代码变换成目标代码，通常有以下 3 种变换形式：

- ❑ 立即执行的机器语言代码。这种方式对应静态链接方式，程序中的所有地址都重定位，执行效率最高，但是占用的存储空间最大。
- ❑ 待装配的机器语言模块。这种方式不链接系统共享的程序库，在需要使用的时候会由系统加载共享程序库。
- ❑ 汇编语言代码。经过汇编程序汇编后，直接生成可以在操作系统上运行的目标代码。

生成目标代码需要考虑 3 个影响生成速度的问题：一是采用什么方法生成比较短小的目标代码；二是如何在目标代码中多使用寄存器，减少目标代码访问外部存储单元的次数；三是如何根据不同平台计算机指令特性进行优化，提高程序运行效率。以下仅编译 hello_test.c 源代码，生成目标文件：

```
gcc -c hello_test.c
```

查看当前目录：

```
tom@tom-virtual-machine:~/dev_test$ ls
a.out  hello_test.c  hello_test.o
```

在目录下生成一个 hello_test.o 的文件，这个文件就是编译生成的目标文件，它不能直接执行，需要链接生成可以被操作系统识别的文件才可以运行。

### 6.3.2　链接目标文件到指定的库

源代码经过编译以后，需要经过链接才可以在 Linux 系统中运行，链接的作用是使代码中调用的系统函数与对应的系统库建立关系，设置程序启动时的内存和环境变量，以及程序退出的状态、释放占用的资源等操作，这些工作对用户都是隐藏的。GCC 在链接用户目标文件时，会根据用户代码使用不同的函数链接对应的动态或者静态库（根据链接选项，默认是动态库），同时，还会将所有的目标文件与固定的预编译好的系统目标文件进行链接，这几个预编译好的目标文件用来完成程序初始化及程序结束时的环境设置等。

## 6.4　更简单的办法——用 Makefile 管理工程

在 6.1.2 节中介绍了可以使用如下方法编译一个链接动态库的程序：

```
gcc hello_test.c
```

以及使用如下方法编译一个静态程序：

```
gcc -static hello_test.c
```

以上两种办法有一个缺点，每次编译程序的时候需要输入完整的命令和编译的文件名及参数，这对于一个功能简单的小程序来说是可以接受的。但是开发一个软件项目，不可能把所有的代码放在一个文件内，会分成若干个文件，每次的编译、链接会有不少的输入，操作烦琐，容易出错。本节将介绍最常用的工程文件管理方法 GNU Makefile。

### 6.4.1　什么是 Makefile

Makefile 是一个文本文件，是 GNU make 程序在执行的时候默认读取的配置文件。

Makefile 有强大的功能，它记录了文件之间的依赖关系，通过比对目标文件和依赖文件的时间戳来决定是否需要执行相应的命令；同时，Makefile 还可以定义变量，接收用户传递的参数变量，通过这些元素的相互配合，省去了繁杂的编译命令，不仅节省时间，而且减少了出错的概率。

### 6.4.2　Makefile 是如何工作的

Makefile 的工作原理是通过比对目标文件和依赖文件的时间戳，执行对应的命令。Makefile 的语法结构如下：

```
(目标文件)：(依赖文件 1)(依赖文件 2)(依赖文件...)
    (命令 1)
    (命令 2)
       ⋮
    (命令 n)
```

Makefile 的语法可以理解为依赖关系的组合，在同一个 Makefile 文件中可以有若干个依赖关系，并且依赖关系之间可以相互嵌套。目标文件是最终生成的文件，可以是文件名或者一个 Makefile 变量，在一个依赖关系里，目标文件只能是一个文件；依赖文件可以是一个文件名或者 Makefile 变量，在同一个依赖关系里，依赖文件可以是多个也可以没有依赖文件，表示依赖关系需要指定才可以执行；命令是符合依赖关系时执行的 shell 命令或者 Makefile 内置的功能，最少需要一条命令，也可以有多条命令。

请注意依赖关系的书写格式，目标文件开头的一行可以顶头写，命令的前面要使用制表符分隔，只有这样，make 程序在执行 Makefile 文件时才能读懂依赖关系的格式。

### 6.4.3　如何使用 Makefile

仍然以编译 hello_test.c 文件为例，下面使用 Makefile 编译和管理 hello_test.c。

（1）创建 Makefile 文件。在 hello_test.c 所在的目录下输入 vi Makefile。

（2）输入 Makefile 的内容。在 vi 插入模式下输入下面的内容：

```
hello_test : hello_test.c
    gcc -o hello_test hello_test.c
clean :
    rm -fr hello_test *.o *.core
```

（3）使用 make 管理程序。

保存文件并退出 vi 编辑器。在当前目录下输入 make，屏幕将输出“gcc -o hello_test hello_test.c”，之后回到命令提示符，表示编译已经通过。查看当前目录，已经生成了一个名为 hello_test 的可执行文件（在 Linux 控制台下显示为绿色）。

在当前目录下输入 make clean，再次查看目录，发现 hello_test 文件已经不存在了，说明 make 执行了 Makefile 文件里的 clean 规则。前面提到，在 Makefile 文件里，如果没有写出依赖文件的依赖关系，那么需要用户指定才能执行，本例通过 make 的参数指定执行 clean 依赖关系。

### 6.4.4　好的源代码管理习惯

在一个软件项目中，往往会将不同功能的代码放在不同的文件中，这时候，一个好的代码管理方法就显得很重要了，凌乱的代码分布不仅会给调试带来很多麻烦，而且对以后的升级和维护也是一个不小的挑战。这里给出几条代码管理的建议。

#### 1．把不同功能的代码放在不同的文件中，并且把必要的函数放在对应的头文件中

建议把源文件里供其他软件模块使用的函数放在头文件中，把仅供本模块使用的函数和定义等放在源文件中，不必单独列出。这样做的好处是容易理解，调用模块代码的开发人员只需要看头文件的函数和定义以及必要的注释，就可以正确地使用功能模块了。

例如，有两个软件模块 module1 和 module2，module1 调用 module2，module2 调用了函数 a()、b()和 c()。此时，仅需要把 module2 的函数声明写在头文件中，将 a()、b()和 c()这 3 个函数写在 module2 同一个源文件中，不必单独写在 module2 的头文件中。

#### 2．对软件模块划分层次

软件模块之间按照功能，都会有一定的层次关系，最好按照软件模块的层次关系为每个软件模块建立目录，形成一个有次序的软件目录结构，并且在每个目录下都建立一个 Makefile 文件，用于管理本模块的代码文件，这样做看起来比较复杂，目录较多，但好处是显而易见的，即提高了软件模块之间的相互独立性，对开发调试和维护升级都有好处。

例如，一个软件需要提供一个支持第三方插件的功能，可以在代码目录里增加一个 plugin 目录，在 plugin 目录下为每个插件建立一个目录，这样从目录上就可以看出代码的功能，不仅方便管理，而且有利于调试。

## 6.5　小　　结

本章从一个简单的应用程序入手，介绍了开发一个 Linux 应用程序的流程，通过实例分析了编译和链接的原理，并且剖析了程序执行的过程，最后介绍了如何使用 Makefile 管理工程文件管理软件代码。读者需要多实践，只有不断地实践，才能对这部分的知识深入理解。第 7 章将讲解 Linux 应用程序开发的基础知识。

## 6.6　习　　题

### 一、填空题

1．动态库可以翻译为________。

2．Makefile 是一个________文件。

3．GCC 编译器会将源代码文件编译链接成 Linux 可以执行的________文件。

## 二、选择题

1．以下用于分析单词符号是否符合语法要求的是（　　）。

A．词法分析　　B．语法分析　　C．中间代码生成　　D．其他

2．printf()函数最终调用的函数是（　　）。

A．write()　　B．printf()　　C．get()　　D．其他

3．下列实现真正的系统调用的选项是（　　）。

A．execl ()　　B．execle ()　　C．execvp ()　　D．execve()

## 三、判断题

1．brk()函数用于设置当前进程的数据段。（　　）

2．动态库会被系统加载多次。（　　）

3．代码优化通过对中间代码的分析进行等价变换，从而达到减小存储空间和缩短运行时间的目的。（　　）

## 四、操作题

1．使用命令创建一个 hello.c 文件，此文件中的代码用于输出字符串 hello。

2．使用命令实现对 hello.c 文件的编译及运行。

# 第2篇 应用开发

⏭ 第7章 Linux 应用程序开发基础

⏭ 第8章 多进程和多线程开发

⏭ 第9章 网络通信应用

⏭ 第10章 串口通信编程

⏭ 第11章 嵌入式 GUI 程序开发

⏭ 第12章 软件项目管理

# 第 7 章　Linux 应用程序开发基础

Linux 系统的应用程序是为了完成某项或者某些特定任务的计算机程序，而应用程序和文档又组成了软件。应用程序是在操作系统基础上运行的，Linux 应用程序运行在用户模式下，可以通过 shell 或者图形界面与用户交互。应用程序运行在独立的进程中，拥有自己独立的地址空间。通俗地说，应用程序拥有计算机的资源并且不知道其他应用程序的存在。本章将讲解 Linux 应用程序开发的重要概念，主要内容如下：

- 内存管理和使用；
- ANSI C 文件读写操作；
- POSIX 文件读写操作。

## 7.1　内存管理和使用

内存管理是计算机编程的一个重要部分，也是令许多程序员头疼的一个部分。在目前的嵌入式系统中，资源仍然是有限的。在程序设计的时候，内存管理十分重要。C 程序的内存管理灵活，接口简单，这也是初学者容易出错的根源，读者在学习本节内容的时候应注重多实践。本节首先讲解 Linux 程序的基本结构，然后介绍 C 程序的内存管理函数，最后给出 C 程序内存管理的实例。

### 7.1.1　堆和栈的区别

在讲解堆和栈的区别之前，先来看一个例子。在第 6 章编写的 hello_world 小程序目录下输入 size hello_test，得到结果如下：

```
tom@tom-virtual-machine:~/dev_test$ size hello_test
   text    data     bss     dec     hex filename
   1375     600       8    1983     7bf hello_test
```

size 操作 hello_test 程序后输出两行结果，第一行是对程序内存区域的描述，第二行是对程序各区域使用情况的描述，各字段的含义如表 7-1 所示。

表 7-1　应用程序主要字段含义

| text | 代码区静态数据 | dec | 十进制总和 |
|---|---|---|---|
| data | 全局初始化数据区 | hex | 十六进制总和 |
| bss | 未初始化数据区 | filename | 文件名 |

如图 7-1 是程序在静态时和运行时的分段示意。从中可以看出，堆（heap）和栈（stack）只有在程序运行时才存在。

一个计算机应用程序在内存中可以分成两个部分：存放代码的代码段和存放数据的数据段。代码段存放用户编写的代码；数据段可以分成堆和栈。

在 Linux 系统中，数据段又增加了全局初始化数据区（initialized data segment/data segment），包含程序中明确被初始化的全局变量、静态变量（包括全局和局部静态变量）及常量（如字符串）。例如，下面的声明会放在全局初始化数据区：

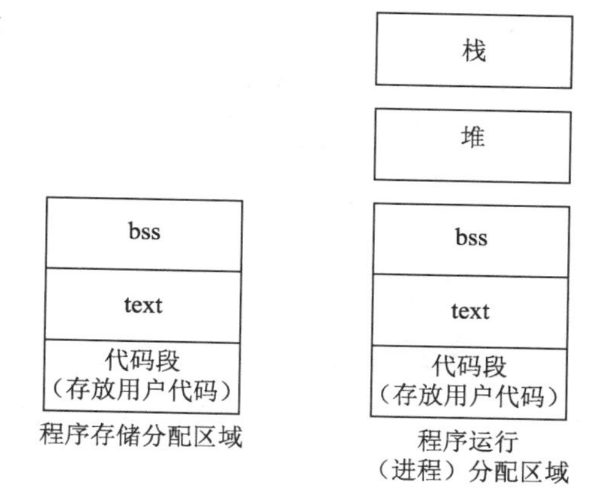


图 7-1　程序存储示意

```
int max_size = 2048;                    // 定义在所有函数之外
static int buff_size = 1024;            // 定义在任何地方
```

max_size 是一个全局静态变量，如果定义在某个函数内，则称作局部静态变量；buff_size 在定义的前面有一个 static 修饰符，表示此变量仅能在当前文件中使用。

未初始化数据区（uninitialized data segment）也称作 BSS 区，用于存放全局未初始化变量。在 Linux 系统中，BSS 存放的数据在开始执行之前被内核初始化为 0 或者空指针（NULL）。例如声明：

```
int max_size;
int *p_buffer;
```

max_size 和 p_buffer 编译后放在了 BSS 区，分别被内核初始化成 0 和 NULL（空指针）。

### 1．栈

栈是一个由编译器分配释放的区域，用来存放函数的参数和局部变量等。操作方式类似于数据结构教材里的栈。当调用函数时，被调用函数的参数和返回值被存储到当前程序的栈区，之后被调用函数再为自身的自动变量和临时变量在栈区上分配空间。当函数调用返回时，在栈区内的参数返回值、自动变量和临时变量等会被释放。这就是为什么 C 语言函数参数如果不是指针，那么用户将无法得到被修改的参数结果的原因。

函数的调用和栈的使用方式保证了不同函数内部定义相同名称的变量不会混淆。栈的管理方式是 FILO（First In Last Out），称作先进后出。学过数据结构的读者都知道，栈内的数据是以一个方向管理的，先到达的数据最后被读出来。生活中就有这样的例子，如火车进站就是车头先进入，但是出来的时候却是车尾先出来，车头最后出来。

### 2．堆

堆一般位于 BSS 段和栈之间，用来动态分配内存。这段区域由程序员管理，程序员利用操作系统提供的分配和释放函数使用堆区的内存。如果程序员在堆上分配了一段内存却没有释放，在目前主流的操作系统中退出时会被操作系统释放。但这并不是一个好的习惯，因为堆区的空间不是无限的，过多地分配会导致堆内存溢出，程序异常甚至崩溃。

堆的管理与栈不同，操作系统在堆空间维护一个链表（请参考数据结构的相关定义），每次程序员从堆分配内存的时候操作系统会从堆区扫描未用空间，当一个空间的大小符合申请空间的时候，就把此空间返回给程序员，同时把申请的空间加入链表；当程序员释放一个空间的时候，操作系统会从堆的链表中删除指定的节点，并且把释放的空间放回未用空间。

链表的操作方式会带来一个麻烦的问题，那就是当程序员频繁申请释放一个容量小的内存区域时，会造成堆空间被分割成若干个小块，如果这时候再申请一个大容量的空间，有可能会由于没有足够空间的内存块而导致内存分配失败。在编写应用程序的时候，应当注意控制好内存大小的分配和释放，同时应该检查每次申请内存的结果是否已经正确分配内存，否则会导致内存泄漏（memory leak）的致命错误。

程序的内存分成若干区域基于以下原因：

- 程序运行的时候多数是按照顺序运行的，虽然有跳转和循环，但是数据需要多次访问，开辟单独的数据空间方便数据访问和分类。
- 临时数据放在栈区，生命周期短。
- 全局数据和静态数据在整个程序执行过程中可能都需要访问，因此单独进行存储管理。
- 将用户需要自行分配的内存安排在堆区，便于用户管理内存及操作系统监控。

一个 C 程序运行时的内存分配情况如下：

```
//test.c
int g_var_a = 0;                          // 存放在全局已初始化数据区
char g_var_b;                             // 存放在 BSS 区(未初始化全局变量)

int main()
{
    int var_a;                            // 存放在栈区
    char var_str[] = "string1";           // 存放在栈区
    char *p_str1, *p_str2;                // 存放在栈区
    char *p_str3 = "string2";    // 存放在已初始化数据区，ptr_str3 存放在栈区
    static int var_b = 100;               // 全局静态数据，存放在已初始化区

    p_str1 = (char*)malloc(1024);         // 从堆区分配 1024B 的内存
    p_str2 = (char*)malloc(2048);         // 从堆区分配 2048B 的内存
    free(p_str1);
    free(p_str2);

    return 0;
}
```

### 7.1.2　内存管理函数 malloc()和 free()

C 程序有两个主要的内存管理函数：malloc()函数负责分配内存；free()函数释放 malloc()函数分配的内存。这两个函数都是 C 标准库 stdlib.h 头文件定义的，Linux 系统函数原型如下：

```
void *malloc(size_t size);
void free(void *ptr);
```

malloc()函数有一个 size_t 类型的参数 size，表示需要分配 size 字节大小的内存，返回

值是一个 void 类型的指向分配好内存的首地址，如果分配失败则返回 NULL。void*表示无类型指针，在使用的时候可以转换为任意类型的指针。通常的用法如下：

```
int *p_mem = (int*)malloc(1024);
// 分配 1024B 的内存并转换为 int*类型赋值给 p_mem
```

注意：malloc()函数返回的是分配内存的首地址，由于指针的值是可以改变的，所以在使用的时候不要改变这个指针的值，如 p_mem++这样的用法，可能会在释放内存的时候出错。

free()函数有一个 void*类型的 ptr 参数，ptr 是 malloc()函数分配内存的指针，调用 free()函数要保证 ptr 不是 NULL，也就是说 ptr 是一个有效的内存地址。free()函数没有返回值，通常的用法如下：

```
free(p_mem);                          // 释放 p_mem 指向的内存地址
```

注意：malloc()函数和 free()函数是配合使用的，通常在逻辑上应该保证分配的内存必须释放，否则可能导致内存被耗尽。另外，了解 C++的读者应该知道，C++程序使用 new/delete 操作符分配释放内存，请读者切记，C++程序的内存分配释放函数不能和 C 程序的内存分配释放函数混在一起用。例如，C++程序使用 new 分配的内存只能用 delete 操作符释放，切不可使用 free()函数释放，否则可能会带来不可预知的错误。

### 7.1.3　实用的内存分配函数 calloc()和 realloc()

在 C 程序开发项目中还有两个实用的内存分配函数：calloc()函数用来分配一块新内存；realloc()函数用来改变一块已经分配的内存大小。这两个函数都是在 C 标准库的 stdlib.h 头文件中定义的。

#### 1. calloc()函数

calloc()函数用于向应用程序分配内存，定义如下：

```
void *calloc(size_t nmemb, size_t size);
```

参数 nmemb 表示要分配元素的个数，size 表示每个元素的大小，分配的内存空间大小是 nmemb*size；返回值是 void*类型的指针，指向分配好的内存首地址。

malloc()函数和 calloc()函数的主要区别是，malloc()函数分配内存空间后不能初始化内存空间，calloc()函数在分配空间后会初始化新分配的内存空间。如果 malloc()函数分配的内存空间原来没有使用过，则内存的值可能全为 0；如果 malloc()函数分配的内存空间曾经使用过，则内存的值可能不全为 0。换句话说，malloc()函数分配的内存可能被使用过，因此在使用 malloc()函数分配内存后，为了保证内存数据的有效性，需要把分配的内存区域重新置 0。

- 用法 1：calloc()函数的通常用法如下：

```
int *p_mem = (int*)calloc(1024, sizeof(int));
// 分配 1024*sizeof(int)B 大小的内存并清空为 0
```

❑ 用法 2：与 calloc()函数等价的 malloc()函数分配内存的方法如下：

```
int *p_mem = (int*)malloc(1024*sizeof(int));
// 分配 1024*sizeof(int)B 大小的内存
memset(p_mem, 0, 1024*sizeof(int));                // 分配成功的内存清空为 0
```

在用法 1 中使用 calloc()函数初始化内存时会将所分配的内存空间的每一位都初始化为 0。也就是说，如果是为字符类型或整数类型的元素分配内存，那么这些元素将保证会被初始化为 0；如果分配的内存元素是指针类型，则元素的内容会被初始化为空指针；如果是为实型数据分配内存，则内存数值会被初始化为浮点型的 0。从 calloc()函数的分配策略中可以看出，calloc()函数可以按照分配内存的类型初始化数据。

用法 2 使用 memset()函数填充的值为全 0，不能确保生成有用的空指针值或浮点 0 值（有兴趣的读者可以参考 NULL 常量和浮点数类型的定义）。

☎提示：free()函数可以安全地释放 calloc()函数分配的内存。

#### 2. realloc()函数

realloc()函数用于重新分配正在使用的一块内存大小，定义如下：

```
void *realloc(void *ptr, size_t size);
```

realloc()函数可以调整 ptr 指定的内存空间大小。调整内存可以扩大内存空间也可以缩小内存空间。需要注意的是，如果缩小内存空间，则被缩小的内存空间数据会丢失。

realloc()函数重新分配内存的用法如下：

```
int *p_mem = (int*)malloc(1024);          // 分配 1024B 的内存
p_mem = (int*)realloc(2048);              // 重新分配 2048B 的内存
```

🔔注意：realloc()函数调整后的内存空间起始地址有可能与原来的不同，因此在代码中需要使用 realloc()函数的返回值。

### 7.1.4　内存管理编程实例

本节给出一个内存管理编程实例。该实例代码首先通过 malloc()函数和 calloc()函数实现在分配的内存空间中写入字符串，然后使用 realloc()函数重新分配内存空间，最后释放动态分配的内存。程序在分配的内存空间中写入字符串，通过打印字符串到屏幕展示内存分配的结果。

**【实例 7-1】**在 C 程序中的内存管理函数。

```
01  // 代码：c_memory_test.c
02  #include <stdio.h>
03  #include <stdlib.h>
04  #include <string.h>
05  int main()
06  {
07      char *p_str1, *p_str2;                // 定义两个 char*指针
08
09      /* 使用 malloc()函数分配内存 */
10      p_str1 = (char*)malloc(32);
```

```
11      if (NULL==p_str1) {                  // 检查内存分配是否成功
12          printf("Alloc p_str1 memory ERROR!\n");
13          return -1;
14      }
15
16      /* 使用 calloc()函数分配内存 */
17      p_str2 = (char*)calloc(32, sizeof(char));
18      if (NULL==p_str2) {                  // 检查内存是否分配成功
19          printf("Alloc p_str2 memory ERROR!\n");
20          free(p_str1);                    // 注意，这里需要释放 p_str1 占用的内存
21          return -1;
22      }
23
24      strcpy(p_str1,"This is a simple sentence.");// 将 p_str1 写入一个字符串
25      strcpy(p_str2, p_str1);              // 将 p_str2 写入与 p_str1 相同的字符串
26
27      /* 打印 p_str1 的结果 */
28      printf("p_str1 by malloc():\n");
29      printf("p_str1 address: 0x%.8x\n", p_str1);    // p_str1 的内存地址
30      // p_str1 的内容
31      printf("p_str1: %s(%d chars)\n", p_str1, strlen(p_str1));
32
33      /* 打印 p_str2 的结果 */
34      printf("p_str2 by calloc():\n");
35      printf("p_str2 address: 0x%.8x\n", p_str2);    // p_str2 的内存地址
36      // p_str2 的内容
37      printf("p_str2: %s(%d chars)\n", p_str2, strlen(p_str2));
38
39      /* 为 p_str1 重新分配内存(减小) */
40      p_str1 = (char*)realloc(p_str1, 16);
41      if (NULL==p_str1) {                  // 检查内存分配结果
42          printf("Realloc p_str1 memory ERROR!\n");
43          free(p_str2);                    // 注意需要释放 p_str2 占用的内存
44          return -1;
45      }
46      p_str1[15] = '\0';                   // 写字符串结束符
47
48      /* 为 p_str2 重新分配内存(增大) */
49      p_str2 = (char*)realloc(p_str2, 128);
50      if (NULL==p_str2) {                  // 检查内存分配结果
51          printf("Realloc p_str2 memory ERROR!\n");
52          free(p_str1);                    // 注意需要释放 p_str1 占用的内存
53          return -1;
54      }
55      strcat(p_str2, "The second sentence in extra memory after
        realloced!");
56
57      /* 打印 p_str1 的结果 */
58      printf("p_str1 after realloced\n");
59      printf("p_str1 address: 0x%.8x\n", p_str1);    // p_str1 的内存地址
60      // p_str1 的内容
61      printf("p_str1: %s(%d chars)\n", p_str1, strlen(p_str1));
62
63      /* 打印 p_str2 的结果 */
64      printf("p_str2 after realloced:\n");
65      printf("p_str2 address: 0x%.8x\n", p_str2);    // p_str2 的内存地址
```

```
66      // p_str2 的内容
67      printf("p_str2: %s(%d chars)\n", p_str2, strlen(p_str2));
68
69      /* 注意最后要释放占用的内存 */
70      free(p_str1);                              // 释放 p_str1 占用的内存
71      free(p_str2);                              // 释放 p_str2 占用的内存
72
73      return 0;
74  }
```

实例 7-1 中的行号不是代码的一部分，仅为说明程序。第 7 行定义了两个字符串指针 p_str1 和 p_str2，这是程序的主角，后面都要使用它们。

- 第 9～14 行使用 malloc()函数为 p_str1 分配一块 32B 的内存，在分配内存之后，检查 p_str1 是否为 NULL。如果 p_str1 的值为 NULL，则表示分配内存失败，程序报错退出。
- 第 16～22 行使用 calloc()函数为 p_str2 分配一块 32B 的内存，分配之后同 p_str1 一样做内存是否分配成功的检查。需要注意的是第 20 行，如果 p_str2 分配失败，在退出程序之前需要释放 p_str1 的内存，因为此时 p_str1 已经分配成功，是一块有效的内存。注意，程序的第 41 行和第 50 行也是相同的问题。
- 第 24～25 行，在字符串 p_str1 和 p_str2 中写入相同的一串字符。
- 第 28～31 行和第 34～37 行分别打印字符串 p_str1 和 p_str2 在内存的首地址及字符串的内容（包括字符串的字符数）。
- 第 40～45 行使用 realloc()函数为 p_str1 重新分配 16B 的内存，也就是说减小 p_str1 占用的内存空间。第 46 行是分配内存成功以后，在字符串的结尾写入一个'\0'结束符，表示字符串结束。字符串结束符是字符串函数操作的依据。
- 第 49～54 行使用 realloc()函数为 p_str2 重新分配 128B 的内存，也就是说扩大 p_str2 占用的内存空间。第 55 行在重新分配内存成功后，给 p_str2 字符串后加入一段新的字符串，用来展示内存空间被扩充。
- 第 58～61 行和第 64～66 行打印重新分配内存后 p_str1 和 p_str2 的内存地址和字符串内容。
- 第 71 和 72 行释放 p_str1 和 p_str2 占用的内存空间。

实例 7-1 的程序编译后的运行结果如下：

```
p_str1 by malloc():
p_str1 address: 0x09179008
p_str1: This is a simple sentence.(26 chars)
p_str2 by calloc():
p_str2 address: 0x09179030
p_str2: This is a simple sentence.(26 chars)
p_str1 after realloced
p_str1 address: 0x09179008
p_str1: This is a simpl(15 chars)
p_str2 after realloced:
p_str2 address: 0x09179030
p_str2: This is a simple sentence.The second sentence in extra memory after
realloced!(78 chars)
```

从实例 7-1 的程序运行结果中可以看出，p_str1 重新分配内存后，占用的内存变小；p_str2 重新分配内存后，占用的内存变大，可以存放更多的数据。此外，p_str1 和 p_str2

重新分配内存以后，内存的起始地址没有改变，这并不能说明 realloc()函数不改变内存的起始地址，仍然需要把新的地址赋值给对应的字符串指针。

# 7.2　ANSI C 文件管理

本节重点讲解 ANSI C 文件库，内容包括文件指针的概念、文件和流的关系、文本和二进制文件、文件的基本操作。ANSI 的 C 文件库封装了对文件的系统调用，为了提高效率还加入了文件缓冲机制，以提供记录的方式读写文件，具有良好的可移植性和健壮性。

## 7.2.1　文件指针和流

文件是可以永久存储且有特定顺序的一个有序、有名称的字节组成的集合。在 Linux 系统中，通常能见到的目录、设备文件和管道等都属于文件，但是它们具有不同的特性。本节介绍的 ANSI 文件只能用于普通文件操作。

ANSI 文件操作提供了一个重要的结构——文件指针 FILE。文件的打开、读写和关闭及其他访问都要通过文件指针来完成。FILE 结构通常作为 FILE*的方式使用，因此称作文件指针。FILE 是_IO_FILE 结构的一个别名。_IO_FILE 结构在 stdio.h 头文件中的定义如下：

```
struct _IO_FILE
{
  int _flags;
  char *_IO_read_ptr;
  char *_IO_read_end;
  char *_IO_read_base;
  char *_IO_write_base;
  char *_IO_write_ptr;
  char *_IO_write_end;
  char *_IO_buf_base;
  char *_IO_buf_end;
  char *_IO_save_base;
  char *_IO_backup_base;
  char *_IO_save_end;
  struct _IO_marker *_markers;
  struct _IO_FILE *_chain;
  int _fileno;
  int _flags2;
  __off_t _old_offset;
  unsigned short _cur_column;
  signed char _vtable_offset;
  char _shortbuf[1];
  _IO_lock_t *_lock;
#ifdef _IO_USE_OLD_IO_FILE
};
```

文件结构的定义用来记录打开文件的句柄和缓冲等信息，这些信息供以后的文件操作函数使用，一般情况下用户不必关心。

当打开一个文件时，打开文件的函数会返回一个 FILE 文件指针，供以后的文件操作使用。ANSI 文件的操作都是围绕流（stream）进行的，流是一个抽象的概念，在程序开发中常用来描述物质从一处向另一处流动，如从磁盘读取数据到内存或者把程序的结果输出到外部设备等，都可以形象地描述为“流”。注意，请勿将标准文件库描述的流的概念和SystemV 的 Streams I/O 混淆。

操作系统屏蔽了操作文件的 I/O 和物理细节，当打开一个文件以后，就把文件和流绑定在一起了，对用户而言，操作文件只需要操作流即文件的数据流就可以了。

### 7.2.2　存储方式

ANSI C 规定了两种文件的存储方式：文本方式和二进制方式。文本文件也称作 ASCII 文件，每个字节存储一个 ASCII 码字符，文本文件存储量大，便于对字符操作，但是操作速度慢；二进制文件将数据按照内存中的存储形式存放，二进制文件的存储量小，存取速度快，适合存放中间结果。

在 Linux 系统中，文件的存放都是按照二进制方式存储的，用户在打开文件的时候，根据用户指定的打开方式进行存取。

### 7.2.3　标准输入、标准输出和标准错误

Linux 系统为每个进程定义了标准输入、标准输出和标准错误 3 个文件流，也称作 I/O 数据流。系统预定义的 3 个文件流有固定的名称，因此不需要创建便可以直接使用。stdin 是标准输入，默认是从键盘读取数据；stdout 是标准输出，默认向屏幕输出数据；stderr 是标准错误，默认是向屏幕输出数据。

3 个 I/O 数据流定义在 stdio.h 头文件里，程序在使用前需要引用相关的头文件。C 标准库函数 printf()默认使用 stdout 输出数据，用户也可以通过重新设置标准 I/O，把程序的输入和输出结果定向到其他设备上。

### 7.2.4　缓冲

ANSI 文件中的标准文件 I/O 库提供了缓冲机制，目的是减少外部设备的读写次数。同时，使用缓冲也能提高应用程序的读写性能。标准文件 I/O 库提供了 3 种类型的缓冲：

- 全缓冲。使用这种方式，在一个 I/O 缓冲被填满后，系统 I/O 函数才会执行实际的操作。全缓冲方式通常应用于磁盘文件操作，只有当缓冲写满时才会把缓冲内的数据写入磁盘文件。
- 行缓冲。行缓冲顾名思义是以行为单位操作文件缓冲区。使用行缓冲方式，系统 I/O 函数在遇到换行符的时候会执行 I/O 操作。一般在操作终端（如标准输入和标准输出）时常使用行缓冲。
- 不带缓冲。标准 I/O 库不缓存任何字符。如果使用不带缓冲的流，相当于直接把数据通过系统调用函数 write()写入设备上（后面会介绍 write()系统调用函数的相关知识）。例如标准错误输出 stderr 就是不带缓冲的。

标准文件 I/O 库在 stdio.h 头文件中为用户提供了如下两个设置缓冲的函数接口：

```
void setbuf(FILE *fp, char *buf);
int setvbuf(FILE *fp char *buf, int mode, size_t size);
```

setbuff()函数可以打开或者关闭一个 I/O 流使用的缓冲。fp 参数传入一个 I/O 流的文件指针，buf 参数指向一个 BUFSIZ（在 stdio.h 头文件定义）大小的缓冲，在设置 buf 参数后，ANSI 会为 I/O 流设置一个全缓冲。如果关闭一个缓冲，设置 buf 参数为 NULL 即可。例如：

```
#include <stdio.h>
char *buf = (char*)malloc(BUFSIZ);                // 分配 BUFSIZ 大小的 buf
setbuf(stdout, buf);                              // 设置 stdout 为全缓冲
printf("Set STDOUT full buffer OK!\n");
setbuf(stdout, NULL);                             // 设置 stdout 为不带缓冲
printf("Set STDOUT no buffer OK!\n");
```

注意：当设置一个文件的缓冲时，需要先打开文件才可以设置。

setvbuf()函数依靠 mode 参数实现为 I/O 流设置指定类型的缓冲，mode 参数如下：

- _IOFBF：全缓冲；
- _IOLBF：行缓冲；
- _IONBF：不带缓冲。

其中，如果为流指定不带缓冲，则 setvbuf()函数会忽略 buf 和 size 参数，从这里可以看出，setvbuf()函数可以设置任意大小（从理论上说）的缓冲，buf 参数指定缓冲在内存的起始地址，size 参数指定缓冲的字节大小。例如：

```
#include <stdio.h>
#define USER_BUFF_SIZE  1024
setvbuf(stdout, buf, _IOFBF, USER_BUFF_SIZE);
// 为 stdout 设置一个 1024 字节的全缓冲
printf("set STDOUT to user custom buffer size OK!\n");
setvbuf(stdout, NULL, _IOLBF, USER_BUFF_SIZE);
// 让库来决定 stdout 列缓冲的大小
printf("make lib set buf OK!\n");
```

注意：如果在调用 setvbuf()函数时将参数 buffer 设为 NULL，同时将 mode 参数设置为_IOF（全缓冲）或_IOLBF（行缓冲），则 I/O 库会自动为 fp 参数指定的流设置一个适当长度的缓冲。

### 7.2.5　打开和关闭文件

ANSI C 文件库定义了打开文件函数 fopen()和关闭文件函数 fclose()，定义如下：

```
FILE *fopen(const char *path, const char *mode);
int fclose(FILE * stream);
```

打开和关闭文件函数定义在 stdio.h 头文件中，fopen()函数用来打开一个文件，path 参数用于指定文件路径，mode 参数用于指定打开文件的方式，见表 7-2。

表 7-2　fopen()函数的mode参数及其含义

| mode参数 | 说　　明 |
| --- | --- |
| r或rb | 以只读方式打开文件 |
| w或wb | 以只写方式打开文件并把文件长度置为0（清空文件） |
| a或ab | 在文件结尾打开 |

续表

| mode参数 | 说　明 |
| --- | --- |
| r+或r+b或rb+ | 以读和写的方式打开文件 |
| w+或w+b或wb+ | 以只写方式打开文件并把文件长度置为0（清空文件） |
| a+或a+b或ab+ | 在文件结尾以读和写的方式打开 |

初学者可能会对 mode 参数不理解，mode 参数把文件打开方式分为读、写、读写 3 种。可以对打开的文件指定只读、只写或者可读写。另外，mode 参数中的“+”也有作用，表示在打开文件的最后添加数据，这种方式不会破坏已经存在的文件内容，读者学习文件指针以后就会理解“+”的作用。

注意：由于 Linux 对文件的存储方式不进行区分，mode 参数中的 b 也就是二进制读写方式在 Linux 系统不起作用。

当打开一个文件成功时，fopen()函数会返回一个 FILE 类型的文件指针，这个指针很关键，以后所有的文件操作都要使用。如果文件打开失败，则会返回 NULL，这个可作为用户判断文件打开是否成功的标志。

就像使用完动态分配的内存要释放掉一样，在操作完文件之后，需要使用 fclose()函数关闭文件。fclose()函数的参数只有一个指向 FILE 类型结构的文件指针。当关闭文件成功时返回 0，如果关闭文件失败则返回一个预定义常量 EOF，并且会在系统库的 errno 全局变量中设置错误代码。

注意：文件操作结束后，关闭文件不仅是一个好的习惯，更重要的是，文件流可能会带有缓冲，只有成功关闭文件以后才能确保缓冲的数据被正确写入文件，否则可能会造成文件数据丢失。

### 7.2.6　读写文件

一旦成功打开一个文件，就可以进行文件操作了，ANSI C 文件库提供了 3 种不同类型的文件读写函数。

- 每次读写一个字符的文件读写函数。一次读写一个字符，如果是带有缓冲的流，由标准 I/O 函数处理缓冲。
- 每次读写一行的文件读写函数。每次读写一行数据，换行符\n 标识一行的结束。
- 读写成块数据的 I/O。每次读写指定大小的数据，可以指定数据块的大小及数据块的数量。这种方式常用在读写二进制文件的一个结构中。

#### 1. 每次读写一个字符的文件读写函数

下面 3 个函数可以一次读出一个字符，函数定义如下：

```
int getc(FILE *stream);
int fgetc(FILE *stream);
int getchar(void);
```

getc()函数和 fgetc()函数的作用是相同的，参数 stream 指向一个文件流指针，返回从文件读取的一个字符，如果读取失败或者读到文件结尾，则返回预定义的常量 EOF。

fgetc()函数是标准库中定义的一个函数，getc()函数通常被定义成一个宏，二者的运行效率是不一样的，getc()函数的运行效率要比 fget()函数高。

getchar()函数没有参数，此函数的作用是从标准输入 stdin 中读取一个字符，作用相当于 fgetc(stdin)。

和读函数相对应，输出一个字符到文件流也有 3 个函数，定义如下：

```
int putc(int c, FILE *stream);
int fputc(int c, FILE *stream);
int putchar(int c);
```

和文件读取函数类似，putc()函数和 fputc()函数有相同的功能。参数 c 是要输出的字符，参数 stream 是文件流指针。返回值与 fgetc()函数相同。

同样，putc()函数常被定义成一个宏，可以提高程序执行速度。putchar()函数是写入一个字符到标准输出 stdout，作用相当于 fputc(c, stdout)。

注意：每次读写一个字符的文件读写函数，当读取错误和读到文件结尾的时候都会返回 EOF，给用户区分文件读取错误造成不便，本节最后将讲解一种判断文件是否读取到结尾的方法。

#### 2．每次读写一行的文件读写函数

每次读取一行的文件读写函数的定义如下：

```
char *fgets(char *s, int size, FILE *stream);
char *gets(char *s);
```

上面这两个函数都指定了读入的缓冲，gets()函数从标准输入读取一行字符，fgets()函数从 stream 参数指定的文件流读入。fgets()函数需要通过参数 size 指定读入缓冲 s 的字符个数，一行数据是以换行符标识的，如果读入的一行数据字符数小于 size，则返回一个完整的行；如果一行字符数大于 size，则最多读取 size–1 个字符到缓冲 s 中。在读取一行字符结束后，会在最后写入一个字符串结束符 null。

注意：不建议使用 gets()函数。因为 gets()函数不能指定缓冲大小，这样的操作是很危险的，会造成缓冲区溢出，给一些别有用心的人或者程序开了“后门”。蠕虫病毒就是利用缓冲区溢出的漏洞侵入系统的。

每次写入一行的文件 I/O 函数的定义如下：

```
int fputs(const char *s, FILE *stream);
int puts(const char *s);
```

fputs()函数把一个以 null 结束符结尾的字符串 s 写入指定的流 stream 中，终止符 null 不写入，终止符 null 之前不论是否有换行符都会被写入文件流。

puts()函数把一个以 null 结束的字符串写入标准输出 stdout，结束符 null 不写入 stdout。和 fputs()函数不同的是，puts()函数会在写入的字符串之后写入一个换行符。puts()函数虽然不像 gets()函数一样不安全，但是也应避免使用，以免在字符串后加入一个新的换行符。

### 3. 读写成块数据的文件读写函数

前面介绍的一次读写一个字符或一行字符的文件读写函数通常用于文本文件的处理。如果是操作二进制数据，使用 fputs()或者 fgets()函数需要多次循环，不仅麻烦，而且 fputs()或者 fgets()函数遇到 null 结束符就会停止，如果在二进制文件中经常会出现 null 结束符，则会给操作带来很多不便，这时就需要使用读写成块数据的文件读写函数，定义如下：

```
size_t fread(void *ptr, size_t size, size_t nmemb, FILE *stream);
size_t fwrite(const void *ptr, size_t size, size_t nmemb, FILE *stream);
```

fread()函数是从文件中读出指定大小和个数的数据块，fwrite()函数是把指定大小和个数的数据块写入文件，它们的参数如下：

```
ptr                                 // 内存中存放数据块的地址
size                                // 数据块大小
nmemb                               // 数据块数量
函数的返回值                        // 如果读或写成功，则返回读写数据块的个数
```

读写成块数据的文件读写函数对初学者来说比较难理解，下面通过一个例子来了解。

```
01  // 从文件中读写成块数据
02  #include <stdio.h>
03  int main()
04  {
05      int buf[1024] = {0};
06      int p;
07      FILE *fp = fopen("./blk_file.dat", "rb+");
08      if (NULL==fp)
09          return -1;
10      fwrite(buf, sizeof(int), 1024, fp);
11      // 把 1024 个数据块写入文件流 fp，每个数据块占 4 字节
12
13      /* 修改 buf 的数据,供读取后比较 */
14      for (int i=0;i<16;i++)
15          buf[i] = -1;
16
17      p = &buf[0];      // 设置指针 p 指向 buf，以便从文件中读取数据
18      fread(p, sizeof(int), 1024, fp);
19                        // 从文件中读取 1024 个数据块到 buf 中，每个数据块为 4 字节
20
21      /* 打印从文件中读取的二进制数据 */
22      for (int i=0;i<1024;i++)
23          printf("buf[%d] = %d\n", i, buf[i]);
24
25      fclose(fp);       // 最后别忘了关闭文件
26
27      return 0;
28  }
```

程序的输出结果显示从文件读取的二进制数据全部为 0，与写入的数据相同。fread()函数和 fwrite()函数可以很好地处理二进制数据。

## 7.2.7　文件流定位

在读写文件的时候每个文件流都会维护一个文件流指针，表示当前文件流的读写位

置，在打开文件的时候文件流指针位于文件的最开头（使用 a 方式打开的文件，文件流指针位于文件最后），当读写文件流的时候，读写文件流的函数会不断改变文件流的当前位置。当用户写入一些数据时，如果需要读取之前写入的数据或者需要修改指定文件位置的数据，就需要用到文件流定位功能。为此，ANSI 文件 I/O 库提供了文件流定位函数，定义如下：

```
int fseek(FILE *stream, long int offset, int whence);
long ftell(FILE *stream);
void rewind(FILE *stream);
```

其中：定位参数 stream 表示将文件流定位到指定位置；参数 offset 是位置的偏移，以字节为单位；参数 whence 指定如何解释 offset；whence 有 3 个取值，SEEK_CUR 表示从当前文件位置计算 offset，SEEK_END 表示从文件结尾计算 offset，SEEK_SET 表示从文件起始计算 offset。从参数 whence 的取值中可以看出参数 offset 取值可以为正数或者负数，正数表示向后计算，负数表示向前计算。

ftell()函数返回参数 stream 指定的文件流当前读写指针的位置，如果函数出错则返回–1。rewind()函数把参数 stream 指定的文件流读写指针设置到开始位置。

## 7.2.8 ANSI C 文件编程实例

本节给出一个文件编程实例。打开一个文件，向文件写入 3 个字符串，然后重新定位文件流读写指针到文件起始位置，从文件中读取刚写入的 3 个字符串到另一个缓冲，并且打印读出来的字符串。

**【实例 7-2】** 文件操作。

```
01  #include <stdio.h>
02
03  int main()
04  {
05          FILE *fp = NULL;                     // 定义文件指针
06          char *buf[3] = {                     // 定义 3 个字符串供写入文件使用
07                  "This is first line!\n",
08                  "Second Line!\n",
09                  "OK, the last line!\n"};
10          char tmp_buf[3][64], *p;             // 定义字符串缓存供读取文件使用
11          int i;
12
13          fp = fopen("chap7_demo.dat", "rb+");
14          // 使用读写方式打开文件并且把文件长度置为 0
15          if (NULL==fp) {
16                  printf("error to open file!\n");
17                  return -1;
18          }
19
20          // 把 3 个字符串写入文件
21          for (i=0;i<3;i++)
22                  fputs(buf[i], fp);
23
24          fseek(fp, 0, SEEK_SET);  // 把文件指针设置到文件开头,相当于 rewind(fp)
25
26          // 从文件读取 3 个字符串到缓存
27          for (i=0;i<3;i++) {
28                  p = tmp_buf[i];
```

```
29                  fgets(p, 64, fp);
30                  printf("%s", p);      // 打印刚读取出来的字符串到屏幕
31          }
32
33          fclose(fp);                   // 别忘记关闭文件
34
35          return 0;
36  }
```

上面的程序演示了 fputs()函数和 fgets()函数向文件写入字符串、从文件读取字符串到内存、应用 fseek()函数定位文件流指针的过程，程序的输出结果如下：

```
This is first line!
Second Line!
OK, the last line!
```

# 7.3　POSIX 文件 I/O 编程

POSIX（Portable Operating System Interface，可移植操作系统接口）最初由 IEEE（Institute of Electrical and Electronics Engineers）开发，目的是提高 UNIX 环境下的应用程序的可移植性。实际上，POSIX 并不局限于 UNIX，只要符合此标准的操作系统，其系统调用就是一致的，如 Linux 和 Microsoft Windows NT。POSIX 是一组操作系统调用的规范，本节将介绍其中的文件 I/O 编程规范。

## 7.3.1　底层的文件 I/O 操作

和 ANSI 文件操作函数不同的是，POSIX 文件操作的函数基本上和计算机设备驱动的底层操作（如 read 和 write 等）是一一对应的。读者可以把 POSIX 文件操作理解为对设备驱动操作的封装。由此也可以看出，POSIX 文件操作是不带数据缓冲的。

## 7.3.2　文件描述符

POSIX 文件操作也使用文件描述符来标识一个文件。与 ANSI 文件描述符不同的是，POSIX 文件描述符是 int 类型的一个整数值。POSIX 文件描述符仅是一个索引值，代表内核打开文件记录表的记录索引。在一个系统中，文件打开和关闭比较频繁，因此同一个 POSIX 文件描述符的值在不同时间可能代表不同的文件。

任何打开的文件都将被分配一个唯一标识该打开文件的文件描述符，为一个大于或等于 0 的整数。需要注意的是，对于一个进程来说，打开文件的数量不是任意大小的。POISX 没有规定一个进程可以打开文件的最大数目，不同的系统有不同的规定，例如 Linux 系统默认一个进程最多可以打开 1024 个文件。用户可以在 console 模式下通过 ulimit –n 命令查看系统允许进程打开的文件数量。

在 7.2 节中提到系统启动后默认打开的文件流有标准输入设备（stdin）、标准输出设备（stdout）和标准错误输出设备（stderr）、其文件描述符分别为 0、1、2。以后打开的文件描述符分配依次增加，使用 fileno()函数可以返回一个流对应的文件描述符。

### 7.3.3　创建、打开和关闭文件

POSIX 使用 open()函数打开一个文件，使用 creat()函数创建一个新文件，这两个函数常常放在一起使用，因为 open()函数在指定一定参数的情况下，会隐含调用 creat()函数创建文件。open()函数和 creat()函数的定义如下：

```
#include <sys/types.h>
#include <sys/stat.h>
#include <fcntl.h>
int open(const char *pathname, int flags);
int open(const char *pathname, int flags, mode_t mode);
int creat(const char *pathname, mode_t mode);
```

定义里引用的 3 个头文件是 POSIX 标准的头文件，sys/types.h 包含基本系统数据类型，sys/stat.h 包含文件状态，fcntl.h 包含文件控制定义。

#### 1．open()函数

open()函数使用 pathname 指定路径的文件名打开文件并且返回一个文件描述符，供 read()函数和 write()函数等文件函数使用。open()函数返回的文件描述符在整个系统中是独一无二的，不会和系统运行中的其他任何程序共享或冲突。flags 参数指定了打开文件的方式，可以使用 C 语言的“或”操作符指定多个参数。flags 参数的含义可以参考表 7-3。

表 7-3　open()函数的flags参数及其含义

| 参　　数 | 参 数 含 义 |
| --- | --- |
| O_RDONLY | 以只读方式打开 |
| O_WRONLY | 以只写方式打开 |
| O_RDWR | 以读写方式打开 |
| O_CREAT | 如果文件不存在则创建新文件。使用此选项时需要指定mode参数 |
| O_EXCL | 如果同时指定O_CREAT属性而且文件存在，则open()函数返回错误。用这个办法可以测试文件是否存在，如果文件不存在则创建新文件，这个操作是原子的，不会被其他程序打断 |
| O_NOCTTY | 如果pathname指向一个终端设备，则不会把此设备终端分配作为当前进程的控制终端 |
| O_TRUNC | 如果pathname指向的文件存在，而且作为只读或者只写成功打开，则把文件长度截断为0 |
| O_APPEND | 每次写文件都把数据加到文件结尾 |
| O_NONBLOCK 或O_NDELAY | 对文件的操作使用非阻塞方式。此方式对FIFO、特殊块设备文件或者特殊字符设备文件有效 |
| O_SYNC | 每次输入、输出操作完成之后将数据写入文件中进行存储。这个参数对于严格要求数据存储正确的场景十分有用 |
| O_NOFOLLOW | 如果pathname是一个符号链接，则打开文件失败。这是FreeBSD的扩充，Linux从内核2.1.126版本以后支持这个功能。glibc 2.0.100以后的版本也包含这个参数定义 |
| O_DIRECTORY | 如果pathname不是目录，则打开失败。这个参数是Linux特有的，在内核2.1.126版本后加入，目的是避免在调用FIFO或者磁带设备时出现“拒绝服务”问题 |
| O_LARGEFILE | 大文件支持，允许打开使用31位数都不能表示长度的大文件 |

注意：flags 参数的 O_DIRECTORY 和 O_LARGEFILE 是 Linux 特有的，在其他系统编程时需要留意。文件在打开以后，可以使用 fcntl()函数修改 flags 代表的参数。

open()函数有两种不同的定义形式，区别在于第二种多了一个 mode 参数，在 flags 参数中指定 O_CREAT 参数时，mode 参数用于设置文件的权限。在嵌入式开发中，一般使用默认权限，如果有特殊要求，那么需要关注一下。mode 参数的含义可以参考表 7-4。

表 7-4　open()函数的mode参数值及其含义

| 参　数　值 | 对应系统的数字表示 | 参 数 含 义 |
|---|---|---|
| S_IRWXU | 00700 | 允许文件的所有人读、写和执行文件 |
| S_IRUSR (S_IREAD) | 00400 | 允许文件的所有人读文件 |
| S_IWUSR (S_IWRITE) | 00200 | 允许文件的所有人写文件 |
| S_IXUSR (S_IEXEC) | 00100 | 允许文件的所有人执行文件 |
| S_IRWXG | 00070 | 允许文件所在的分组读、写和执行文件 |
| S_IRGRP | 00040 | 允许文件所在的分组读文件 |
| S_IWGRP | 00020 | 允许文件所在的分组写文件 |
| S_IXGRP | 00010 | 允许文件所在的分组执行文件 |
| S_IRWXO | 00007 | 允许其他用户读、写和执行文件 |
| S_IROTH | 00004 | 允许其他用户读文件 |
| S_IWOTH | 00002 | 允许其他用户写文件 |
| S_IXOTH | 00001 | 允许其他用户执行文件 |

在创建新文件时，参数 mode 指明了文件的权限，但是通常会被 umask 修改，所以实际创建文件的权限应该是 mode&(～umask)。请注意，mode 仅在创建新文件时有效。

open()函数调用失败时会返回-1，并且设置预定义的全局变量 errno。open()函数的出错代码及其含义如表 7-5 所示。

表 7-5　open()函数的出错代码及其含义

| 出 错 代 码 | 含　　义 |
|---|---|
| EEXIST | 使用了参数O_CREAT和O_EXCL，但是pathname指定的文件已存在 |
| EISDIR | pathname指定的是一个目录却进行写操作 |
| EACCES | 访问请求不允许（权限不够）。出错原因有两种，在pathname中有一个目录没有设置可执行权限，导致无法搜索；或者文件不存在并且对上层目录不进行写操作 |
| ENAMETOOLONG | pathname指定的文件名太长。文件名长度已经通过NAME_MAX定义 |
| ENOENT | pathname指定的目录不存在，或者指向一个空的符号链接 |
| ENOTDIR | pathname指定的不是一个子目录 |
| ENXIO | 使用O_NONBLOCK\|O_WRONLY打开文件，文件没有打开或者打开了一个设备专用文件，但是相应的设备不存在 |
| EROFS | 文件是一个只读文件但是进行写操作 |
| ETXTBSY | 文件是一个正在执行的可执行文件，但是进行写操作 |
| EFAULT | pathname指定的文件在一个不能访问的地址空间 |

续表

| 出 错 代 码 | 含　　义 |
| --- | --- |
| ELOOP | 在分解pathname时遇到太多的符号链接，或者指定了O_NOFOLLOW参数却打开一个符号链接 |
| ENOSPC | 没有足够空间创建文件 |
| ENOMEM | 内存空间不足 |
| EMFILE | 程序打开的文件数目已达到最大值 |
| ENFILE | 系统打开的总文件数已经达到极限 |

注意：创建一个新文件后，文件的 atime（上次访问时间）、ctime（创建时间）、mtime（修改时间）都被修改为当前时间，文件上层目录的 atime 和 ctime 也同时被修改。另外，如果文件是打开时使用了 O_TRUNC 参数，则它的 ctime 和 mtime 也被设置为当前时间。

### 2. creat()函数

creat()函数的作用是创建新文件，相当于设置 open()函数的 flags 参数为 O_CREAT | O_WRONLY | O_TRUNC。设置 creat()函数的原因是在早期的 UNIX 系统中，open()函数的 flags 参数只能是 O_RDONLY、O_WRONLY 和 O_RDWR，因此 open()函数无法打开一个不存在的文件，所以设计了一个 creat()函数用来创建一个不存在的文件。现在的 open()函数可以指定多种参数，根据需要创建文件，因此不再使用 creat()函数创建文件了。

### 3. close()函数

close()函数的定义形式如下：

```
#include <unistd.h>
int close(int fd);
```

close()函数的使用比较简单，作用是关闭一个 fd 参数指定的文件描述符，也就是关闭文件。当关闭文件成功时返回 0。如果有错误发生则返回-1。如表 7-6 所示为 close()函数的出错代码及其含义。

表 7-6　close()函数的出错代码及其含义

| 出 错 代 码 | 含　　义 |
| --- | --- |
| EBADF | 参数fd指定的不是一个有效的文件描述符 |
| EINTR | 函数调用被信号中断 |
| EIO | 有I/O错误发生 |

通常情况下，关闭文件的返回值是不需要检查的，除非发生严重的程序错误或者系统使用了 write-behind 技术，即数据还没有被写入文件，write()函数就已经返回成功。但是在一些可移动存储介质或者使用 NFS（网络文件系统）保存文件时，建议进行关闭文件的检查，以防止文件写入错误，这一点对于嵌入式设备来说可能更加重要。

### 7.3.4 读写文件内容

POSIX 文件操作使用 read()函数和 write()函数对文件读写，和 ANSI 文件操作的 fread()函数和 fwrite()函数不同，read()函数和 write()函数是不带缓冲的，并且不支持记录方式。write()函数的定义如下：

```
#include <unistd.h>
ssize_t write(int fd, const void *buf, size_t count);
```

write()函数向参数 fd 代表的文件描述符引用的文件写数据。参数 buf 是写入数据的缓冲开始地址，参数 count 表示要写入多少字节的数据。当写入文件成功时，write()函数返回 0，如果写入失败，则返回-1，并且设置 errno 为出错代码。如表 7-7 所示为 write()函数的出错代码及其含义。

表 7-7　write()函数的出错代码及其含义

| 出错代码 | 含　义 |
| --- | --- |
| EBADF | fd不是一个合法的文件描述符或者没有以写方式打开文件 |
| EINVAL | fd所指向的文件不可写 |
| EFAULT | buf不在用户可访问地址空间内 |
| EPIPE | fd连接到一个管道，或者套接字的读方向一端已关闭。此时写进程将接收到SIGPIPE信号，并且此信号被捕获、阻塞或忽略 |
| EAGAIN | 使用O_NONBLOCK参数指定以非阻塞方式输入、输出，但是读写操作被阻塞 |
| EINTR | 在调用写操作以前被信号中断 |
| ENOSPC | fd指向的文件所在的设备无可用空间 |
| EIO | I/O错误 |

注意：如果参数 count 为 0，则对于写入普通文件无任何影响，但是对于特殊文件将产生不可预料的后果。

read()函数的定义如下：

```
#include <unistd.h>
ssize_t read(int fd, void *buf, size_t count);
```

read()函数从参数 fd 代表的文件描述符文件中读取数据。参数 buf 和 count 与 write()函数代表的意义相同。如果读取成功，那么 read()函数返回读取到的数据的字节数，当返回值小于指定的字节数时并不意味着错误，这可能是因为当前可读取的字节数小于指定的字节数（如已经到达文件结尾，或者正在从管道或终端读取数据，或者 read()函数被信号中断）。如果读取失败，则返回-1，并且设置 errno。如表 7-8 所示为 read()函数的出错代码及其含义。

表 7-8　read()函数的出错代码及其含义

| 出错代码 | 含　义 |
| --- | --- |
| EINTR | 在调用读操作以前被信号中断 |
| EAGAIN | 使用O_NONBLOCK标志指定以非阻塞方式输入、输出，但是目前没有数据可读 |

续表

| 出错代码 | 含 义 |
| --- | --- |
| EIO | 输入、输出错误。可能是当前正处于后台进程组，进程试图读取其控制终端，但读操作无效，原因或者是被信号SIGTTIN所阻塞，或者是其进程组是孤儿进程组，也或者执行的是读磁盘或者磁带机这样的底层输入、输出错误 |
| EISDIR | fd指向一个目录 |
| EBADF | fd不是一个合法的文件描述符，或者不是为读操作而打开 |
| EINVAL | fd所连接的对象不可读 |
| EFAULT | buf超出用户可访问的地址空间<br>也可能发生其他错误，具体情况和fd所连接的对象有关。POSIX允许read()函数在读取一定量的数据后被信号中断并返回–1（且errno被设置为EINTR），或者返回已读取的数据量 |

注意：使用 read()函数时，如果参数 count 的值大于预定义的 SSIZE_MAX，则会产生不可预料的后果。另外，在使用了 write()函数后，再使用 read()函数读取数据时，读到的应该是更新后的数据，但并不是所有的文件系统都是 POSIX 兼容的。

### 7.3.5 文件内容定位

每当打开一个文件时，都会有一个与文件相关联的读写位置偏移量，相当于一个文件指针。文件偏移量是一个非负整数，表示相对于文件开头的偏移。通常情况下，文件的读写操作都是从当前文件偏移量开始，读写之后使文件偏移量增加读写的字节数。当打开文件时，如果不指定 O_APPEND 方式，则文件偏移量默认是从 0 开始的。

POSIX 文件操作提供了 lseek()函数用于设置文件偏移量，函数定义如下：

```
#include <sys/types.h>
#include <unistd.h>
__off_t lseek(int fildes, __off_t offset, int whence);
```

lseek()函数使用参数 whence 指定的方式，按照参数 offset 指定的偏移设置参数 fildes，指定文件的偏移量。参数 whence 有 3 种设置方式，如表 7-9 所示。

表 7-9 lseek()函数的whence参数值及其含义

| 参数值 | 含 义 |
| --- | --- |
| SEEK_SET | 从文件开始处设置文件偏移量 |
| SEEK_CUR | 从当前文件偏移量开始设置 |
| SEEK_END | 从文件结尾处设置文件偏移量 |

SEEK_CUR 参数是很有用的参数，下面的方式可以得到文件当前的偏移量：

```
off_t curr_pos;
curr_pos = lseek(fd, 0, SEEK_CUR); // fd是文件描述符，假设文件已正确打开
```

这种方法也可以用来确定被操作的文件是否可以设置文件偏移量。例如，对于一个 FIFO 或者一个管道，lseek()函数会返回–1，并且将 errno 设置为 EPIPE。

### 7.3.6　修改已打开文件的属性

fcntl()函数提供了获取或者改变已打开文件性质的功能，函数定义如下：

```
#include <unistd.h>
#include <fcntl.h>
int fcntl(int fd, int cmd);
int fcntl(int fd, int cmd, long arg);
int fcntl(int fd, int cmd, struct flock *lock);
```

最常用的是第一种定义方式，其他两种方式涉及文件锁的操作，这里不予介绍。fcntl()函数有 5 种功能：

- 复制一个现有的描述符（cmd=F_DUPFD）；
- 获得或设置文件描述符标记（cmd=F_GETFD 或 F_SETFD）；
- 获得或设置文件状态标记（cmd=F_GETFL 或 F_SETFL）；
- 获得或设置异步 I/O 所有权（cmd=F_GETOWN 或 F_SETOWN）；
- 获得或设置记录锁（cmd=F_GETLK,F_SETLK 或 F_SETLKW）。

在 POSIX 文件编程实例中会介绍如何使用 fcntl()函数。

### 7.3.7　POSIX 文件编程实例

本节给出一个 POSIX 操作文件的例子，完成文件的创建和读写等操作。

**【实例 7-3】**POSIX 文件操作。

```
01  /* 注意 POSIX 操作文件函数使用不同的头文件 */
02  #include <sys/types.h>
03  #include <sys/stat.h>
04  #include <unistd.h>
05  #include <fcntl.h>
06  #include <string.h>
07  #include <stdio.h>
08  #include <errno.h>
09
10
11  extern int errno;
12
13  int main()
14  {
15      int fd,file_mode;                          // 注意文件描述符是整型值
16      char buf[64] = "this is a posix file!(line1)\n";
17      off_t curr_pos;
18
19      fd = open("./posix.data", O_CREAT|O_RDWR|O_EXCL, S_IRWXU);
20      //创建一个不存在的文件并将其打开，权限是用户可执行读写操作
21      if (-1==fd) {                              // 检查文件是否成功打开
22          switch (errno) {
23              case EEXIST:                       // 文件已存在
24                  printf("File exist!\n");
25                  break;
26              default:                           // 其他错误
27                  printf("open file fail!\n");
28                  break;
```

```
29              }
30              return 0;
31          }
32
33          write(fd, buf, strlen(buf));           // 把字符串写入文件
34
35          curr_pos = lseek(fd, 0, SEEK_CUR); // 取得当前文件偏移量位置
36          printf("File Point at: %d\n", (int)curr_pos);
37
38          lseek(fd, 0, SEEK_SET);                // 把文件偏移量移动到文件开头
39
40          strcpy(buf, "File Pointer Moved!\n");
41          write(fd, buf, strlen(buf));           // 把新的数据写入文件
42
43          file_mode = fcntl(fd, F_GETFL);        // 获取文件状态标记
44          if (-1!=file_mode) {
45              switch (file_mode&O_ACCMODE) { // 检查文件状态
46                  case O_RDONLY:
47                      printf("file mode is READ ONLY\n");
48                      break;
49                  case O_WRONLY:
50                      printf("file mode is WRITE ONLY\n");
51                      break;
52                  case O_RDWR:
53                      printf("file mode is READ & WRITE\n");
54                      break;
55              }
56          }
57
58          close(fd);
59
60          return 0;
61
62      }
```

编译程序后，运行程序两次，第一次得到的输出结果如下：

```
File Point at: 29
file mode is READ & WRITE
```

第二次得到的输出结果如下：

```
File exist!
```

上述结果表示程序执行正确，查看程序的当前目录，发现多了一个名为 posix.data 的文件，使用 ls -l 命令查看，文件的权限是 700。使用 cat 命令查看文件的内容如下：

```
File Pointer Moved!
!(line1)
```

在程序中，最后写入文件的数据长度小于之前写入的数据长度，导致之前写入的数据被覆盖，这一点在编程时需要注意。

## 7.4　小　　结

本章讲解了 Linux 应用程序开发的基本技术，包括程序在内存中的结构和文件管理等内容。计算机应用程序可以直接与用户打交道，用户的功能需求几乎都是通过应用程序实

现的。读者应该掌握应用程序的基本结构，为后面的编程开发打下基础。第 8 章将讲解应用程序开发常用的技术之一——多线程和多进程程序开发。

## 7.5　习　　题

### 一、填空题

1．未初始化数据区被称作________区。

2．POSIX 的英文全称为________。

3．文本文件也称作________文件。

### 二、选择题

1．POSIX 文件描述符的类型是（　　）。

A．int　　B．char　　C．float　　D．long

2．重新分配正在使用的一块内存大小的函数是（　　）。

A．malloc()　　B．calloc()　　C．realloc()　　D．其他

3．以下选项不是标准文件 I/O 提供的缓冲是（　　）。

A．全缓冲　　B．行缓冲　　C．不带缓冲　　D．列缓冲

### 三、判断题

1．POSIX 文件操作带数据缓冲。（　　）

2．栈的管理方式是先出后进。（　　）

3．w 表示以只读方式打开文件。（　　）

### 四、操作题

1．编写代码，使用 malloc()函数为 char 指针分配 32B 的内存。如果成功则输出 Alloc p_str1 memory Success!，如果失败则输出 Alloc p_str1 memory Error!。

2．编写代码，使用 open()函数打开 posix.data 文件，如果文件不存在就创建该文件。如果打开成功则输出 open file success!，否则，输出 open file fail!。

# 第 8 章　多进程和多线程开发

现代计算机操作系统有两大功能：硬件控制和资源管理。资源管理主要是对软件资源的管理。现代计算机操作系统都是基于多任务的，为用户提供了多任务的工作环境。多个任务可以分享 CPU 的时间片，达到在一个 CPU 上运行多个任务的目标，也为用户应用程序的开发创造了便利的环境。本章主要介绍 Linux 多进程和多线程开发的相关知识，主要内容如下：

- 进程的概念；
- 线程的概念；
- 多进程和多线程的工作原理；
- 多进程和多线程的开发。

## 8.1　多进程开发

Linux 是一个 UNIX 类兼容的操作系统，为用户提供了完整的多进程工作环境。类 UNIX 操作系统最大的特点就是支持多任务，学习和使用多任务编程对 Linux 编程十分有必要。本节将介绍 Linux 多进程程序开发。

### 8.1.1　什么是进程

一般把进程定义成正在运行的程序的实例，简单地说，进程就是一个正在运行的程序。在第 7 章中编写的代码，经过编译后生成了一个可执行文件称作一个程序。当运行可执行文件时，操作系统会执行文件中的代码，在 CPU 上运行的这组代码称作进程。

从进程的概念中不难看出，进程是一个动态的概念。实际上，一个进程不仅包含正在运行的代码而且包括运行代码需要的资源（包括用户用到的资源和操作系统需要用的资源）。操作系统通过一个称作 PCB（Process Control Block，进程控制块）的数据结构管理一个进程。在操作系统看来，进程是操作系统分配资源的最小单位。

进程在运行过程中需要一个工作环境，包括需要的内存、外部设备和文件等，现代操作系统为进程工作提供了工作环境并且对进程使用的资源进行调度。在一个 CPU 上，可以存在多个进程，但是在同一个时间内，一个 CPU 只能有一个进程在工作。操作系统通过一定的调度算法管理所有的进程，每个进程每次使用 CPU 的时间都很短，由于切换的速度很快，所以给用户的感觉是所有的进程好像同时在运行。

☎提示：Linux 系统至少有一个进程。一个程序可以对应多个进程，一个进程只能对应一个程序。

### 8.1.2　进程环境和属性

在 Linux 系统中，C 程序总是从 main()函数开始的，当用户编写好程序需要运行时，操作系统会使用 exec()函数运行程序。在调用 main()函数之前，exec()系统调用函数会先调用一个特殊的启动例程，负责从操作系统内核中读取程序的命令行参数，为 main()函数准备好工作环境。

由于历史的原因，大多数 UNIX 系统的 main()函数定义如下：

```
int main(int argc, char *argv[], char *envp[]);
```

参数 argc 表示参数 argv 有多少个字符串，注意参数 argv 的定义表示一个不定长的字符串数组。参数 envp 以 name=value 的形式存放一组在进程运行过程中会用到的环境变量。ANSI 规定 main()函数只能有两个参数，同时，参数 envp 也不能给系统开发带来更多的好处，因此 POSIX 标准规定使用一个全局的环境变量 environ 取代参数 envp，应用程序可以通过 getenv()函数或 putenv()函数读取或设定一个环境变量。

getenv()函数的定义如下：

```
#include <stdlib.h>
char *getenv(const char *name);
```

参数 name 是要获取的环境变量的名称，函数返回值为 NULL，表示没有获取到指定的环境变量的值，否则指向获取到的环境变量值的字符串。POSIX.1 标准定义了若干环境变量，请参考表 8-1。

表 8-1　POSIX.1 定义的环境变量及其含义

| 变　　量 | 含　　义 | 变　　量 | 含　　义 |
|---|---|---|---|
| HOME | 起始目录 | LC_TIME | 本地日期/时间格式 |
| LANG | 本地名（本地语言类型） | LOGNAME | 登录名 |
| LC_ALL | 本地名 | NLSPATH | 消息类模板序列 |
| LC_COLLATE | 本地排序名 | PATH | 搜索可执行文件的路径 |
| LC_CTYPE | 本地字符分类名 | TERM | 终端类型 |
| LC_MONETARY | 本地货币类型 | TZ | 时区信息 |
| LC_NUMERIC | 本地数字编辑名 | | |

表 8-1 定义的环境变量并不是所有的系统都能实现。在 Linux 系统中，如果使用 bash 作为命令行，那么可以执行 export 查看本机支持的环境变量名称和内容。实例 8-1 演示了如何得到环境变量，代码如下。

**【实例 8-1】**在程序中获得环境变量。

```
01  // filename getenv.c - 获取环境变量测试
02  #include <stdio.h>
03  #include <stdlib.h>
04
05  int main()
```

```
06  {
07      char *env_path = "PATH";                  // 打算获取的环境变量名称
08      char *env_value = NULL;                   // 环境变量值
09
10      env_value = getenv(env_path);             // 使用系统函数获取指定的环境变量
11      if (NULL==env_value)                      // 检查是否获取到变量的值
12          printf("Not found!\n");
13      printf("Get Env PATH:\n%s", env_value);       // 输出 PATH 环境变量的值
14      return 0;
15  }
```

编译程序后运行，输出结果如下：

```
Get Env PATH:
/usr/local/sbin:/usr/local/bin:/usr/sbin:/usr/bin:/sbin:/bin:/usr/games
:/usr/local/games:/snap/bin:/snap/bin
```

☎提示：环境变量是一个有用的方法，用户可以在程序中通过环境变量获取操作系统提供的信息，同时可以设置自己的环境变量，达到和其他程序及脚本信息直接交互的目的。

一个进程除了能获得操作系统提供的环境变量外，还具备自身的基本属性，主要包括以下几个。

- 进程号（PID：Process ID）：操作系统通过进程号标识一个用户进程。
- 父进程号（PPID：Parent Process ID）：在 Linux 系统中，除了 systemd 进程外，所有的进程都是通过 systemd 进程创建的。同时，进程又可以创建其他进程，最终形成一个倒过来的树形结构，每个进程都会有自己的父进程，通过父进程号标识。
- 进程组号（PGID：Process Group ID）：操作系统允许对进程分组，不同的进程通过进程组号进行标识。
- 真实用户号（UID：User ID）：用户的唯一标识号，用于标识一个用户。
- 真实组号（GID：Group ID）：用户组的唯一标识号，用于标识一个用户组。
- 有效用户号（EUID：Effective User ID）：以其他用户身份访问文件时使用。
- 有效组号（EGID：Effective Group ID）：以其他用户组身份访问文件时使用。

### 8.1.3　创建进程

Linux 系统通过系统调用函数 fork()创建一个进程，fork()函数的定义如下：

```
#include <sys/types.h>
#include <unistd.h>
__pid_t fork(void);
```

__pid_t 类型有一个别名为 pid_t，即__pid_t 类型也可以叫作 pid_t 类型。fork()系统调用函数在应用程序库里对应一个同名的 fork()函数。fork()函数的定义很简单，但是初学者可能会感到不好理解，应注意分析多进程环境的特点。如图 8-1 所示为创建进程的过程。

从图 8-1 中可以看出，fork()函数的作用是创建一个进程。当应用程序调用 fork()函数时会创建一个新的进程，称作子进程，原来的进程称作父进程。此后，运行的就是两个进程了，子进程和父进程都可以得到 fork()函数的返回值。对于子进程来说，fork()函数的返回值是 0，对于父进程来说，fork()函数返回的是子进程的进程号。如果创建进程失败，fork()

函数会向父进程返回-1，这也是判断进程是否创建成功的依据。

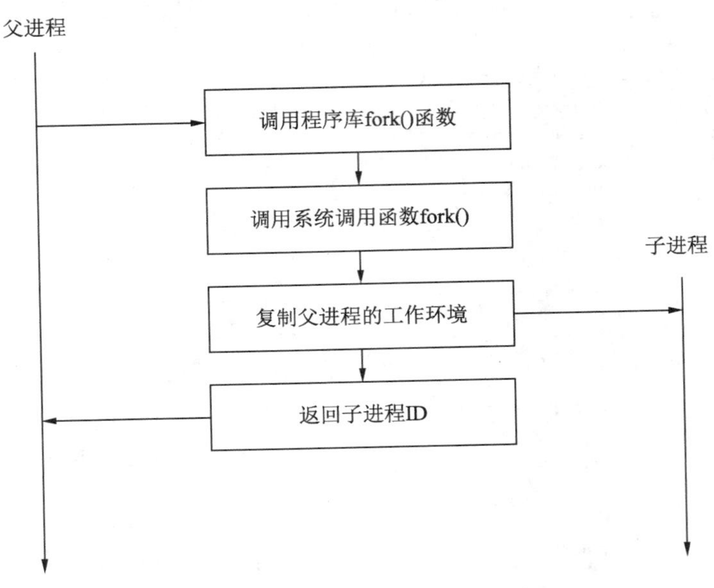


图 8-1　使用 fork()系统调用函数创建进程

fork()函数创建子进程后，会复制父进程的数据段、代码段和堆栈空间等到子进程的空间。同时，子进程会共享父进程中打开的文件。换句话说，父进程已经打开的文件，在子进程中可以直接操作。实例 8-2 演示了创建进程的过程。

**【实例 8-2】** 创建进程。

```
01  #include <sys/types.h>
02  #include <unistd.h>
03  #include <stdio.h>
04  #include <stdlib.h>
05
06  int main()
07  {
08      pid_t pid;
09
10      pid = fork();                                // 创建进程
11      if (-1==pid) {                               // 创建进程失败
12          printf("Error to create new process!\n");
13          return 0;
14      }
15      else if (pid==0) {                           // 子进程
16          printf("Child process!\n");
17      } else {                                     // 父进程
18          printf("Parent process! Child process ID: %d\n", pid);
19      }
20
21      return 0;
22  }
23
```

上面的程序定义了一个 pid_t 类型的全局变量来存放进程号，pid_t 是一个预定义的类型，其实就是 int 类型。代码的第 10 行调用 fork()函数创建进程，从第 11 行开始，程序已经不是一个进程了，而是同时执行子进程和父进程，并且全局变量 pid 也被复制一份到子进程中，因此第 15 行和第 11 行的 pid 值是不一样的。根据 fork()函数的返回结果，程序对 pid 值进行判断，并且打印出父进程和子进程。

### 8.1.4　等待进程结束

子进程虽然是独立于父进程的，但是和父进程之间是有关系的。子进程从属于父进程，整个系统的进程是一个倒过来的树形结构，所有的进程都是从 systemd 进程创建而来的。当进程结束的时候，它的父进程会收回子进程的资源。这时会产生一个问题，在父进程创建子进程以后，两个进程是无序运行的。如果父进程先于子进程结束，那么子进程就会因为找不到父进程的进程号而无法通知父进程，导致资源无法释放。因此，需要一种方法让父进程知道子进程在什么时候结束。

Linux 系统提供给了一个 waitpid()函数，它的作用是等待另外一个进程结束，函数定义如下：

```
#include <sys/types.h>
#include <sys/wait.h>
__pid_t waitpid(pid_t pid, int *status, int options);
```

__pid_t 类型有一个别名为 pid_t，即__pid_t 类型也被叫作 pid_t 类型。表 8-2 展示了参数 pid 的取值及其含义。

表 8-2　waitpid()函数的pid参数取值及其含义

| pid取值 | 含　义 |
|---|---|
| <–1 | 等待所有进程组标识等于pid绝对值的子进程 |
| –1 | 等待任何子进程 |
| 0 | 等待任何组标识等于调用进程组标识的进程 |
| >0 | 等待进程标识等于pid的进程 |

参数 pid 不同的取值指定了父进程等待子进程状态的不同方式，在实际使用中可根据需要选择一种方式。参数 status 指向子进程的返回状态，可以通过表 8-3 列出的宏进行查询。

表 8-3　获取waitpid()函数的status参数值的宏及其作用

| 宏　名　称 | 作　用 |
|---|---|
| WIFEXITED(status) | 如果子进程正常终止，则返回真。例如，通过调用exit()、_exit()或者从main()的return语句返回 |
| WEXITSTATUS(status) | 返回子进程的退出状态。这是来自子进程调用exit()或_exit()时指定的参数，或者来自main内部return语句参数的最低字节。只有WIFEXITED返回真时，才应该使用 |
| WIFSIGNALED(status) | 如果子进程由信号所终止则返回真 |
| WTERMSIG(status) | 返回导致子进程终止的信号数量。只有WIFSIGNALED返回真时才使用该宏 |
| WIFSTOPPED(status) | 如果信号导致子进程停止执行则返回真 |
| WSTOPSIG(status) | 返回导致子进程停止执行的信号数量。只有WIFSTOPPED返回真时才使用该宏 |
| WIFCONTINUED(status) | 如果信号导致子进程继续执行则返回真 |

在程序中可以通过表 8-3 的宏来查询 status 代表的返回状态。

参数 options 可以是 0 个或表 8-4 所示的参数取值通过或运算的组合值。

表 8-4　waitpid()函数的options参数取值及其含义

| options取值 | 含　义 |
|---|---|
| WNOHANG | 如果没有子进程退出，则立即返回 |
| WUNTRACED | 如果有处于停止状态的进程则调用返回 |
| WCONTINUED | 如果停止的进程由于SIGCONT信号的到来而继续运行，则调用返回 |

通常在程序中参数 options 的值设为 0，用户可以根据需要指定表 8-4 中的 options 值。

**【实例 8-3】**在父进程中使用 waitpid ()函数等待指定进程号的子进程返回。

```
01  #include <sys/types.h>
02  #include <unistd.h>
03  #include <stdio.h>
04  #include <stdlib.h>
05  #include <sys/wait.h>
06
07  int main()
08  {
09      pid_t pid, pid_wait;
10      int status;
11      pid = fork();                                  // 创建子进程
12      if (-1==pid) {                                 // 检查是否创建成功
13          printf("Error to create new process!\n");
14          return 0;
15      }
16      else if (pid==0) {                             // 子进程
17          printf("Child process!\n");
18      } else {                                       // 父进程
19          printf("Parent process! Child process ID: %d\n", pid);
20          pid_wait = waitpid(pid, &status, 0);   // 等待指定进程号的子进程
21          printf("Child process %d returned!\n", pid_wait);
22      }
23      return 0;
24  }
```

程序的第 20 行，在父进程中使用 waitpid()函数等待变量 pid 指定的子进程返回，并且把子进程状态写入 status 变量。这里由于程序很简单，不涉及复杂的操作，因此并不判断 status 的值。最后，父进程在第 21 行打印出返回的子进程的进程号。程序运行结果如下：

```
Parent process! Child process ID: 16260
Child process!
Child process 16260 returned!
```

从程序运行结果中可以看出，父进程创建的进程号为 16260 的子进程成功，并且使用 waitpid()函数等到了子进程结束。

### 8.1.5　退出进程

Linux 提供了几个退出进程的相关函数，分别是 exit()、_exit()、atexit()和 on_exit()。exit()函数的作用是退出当前进程，并且尽可能释放当前进程占用的资源。_exit()函数的作用也是退出当前进程，但是并不试图释放进程占用的资源。atexit()函数和 on_exit()函数的作用

都是为程序退出时指定调用用户的代码，区别在于 on_exit()函数可以为设定的用户函数设定参数。这几个函数的定义如下：

```
#include <stdlib.h>
int atexit(void (*func)(void));
int on_exit(void (*func)(int , void *), void *arg);
void exit(int status);

#include <unistd.h>
void _exit(int status);
```

☎提示：atexit()函数可以给一个程序设置多个退出时调用的函数，atexit()函数是按照栈方式向系统注册的，因此后注册的函数会先调用。

【实例 8-4】函数退出回调函数。

```
01 #include <stdio.h>
02 #include <stdlib.h>
03 #include <unistd.h>
04
05 void bye(void)                          // 退出时回调的函数
06 {
07     printf("That was all, folks\n");
08 }
09
10 void bye1(void)                         // 退出时回调的函数
11 {
12     printf("This should called first!\n");
13 }
14
15 int main()
16 {
17     int i;
18
19     i = atexit(bye);                    // 设置退出回调函数并检查返回结果
20     if (i != 0) {
21         fprintf(stderr, "cannot set exit function bye\n");
22         return EXIT_FAILURE;
23     }
24
25     i = atexit(bye1);                   // 设置退出回调函数并检查返回结果
26     if (i!=0) {
27         fprintf(stderr, "cannot set exit function bye1\n");
28         return EXIT_FAILURE;
29     }
30
31     return EXIT_SUCCESS;
32 }
```

程序通过 atexit()函数设置了两个退出时调用的函数 bye()和 bye1()，按照 atexit()函数注册的特点，bye1()函数最后注册的会被先执行，程序的运行结果如下：

```
This should called first!
That was all, folks
```

从程序结果中可以看到，bye1()函数先被执行了。

## 8.1.6　常用进程间的通信方法

在支持多进程的操作系统里，用户可以创建多个进程，分别处理不同的功能。多进程机制为处理不同的数据带来了好处。但是，在实际处理过程中，经常需要在不同的进程之间传递数据。例如有两个进程，一个进程用于读取不同用户的配置文件并且解析配置文件，另一个进程需要把每个用户的配置发送到远程的服务器，这样的两个进程需要数据的传递，这个时候就会用到进程间通信。

Linux 提供了多种进程间通信的方法，常见的包括管道、FIFO、消息队列、信号量和共享内存。此外，通过 Socket 也可以实现不同进程间的通信。本节将介绍管道和共享内存这两种进程间的通信方法。

### 1. 管道

管道是最常用的进程间的通信方法，也是最古老的一种进程间的通信方法。所有的 UNIX 系统都支持管道。管道的概念比较好理解，如图 8-2 所示，管道就好像日常的水管一样，在两个进程之间用来传送数据。与日常生活中的水管不同的是，进程间的管道有两个限制：一个是管道是半双工的，也就是说，一个管道只能在一个方向上传送数据；另一个是管道只能在有共同父进程的进程间使用。通常，管道由一个进程创建，之后进程调用 fork()函数创建新的进程，父进程和子进程之间就可以使用管道通信了。

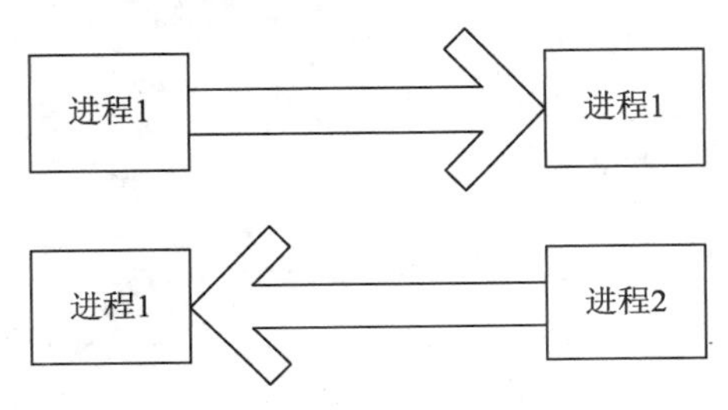

图 8-2　进程间通信机制——管道示意

从图 8-2 中可以看出，两个进程间通过管道传递数据的时候是单向的，在同一时刻，进程 1 只能向进程 2 写入数据，或者从进程 2 读出数据。

使用管道的方法很简单，只需要通过 pipe()函数创建一个管道就可以使用了。pipe()函数的定义如下：

```
#include <unistd.h>
int pipe(int filedes[2]);
```

参数 filedes 返回两个文件描述符，filedes[0]为读端，filedes[1]为写端。当创建管道成功时 pipe()函数返回 0，如果创建失败则会返回–1。下面的实例演示了在创建管道后，父进程和子进程如何通过管道传递数据。

**【实例 8-5】**进程间通过管道通信。

```
01  #include <sys/types.h>
02  #include <unistd.h>
03  #include <stdio.h>
04  #include <stdlib.h>
05  #include <string.h>
06
07  int main()
08  {
09      int fd[2];
10      pid_t pid;
```

```
11        char buf[64] = "I'm parent process!\n";     // 父进程要写入管道的信息
12        char line[64];
13
14        if (0!=pipe(fd)) {                          // 创建管道并检查结果
15            fprintf(stderr, "Fail to create pipe!\n");
16            return 0;
17        }
18
19        pid = fork();                               // 创建进程
20        if (pid<0) {
21            fprintf(stderr, "Fail to create process!\n");
22            return 0;
23        } else if (0<pid) {                         // 父进程
24            close(fd[0]);             // 关闭读管道，使得父进程只能向管道写入数据
25            write(fd[1], buf, strlen(buf));         // 写数据到管道
26            close(fd[1]);                           // 关闭写管道
27        } else {                                    // 子进程
28            close(fd[1]);             // 关闭写管道，使得子进程只能从管道读取数据
29            read(fd[0], line, 64);                  // 从管道读取数据
30            printf("DATA From Parent: %s", line);
31            close(fd[0]);                           // 关闭读管道
32        }
33
34        return 0;
35    }
```

上面的程序给出了一个操作管道的例子，由于管道的单向特性，在同一时刻，管道的数据只能单方向流动，因此在程序的第 24 行父进程关闭了读管道；在程序的第 28 行子进程关闭了写管道，这样管道变成了一个从父进程到子进程单向传递数据的通道。程序的运行结果验证了这个特性：

```
DATA From Parent: I'm parent process!
```

子进程打印出了父进程通过管道发送的字符串。管道的操作比较简单，虽然有一定的局限性，但是对于父子进程之间传递数据还是很方便的，因此有广泛的应用。还有一种称作有名管道的通信机制，突破了传统管道的限制，可以在不同的进程间传递数据，有兴趣的读者可以参考其他资料或者通过 Linux 的在线手册进行了解。

### 2. 共享内存

共享内存是在内存中开辟一段空间，供不同的进程访问。与管道相比，共享内存不仅能在多个不同进程（非父子进程）间共享数据，而且可以传送比管道更多的数据。图 8-3 展示了共享内存的结构。

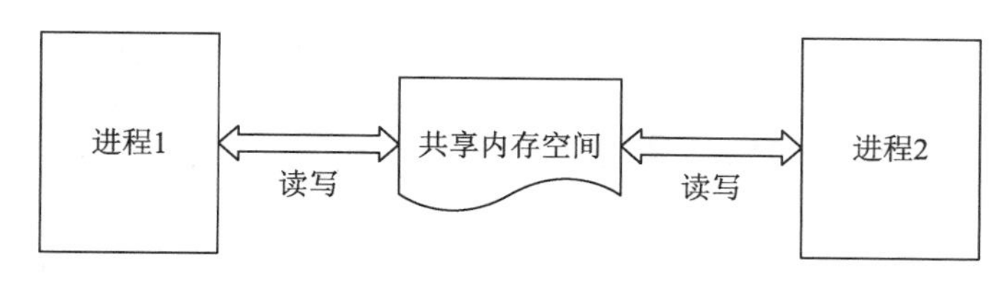


图 8-3　共享内存示意

从图 8-3 中可以看出，进程 1 和进程 2 可以访问一块共同的内存区域，并且在同一时刻可以读写共享的内存区域。

共享内存在使用之前需要创建，之后获得共享内存的入口地址就可以对共享内存操作了。当不需要使用共享内存的时候，还可以在程序中分离共享内存。Linux 为操作共享内存提供了如下几个函数：

```
#include <sys/ipc.h>
#include <sys/shm.h>
int shmget(key_t key, size_t size, int shmflg);
void *shmat(int shmid, const void *shmaddr, int shmflg);
int shmdt(const void *shmaddr);
```

shmget()函数用来创建共享内存，key 参数是由 ftok()函数生成的一个系统唯一的关键字，用来在系统中标识一块内存，size 参数用于指定需要的共享内存字节数，shmflg 参数是内存的操作方式，有读或者写两种。如果成功创建共享内存，则 shmget()函数会返回一个共享内存的 ID。

shmat()函数是获得一个共享内存 ID 对应的内存起始地址，shmid 参数是共享内存 ID，shmaddr 参数用于指定共享内存的地址，如果参数值为 0，则表示需要让系统决定共享内存的地址，如果获取内存地址成功，则 shmat()函数返回对应的共享内存地址。

shmdt()函数从程序中分离一块共享内存，参数 shmaddr 标识了要分离的共享内存地址。

实例 8-6 给出了两个文件：shm_write.c 文件用于创建共享内存，之后向共享内存写入一个字符串；shm_read.c 文件用于获取已经创建的共享内存并打印共享内存中的数据。

**【实例 8-6】** 共享内存操作。

共享内存写操作的代码如下：

```
01  // shm_write.c --> gcc -o w shm_write.c
02  #include <sys/ipc.h>
03  #include <sys/shm.h>
04  #include <sys/types.h>
05  #include <unistd.h>
06  #include <string.h>
07  #include <stdio.h>
08  int main()
09  {
10      int shmid;                                  // 定义共享内存 ID
11      char *ptr;
12      char *shm_str = "string in a share memory";
13
14      shmid = shmget(0x90, 1024, SHM_W|SHM_R|IPC_CREAT|IPC_EXCL);
15                                                  // 创建共享内存
16      if (-1==shmid)
17          perror("create share memory");
18
19      ptr = (char*)shmat(shmid, 0, 0);            // 通过共享内存 ID 获得共享内存地址
20      if ((void*)-1==ptr)
21          perror("get share memory");
22
23      strcpy(ptr, shm_str);                       // 把字符串写入共享内存
24      shmdt(ptr);
25
26      return 0;
27  }
```

共享内存读操作的代码如下：

```
01  // shm_read.c --> gcc -o r shm_read.c
02  #include <sys/ipc.h>
```

```
03  #include <sys/shm.h>
04  #include <sys/types.h>
05  #include <unistd.h>
06  #include <stdio.h>
07
08  int main()
09  {
10      int shmid;                                   // 定义共享内存 ID
11      char *ptr;
12
13      shmid = shmget(0x90, 1024, SHM_W|SHM_R|IPC_EXCL);
14                                                   // 根据 key 获得共享内存 ID
15      if (-1==shmid)
16          perror("create share memory");
17
18      ptr = shmat(shmid, 0, 0);                    // 通过共享内存 ID 获得共享内存地址
19      if ((void*)-1==ptr)
20          perror("get share memory");
21
22      printf("string in share memory: %s\n", ptr);
23                                                   // 打印共享内存中的内容
24
25      shmdt(ptr);
26      return 0;
27  }
```

在上面的实例中，代码没有使用 ftok()函数创建共享内存使用的 key，因为只要保证共享内存的 key 是系统中唯一的即可，如果系统没有很多的共享内存程序，那么指定一个 key 即可。需要注意的是，两个程序需要使用相同的 key 才能访问到相同的共享内存。

在 shm_write.c 文件中：第 14 行是创建一块 1024B 的共享内存并指定共享内存可以读写；第 19 行获得共享内存的地址，之后检查共享内存地址是否合法，shmat()函数返回的地址–1 表示地址不合法，而不是NULL；第23 行写入一个字符串到共享内存，随后用 shmdt()函数断开和共享内存的连接。

在 shm_read.c 文件中：第 13 行通过 key 值得到已经创建好的共享内存地址，和 shm_write.c 文件中的第 14 行不同是的，其没有指定 IPC_CREAT 属性，因为这里只是得到共享内存 ID；第 18 行获取共享内存地址，如果地址是合法的，则在第 22 行打印共享内存的内容，最后调用 shmdt()函数断开与共享内存的连接。

两个文件按照注释中的方法编译，运行 w 程序，如果创建共享内存成功，则没有任何提示。执行 r 程序，获得共享内存并打印共享内存的内容，程序运行结果如下：

```
string in share memory: string in a share memory
```

程序打印出了共享内存的内容。细心的读者可能会发现，当再一次运行程序 w 的时候，会提示：

```
create share memory: File exists
get share memory: Invalid argument
段错误 (核心已转储)
```

出错的原因是已经有相同 key 值的共享内存了，实例中的两个程序退出的时候都没有删除共享，导致出错，使用命令 ipcs 可以查看目前的共享资源情况：

```
------ Shared Memory Segments --------
key        shmid     owner     perms     bytes     nattch     status
0x00000090 524290    tom       600       1024      0
```

```
------ Semaphore Arrays --------
key        semid      owner      perms      nsems

------ Message Queues --------
key        msqid      owner      perms      used-bytes   messages
```

输出结果分为 3 部分，分别打印出了共享内存、信号量和消息队列的使用情况。在本例中，系统只创建了一个共享内存并且没有释放，使用命令 ipcrm 可以释放指定的共享内存：

```
ipcrm -m 524290
```

程序没有提示，表示删除共享内存成功，再次运行 ipcs 命令查看，共享内存已经被删除。

### 8.1.7　进程编程实例

本节给出一个多进程编程的综合实例，程序会创建两个进程，在父进程和子进程之间通过管道传递数据，父进程向子进程发送字符串 exit 表示让子进程退出，并且等待子进程返回；子进程查询管道，当从管道中读出字符串 exit 的时候结束。

**【实例 8-7】**进程编程。

```
01  // process_demo.c
02  #include <sys/types.h>
03  #include <sys/stat.h>
04  #include <unistd.h>
05  #include <stdio.h>
06  #include <stdlib.h>
07  #include <string.h>
08
09  int main()
10  {
11      pid_t pid;
12      int fd[2];
13      char buff[64], *cmd = "exit";
14
15      if (pipe(fd)) {                                        // 创建管道
16          perror("Create pipe fail!");
17          return 0;
18      }
19
20      pid = fork();
21      if (-1==pid) {
22          perror("Create process fail!");
23          return 0;
24      } else if (0==pid) {                                   // 子进程
25          close(fd[1]);                                      // 关闭写操作
26          printf("wait command from parent!\n");
27          while(1) {
28              read(fd[0], buff, 64);
29              if (0==strcmp(buff, cmd)) {
30                  printf("recv command ok!\n");
31                  close(fd[0]);
32                  exit(0);
33              }
34          }
35      } else {                                               // 父进程
```

```
36            printf("Parent process! child process id: %d\n", pid);
37            close(fd[0]);                                    // 关闭读操作
38            sleep(2);
39            printf("Send command to child process.\n");
40            write(fd[1], cmd, strlen(cmd)+1);                // 写入命令
41            close(fd[1]);
42        }
43
44        return 0;
45    }
```

在上面的程序中：第 15～18 行创建管道并检查是否创建成功；第 20 行调用 fork()函数创建进程；第 24～33 行是子进程的代码，子进程首先关闭管道写操作，然后进入一个死循环，不断从管道读取数据，如果有数据则会检查数据内容，如果发现字符串 exit 就调用 exit()函数结束进程；第 36～41 行是父进程的代码，首先是关闭管道读操作，然后等待 2s，向管道写入字符串 exit，最后关闭管道写操作。程序运行结果如下：

```
Parent process! child process id: 17019
wait command from parent!
Send command to child process.
recv command ok!
```

# 8.2　多线程开发

多进程为用户编程和操作带来了便利。但是对于操作系统来说，进程占用了系统资源，进程的切换也给操作系统带来了额外的开销。每次创建新进程时，会把父进程的资源复制一份给子进程，如果创建多个进程，则会占用大量的资源。此外，进程间的数据共享也需要操作系统的干预。由于进程的种种缺点，所以提出了线程的概念。

## 8.2.1　线程的概念

线程是一种轻量级的进程。与进程最大的不同是线程没有系统资源。线程是操作系统调度的最小单位，可以理解为一个进程是由一个或者多个线程组成的。在操作系统内核中，是按照线程作为调度单位来调度资源的。在一个进程内部，多个线程之间的资源是共享的。也就是说，如果一个进程内部的所有线程拥有相同的代码地址空间和数据空间，则任意一个线程都可以访问其他线程的数据。

## 8.2.2　进程和线程对比

进程和线程有许多相似之处，但是也有许多不同：

- 资源分配不同。从线程和进程的定义可以看出，进程拥有独立的内存和系统资源，而在一个进程内部，线程之间的资源是共享的，系统不会为线程分配系统资源。
- 工作效率不同。进程拥有系统资源，在进程切换的时候，操作系统需要保留进程占用的资源；而线程的切换不需要保留系统资源，切换效率远高于进程。线程较高的切换效率提高了数据处理的并发能力。

- 执行方式不同。线程有程序运行的入口地址，但是线程不能独立运行。由于线程不占有系统资源，所以线程必须存放在进程中。进程可以被操作系统直接调度。在一个进程内部的多个线程可以共享资源和调度，不同进程之间的线程资源是不能直接共享的。进程可以认为是线程的集合。

图 8-4 展示了进程和线程的对比，进程 1 和进程 2 拥有各自独立的代码、静态数据、堆栈和寄存器等资源，进程之间是相互独立的。线程不具备自己独立的资源，仅具备必要的堆栈和寄存器。从逻辑上看，线程是进程内部的一个实体，在一个进程内，各线程共享代码和数据。

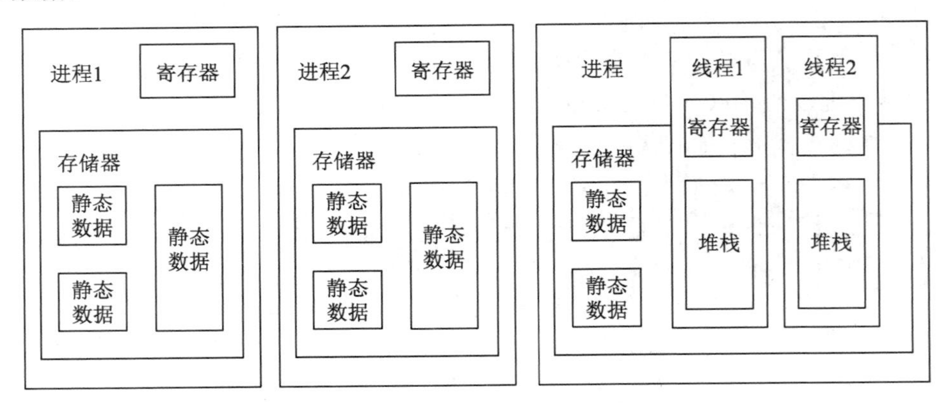


图 8-4　进程和线程对比

### 8.2.3　创建线程

Linux 系统开发多线程程序大多使用 pthread 库，pthread 库是符合 POSIX 线程标准的一个应用库，提供了线程的管理和操作方法。pthread 库对线程操作的函数基本都以 pthread 开头，创建线程的函数定义如下：

```
#include <pthread.h>
int pthread_create(pthread_t *restrict thread,
      const pthread_attr_t *restrict attr,
      void *(*start_routine)(void*), void *restrict arg);
```

使用 pthread 库需要包含 pthread.h 头文件。在 pthread_create()函数的第一个参数中，restrict 是 C99 标准增加的一个关键字，作用是限制指针。使用 restrict 关键字修饰的指针所指向的数据是唯一的。换句话说，使用 restrict 关键字修饰一个指针后，指针所指向的数据仅能被该指针所用，其他的指针无法再使用这块数据。

pthread_create()函数的参数 thread 返回创建线程的 ID；参数 attr 是一个 pthread_attr_t 类型的结构，用来设置线程的属性，如果没有特殊的要求，则设置为 NULL 即可；参数 start_routine 是一个函数指针，用于指向一个函数，这个函数就是线程要运行的代码；参数 arg 是 start_routine 指向的函数传入的参数，当执行用户的线程函数时，会把 arg 带的参数传入。如果创建线程成功则返回 0，如果失败则返回错误号。实例 8-8 给出了一个创建线程的代码。

【实例 8-8】使用 pthread 库创建线程。

```
01  #include <pthread.h>
02  #include <stdio.h>
03  #include <stdlib.h>
04  #include <unistd.h>
05  void* thread_func(void *arg)                    // 线程函数
06  {
07      int *val = arg;
08      printf("Hi, I'm a thread!\n");
09      if (NULL!=arg)                              // 如果参数不为空则打印参数内容
10          printf("argument set: %d\n", *val);
11  }
12
13  int main()
14  {
15      pthread_t tid;                              // 线程 ID
16      int t_arg = 100;                            // 给线程传入的参数值
17
18      if (pthread_create(&tid, NULL, thread_func, &t_arg))   // 创建线程
19          perror("Fail to create thread");
20
21      sleep(1);                                   // 睡眠 1s，等待线程执行
22      printf("Main thread!\n");
23
24      return 0;
25  }
```

在程序第 15 行中定义了 pthread_t 类型的变量 tid，用来保存创建成功的线程 ID；第 5 行定义了一个线程函数，新创建的线程会执行线程函数内部的代码；第 18 行使用 pthread_create()函数创建一个线程，并且给线程传递一个参数；在第 9 行也就是线程函数内部会检查线程参数是否存在，如果存在，则会打印参数的内容；第 21 行使用 sleep()函数让主线程暂停一下，等待新创建线程结束，这样做是因为如果不等待，有可能由于主线程运行速度过快，会在其他线程结束之前结束，从而导致整个程序退出（注意，这里是按程序的执行流程讲解的）。程序的输出结果如下：

```
Hi, I'm a thread!
argument set: 100
Main thread!
```

读者在编译这个程序的时候，使用 gcc t_create.c 可能会报错，报错信息如下：

```
/tmp/ccC8EJ0O.o(.text+0x6d): In function `main':
t_create.c: undefined reference to `pthread_create'
collect2: ld 返回 1
```

这是因为 pthread 库不是 Linux 的标准库，需要给编译器制定链接的库，使用 gcc t_create.c -lpthread 命令，编译器会寻找 libpthread.a 静态库文件，并且链接到用户代码。

## 8.2.4　取消线程

线程的退出有几种条件，当线程本身的代码运行结束时会自动退出；或者线程代码调用 return 时也会导致线程退出；还有一种情况是通过其他线程让一个线程退出。pthread 库提供了 pthread_cancel()函数用来取消一个线程的执行，函数的定义如下：

```
#include <pthread.h>
int pthread_cancel(pthread_t thread);
```

参数 thread 是要取消的线程 ID，如果取消成功则函数返回 0，如果失败则返回出错代码。下面的实例 8-9 演示了如何使用 pthread_cancel()函数取消一个线程。

**【实例 8-9】** 取消线程。

```
01  #include <pthread.h>
02  #include <stdio.h>
03  #include <stdlib.h>
04  #include <unistd.h>
05
06  void* thread_func(void *arg)                 // 线程函数
07  {
08      int *val = arg;
09      printf("Hi, I'm a thread!\n");
10      if (NULL!=arg) {                         // 如果参数不为空则打印参数内容
11          while(1)
12              printf("argument set: %d\n", *val);
13      }
14  }
15
16  int main()
17  {
18      pthread_t tid;                           // 线程 ID
19      int t_arg = 100;                         // 给线程传入的参数值
20
21      if (pthread_create(&tid, NULL, thread_func, &t_arg))   // 创建线程
22          perror("Fail to create thread");
23
24      sleep(1);                                // 睡眠 1s，等待线程执行
25      printf("Main thread!\n");
26      pthread_cancel(tid);                     // 取消线程
27
28      return 0;
29  }
```

上面的程序在函数 thread_func()内对参数判断成功后加入了一个死循环，程序的第 11 行和第 12 行会不断打印出参数的值，程序第 26 行增加了取消线程的操作，程序运行结果如下：

```
Hi, I'm a thread!
argument set: 100
{打印若干次参数值}
Main thread!
```

程序创建线程后会不断打印线程收到的参数。主线程在等待 1s 后，调用 pthread_ cancel()函数取消线程，之后主线程也运行结束，程序退出。

### 8.2.5 等待线程

在线程操作实例中，主线程使用 sleep()函数暂停运行，等待新创建的线程结束。使用延迟函数的方法在简单的程序中还能应付，但是复杂一点的程序就不好用了。由于线程的运行时间不确定，导致程序的运行结果无法预测。pthread 库提供了等待其他线程结束的函数，使用 pthread_join()函数等待一个线程结束，函数定义如下：

```
#include <pthread.h>
int pthread_join(pthread_t thread, void **value_ptr);
```

参数 thread 是要等待线程的 ID，参数 value_ptr 指向的是退出线程的返回值。如果被等待线程成功返回，则 pthread_join()函数返回 0，其他情况返回出错代码。

### 8.2.6　使用 pthread 库实现多线程操作实例

本节给出一个多线程操作实例，在主程序中创建两个线程 mid_thread 和 term_thread，mid_thread 线程不断等待 term_thread 线程终止它，并且每隔 2s 打印一次等待的次数。term_thread 接收从主函数传进来的 mid_thread 线程的 ID。如果线程 ID 合法，就调用 pthread_cancel()函数结束 mid_thread 线程。

**【实例 8-10】** pthread 库线程操作。

```
01  // pthread_demo.c
02  #include <pthread.h>
03  #include <unistd.h>
04  #include <stdio.h>
05  #include <stdlib.h>
06
07  void* mid_thread(void *arg);                        // mid_thread 线程声明
08  void* term_thread(void *arg);                       // term_thread 线程声明
09
10  int main()
11  {
12      pthread_t mid_tid, term_tid;                    // 存放线程 ID
13
14      // 创建 mid_thread 线程
15      if (pthread_create(&mid_tid, NULL, mid_thread, NULL)) {
16          perror("Create mid thread error!");
17          return 0;
18      }
19
        // 创建 term_thread 线程
20      if (pthread_create(&term_tid, NULL, term_thread, &mid_tid)) {
21          perror("Create term thread fail!\n");
22          return 0;
23      }
24
25      if (pthread_join(mid_tid, NULL)) {          // 等待 mid_thread 线程结束
26          perror("wait mid thread error!");
27          return 0;
28      }
29
30      if (pthread_join(term_tid, NULL)) {         // 等待 term_thread 线程结束
31          perror("wait term thread error!");
32          return 0;
33      }
34
35      return 0;
36  }
37
38  void* mid_thread(void *arg)                         // mid_thread 线程定义
39  {
40      int times = 0;
41      printf("mid thread created!\n");
```

```
42        while(2) {                                // 不断打印等待的次数，间隔 2s
43            printf("waitting term thread %d times!\n", times);
44            sleep(1);
45            times++;
46        }
47    }
48
49    void* term_thread(void *arg)                  // term_thread 线程定义
50    {
51        pthread_t *tid;
52        printf("term thread created!\n");
53        sleep(2);
54        if (NULL!=arg) {
55            tid = arg;
56            pthread_cancel(*tid);                 // 如果线程 ID 合法则结束线程
57        }
58    }
```

上面的程序定义了两个线程函数 mid_thread()和 term_thread()。第 14 行和第 20 行调用 pthread_create()函数创建两个线程，第 20 行创建线程的时候还需要把 mid 线程的 ID 传入 term_thread()函数。第 42～46 行不断打印线程等待的次数，间隔时间为 2s。在第 54～57 行代码首先检查线程 ID 是否有效，如果有效则调用 pthread_cancel()函数结束指定的线程。程序运行结果如下：

```
mid thread created!
waitting term thread 0 times!
term thread created!
waitting term thread 1 times!
```

mid 线程等待 2s 后被 term_thread 线程结束，整个程序退出。主线程没有打印等待错误，表示等待两个线程的状态正确。

## 8.3　小　　结

本章讲解了 Linux 应用程序开发中重要的两种技术：多进程和多线程。多进程和多线程技术是应用最广泛的技术，使用该技术可以并发处理业务流程，充分利用计算机资源提高业务处理能力。理解多进程和多线程的关键是建立并发工作的概念，读者在学习的时候应该多实践，通过实践加深理解。第 9 章将介绍网络程序开发的相关内容。

## 8.4　习　　题

### 一、填空题

1．操作系统分配资源的最小单位是________。

2．在 Linux 系统中，C 程序总是从________函数开始执行的。

3．所有的进程都是从________进程创建而来的。

## 二、选择题

1．LC_CTYPE 环境变量的含义是（　　）。

A．本地字符分类名　　B．本地名

C．登录名　　D．终端类型

2．PPID 表示（　　）。

A．进程号　　B．真实用户号

C．父进程号　　D．其他

3．下列函数可以实现退出当前进程，但是并不试图释放进程占用资源的是（　　）。

A．exit()　　B．_exit()

C．atexit()　　D．on_exit()

## 三、判断题

1．waitpid()函数的作用是等待另外一个进程结束。（　　）

2．pthread_cancel()函数用来取消一个线程的执行。（　　）

3．管道由一个线程创建。（　　）

## 四、操作题

1．编写代码，创建一个进程，如果成功则输出 New process created successfully!，如果失败则输出 Error to create new process!。

2．编写代码，创建一个线程，其中，线程函数的功能是输出线程传入参数的值，并且让线程等待 1s 执行。

# 第 9 章　网络通信应用

在信息社会，随着互联网的普及，网络应用越来越广泛，通过互联网传输信息成为 PC 的必备要素。在嵌入式设备上也开始越来越多地利用网络传输信息。Linux 操作系统从一开始就提供了网络功能。并且，Linux 上的 Socket 库兼容 BSD Socket 库，为开发网络应用提供了良好的支持。对应用程序员来说，掌握 Socket 开发可以快速地实现网络应用程序。本章的主要内容如下：

- TCP/IP 簇简介；
- Socket 通信的概念；
- 如何通过 Socket 进行面向数据流的通信；
- 如何通过 Socket 进行面向数据报的通信；
- Socket 开发的高级应用。

## 9.1　网络通信基础

互联网（Internet）是目前世界上应用最广泛的网络，最早从美国军方的科研项目 ARPA（Advanced Research Projects Agency）中发展而来。互联网采用 TCP/IP 传输数据，虽然 TCP/IP 并不是 ISO 规定的标准协议，但是作为应用最广泛的协议已经成为大规模网络通信的事实标准。本节将介绍 TCP/IP 簇，以及其中重要的 IP、TCP 和 UDP。

### 9.1.1　TCP/IP 簇

TCP/IP 实际上是由一组协议组成的，通常也称作 TCP/IP 簇。根据 ISO/OSI 参考模型对网络协议的规定，将网络协议划分为 7 层，如图 9-1 所示。

从图 9-1 中可以看出，TCP/IP 簇可以分成 4 层，和 OSI 参考模型的对应关系是，TCP/IP 的应用层对应 OSI（Open System Interconnection，开放式系统互联参考模型）的应用层、表示层和会话层；TCP/IP 的传输层和网络互联层分别对应 OSI 参考模型的传输层和网络层；TCP/IP 的主机到网络层对应 OSI 参考模型的数据链路层和物理层。

OSI 参考模型是一种对网络协议功能划分的一般方法，并不是所有的网络协议都会完全采用这种 7 层结构，OSI 参考模型是为了不同架构网络协议之间的相互转换而设计的，如 TCP/IP 簇和一些电信广域网协议的转换。

TCP/IP 簇使用了 4 层结构，对于协议处理的开销相对较小。图 9-1 所示的主机到网络层包含数据链路层信息和物理层信息，这部分在 PC 上对应的是网络接口卡及驱动；主机到网络层以上的三层协议都是 Linux 内核实现的。网络互联层也叫作路由层，负责数据包的路径管理，常见的网络设备路由器就工作在这一层；传输层负责控制数据包的传输管理，常见的协议有 TCP 和 UDP；应用层是用户最关心的，也是用户数据存放的地方，常见的协议有 HTTP 和 FTP 等。

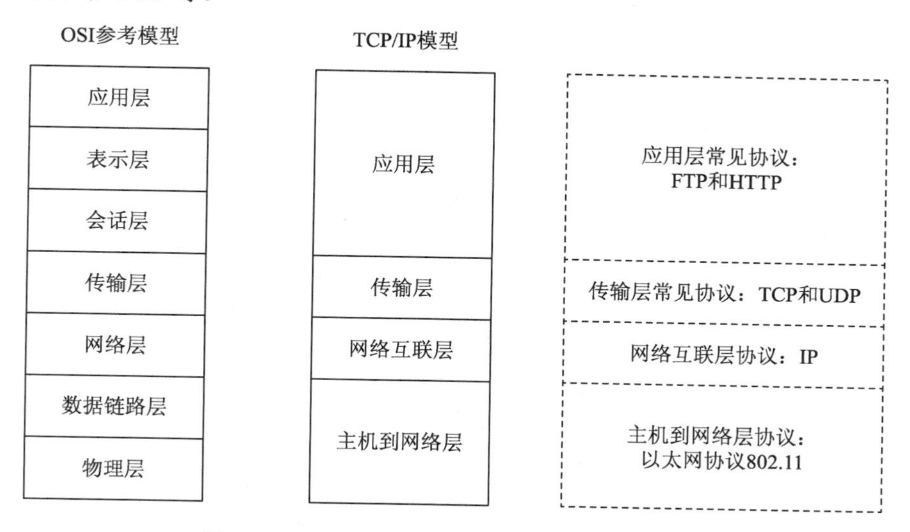


图 9-1　TCP/IP 模型和 OSI 参考模型的对应关系

## 9.1.2　IP 简介

从图 9-1 中可以看出，IP 工作在网络层，负责数据包的传输管理。IP 实现两个基本功能：寻址和分段。寻址是 IP 提供的最基本的功能，IP 根据数据包头中的目的地址传送数据报文。在传送数据报文的过程中，IP 可以根据目的地址选择报文在网络中的传输路径，这个过程称作路由。

分段是 IP 的一个重要功能。由于不同类型的网络之间传输的网络报文长度是不同的，为了能适应在不同的网络中传输 TCP/IP 报文，IP 提供分段机制帮助数据包穿过不同类型的网络。IP 在协议头记录了分段后的报文数据，但是 IP 并不关心数据的内容，如图 9-2 所示为 IPv4 协议头。

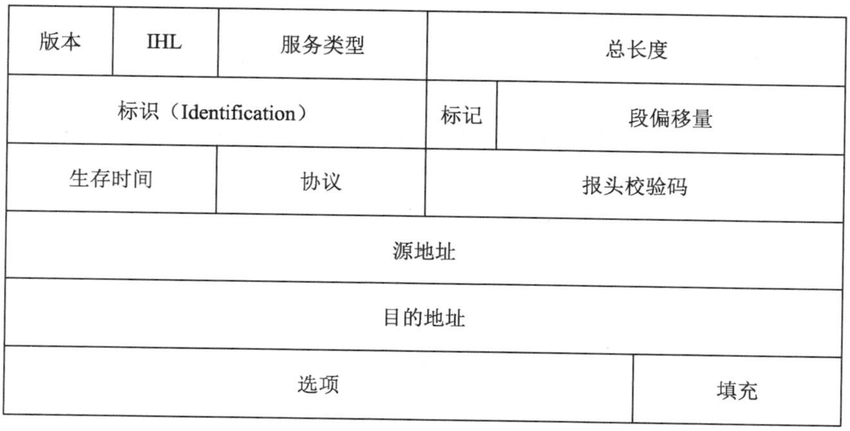

<table>
<tr><td>版本</td><td>IHL</td><td>服务类型</td><td colspan="2">总长度</td></tr>
<tr><td colspan="3">标识（Identification）</td><td>标记</td><td>段偏移量</td></tr>
<tr><td colspan="2">生存时间</td><td>协议</td><td colspan="2">报头校验码</td></tr>
<tr><td colspan="5">源地址</td></tr>
<tr><td colspan="5">目的地址</td></tr>
<tr><td colspan="4">选项</td><td>填充</td></tr>
</table>

图 9-2　IPv4 协议头

从图 9-2 中可以看出这是一个复杂的结构，常用的字段是源地址和目的地址，用来寻址和查路由。版本字段永远都是 4，表示 IPv4 协议。生存时间也是一个常用的字段，英文简写为 TTL。当发送一个数据包的时候，操作系统会给数据包设置一个 TTL 值，最大是 255。每当数据包经过路由器的时候，路由器会把数据包的 TTL 值减 1，表示经过一个路由器。如果路由器发现 TTL 等于 0，就把数据包丢弃。细心的读者会发现，使用常用的 ping 命令测试一个 IP 是否可达的时候，操作系统会给出一个 TTL 值，在 Linux 系统中通常会显示如下：

```
tom@tom-virtual-machine:~/dev_test/08/8.2.6$ ping 192.168.1.100
PING 192.168.1.100 (192.168.1.100) 56(84) bytes of data.
64 bytes from 192.168.1.100: icmp_req=1 ttl=128 time=1.26 ms
64 bytes from 192.168.1.100: icmp_req=2 ttl=128 time=1.25 ms
64 bytes from 192.168.1.100: icmp_req=3 ttl=128 time=1.25 ms
^C
--- 192.168.1.100 ping statistics ---
3 packets transmitted, 3 received, 0% packet loss, time 2004ms
rtt min/avg/max/mdev = 1.254/1.257/1.262/0.003 ms
```

这里的“ttl=128”就是 Linux 系统在 IPv4 头中设置的生存时间值。

除了提供寻址和分段外，IP 还提供了服务类型、生存时间、选项和报头校验码 4 种关键业务。服务类型是指希望在 IP 网络中得到的数据传输服务质量，其是设置服务参数的集合，供网关或者路由器使用；生存时间指定数据包有效的生存时间，由发送方设置，在路由器中被处理。路由器检查每个数据包的生存时间，如果为 0 则表示丢弃数据包。

IP 报文还提供了时间戳、安全和特殊路由等设置。此外，它还提供了报文头校验码，如果校验码出错则表示数据包内容有误，必须丢弃数据包。

注意：IP 不提供可靠的传输服务，它不提供端到端或（路由）节点到（路由）节点的确认，对数据没有差错控制，它只使用报头校验码，不提供重发和流量控制。如果出错那么可以通过 ICMP 报告，ICMP 在 IP 模块中实现。

IP 最早由于地址的限制，最多只能支持 $2^{32}-1$ 个地址。但实际上远没有这么多，除掉保留地址和 D 类、E 类地址外，供互联网使用的地址很有限。随着接入互联网的设备越来越多，目前已经出现了 IP 地址危机。

很多年前，网络专家就提出了改进 IP 的方案，目前的 IP 头版本号是 4，称作 IPv4，下一代 IP 的版本号为 6，通常称作 IPv6。IPv6 技术最大的特点是解决了地址空间问题，提供了 128 比特位的地址空间，最多可以有 $2^{128}-1$ 个地址，这是一个天文数字，足够给地球上所有的设备都分配一个 IP 地址。IPv6 技术不仅扩充了地址，还提供了其他的新特性，并且采用了和 IPv4 不同的处理方式，简化了协议头及处理过程。同时，IPv6 协议还提供了 MIP（Mobile IP）支持，为手机及其他移动设备上网打下了基础。

### 9.1.3 TCP 简介

TCP 是一个传输层协议。如图 9-1 所示，TCP 位于网络互联层之后，是 IP 的上层协议。TCP 是一个面向连接的可靠传输协议。在一个协议栈处理程序中，如果发现数据包的 IP 层后携带了 TCP 头，则会把数据包交给 TCP 层处理。TCP 层对数据包排序并进行错误检查，按照 TCP 数据包头中的序列号排序，如果发现排序队列中少了某个数据包，则启动重传机制重新传送丢失的数据包。

TCP 层处理完毕后，把其余数据交给应用层程序处理，如 FTP 的服务程序和客户程序。面向连接的应用几乎都使用 TCP 作为传输协议。TCP 传输协议有高度可靠性，可以最大限度地保证数据在传递过程中不会丢失。

## 9.1.4　UDP 简介

UDP 与 TCP 一样是传输层协议，但是 UDP 没有控制数据包的顺序和出错重发机制。因此，UDP 的数据在传输时是不稳定的。UDP 通常被用在对数据要求不是很高的场合，如查询应答服务等。使用 UDP 作为传输层协议的有 NTP（网络时间协议）和 DNS（域名服务系统）。

UDP 存在的另一个重要问题就是安全性不高。由于 UDP 没有连接的概念，在一个数据传输过程中，UDP 数据包可以很容易地被伪造或者篡改。

## 9.1.5　网络协议分析工具 Wireshark

网络协议一般比较抽象，给人感觉比较枯燥。学习网络协议需要一个直观的认识，推荐读者使用网络协议分析工具来分析协议。目前有很多网络协议分析工具，著名的 Sniffer 就是一款专业的网络协议分析利器。本节将介绍一个比较流行的工具 Wireshark，这是一个开源的网络协议分析工具，其功能十分强大。它使用 libpcap 库作为数据包解析，使用 GTK+ 库作为界面，由于这两个库是跨平台的，所以 Wireshark 可以在多种平台上使用。Wireshark 最大的特点是支持用表达式书写包过滤条件，同时支持常见协议的深度分析，如 HTTP 和 SIP 等。Wireshark 的官方网站是 http://www.wireshark.org，官方网站有软件的使用手册及下载链接。

Wireshark 安装这里不进行介绍，安装过程一般不需要选择，按照提示一步一步执行即可。本节将介绍 Wireshark 软件的使用方法。

（1）选择“开始”|“所有程序”|Wire Shark 命令启动 Wireshark 网络分析软件，界面如图 9-3 所示。

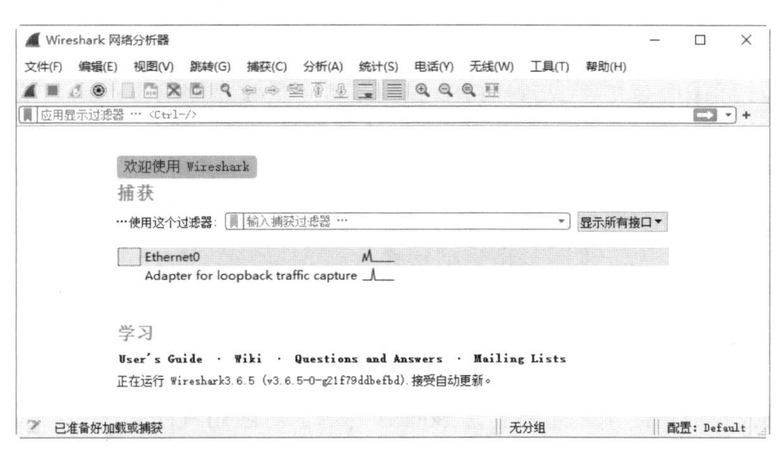


图 9-3　Wireshark 窗口

图 9-3 是 Wireshark 启动后的窗口，与常见的应用软件类似，窗口最上方是菜单栏，接下来是工具栏，常用的工具按钮都集中在这里。

（2）选择本地连接，这里为 Ethernet0，单击“开始捕获分组”按钮开始抓包，稍后会弹出如图 9-4 所示的窗口。

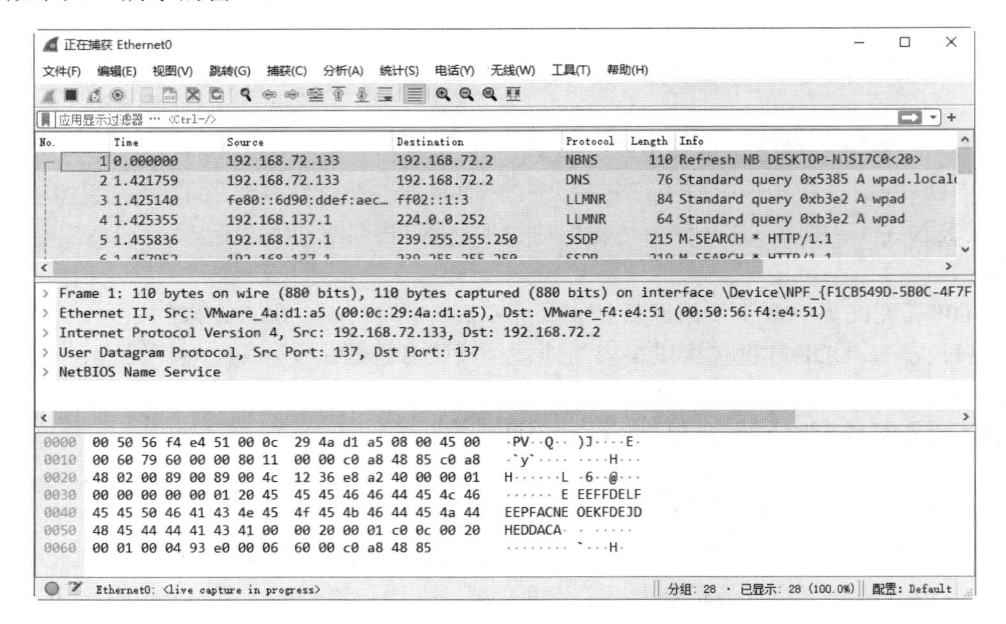


图 9-4　抓包结果

图 9-4 是抓包的结果，根据网卡接收网络上的数据包的情况会不断打印出接收到的数据包。窗口分为 3 个部分，上面是数据包列表，当单击某个数据包时，会在中间部分显示数据包的详细内容，并且显示数据包的协议分析结果，下面的窗口用于显示数据包十六进制的原始内容。

当需要停止抓包的时候，可单击工具栏上的■按钮。

# 9.2　Socket 通信的基本概念

Socket 常被翻译成套接字或者插口，Socket 实际上就是网络上的通信端点。使用者或应用程序只要连接到 Socket，便可以和网络上的任何一个通信端点连接并传送数据。Socket 封装了通信的细节，Linux 系统为使用者提供了类似文件描述符的操作方法，程序员可以不必关心通信协议的内容而专注应用程序开发。根据数据传送方式，可以把 Socket 分成面向连接的数据流通信和无连接的数据报通信。

## 9.2.1　创建 Socket 对象

在使用 Socket 通信之前，需要创建 Socket 对象。对应用程序员来说，Socket 对象就是一个文件句柄，通常使用 socket()函数创建 Socket 对象，函数定义如下：

```
#include <sys/types.h>
#include <sys/socket.h>
int socket(int domain, int type, int protocol);
```

参数 domain 用来指定使用的域，这里的域是指 TCP/IP 的网络互联层协议。在 9.1 节提到，网络互联层常见的协议有 IPv4 和 IPv6，实际上还包括许多其他的协议。因为 socket()函数不仅仅是针对 TCP/IP 簇的，通常使用 AF_INET 表示 IPv4，使用 AF_INET6 表示 IPv6。其他类型的域可以参考 socket()函数手册。

参数 type 用于指定数据传输的方式。SOCK_STREAM 代表面向连接的数据流方式，SOCK_DGRAM 代表无连接的数据报方式。另外，Socket 还提供了一种 SOCK_RAW 的模式，也称作原始模式。

☎**提示**：type 参数实际上指定了数据包的传输层协议。如果是 SOCK_RAW 模式，则表示不指定传输层协议。也就是说，用户可以构造自己的传输层协议，如 ICMP。

参数 protocol 用于指定协议类型，一般取 0。如果 socket()函数创建成功则返回创建的 Socket 句柄值，否则返回–1。

## 9.2.2　面向连接的 Socket 通信

面向连接的数据流通信在 TCP/IP 簇中是使用 TCP 作为传输层协议通信，按照 TCP 的要求，通信双方需要在传输数据前建立连接，称为“TCP 的三次握手”。对应用程序员来说，这个过程是透明的，如图 9-5 所示为面向连接的 Socket 通信模型。

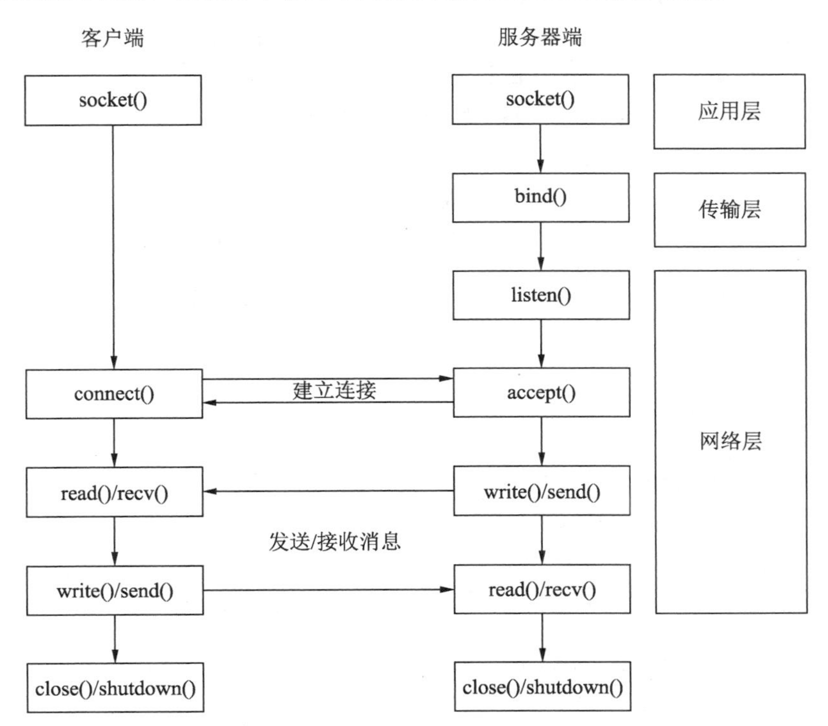


图 9-5　面向连接的 Socket 数据流通信过程

图 9-5 演示了客户端和服务器端创建 Socket、建立连接、进行数据通信以及关闭连接的全过程，同时给出了不同过程和函数对应 TCP/IP 的层次关系。所有的面向连接数据流通信都遵循这个过程。

服务器端的工作流程如下：

（1）使用 socket()函数创建 Socket。

（2）通过 bind()函数把创建的 Socket 句柄绑定到指定的 TCP 端口。

（3）调用 listen()函数使 Socket 处于监听状态并且设置监听队列的大小。

（4）当客户端发送连接请求后，调用 accept()函数接收客户端请求，与客户端建立连接。

（5）向客户端发送或者接收数据。

（6）通信完毕，调用 close()函数关闭 socket()函数。

客户端的工作流程如下：

（1）使用 socket()函数创建 Socket。

（2）调用 connect()函数向服务器端 Socket 发起连接。

（3）连接建立后进行数据读写。

（4）数据传输完毕，使用 close()函数关闭 Socket。

服务器端和客户端在建立连接的过程中使用了不同的函数。先介绍服务器端，bind()函数用来绑定 Socket 句柄和 TCP 端口，函数定义如下：

```
#include <sys/types.h>
#include <sys/socket.h>
int bind(int sockfd, __CONST_SOCKADDR_ARG my_addr, socklen_t addrlen);
```

参数 sockfd 是要绑定的 Socket 句柄，由 socket()函数创建；参数 my_addr 的类型是 __CONST_SOCKADDR_ARG，它是一个宏，用来指代 const struct sockaddr *，即该参数指向一个 sockaddr 结构，里面保存 IP 地址和端口号；参数 addrlen 是 sockaddr 结构的大小。如果绑定 TCP 端口成功，则函数返回 0，如果失败则返回–1，并且设置全局变量 errno（errno 的值请参考 man 手册）。

listen()函数用于监听一个端口上的连接请求，函数定义如下：

```
#include <sys/socket.h>
int listen(int s, int backlog);
```

参数 s 是要监听的 Socket 句柄，backlog 参数用于指定最多可以监听的连接数量，默认是 20 个。如果函数调用成功则返回 0，如果失败则返回–1，并且设置全局变量为 errno。

**注意：**listen()函数只能用在面向连接的 Socket。

处于监听状态的服务器在获得客户机的连接请求后，会将其放置在等待队列中。当系统空闲时，将接收客户机的连接请求。接收客户机的连接请求使用 accept()函数，定义如下：

```
#include <sys/types.h>
#include <sys/socket.h>
int accept(int s, __SOCKADDR_ARG addr, socklen_t *addrlen);
```

accept()函数用于面向连接类型的套接字类型。accept()函数将从连接请求队列中获得连接信息，创建新的套接字并返回该套接字的文件描述符。accept()函数返回的是一个新套接字描述符，客户端可以通过这个描述符与服务器通信，而最初通过 socket()函数创建的套接字描述符仍然用于监听客户端请求。参数 s 是监听的套接字描述符；参数 addr 的类型是

__SOCKADDR_ARG，它是一个宏，指代 struct sockaddr *__restrict，即该参数是指向 sockaddr 结构的指针；addrlen 表示结构的大小。如果调用成功，则 accept()函数返回新创建的套接字句柄，如果失败则返回–1 并且设置全局变量为 errno。

与服务器端不同的是，客户端在创建套接字以后就可以使用 connect()函数连接到服务器端，定义如下：

```
#include <sys/types.h>
#include <sys/socket.h>
int connect(int sockfd, __CONST_SOCKADDR_ARG serv_addr, socklen_t addrlen);
```

connect()函数的作用是和服务器端建立连接。参数 sockfd 是套接字句柄；参数 serv_addr 的类型是__CONST_SOCKADDR_ARG ，它是一个宏，用来指代 const struct sockaddr *，即该参数指向 sockaddr 结构，指定了服务器 IP 地址和端口号；参数 addrlen 表示 serv_addr 结构的大小。

客户端和服务器端使用相同的发送和接收函数，发送函数可以使用 write()函数或者 send()函数，write()函数在第 7 章中已经讲过。send()函数的定义如下：

```
#include <sys/types.h>
#include <sys/socket.h>
ssize_t send(int s, const void *buf, size_t len, int flags);
```

参数 s 是套接字句柄，buf 是要发送的数据缓冲，len 是数据缓冲长度，参数 flags 一般置为 0。如果发送数据成功，则返回发送数据的字节数，如果失败则返回–1。

接收函数可以使用 read()函数和 recv()函数，read()函数可以像操作文件一样操作套接字，在第 7 章中已介绍过。recv()函数的定义如下：

```
#include <sys/types.h>
#include <sys/socket.h>
ssize_t recv(int s, void *buf, size_t len, int flags);
```

参数 s 指定要读取数据的套接字句柄，buf 参数是存放数据的缓冲区首地址，len 参数指定接收的缓冲区大小，参数 flags 一般置为 0。当读取到数据时函数返回已读取的数据的字节数，如果读取失败则返回–1。另外，如果对方关闭了套接字，recv()函数会返回 0。

### 9.2.3　面向连接的 echo 服务编程实例

本节给出一个 echo 服务的编程实例，echo_serv.c 是服务器端源代码，用于创建服务器端并绑定套接字到本机 IP 和 8080 端口，当服务器端收到客户端发送的字符串时就在屏幕上打印出来并把字符串发送给客户端，如果客户端发送"quit"，那么服务器端就退出。

```
01  // echo_serv.c - gcc -o s echo_serv.c
02  #include <sys/types.h>
03  #include <sys/socket.h>
04  #include <netinet/in.h>
05  #include <arpa/inet.h>
06  #include <unistd.h>
07  #include <stdio.h>
08  #include <errno.h>
09  #include <string.h>
10
11  #define EHCO_PORT 8080
12  #define MAX_CLIENT_NUM 10
```

```
13
14  int main()
15  {
16      int sock_fd;
17      struct sockaddr_in serv_addr;
18      int clientfd;
19      struct sockaddr_in clientAdd;
20      char buff[101];
21      socklen_t len;
22      int n;
23
24      /* 创建 Socket */
25      sock_fd = socket(AF_INET, SOCK_STREAM, 0);
26      if(sock_fd==-1) {
27          perror("create socket error!");
28          return 0;
29      } else {
30          printf("Success to create socket %d\n", sock_fd);
31      }
32
33      /* 设置 server 地址结构 */
34      bzero(&serv_addr, sizeof(serv_addr));          // 初始化结构占用的内存
35      serv_addr.sin_family = AF_INET;                // 设置地址传输层类型
36      serv_addr.sin_port = htons(EHCO_PORT);         // 设置监听端口
37      serv_addr.sin_addr.s_addr = htons(INADDR_ANY); // 设置服务器地址
38      bzero(&(serv_addr.sin_zero), 8);
39
40      /* 绑定地址和套接字 */
41      if(bind(sock_fd, (struct sockaddr*)&serv_addr, sizeof(serv_
        addr))!=0) {
42          printf("bind address fail! %d\n", errno);
43          close(sock_fd);
44          return 0;
45      } else {
46          printf("Success to bind address!\n");
47      }
48
49      /* 设置套接字监听 */
50      if(listen(sock_fd,MAX_CLIENT_NUM) != 0) {
51          perror("listen socket error!\n");
52          close(sock_fd);
53          return 0;
54      } else {
55          printf("Success to listen\n");
56      }
57
58      /* 创建新连接对应的套接字 */
59      len = sizeof(clientAdd);
60      clientfd = accept(sock_fd, (struct sockaddr*)&clientAdd, &len);
61      if (clientfd<=0) {
62          perror("accept() error!\n");
63          close(sock_fd);
64          return 0;
65      }
66
67      /* 接收用户发来的数据 */
68      while((n = recv(clientfd,buff, 100,0 )) > 0) {
69          buff[n] = '\0';                         // 给字符串加入结束符
```

```
        // 打印字符串的长度和内容
70      printf("number of receive bytes = %d data = %s\n", n, buff);
71      fflush(stdout);
72      send(clientfd, buff, n, 0);          // 发送字符串内容给客户端
73      if(strncmp(buff, "quit", 4) == 0)    // 判断是否为退出命令
74          break;
75    }
76
77    close(clientfd);                       // 关闭新建的连接
78    close(sock_fd);                        // 关闭服务器端监听的 Socket
79
80    return 0;
81  }
```

上面的程序定义了两个套接字句柄 sock_fd 和 clientfd，sock_fd 是服务器端用来监听的套接字，clientfd 是用户发起请求后与客户端建立的套接字。第 25 行调用 socket()函数创建了套接字，之后设置 sockaddr 结构，填入本机 IP 和需要监听的端口号。第 41 行使用 bind()函数绑定套接字到本机的 8080 端口，如果绑定成功，那么第 50 行使用 listen()函数设置程序监听用户请求的参数。第 60 行调用 accept()函数阻塞监听用户请求，如果有请求，则 accept()函数返回和用户建立的套接字句柄，从此建立连接。第 68～75 行通过 recv()函数读取用户发送的字符串，打印后通过 send()函数发送给用户。第 73 行判断用户发送的字符串是否等于"quit"，如果是则跳出循环。第 77 行关闭和用户建立的连接，第 78 行关闭服务器端监听的套接字。

echo_client.c 是客户端程序，在和服务器端建立连接后发送字符串给服务器端，接收服务器端发送的字符串并显示在屏幕上。

```
01  // echo_client - gcc -o c echo_client.c
02  #include <sys/types.h>
03  #include <sys/socket.h>
04  #include <netinet/in.h>
05  #include <arpa/inet.h>
06  #include <unistd.h>
07  #include <stdio.h>
08  #include <errno.h>
09  #include <string.h>
10
11  #define EHCO_PORT 8080
12  #define MAX_COMMAND 5
13
14  int main()
15  {
16      int sock_fd;
17      struct sockaddr_in serv_addr;
18
19      char *buff[MAX_COMMAND] = {"abc", "def", "test", "hello", "quit"};
20      char tmp_buf[100];
21      int n, i;
22
23      /* 创建 Socket */
24      sock_fd = socket(AF_INET, SOCK_STREAM, 0);
25      if(sock_fd==-1) {
26          perror("create socket error!");
27          return 0;
28      } else {
29          printf("Success to create socket %d\n", sock_fd);
```

```
30          }
31
32          /* 设置 server 地址结构 */
33          bzero(&serv_addr, sizeof(serv_addr));       // 初始化结构占用的内存
34          serv_addr.sin_family = AF_INET;             // 设置地址传输层类型
35          serv_addr.sin_port = htons(EHCO_PORT);      // 设置监听端口
36          serv_addr.sin_addr.s_addr = htons(INADDR_ANY); // 设置服务器地址
37          bzero(&(serv_addr.sin_zero), 8);
38
39          /* 连接到服务器端 */
40          if (-1==connect(sock_fd, (struct sockaddr*)&serv_addr, sizeof
            (serv_addr))) {
41              perror("connect() error!\n");
42              close(sock_fd);
43              return 0;
44          }
45          printf("Success connect to server!\n");
46
47          /* 发送并接收缓冲的数据 */
48          for (i=0;i<MAX_COMMAND;i++) {
49              send(sock_fd, buff[i], 100, 0);         // 发送数据给服务器端
50              n = recv(sock_fd, tmp_buf, 100, 0);     // 从服务器端接收数据
51              tmp_buf[n] = '\0';                      // 给字符串添加结束标志
                // 打印字符串
52              printf("data send: %s receive: %s\n", buff[i], tmp_buf);
53              if (0==strncmp(tmp_buf, "quit", 4))     // 判断是否为出命令
54                  break;
55          }
56
57          close(sock_fd);                             // 关闭套接字
58
59          return 0;
60      }
```

在上面的程序中，第 24 行使用 socket()函数创建了套接字句柄，之后设置 sockaddr 结构，填入服务器端 IP 地址和端口号。第 40 行使用 connect()函数向服务器端发起连接，则如果连接成功，开始数据传输。第 48～55 行通过 send()函数发送字符串给服务器端，使用 recv()函数接收服务器端发送的数据并且打印在屏幕上，第 53 行判断如果服务器端发送字符串"quit"，则退出循环。第 57 行关闭套接字。

两个程序编译后，需要在不同的控制台上执行。执行服务器端程序 s 后，打印信息如下：

```
Success to create socket 3
Success to bind address!
Success to listen
```

以上信息表示套接字创建成功，并且绑定到指定的端口上。之后在另一个控制台上运行客户端程序，控制台输出信息如下：

```
Success to create socket 3
Success connect to server!
data send: abc receive: abc
data send: def receive: def
data send: test receive: test
data send: hello receive: hello
data send: quit receive: quit
```

以上信息显示的是成功创建套接字的提示，以及打印的 5 行信息，如客户端发送的字符串及接收到的服务器端返回的字符串，最后一个字符串是"quit"，表示退出连接。在服务器端也会得到类似的信息：

```
number of receive bytes = 100 data = abc
number of receive bytes = 100 data = def
number of receive bytes = 100 data = test
number of receive bytes = 100 data = hello
number of receive bytes = 100 data = quit
```

## 9.2.4　无连接的 Socket 通信

无连接的 Socket 通信相对于建立连接的流 Socket 较为简单，因为在数据传输过程中不能保证数据能否到达目标客户端或服务器端，常用在一些对数据要求不高的地方，如在线视频等。无连接的套接字不需要建立连接，省去了维护连接的开销，因此同样环境下一般比面向连接的套接字传输数据速率快。在实际应用中，一些应用软件会自己维护无连接的套接字数据传输状态。无连接的套接字使用 TCP/IP 簇的 UDP 传输数据。

如图 9-6 所示为无连接的套接字通信模型，和面向连接的流通信不同，服务器端在绑定 Socket 到指定的 IP 和端口后，并没有使用 listen()函数监听连接，也没有使用 accept()函数对新的请求建立连接，因为没有连接的概念，传输层协议无法区分不同的连接，也就不需要对每个新的请求创建连接。在客户端创建 Socket 之后，可以直接向服务器端发送数据或者读取服务器端的数据。无连接的套接字通信服务器端和客户端的界限相对模糊一些。

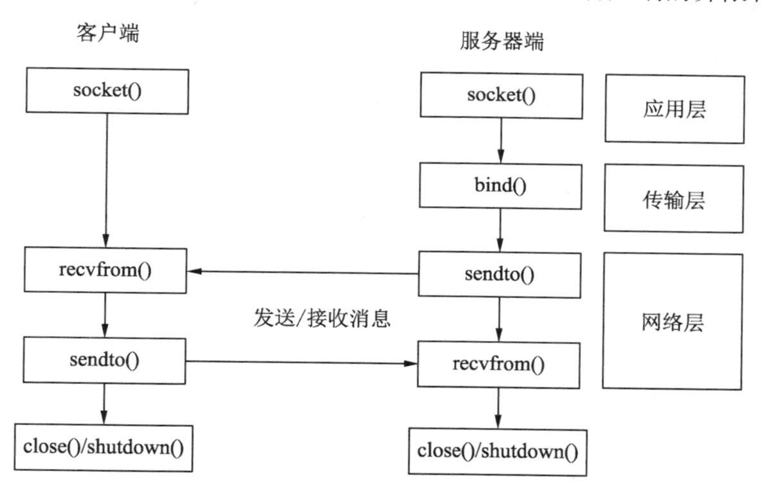


图 9-6　无连接的 Socket 通信示意

在无连接的套接字通信过程中，发送和接收数据的函数与面向流套接字通信不同，使用 recvfrom()函数和 sendto()函数，定义如下：

```
#include <sys/types.h>
#include <sys/socket.h>
ssize_t  recvfrom(int  s, void *buf, size_t len, int flags, __SOCKADDR_ARG
from, socklen_t *fromlen);
ssize_t sendto(int s, const void *msg, size_t len, int flags,
__CONST_SOCKADDR_ARG to, socklen_t tolen);
```

recvfrom()函数用来从指定的 IP 地址和端口接收数据。参数 s 是套接字句柄；参数 buf 是存放接收数据的缓冲首地址，len 是接收缓冲大小；参数 from 是发送数据方的 IP 和端口号，fromlen 是 sockaddr 结构大小。如果接收到数据，就返回接收到数据的字节数，如果失败则返回–1。

sendto()函数用于发送数据给指定的 IP 和端口号。参数 s 指定套接字句柄；参数 msg 是发送数据的缓冲首地址，len 是缓冲大小；参数 to 指定接收数据的 IP 和端口号，tolen 是 sockaddr 结构大小。如果函数调用成功则返回发送数据的字节数，如果失败返回–1。

☎提示：无连接的套接字可以在同一个 Socket 与不同的 IP 和端口上收发数据，可以在服务器端管理不同的连接。

### 9.2.5　无连接的时间服务编程实例

无连接的套接字通信比较简单，本节将给出一个获取时间的例子，服务器端程序 time_serv.c 负责创建 Socket 并且绑定到本机 9090 端口，然后等待客户端发出请求，在收到客户端发送的请求时间命令"time"以后，生成当前时间的字符串并发送给客户端。客户端建立 Socket 以后，直接向指定的服务器端发送请求时间命令，之后等待服务器端返回，客户端发送退出命令，关闭连接。

```
01  // time_serv.c - gcc -o s time_serv.c
02  #include <sys/types.h>
03  #include <sys/socket.h>
04  #include <netinet/in.h>
05  #include <arpa/inet.h>
06  #include <unistd.h>
07  #include <stdio.h>
08  #include <errno.h>
09  #include <time.h>
10  #include <string.h>
11
12  #define TIME_PORT 9090
13  #define DATA_SIZE 256
14
15  int main()
16  {
17      int sock_fd;
18      struct sockaddr_in local;
19      struct sockaddr_in from;
20      int n;
21      socklen_t fromlen;
22      char buff[DATA_SIZE];
23      time_t cur_time;
24
25      sock_fd = socket(AF_INET, SOCK_DGRAM, 0);        // 建立套接字
26      if (sock_fd<=0) {
27          perror("create socket error!");
28          return 0;
29      }
30      perror("Create socket");
31
32      /* 设置要绑定的 IP 和端口 */
33      local.sin_family=AF_INET;
```

```
34        local.sin_port=htons(TIME_PORT);                // 监听端口
35        local.sin_addr.s_addr=INADDR_ANY;               //本机
36
37        /* 绑定本机到套接字 */
38        if (0!=bind(sock_fd,(struct sockaddr*)&local,sizeof(local))) {
39            perror("bind socket error!");
40            close(sock_fd);
41            return 0;
42        }
43        printf("Bind socket");
44
45        fromlen =sizeof(from);
46        printf("waiting request from client...\n");
47
48        while (1)
49        {
50            n = recvfrom(sock_fd, buff, sizeof(buff), 0, (struct sockaddr*)
              &from, &fromlen);                           // 接收数据
51            if (n<=0) {
52                perror("recv data!\n");
53                close(sock_fd);
54                return 0;
55            }
56            buff[n]='\0';                               // 设置字符串结束符
57            printf("client request: %s\n", buff);       // 打印接收到的字符串
58
59            if (0==strncmp(buff, "quit", 4))            // 判断是否退出
60                break;
61
62            if (0==strncmp(buff, "time", 4)) {          // 判断是否请求时间
63                cur_time = time(NULL);
                  // 生成当前时间字符串
64                strcpy(buff, asctime(gmtime(&cur_time)));
65                sendto(sock_fd, buff,sizeof(buff), 0,(struct sockaddr*)
                  &from,fromlen);                         // 发送时间给客户端
66            }
67
68        }
69        close(sock_fd);                                 // 关闭套接字
70        return 0;
71    }
```

程序第 18 行和第 19 行定义了两个地址结构变量，local 表示服务器端监听的地址，from 用来存放发送数据到服务器端的客户端地址。首先第 25 行调用 socket()函数创建套接字，之后设置要绑定的 IP 和端口号，第 38 行使用 bind()函数绑定套接字到指定的端口。第 48～68 行循环处理客户端发来的数据，第 50 行调用 recvfrom()函数接收客户端发来的数据。如果收到数据，recvfrom()函数会设置 from 参数指定的 sockaddr 结构，内容为客户端的 IP 和端口。第 59 行和第 62 行判断用户发送的字符串。如果是"time"请求，则在 64 行中使用时间 asctime()函数生成当前时间的字符串形式，并用 sendto()函数发送给客户端；如果是"quit"请求，则跳出循环。第 69 行关闭套接字，对应的连接也随之关闭。

```
01  // time_client.c - gcc -o c time_client.c
02  #include <sys/types.h>
03  #include <sys/socket.h>
04  #include <netinet/in.h>
05  #include <arpa/inet.h>
```

```
06  #include <unistd.h>
07  #include <stdio.h>
08  #include <errno.h>
09  #include <string.h>
10
11  #define TIME_PORT 9090
12  #define DATA_SIZE 256
13
14  int main()
15  {
16      int sock_fd;
17      struct sockaddr_in serv;
18      int n;
19      socklen_t servlen;
20      char buff[DATA_SIZE];
21
22      sock_fd = socket(AF_INET, SOCK_DGRAM, 0);       // 创建套接字
23      if (sock_fd<=0) {
24          perror("create socket error!");
25          return 0;
26      }
27      perror("Create socket");
28
29      /* 设置服务器端 IP 和端口 */
30      serv.sin_family=AF_INET;
31      serv.sin_port=htons(TIME_PORT);                 // 监听端口
32      serv.sin_addr.s_addr=INADDR_ANY;                // 本机 IP
33      servlen =sizeof(serv);
34
35      /* 请求时间 */
36      strcpy(buff, "time");
37      if (-1==sendto(sock_fd, buff,sizeof(buff), 0, (struct sockaddr*)
        &serv,servlen)) {                                // 发送请求
38          perror("send data");
39          close(sock_fd);
40          return 0;
41      }
42      printf("send time request\n");
43
44      n = recvfrom(sock_fd, buff, sizeof(buff), 0, (struct sockaddr*)
        &serv,&servlen);                                 // 接收返回
45      if (n<=0) {
46          perror("recv data!\n");
47          close(sock_fd);
48          return 0;
49      }
50      buff[n]='\0';
51      printf("time from server: %s", buff);
52
53      /* 退出连接 */
54      strcpy(buff, "quit");
55      if (-1==sendto(sock_fd, buff,sizeof(buff), 0, (struct sockaddr*)
        &serv,servlen)) {
56          perror("send data");
57          close(sock_fd);
58          return 0;
59      }
60      printf("send quit command\n");
61
62      close(sock_fd);                                  // 关闭套接字
```

```
63      return 0;
64  }
```

客户端的操作很简单，创建套接字成功后就可以收发数据了。程序第 22 行调用 socket()函数创建套接字，注意第 2 个参数是 SOCK_DGRAM，表示创建无连接的数据报套接字。第 30～32 行设置服务器端的 IP 和端口号。第 37 行使用 sendto()函数向服务器端发送"time"命令，第 44 行使用 recvfrom()函数接收服务器端返回的数据并且打印出来。第 55 行发送"quit"命令，通知服务器端退出。第 62 行关闭套接字。

两个程序编译后在不同的控制台上执行，服务器端的输出结果如下：

```
Create socket: Success
Bind socketwaiting request from client...
client request: time
client request: quit
```

服务器端打印创建套接字成功，绑定套接字成功，之后进入循环等待客户端的数据，后两行打印信息是客户端发送过来的命令，最后程序退出。客户端的执行结果如下：

```
Create socket: Success
send time request
time from server: Wed Nov 30 05:30:22 2022
send quit command
```

从结果中可以看出，客户端创建套接字后不需要连接就可以直接收发数据，先是发送时间请求，之后得到服务器返回的时间，最后发送退出命令，关闭连接。

# 9.3　Socket 高级应用

9.2 节介绍了 Socket 编程的基础知识，包括面向连接的流通信和无连接的数据报通信，并且给出了例子。由于网络通信过程中有许多不确定因素，因此数据的传输不可能每次都正确，需要对数据发送和接收进行超时处理；对于一个服务器来说，需要同时管理多个客户端的连接。这些技术就是本节将要介绍的 Socket 的高级应用。

## 9.3.1　Socket 超时处理

实际的网络通信数据常会因为各种网络故障导致传输失败，在应用程序中需要对数据发送和接收进行对应的超时处理。超时指预先假定一次数据传输需要的时间，如果超过这个时间没有得到反馈，则认为数据传输失败。Socket 库提供了两个强大的函数 setsockopt()和 getsockopt()，用来设置套接字和得到套接字参数，函数定义如下：

```
#include <sys/types.h>
#include <sys/socket.h>
int getsockopt(int s, int level, int optname, void *optval, socklen_t *optlen);
int setsockopt(int s, int level, int optname, const void *optval, socklen_t optlen);
```

上面两个函数的参数是一样的，不同的是一个用于设置参数的值，另一个用于取出参数的值。参数 s 是套接字句柄；level 用于指定不同的协议，目前仅支持 SOL_SOCKET 和 IPPROTO_TCP 两个协议；参数 optname 是套接字参数名称，超时参数有两个，SO_RCVTIMEO 表示接收超时，SO_SNDTIMEO 表示发送超时；optval 是存放参数值的缓冲首地址，optlen 是参数值占用的内存大小。对于超时参数来说，optval 是一个指向 timeval 结构的指针。timeval 结构定义如下：

```
struct timeval
{
#ifdef __USE_TIME_BITS64
  __time64_t tv_sec;
  __suseconds64_t tv_usec;
#else
  __time_t tv_sec;
  __suseconds_t tv_usec;
#endif
};
```

timeval 结构表示一个时间值，tv_sec 是秒，tv_usec 是微秒，用这个结构可以表示超时等待的时间长度。

设置套接字超时的方法示例如下：

```
struct timeval time_out;
time_out.tv_sec = 5;                                    // 设置超时时间为 5s
timv_out.tv_usec = 0;

// 设置接收数据超时
setsockopt(s, IPPROTO_TCP, SO_RCVTIMEO, &time_out, sizeof(time_out));
// 设置发送数据超时
setsockopt(s, IPPROTO_TCP, SO_SNDTIMEO, &time_out, sizeof(time_out));
```

### 9.3.2　使用 Select 机制处理多连接

当服务器端根据客户端的请求创建多个连接时，每个连接对应不同的套接字，因为 recv()函数默认是阻塞的，在等待一个客户端套接字返回数据的时候会造成整个进程阻塞而无法接收其他客户端套接字数据。这时候需要一个可以处理多个连接的方法，Socket 库提供了两个函数 select()和 poll()用来等待一组套接字句柄的读写操作。

Linux 系统提供了 select()和 poll()两个函数作为网络套接字复用的工具。使用 select()函数和 poll()函数可以向系统说明在什么时间需要安全地使用网络套接字描述符。例如，程序员可以通过这两个函数的返回结果，知道哪个套接字描述符上有数据需要处理。使用 select()函数和 poll()函数后，程序可以省去不断地轮询网络套接字描述符的步骤。在后台运行网络程序，当被监听的网络套接字有数据的时候，系统会触发应用程序。因此，使用 select()函数和 poll()函数可以显著提高网络应用程序的工作效率。

select()函数是比较常用的，函数定义如下：

```
/* According to POSIX 1003.1-2001 */
#include <sys/select.h>
/* According to earlier standards */
#include <sys/time.h>
#include <sys/types.h>
#include <unistd.h>
int select(int n, fd_set *readfds, fd_set *writefds, fd_set *exceptfds,
struct timeval *timeout);

FD_CLR(int fd, fd_set *set);
FD_ISSET(int fd, fd_set *set);
```

```
FD_SET(int fd, fd_set *set);
FD_ZERO(fd_set *set);
```

根据不同的标准，使用 select()函数需要包含不同的头文件。select()函数提供一种 fd_set 机制，fd_set 是一组文件句柄集合。select()函数的参数 n 通常取该函数的 fd_set 中最大的一个文件句柄号加 1；参数 readfds 是要监控的读文件句柄集合；参数 writefds 是要监控的写文件句柄集合；exceptfds 是要监控的异常文件句柄集合；同时 select()函数还提供了 timeout 参数指向一个 timeval 结构，用来设置超时时间。如果 readfds 或 writefds 参数有数据或者时间超时，则 select()函数返回大于 0 的值，用户可以判断哪个套接字句柄返回数据，如果函数返回 0 则表示超时，如果出错则返回-1。

与 select()函数相关的还有一组设置文件句柄组的宏，FD_CLR()函数用于从文件句柄组中删除一个文件句柄；FD_ISSET()函数用来判断一个文件句柄是否在一个组内；FD_SET()函数用于添加一个文件句柄到一个组中；FD_CLR()函数用于清空一个文件句柄组。

使用 select()函数的代码示例如下：

```
int sockfd;
fd_set fdRead;
struct timeval timeout;

timeout.tv_sec = 5;                                // 设置超时时间为 5s
timeout.tv_usec = 0;

for(;;) {

    FD_ZERO(&fdRead);                              // 清空 fdRead
    FD_SET(sockfd, &fdRead);                       // 把套接字句柄 sockfd 加入 fdRead

    // 开始监控 fdRead
    switch (select(sockfd+1, &fdRead, NULL, NULL, &timeout)) {
        case -1:                                   // 函数调用出错
            printf("select() error! %d\n", errno);
            break;
        case 0:                                    // 时间超时
            perror("time out!\n");
            break;
        default:                                   // sockfd 返回数据
            if (FD_ISSET(sockfd,&fdRead)) {
                printf("sockfd returned data!\n");
                break;
            }
    }
}
```

注意：*在每次调用完 select()函数后，需要重新设置 fd_set。*

### 9.3.3　使用 poll 机制处理多连接

poll()函数提供了与 select()函数类似的功能，解决了 select()函数存在的一些问题，并且函数调用方式也更加简单。poll()函数的定义如下：

```
#include <sys/poll.h>
int poll(struct pollfd *ufds, nfds_t nfds, int timeout);
```

与 select()函数分别监控不同类型操作的文件句柄不同，poll()函数使用 pollfd 类型的结构来监控一组文件句柄，参数 ufds 是要监控的文件句柄集合，nfds 是监控的文件句柄数量，timeout 参数用于指定等待的毫秒数，无论 I/O 是否准备好，poll()函数都会返回。当 timeout 指定为负数值时表示无限超时；当 timeout 为 0 时指示 poll()调用立即返回并列出准备好 I/O 的文件描述符，但并不等待其他的事件。如果文件句柄中的事件触发成功，则 poll()函数返回结构体中 revents 域不为 0 的文件描述符个数；如果在超时前没有任何事件发生，则 poll()函数返回 0；如果文件句柄中的事件触发失败，则 poll()函数返回–1。与 poll()函数相关的 pollfd 结构定义如下：

```
struct pollfd {
    int fd;                                          /* 文件描述符 */
    short int events;                                /* 请求事件 */
    short int revents;                               /* 已返回事件 */
};
```

pollfd 结构中定义了一个需要监控的文件描述符及监控的事件。可以向 poll()函数传递一个 pollfd 结构的数组，用于监控多个文件描述符。pollfd 结构中，events 成员变量是监控事件描述符的掩码，用户通过系统提供的函数设置需要监控事件对应的掩码比特位；revents 成员变量是文件描述符监控事件返回的掩码，内核在监控到某个文件描述符指定的事件后设置对应的比特位，用户程序可以通过判断对应的事件比特位确定被监控事件是否返回。表 9-1 列举了 pollfd 结构监控的合法事件类型。

表 9-1　pollfd结构监控的合法事件类型

| 事 件 名 称 | 解　　释 |
|---|---|
| POLLIN | 有数据可读 |
| POLLRDNORM | 有普通数据可读 |
| POLLRDBAND | 有优先数据可读 |
| POLLPRI | 有紧迫数据可读 |
| POLLOUT | 写数据不会导致阻塞 |
| POLLWRNORM | 写普通数据不会导致阻塞 |
| POLLWRBAND | 写优先数据不会导致阻塞 |
| POLLMSG | SIGPOLL消息可用 |
| POLLER | 指定的文件描述符发生错误（仅出现在revents域） |
| POLLHUP | 指定的文件描述符挂起事件（仅出现在revents域） |
| POLLNVAL | 指定的文件描述符非法（仅出现在revents域） |

注意：使用 poll()函数和 select()函数不一样，不需要显式地请求异常情况报告。

POLLIN | POLLPRI 等价于 select()函数的读事件，POLLOUT | POLLWRBAND 等价于 select()函数写事件。例如，在同一个文件描述符中监控是否可读或者可写，设置 events 属性为 POLLIN | POLLOUT。当 poll()函数返回时，可以检查 revents 变量对应的标志位，标志位与 events 变量的事件标志相同。如果 revents 变量中的 POLLIN 事件标志位已设置，则文件描述符可以被读取而不阻塞。如果 POLLOUT 标志位已设置，则文件描述符可以写入数据并且不会阻塞。文件描述符事件标志位之间不是互斥关系，可以同时设置多个标志位，

表示文件描述符的读取和写入操作都会正常返回而不阻塞。与 select()函数功能相同的 poll()函数的用法如下：

```
int sockfd;                                         // 套接字句柄
struct pollfd pollfds;
int timeout;

timeout = 5000;                                     // 设置超时时间为 5s
pollfds.fd = sockfd;                                // 设置监控 sockfd
pollfds.events = POLLIN | POLLPRI;                  // 设置监控的事件

for(;;) {
    switch (poll(&pollfds, 1, timeout)) {           // 开始监控
        case -1:                                    // 函数调用出错
            perror("poll error!\n");
            break;
        case 0:                                     // 函数超时
            perror("time out!\n");
            break;
        default:                                    // 得到数据返回
            printf("sockfd have some event!\n");
            printf("event value: %.8p\n", pollfds.revents);
            break;
    }
}
```

### 9.3.4　多线程环境 Socket 编程

select()函数和 poll()函数可以解决一个进程需要同时处理多个网络连接的问题，但是使用 select()函数和 poll()函数监控文件句柄仍然需要等待。如果后面还有需要处理的工作仍然不能同步完成，则可以利用第 8 章介绍的多线程技术，在一个进程中设置不同的网络连接，为每个连接建立不同的线程。这样，进程不会因为读写函数阻塞，多个连接操作数据也不会互相干扰。处理多线程连接的时候需要注意，一个线程直接的全局变量是共享的，因此每个连接对应的套接字句柄应该保存在线程内部。

## 9.4　小　　结

本章介绍了 Socket 编程的相关知识。9.1 节介绍了 TCP/IP 簇，9.2 节讲解了 Socket 编程的基础知识，包括面向连接的流套接字和无连接的数据报编程，这一部分内容是 Socket 编程的基础，初学者应该对比一下这两种类型的套接口通信模式与 TCP/IP 的层次关系，这样可以更快地理解套接口通信模式的相关内容。9.3 节介绍了 Socket 编程的一些高级技术，主要是集中在如何处理阻塞数据如超时机制、多线程机制的问题上，读者可以参考 Linux 的 man 手册得到更多的细节介绍。第 10 章将讲解另一种常见的通信方式——串口通信编程。

# 9.5　习　　题

## 一、填空题

1．根据 ISO/OSI 参考模型对网络协议的规定，对网络协议划分为________层。
2．IP 工作在________层。
3．TCP 是一个工作在________层的协议。

## 二、选择题

1．无连接的套接字通信时，发送数据使用的函数是（　　）。
A．sendto()　　B．write()　　C．send()　　D．其他
2．IP 的生存时间字段的缩写是（　　）。
A．TTL　　B．LT　　C．TL　　D．其他
3．对事件名 POLLPRI 解释正确的是（　　）。
A．有数据可读　　B．有普通数据可读
C．SIGPOLL 消息可用　　D．有紧迫数据可读

## 三、判断题

1．相对 TCP，UDP 安全性很高。（　　）
2．socket()函数会创建 Socket 对象。（　　）
3．Socket 库提供了 select()和 poll()用来等待一组套接字句柄的读写操作。（　　）

## 四、操作题

1．使用代码建立一个 AF_INET 域的流式套接字。成功后，输出“套接字创建成功”，否则，输出“套接字创建失败”。

2．使用代码将套接字的侦听队列长度设置为 3，成功后输出“设置成功”，否则输出“设置失败”。

# 第 10 章　串口通信编程

目前在主流的 PC 尤其是便携式计算机上，串口已经很少见到了，但是串口却是嵌入式开发中最常用的硬件接口。串口具有驱动简单的特点，几乎所有的嵌入式开发板和设备都提供了串口。在嵌入式开发中，串口通常用来打印设备状态信息和命令行，甚至有的时候只能通过串口获取设备的状态（如设备刚启动的时候）。本章将介绍串口软硬件基本知识，以及如何在应用程序中利用串口收发数据。本章的主要内容如下：

- 串口硬件的介绍；
- 常见的串口协议介绍；
- 开发串口应用程序；
- 如何利用串口连接手机并给另一个手机发送短信。

## 10.1　串口简介

在计算机领域，串口可以说是历史悠久而且应用广泛。从最早的 PC 到目前工业控制领域广泛应用的工业计算机及嵌入式系统等，都提供了串口。串口具有功能简单、成本低、便于连接等优点，是许多嵌入式系统必备的接口之一。

### 10.1.1　什么是串口

串口是串行接口（Serial Port）的简称，是一种常用的计算机接口，由于连线少、通信控制简单而得到广泛的使用。串口有几种标准，常见的一种称作 RS232 接口的标准是在 1970 年由美国电子工业协会（EIA）和几家计算机厂商共同制定的。RS232 标准应用广泛，其全称是“数据终端设备（DTE）和数据通信设备（DCE）串行二进制数据交换接口”，该标准定义了串口的电气接口特性和各种信号电平等。

标准串口协议支持的最高数据传输率是 115Kbps。一些改进的串口控制器可以支持 460Kbps 的数据传输率，如增强型串口 ESP（Enhanced Serial Port）和超级增强型串口 Super ESP。

RS232 串口使用 D 型数据接口，最初有 9 针和 25 针两种连接方式。随着计算机技术的不断进步，25 针的串口连接方式已经被淘汰，目前所有的 RS232 串口都使用 9 针连接方式。

### 10.1.2　串口的工作原理

串口通过直接连接在两台设备间的线发送和接收数据，两台设备通信最少需要三根线

（发送数据、接收数据和接地）才可以通信。以最常见的 RS232 串口为例，通信距离较近时（<12m），可以用电缆线直接连接标准 RS232 端口。如果传输距离远，则可以通过调制解调器（MODEM）传输。因为串口设备工作频率低且容易受到干扰，所以远距离传输会造成数据丢失。

表 10-1　DB9 接口的RS232 串口数据线说明

| 针　号 | 功能说明 | 缩　写 | 针　号 | 功能说明 | 缩　写 |
|---|---|---|---|---|---|
| 1 | 数据载波检测 | DCD | 6 | 数据设备准备好 | DSR |
| 2 | 接收数据 | RXD | 7 | 请求发送 | RTS |
| 3 | 发送数据 | TXD | 8 | 清除发送 | CTS |
| 4 | 数据终端准备 | DTR | 9 | 振铃指示 | BELL |
| 5 | 信号地 | GND | | | |

表 10-1 是常见的 9 针接口串口各条数据线的说明，RS232 标准的串口不仅提供了数据发送和接收的功能，同时可以进行数据流控制。对于普通应用来说，连接好两个数据线和地线就可以通信了。

**提示：** 串口是一种标准的设备，有标准的通信协议，任何符合串口通信协议的设备都可以通过串口进行通信，如 GPS 接收机等。

## 10.1.3　串口的流量控制

常见的串口工具软件都提供了 RTS/CTS 与 XON/XOFF 选项。这两个选项对应 RS232 串口的两种流量控制方式。串口流量控制主要应用于调制解调器的数据通信，对于普通的 RS232 串口编程，了解一点流量控制方面的知识是有好处的。

### 1. 什么是串口流量控制

在两个串口之间传输的数据通常称作串口数据流。由于计算机处理能力的差别，串口数据流的两端常会出现数据丢失的现象。如单片机和 PC 之间使用串口传输数据，单片机的处理能力远小于 PC，如果 PC 按照自己的处理速度发送数据，串口另一端的单片机很快就会因为处理不过来而导致数据丢失。

解决串口传输数据丢失的办法是对串口数据传输两端进行流量控制。在串口协议中规定了传输数据的速率，即单位时间内传输的字节数。根据不同的传输速率，在接收端和发送端可以进行流量控制。如果接收端的接收缓冲区满了，则向发送端发出暂停发送信号，等接收缓冲区的数据被取走后，向发送端发出继续发送信号，发送端收到暂停发送信号后停止数据发送，直到收到继续发送信号才会再次发送数据。

串口协议中规定了硬件流量控制（RTS/CTS 和 DTR/CTS）和软件流量控制（XON/OFF）的方法。

### 2. 硬件流量控制

常见的串口硬件流量控制方法有以下两种：

- RTS/CTS 称作“请求发送/清除发送”流量控制。使用时需要连接串口电缆两端的 RTS 和 CTS 控制线（见表 10-1 中的第 7 针和第 8 针）。在 RTS/CTS 流量控制方式中，终端是流量发起方。
- DTR/DSR 称作“数据终端就绪/数据设置就绪”流量控制。使用时需要连接串口电缆的 DTR 和 DSR 控制线（见表 10-1 中的第 4 针和第 6 针）。

RTS/CTS 流量控制方法的使用比较普遍。RTS/CTS 方式通过对串口控制器编程，设置接收缓冲区的高位标志和低位标志。高位标志和低位标志用于控制 RTS 和 CTS 信号线。当接收端数据超过缓冲区的高位标志后，串口控制器把 CTS 信号线置为低电平，表示停止数据发送；当接收端数据缓冲区处理到低位以下时，串口控制器置 CTS 为高电平，表示开始数据发送。数据接收端使用 RTS 信号表示是否准备好接收数据。

#### 3．软件流量控制

使用硬件流量控制需要占用多条数据信号线，在实际的串口通信中，为了简便通信，通常使用软件流量控制。使用软件流量控制的串口通信电缆只需要连接三条数据线（数据发送、数据接收、地线）即可，软件流量控制使用 XON/XOFF 协议。

软件流量控制的原理与硬件流量控制原理类似。不同的是，软件流量控制使用特殊的字符表示硬件流量控制中的 CTS 信号。在软件流量控制中，首先设置数据接收缓冲高位和低位。当接收端数据流量超过高位的时候，接收端向发送端发出 XOFF 字符，XOFF 字符通常是十进制数 19，表示停止数据发送；当接收端的缓冲数据低于低位的时候，接收端向发送端发送 XON 字符（通常是十进制数 17），表示开始数据传输。

## 10.2　开发串口应用程序

Linux 操作系统对串行口提供了很好的支持。Linux 系统中的串口设备被当作一个字符设备（第 22 章将详细介绍）处理。PC 安装 Linux 系统后在/dev 目录下有若干个 ttySx（x 代表从 0 开始的正整数）设备文件。ttyS0 对应第一个串口，也就是 Windows 系统下的串口设备 COM1，以此类推。

### 10.2.1　操作串口需要用到的头文件

在 Linux 系统中，操作串口需要用到以下头文件：

```
#include <stdio.h>                              /* 标准输入、输出定义 */
#include <stdlib.h>                             /* 标准函数库定义 */
#include <unistd.h>                             /* UNIX 标准函数定义 */
#include <sys/types.h>
#include <sys/stat.h>
#include <fcntl.h>                              /* 文件控制定义 */
#include <termios.h>                            /* PPSIX 终端控制定义 */
#include <errno.h>                              /* 错误号定义 */
```

在编写串口操作程序的开始部分引用以上文件即可。

## 10.2.2　串口操作方法

操作串口的方法与文件类似，可以使用与文件操作相同的方法打开和关闭串口、读写串口以及使用 select()函数监听串口。不同的是，串口是一个字符设备，不能使用 fseek()之类的文件定位函数。此外，串口还是一个硬件设备，还可以设置串口设备的属性。

【实例 10-1】打开和关闭串口

```
01  #include <stdio.h>                           /* 标准输入、输出定义 */
02  #include <stdlib.h>                          /* 标准函数库定义 */
03  #include <unistd.h>                          /* UNIX 标准函数定义 */
04  #include <sys/types.h>
05  #include <sys/stat.h>
06  #include <fcntl.h>                           /* 文件控制定义 */
07  #include <termios.h>                         /* PPSIX 终端控制定义 */
08  #include <errno.h>                           /* 错误号定义 */
09
10  int main()
11  {
12      int fd;
13
14      fd = open( "/dev/ttyS0", O_RDWR);        // 使用读写方式打开串口
15      if (-1 == fd){
16          perror("open ttyS0");
17          return 0;
18      }
19      printf("Open ttyS0 OK!\n");
20
21      close(fd);                               // 关闭串口
22      return 0;
23  }
```

在程序的 main()函数中，使用 open()函数打开串口，方法与打开普通文件相同，并且指定了读写属性。打开串口设备后，判断文件句柄的值是否正确，如果正确则打印打开串口成功的信息。最后使用 close()函数关闭串口。串口的打开和关闭操作与文件相同。

**注意：** 程序编译后需要 root 权限才可以执行，否则会报 open ttyS0: Permissiondenied 错误，表示权限不足。

## 10.2.3　串口属性设置

10.1 节介绍了串口的基本知识，串口的基本属性包括波特率、数据位、停止位和奇偶校验等参数。Linux 系统通常使用 termios 结构存储串口参数，该结构在 termios.h 头文件中的定义如下：

```
struct termios {
   tcflag_t c_iflag;                  /* 输入模式标志 */
   tcflag_t c_oflag;                  /* 输出模式标志 */
   tcflag_t c_cflag;                  /* 控制模式标志 */
   tcflag_t c_lflag;                  /* 本地模式标志 */
   cc_t c_cc[NCCS];                   /* 控制字 */
```

```
    cc_t c_line;                        /* 线路规则 */
    speed_t c_ispeed;                   /* 输入速度 */
    speed_t c_ospeed;                   /* 输出速度 */
};
```

termios 结构比较复杂，每个成员都有多个选项值，本节仅介绍每个成员常用的选项值。

表 10-2 列出的成员取值都符合 POSIX 标准，凡是符合 POSIX 标准的系统都是通用的。termios 结构还有一个成员 c_cc，它是一个数组，定义了用于控制的特殊字符，如表 10-3 所示。

表 10-2　termios结构各成员的常用取值

| 成员名称 | 取　值 | 含　义 |
|---|---|---|
| c_iflag | IGNPAR | 忽略帧错误和奇偶校验错误 |
| | INPCK | 启用输入奇偶校验 |
| | ISTRIP | 去掉第8位 |
| | INLCR | 将输入中的NL翻译为CR |
| | IGNCR | 忽略输入中的回车 |
| | ICRNL | 将输入中的回车翻译为新行（除非设置了IGNCR） |
| | IXON | 启用输出的XON/XOFF流控制 |
| | IXOFF | 启用输入的XON/XOFF流控制 |
| c_oflag | ONLCR | 将输出中的新行符映射为回车-换行 |
| | OCRNL | 将输出中的回车映射为新行符 |
| | ONOCR | 不在第0列输出回车 |
| | ONLRET | 不输出回车 |
| | OFILL | 发送填充字符作为延时，而不是使用定时来延时 |
| c_cflag | CSIZE | 字符长度掩码。取值为 CS5、CS6、CS7或CS8 |
| | CSTOPB | 设置两个停止位，而不是一个 |
| | CREAD | 打开接收器 |
| | PARENB | 允许输出产生奇偶信息以及输入的奇偶校验 |
| | PARODD | 输入和输出是奇校验 |
| | CLOCAL | 忽略modem控制线 |
| c_lflag | ISIG | 当接收到字符 INTR、QUIT、SUSP或DSUSP时，产生相应的信号 |
| | ICANON | 启用标准模式(canonical mode)。允许使用特殊字符EOF、EOL、EOL2、ERASE、KILL、LNEXT、REPRINT、STATUS和 WERASE以及按行的缓冲 |
| | ECHO | 回显输入字符 |
| | ECHOE | 如果同时设置了ICANON，字符ERASE表示擦除前一个输入的字符，WERASE表示擦除前一个词 |
| | ECHOK | 如果同时设置了ICANON，字符 KILL表示删除当前行 |
| | ECHONL | 如果同时设置了ICANON，回显字符NL，即使没有设置ECHO也会回显 |
| | NOFLSH | 禁止在产生SIGINT、SIGQUIT和SIGSUSP信号时刷新输入和输出队列 |
| | TOSTOP | 向试图写控制终端的后台进程组发送SIGTTOU信号 |

表 10-3　termios结构c_cc成员数组下标取值及其含义

| c_cc成员数组下标 | 含　义 |
| --- | --- |
| VINTR | 中断字符（通常是Ctrl+C） |
| VQUIT | 退出字符（通常是Ctrl+\） |
| VERASE | 擦除字符（通常是Backspace键） |
| VKILL | 删除字符（通常是Ctrl+U） |
| VEOF | 文件结束字符（通常是Ctrl+D） |
| VMIN | 非canonical模式读的最小字符数 |
| VEOL | 行结束字符（通常为0或NUL） |
| VTIME | 等待读取的时间，以0.1s为单位 |
| VSTART | 开始字符（通常是Ctrl+Q） |
| VSTOP | 停止字符（通常是Ctrl+S） |
| VSUSP | 挂起字符（通常是Ctrl+Z） |

termios.h 头文件为 termios 结构提供了一组设置函数，函数定义如下：

```
#include <termios.h>
#include <unistd.h>
int tcgetattr(int fd, struct termios *termios_p);
int tcsetattr(int fd, int optional_actions, const struct termios *termios_p);
int tcsendbreak(int fd, int duration);
int tcdrain(int fd);
int tcflush(int fd, int queue_selector);
int tcflow(int fd, int action);
void cfmakeraw(struct termios *termios_p);
speed_t cfgetispeed(const struct termios *termios_p);
speed_t cfgetospeed(const struct termios *termios_p);
int cfsetispeed(struct termios *termios_p, speed_t speed);
int cfsetospeed(struct termios *termios_p, speed_t speed);
```

tcgetattr()函数读取串口的参数设置，tcsetattr()函数设置指定串口的参数。串口参数一般可以通过 tcsetattr()函数设置，其他函数是一些辅助函数。

在 tcgetattr()函数和 tcsetattr()函数定义中，参数 fd 指向已打开的串口设备句柄，termios_p 指向存放串口参数的 termios 结构首地址。在 tcsetattr()函数中，参数 optional_actions 指定 fd 参数什么时候起作用：TCSANOW 表示立即生效；TCSADRAIN 表示在 fd 上所有的输出都被传输后生效；TCSAFLUSH 表示所有引用 fd 对象的数据都在传输出去后生效。

tcsendbreak()函数传送连续的 0 值比特流并持续一段时间。如果终端使用异步串行数据传输且 duration 是 0，则 tcsendbreak()函数至少传输 0.25s，不会超过 0.5s。如果 duration 不是 0，那么 tcsendbreak()传送的时间长度由具体的特定环境定义。

tcdrain()函数会等待直到所有写入 fd 引用对象的输出都被传输。如果终端未使用异步串行数据传输，那么 tcsendbreak()函数将什么都不做。

tcflush()函数用于丢弃要写入引用对象但是尚未传输的数据（输出队列），或者收到但是尚未读取的数据（输入队列），具体取决于参数 queue_selector 的值。tcflush(int fd, int queue_selector)接收两个参数，其中，fd 是指向已打开的终端（或者串口等）的文件描述符，queue_selector 是一个整数类型的标志，表示刷新哪个队列。queue_selector 的有效取值如下：

```
TCIFLUSH      刷新收到的数据但是不读
TCOFLUSH      刷新写入的数据但是不传送
TCIOFLUSH     同时刷新收到的数据但是不读，并且刷新写入的数据但是不传送
```

tcflow()函数用于挂起指定文件描述符 fd 引用对象上的数据传输或接收，具体取决于 action 参数的值。tcflow(int fd, int action) 接收两个参数，其中，fd 是指向已打开的终端（或者串口等）的文件描述符，action 是一个整数类型的标志，表示要执行的操作。action 的有效取值如下：

```
TCOOFF        挂起输出
TCOON         重新开始被挂起的输出
TCIOFF        发送一个 STOP 字符，停止终端设备向系统传送数据
TCION         发送一个 START 字符，使终端设备向系统传输数据
```

☎提示：打开一个终端设备时的默认设置是输入和输出都没有挂起。

cfmakeraw()函数设置终端属性为原始数据方式，相当于对参数 termios_p 配置如下：

```
termios_p->c_iflag &=  ~( IGNBRK | BRKINT | PARMRK | ISTRIP | INLCR | IGNCR
| ICRNL|IXON );
termios_p->c_oflag &=  ~OPOST;
termios_p->c_lflag &=  ~( ECHO |ECHONL | ICANON | ISIG | IEXTEN );
termios_p->c_cflag &=  ~( CSIZE | PARENB );
termios_p->c_cflag |=  CS8;
```

termios 结构各成员的参数取值可以参考表 10-2。

最后的 4 个函数是波特率函数，用来获取和设置 termios 结构的输出和输出波特率的值。新设置的值不会马上生效，当成功调用 tcsetattr()函数时才会生效。

cfgetispeed()函数和 cfgetospeed()函数用来得到串口的输入和输出速率，参数 termios_p 指向 termios 结构的内存首地址。返回值是 speed_t 类型的值，其取值及其含义如表 10-4 所示。

表 10-4　speed_t类型的取值及其含义

| 取　　值 | 含　　义 | 取　　值 | 含　　义 |
|---|---|---|---|
| B0 | 波特率0bps | B1800 | 波特率1800bps |
| B50 | 波特率50bps | B2400 | 波特率2400bps |
| B75 | 波特率75bps | B4800 | 波特率4800bps |
| B110 | 波特率110bps | B9600 | 波特率9600bps |
| B134 | 波特率134bps | B19200 | 波特率19200bps |
| B150 | 波特率150bps | B38400 | 波特率38400bps |
| B200 | 波特率200bps | B57600 | 波特率57600bps |
| B300 | 波特率300bps | B115200 | 波特率115 200bps |
| B600 | 波特率600bps | B230400 | 波特率230 400bps |
| B1200 | 波特率1200bps | | |

☎提示：当设置串口波特率为 B0 的时候会使 modem 产生“挂机”操作。波特率和通信距离是反比关系，波特率越高，数据有效传输距离就越短。

cfsetispeed()函数和 cfsetospeed()函数用于设置输入和输出的波特率，参数 termios_p 指向 termios 结构的内存首地址，参数 speed 是要设置的波特率，取值参考表 10-4。

termios 结构相关的函数，除了 cfgetispeed()函数和 cfgetospeed()函数外，其余函数返回 0 表示执行成功，返回–1 表示失败，并且设置全局变量 errno。

还有一点需要说明，Linux 系统对串口的设置主要是通过 termios 结构实现的，但是 termios 没有提供控制 RTS 或获得 CTS 等串口引脚状态的接口，可以通过 ioctl()系统调用函数来解决这个问题。参考代码如下：

```
/* 获得 CTS 状态 */
ioctl(fd, TIOCMGET, &controlbits);
if (controlbits & TIOCM_CTS)
    printf("有信号\n");
else
    printf("无信号\n");

/* 设置 RTS 状态 */
ioctl(fd, TIOCMGET, &ctrlbits);
if (ctrlbits&TIOCM_RTS)
    ctrlbits |= TIOCM_RTS;                // 设置 RTS
else
    ctrlbits &= ~TIOCM_RTS;
ioctl(fd, TIOCMSET, &ctrlbits);           // 取消 RTS
```

设置为 TIOCM_RTS 之后，表示将串口的 RTS 设置为有信号，串口的电平为低时表示有信号，为高时表示无信号，和用 TIOCMGET 获得的状态正好相反。也就是说，TIOCMGET/TIOCMSET 只是获得或控制串口的相应引脚是否有信号，并不反映当前串口的真实电平的高低情况。

☎**提示：** 在许多 Linux 串口编程的示例代码中，都没有对 termios 结构的 c_iflag 成员进行有效设置，如果传输 ASCII 码则没有问题，如果传输二进制数据就会遇到麻烦，如值为 0x0d、0x11 和 0x13 的数据会被丢掉，因为这几个字符是特殊字符，如果不进行特别设置，则会被当作控制字符处理掉。设置关闭 ICRNL 和 IXON 参数可以解决这个问题：

```
c_iflag &= ~( ICRNL | IXON );
```

以上几个特殊控制字符的含义可以参考 ASCII 码表及表 10-2 的相关参数。

### 10.2.4　与 Windows 串口终端通信

本节将给出一个和 Windows 串口终端通信的例子。两台 PC 通过串口相连，其中一台 PC 运行 Windows 系统，通过 Xshell 软件打开 COM1；另一台 PC 运行 Linux 系统，运行下面例子编译后的程序，与 Windows 系统的终端通信。

**【实例 10-2】**在 Linux 系统中进行串口操作。

```
01  /* stty_echo.c  -   gcc -o stty_echo stty_echo.c */
02  #include <stdio.h>              /* 标准输入、输出定义 */
03  #include <stdlib.h>             /* 标准函数库定义 */
04  #include <unistd.h>             /* UNIX 标准函数定义 */
```

```
05  #include <sys/types.h>
06  #include <sys/stat.h>
07  #include <fcntl.h>          /* 文件控制定义 */
08  #include <termios.h>        /* PPSIX 终端控制定义 */
09  #include <errno.h>          /* 错误号定义 */
10  #include <string.h>
11
12
13  #define STTY_DEV "/dev/ttyS0"
14  #define BUFF_SIZE 512
15
16  int main()
17  {
18      int stty_fd, n;
19      char buffer[BUFF_SIZE];
20      struct termios opt;
21
22      /* 打开串口设备 */
23      stty_fd = open(STTY_DEV, O_RDWR);
24      if (-1==stty_fd) {
25          perror("open device");
26          return 0;
27      }
28      printf("Open device success, waiting user input ...\n");
29
30      /* 取得当前串口配置 */
31      tcgetattr(stty_fd, &opt);
32      tcflush(stty_fd, TCIOFLUSH);
33
34      /* 设置波特率为 19200bps */
35      cfsetispeed(&opt, B19200);
36      cfsetospeed(&opt, B19200);
37
38      /* 设置数据位为 8 位数据位 */
39      opt.c_cflag &= ~CSIZE;
40      opt.c_cflag |= CS8;
41
42      /* 设置奇偶位为无奇偶校验 */
43      opt.c_cflag &= ~PARENB;
44      opt.c_iflag &= ~INPCK;
45
46
47      /* 设置停止位为 1 位 */
48      opt.c_cflag &= ~CSTOPB;
49
50      /* 设置超时时间为 15s */
51      opt.c_cc[VTIME] = 150;
52      opt.c_cc[VMIN] = 0;
53
54      /* 设置写入设备 */
55      if (0!=tcsetattr(stty_fd, TCSANOW, &opt)) {
56          perror("set baudrate");
57          return 0;
58      }
59      tcflush(stty_fd, TCIOFLUSH);
60
61      /* 读取数据，直到接收到"quit"字符串退出 */
62      while(1) {
63          n = read(stty_fd, buffer, BUFF_SIZE);
```

```
64          if (n<=0) {
65              perror("read data");
66              break;
67          }
68          buffer[n] = '\0';
69
70          printf("%s", buffer);
71          if (0==strncmp(buffer, "quit", 4)) {
72              printf("user send quit!\n");
73              break;
74          }
75      }
76      printf("Program will exit!\n");
77
78      close(stty_fd);
79      return 0;
80  }
```

实例 10-2 所示的程序演示了一个串口服务器端的功能。程序首先在第 23 行打开一个串口设备，之后判断文件句柄是否合法，如果不合法则会退出。第 31 行和第 32 行使用 tcgetattr()函数取出串口设备的配置。第 35 行和第 36 行设置串口的波特率为 19 200bps；第 39 行和第 40 行设置数据位为 8；第 43 行和第 44 行设置无奇偶校验；第 48 行设置 1 位停止位；第 51 行和第 52 行设置超时时间为 15s；最后，第 55 行使用 tcsetattr()函数写入串口设置，并且参数设置为立即配置。第 62～75 行循环读取串口，如果收到数据就打印到屏幕上，并且在第 71 行判断接收到的字符串是否为"quit"，如果是就跳出循环，退出程序。

当连接好两台 PC 以后，在 Linux 系统编译实例 10-2 的 stty_echo.c 文件生成应用程序。使用 root 权限执行编译后的程序，程序在屏幕上打印“Open device success, waiting user input ...”。在 Windows 系统中使用 Xshell 软件打开串口，在屏幕上输入字符串后按 Enter 键发送字符串。在 Linux 屏幕终端会打印用户在 Xshell 中输入的字符串。当用户输入"quit"字符串时，串口程序退出。

# 10.3　串口应用案例——发送手机短信

手机是目前使用最广泛的通信设备，许多手机都提供了与 PC 互联的功能，其中最重要的一个接口就是串口（一些提供 USB 接口的手机指令的收发是把 USB 设备虚拟为一个串口设备进行通信的）。在 GSM（全球数字移动电话网络）协议中规定了一组 AT 指令用于手机与其他设备通信，其中提供了发送短信的方法。本节将讲解如何通过串口连接手机并给另一个手机发送短信。

## 10.3.1　PC 与手机连接发送短信的物理结构

在进行实例讲解之前需要在手机和 PC 之间建立连接。

如图 10-1 所示，手机与 PC 之间通过串口线连接。标准的串口线是一种 9 芯电缆，使用 D 型 9 针接口。在 PC 上串口使用的是标准接口，手机一侧的接口可能随型号不同而差异较大。一般手机自带的 PC 连接线就是串口线。目前还有一些手机使用 USB 接口连接到

PC，实际上会在 PC 虚拟出一个串口设备，用户操作这个串口设备与操作传统的串口是等同的。

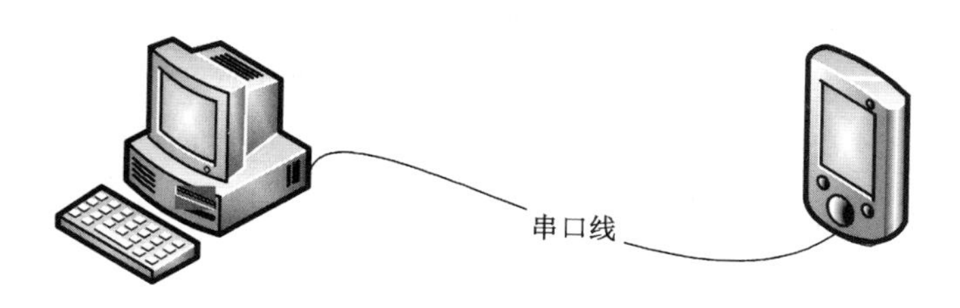


图 10-1　PC 与手机连接示意

## 10.3.2　AT 指令简介

AT 指令集是在 GSM 网络中的网络设备之间发送控制信息的标准指令集。GSM 网络终端设备（TE）或者数据终端设备（DTE）可以向终端适配器（TA）发送 AT 指令。使用 AT 指令，用户可以控制 DTE 发送短信息、拨打电话、读写电话本、发送传真等。

AT 指令由手机制造商诺基亚、爱立信、摩托罗拉等共同研制，其中包括短消息（SMS）控制功能。对 SMS 的控制有 Block 模式、文本模式和协议数据（PDU）模式 3 种。目前主要使用 PDU 模式，其他两种模式逐步被淘汰。

注意：Block 模式发送指令需要厂商提供的驱动，文本模式是串口通信，通过串口发送数据即可，不需要厂商提供的驱动。

计算机可以通过 AT 指令与手机或者 GSM 模块通信。AT 指令的特点是所有的指令都以 AT 字符串作为起始，后面是不同的指令。所有的 AT 指令都需要返回值，接收端通过返回信息处理 AT 命令的操作结果。常见的 AT 命令示例如下：

```
AT<CR>
<LF> OK<LF>
ATTEST<CR>
<CR> ERROR<LF>
```

提示：<CR>代表回车；<LF>代表换行。

如果 AT 指令执行成功，则返回"OK"字符串；如果 AT 指令语法错误或 AT 指令执行失败，则返回"ERROR"字符串。

## 10.3.3　GSM AT 指令集

GSM07.05 协议中定义了一组与 SMS（短消息）有关的指令，如表 10-5 所示。

表 10-5　与短消息有关的常见AT指令

| AT 指 令 | 功　能 |
| --- | --- |
| AT+CMGC | 向DTE发送一条短消息 |
| AT+CMGD | 删除存储在SIM卡中指定的短消息 |

续表

| AT　指　令 | 功　　能 |
| --- | --- |
| AT+CMGF | 发送短消息的模式，0为PDU模式，1为文本模式 |
| AT+CMGL | 打印存储在SIM卡中的短消息 |
| AT+CMGR | 读取短消息内容 |
| AT+CMGS | 发送短消息 |
| AT+CMGW | 把准备发送的短消息存储在SIM卡上 |
| AT+CMSS | 发送存储在SIM卡上的短消息 |
| AT+CNMI | 显示接收到的短消息 |
| AT+CPMS | 短消息存储设备选择 |
| AT+CSCA | 设置短消息中心号码 |
| AT+CSCB | 使用蜂窝广播消息 |
| AT+CSMP | 设置文本模式参数 |
| AT+CSMS | 选择短消息服务方式 |

从表 10-5 中可以看出，AT 命令使用的是“AT+命令名称”的格式。AT 命令还可以根据需要带参数，参数和命令直接以空格间隔。AT 命令的返回值是一个字符串。

在通过串口与支持 AT 命令的设备连接后，如果查询是否支持一条 AT 命令，则可使用“AT+命令名称=?”的形式查询。例如，“AT+CMGF=?”查询是否支持 AT+CMGF 命令，如果系统支持则返回字符串"OK"。

## 10.3.4　PDU 编码方式

发送短信通常使用 PDU 模式，在 GSM 协议中对 PDU 模式发送短信的数据做了规范。使用 PDU 模式发送短信需要接收号码、短消息中心号码和短消息内容 3 项数据。这 3 项数据的定义方法如下。

### 1. 接收号码生成方法

以号码+8618912345678 为例，转换为 PDU 模式的步骤如下：

（1）将手机号码去掉+号，看看长度是否为偶数，如果不是，则在最后添加 F。

```
phone_number = "+8619812345678" 转换为 phone_number = "8619812345678F"
```

（2）将手机号码奇数位和偶数位交换。

```
phone_number = "8619812345678F" 转换为 phone_number = "689118325476F8
```

### 2. 短消息中心号码生成方法

以短消息中心号码+8613800200500 为例，转换步骤如下：

（1）将短信息中心号码去掉+号，看看长度是否为偶数，如果不是，则在最后添加 F。

```
addr = "+8613800200500" 转换为 addr = "8613800200500F"
```

（2）将奇数位和偶数位进行交换。

```
addr = "8613800200500F" 转换为 addr = "683108200005F0"
```

（3）将短信息中心号码前面加上字符 91（91 代表国际化的意思）。

```
addr = "683108200005F0" 转换为 addr = "91683108200005F0"
```

（4）算出 addr 的长度，将结果除以 2，格式化成两位的十六进制字符串。addr 的长度是 16，计算方法是 16/ 2= 8 转换为"08"。

```
addr = "91683108200005F0" 转换为 addr = "0891683108200005F0"
```

### 3. 短消息内容生成方法

以字符串“工作愉快!”为例，转换步骤如下：

（1）转字符串转换为 Unicode 代码。

```
"工作愉快! "的 unicode 代码为 5DE54F5C61095FEBFF01
```

（2）将消息内容长度除以 2，保留两位十六进制数，再加上消息内容。

```
代码 5DE54F5C61095FEBFF01 的长度是 20,20/2 转换为"0A"
消息"工作愉快! "转换为"0A5DE54F5C61095FEBFF01"
```

### 4. 组合成完整的消息格式

（1）手机号码前加上字符串 11000D91。其中：1100 是固定字符串；0D 代表手机号码的长度（不包括+，使用十六进制表示）；91 代表发送到手机。

```
phone = "11000D91" + phone_number => 11000D91683106423346F9
```

（2）手机号码后加上 000800 和刚才的短信息内容。

```
entire_msg = phone + "000800" + 消息
= 11000D91683106423346F9 + 000800 + 0A5DE54F5C61095FEBFF01
= 11000D91683106423346F90008000A5DE54F5C61095FEBFF01
```

（3）计算整个消息的长度，将 entire_msg 长度除以 2，格式化成两位的十进制数。

```
msg_len = strlen(entire_msg) / 2 = 50/2 = 25
```

☎提示：消息长度是供发送信息指令使用的。

## 10.3.5　建立与手机的连接

早期的手机提供了专用的串口数据线，供 PC 与手机通过串口进行连接。手机串口数据线一端连接到手机上，另一端可以直接连接到 PC 的串口上，这种方式不需要额外驱动。

随着技术的发展，大部分的手机都提供了各类的 USB 接口，通过手机的 USB 驱动程序在手机与 PC 之间建立一个虚拟的串口设备。手机厂商会提供适合 Windows 系统的驱动程序，而 Linux 系统可以使用一个名为 Gnokii 的手机驱动软件。这些手机不同于现在的 Android 手机和苹果手机，它们被统称为功能机。本节以 NOKIA 6300 手机为例，讲解在 Linux 系统中如何通过手机编程发送短消息。如果读者需要尝试这个功能，那么需要寻找一部早期的功能机或者短信猫设备。

☎提示：NOKIA 6300 使用 S40 系统，提供 USB 接口，其他使用类似系统的手机也可以采用类似方法驱动手机。NOKIA 早期的有些手机（如 NOKIA 1110）提供了串口数据线，可以直接操作。

## 10.3.6　使用 AT 指令发送短信

10.3.4 节讲解了如何生成 PDU 模式的数据，在生成符合 PDU 模式的数据后，可以通过 AT+CMGF 指令和 AT+CMGS 指令发送一条短信。以 10.3.4 节的内容为例，使用 AT 指令发送短消息的过程如下：

```
AT+CMGF=0<回车>
OK
AT+CMGS= msg_len<回车>
entire_msg<Ctrl+Z 发送>
```

AT+CMGF=0 指令设置发送方式为 PDU 模式，AT+CMGS 指令设置发送消息的长度，之后输入消息内容，按 Ctrl+Z 键发送，这些指令都可以在键盘上输入。

**【实例 10-3】**使用 AT 指令发送短信。

（1）把设置串口的操作进行封装并设置串口参数，程序如下：

```
01  /* at_test.c    -   gcc -o at_test at_test.c */
02  #include <stdio.h>              /* 标准输入、输出定义 */
03  #include <stdlib.h>             /* 标准函数库定义 */
04  #include <unistd.h>             /* UNIX 标准函数定义 */
05  #include <sys/types.h>
06  #include <sys/stat.h>
07  #include <fcntl.h>              /* 文件控制定义 */
08  #include <termios.h>            /* PPSIX 终端控制定义 */
09  #include <errno.h>              /* 错误号定义 */
10  #include <iconv.h>
11  #include <string.h>
12
13
14  #define STTY_DEV "/dev/ttyS0"
15  #define BUFF_SIZE 512
16
17  int SetOption(int fd)
18  {
19      struct termios opt;
20
21      /* 取得当前串口配置 */
22      tcgetattr(fd, &opt);
23      tcflush(fd, TCIOFLUSH);
24
25      /* 设置波特率为 19200bps */
26      cfsetispeed(&opt, B19200);
27      cfsetospeed(&opt, B19200);
28
29      /* 设置数据位为 8 位数据位 */
30      opt.c_cflag &= ~CSIZE;
31      opt.c_cflag |= CS8;
32
33      /* 设置奇偶位为无奇偶校验 */
34      opt.c_cflag &= ~PARENB;
35      opt.c_iflag &= ~INPCK;
36
37
38      /* 设置停止位为 1 位 */
```

```
39        opt.c_cflag &= ~CSTOPB;
40
41        /* 设置超时时间为 15s */
42        opt.c_cc[VTIME] = 150;
43        opt.c_cc[VMIN] = 0;
44
45        /* 设置写入设备 */
46        if (0!=tcsetattr(fd, TCSANOW, &opt)) {
47            perror("set baudrate");
48            return -1;
49        }
50        tcflush(fd, TCIOFLUSH);
51        return 0;
52    }
```

（2）调用 SetOption()函数设置串口的波特率等属性，程序如下：

```
53    int main()
54    {
55        int stty_fd, n;
56        iconv_t cd;
57        char buffer[BUFF_SIZE];
58
59        char phone[20] = "+8619812345678";          // 定义手机号码
60        char sms_number[20] = "+8613010701500";     // 定义短消息中心号码
61        char sms_gb2312[140] = "工作愉快！";          // 定义短消息内容
62        char sms_utf8[140];
63        char *sms_in = sms_gb2312;
64        char *sms_out = sms_utf8;
65        int str_len, i, tmp;
66        size_t gb2312_len, utf8_len;
67
68        /* 打开串口设备 */
69        stty_fd = open(STTY_DEV, O_RDWR);
70        if (-1==stty_fd) {
71            perror("open device");
72            return 0;
73        }
74        printf("Open device success!\n");
75
76        /* 设置串口参数 */
77        if (0!=SetOption(stty_fd)) {
78            close(stty_fd);
79            return 0;
80        }
```

（3）转换手机号码为符合的格式，程序如下：

```
81        /* 转换电话号 */
82        if (phone[0] == '+') {              // 去掉号码开头的'+'
83            for ( i=0; i<strlen(phone)-1; i++ )
84                phone[i] = phone[i+1];
85        }
86        phone[i] = '\0';
87
88        str_len = strlen(phone);
89        if ((strlen(phone)%2)!=0) {       // 如果号码长度是奇数，在后面加字符'F'
90            phone[str_len] = 'F';
91            phone[str_len+1] = '\0';
92        }
93
```

```
 94        for (i=0;i<strlen(phone);i+=2) {    //把号码的奇偶位调换
 95            tmp = phone[i];
 96            phone[i] = phone[i+1];
 97            phone[i+1] = tmp;
 98        }
 99
```

（4）手机号码转换完毕后，转换短消息中心号码为符合的格式，程序如下：

```
100        /* 转换短消息中心号码 */
101        if (sms_number[0] == '+') {           // 去掉号码开头的'+'
102            for ( i=0; i<strlen(sms_number)-1; i++ )
103                sms_number[i] = sms_number[i+1];
104        }
105        sms_number[i] = '\0';
106
107        str_len = strlen(sms_number);
108        if ((strlen(sms_number)%2)!=0) {// 如果号码长度是奇数,则在后面加字符'F'
109            sms_number[str_len] = 'F';
110            sms_number[str_len+1] = '\0';
111        }
112
113        for (i=0;i<strlen(sms_number);i+=2) {  //把号码的奇偶位调换
114            tmp = sms_number[i];
115            sms_number[i] = sms_number[i+1];
116            sms_number[i+1] = tmp;
117        }
118
119        str_len = strlen(sms_number);
120        for (i=strlen(sms_number)+2;i!=0;i--)  // 所有字符向后移动两个字节
121            sms_number[i] = sms_number[i-2];
122        sms_number[str_len+3] = '\0';
123        strncpy(sms_number, "91", 2);          // 开头写入字符串"91"
124
125        tmp = strlen(sms_number)/2;            // 计算字符串长度
126
127        str_len = strlen(sms_number);
128        for (i=strlen(sms_number)+2;i!=0;i--)  // 所有字符向后移动两个字节
129            sms_number[i] = sms_number[i-2];
130        sms_number[str_len+3] = '\0';
           // 将字符串长度值由整型转换为字符类型并写入短信字符串的开头部分
131        sms_number[0] = (char)(tmp/10) + 0x30;
132        sms_number[1] = (char)(tmp%10) + 0x30;
133
```

（5）转换短消息内容为指定的格式，程序如下：

```
134        /* 转换短消息内容 */
135        cd = iconv_open("utf-8", "gb2312");// 设置转换类型"gb2312"==>"utf-8"
136        if (0==cd) {
137            perror("create iconv handle!");
138            close(stty_fd);
139            return 0;
140        }
141        gb2312_len = strlen(sms_gb2312);    // 输入字符串的长度
142        utf8_len = 140;
           // 转换字符为 Unicode 编码
143        if (-1==iconv(cd, &sms_in, &gb2312_len,&sms_out, &utf8_len)) {
144            perror("convert code");
145            close(stty_fd);
```

```
146            return 0;
147        }
148        iconv_close(cd);
```

（6）向串口写入配置命令，配置使用 PDU 模式，并且查看返回结果是否成功，程序如下：

```
149        /* 设置使用 PDU 模式 */
150        strcpy(buffer, "AT+CMGF=0\n");
151        write(stty_fd, buffer, strlen(buffer));      // 写入配置命令
152        n = read(stty_fd, buffer, BUFF_SIZE);
153        if (n<=0) {
154            perror("set pdu mode");
155            close(stty_fd);
156            return 0;
157        }
158        if (0!=strncmp(buffer, "OK", 2)) {            // 判断命令是否执行成功
159            perror("set pdu mode");
160            close(stty_fd);
161            return 0;
162        }
```

（7）写入短消息，写入完毕后关闭串口，程序如下：

```
163        /* 发送消息 */
164        sprintf(buffer, "AT+CMGS=%d\n", utf8_len);      // 写入发送消息命令
165        write(stty_fd, buffer, strlen(buffer));
166        write(stty_fd, sms_utf8, utf8_len);              // 写入消息内容
167        printf("Send message OK!\n");
168
169        close(stty_fd);
170        return 0;
171    }
```

运行程序需要 root 权限，程序执行成功以后，手机会发送短信给指定的号码。读者可以替换手机号码和短消息中心号码，否则发送短消息可能会失败。

☎**提示：**本实例的功能只能在功能机上实现，现在的智能机并不支持。

## 10.4　小　　结

本章讲解了串口的组成、工作原理和编程方法，并在最后给出了一个操作手机发送短信的实例。串口的工作原理比较简单，是两台计算机设备传递数据的简单方式。串口编程入门比较容易，读者可以在自己的计算机上进行串口编程试验。第 11 章将介绍 Linux 嵌入式系统的图形界面开发。

## 10.5　习　　题

### 一、填空题

1．串口是________的简称。

2．在两个串口之间传输的数据通常称作________。

3．AT 指令集是________网络中网络设备之间发送控制信息的标准指令集。

## 二、选择题

1．在 termios 结构中，成员 c_oflag 表示（　　）。

A．输入模式标志　　B．输出模式标志

C．控制模式标志　　D．本地模式标志

2．AT+CMGS 指令的功能是（　　）。

A．发送短消息　　B．短消息存储设备选择

C．发送存储在 SIM 卡上的短消息　　D．显示接收到的短消息

3．在 DB9 接口的 RS232 串口数据线中，针号 7 的功能是（　　）。

A．数据载波检测　　B．接收数据

C．请求发送　　D．清除发送

## 三、判断题

1．串口通过间接连接在两台设备间的线发送和接收数据。（　　）

2．解决串口传输数据丢失的办法是对串口数据传输两端进行流量控制。（　　）

3．AT 指令的特点是所有的指令都以 T 字符串作为起始。（　　）

## 四、操作题

1．编写代码，打开串口，如果成功则输出 Open successfully，否则输出 Open failed。

2．编写代码，将输入和输出的波特率设置为 19 200bps。

# 第 11 章　嵌入式 GUI 程序开发

许多嵌入式设备都提供了图形界面。由于嵌入式设备受输入和输出设备的限制，所以键盘和鼠标等传统的输入设备不便于使用了。通过图形界面，可以很好地完成人机交互。在嵌入式 Linux 系统中，有许多图形库可以使用。本章将重点介绍在嵌入式 Linux 中使用最广泛的 Qt 程序库，主要内容如下：

- 嵌入式 Linux 图形库简介；
- Qt 开发环境搭建；
- 如何开发 Qt 应用程序；
- 如何搭建嵌入式 Qt 工作环境；
- 在嵌入式 Linux 系统中使用 Qt 应用程序。

## 11.1　Linux GUI 简介

GUI 是 Graphic User Interface 的简写，中文意思是图形用户接口。目前，几乎所有的操作系统都提供了 GUI，GUI 也逐渐成为操作系统图形界面的代名词。与其他的商业系统如 Windows 不同，Linux 系统的开放特性让许多图形界面都可以运行在 Linux 系统中。实际上，Linux 内核本身并没有图形处理能力，所有 Linux 系统的图形界面都是作为用户程序运行的。本节将介绍 Linux 图形界面的发展和常见的几种图形界面。

### 11.1.1　Linux GUI 的发展

从 1981 年第一个计算机图形界面诞生到现在，计算机图形界面有着飞速的发展。与图形界面发展相对应的是计算机硬件处理能力不断提高。最初的图形界面仅提供了很简单的功能，而且不支持鼠标操作，受到硬件的限制，颜色位数也很低。在计算机图形界面发展过程中，X Window、macOS 和 Windows 是发展最好的 3 个系统。

X Window 采用 C/S 结构设计，几乎是 UNIX 类系统图形界面的标准。X Window 的服务器向客户端提供图形输出能力，因此，一个 X Window 服务器可以支持多个图形客户端。在多用户和多任务方面，X Window 比其他图形系统更胜一筹。

macOS 是苹果公司为其计算机设计的操作系统。macOS 的图形界面以华丽著称，并且稳定性和可操作性也很高。macOS 从本质上说也是 UNIX 系统，但是由于其设计针对的是特定硬件以及价格原因，导致其普及度不是很高。

Windows 系统几乎是目前桌面计算机应用最广泛的系统。Windows 系统可以安装在 IBM 兼容的 PC 上，不仅如此，微软还推出了应用在嵌入式系统设备的 Window CE 系统。

Linux 系统使用 X Window 作为图形系统，X Window 支持多种图形界面。在 Linux 发行版中，GNOME 和 KDE 两种图形界面最流行。在嵌入式 Linux 系统中，Qt 和 MiniGUI 等都是流行的图形系统。

### 11.1.2 常见的嵌入式 GUI

Linux 系统本身并没有图形界面，但是由于其开放性，有许多的自由软件图形库和图形界面。本节将介绍几种目前最流行的图形界面。

#### 1. GNOME

GNOME 是 The GNU Network Object Model Environment 的简写，中文可以翻译为 GNU 网络对象模型环境。它是目前最流行的开源图形界面库之一。GNOME 已经被绝大多数的 Linux 发行版使用，并且被许多其他系统，如 OpenSolaris 等作为默认的系统图形界面。

GNOME 计划最早是从 1997 年 8 月开始的，目标是设计一个完全开源的自由软件，构造功能完善、操作简单、界面友好的图形界面。GNOME 使用 GTK+库作为图形开发库，开发了大量的小工具和应用软件。经过二十余年的发展，GNOME 已经发展成一个功能强大的图形界面系统。

GNOME 是一个功能强大、界面友好的桌面操作环境，其提供了许多应用程序，如控制面板和桌面工具等。实际上，GNOME 是独立运行的桌面环境，不需要其他窗口管理器控制应用程序。此外，GNOME 还可以和其他窗口管理器配合使用。

☎**提示：**读者可以从 GNOME 的官方站点 http://www.gnome.org 上获取最新的消息。

#### 2. KDE

KDE 是与 GNOME 几乎同时发展起来的另一个热门的图形界面系统。KDE 计划最早是在 1996 年 10 月发起，目标是设计一个统一的应用程序框架结构，支持透明的网络桌面环境。

KDE 计划的一个重要目标是为 UNIX 工作站设计类似 macOS 系统或者 Windows 系统一样简单、易用的操作环境。KDE 由一个窗口管理器、文件管理器、面板和控制中心等组成。与 GNOME 类似，KDE 也提供了大量的应用程序甚至大型应用软件，如 KOffice 等。

KDE 的操作习惯与 Windows 系统有许多相似之处，如支持鼠标拖放、快捷方式等。在操作易用性方面，KDE 比其他图形系统要好一些。

☎**提示：**关于 KDE 的信息，可以参考官方网站 http://www.kde.org。

#### 3. Qt

确切地说，Qt 是一个图形开发框架。Qt 提供了完整的 C++应用程序开发类库，并且包含跨平台开发工具和国际化支持工具。Qt 提供了跨平台能力，支持许多系统如 Linux、 macOS 和 Windows 等。使用 Qt 图形开发框架，不仅能开发客户端程序，还可以开发服务器端程序。

Qt 类库的 C++类超过 400 个，封装了用于应用程序开发的所有基础结构，并且支持许多应用程序开发接口。Qt 对跨平台提供很好的支持，在嵌入式 Linux 系统中，可以把 Qt 应用程序很容易地迁移到嵌入式开发平台上。后面将会重点讲解 Qt 嵌入式程序开发的相关内容。

#### 4．MiniGUI

MiniGUI 是由中国人自己开发的一个应用比较广泛的嵌入式图形库。MiniGUI 最大的特点就是“小”，无论从程序占用的空间还是运行时占用的资源，都非常小。MiniGUI 是运行在 Linux 控制台上的图形程序，运行速度非常快，并且对中文有很好的支持。因此，MiniGUI 在电视机顶盒和掌上电脑等领域应用广泛。

MiniGUI 设计的目标是基于嵌入式 Linux 的一个轻量级图形界面库，它定义了应用程序的一组窗口和图形设备接口。利用 MiniGUI 提供的图形设备接口，用户可以开发多窗口应用程序，并且在窗口上添加按钮和编辑框等控件。

MuniGUI 图形框架可以分成底层的 GAL（图形抽象层）和 IAL（输入抽象层）。GAL 层基于 SVGA Lib 库和 LibGDI 库等图形库。IAL 层支持 Linux 标准控制台下的 gpm 鼠标服务、触摸屏和键盘等。

## 11.2　开发图形界面程序

Qt 程序库是一个跨平台的程序库。Qt 程序库提供了一套完整的开发环境，目前可以运行在 Windows、Linux 和 macOS 系统中。笔者推荐在 Windows 环境中安装 Qt 开发环境，好处是可以与其他开发工具共同使用。

### 11.2.1　安装 Qt 开发环境

在使用 Qt 开发环境之前，首先需要从 http://qt-project.org/downloads 上下载 Windows 版的 Qt 集成开发环境。下载完毕后，双击安装程序开始安装，安装过程比较简单，使用默认的配置即可。安装完毕后 Qt 开发环境将被安装到 c:\Qt 目录下。在使用开发环境之前，需要配置 Qt 开发环境，步骤如下。

（1）右击“开始”按钮，在弹出的快捷菜单中选择“系统”命令（或者在控制面板中选择“系统”选项即可），弹出“设置”对话框，单击“高级系统设置”按钮，弹出“系统属性”对话框，单击“环境变量（N）...”按钮，弹出“环境变量”对话框。在“系统变量”标签内选择 Path 环境变量，然后单击“编辑”按钮，弹出“编辑环境变量”对话框，如图 11-1 所示。

（2）单击“新建”按钮，加入 Qt 的可执行程序的路径，输入完毕后，单击“确定”按钮，然后依次单击“确定”按钮保存后退出。

图 11-1　设置 Path 环境变量

（3）为了测试环境变量是否配置成功，打开 Windows 控制台程序，输入 qmake，如果出现下面的结果则表示配置成功。

```
Usage: D:\Qt\5.15.2\msvc2019_64\bin\qmake.exe [mode] [options] [files]

QMake has two modes, one mode for generating project files based on
some heuristics, and the other for generating makefiles. Normally you
shouldn't need to specify a mode, as makefile generation is the default
mode for qmake, but you may use this to test qmake on an existing project

Mode:
  -project       Put qmake into project file generation mode
                 In this mode qmake interprets [files] as files to
                 be added to the .pro file. By default, all files with
                 known source extensions are added.
                 Note: The created .pro file probably will
                 need to be edited. For example add the QT variable to
                 specify what modules are required.
  -makefile      Put qmake into makefile generation mode (default)
                 In this mode qmake interprets files as project files to
                 be processed, if skipped qmake will try to find a project
                 file in your current working directory

Warnings Options:
  -Wnone         Turn off all warnings; specific ones may be re-enabled by
                 later -W options
  -Wall          Turn on all warnings
  -Wparser       Turn on parser warnings
  -Wlogic        Turn on logic warnings (on by default)
  -Wdeprecated   Turn on deprecation warnings (on by default)

Options:
   * You can place any variable assignment in options and it will be *
   * processed as if it was in [files]. These assignments will be    *
```

```
  * processed before [files] by default.                          *
 -o file        Write output to file
 -d             Increase debug level
 -t templ       Overrides TEMPLATE as templ
 -tp prefix     Overrides TEMPLATE so that prefix is prefixed into the value
 -help          This help
 -v             Version information
 -early         All subsequent variable assignments will be
                parsed right before default_pre.prf
 -before        All subsequent variable assignments will be
                parsed right before [files] (the default)
 -after         All subsequent variable assignments will be
                parsed after [files]
 -late          All subsequent variable assignments will be
                parsed right after default_post.prf
 -norecursive   Don't do a recursive search
 -recursive     Do a recursive search
 -set <prop> <value> Set persistent property
 -unset <prop>  Unset persistent property
 -query <prop>  Query persistent property. Show all if <prop> is empty.
 -qtconf file   Use file instead of looking for qt.conf
 -cache file    Use file as cache           [makefile mode only]
 -spec spec     Use spec as QMAKESPEC       [makefile mode only]
 -nocache       Don't use a cache file      [makefile mode only]
 -nodepend      Don't generate dependencies [makefile mode only]
 -nomoc         Don't generate moc targets  [makefile mode only]
 -nopwd         Don't look for files in pwd [project mode only]
```

上面是 qmake 的默认帮助信息。qmake 是 Qt 自带的一个工程管理工具，在后面章节中将会详细讲解 qmake 的使用方法。

## 11.2.2　建立简单的 Qt 程序

Qt 图形库的结构设计得非常合理，因此开发图形程序比较简单，本节先从一个最简单的例子入手，开发第一个 Qt 图形界面程序。

### 1. 基本的Qt图形界面应用程序

**【实例 11-1】**Qt 版本的 Hello World 程序。

```
01  // hello_qt.cpp
02  #include <qapplication.h>
03  #include <qpushbutton.h>
04
05
06  int main( int argc, char *argv[] )
07  {
08      QApplication a( argc, argv );                    // 定义应用对象
09
10      QPushButton hello( "Hello world!", 0 );         // 定义按钮对象
11      hello.resize( 100, 30 );                          // 设置按钮大小
12
13      hello.show();                                     // 显示按钮
14      return a.exec();
15  }
```

程序文件 hello_qt.cpp 编写好之后，保存并退出，在当前目录执行下面的命令：

```
qmake -project QT+=widgets                         // 生成工程文件
qmake                                              // 生成Makefile 文件
mingw32-make                                       // 编译工程
```

☎提示：参数-project 后的 QT+=widgets 用于在编译程序时加载对应的模块。

qmake 是 Qt 库提供的一个工程管理工具。在本例中，使用“-project”参数后，qmake 会在当前目录下搜索所有的代码文件，分析后生成 Qt 工程文件 hello_qt.pro，该文件描述了 Qt 工程的默认结构。

生成工程文件后，直接运行 qmake 程序，根据当前目录的工程文件生成 Makefile 工程文件供 make 程序员使用。执行完上面的命令后查看当前目录：

```
hello_qt.cpp        hello_qt.pro        Makefile        Makefile.Debug
Makefile.Release        debug        release (hello_qt.exe、hello_qt.o)
```

从目录文件列表中可以看出，已经生成了 Qt 工程文件 hello_qt.pro、mingw32-make 使用的工程文件 Makefile，以及可执行文件 hello_qt.exe（此文件在 release 文件夹中）。

☎提示：在编写 Qt 程序的时候，建议使用 Qt 提供的 qmake 工具生成工程文件。qmake 不仅能处理源代码文件，而且能处理窗体描述文件，在后面章节中会有介绍。

下面分析一下 hello_qt.cpp 程序。在程序的开头包含两个头文件 qapplication.h 和 qpushbutton.h，这两个文件都包含一个类，分别用于管理一个窗体应用程序和按钮。Qt 提供了许多图形界面组件，在使用不同的组件之前需要包含组件的头文件。

在所有的 Qt 应用程序中必须有一个 QApplication 类的对象。QApplication 管理应用程序用到的各种资源，如光标和字体等。QPushButton 是一个按钮控件类，与 Windows 系统的控件类似，提供了鼠标移动、按下按钮等操作以及其他属性。可以通过设置 QPushButton 的属性改变按钮的外观，也可以向 QPushButton 添加信号响应函数执行用户的动作。

与其他应用程序一样，main()函数是 Qt 应用程序的入口。在 Qt 应用程序中，需要加入 main()函数的命令行参数供 QApplication 类使用。QApplication 提供了许多默认的函数，如设置一些 QT 初始化参数等，可以通过 Qt 使用手册查询参数的使用方法。

程序第 11 行调用 QPushButton 的 resize()成员函数重新设置了按钮的大小。在一个 Qt 应用程序中，需要设置一个主窗口控件，当主窗口控件退出时，整个 Qt 应用程序也退出了。

当新建一个控件时，默认是不可见的，因此程序在第 13 行调用 QPushButton 控件的 show()函数在屏幕上把控件显示出来。在第 14 行调用 QApplication 类的 exec()函数把 main()函数的控制权交给 Qt，当应用程序退出时，exec()函数随之退出。在 exec()函数中，Qt 接收用户从界面或者系统发送过来的各种事件，然后交给用户编写的控件处理函数或者 Qt 自身的处理函数进行处理。

编译完成程序后，在工程可执行程序所在文件夹下双击 hello 程序，弹出如图 11-2 所示的界面。

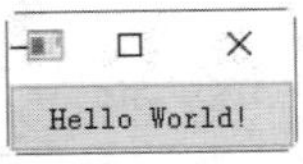

Hello World!

图 11-2　Qt 版 Hello World 程序界面

从图 11-2 中可以看出，整个 Qt 应用程序的窗体都被一个按钮覆盖，这是程序在第 13 行设置窗体主控件的结果。用户单击按钮后没有任何反应，这是由于没有添加 QPushButton 的处理函数，因此系统默认不进行任何处理。后面的例子将介绍如何处理控件的事件响应。

### 2．文本界面风格的Hello World程序

【实例 11-2】修改后的 Hello World 程序

```
01  // hello_qt_p.cpp
02  #include <qapplication.h>
03  #include <qlabel.h>
04  int main( int argc, char **argv )
05  {
06      QApplication a( argc, argv );                          // 定义应用程序对象
07      QLabel hello("<h1><i>Hello,World!</i></h1>", 0);    // 定义标签
08      hello.show();                                         // 显示标签
09      return a.exec();
10  }
```

本例展示 QLabel 组件的功能。程序第 7 行定义了一个 QLabel 标签对象，标签的文字使用了 HTML 语法格式。Qt 支持字符串使用 HTML 语法格式描述，Qt 会解释 HTML 语法的含义并且显示正确的结果。如图 11-3 所示为程序的运行结果。

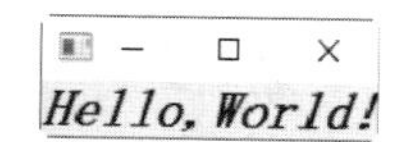


图 11-3　使用 QLable 组件

图 11-3 显示出了 HTML 格式的字符串。从实例 11-1 和实例 11-2 中可以看出，无论使用按钮还是标签，在程序中都没有实现任何功能。Qt 使用控件事件机制，用户可以为控件添加不同的事件响应处理函数，当控件产生相应事件时会调用事件响应函数进行处理。下面给出一个响应按钮单击事件的例子。

### 3．带有功能响应的Qt应用程序

【实例 11-3】加入功能响应的 Qt 程序。

```
01  // quit.cpp
02  #include <qapplication.h>
03  #include <qpushbutton.h>
04
05  int main( int argc, char **argv )
06  {
07      QApplication app( argc, argv );          // 定义应用程序对象
08
09      QPushButton * quitButton = new QPushButton("Quit");    // 定义按钮
10      quitButton->resize( 100, 30 );           // 设置按钮大小
11
12      QObject::connect(quitButton, SIGNAL(clicked()), &app, SLOT(quit()));
13                                               // 设置按钮单击事件处理函数
14
15      quitButton->show();                      // 显示按钮
16      return app.exec();
17  }
```

程序第 12 行使用 connect()函数设置 quitButton 按钮的单击事件与 quit()函数关联。connect()函数是 QObject 类的一个静态函数，可以看出一个 Qt 应用中所有的事件都是通过 QObject 对象管理的。SIGNAL()和 SLOT()是 Qt 预定义的两个宏，SIGNAL()宏用于设置一个信号，SLOT()宏用于设置一个槽。当控件产生某个事件时会发出一个信号，而槽可以理解为信号的处理函数，在 11.3.3 节中将会详细讲解信号和槽的关系。程序运行后的结果如图 11-4 所示。

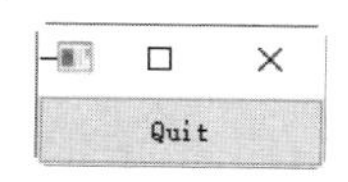


图 11-4　带事件处理功能的 Qt 应用程序

可以看到，程序界面上只有一个名为 Quit 的按钮，单击 Quit 按钮后，程序会退出。

### 11.2.3　Qt 库编程结构

Qt 图形库是一个组织严谨的 C++类库，其结构如图 11-5 所示。

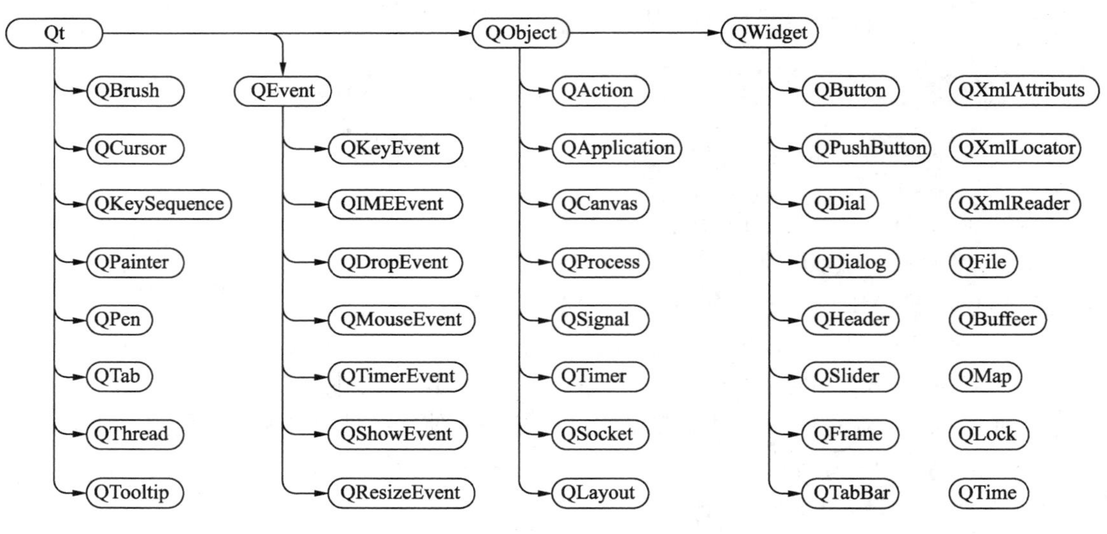


图 11-5　Qt 类库结构示意

Qt 类库中包含上百个类，结构十分复杂。图 11-5 展示了 Qt 类库的基本结构。Qt 类库中的类可以分成两种类型，一种是直接或者继承自 Qt 类，另一种是独立的，不从任何类继承。独立的类在 Qt 库中一般用来完成独立的功能，如操作 XML 文件的 QXmlReader 类。

直接从 Qt 类继承的类主要可以分成 QObject 类和 QEvent 类。QObject 类是所有应用组件的基类，QEvent 类是所有 Qt 事件响应类的基类。其他的还有 QCursor、QPen、QTab 等类描述的窗口组件可以在窗体的任意地方出现，因此直接从 Qt 基类继承。

QWidget 类是组件容器，所有可以结合在一起的组件都从该类继承。QWidget 类继承自 QObject 类，因为所有的窗体组件都是应用组件的一部分。

Qt 类库组织合理，在使用的时候按照类的集成关系操作。例如 QButton 和 QSlider 等组件可以被加入 QWidget 对象中，而 QProcess 和 QTimer 组件是不能加入 QWidget 对象中的。

## 11.3　深入 Qt 编程

在了解了 Qt 的库结构后，本节将从几个稍微复杂的例子入手，讲解 Qt 程序如何管理多个空间以及响应不同的事件。

### 11.3.1　使用 Widget

11.2 节的例子是一个应用程序中只有一个控件，因此对于控件的布局不需要过多管理。

通常有实际功能的应用程序都不止一个控件，因此需要对控件的布局进行管理，否则控件在窗体上的位置可能不固定。

Qt 提供了 QWidget 机制来管理窗体上的控件布局。QWidget 是一个布局管理类，可以把 QWidget 理解为一个控件容器，在一个容器内可以容纳多个控件，容器可以设置控件的相对位置等。实际上，Qt 支持层次关系布局，在一个布局里还可以有子布局，可以把窗体上的控件组织到不同的布局里，最后把多个布局放到一个布局里，这样不仅能按照区域管理控件，而且可以集中管理所有的控件。下面是一个使用 QWidget 类管理控件的例子。

**【实例 11-4】**使用 QWidget 管理多个控件。

```
01  // qt_widget.cpp
02  #include <qapplication.h>
03  #include <qpushbutton.h>
04  #include <qlayout.h>
05  #include <qslider.h>
06  #include <qspinbox.h>
07  #include <qwidget.h>
08
09  class MyWidget : public QWidget      // 定义 MyWidget 类继承自 QWidget 基类
10  {
11      public:
12          MyWidget(QWidget *parent = 0); // 声明 MyWidget 类的构造函数
13  };
14  // 定义 MyWidget 类构造函数
15  MyWidget::MyWidget(QWidget *parent) : QWidget(parent)
16  {
17          QSpinBox *agenum_sb = new QSpinBox();  // 创建 Spin 控件
18          agenum_sb->setRange(0, 100);         // 设置 Spin 数值范围
19          agenum_sb->setValue(0);              // 设置初始数值为 0
20          // 创建 Slider 控件
21          QSlider *agenum_sl = new QSlider(Qt::Horizontal);
22          agenum_sl->setRange(0, 100);         // 设置 Slider 数值范围
23          agenum_sl->setValue(0);              // 设置初始数值为 0
24          connect(agenum_sb, SIGNAL(valueChanged(int)), agenum_sl,
            SLOT(setValue(int)));            // 设置 Spin 控件修改数值响应函数
25          connect(agenum_sl, SIGNAL(valueChanged(int)), agenum_sb,
      SLOT(setValue(int)));                  // 设置 Slider 控件修改数值响应函数
26          QHBoxLayout *layout = new QHBoxLayout; // 创建列布局的对象
27          layout->addWidget(agenum_sb);        // 添加 Spin 控件
28          layout->addWidget(agenum_sl);        // 添加 Slider 控件
29          setLayout(layout);                   // 设置 MyWidget 使用列布局
30          setWindowTitle("Enter a number");    // 设置窗体标题
31  };
32  int main(int argc, char *argv[])
33  {
34          QApplication app(argc, argv);
35          MyWidget widget;                     // 创建 MyWidgt 类型的容器
36          widget.show();                       // 显示容器
37          return app.exec();
38  }
```

程序第 9 行定义了一个 MyWidget 类，继承自 QWidget 类。在使用 QWidget 类之前，需要继承一个新的类，用于处理自定义的控件对象。程序第 12 行声明了 MyWidget 类的构造函数，函数定义在第 15 行。MyWidget 类构造函数内创建了 Spin 和 Slider 两个控件，并且设置了容器的布局。

程序第 17～19 行定义了 Spin 对象并且设置了操作的数值范围为 0～100，以及起始值为 0，第 20～23 行创建了 Slider 对象并且设置了与 Spin 对象相同的属性。程序第 24 行和第 25 行设置 Spin 控件改变数值的事件与 Slider 控件关联。经过设置后，当改变 Spin 控件的值时会同步修改 Slider 控件的值，反之亦然。

第 26～29 行添加了一个列布局对象，并且把 Spin 和 Slider 控件加入布局中，列布局中所有的控件都是按照列组织的，按照添加的顺序依次排列。加入两个控件后，第 30 行设置 MyWidget 容器使用列布局对象。

在 main()函数中，除了创建 QApplication 对象外，第 35 行创建了一个 MyWidget 类对象。在创建 Widget 对象后，构造函数会自动添加包含的控件和布局。程序第 36 行调用 Widget 对象的 show()函数显示容器中的所有控件。经过编译后，程序运行结果如图 11-6 所示。

图 11-6　使用 Widget 管理控件布局

可以看到，窗体中 Spin 和 Slider 控件按照列依次排列，当滑动 Slider 控件的滑块时，Spin 控件的数值会相应改变。同样，在修改 Spin 控件值的时候，Slider 控件的滑块位置也会相应改变。

使用 Widget 控件可以管理复杂的控件布局和多个控件对象，在大型 Qt 程序中被广泛采用。

## 11.3.2　对话框程序设计

对话框是图形界面中经常见到的一类控件。对话框通常用来完成一类特定的功能，如打开文件对话框、颜色设置对话框等。本节将介绍如何使用 Qt 建立一个类似 Windows 系统中的查找对话框。

本节提供的例子共有 3 个文件，FindDialog.h 文件声明 FindDialog 类，FindDialog.cpp 文件是 FindDialog 类的实现，main.cpp 使用 FindDialog 创建应用程序。

### 1. 对话框头文件

下面的代码声明了 4 个控件类实现对话框的搜索和单击功能，代码如下：

```
01  // FindDialog.h
02  #ifndef _FINDDIALOG_H_
03  #define _FINDDIALOG_H_
04
05  #include <qdialog.h>
06
07  class QCheckBox;
08  class QLabel;
09  class QLineEdit;
10  class QPushButton;
11
12  class FindDialog : public QDialog
13  {
14      Q_OBJECT
15  public:
16      FindDialog(QWidget *parent = 0);
17
18  signals:
```

```
19         void FindNext(const QString &str, bool caseSensitive);
20         void FindPrev(const QString &str, bool caseSensitive);
21 
22     private slots:
23         void FindClicked();
24         void EnableFindButton(const QString &text);
25 
26     private:
27         QLabel *Label;
28         QLineEdit *LineEdit;
29         QCheckBox *CaseCB;
30         QCheckBox *BackwardCB;
31         QPushButton *FindBtn;
32         QPushButton *CloseBtn;
33     };
34 
35     #endif//_FINDDIALOG_H_
```

程序第 7～10 行声明了 4 个控件类，在 FindDialog 类中会使用到。FindDialog 类有两个信号函数 FindNext()和 FindPrev()，分别用于响应向后搜索和向前搜索功能。成员函数 FindClicked()和 EnableFindButton()用来响应用户单击界面上的 CheckBox 控件。

在程序第 27～32 行中定义了 6 个控件对象，在初始化 FindDialog 的时候会创建这些对象。

### 2．对话框实现代码

下面是 FindDialog 类的实现文件 FindDialog.cpp，代码如下：

```
01  // FindDialog.cpp
02  #include <qcheckbox.h>
03  #include <qlabel.h>
04  #include <qlayout.h>
05  #include <qlineedit.h>
06  #include <qpushbutton.h>
07  #include "finddialog.h"
08 
09  FindDialog::FindDialog(QWidget *parent) : QDialog(parent) // 构造函数
10  {
11      Label = new QLabel(tr("Find &String:"), this); // 创建文本标签控件
12      LineEdit = new QLineEdit(this);          // 创建文本框控件
13      Label->setBuddy(LineEdit);               // 绑定文本框控件和标签控件
14      // 创建大小写 CheckBox
15      CaseCB = new QCheckBox(tr("Match &Case"), this);
16      // 创建搜索方向 CheckBox
17      BackwardCB = new QCheckBox(tr("Search &backward"), this);
18      FindBtn = new QPushButton(tr("&Find"), this);      // 创建查找按钮
19      FindBtn->setDefault(true);               // 设置查找按钮为激活状态
20      CloseBtn = new QPushButton(tr("Close"), this);     // 创建关闭按钮
21      connect(LineEdit, SIGNAL(textChanged(const QString&)), this,SLOT
        (enableFindButton(const QString &)));  // 设置修改文本框事件响应函数
22 
23      // 设置单击查找按钮响应函数
24      connect(FindBtn, SIGNAL(clicked()), this, SLOT(findClicked()));
25      // 设置单击关闭按钮的响应函数
26      connect(CloseBtn, SIGNAL(clicked()), this, SLOT(close()));
27 
28      QHBoxLayout *TopLeft = new QHBoxLayout;// 创建列对齐的布局对象
```

```
29      TopLeft->addWidget(Label);                  // 添加文本标签控件到列对齐布局
30      TopLeft->addWidget(LineEdit);               // 添加文本框控件到列对齐布局
31
32      QVBoxLayout *Left = new QVBoxLayout;        // 创建行对齐的布局对象
33      Left->addLayout(TopLeft);                   // 添加列对齐布局到行对齐布局
34      Left->addWidget(CaseCB);            // 添加大小写复选 CheckBox 控件到行布局
35      Left->addWidget(BackwardCB);        // 添加前后向搜索 CheckBox 控件到行布局
36
37      QVBoxLayout *Right = new QVBoxLayout;       // 创建右对齐的行布局对象
38      Right->addWidget(FindBtn);                  // 添加查找对象布局到右对齐布局
39      Right->addWidget(CloseBtn);                 // 添加关闭按钮到右对齐布局
40      Right->addStretch(1);
41
42      QHBoxLayout *Main = new QHBoxLayout(this); // 创建行排列的主布局对象
43      Main->setContentsMargins(11,11,11,11);
44      Main->setSpacing(4);                        // 设置控件留空距离
45      Main->addLayout(Left);                      // 添加左对齐布局
46      Main->addLayout(Right);                     // 添加右对齐布局
47      setLayout(Main);                            // 设置应用程序使用主布局
48
49      setWindowTitle(tr("Find Dialog"));          // 设置窗体标题
50
51  }
52
53  void FindDialog::FindClicked()                  // 查找按钮响应函数
54  {
55      QString text = LineEdit->text();    // 从查找文本框中读取要查找的文本
56      bool CaseSensitive = CaseCB->isChecked(); // 获取是否需要大小写敏感
57
58      if (BackwardCB->isChecked())                // 判断向前还是向后搜索
59      FindPrev(text, CaseSensitive);              // 向前搜索文本
60      else
61      FindNext(text, CaseSensitive);              // 向后搜索文本
62  }
63
64  void FindDialog::EnableFindButton(const QString &Text) // 激活搜索按钮
65  {
66  }
```

在 FindDialog 类的实现函数中，构造函数比较复杂，难点主要在 FindDialog 类使用了多个布局对象，并且布局对象之间的关系比较复杂。下面通过一个图来展示 FindDialog 类的布局结构，如图 11-7 所示。

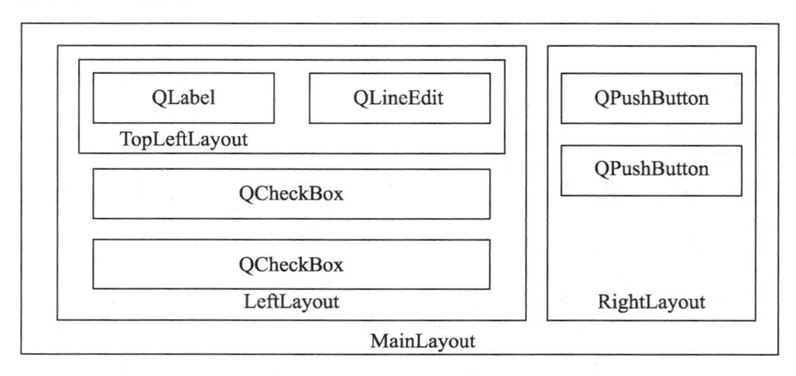


图 11-7　FindDialog 类的布局结构

从图 11-7 中可以看出，FindDialog 共使用了 4 个 Layout 对象。其中，TopLeftLayout 包含在 LeftLayout 布局对象内，有 QLabel 和 QlineEdit 这 2 个控件；LeftLayout 除了包含 TopLeftLayout 外，还包含 2 个 QCheckBox 控件；RightLayout 布局对象包含 2 个 QPushButton 控件。LeftLayout 布局和 RightLayout 布局包含在 MainLayout 布局内。

从 FindDialog 的布局结构中可以看出 FindDialog 是一个层次结构的布局。实际上，所有的 Qt 应用程序都是按照这种层次布局组织控件的。如图 11-8 所示为 FindDialog 布局的层次结构示意。

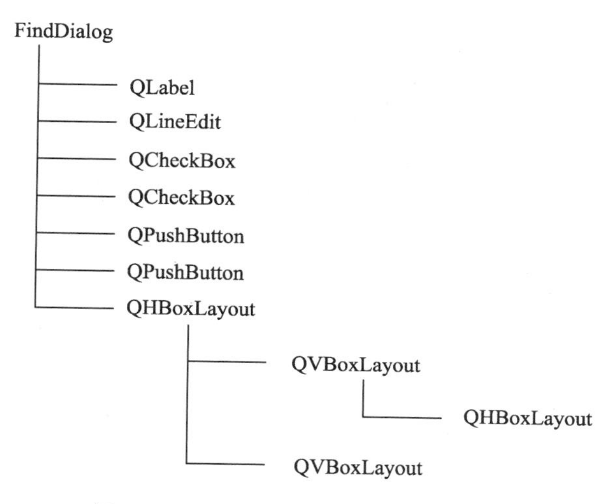


图 11-8　FindDialog 控件层次结构示意

### 3. 创建FindDialog对话框

创建好 FindDialog 类之后就可以使用了，main.cpp 使用 FindDialog 类创建了一个查找对话框，代码如下：

```
01  // main.cpp
02  #include <qapplication.h>
03  #include "finddialog.h"
04
05  int main(int argc, char *argv[])
06  {
07      QApplication app(argc, argv);           // 创建主应用程序对象
08      FindDialog *dialog = new FindDialog;    // 创建 FindDialog 对象
09      dialog->show();                         // 显示 FindDialog
10      return app.exec();
11  }
12
```

程序第 8 行创建了一个 FindDialog 对象，在第 9 行使用 show()成员函数显示 FindDialog 对话框，如图 11-9 所示。

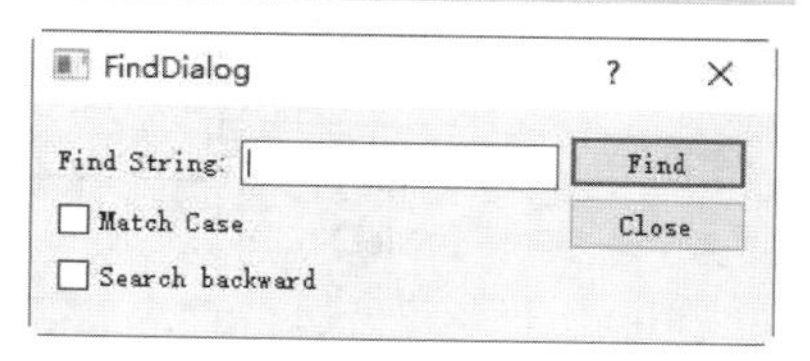


图 11-9　FindDialog 对话框

从图 11-9 中可以看出，使用 Layout 类管理布局以后，应用程序界面上的控件会按照布局安排的位置进行排列。

### 11.3.3　信号与槽系统

在实例 11-4 中使用 connect()函数把按钮的单击事件与一个处理函数连接起来，connect()函数的原型如下：

```
connect(Object1, signal, Object2, slot);
```

其中，Object1 和 Object2 分别代表两个不同的 Qt 对象（继承自 QObject 基类），signal 代表 Object1 的信号，slot 代表 Object2 的槽。

信号和槽是 Qt 引进的一种处理机制，信号可以被理解为一个对象发出的事件请求，槽是处理信号的函数。设计信号和槽的机制是为了解决回调函数的缺点。回调函数是一个函数指针，如果希望一个处理函数发出一些通知事件，那么可以把另一个函数的指针传递给处理函数，处理函数在适当的时候使用函数指针回调通知函数。从回调函数的调用过程中可以看出，回调函数存在类型不安全和参数不安全的缺点。因为对于调用函数来说，通过函数指针无法判断出函数的返回类型及参数类型。

信号和槽能完成回调函数的所有功能，并且信号和槽机制是类型安全的，能完成许多复杂的功能。信号和槽不仅是单一的对应关系，还可以是多对多的关系。一个信号可以与多个槽连接，一个槽也可以响应多个信号，此外，信号之间也可以连接。如图 11-10 所示为一个常见的信号和槽的关系示意。

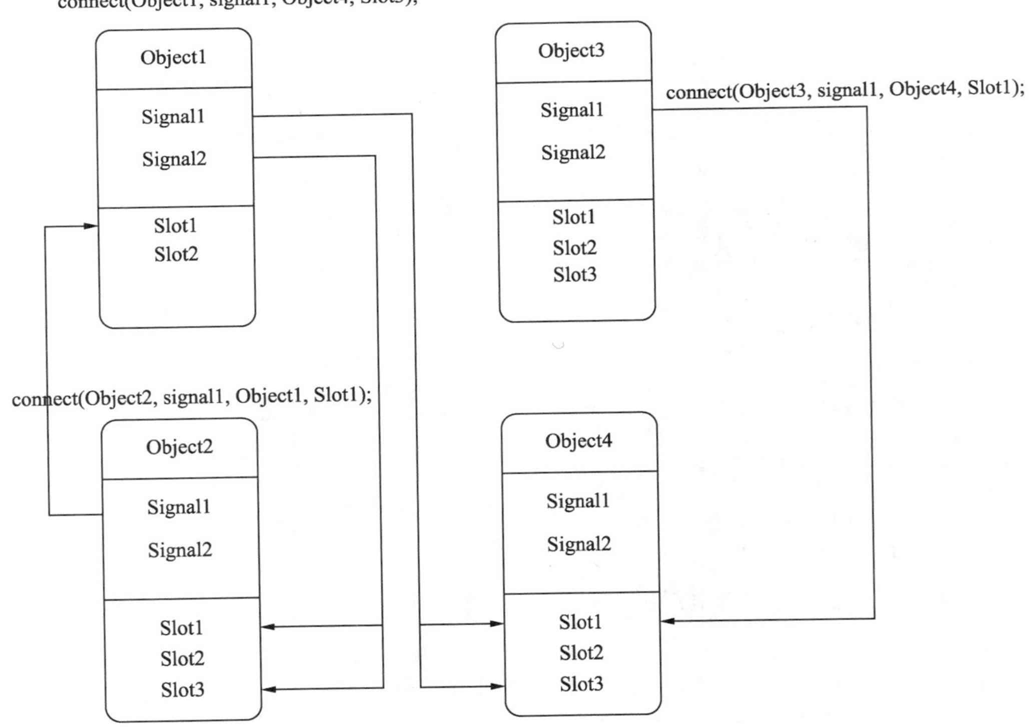


图 11-10　信号和槽关系使用示意

从图 11-10 中可以看出，一个信号可以连接多个槽，如 Object1 的 signal1 连接到了 Object4 的 Slot1 和 Slot3。在 Qt 中，当控件产生一个事件时，对应的信号立即被发射出来，如果建立了信号和槽的关联，信号会被发射到所有关联的槽上。当一个信号连接到多个槽上时，多个槽按照随机顺序响应信号。

使用信号和槽可以方便地建立控件对象之间的处理关系，如果参数槽和信号的参数类型不匹配或者槽不存在，那么在运行时 Qt 会发出警告，避免了回调函数的类型不安全问题。

## 11.4　将 Qt 移植到 ARM 开发板上

本节将详细介绍如何将 Qt 应用程序移植到 ARM 开发板上，包括 tslib-1.22 的移植、Qt5.15.2 的移植和安装 Qt Creator 编译环境等内容。

### 11.4.1　tslib 的移植

在嵌入式 Linux 系统中，移植 Qt 时通常需要支持 tslisb。tslib 是一个跨平台的库，它提供了对触摸屏设备的访问及对其输入事件进行过滤校准的功能。以下是移植 tslib-1.22 的具体操作步骤。

#### 1. 下载

在对 tslib 进行移植之前，需要先进行下载，tslib 的官方源码下载地址为 https://github.com/libts/tslib/releases，这里下载的是 tslib-1.22.tar.gz。

#### 2. 交叉编译tslib源码

下载 tslib 之后就可以实现对 tslib 源码的移植了，具体操作步骤如下。

（1）执行以下命令安装 automake（一种帮助自动产生 Makefile 文件的软件）、autoconf（一个用于生成 shell 脚本的工具，可以自动配置软件源代码以适应多种类似 POSIX 的系统）、libtool（一个通用库支持脚本，将使用动态库的复杂性隐藏在统一和可移植的接口中；使用 libtool 的标准方法可以在不同平台上创建并调用动态库）和 libsysfs-dev（libsysfs 为 sysfs 提供了一个稳定的编程接口，并简化了对系统设备及其属性的查询）。

```
apt-get install automake autoconf libtool libsysfs-dev
```

（2）执行以下命令，安装交叉编译器 arm-linux-gnueabi-gcc 和 arm-linux-gnueabi-g++。

```
apt-get install gcc-arm-linux-gnueabi
apt-get install g++-arm-linux-gnueabi
```

（3）执行以下命令，解压 tslib-1.22.tar.gz。

```
tar -zvxf tslib-1.22.tar.gz
```

（4）进入 tslib-1.22 目录，执行以下命令实现自动配置。

```
./autogen.sh
```

（5）为 configure 做准备，防止编译时出错。在当前目录下执行以下命令：

```
echo "ac_cv_func_malloc_0_nonnull=yes" > tmp.cache
```

（6）执行以下命令，实现 configure 配置 tslib 工程。

```
./configure --host=arm-linux --cache-file=tmp.cache --prefix=/opt/tslib1.22
CC=/usr/bin/arm-linux-gnueabi-gcc
```

☎提示：需要注意的是，--prefix=/opt/tslib1.22 指定的是安装路径，CC=/usr/bin/arm-linux-gnueabi-gcc 指定的是编译器的绝对路径。

（7）执行以下命令实现编译和安装。

```
make -j4
make install
```

安装成功后，会在/opt/tslib1.22 目录下出现 bin、etc、include、lib 和 share 目录。

## 11.4.2　Qt 的移植

以下是 Qt 移植的具体步骤。

### 1．下载

在对 Qt 进行移植之前，首先对其源码进行下载。可以从 Qt 官网上下载 https://download.qt.io/archive/qt/，这里下载的是 5.15.2，其压缩文件名为 qt-everywhere-src-5.15.2.tar.xz。

### 2．交叉编译

以下是对 Qt 进行交叉编译的具体步骤。

（1）执行以下命令，将下载的 qt-everywhere-src-5.15.2.tar.xz 进行解压。

```
tar -vxf qt-everywhere-src-5.15.2.tar.xz
```

（2）进入 qt-everywhere-src-5.15.2/qtbase/mkspecs/linux-arm-gnueabi-g++/qmake.conf 目录，修改交叉编译器用到的信息，将其修改为对应平台的交叉工具链，内容如下：

```
#
# qmake configuration for building with arm-linux-gnueabi-g++
#

MAKEFILE_GENERATOR      = UNIX
CONFIG                 += incremental
QMAKE_INCREMENTAL_STYLE = sublib

include(../common/linux.conf)
include(../common/gcc-base-unix.conf)
include(../common/g++-unix.conf)

# modifications to g++.conf
QMAKE_CC                = arm-linux-gnueabi-gcc
QMAKE_CXX               = arm-linux-gnueabi-g++
QMAKE_LINK              = arm-linux-gnueabi-g++
QMAKE_LINK_SHLIB        = arm-linux-gnueabi-g++

# modifications to linux.conf
QMAKE_AR                = arm-linux-gnueabi-ar cqs
QMAKE_OBJCOPY           = arm-linux-gnueabi-objcopy
QMAKE_NM                = arm-linux-gnueabi-nm -P
```

```
QMAKE_STRIP             = arm-linux-gnueabi-strip
load(qt_config)
```

（3）返回到 qt-everywhere-src-5.15.2 目录，执行以下命令，创建一个名为 autoConfigure.sh 的脚本文件，用于生成 Makefile 文件。

```
vim autoConfigure.sh
```

在 autoConfigure.sh 文件中输入以下内容并保存。

```
#! /bin/sh

./configure \
-v \
-prefix /opt/qt-5.15.2 \
-release \
-opensource \
-no-accessibility \
-make libs \
-xplatform linux-arm-gnueabi-g++ \
-optimized-qmake \
-pch \
-qt-zlib \
-qt-freetype \
-tslib \
-skip qtlocation \
-no-iconv \
-no-opengl \
-no-sse2 \
-no-openssl \
-no-cups \
-no-glib \
-no-pkg-config \
-linuxfb \
--xcb=no \
-no-separate-debug-info \
-I/opt/tslib1.22/include -L/opt/tslib1.22/lib
```

☎提示：需要注意的是，-prefix /opt/qt-5.15.2 代表编译完 QT5.15.2 后要安装地址，-tslib 代表 Qt 对触摸板的支持，-I 和-L 后面分别为上面编译 tslib 的 include 和 lib 的安装目录。

（4）执行以下命令，自动生成 Makefile 文件。

```
chmod 777 autoConfigure.sh
./autoConfigure.sh
```

（5）执行以下命令，实现编译和安装。

```
make -j4
make install
```

安装成功后，会在/opt/qt-5.15.2/目录下出现 bin、doc、include、lib、mkspecs、plugins、qml 和 translations 目录。

（6）将/opt/qt-5.15.2 和/opt/tslib1.22 复制到开发板的文件系统中对应的目录下。

### 11.4.3　安装 Qt Creator 编译环境

Qt Creator 是跨平台的 Qt 开发工具，是 Qt 被 Nokia 收购之后推出的一款新的轻量级集成开发环境。Qt Creator 不仅可以帮助新 Qt 用户更快速入门，而且还可以提高有经验的 Qt 开发人员的工作效率。本节将详细讲解如何安装 Qt Creator 编译环境。

### 1. 下载

Qt Creator 也需要从 Qt 官网上下载安装包，这里选择的是在线安装，其网站为 https://download.qt.io/archive/online_installers/4.1/，下载后，会得到一个 qt-unified-linux-x86_64-4.1.1-online.run 安装包。

### 2. 安装

以下是安装 Qt Creator 的具体步骤。

（1）在终端输入以下命令：

```
./qt-unified-linux-x86_64-4.1.1-online.run
```

（2）按 Enter 键后，会弹出 Qt Setup——Welcome 对话框，此时才真正开始安装，如图 11-11 所示，在文本框中输入账号和密码。

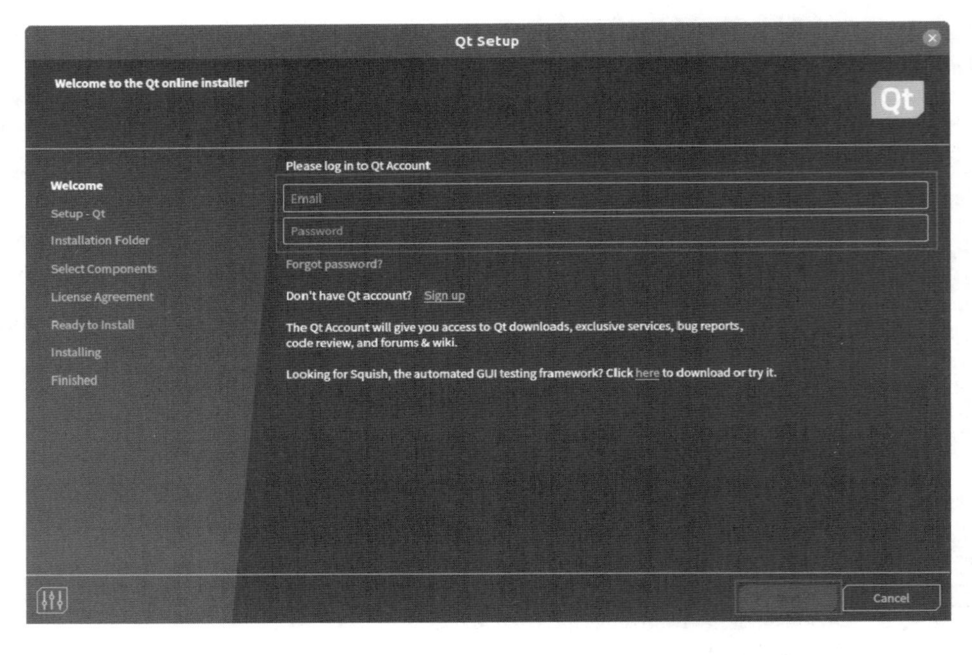


图 11-11　Qt Setup——Welcome 对话框

（3）单击 Next 按钮，弹出 Qt Setup——Open Source Obligations 对话框，如图 11-12 所示。选择 I have read and approve the obligations of using Open Source Qt 复选框和 I am an individual person not using Qt for any company 复选框。

（4）单击 Next 按钮，弹出 Qt Setup——Setup-Ot 对话框，单击 Next 按钮，进行加载。

（5）加载完毕后，单击 Next 按钮，弹出 Qt Setup——Contribute to Qt Development 对话框，如图 11-13 所示。选择 Help us to improve by enabling sending pseudonymous usage statistics in Qt Creator 复选框。

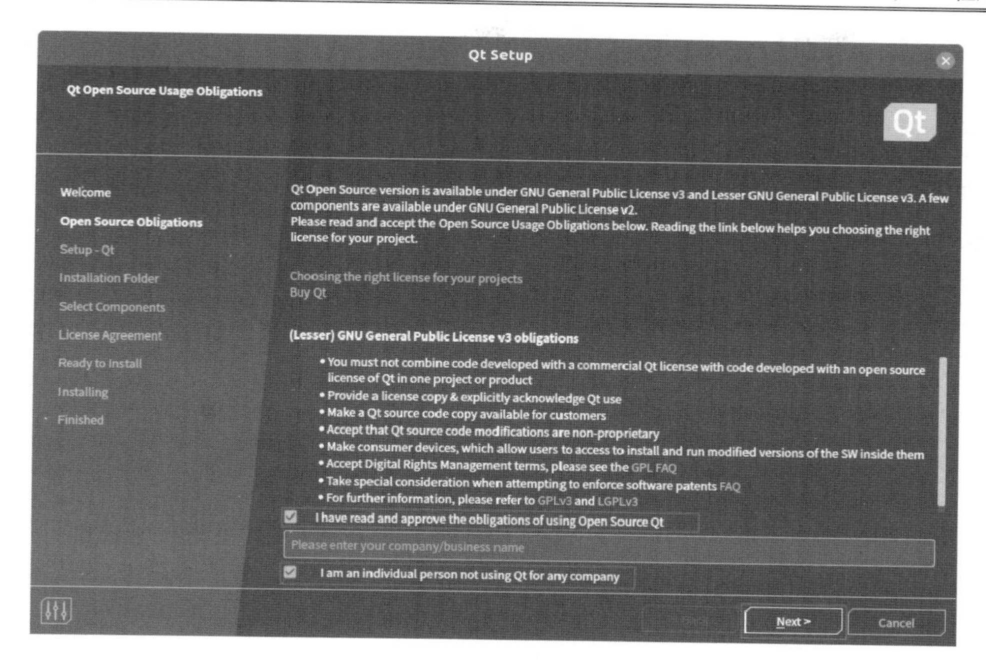


图 11-12　Qt Setup——Open Source Obligations 对话框

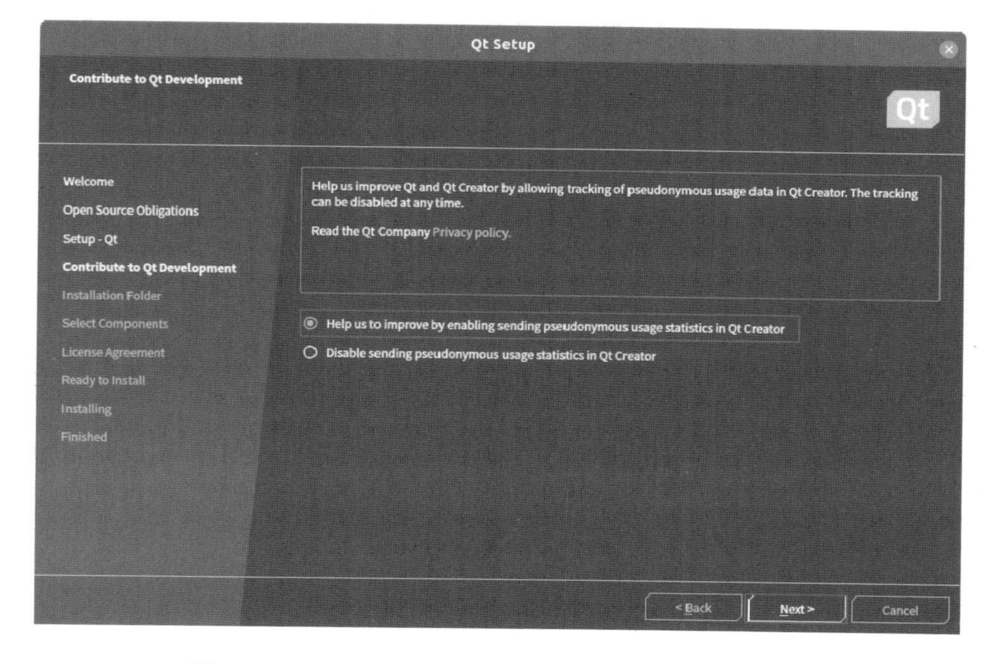


图 11-13　Qt Setup——Contribute to Qt Development 对话框

（6）单击 Next 按钮，弹出 Qt Setup——Installation Folder 对话框，如图 11-14 所示。在此对话框中可以设置安装路径，这里安装路径设为默认路径，设置完毕后，选中 Custom installation 复选框。

（7）单击 Next 按钮，弹出 Qt Setup——Select Components 对话框，如图 11-15 所示。在此对话框中需要选择安装的 Qt 工具版本，这里选择的是 5.15.2。

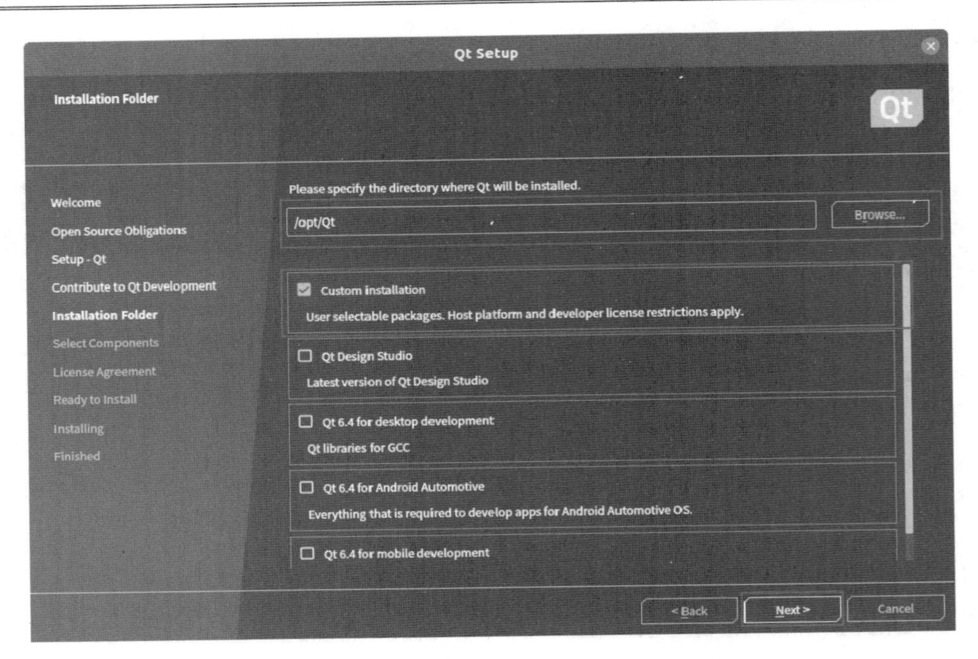


图 11-14　Qt Setup——Installation Folder 对话框

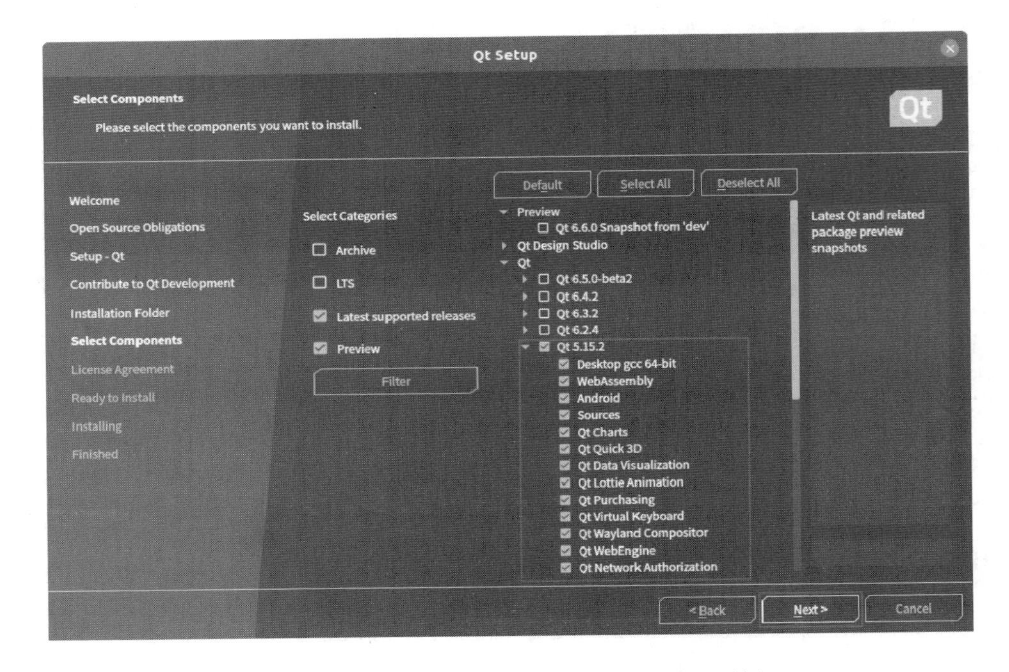


图 11-15　Qt Setup——Select Components 对话框

（8）单击 Next 按钮，弹出 Qt Setup——License Agreement 对话框，如图 11-16 所示。选择 1 have read and agree to the terms contained in the license agreements 复选框。

（9）单击 Next 按钮，弹出 Qt Setup——Ready to Install 对话框，单击 Install 按钮，弹出 Qt Setup——Installing 安装对话框进行安装，安装完毕后，弹出 Qt Setup——Finished 对话框，单击 Finish 按钮，完成安装。

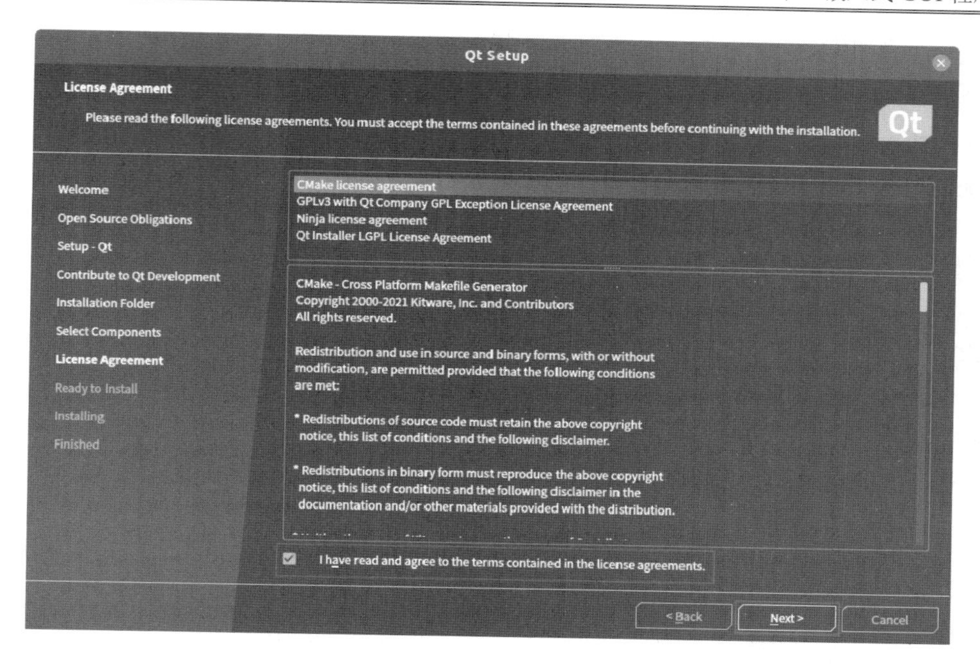


图 11-16 Qt Setup——License Agreement 对话框

### 3. 验证

在安装好 Qt Creator 后，需要对其正确性进行验证，以下是具体的操作步骤。

（1）在工具栏中单击 Show Applications 按钮，弹出 Show Applications 界面，在搜索栏中输入 qt 可以看到 Qt Creator 图标按钮，如图 11-17 所示。

（2）单击 Qt Creator 图标按钮，启动 Qt Creator，如图 11-18 所示。

图 11-17 Show Applications 界面

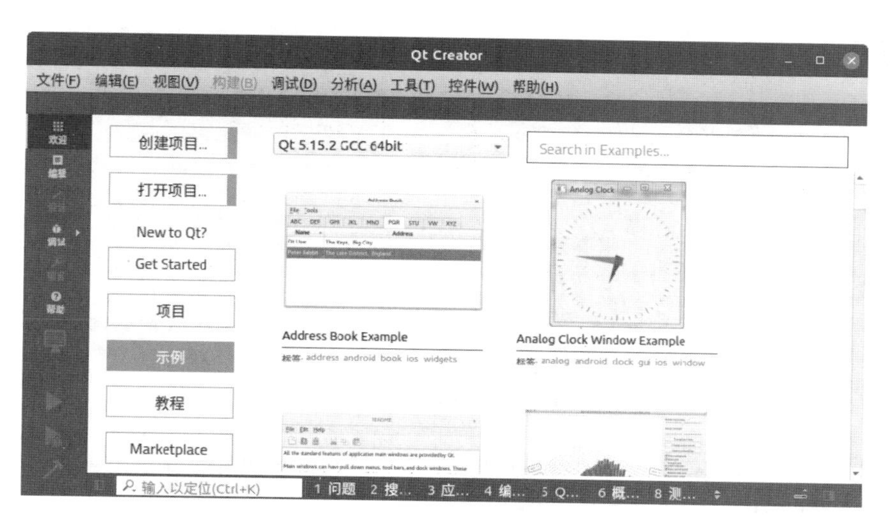


图 11-18 Qt Creator

（3）新建一个项目，如果可以正常运行，则说明 Qt Creator 安装正确。

在编译 Qt 项目时如果出现以下错误：

```
 error: cannot find -lGL
```

则需要执行以下命令安装库。

```
apt-get install libgl1-mesa-dev
```

如果在编译 Qt 项目时出现以下错误：

```
qt.qpa.plugin: Could not load the Qt platform plugin "xcb" in "" even though
it was found.
This application failed to start because no Qt platform plugin could be
initialized. Reinstalling the application may fix this problem.
```

此时需要执行以下命令：

```
apt-get install libxcb-xinerama0
```

## 11.4.4　设置 Qt Creator 编译环境

以下是设置 Qt Creator 编译环境的具体步骤。

（1）启动 Qt Creator，在菜单中选择“工具(T)”|“选项(O)”命令，弹出“选项—Qt Creator”对话框，在此对话框中选择 Kits 选项，进入 Kits 界面，在其中选择“编译器”标签，进入“编译器”选项卡，如图 11-19 所示。在其中单击“添加”按钮，在弹出的菜单中选择 GCC|C 命令，手动添加 C(GCC)交叉编译器。

图 11-19　“编译器”选项卡

（2）在 Kits 界面中选择 Qt Versions 标签，进入 Qt Version 选项卡，单击“添加”按钮，然后选择 qmake path，如图 11-20 所示。

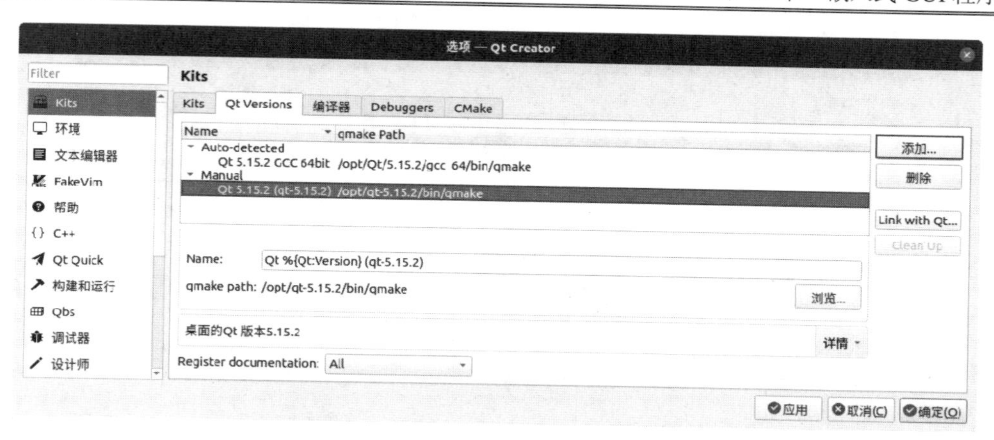


图 11-20　Qt Versions 选项卡

（3）在 Kits 界面中选择“Kits”标签，进入 Kits 选项卡，在其中单击 Add 按钮，将设置的编辑器和 Qt Versions 添加到新的配置中，并将新的配置名称设置为 imull，如图 11-21 所示。单击“应用”按钮，再单击“确定”按钮。

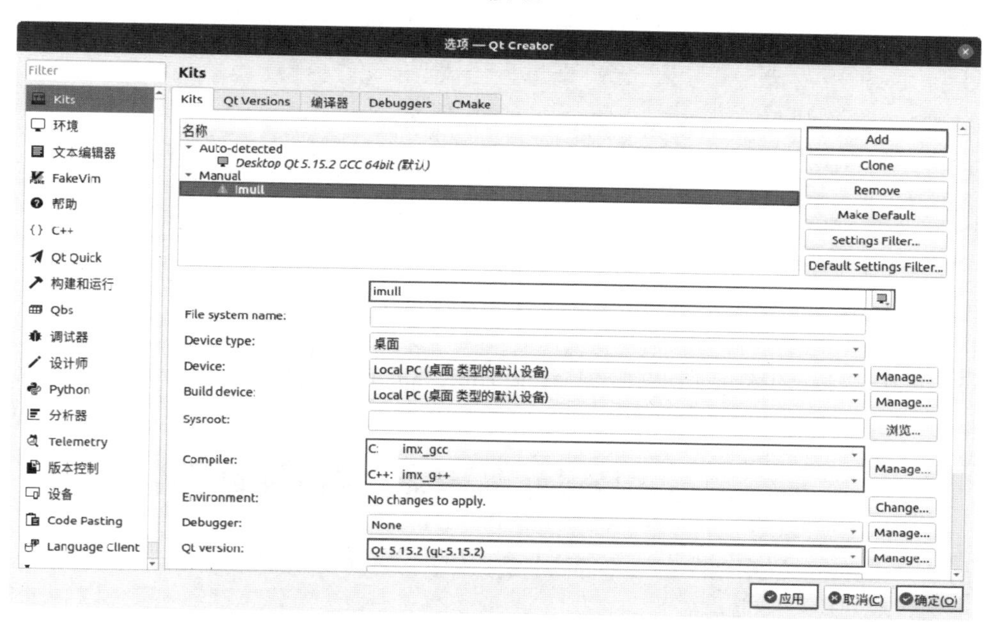


图 11-21　Kits 选项卡

为了进行测试及方便后面内容的讲解，这里创建一个新的 Hello 项目，此项目实现的功能是显示 Hello, welcome to Qt world!。具体步骤如下：

（1）选择菜单栏中的“文件”| New Project 命令，或者直接单击“新建项目”按钮，弹出 New Project—Qt Creator 对话框，如图 11-22 所示，选择 Application 模板，再选择 Qt Widgets Application 选项。

（2）单击“选择”按钮，弹出 Project Location 对话框，在其中将名称改为 Hello，如图 11-23 所示。

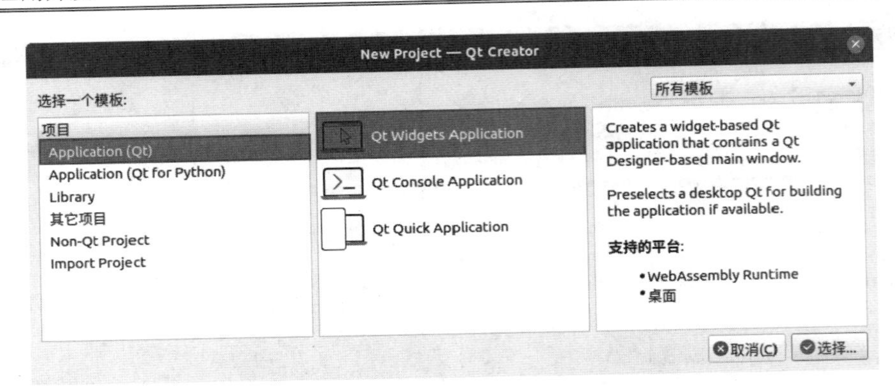


图 11-22　New Project—Qt Creator 对话框

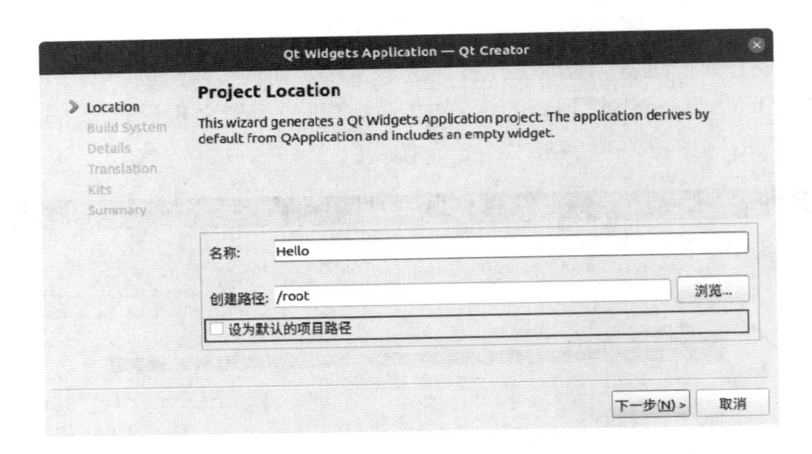


图 11-23　修改名称

（3）单击“下一步”按钮，弹出 Define Build System 对话框，将 Build system 设置为 qmake，如图 11-24 所示。

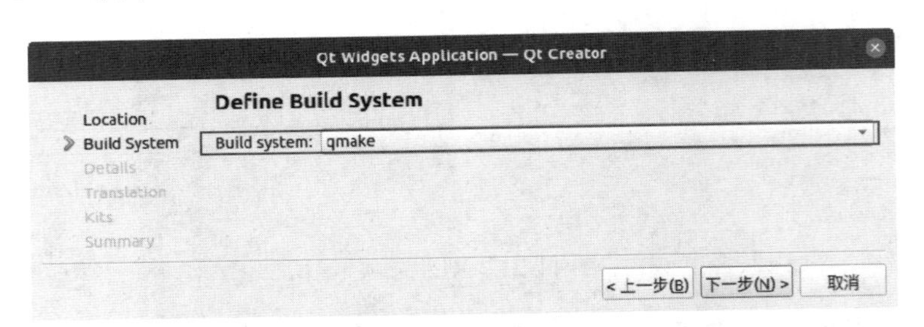


图 11-24　设置 qmake

（4）单击“下一步”按钮，弹出 Class Information 对话框，直接单击“下一步”按钮，弹出 Translation File 对话框，直接单击“下一步”按钮，弹出 Kit Selection 对话框，如图 11-25 所示。在其中选择新添加的 Kits 即 Imull。

（5）单击“下一步”按钮，弹出 Project Management 对话框，直接单击“完成”按钮即可，此时 hello 项目就创建好了。

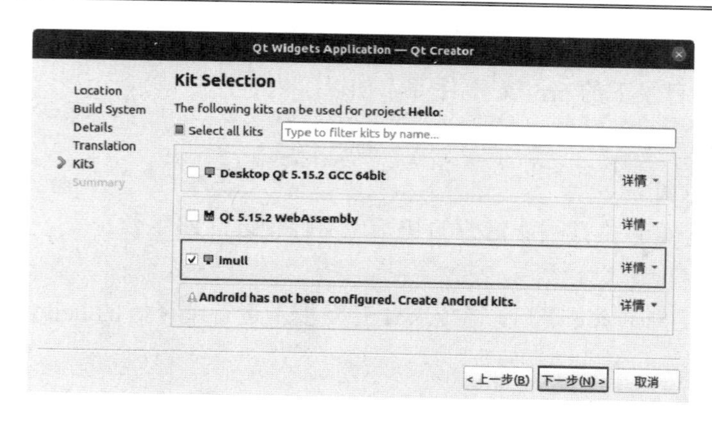


图 11-25　选择 Imull

（6）打开 main.cpp 文件，编写代码，实现显示 Hello, welcome to Qt world!的目的。代码如下：

```
#include "mainwindow.h"
#include <QApplication>
#include <QDebug>
int main(int argc, char *argv[])
{
    qDebug("Hello, welcome to Qt world!");
    return 0;
}
```

（7）单击“运行”按钮运行程序，在编译输出面板中显示如图 11-26 所示的内容，说明程序是没有问题的。

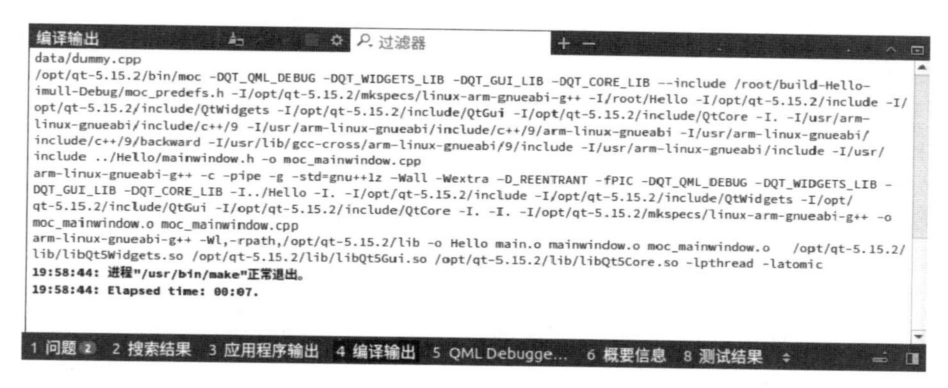


图 11-26　编译输出

提示：需要注意的是，编译成功后，会生成一个 build-***-imull-Debug 的文件夹，在此文件夹中会有可执行文件，本例的可执行文件为 Hello。

## 11.4.5　配置开发板的环境变量

以下是配置开发板的环境变量的具体操作步骤。

（1）复制/opt/qt-5.15.2/目录下的内容到开发板的/opt/qt-5.15.2/目录下。

（2）复制/opt/ tslib1.22/目录下的内容到开发板的/opt/ tslib1.22/目录下。

（3）复制 Qt Creator 使用的 fonts 字库到开发板的/opt/qt-5.15.2/lib/fonts 目录下。

（4）打开 etc 目录下的 profile 文件并添加以下内容：

```
export QT_QPA_PLATFORM=linuxfb
export XDG_RUNTIME_DIR=/usr/lib/
export RUNLEVEL=3
```

执行以下命令重新执行刚才修改的初始化文件使之立即生效。

```
source /etc/profile
```

配置好开发板的环境变量后，在 ARM 开发板上运行编译好的 hello 程序就可以了。

## 11.5　模拟器 QEMU

开发板有多种类型，也存在很多的局限性，如型号问题、版本问题和内存问题等。为了解决这些问题，可以使用模拟器 QEMU 进行测试。下面进行详细介绍。

### 11.5.1　使用 QEMU 搭建 ARM 嵌入式 Linux 开发环境

以下是使用 QEMU 搭建 ARM 嵌入式 Linux 开发环境的具体步骤。

#### 1. 安装QEMU

通过执行以下命令安装 QEMU。

```
apt-get install qemu qemu-system-arm
```

#### 2. 编译Linux内核与设备树

以下是 Linux 内核与设备树编译的具体步骤。

（1）下载 Linux 内核，本例下载的是 Linux 5.15。

（2）将下载的 Linux 内核复制到 Home 中。执行以下命令解压。

```
tar zvxf linux-5.15.tar.gz
```

（3）进入 Linux 5.15 内核目录。

（4）修改 Makefile 文件，将此文件中的 ARCH 和 CROSS_COMPILE 关键字修改为以下内容：

```
ARCH          ?= arm
CROSS_COMPILE   ?= arm-linux-gnueabi-
```

（5）本例选择 vexpress 系列作为虚拟开发板，在 Linux 内核目录下输入以下名称对开发板进行配置，编译后生成.config 文件。

```
make vexpress_defconfig
```

（6）配置好后，执行以下命令编译内核。

```
make zImage -j6
```

（7）执行以下命令编译内核模块。

```
make modules -j4
```

（8）执行以下命令编译设备树。

```
make dtbs
```

### 3．制作BusyBox根文件系统

以下是根文件系统制作的具体步骤。

（1）下载 BusyBox，本例下载的是 busybox-1.32.1。

（2）将下载的 BusyBox 复制到 Home 中。执行以下命令解压。

```
tar xvf busybox-1.32.0.tar.bz2
```

（3）进入 BusyBox 源码目录，修改 Makefile 文件，将此文件中的 ARCH 和 CROSS_COMPILE 关键字修改为以下内容：

```
ARCH          ?= arm
CROSS_COMPILE   ?= arm-linux-gnueabi-
```

（4）执行以下命令进行配置。

```
make defconfig
```

（5）执行以下命令进行编译。

```
make -j4
```

（6）执行以下命令进行安装。安装完成后会生成一个_install 文件夹。

```
make install
```

（7）返回到 Home 目录，新建一个 rootfs 目录并进入该目录，执行以下命令将刚才生成的_install 文件夹中的内容复制到该目录下。

```
cp busybox-1.32.1/_install/* -r rootfs/
```

（8）在 rootfs 目录下新建一个 lib 目录，执行以下命令，将 ARM 交叉编译器的库复制过来。

```
sudo cp -P /usr/arm-linux-gnueabi/lib/* rootfs/lib/
```

（9）在 rootfs 目录下新建 dev 目录，在此目录下执行以下命令创建 9 个节点，以及一个控制台节点和一个空节点。

```
mknod -m 666 tty1 c 4 1
mknod -m 666 tty2 c 4 2
mknod -m 666 tty3 c 4 3
mknod -m 666 tty4 c 4 4
mknod -m 666 tty5 c 4 5
mknod -m 666 tty6 c 4 6
mknod -m 666 tty7 c 4 7
mknod -m 666 tty8 c 4 8
mknod -m 666 tty9 mknod -m 666 tty1 c 4 8
mknod -m 666 console c 5 1
mknod -m 666 null c 1 3
```

（10）在 rootfs 目录下创建 etc 目录，在 etc 目录下创建 init.d 目录和 fstab、inittab、profile 这 3 个文件。这 3 个文件的内容如下：

```
#fstab 文件的内容如下
proc        /proc   proc    defaults    0    0
#inittab 文件的内容如下
::sysinit:/etc/init.d/rcS
::respawn:-/bin/sh
```

```
tty2::askfirst:-/bin/sh
::ctrlaltdel:/bin/umount -a -r
#profile 文件的内容如下
# /etc/profile: system-wide .profile file for the Bourne shells

echo
echo -n "Processing /etc/profile... "
# no-op
echo "Done"
echo
```

（11）在 init.d 目录下创建一个 rcS 文件，此文件的内容如下：

```
#! /bin/sh

/bin/mount -a
```

（12）在 rootfs 目录下创建 mnt、proc、sys 和 tmp 目录。

（13）执行以下命令生成 80GB 大小的磁盘镜像。

```
qemu-img create -f raw disk.img 80G
```

（14）执行以下命令把磁盘镜像格式化成 Ext4 文件系统。

```
mkfs -t ext4 ./disk.img
```

（15）执行以下命令将 rootfs 根目录下的所有文件复制到磁盘镜像中。

```
mkdir tmpfs
sudo mount -o loop ./disk.img tmpfs/
sudo cp -r rootfs/* tmpfs/
sudo umount tmpfs
```

### 4．利用QEMU启动ARM虚拟机

以上步骤都完成后，就可以通过以下命令利用 QEMU 启动 ARM 虚拟机了。

```
qemu-system-arm -M vexpress-a9 -m 512M -kernel ~/linux-5.15/arch/arm/
boot/zImage -dtb ~/linux-5.15/arch/arm/boot/dts/vexpress-v2p-ca9.dtb
-nographic -append "root=/dev/mmcblk0 rw console=ttyAMA0" -sd disk.img
```

启动后的效果如图 11-27 所示。

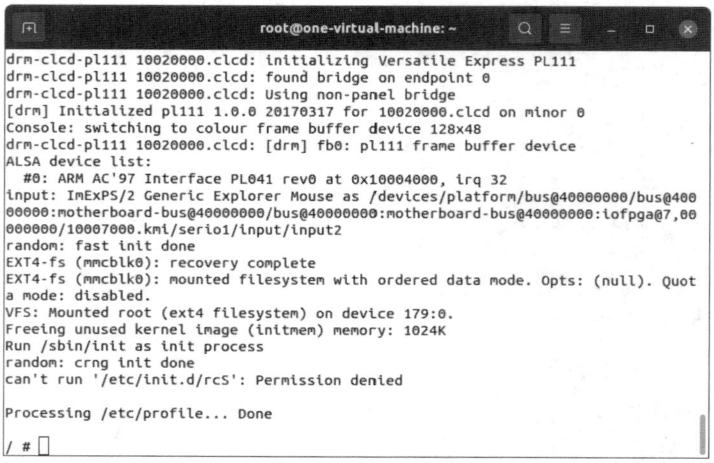

```
root@one-virtual-machine: ~
drm-clcd-pl111 10020000.clcd: initializing Versatile Express PL111
drm-clcd-pl111 10020000.clcd: found bridge on endpoint 0
drm-clcd-pl111 10020000.clcd: Using non-panel bridge
[drm] Initialized pl111 1.0.0 20170317 for 10020000.clcd on minor 0
Console: switching to colour frame buffer device 128x48
drm-clcd-pl111 10020000.clcd: [drm] fb0: pl111 frame buffer device
ALSA device list:
  #0: ARM AC'97 Interface PL041 rev0 at 0x10004000, irq 32
input: ImExPS/2 Generic Explorer Mouse as /devices/platform/bus@40000000/bus@400
00000:motherboard-bus@40000000/bus@40000000:motherboard-bus@40000000:iofpga@7,00
000000/10007000.kmi/serio1/input/input2
random: fast init done
EXT4-fs (mmcblk0): recovery complete
EXT4-fs (mmcblk0): mounted filesystem with ordered data mode. Opts: (null). Quot
a mode: disabled.
VFS: Mounted root (ext4 filesystem) on device 179:0.
Freeing unused kernel image (initmem) memory: 1024K
Run /sbin/init as init process
random: crng init done
can't run '/etc/init.d/rcS': Permission denied

Processing /etc/profile... Done

/ #
```

图 11-27　启动 ARM 虚拟机

☎提示：以上命令是非图形化启动方式，若要以图形化方式启动，需要执行以下命令。

```
qemu-system-arm -M vexpress-a9 -m 512M -kernel ~/linux-5.15/arch/arm/
boot/zImage -dtb ~/linux-5.15/arch/arm/boot/dts/vexpress-v2p-ca9.dtb
-append "root=/dev/mmcblk0 rw console=ttyAMA0" -sd disk.img
```

### 11.5.2　使用 Qt 程序进行测试

下面使用 11.4.4 节生成的 hello 程序进行测试。具体步骤如下。

（1）执行以下命令实现挂载。

```
sudo mount -o loop ./disk.img tmpfs/
```

（2）将 build-Hello-imull-Debug 下的 Hello 可执行文件复制到 tmpfs 中。

（3）在 tmpfs 中创建一个 opt 目录，将/opt/qt-5.15.2 目录和/opt/tslib1.22# 目录下的所有内容复制到 tmpfs 的 opt 下。

（4）执行以下命令卸载 tmpfs。

```
umount tmpfs
```

（5）再次启动 ARM 虚拟机，可以在根目录下面看到 Hello 文件，直接执行该文件，将会显示 Hello, welcome to Qt world!。

## 11.6　小　　结

本章介绍了 Linux 系统常见的图形环境，以 Qt 图形界面为例详细讲解了 Qt 的使用和开发过程，最后介绍了如何移植 Qt 到目标板。Qt 是一个应用广泛的开源图形开发环境，读者在学习的过程中需要多实践，结合 Qt 的文档，探索 Linux 图形开发技术。第 12 章将介绍软件开发过程中的项目管理方法。

## 11.7　习　　题

**一、填空题**

1．X Window 采用的结构设计是________。
2．Qt 自带的一个工程管理工具是________。
3．设计信号和槽的机制是为了避免________函数的缺点。

**二、选择题**

1．下列选项中使用 GTK+库作为图形开发库的是（　　）。
A．GNOME　　B．KDE　　C．Qt　　D．MiniGUI
2．下列不能加入 QWidget 对象中的组件是（　　）。
A．QButton　　B．QSlider　　C．QProcess　　D．其他

3．提供了对触摸屏设备的访问及对其输入事件进行过滤校准能力的库是（　　）。

A．Qt　　B．tslib　　C．BusyBox　　D．其他

## 三、判断题

1．Linux 系统使用 Window 作为图形系统。（　　）

2．QWidget 是一个布局管理类。（　　）

3．Qt Creator 是跨平台的 Qt IDE。（　　）

## 四、操作题

1．编写 Qt 代码，显示一个标签，标签中的内容为 Hello，Qt。

2．使用命令安装 QEMU。

# 第 12 章　软件项目管理

软件项目的管理是软件开发过程中很重要的一项工作。好的管理方法是一个软件项目开发成功的前提，而使用软件管理工具能让软件项目开发事半功倍。开源软件项目的开放特性可能会使开发软件项目的人员处在不同的地方，如 Linux 内核开发人员分布在全球数十个国家。在开源软件项目开发过程中，交流与合作的难度比任何一种商业软件都高，因此需要软件管理工具帮助开发人员完成协作和交流的工作。本章将介绍在开源软件项目中常用的管理技术，主要内容如下：

- 软件版本介绍；
- 如何控制软件版本；
- 常见的开发文档介绍；
- Bug 跟踪系统介绍。

## 12.1　源代码管理

源代码是一个软件中最重要的部分，软件的二进制程序都是从源代码中编译生成的。学过计算机编程的读者可能都编辑过一些源代码来实现一些简单的功能，但是在学习编程的过程中可能很少接触对源代码的管理问题。对于一个软件来说，无论从源代码的数量还是软件的功能上看，都远比一个小程序复杂。软件开发是多人合作的过程，因此对软件开发过程的管理就很有必要了。

### 12.1.1　软件的版本

在软件开发过程中，通常会把完成某个功能的代码打包，用数字和字母组合的形式为软件的源代码或者二进制文件命名，表示完成一个阶段的工作，这种命名称作软件版本。软件的版本命名不是随意的，有一定规律，不同的软件开发组织都有自己的软件命名方法。本节将介绍几种常见的命名规则。

#### 1. GNU软件版本的命名规则

GNU 软件版本的命名规则几乎被所有的开源软件所采用。GNU 软件版本的命名规则使用 3 段数字表示，每段数字之间用“.”隔开，如图 12-1 所示。

| 主版本号 | 子版本号 | 修正版本号 | 编译版本号 |
| --- | --- | --- | --- |

图 12-1　GNU 软件版本号命名规则

在 GNU 的版本命名规则中，主版本号在软件有重大功能改进或结构改进时增加，如 Linux 内核从 1.x 升级到 2.x 结构时发生了重大改变；子版本号在软件增加较多功能或者改正较大的错误时增加；修正版本号在修改较小的错误时增加；编译版本号是由用户定义的，用于区分在某个版本基础上的差异，用户可以起任意的名称。

☎提示：GNU 软件的一个默认规则是版本号中的奇数表示软件版本相对不稳定，偶数表示版本的功能经过测试，相对稳定。

### 2．常见的软件版本命名的含义

许多软件在采用数字命名版本的基础上还加入了一些英文单词表示版本的意图，下面介绍几种常见的版本命名的含义。

- α（alpha）：α 通常表示内部测试版，意思是该版本已初步完成，但是没有经过完整的测试，仅在开发团队或者小范围内交流。α 版本通常有许多问题，不适合普通用户使用。
- β（beta）：该版本相对 α 版本有重大改进，通常发布给用户供用户测试和体验，称作外部测试版。β 版本也存在问题，也不排除重大问题。开发组织会根据 β 版本的使用反馈修改问题。
- Trial（试用版）：通常被商业软件采用。商业软件把少部分功能发布给用户，供用户体验。如果用户对软件比较满意，想继续使用，则需要购买正式版本。试用版一般是不收费的，这就像超市里免费品尝的食品，用户可以品尝但是数量有限。
- Unregistered（未注册版）：是商业软件常见的一种发布形式。与试用版不同的是，未注册版包含软件全部的功能，但是对用户做了一些限制。用户通过购买注册号（Serial Number）或许可证（License）的方式注册软件后才能使用软件的全部功能。
- Demo（演示版）：是一种非正式软件版本。演示版提供了正式版本的大部分功能，但是不能通过注册得到正式版本。演示版通常也有限制，如有的软件的演示版本没有保存功能，仅提供演示软件的功能。
- Registered（注册版）：是与未注册版对应的，是用户拿到的最终版本。一些大型商业软件根据不同客户群设置不同的软件功能版本。
- Professional（专业版）：通常针对开发工具如 Visual C++、嵌入式开发工具 ADS 等而言。专业版包含供专业用户使用的所有工具，功能丰富，适合软件项目团队使用。
- Enterprise（企业版）：通常是一个软件的所有版本中功能最全面的版本。它既兼顾了普通用户的需求又兼顾了专业用户的需求，是一个大而全的版本。

## 12.1.2　版本控制的概念

在软件开发过程中会不断地修改错误并发布新的功能，软件的版本也随之增多。此外，发布给用户的版本与开发的版本往往不是一致的，12.1 节介绍的多是发布给用户的版本，在开发过程中很可能会有许多的“中间版本”。

版本控制的目的就是解决软件开发过程中的版本问题。在开发过程中常会遇到同一文件多人修改或者多人修改代码后同时提交的问题。

版本控制的一个重要功能是记录每个版本信息，当发生错误时能回退到某个指定的版本。试想一下，如果每个人都在修改自己的文件，在提交的时候才发现问题，这个时候如果不能回退到之前某个可用的版本，那么工作可能会前功尽弃。软件版本控制还需要提供代码比对功能，帮助用户比较不同版本之间的差异。

# 12.2　版本控制系统 Git

在开源软件领域有许多的版本控制软件，早期的版本控制软件有大名鼎鼎的 CVS，现在应用最广泛的版本控制软件是 Git 版本管理系统。

CVS 是一个有悠久历史（10 年以上）的版本控制系统，最初从 UNIX 移植而来，目前可以在多个平台上使用。CVS 提出了“仓库”的概念，一个软件项目的代码存放到一个仓库内。通过代码仓库，一个 CVS 系统可以管理多个软件项目。CVS 采用代码仓库的概念提高了软件版本管理的效率，被其他的版本控制系统广泛接受。

随着时间的推移，CVS 的弊端逐渐显现。例如，CVS 仅支持 ASCII 编码的文本文件，对于使用非英语的人来说非常不方便。此外，CVS 版本控制系统的使用比较复杂，容易出错。基于以上各种原因新的版本控制系统被开发出来，CVS 也逐步被取代。目前国内流行的是 Git 版本控制系统。

Git 是一个开源的分布式版本控制系统，可以有效、高速地处理从很小到非常大的项目版本管理。本节将介绍 Git 的安装配置和使用方法。

## 12.2.1　在 Linux 系统中使用 Git

本节介绍在 Ubuntu Linux 22.04 版本上安装 Git，并且实现上传代码的功能，具体步骤如下。

### 1．新建Git仓库

Git 仓库需要在 Git 服务器上创建。开发者可以自己搭建 Git 服务器，也可以使用第三方提供的已有 Git 服务器。以下是在 GitHub 网站新建 Git 仓库的步骤。

（1）在浏览器中输入 https://github.com/new 打开新建 Git 仓库网页，实现对 Git 仓库的新建，如图 12-2 所示。

（2）直接在 Repository name 对应的文本框中输入仓库名，这里输入的是 hello，然后单击 Create repository 按钮就可以了，此时会进入创建的仓库中。

### 2．安装Git

Ubuntu Linux 使用 apt 管理软件包，安装 Git 的过程非常简单。在 Ubuntu 的终端，通过以下命令安装 Git：

```
$ sudo apt-get install git openssh-server openssh-client
```

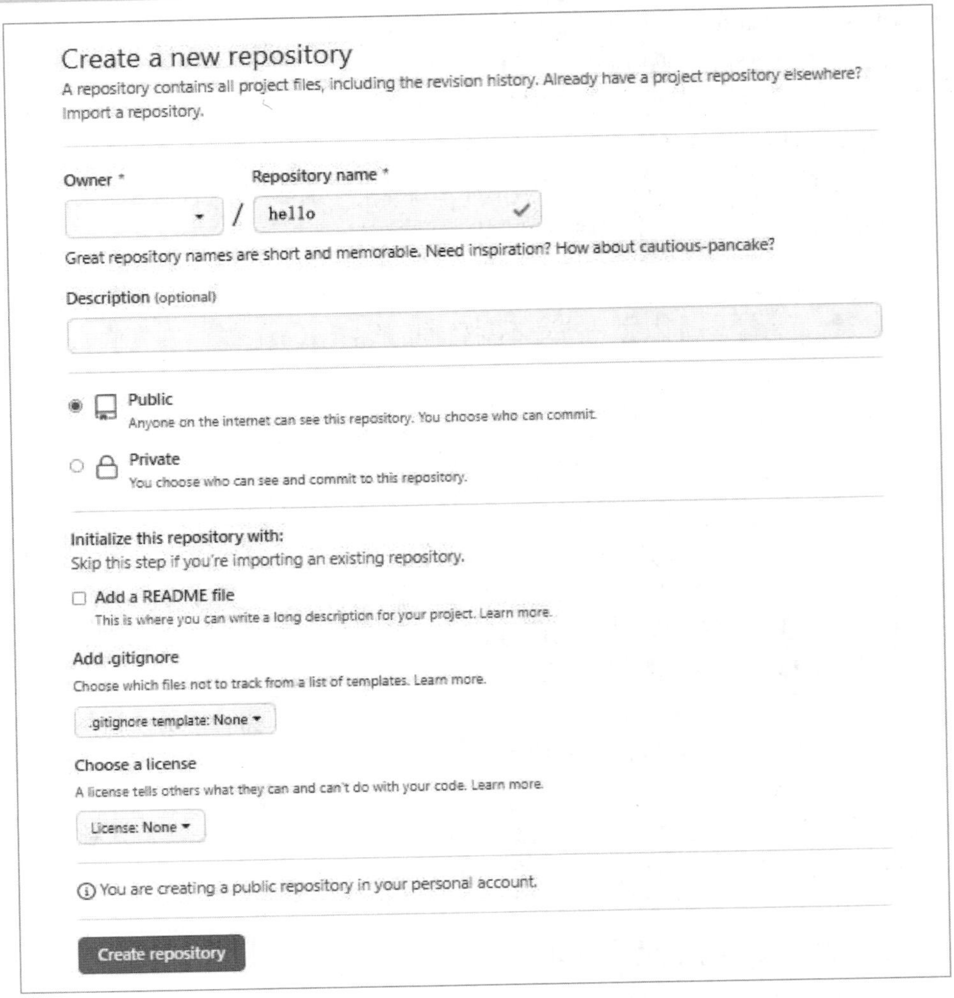

图 12-2　新建 Git 仓库

### 3. 配置用户名和邮箱

安装完 Git 后，需要对 Git 的用户名和邮箱进行配置，此时需要使用以下命令：

```
git config --global user.name '****'
git config --global user.email '****'
```

### 4. SSH key

SSH key 是一个允许两台计算机之间通过安全的连接进行数据交换的网络协议。通过加密保证了数据的保密性和完整性。在 Ubuntu Linux 中生成 SSH key 可以使用以下命令：

```
ssh-keygen -t rsa
```

SSH key 生成后，可以在主目录的.ssh 文件夹中看到，此文件夹中有两个文件，一个是 id_rsa，另一个是 id_rsa.pub。

在浏览器中输入 https://github.com/settings/keys，弹出 SSH and GPG keys 网页，如图 12-3 所示。

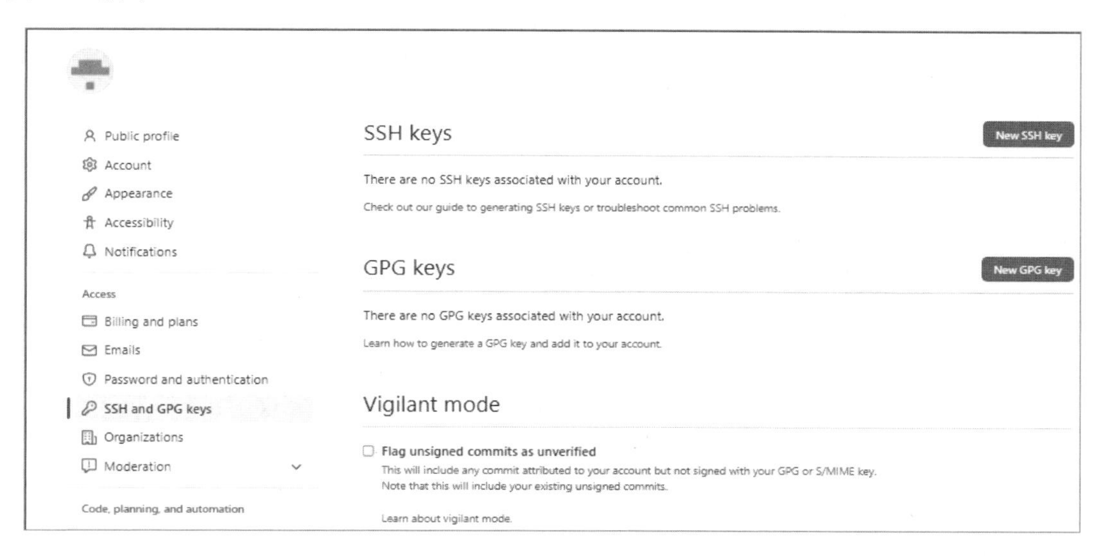


图 12-3　SSH and GPG keys 网页

单击 New SSH key 按钮，弹出新建 SSH keys 网页，如图 12-4 所示。在 Title 文本框中输入名称，这个名称可以是任意的。在 Key 文本框中输入 C:\Users\admin\.ssh 文件夹中 id_rsa.pub 文件的内容。输入完毕后，单击 Add SSH key 按钮，完成 SSH key 的新建。

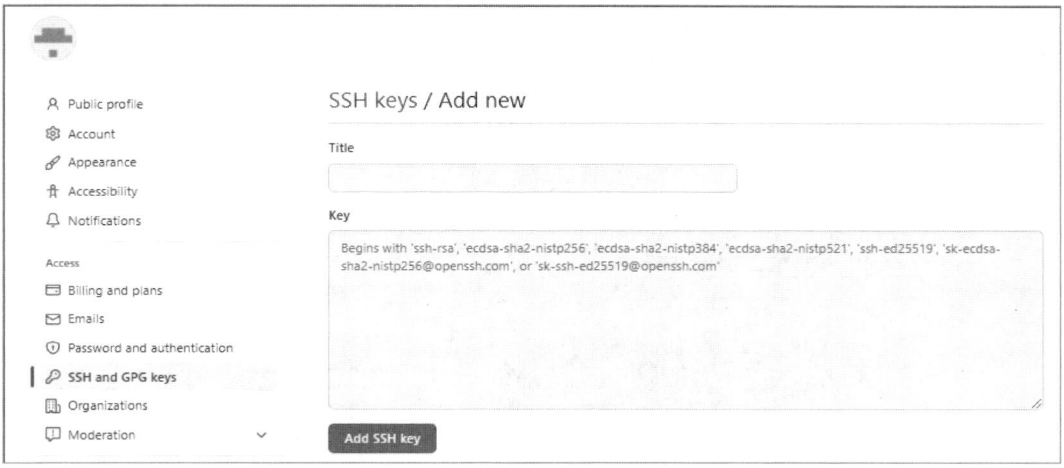

图 12-4　新建 SSH keys 网页

#### 5. 上传代码到Git仓库

使用以下命令在客户机上创建一个 Git 代码仓库，然后在此仓库中添加一个 1.txt 文件，最后将其上传到 Git 仓库中。

```
mkdir testpro
cd testpro
git init
```

```
touch 1.txt
git add 1.txt
git commit -m '测试 Git'
git branch -M main
git remote add origin git@github.com:xxx/hello.git
git push origin master
```

代码上传成功后，在浏览器中输入 https://github.com/****/hello，就可以看到上传的内容了。

### 12.2.2　在 Windows 系统中使用 Git

在 Windows 系统中使用 Git 的步骤基本和 Linux 中是一样的。以下是具体的介绍。

#### 1. 新建Git仓库

这里的操作步骤和 12.2.1 节新建 Git 仓库的操作步骤是一样的，这里就不再进行讲解了，本节创建的仓库为 est。

#### 2. 安装Git

以下是在 Windows 中安装 Git 的具体操作步骤。

（1）在 Git 官网上下载 Git 安装包，这里下载的软件包为 Git-2.38.1-64-bit.exe。

（2）双击 Git-2.38.1-64-bit.exe，弹出使用许可声明对话框，如图 12-5 所示。

（3）单击 Next 按钮，弹出选择安装目录对话框。

（4）在其中选择 Git 安装的目录，这里使用默认设置。单击 Next 按钮，弹出选择安装组件对话框，如图 12-6 所示。

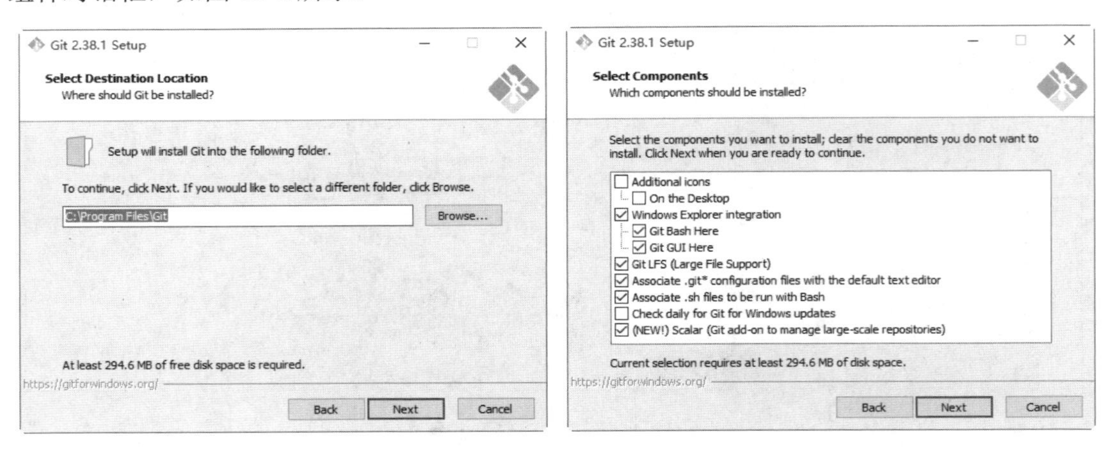


图 12-5　选择安装目录　　　　图 12-6　选择安装组件

（5）在此对话框中选择需要安装的组件。单击 Next 按钮，弹出选择开始菜单对话框，如图 12-7 所示。

（6）在其中设置安装程序的快捷方式放置的位置。单击 Next 按钮，弹出选择 Git 默认的编辑器对话框，如图 12-8 所示。

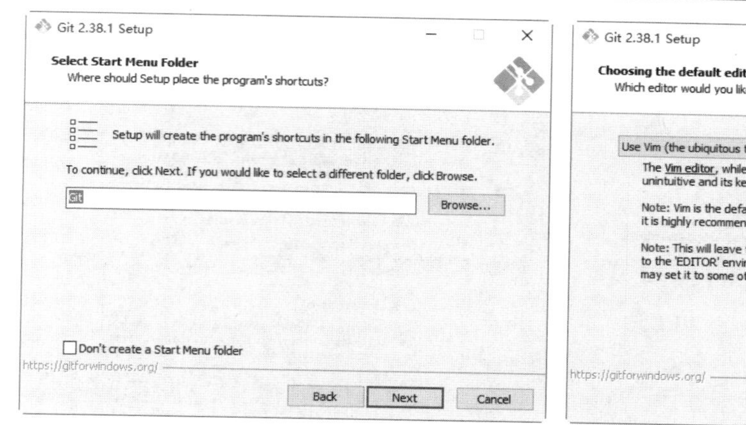


图 12-7　选择开始菜单的放置位置

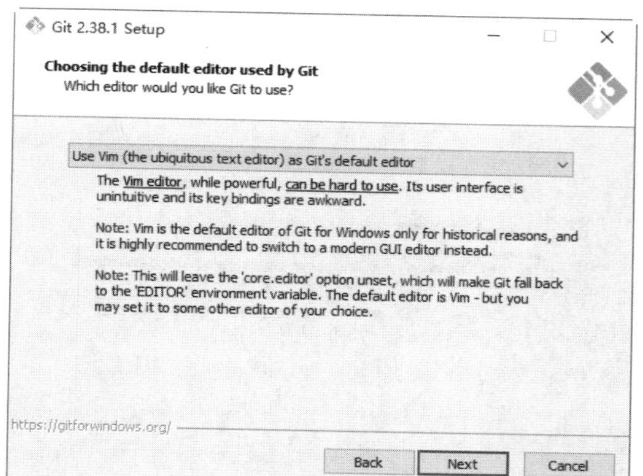


图 12-8　选择 Git 默认的编辑器

（7）Git 安装程序中内置了 10 种编辑器供用户挑选，默认的是 Vim。这里选择 Vim。单击 Next 按钮，弹出决定初始化新项目（仓库）的主干名称对话框，如图 12-9 所示。

（8）选中 Let Git decide 单选按钮。单击 Next 按钮，弹出调整 path 环境变量对话框，如图 12-10 所示。

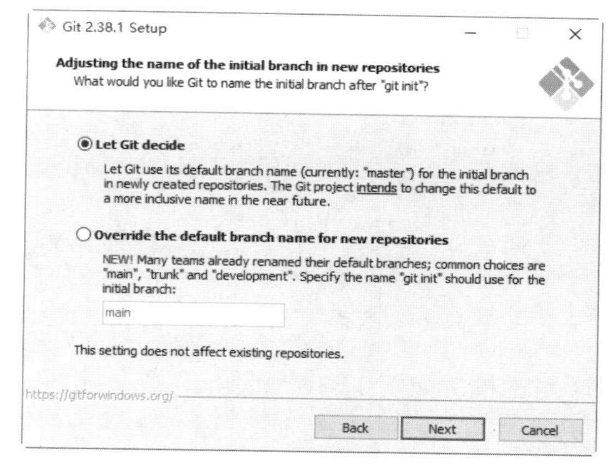


图 12-9　决定初始化新项目（仓库）的主干名称

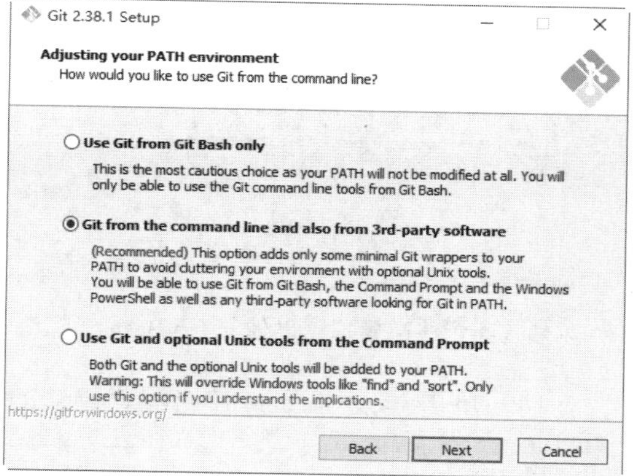


图 12-10　调整 path 环境变量

（9）选中 Git from the command line and also from 3rd-party software 单选按钮。单击 Next 按钮，弹出选择 HTTPS 后端传输对话框，如图 12-11 所示。

（10）选择 Use the OpenSSL library 单选按钮。单击 Next 按钮，弹出配置行尾符号转换对话框，如图 12-12 所示。

（11）选中 Checkout Windows-style，commit Unix-style line endings 单选按钮。单击 Next 按钮，弹出配置终端模拟器以便与 Git Bash 一起使用对话框，如图 12-13 所示。

（12）选中 Use MinTTY 单选按钮。单击 Next 按钮，单击选择默认的 git pull 行为对话框，如图 12-14 所示。

（13）选中 Default 单选按钮。单击 Next 按钮，弹出选择一个凭证帮助程序对话框，如图 12-15 所示。

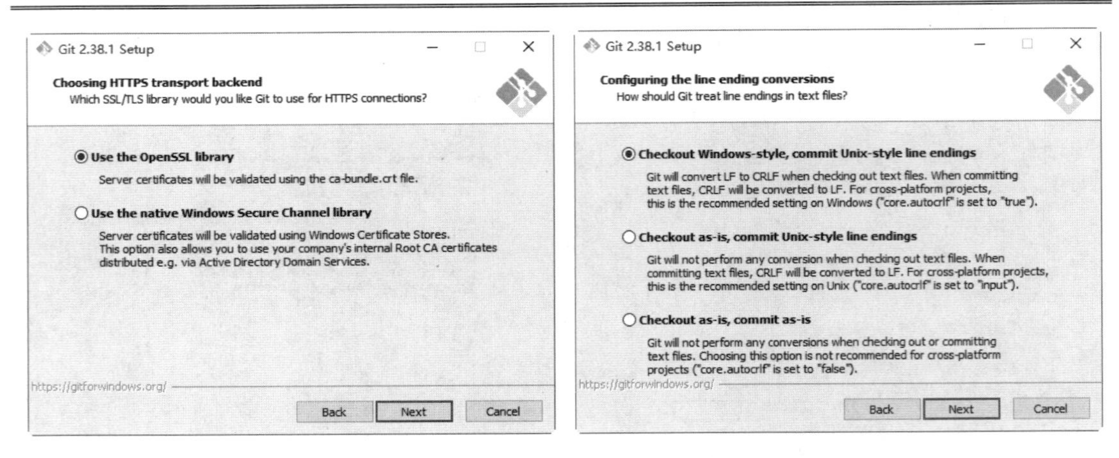


图 12-11　选择 HTTPS 后端传输　　　　图 12-12　配置行尾符号转换

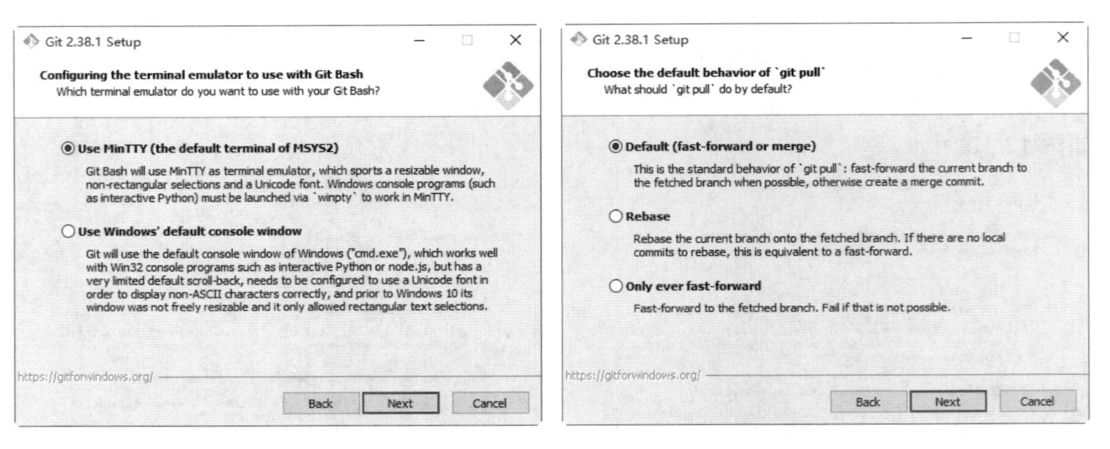


图 12-13　配置终端模拟器以便与 Git Bash 一起使用　　　　图 12-14　选择默认的 git pull 行为

（14）单击 Next 按钮，弹出配置额外的选项对话框，如图 12-16 所示。

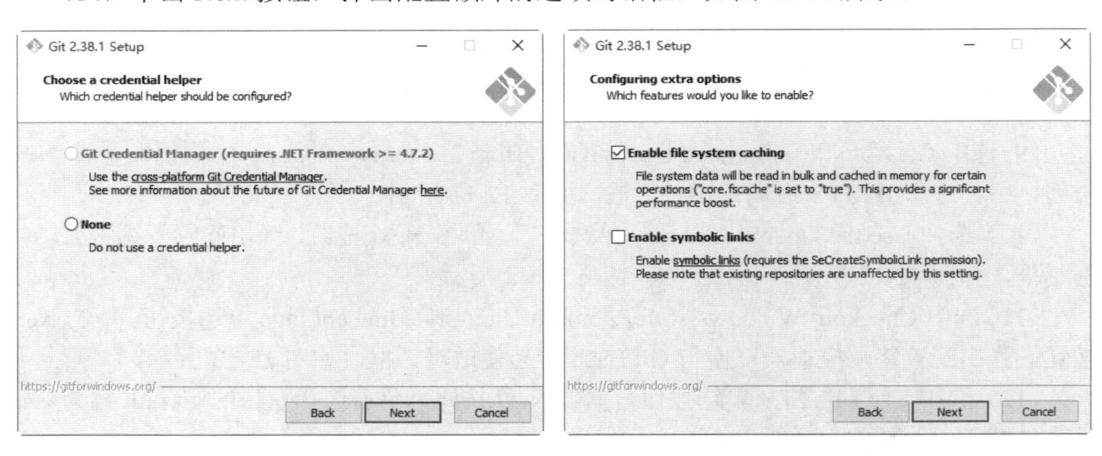


图 12-15　凭证帮助程序对话框　　　　图 12-16　配置额外的选项

（15）勾选 Enable file system caching 复选框。单击 Next 按钮，弹出配置实验性选项对话框，如图 12-17 所示。

（16）这里将两个复选框都选中。单击 Install 按钮弹出安装对话框，安装完毕后，弹出安装完成对话框，如图 12-18 所示。

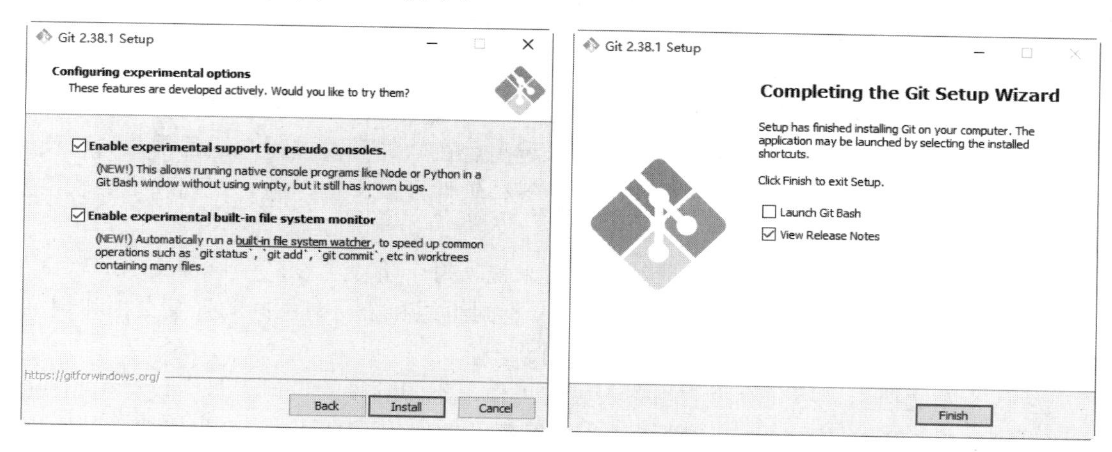


图 12-17　配置实验性选项

图 12-18　安装完成

### 3. 配置用户名和邮箱

在任意位置处右击，在弹出的快捷菜单中选择 Git Bash Here 命令，打开终端。然后输入以下命令进行用户名和邮箱的配置。

```
git config --global user.name "****"
git config --global user.email "****"
```

### 4. 生成SSH key

在 Windows 中生成 SSH key 需要输入以下命令：

```
ssh-keygen -t rsa
```

SSH key 生成后可以在 C:\Users\admin\.ssh 文件夹中看到，此文件夹中有两个文件，一个是 id_rsa，另一个是 id_rsa.pub。需要将 id_rsa.pub 文件中的内容输入新建的 SSH key 网页中。

### 5. 上传代码到Git仓库

使用到以下命令在客户机上创建一个 Git 代码仓库，然后在此仓中添加一个 hello.c 文件，最后将其上传到 Git 仓库中。

```
mkdir gitlearn
cd gitlearn
git init
touch hello.c
git add hello.c
git commit -m "提交的内容"
git branch -M main
git remote add origin git@github.com:xxx/test.git
git push -u origin main
```

代码上传成功后，在浏览器中输入 https://github.com/****/test，就可以看到上传的内容了。

# 12.3　常见的开发文档

随着技术的进步，小作坊式的软件开发时代已经成为过去。目前的软件开发技术在不断提升，用户对软件的功能和性能要求也越来越高。在软件开发过程中，各种数据和代码的管理需要经过统筹安排和管理，由此出现了各种软件开发文档，用于规划和指导软件开发过程。

软件开发文档是与开发阶段对应的。一般来说，每个阶段至少产生一种文档。软件开发文档描述了在软件开发各阶段中不同的任务。不同组织和公司有不同的开发文档和规范，使用不同的开发模型产生的文档内容也不相同。

软件开发文档指导不同阶段的相关人员的工作，不同阶段的设计人员会设计出相应阶段的最终文档。例如，需求设计文档指导项目经理做软件的框架设计，产生概要设计文档；程序员使用概要设计文档了解软件某部分的功能，然后进行具体的细化设计，详细设计文档。按照软件开发的不同阶段，通常会生成以下几种文档。

## 12.3.1　可行性研究报告

软件项目的可行性研究报告应当列举出需要的技术、人员、资金和时间周期等条件以及涉及的法律因素，最终目的是论证软件项目是否可以开发。可行性研究报告通常由软件团队的高层或是软件项目发起人、投资人等参加。可行性研究报告中还应当对现有的资源给出几种不同的解决方案，供参与人员讨论。可行性研究报告的结果直接决定一个软件项目是否可以启动。

## 12.3.2　项目开发计划

项目开发计划的目的是通过文件形式，把开发过程中各工作的负责人、开发进度以及需要的经费预算、所需的软件和硬件等都描述出来。后续的工作根据项目开发文档安排调配资源。项目开发计划是整个开发项目的资源描述文档，在编写的时候需要从开发组织的实际情况出发，合理安排资源。

## 12.3.3　软件需求说明书

软件需求说明书是软件开发组织与用户之间的接口文档，是整个软件开发的基础。软件需求说明书是软件供求双方对软件功能的具体描述文档，通常由软件开发组织来编写。该文档包括软件的开发任务、功能约定和开发周期等，用户根据软件开发组织的需求设计提出自己的意见，修改后行形成最终文档。软件需求说明书对软件开发组织来说很重要，软件开发的设计和测试工作都是针对需求说明书进行的。

### 12.3.4　概要设计

概要设计文档用于说明整个程序设计的框架和工作流程，是详细的设计文档的基础。概要设计的描述整个系统的处理流程、模块划分、接口设计及出错处理等内容。概要设计决定软件的优劣，通常由项目经理编写该文档，并且经过讨论后形成最终的文档。

### 12.3.5　详细设计

详细设计是描述一个软件模块或者一段执行流程的具体文档。详细设计文档包括具体程序的功能描述、性能要求、输入与输出格式、算法、存储分配等内容。对于简单的软件，可以不进行详细设计，在代码中进行相应的注释即可。对于大型的软件，至少要对关键流程进行详细设计，并且应尽量保证详细设计文档与代码的对应关系便于维护管理。详细设计文档一般由程序员编写。

### 12.3.6　用户手册

前面介绍的几种文档都是软件开发组织使用的，文档结构规范、内容使用术语较多，便于开发组织内部交流。用户手册编写的目的是使用非术语描述软件系统的功能和使用方法。用户在阅读使用手册后可以了解软件的功能和用途，并且通过说明书可以操作软件。

用户说明书通常包括软件的功能、运行环境、操作方法、示例、常见问题及其解答。用户手册要保证内容简洁，易于用户理解。

### 12.3.7　其他文档

在软件开发过程中还会产生一些其他文档，常见的有测试计划、测试报告、开发进度表和项目总结报告等。测试在软件开发中占据重要位置，一个软件的优劣，测试起到很大的作用。测试是与开发并进的，包括单元测试、集成测试、功能测试和完整性测试等。测试的目的是发现软件中的缺陷，帮助提升软件的健壮性。

## 12.4　文档维护工具

一般将 Sphinx + GitHub + ReadtheDocs 作为文档维护工具。其中，Sphinx 用来生成文档，GitHub 用来托管文档，然后导入 ReadtheDocs。本节将对这些工具进行详细介绍。

### 12.4.1　Sphinx 工具

Sphinx 是一个基于 Python 的文档生成项目，最早只是用来生成 Python 官方文档，随着工具的完善，越来越多的知名的项目也用 Sphinx 来生成文档，本节就介绍如何使用 Sphinx 来生成一个文档。

### 1. 安装Sphinx

安装 Sphinx 的具体操作步骤如下。

（1）通过以下命令安装 Python 3。

```
sudo apt install python3
```

（2）通过以下命令安装 python3-pip。

```
sudo apt install python3-pip
```

（3）通过以下命令安装 Sphinx。

```
pip install sphinx sphinx-autobuild
```

### 2. 初始化

以下是初始化的具体操作步骤。

（1）输入 cd 命令进入根目录。

（2）输入以下命令在根目录下创建文档根目录。

```
mkdir -p scrapy-cookbook
```

（3）通过以下命令切换到文档根目录。

```
cd scrapy-cookbook/
```

（4）通过以下命令执行 sphinx-quickstart。

```
sphinx-quickstart
```

执行上述命令后，输出以下内容，(加黑部分为用户输入)：

```
Welcome to the Sphinx 4.3.2 quickstart utility.

Please enter values for the following settings (just press Enter to
accept a default value, if one is given in brackets).

Selected root path: .

You have two options for placing the build directory for Sphinx output.
Either, you use a directory "_build" within the root path, or you separate
"source" and "build" directories within the root path.
> Separate source and build directories (y/n) [n]: y

The project name will occur in several places in the built documentation.
> Project name: scrapy-cookbook
> Author name(s): haha
> Project release []: 0.2

If the documents are to be written in a language other than English,
you can select a language here by its language code. Sphinx will then
translate text that it generates into that language.

For a list of supported codes, see
https://www.sphinx-doc.org/en/master/usage/configuration.html#confval-
```

```
language.
> Project language [en]: zh_CN

Creating file /root/scrapy-cookbook/source/conf.py.
Creating file /root/scrapy-cookbook/source/index.rst.
Creating file /root/scrapy-cookbook/Makefile.
Creating file /root/scrapy-cookbook/make.bat.

Finished: An initial directory structure has been created.

You should now populate your master file /root/scrapy-cookbook/source/
index.rst and create other documentation
source files. Use the Makefile to build the docs, like so:
   make builder
where "builder" is one of the supported builders, e.g. html, latex or
linkcheck.
```

### 3．查看Sphinx结构

（1）输入以下命令对 tree 进行安装。

```
sudo apt-get install tree
```

（2）运行 tree　-C 命令，查看生成的 Sphinx 结构如下：

```
.
├── build
├── make.bat
├── Makefile
└── source
    ├── conf.py
    ├── index.rst
    ├── _static
    └── _templates
```

### 4．添加文章

（1）在 source 目录下新建 hello.rst，内容如下:

```
hello,world
=============
```

（2）打开 index.rst，将其内容修改如下：

```
.. scrapy-cookbook documentation master file, created by
   sphinx-quickstart on Sat Dec  3 11:21:09 2022.
   You can adapt this file completely to your liking, but it should at least
   contain the root `toctree` directive.

Welcome to scrapy-cookbook's documentation!
===========================================

.. toctree::
   :maxdepth: 2
   :caption: Contents:

   hello
```

```
Indices and tables
==================

* :ref:`genindex`
* :ref:`modindex`
* :ref:`search`
```

### 5. 预览

在 scrapy-cookbook 文件夹下执行 make html 命令，进入 build/html 目录后用浏览器打开 index.html 页面，如图 12-19 所示。

图 12-19　index.html 页面

## 12.4.2　GitHub 工具

在创建文档后，一般的做法是将文档托管到版本控制系统（如 GitHub）上，推送源码后自动构建发布到 Read the Docs（简称 RTD，基于 Sphinx 和 Python 的文档拖管平台）上。这样既能享受版本控制的好处，又能自动发布到 readthedoc 上。具体步骤如下：

（1）先在 GitHub 上创建一个名称为 scrapy-cookbook 的仓库。

（2）在本地创建一个本地仓库，名称为 myproject。

（3）在本地仓中添加两个文件，一个为 hello.rst（内容和前面的一样），另一个为 index.rst（内容和前面的一样）。

（4）使用以下命令将 index.rst 上传到 scrapy-cookbook 仓库中。

```
git add index.rst
git commit -m "提交的内容"
git branch -M main
git remote add origin git@github.com:LoveKong/scrapy-cookbook.git
git push -u origin main
```

（5）使用以下命令将 hello.rst 上传到 scrapy-cookbook 仓库中。

```
git add hello.rst
git commit -m "提交的内容"
git branch -M main
git remote add origin git@github.com:LoveKong/scrapy-cookbook.git
```

（6）在浏览器中输入 https://readthedocs.org/打开 Read the Docs 官网。登录账户，然后单击我的项目选项，弹出我的项目网页中，如图 12-20 所示。

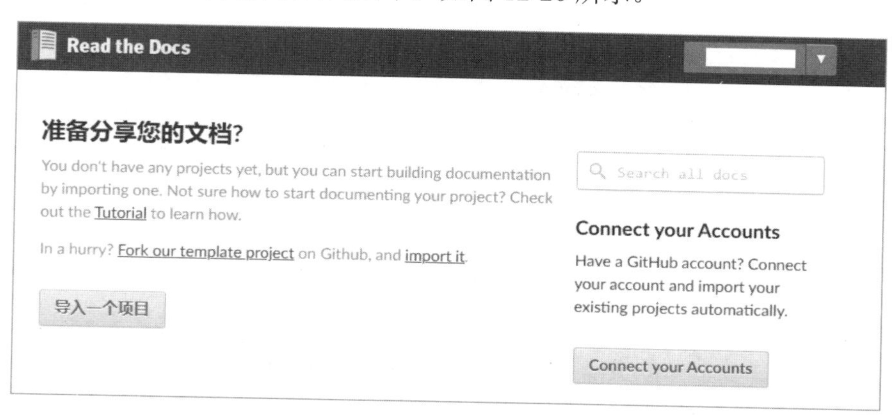


图 12-20　Read the Docs 官网

（7）单击“导入一个项目”按钮，弹出“导入代码库”页面，如图 12-21 所示。

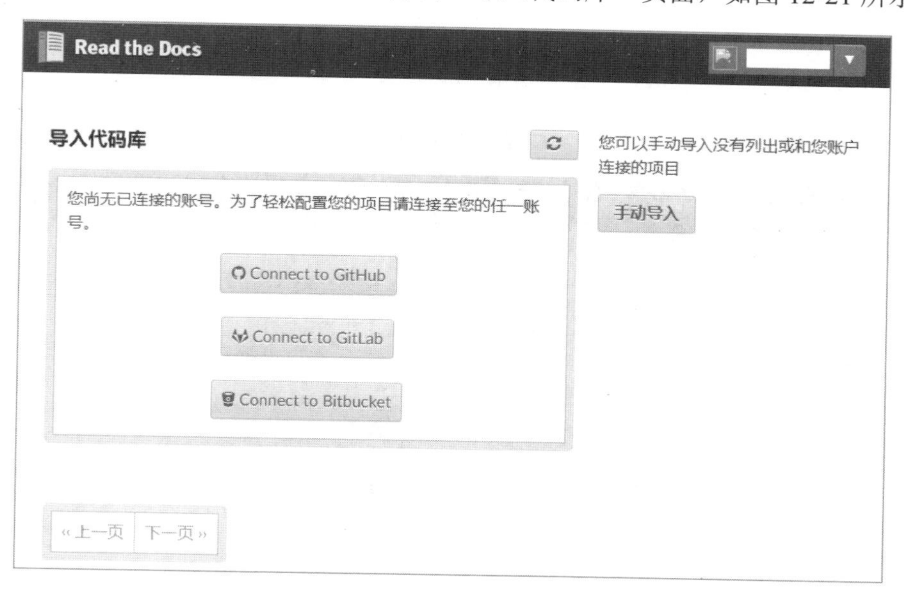


图 12-21　导入代码库对话框

（8）单击 Connect to GitHub 按钮，将账户的存储库连接到 GitHub 上。

（9）回到 GitHub，当弹出如图 12-22 所示的提示框时，单击 Authorize readthedocs 按钮，授予对账户的访问权限。

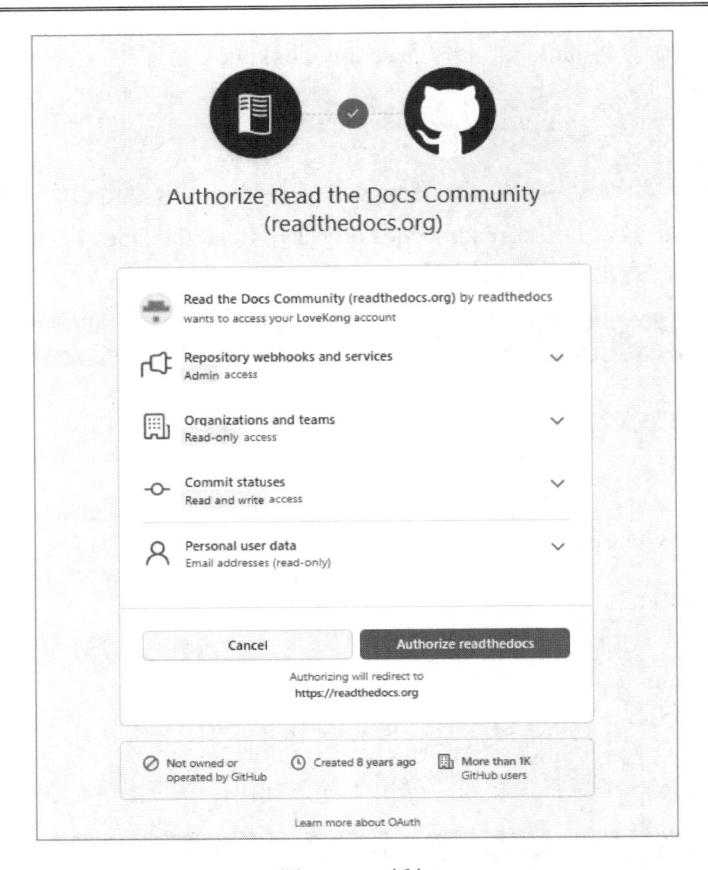


图 12-22　授权

（10）回到 Read the Docs 官网，会看到 GitHub 账号上所有的仓库，如图 12-23 所示。

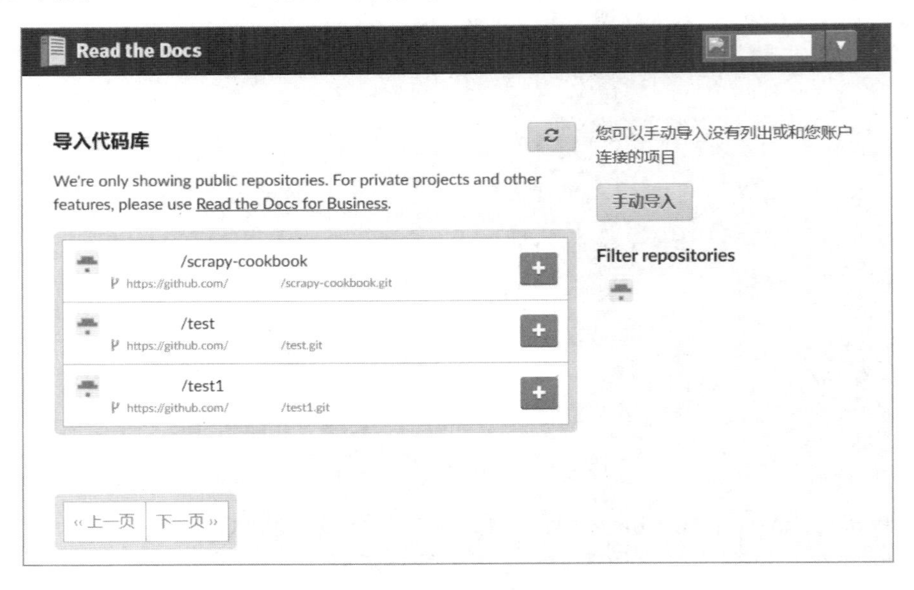


图 12-23　GitHub 上的所有仓库

（11）选择一个仓库，这里为 scrapy-cookbook，单击后面的“+”按钮，弹出“项目详情”页面，如图 12-24 所示。

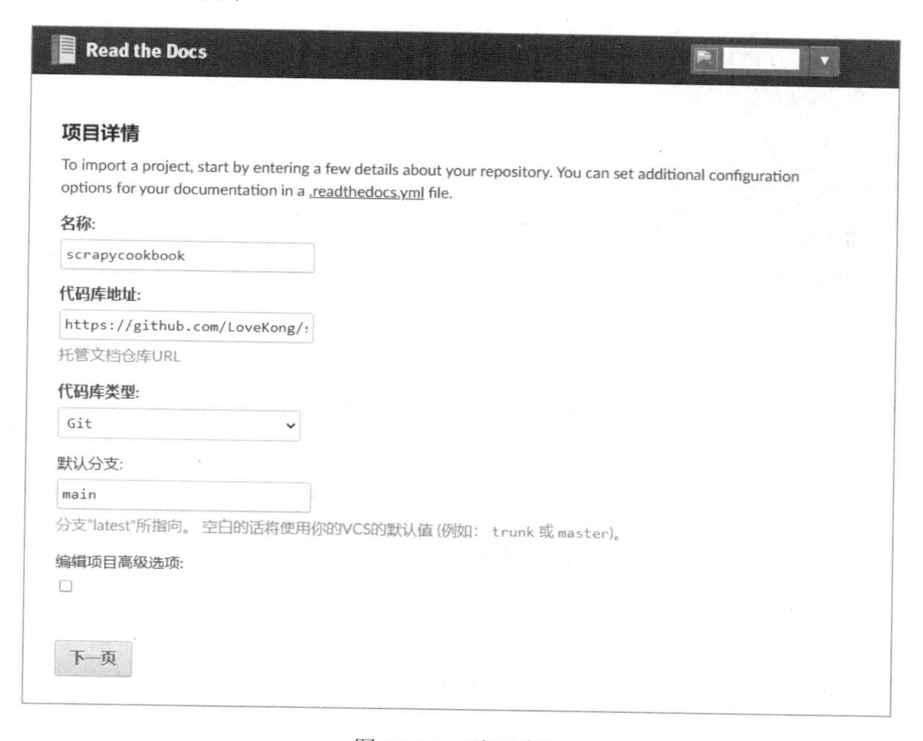


图 12-24　项目详情

（12）重新输入名称，单击“下一页”按钮，一个项目就被导入了，如图 12-25 所示。单击“查看您的文档”按钮，会看到如图 12-26 所示的效果。

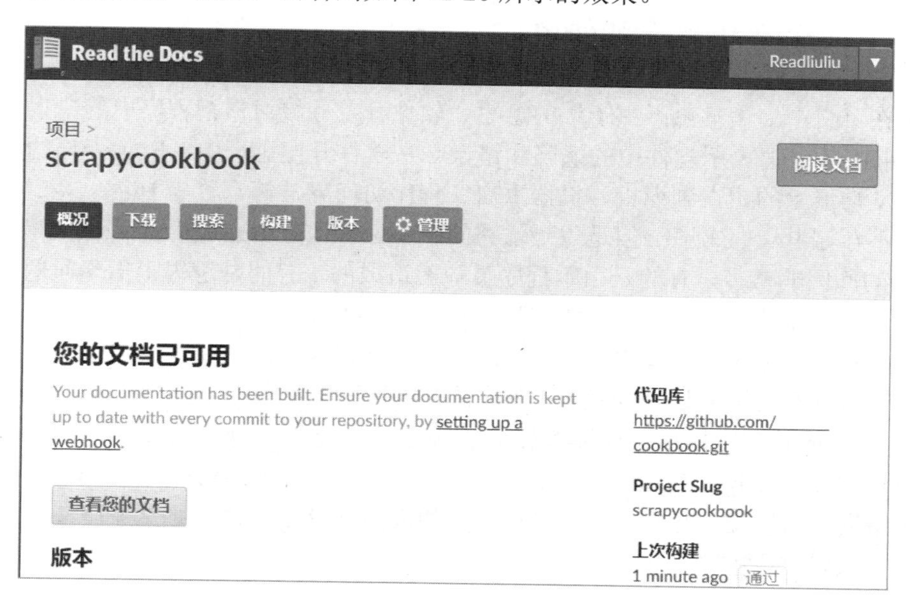


图 12-25　项目被导入

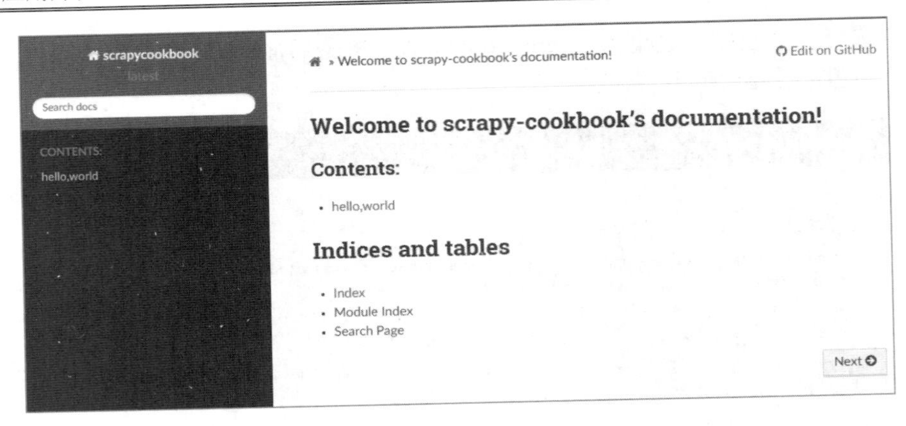


图 12-26　文档

☎提示：此后，只要向 scrapy-cookbook 仓库推送代码，Read the Docs 上面的文档就会自动更新。

# 12.5　Bug 跟踪系统

在软件开发过程中，关键的部分是处理开发过程中出现的各种缺陷（也称作 Bug）。软件质量的高低很大程度上由 Bug 的多少来决定。Bug 不仅影响软件的质量，而且直接决定用户对软件的体验。对于嵌入式系统，一个很小的 Bug 可能导致很严重的后果。实际上，每个软件组织在开发过程中都会对 Bug 管理投入很多，但是许多软件由于 Bug 太多无法维护最终导致开发失败。因此在开发过程中，对 Bug 的管理要引起足够的重视。

## 12.5.1　Bug 管理的概念和作用

Bug 在英文中为“臭虫，虫子”的意思。软件开发领域习惯把程序中的错误比作“臭虫”，使用 Bug 一词表示软件中的缺陷和错误。在软件开发过程中，Bug 一词的应用范围非常广，从功能上的错误到死机、机器重启、程序访问异常等都称为 Bug。

没有不存在 Bug 的软件，但是一个优秀的软件应该保证 Bug 的数量降低到最少。软件产生 Bug 的原因非常多，有的是由于程序员疏忽造成的，有的是逻辑上出现问题，有的甚至是在设计的时候遗留的缺陷。一般来说，越明显的 Bug，其越容易修改；越不容易产生的 Bug，越有可能包含深层次的原因，反而不易调试和跟踪。

无论是软件开发团队还是开发者，在软件开发过程中都会产生各种 Bug，越大的软件，Bug 也越多。Bug 管理可以帮助开发人员记录 Bug 产生的现象、复现 Bug 手段和 Bug 环境。开发人员还需要对 Bug 进行分类并且标记 Bug 修改的进度，已经修改好的 Bug 还需要做记录，防止错误再次发生。在软件开发过程中，如果离开 Bug 管理，那么许多工作将会变得没有头绪，项目推进困难。

### 12.5.2　使用 Bugzilla 跟踪 Bug

Bugzilla 是一个开源的 Bug 管理系统，它提供了许多专业的 Bug 管理系统具备的功能。Bugzilla 提供了 Bug 报告、查询和记录产生等功能。Bugzilla 的主要特点如下：

- 使用 Web 界面，无须安装客户端，方便使用；
- 提供邮件自动通知功能；
- 支持任意数量和类型的附件；
- 自定义丰富的字段类型，便于描述 Bug；
- 使用 MySQL 数据库，方便数据迁移。

以上特性都非常适合普通的开发团队使用，下面介绍如何安装 Bugzilla。

（1）Bugzilla 需要 Apache 服务器和 MySQL 服务器的支持，首先需要安装 Apache 服务器。

```
$ sudo apt-get install apache2 python
```

（2）安装 MySQL 5.x 服务器。具体步骤如下：

下载 MySQL，本节下载的文件为 mysql-server_5.7.39-1ubuntu18.04_amd64.deb-bundle.tar。在 usr/local 下创建一个 mysql 文件夹。将 mysql-server_5.7.39-1ubuntu18.04_amd64.deb-bundle.tar 文件解压到 mysql 文件夹下。批量安装 mysql deb：

```
$sudo dpkg -i *.deb
```

因为有些依赖项没有，所以第一次安装时会报错，安装依赖：

```
$ sudo apt-get -f -y install
```

再次安装：

```
$sudo dpkg -i *.deb
```

查看 MySQL 的状态，mysql.service 前面的点显示绿色就代表安装成功。

```
$service  mysql status
```

（3）MySQL 数据库安装完毕后，接着安装 Perl 和依赖项：

```
$sudo apt install build-essential libappconfig-perl libdate-calc-perl
libtemplate-perl libmime-tools-perl build-essential libdatetime-timezone-
perl libdatetime-perl libemail-sender-perl libemail-mime-perl libemail-
mime-perl libdbi-perl libdbd-mysql-perl libcgi-pm-perl libmath-random-
isaac-perl libmath-random-isaac-xs-perl libapache2-mod-perl2 libapache2-
mod-perl2-dev libchart-perl libxml-perl libxml-twig-perl perlmagick
libgd-graph-perl libtemplate-plugin-gd-perl libsoap-lite-perl libhtml-
scrubber-perl libjson-rpc-perl libdaemon-generic-perl libtheschwartz-perl
libtest-taint-perl libauthen-radius-perl libfile-slurp-perl libencode-
detect-perl libmodule-build-perl libnet-ldap-perl libfile-which-perl
libauthen-sasl-perl libfile-mimeinfo-perl libhtml-formattext-withlinks-
perl libgd-dev libmysqlclient-dev graphviz sphinx-common rst2pdf libemail-
address-perl libemail-reply-perl
```

（4）开启 rewrite、headers 和 expires 模块。

```
sudo a2enmod rewrite
sudo a2enmod headers
sudo a2enmod expires
```

（5）安装 Bugzilla 软件包。

```
$sudo mkdir /var/www/bugzilla
$tar vxfz bugzilla-5.0.6.tar.gz
$sudo mv bugzilla-5.0.6 /var/www/bugzilla
$cd /var/www/bugzilla
$./checksetup.pl
```

注意：如果执行 checksetup.pl 命令后，仍有没有安装上 Perl 和依赖项，那么可以执行以下命令进行安装。

```
sudo /usr/bin/perl install-module.pl --all
```

（6）安装完成后，开始配置 Bugzilla。首先配置 Apache，打开/etc/apache2/apache2.conf 文件：

```
$sudo vi /etc/apache2/apache2.conf
```

在第 51 行加入：

```
Alias /bugzilla "/var/www/bugzilla"
<Directory "/var/www/bugzilla">


AddHandler cgi-script .cgi
Options +Indexes +ExecCGI +FollowSymLinks
DirectoryIndex index.cgi
AllowOverride None
Order allow,deny
Allow from all
</Directory>
```

保存文件并退出，重启 Apache 服务器：

```
$sudo service apache2 restart
```

（7）Apache 服务器上配置完毕后，接下来设置 Bugzilla 的配置文件（此文件会在正确执行 checksetup.pl 命令后自动生成）：

```
$sudo vi /var/www/bugzilla/localconfig
```

修改服务器用户组变量如下：

```
$webservergroup = "www-data";
```

设置 Bugzilla 的文件权限与 Apache 相同。然后设置 MySQL 的访问参数如下：

```
$db_host = "localhost";     # 数据库服务器地址，localhost 代表本机
$db_port = 3306;            # 数据库服务器端口号
$db_name = "bugs";          # 数据库名称
$db_user = "bugs";          # 数据库访问用户名
$db_pass = "1234";          # 数据库访问密码
```

（8）配置完毕后，保存文件并退出。然后进入 MySQL 建立 bugs 数据库：

```
$ mysql -u root -p
```

此时，出现密码提示。输入 MySQL 的 root 用户密码后，进入 MySQL 配置界面：

```
Welcome to the MySQL monitor.  Commands end with ; or \g.
Your MySQL connection id is 5
Server version: 5.7.39 MySQL Community Server (GPL)

Copyright (c) 2000, 2022, Oracle and/or its affiliates.
```

```
Oracle is a registered trademark of Oracle Corporation and/or its
affiliates. Other names may be trademarks of their respective
owners.

Type 'help;' or '\h' for help. Type '\c' to clear the current input statement.

mysql>
```

MySQL 的命令行提示符是“mysql>”，出现这个提示符以后，需要输入 MySQL 的命令和 SQL 语句操作数据库。

（9）在 MySQL 的命令行控制台输入“create database bugs;”，建立一个名为 bugs 的数据库。然后创建账户：

```
create user 'bugs'@'localhost' identified by '1234';
```

设置数据库的访问用户名是 bugs，密码是 1234。

（10）设置 bugs 数据库的访问权限：

```
GRANT all ON bugs.* TO 'bugs'@'localhost' WITH GRANT OPTION;
```

数据库配置完毕后，通过以下命令刷新系统配置：

```
flush privileges;
```

刷新完之后，输入“quit;”命令，按 Enter 键退出 MySQL。

（11）配置完数据库之后，重新生成 Bugzilla 数据库：

```
$ sudo perl checksetup.pl
```

重新生成数据库后，Bugzilla 全部配置完毕。

（12）在浏览器中打开 http://localhost/bugzilla/，出现 Bugzilla 主页面，如图 12-27 所示。

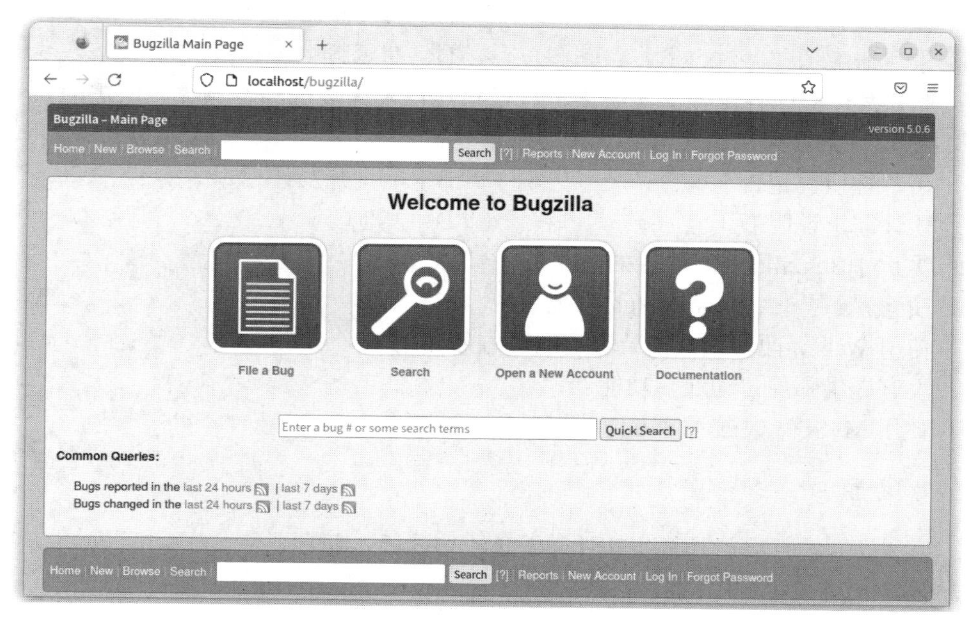


图 12-27　Bugzilla 主页面

图 12-27 是 Bugzilla 的登录页面，至此，Bugzilla 就可以正常工作了。

## 12.6　小　　结

本章介绍了软件开发过程中的管理技术，包括代码的版本控制、文档管理和Bug管理。它们从不同角度对软件质量进行管理和控制，是软件开发过程中不可缺少的辅助手段。对于没有使用过版本控制和Bug管理系统的开发人员，这不仅是一个熟练的过程，更重要的是建立软件管理的意识。建议初学者在设计开发一个软件程序的时候养成书写文档和进行代码注释的好习惯。第13章将讲解ARM体系结构。

## 12.7　习　　题

**一、填空题**

1．GNU软件版本的命名规则使用________段数字表示。

2．CVS最初从________移植而来。

3．Sphinx是一个基于________的文档生成项目。

**二、选择题**

1．Trial版本的含义是（　　）。

A．试用版　　B．内部测试版

C．未注册版　　D．演示版

2．把开发过程中各工作的负责人、开发进度以及需要的经费预算、所需的软件和硬件等都描述出来的开发文档是（　　）。

A．可行性研究报告　　B．项目开发计划

C．软件需求说明书　　D．其他

3．以下对Bugzilla描述错误的是（　　）。

A．Bugzilla是一个开源的Bug管理系统

B．使用Web界面，无须安装客户端，方便使用

C．没有提供邮件自动通知功能

D．使用MySQL数据库，方便数据迁移

**三、判断题**

1．版本控制的目的就是解决软件开发过程中的版本问题。（　　）

2．CVS支持很多编码的文本文件。（　　）

3．Bugzilla不需要Apache服务器的支持。（　　）

# 第3篇 系统分析


⏭ 第13章　ARM体系结构及开发实例

⏭ 第14章　深入Bootloader

⏭ 第15章　解析Linux内核

⏭ 第16章　嵌入式Linux的启动流程

⏭ 第17章　Linux文件系统

⏭ 第18章　交叉编译工具

⏭ 第19章　强大的命令系统BusyBox

⏭ 第20章　Linux内核移植

⏭ 第21章　内核和应用程序调试技术

# 第 13 章　ARM 体系结构及开发实例

学习一个处理器，需要了解处理器的体系结构，包括处理器的编程模型、指令结构和内存管理等。第 3 章简要介绍了 ARM 处理器，本章将详细讲解目前应用最广泛的 ARM9 体系结构，这部分知识比较抽象，偏重于理论。在本章的最后将给出基于三星 S3C2440A 的 ARM9 处理器编程实例，帮助读者加深理解。本章的主要内容如下：

- ❑ ARM 体系结构简介；
- ❑ ARM 体系结构的编程模型简介；
- ❑ ARM 体系结构内存管理简介；
- ❑ S3C2440A 常见的接口和控制器简介；
- ❑ S3C2440A 处理器接口编程实例。

## 13.1　ARM 体系结构

ARM 处理器是从商业角度出发设计的 RISC 微处理器。ARM 处理器继承了 RISC 体系结构并且充分考虑到了实用功能。ARM 设计主要强调设计的简洁性，具有简洁的指令集。此外，ARM 体系结构还引进了 CISC 体系结构的一些优点，因此处理器功耗较低，芯片面积较小。

### 13.1.1　ARM 体系结构简介

在开发 ARM 芯片的时候，许多机构都提出并且使用了 RISC 技术。基于 RISC 技术的处理器有很多，但是只有少数处理器完全使用 RISC 技术，许多基于 RISC 技术的处理器还吸收了其他体系结构的特点。

ARM 在 RISC 技术的基础上又吸收了其他体系结构的优点，并且根据实际情况进行研究设计。ARM 体系结构从 Berkerley RISC 体系结构发展而来，从商业角度出发，优化整合了一些处理器特征。ARM 采用的结构特征包括：

- ❑ Load/Store 体系结构；
- ❑ 固定的 32 位指令；
- ❑ 3 地址指令格式。

ARM 体系结构放弃的特征如下。

#### 1．寄存器窗口

在早期的 RISC 处理器中，寄存器窗口机制与 RISC 技术密不可分，是 RISC 体系结构的特征之一。Berkeley RISC 处理器使用了寄存器窗口特性，在任何状态下总有 32 个寄存器是可见的。

寄存器窗口技术的优点是进程切换的时候总是使用一组新的寄存器，减少了寄存器内容恢复和保存所导致的处理器开销，提高了系统工作效率。但是，使用寄存器窗口技术是以芯片成本为代价的。使用窗口寄存器技术需要在昂贵的处理器资源中占用大量的寄存器。

在 ARM 体系结构中为了降低成本，没有使用寄存器窗口技术而是使用影子寄存器（shadow）来替代。

#### 2. 延迟转移

由于转移中断了指令流水线的平滑流动而造成了流水线的“断流”问题，所以多数 RISC 处理器采用延迟转移来解决这个问题，即在后续指令执行后才进行转移。在原来的 ARM 中延迟转移并未被采用，因为它使异常处理过程更加复杂。

#### 3. 所有指令单周期执行

ARM 使用最少的时钟周期访问存储器，但并不是所有的指令都是单周期执行的。如 ARM7TDMI，数据和指令使用相同的总线，因此，访问同一个存储器的时候，最少需要访问两次（1 次取指令，1 次读写）。ARM9TDMI 使用数据和指令分离的总线，指令和数据访问可以同时进行，因此效率比较高。

## 13.1.2 ARM 指令集简介

每种处理器都包含自己的指令集，ARM 处理器属于精简指令集处理器，指令数量不多，本节将介绍 ARM 指令集。

#### 1. ARM指令集的特点

ARM 指令集比较简单，ARM 的所有指令都是 32 位的，程序的启动都是从 ARM 指令集开始，包括所有异常中断都是自动转化为 ARM 状态，并且所有的指令都可以有条件地执行。

ARM 指令集是 Load/Store 型的，只能通过 Load/Store 指令实现对系统存储器的访问，而其他指令都是基于处理器内部的寄存器操作完成的，这和 Intel 汇编是不同的，这也是 RISC 体系结构处理器的特点，初学者不容易理解，需要多实践。

#### 2. 指令的后缀

S 后缀是一个可选标志，在 ARM 指令中用于指示是否需要根据指令执行结果来更新程序状态寄存器（PSR）中的条件码标志。如果在指令末尾添加了 S 后缀，在指令执行完毕后，CPSR 寄存器中的 N（表示结果为负数）、Z（表示结果为 0）、C（表示 carry/borrow flag）和 V（表示整数溢出）4 个条件码标志将根据指令执行的结果自动更新。

“!”表示在完成数据操作以后将更新基址寄存器，并且不额外消耗时间。例如：

```
LDR R0, [R1, #4]!
```

相当于：

```
R0 <- mem32[R1+4]
R1 = R1+4
```

“^”后缀表示这是一条特殊的指令，该指令在从存储器中装入程序计数器（PC）的同时将上一次执行该指令之前的程序状态寄存器（CPSR）内容恢复到当前的 CPSR 中。例如：

```
LDMFD R13!, (R0-R3, PC)^
```

另外，ARM 指令集对数据格式的几个定义如下：

- #号后面加 0x 或&表示十六进制，如#0xFF、#&FF；
- #号后面加 0b 表示二进制；
- #号后面加 0d 表示十进制。

最后说一下跳转指令，BL 和 BLX 跳转是硬件自动将下一条指令地址保存到 LR（R14）中，不需要自己写指令；当指令跳转到 32MB 地址空间以外时，将产生不可预料的结果。

## 13.2 编程模型

建造房子需要房模，不同的房子需要不同的模型，同样，编程也需要编程模型。可以简单地理解编程模型就是一个模板，是一种解决问题的通用规则，有了编程模型，在遇到类似问题的时候就有了解决问题的方法。每个处理器体系结构都有自己的编程模型，ARM9 也提供了一组编程模型，本节将介绍其中的重点部分。

### 13.2.1 数据类型

ARM9 微处理器支持 3 种数据类型，分别为字节（8 位）、半字（16 位）、字（32 位）。其中，半字需要 2 字节对齐，字需要 4 字节对齐。字节对齐的含义就是，在内存中存放数据的地址必须是某个数的倍数。以 ARM9 微处理器为例，半字需要 2 字节对齐，在内存中，如果存放一个 16 字节的数据，那么这个存放地址必须是 2 的倍数。同样，4 字节对齐要求存放数据的地址必须是 4 的倍数。

字节对齐是微处理器的硬性要求，主要是为了处理器寻址方便，字节对齐是由加载器自动设置的，无须人为干预。但是应当注意，在自定义数据结构的时候，尽量保持数据结构是 2 字节或 4 字节对齐的，否则加载器可能会把数据结构表示的数据自动加载到字节对齐的内存位置上。此时，如果程序不严谨，则会导致直接访问数据出错。

字节对齐的问题相对隐蔽，读者在编写程序的时候应当注意。推荐读者参考 TCP/IP 中 IP 头和 TCP 头的定义方法。

### 13.2.2 处理器模式

ARM 处理器提供了 7 种工作模式，工作模式名称及其含义如下。

- 用户模式（user）：程序正常工作模式；
- 快速中断模式（fiq）：用于高速数据传输和处理；

- 外部中断模式（irq）：用于处理外部设备中断；
- 特权模式（sve）：类似于 x86 处理器的保护模式；
- 数据访问终止模式（abt）：虚拟存储和存储保护模式；
- 未定义指令终止模式（und）：用于支持通过软件仿真硬件协处理器；
- 系统模式（sys）：用于运行特权级的操作系统任务。

在 ARM 处理器的 7 种工作模式中，除了用户模式外，其他 6 种工作模式统称为特权模式（Privilege Modes）。运行在特权模式的程序可以访问所有的系统资源，ARM 处理器可以在任何模式之间切换。在这 6 种特权模式中，除了系统模式外，其他 5 种特权模式用来处理系统的软硬件异常问题，因此称为异常模式。

外部异常或者中断会导致 ARM 处理器模式改变，在程序中也可以通过特定指令切换处理器的工作模式。通常情况下，当程序运行在用户模式下时，不能直接访问受到限制的系统资源。在有操作系统的处理器上，运行在用户模式下的程序不能直接切换处理器工作模式，需要通过操作系统提供的异常接口向操作系统发出异常请求，由操作系统的异常处理程序完成处理器模式切换。

当用户模式下的程序发生异常时，处理器会根据异常类型切换到相应的异常模式下。除了系统模式外的其他 5 种异常模式都有各自的一组寄存器，用于异常处理程序。与其他特权模式不同，系统模式不是通过程序异常进入的。此外，系统模式使用与用户模式相同的寄存器。系统模式下可以访问所有的处理器资源并且可以直接切换处理器模式，系统模式主要运行操作系统的代码。

### 13.2.3　寄存器

ARM 处理器有 31 个通用寄存器和 6 个状态寄存器，共 37 个寄存器。这 37 个寄存器按照处理器模式进行划分，有些寄存器被限定只能在特定模式下访问，有些寄存器可以在任何处理器模式下访问。其中，通用寄存器 R0～R14、程序计数器 PC 以及特定的两个状态寄存器在任何处理器模式下都可以访问。

ARM 处理器的 37 个寄存器按照功能被分成如下两个大类：

- 通用寄存器。通用寄存器可以用来存放操作数和操作结果，包括程序计数器和 31 个通用寄存器。在 ARM 体系结构中，通用寄存器位宽是 32 位。
- 状态寄存器。状态寄存器用来标识 CPU 的工作状态、程序运行状态及指令操作结果等。状态寄存器的位宽也是 32 位。

ARM 处理器的 7 种工作模式均有自己独有的一组寄存器，此外有 15 个通用寄存器（R0～R14）可以在任何工作模式下使用。

### 13.2.4　通用寄存器

ARM9 的通用寄存器包括 R0～R15，可以分为以下 3 类。

#### 1. 未分组寄存器R0～R7

在所有运行模式下，未分组寄存器 R0～R7 都指向同一个物理寄存器，它们没有被系统用于特殊用途，因此未分组寄存器的数据不会被破坏。

## 2．分组寄存器R8～R14

分组寄存器访问的物理寄存器与处理器的工作模式有关。对于 R8～R12 分组寄存器，每个寄存器对应 2 个不同的物理寄存器，当使用 FIQ 模式时，访问寄存器 R8_fiq～R12_fiq；当使用除 FIQ 模式以外的其他模式时，访问寄存器 R8_usr～R12_usr。

R13 和 R14 分组寄存器分别对应 6 个物理寄存器。其中的一个寄存器是用户模式与系统模式共用的，其余 5 个寄存器对应 5 种异常工作模式。采用以下方式来区分不同的物理寄存器。

```
R13_<ode>
R14_<mode>
```

其中，mode 为 usr、fiq、trq、svc、abt 和 und 这几种模式之一。

在 ARM 指令中，R13 寄存器常作为堆栈指针。R13 寄存器作为堆栈指针不是硬性规定，只是约定用法，其他寄存器也可以作为堆栈指针使用。但是在 Thumb 指令中，有些指令要求必须使用 R13 寄存器作为堆栈指针。

由于处理器的每种运行模式均有自己独立的物理寄存器 R13，所以在用户应用程序的初始化部分，一般都要初始化每种模式下的 R13，使其指向该运行模式的栈空间。这样，当程序进入异常模式时，可以将需要保护的寄存器放入 R13 所指向的堆栈，当程序从异常模式返回时，则从对应的堆栈中恢复，采用这种方式可以保证异常发生后，程序能够正常执行。

R14 也称作子程序链接寄存器（Subroutine Link Register）或链接寄存器 LR（LinkRegister）。当执行子程序调用指令（BL 指令）时，以 R14 中得到 R15（程序计数器，Program Counter 简写为 PC）的备份。其他情况下，R14 用于通用寄存器。与之类似，当发生中断或异常时，对应的分组寄存器 R14_svc、R14_irq、R14_fiq、R14_abt 和 R14_und 用来保存 R15 寄存器的值。

寄存器 R14 常用在这种情况：在每种运行模式下都可以用 R14 保存子程序的返回地址，当用 BL 或 BLX 指令调用子程序时，将 PC 的当前值复制给 R14，执行完子程序后，再将 R14 的值复制回 PC，完成子程序的调用返回。以上描述可用指令完成。

## 3．程序计数器R15

寄存器 R15 用于程序计数器。在 ARM 状态下，位[1:0]为 0，位[31:2]用于保存 PC；在 Thumb 状态下，位[0]为 0，位[31:1]用于保存 PC。虽然可以用于通用寄存器，但是有一些指令在使用 R15 时有一些特殊限制，如果不注意，那么执行结果将是不可预料的。在 ARM 状态下，PC 的 0 和 1 位是 0，在 Thumb 状态下，PC 的 0 位是 0。

R15 虽然也可用于通用寄存器，但一般不这么使用，因为对 R15 的使用有一些特殊的限制，当违反这些限制时，程序的执行结果是未知的。

由于 ARM 体系结构采用了多级流水线技术，对于 ARM 指令集而言，PC 总是指向当前指令的下两条指令的地址，即 PC 的值为当前指令的地址值加 8 字节。

在 ARM 状态下，任一时刻都可以访问以上所讨论的 16 个通用寄存器和一到两个状态寄存器。在非用户模式（特权模式）下则可访问到特定模式分组寄存器。

## 13.2.5　程序状态寄存器

寄存器 R16 称作 CPSR（Current Program Status Register，当前程序状态寄存器）。CPSR 可在任何运行模式下被访问，它包括条件标志位、中断禁止位、当前处理器模式标志位，以及其他一些相关的控制和状态位。

每种运行模式下都有一个专用的物理状态寄存器，称为 SPSR（Saved Program Status Register，备份的程序状态寄存器）。SPSR 在处理器进入某种异常模式时保存之前的 CPSR 寄存器的值，用于异常处理后恢复 CPSR 的状态。用户模式和系统模式不属于异常模式，因此没有 SPSR。

## 13.2.6　异常处理

在 ARM9 体系结构中，提供了 5 种异常处理模式。

### 1. FIQ（Fast Interrupt Request）模式

FIQ 异常模式用于数据传输和通道处理。使用 FIQ 模式在传输大量数据时可以使用私有的寄存器，从而可以避免使用常规的寄存器，以减小系统上下文切换的开销，提高系统的效率和响应速度。

如果将 CPSR 的 F 位设置为 1 则会禁止 FIQ 中断。如果设置 CPSR 寄存器的 F 标志位为逻辑 0，则在执行指令时，ARM 处理器会响应 FIQ 中断。

☎**提示：**只有特权模式可以设置 CPSR 寄存器的标志位。

可以由外部通过对处理器上的 nFIQ 引脚输入低电平产生 FIQ。不管是在 ARM 状态还是在 Thumb 状态下进入 FIQ 模式，FIQ 处理程序均会执行以下指令从 FIQ 模式返回：

```
SUBS PC,R14_fiq, #4
```

上面的指令将寄存器 R14_fiq 的值减去 4 后，复制到程序计数器（PC）中实现异常处理程序返回。同时将 SPSR_mode 寄存器的内容复制到当前程序状态寄存器 CPSR 中。

### 2. IRQ（Interrupt Request）模式

当在 ARM 处理器的 nIRQ 引脚输入低电平时可以产生一个 IRQ 中断请求。IRQ 的优先级低于 FIQ，因此 FIQ 的响应较多情况下会丢失 IRQ 中断请求。CPSR 寄存器的 I 标志位控制处理器是否响应 IRQ 中断请求。在 ARM 或 Thumb 状态下，IRQ 中断处理程序的返回方式都相同，返回指令如下：

```
SUBS PC, R14_irq, #4
```

该指令将寄存器 R14_irq 的值减去 4 复制到程序计数器 PC 中，通过设置 PC 指针的位置指向，中断处理前的程序位置实现异常处理程序返回。此外，指令同时会将 SPSR_mode 寄存器的内容复制到当前程序状态寄存器 CPSR 中。

### 3. ABORT（中止模式）

当访问存储器失败的时候会产生终止异常。ARM 处理器通常在存储器访问指令周期内可以检查出中止异常。中止异常包括以下两种类型。

- 指令预取中止：发生在指令预取时；
- 数据中止：发生在数据访问时。

在指令执行过程中，预取存储器失败时存储器系统向 ARM 处理器发出存储器中止（Abort）信号。同时，预取存储器操作也被标记为无效。存储异常不会马上发出，只有指令执行访问预取存储数据的时候才会发出。换句话说，如果在指令流水线中发生了跳转，则预取指令中止不会发生。

系统对数据中止异常的响应与指令的类型有关。在确定了中止的原因后，无论在 ARM 还是 Thumb 状态，中止异常处理程序会执行以下指令：

```
SUBS PC, R14_abt, #4 ;指令预取中止
SUBS PC, R14_abt, #8 ;数据中止
```

以上指令恢复 PC（从 R14_abt）和 CPSR（从 SPSR_abt）的值并且重新执行导致数据中止异常的指令。

### 4. Software Interruupt（软件中断模式）

软件中断指令（SWI）的功能是进入管理模式，常用于请求执行特定的管理功能。软件中断处理程序执行以下指令从 SWI 模式下返回(无论当前是 ARM 状态还是 Thumb 状态)：

```
MOV PC, R14_svc
```

以上指令恢复 PC（从 R14_svc）和 CPSR（从 SPSR_svc）的值，并返回 SWI 下一条指令的执行位置。

### 5. Undefined Instruction（未定义指令模式）

当 ARM 处理器遇到不能处理的指令时，会产生未定义指令异常。采用这种机制，可以通过软件仿真扩展 ARM 或 Thumb 指令集。

在仿真未定义指令后，处理器执行以下程序并返回(无论当前是 ARM 状态还是 Thumb 状态)：

```
MOVS PC, R14_und
```

以上指令恢复 PC（从 R14_und）和 CPSR（从 SPSR_und）的值，并返回未定义指令的下一条指令。

## 13.2.7　内存及其 I/O 映射

内存是计算机系统的重要资源，是程序运行时存储的区域，ARM9 微处理器提供了内存控制器，该控制器可以实现虚拟地址到物理地址的映射、存储器访问权限控制以及高速缓存支持等功能。内存控制器通常也称为 MMU（Memory Management Unit，内存管理单元）。

现代计算机提供了 Cache 结构，Cache 是解决 CPU 处理速度快而总线处理速度慢二者之间速度差异的方法。然而 Cache 的使用却是需要权衡的，因为缓存本身的动作如块复制和替换等也会消耗大量的 CPU 时间。MMU 在现代计算机体系结构中的作用非常重要，ARM920T（和 ARM720T）集成了 MMU 是其最大的卖点；有了 MMU，高级的操作系统功能（虚拟地址空间、平面地址和进程保护等）才得以实现。而 Cache 和 MMU 都挺复杂，并且在 ARM920T 中又高度耦合，相互配合操作，因此需要结合起来研究。同时，二者的操作对象都是内存，内存的使用是使用 MMU 和 Cache 的关键。MMU 控制器和 Cache 控制器用到的控制寄存器不占用 ARM 处理器的地址空间，CP15 是操纵 MMU 和 Cache 的唯一途径。

Cache 通过预测 CPU 即将要访问的内存地址（一般都是顺序的），预先读取大块内存供 CPU 访问来减少后续的内存总线上的读写操作，提高 CPU 的运算速度。然而，如果程序中长跳转次数很多，Cache 的命中率就会显著降低，随之而来的是发生大量的替换操作，于是过多的内存操作反而降低了程序的性能。

ARM9 内部采用哈佛结构，将内部指令总线和数据总线分开，分别连接到 ICache 和 DCache。内部总线通过 AMBA 总线连接外部 ASB 总线，最后连接到内存。Cache 的读取和更新是以 Line（行的长度）为单位的，但 Line 的长度在各种处理器中都不相同，这是由处理器的设计和性能要求决定的。Writer Buffer 是和 DCache 过程相逆的一块硬件，目的是通过减少 memory bus 的访问来提高 CPU 的性能。

# 13.3　内存管理单元

许多嵌入式微处理器由于没有 MMU 而不支持虚拟内存。没有内存管理单元所带来的好处是简化了芯片设计，降低了产品成本。多数嵌入式设备的外部存储设备和内存空间都十分有限，因此无须复杂的内存管理机制。没有 MMU 的管理，操作系统对内存空间是没有保护的，操作系统和应用程序访问的都是真实的内存物理地址。

## 13.3.1　内存管理简介

早期的计算机内存容量非常小，当时的 PC 主要使用 DOS 操作系统或者其他操作系统。早期的操作系统由于系统硬件的限制，无法支持内存管理，应用程序占用的空间和程序规模都比较小。随着计算机硬件性能不断提高，程序的处理能力也不断提高，应用程序占用的存储空间不断膨胀。实际上，程序的膨胀速度远远超过了内存的增长速度。不断增大的程序规模导致内存无法容纳下所有的程序。

早期解决内存不够用的最直接的办法就是把程序分块。分块的原理是把程序等分成若干个程序块，块的大小足够装入内存即可。当程序开始执行时，首先把第一个程序块装入内存。在程序执行过程中，由操作系统根据程序需要装入后面的程序块。程序分块的思想是虚拟存储器处理方法的前身。

虚拟存储器（Virtual Memory）的原理是允许程序占用的空间超过内存大小，把程序划分为大小固定的页，由操纵系统根据程序运行的位置把正在执行的页面调入内存，其他未使用的页面则保留在磁盘上。例如，一个系统有 16MB 的内存需要运行 32MB 的程序，通过虚拟存储技术，操作系统把程序中需要执行的程序段装入内存，其他部分存放在磁盘上。当程序运行超出装在内存中的程序段部分时，操作系统会自动从磁盘中加载需要的程序。

在虚拟存储技术中，操作系统通过内存页面来管理内存空间。在一个操作系统中内存页面的大小是固定的。程序被划分成与内存页面大小相同的若干块，便于操作系统将程序加载到内存中。操作系统根据内存配置决定一次可以加载多少程序页面到内存。在一个实际的系统中，虚拟存储通常是由硬件（内存管理单元）和操作系统配合完成的。

### 13.3.2　内存访问顺序

计算机可以访问的地址是有限制的，通常称为有效地址范围。地址范围的大小与计算机总线宽度有直接关系，如 32 位总线可以访问的地址范围是 0x0～0xFFFFFFFF（4GB）空间。程序可以访问的地址空间与总线支持的地址空间相同，但是在实际系统中，地址空间所有的地址都是有效的。通常把程序不能访问的地址空间称为虚拟地址空间。

在计算机系统中，受到内存空间大小的限制，实际的地址空间远小于虚拟地址空间。可访问的物理内存空间称为物理地址空间。虚拟地址空间的地址需要转换为物理地址空间的地址才能被程序访问。

在没有使用虚拟存储技术以前，程序访问的空间就是物理地址空间，访问地址无须进行转换。使用虚拟存储技术后，程序访问虚拟地址空间的地址时需要经过内存管理单元的地址转换机制转换为对应的物理地址才能访问，而转换的过程对用户来说是不可见的。

### 13.3.3　地址翻译过程

一台使用 16 位地址位宽的计算机可以访问的地址范围是 0x0000～0xFFFF，共有 64KB 可用地址，即地址空间大小是 64KB。地址空间表示一台计算机可以访问的实际物理内存。

使用虚拟存储技术的计算机系统可以提供超过内存地址空间的虚拟内存空间。例如，在 64KB 地址空间的计算机上可以提供 1MB 的虚拟地址空间。提供超过实际地址空间的虚拟空间后，计算机系统需要通过地址转换才能保证程序正确运行。

13.3.1 节介绍了虚拟存储的计算机系统使用内存页面来管理内存。实际上，在使用虚拟存储的计算机系统中，内存与外部存储器的数据传输也是按照页为单位进行的。从程序运行角度看，程序可以访问超过实际内存的虚拟地址空间，是由程序运行的局部性原理决定的。程序在运行的时候，在一段时间内总是在限定的程序段内运行。因此，当程序访问某个虚拟内存空间时，可以通过内存管理单元把虚拟地址映射到实际的内存地址中，这个过程称作地址翻译过程。

在现代计算机体系结构中，地址翻译过程是由内存管理单元完成的。内存管理单元向操作系统提供了配置接口，当系统启动时，由操作系统向内存管理单元配置虚拟地址与物理地址之间的转换关系。当程序访问虚拟地址时，由内存管理单元完成地址映射。一般来说，不同的处理器体系结构有不同的地址翻译方法。

### 13.3.4　内存访问权限

现代的多用户多进程操作系统需要 MMU 才能达到每个用户进程都拥有独立的地址空间的目标。使用 MMU、OS 划分出一段地址区域，在这块地址区域中，每个进程看到的内容不一定相同。例如，Microsoft Windows 操作系统，地址 4MB～2GB 处划分为用户地址空间。进程 A 在地址 0x400000 映射了可执行文件。进程 B 同样在地址 0X400000 映射了可执行文件。如果进程 A 读地址 0X400000 读到的是 A 的可执行文件映射到 RAM 的内容，而进程 B 读取地址 0X400000 时读到的是 B 的可执行文件映射到 RAM 的内容，那么这个时候就需要访问权限机制来处理不同进程访问同一地址内存的问题。

在 ARM 体系结构中，使用 Entry 表来控制内存访问，在进行虚拟地址和实际地址映射时，通过查内存表将可执行文件映射到不同的物理内存地址上。

## 13.4　常见的接口和控制器

前面几节介绍了 ARM 的体系结构，由于 ARM 是一种体系结构的规范，在实际应用中，厂家在设计基于 ARM 的微控制器时都是采用 ARM 的内核，根据需要在外面还会扩展一些接口，不同厂家之间的接口可能不同，但是功能大同小异。本节将通过三星的 S3C2440A 处理器讲解 ARM 微处理器常见的接口和控制器。

### 13.4.1　GPIO 简介

GPIO 的全称是 General-Purpose Input / Output 端口，中文意思是通用 I/O 端口。在嵌入式系统中，经常需要控制许多结构简单的外部设备或者电路，这些设备有的需要通过 CPU 控制，有的需要 CPU 提供输入信号，并且许多设备或电路只要求有开/关两种状态就可以了，如 LED 的亮和灭。对这些设备的控制，使用传统的串口或者并口比较复杂，因此，在嵌入式微处理器中通常会提供一种“通用 I/O 端口”，也就是 GPIO。

一个 GPIO 至少需要两个寄存器，一个用于控制的“通用 I/O 端口控制寄存器”，另一个用于存放数据的“通用 I/O 端口数据寄存器”。数据寄存器的每一位都和 GPIO 的硬件引脚对应，而数据的传递方向是通过控制寄存器设置的，通过控制寄存器，可以设置每位引脚的数据流向。

在实际应用中，不同微处理器的 GPIO 有多种寻址方式，有的数据寄存器可以按照位寻址，如 8051 的一些数据寄存器；有的则不能，如 S3C2440A 处理器，在编程时需要注意。有的微处理器的 GPIO 除了两个标准寄存器外，还提供了上拉寄存器，目的是方便一些需要高电平的外部电路，通过这个上拉寄存器，可以设置对应的 GPIO 引脚输出的是高阻模式还是带上拉的电平输出，这样可以简化外部电路的设计。S3C2440A 处理器的 GPIO 提供了上拉寄存器。

还需要注意的一点是，对于不同的计算机体系结构，设备的映射方式也不同，有的是端口映射，有的是内存映射。如果系统体系结构支持对 I/O 端口独立编排地址并且是端口映射，就只能使用汇编语言实现对设备的控制，因为 C 语言没有提供“端口”的概念。如果是内存映射方式，就相对方便，通过直接访问某个寄存器的内存映射地址完成对寄存器的访问控制。在 S3C2440A 中，设备和端口都是映射到内存地址的，通过访问内存地址就可以完成对寄存器的操作。

### 13.4.2　中断控制器

中断是计算机的一种基本工作方式，几乎所有的 CPU 都支持中断，S3C2440A 支持多达 60 个中断源，中断请求可由内部功能模块和外部引脚信号产生。

ARM9 可以识别两种类型的中断：正常中断请求（Normal Interrupt Request，IRQ）和快速中断请求（Fast Interrupt Request，FIQ），因此，S3C2440A 的所有中断都可以归类为 IRQ 或 FIQ。S3C2440A 的中断控制器对每个中断源都有一个中断悬挂位（Interrupt Pending Bit）。

S3C2440A 用如下 4 个寄存器控制中断的产生并对中断进行处理。

- 中断优先级寄存器（Interrupt Priority Register）：在 ARM 处理器中预定义了 60 个中断号，按照从 0～59 的顺序排列中断优先级。通过配置把中断源索引号配置到某个预定义的中断源中，通过这种方式建立中断的优先级关系。存放中断优先级顺序的寄存器称作中断优先级寄存器。
- 中断模式寄存器（Interrupt Mode Register）：在 ARM 系统中有 IRQ 和 FIQ 两种中断模式，通过中断模式寄存器可以标记一个中断属于哪种中断方式。
- 中断悬挂寄存器（Interrupt Pending Register）：指示某个中断请求处在未处理状态。
- 中断屏蔽寄存器（Interrupt Mask Register）：使用屏蔽位标记对应的中断源是否可以被 ARM 处理器响应。如果中断屏蔽位设置为逻辑“1”，则对应的中断源发出的中断请求被中断控制器忽略。中断屏蔽寄存器用于控制处理器对不同优先级的中断请求响应。该寄存器中包含多个位，每个位对应一个中断请求信号，当对应位被设置为 1 时，表示允许相应的中断请求打断当前处理器的执行。反之，如果对应位被清零，则表示禁止相应的中断请求。

### 13.4.3　RTC 控制器

RTC 的全称是 Real Time Clock，中文意思是实时时钟，当系统断电的时候，RTC 控制器可以使用备份电池操作。RTC 控制器可以使用 STRB/LDRB/指令向 CPU 发送 8 比特位宽的 BCD 编码数据，这些数据包括年、月、日、小时、分钟和秒等时间数据。RTC 控制器使用 32.768kHz 的外部晶振工作，同时可以提供闹钟功能。S3C2440A 微处理器的 RTC 控制器没有 2000 年问题，同时可以向实时操作系统内核提供微妙级别的时钟中断。

RTC 控制器可以使用备份电池驱动，通过 CPU 的 RTCVDD 脚提供电源。当系统掉电时，CPU 及 RTC 控制器被阻塞，只有备份电池驱动晶振和 BCD 格式的时间计数器工作。RTC 控制器可以在掉电或者带电状态下在指定的时间发出报警信号。在带电情况下会产生 INT_RTC 中断，在掉电模式下还会产生 PMWKUP 信号。

RTC 控制器向用户提供了控制寄存器和数据寄存器，供用户设置获得的时间值。如表

13-1 给出了常用的 RTC 控制寄存器，寄存器的位含义可以查看 S3C2440A 数据手册。

表 13-1　S3C2440A的控制寄存器

| 寄存器名称 | 作　用 |
| --- | --- |
| 实时时钟控制器RTCCON（Real Time Clock Control Register） | RTC控制器的主要控制器寄存器，控制是否读写时间值的BCD寄存器 |
| TICON（Tick Time Counter） | Tick值计数器 |
| RTC报警控制器RTCALM（RTC Alarm Control Register） | 设置报警打开及报警时间 |

RTC 控制器还提供了两组存放时间值的寄存器，包括年、月、日、小时、分钟和秒分别有各自的寄存器，一组寄存器存放十进制格式，另一组寄存器存放的是 BCD 格式。需要注意的是，BCD 的秒寄存器取值范围是 1～59，当从秒寄存器中读出 0 的时候，时间值需要重新读一次所有的寄存器才可以确定。

## 13.4.4　看门狗定时器

在嵌入式系统中，由于环境的复杂性，嵌入式处理器常常会受到来自外界电磁场的干扰，造成程序“跑飞”而进入死循环，程序的正常运行被打断，导致系统无法工作，进入瘫痪状态。因此，出于对嵌入式芯片的运行状态进行实时监测的考虑，便产生了一种专门用于监测单片机程序运行的状态芯片，也就是俗称的“看门狗”。

当系统启动时，看门狗定时器随之启动并开始计数，微处理器会定时清除看门狗的计数器。如果到了一定时间还没有清除看门狗的计时器，则会因为溢出引起中断，从而使系统复位，硬件看门狗就是利用这种定时器来工作的。

还有一种软件看门狗，其与硬件看门狗的原理类似，看门狗芯片和微处理器的一个 I/O 引脚相连，该 I/O 引脚通过程序定时地向看门狗送入高电平（或者低电平）。这个程序语句是分散地放在控制语句中的，如果嵌入式芯片由于干扰而导致程序“跑飞”，进入无法退出的死循环状态，则看门狗程序可能无法运行。这会导致看门狗引脚程序失效，从而无法及时重置系统或采取其他应对措施。看门狗电路由于得不到微处理器送来的信号，便会向微处理器相连的复位引脚发送一个复位信号，使嵌入式系统发生复位。

S3C2440A 微处理器内部集成了硬件看门狗定时器，并且与复位电路相连，程序员通过设置看门狗定时器的控制寄存器就可以操作看门狗。S3C2440A 有两个与看门狗相关的寄存器，即 WTDAT 和 WTCNT，在打开看门狗定时器之前，需要向 WTCNT 寄存器写入看门狗定时器的初始计数值，之后打开看门狗定时器，当系统出现程序“跑飞”的情况时，看门狗会自动复位微处理器。

## 13.4.5　使用 GPIO 点亮 LED 实例

S3C2440A 微处理器提供了 8 组 GPIO，共有 130 个引脚。这些 GPIO 均提供了数据寄存器，控制寄存器及上拉寄存器，并且使用内存映射方式对寄存器编址，程序员通过访问对应寄存器的内存地址，就可以操作对应的端口和引脚。

本节给出一个操作 GPIO 的实例，功能是在 S3C2440 开发板上点亮 1 个 LED 发光二极管，crt0.S 文件的代码如下，此代码的功能是转入 C 程序。

```
.text
.global _start
_start:
        ldr     r0, =0x30000000   @ WATCHDOG 寄存器地址
        mov     r1, #0x0
        str     r1, [r0]          @ 写入 0，禁止 WATCHDOG，否则 CPU 会不断重启
        ldr     sp, =1024*4       @ 设置堆栈，注意：不能大于 4KB
        bl      main              @ 调用 C 程序中的 main 函数
halt_loop:
        b       halt_loop
```

led_on_c.c 文件的代码如下：

```
#define GPBCON      (*(volatile unsigned long *)0x56000010)
#define GPBDAT      (*(volatile unsigned long *)0x56000014)
int main()
{
    GPBCON = 0x00000400;         // 设置 GPB5 为输出口，位[11:10]=0b01
    GPBDAT = 0x00000000;         // GPB4 输出 0，LED 点亮
    return 0;
}
```

Makefile 文件的内容如下：

```
led_on_c.bin : crt0.S  led_on_c.c
    arm-linux-gcc -g -c -o crt0.o crt0.S
    arm-linux-gcc -g -c -o led_on_c.o led_on_c.c
    arm-linux-ld -Ttext 0x00000000 -g  crt0.o led_on_c.o -o led_on_c_elf
# 转为 bin  -S 不从源文件中复制重定位信息和符号信息到目标文件中
    arm-linux-objcopy -O binary -S led_on_c_elf led_on_c.bin
# 反汇编 -D 反汇编所有段
    arm-linux-objdump -D -m arm  led_on_c_elf > led_on_c.dis
clean:
    rm -f led_on_c.dis led_on_c.bin led_on_c_elf *.o
```

## 13.5　小　　结

本章介绍了 ARM 体系结构，任何一个处理器的体系结构都是不好理解的，大量的术语和复杂的结构给初学者的学习带来了困难。在学习时，应当先从整体入手，先对 ARM 的体系结构有一个整体的认识，然后具体学习每个部分，最好的学习方法是通过 ADS 调试环境在开发板上进行调试，通过设置寄存器来观察外部器件的变化情况。在 ADS 环境中自带了许多例子可以参考，尤其是 ARM 启动时的设置，通过研究 ARM 的启动代码，可以学习到很多知识。第 14 章将介绍嵌入式 Linux Bootloader。

## 13.6　习　　题

### 一、填空题

1．ARM 是基于________技术的。

2．寄存器 R16 称作________。

3．GPIO 的英文全称是________。

## 二、选择题

1．#号后面加 0x 表示（　　）。

A．十六进制　　B．二进制

C．十进制　　D．八进制

2．下列不是异常模式的选项是（　　）。

A．快速中断模式　　B．外部中断模式

C．用户模式　　D．其他

3．在 S3C2440A 中不能控制中断的产生和对中断进行处理的寄存器是（　　）。

A．中断优先级寄存器　　B．中断模式寄存器

C．中断悬挂寄存器　　D．中断链接寄存器

## 三、判断题

1．虚拟存储通常是由软件和操作系统配合完成的。（　　）

2．IRQ 模式用于数据传输和通道处理。（　　）

3．S3C2440A 微处理器内部集成了软件看门狗定时器。（　　）

# 第 14 章　深入 Bootloader

Bootloader 一词在嵌入式系统中应用广泛，中文意思可以解释为“启动加载器”。顾名思义，Bootloader 是一个在系统启动时工作的软件。由于启动时涉及硬件和软件的启动，所以 Bootloader 是一个涉及硬件和软件衔接的重要系统软件。本章将从 Bootloader 的原理出发，分析 Bootloader 的基本功能，同时介绍常见的 Bootloader 系统软件，并且给出 U-Boot 这款 Bootloader 在 mini2440 开发板的移植过程。本章的主要内容如下：

- Bootloader 的基本知识和工作原理简介；
- 常见的几种 Bootloader 介绍和对比；
- U-Boot 的工程结构和工作流程简介；
- 如何将 U-Boot 移植到 mini2440 开发板上。

## 14.1　初识 Bootloader

对于没有接触过嵌入式系统的人来说，Bootloader 的功能虽然可以理解，但是缺乏一个直观的认识。本节将以大家熟知的 PC（个人计算机）为例，介绍 PC 的启动流程，然后引入嵌入式 Bootloader 的概念，帮助初学者揭开嵌入式系统 Bootloader 的面纱。

### 14.1.1　PC 的 Bootloader

不少初学者可能认为 PC 没有 Bootloader。实际上，PC 的 BIOS（主板上固化的一段程序，即常说的“基本输入/输出系统”）和磁盘设备的引导记录扮演着和嵌入式系统中的 Bootloader 类似的角色，读者可以把这两部分的系统程序理解为 PC 的 Bootloader。

Bootloader 是系统加电后运行的第一段程序，一般来说，Bootloader 为了保证整个系统的启动速度，要在很短的时间内运行。PC 的 Bootloader 由 BIOS 和 MBR 组成。其中，BIOS 固化在 PC 主板的一块内存内；MBR 是 PC 的磁盘主引导扇区（Master Boot Recorder）的缩写。PC 上电后，首先执行 BIOS 启动程序。然后根据用户配置，由 BIOS 加载磁盘 MBR 上的启动数据。BIOS 把磁盘 MBR 上的数据读取到内存，然后把系统的控制权交给保存在 MBR 上的操作系统来加载程序（OS Loader）。操作系统加载程序继续工作，直到加载操作系统内核，再把控制权交给操作系统内核。

**说明：** 以上是传统主板的启动方式。现在新的主板采用 UEFI 机制，取代原有的 BIOS 机制。二者的工作方式类似。开机后，主板的 UEFI 将被加载并运行，然后读取 GPT 磁盘中的 EFI 系统分区的引导程序。

### 14.1.2　什么是嵌入式系统的 Bootloader

PC 的体系结构相对固定，多数厂商采用相同的架构，甚至外部设备的连接方式都完全相同，并且 PC 有统一的设计规范，操作系统和开发人员不用为系统启动发愁，启动的工作都是由 BIOS 来完成的。不仅如此，PC 的 BIOS 还为操作系统提供了访问底层硬件的中断调用。

嵌入式系统就没有这么幸运了，在绝大多数嵌入式系统中是没有类似 PC 的 BIOS 的系统程序的。由于嵌入式系统需求复杂多变，需要根据用户需求来设计硬件系统甚至软件系统，很难有一个统一的标准。在嵌入式系统中，每个系统的启动代码都是不同的，这就增加了开发设计的难度。

虽然嵌入式系统的硬件差异大，但是仍然有相同的规律可循。在同一个体系结构中，外部设备的连接方式、工作方式可能不同，但是 CPU 的指令和编程模型是相同的。由于和 PC 系统的差异，在嵌入式系统中，需要开发人员自己设计 Bootloader。幸运的是，开发人员不用从零开始为每个系统编写代码，一些开源软件组织及其他公司已经设计出了适合多种系统的 Bootloader。这些 Bootloader 软件实际上是为嵌入式系统设计的一个相对通用的框架。开发人员只需要根据需求，按照不同体系结构的编程模型及硬件连接结构，设计与硬件相关的代码，省去了从头开发的烦琐流程。

### 14.1.3　嵌入式系统常见的 Bootloader

Bootloader 是嵌入式软件开发的第一个环节，它把嵌入式系统的软件和硬件紧密衔接在一起，对于一个嵌入式设备的后续开发至关重要。Bootloader 初始化目标硬件，为嵌入式操作系统提供硬件资源信息并且装载嵌入式操作系统。在嵌入式开发过程中，Bootloader 的设计往往是难点，开源的 Bootloader 在设计思想上往往有一些相同之处。本节将介绍两款常见的 Bootloader 供读者参考。

#### 1. U-Boot系统加载器

U-Boot 是一个规模庞大的开源 Bootloader 软件，最初是由 denx（www.denx.de）发起。U-Boot 的前身是 PPCBoot，目前是 SourceForge（www.sourceforge.net）的一个项目。

最初的 U-Boot 仅支持 PowerPC 架构的系统，称作 PPCBoot。PPCBoot 从 0.3.2 官方版本之后开始逐步支持多种架构的处理器，目前可以支持 PowerPC（MPC5xx、MPC8xx、MPC82xx、MPC7xx、MPC74xx）、ARM（ARM7、ARM9、StrongARM、Xscale）、MIPS（4kc、5kc）和 x86 等处理器，支持的嵌入式操作系统有 Linux、Vx-Works、NetBSD、QNX、RTEMS、ARTOS 和 LynxOS 等，是 PowerPC、ARM9、Xscale、x86 等系统通用的 Boot 方案。

U-Boot 支持的处理器和操作系统很多，但是它对 PowerPC 系列处理器和 Linux 操作系统支持最好。U-Boot 支持的功能也较多，对于嵌入式开发常用的查看、修改内存，从网络下载操作系统镜像等功能都提供了很好的支持。U-Boot 的项目更新较快，支持的目标板众多，是学习底层开发很好的示例。

### 2．ViVi系统加载器

ViVi 是韩国的 mizi 公司专门针对 ARM9 处理器设计的一款 Bootloader。它的特点是操作简便并且提供了完备的命令体系，目前在三星系列的 ARM9 处理器上比较流行。

与 U-Boot 相比，由于 ViVi 支持的处理器单一，ViVi 的代码就少了很多。同时，ViVi 的软件架构和配置方法采用和 Linux 内核类似的风格，对于有配置编译 Linux 内核经验的读者，ViVi 更容易上手。

与其他的 Bootloader 一样，ViVi 有两种工作模式：启动加载模式和下载模式。如果使用启动加载模式，在目标板上电后，ViVi 会从预先配置好的 Flash 分区读取 Linux 或者其他系统的镜像文件，然后启动系统；如果使用下载模式，则 ViVi 向用户提供了一个命令行接口，通过该接口，用户可以使用 ViVi 提供的命令。ViVi 主要提供了以下 5 个命令。

- Load：把二进制文件载入 Flash 或 RAM。
- Part：操作 MTD 分区信息，包括显示、增加、删除、复位和保存 MTD 分区。
- Param：设置参数。
- Boot：启动系统。
- Flash：管理 Flash，如删除 Flash 的数据。

与 Linux 内核的组织类似，ViVi 的源代码主要包括 arch、init、lib、drivers 和 include 等几个目录，共 200 多个代码文件。各目录的具体功能请参考 ViVi 相关的信息。

## 14.2　U-Boot 分析

Bootloader 代码是嵌入式系统复位后进入操作系统前执行的一段代码。通过 Bootloader 代码初始化处理器的各寄存器及其他外部设备，建立存储器映射图及初始化堆栈，为操作系统提供基本的运行环境。由于嵌入式系统硬件的多样性，不可能有通用的 Bootloader，因此需要根据具体硬件特点进行移植。本节将以目前应用比较广泛的 U-Boot 为例，讲解嵌入式系统 Bootloader 移植的方法。

### 14.2.1　获取 U-Boot

U-Boot 的源代码可以从 ftp://ftp.denx.de/pub/u-boot/上获得。使用匿名用户身份登录 U-Boot 的 FTP 服务器后，进入 pub/u-boot 目录，该目录包含 U-Boot 的所有代码。这里使用 U-Boot 2016.05 版本代码作为分析的样本。

### 14.2.2　U-Boot 工程结构分析

学习一个软件尤其是开源软件，首先应该从分析软件的工程结构开始。一个好的软件有良好的工程结构，对于读者学习和理解软件的架构及工作流程都有很大的帮助。

U-Boot 的源代码布局和 Linux 类似，使用按照模块划分的结构，并且充分考虑了体系结构和跨平台问题，其源代码树结构如表 14-1 所示。

表 14-1 U-Boot源代码的目录结构

| 子 目 录 名 | 作 用 |
| --- | --- |
| api | 与硬件无关的功能函数的API |
| arch | 与体系架构有关的代码 |
| board | 开发板相关的定义和结构 |
| common | 包含U-Boot用到的各种处理函数 |
| configs | 存放不同开发板的U-Boot配置文件 |
| disk | 磁盘分区的相关代码 |
| doc | U-Boot文档 |
| drivers | 常用的外部设备驱动程序 |
| dts | 存放不同开发板的设备树源码文件 |
| examples | 存放U-Boot开发代码样例 |
| fs | 文件系统有关的代码，包括CRAMFS、Ext2和FAT等常见的文件系统 |
| include | U-Boot用到的头文件 |
| lib | U-Boot用到的库文件 |
| Licenses | U-Boot使用的开源许可协议 |
| net | 常用的网络协议，包括BOOTP、RARP、ARP、TFTP等 |
| post | 上电自检相关代码 |
| scripts | 常用的一些脚本 |
| test | 测试文件夹 |
| tools | U-Boot相关的数据代码 |

## 14.2.3 U-Boot 的工作流程

与大多数 Bootloader 类似，U-Boot 的启动分成 Stage1 和 Stage2 两个阶段。Stage1 使用汇编语言编写，通常与 CPU 体系紧密相关，如处理器初始化和设备初始化代码等。如图 14-1 所示为 U-Boot 的 Stage1 阶段的工作流程。

图 14-1 是 U-Boot 的 Stage1 阶段的工作流程。Stage1 的代码都是与平台相关的，使用汇编语言编写占用空间小而且执行速度快。以 ARM920 为例，Stage1 阶段主要是设置各模式程序异常向量表，初始化处理器相关的关键寄存器及系统内存。Stage1 负责建立 Stage1 阶段使用的堆栈和代码段，然后将 Stage2 阶段的代码复制到内存中。

Stage2 阶段的工作一般包括初始化串口和初始化网络设备等。Stage2 使用 C 语言编写，用于加载操作系统内核。

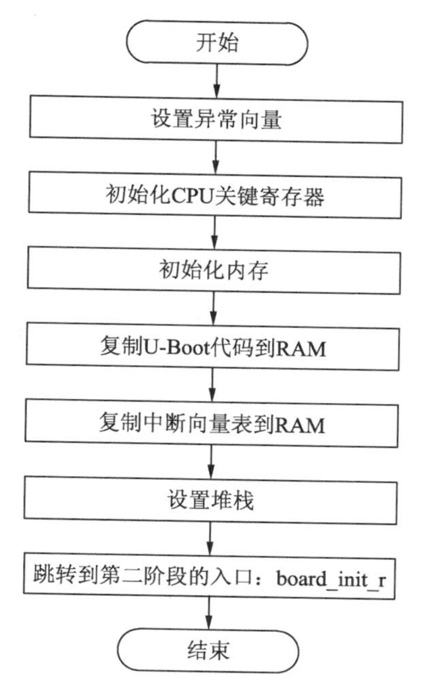


图 14-1 U-Boot 的 Stage1 阶段的工作流程

# 14.3　U-Boot 的启动流程分析

U-Boot 支持许多的处理器和开发板，原因是该软件有良好的架构。本节以使用 ARM 处理器的 smdk2410 开发板为例，分析 U-Boot 的启动流程，在其他的处理器架构上，U-Boot 也执行类似的启动流程。如图 14-2 所示为 U-Boot 在 ARM 处理器上的启动步骤。

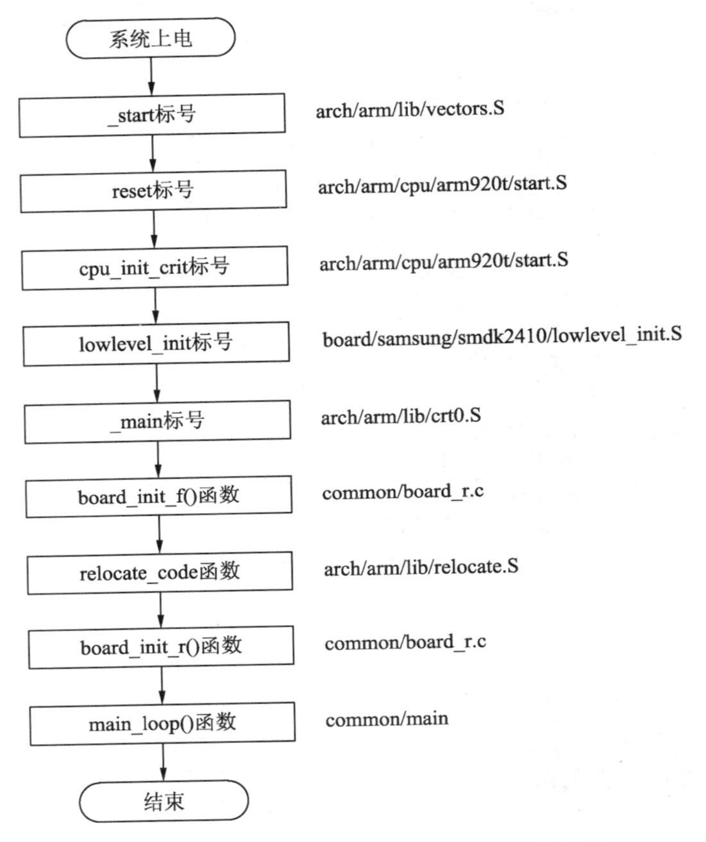


图 14-2　U-Boot 在 ARM 处理器上的启动步骤

图 14-2 列出了 U-Boot 在 ARM 处理器启动过程中的几个关键点，从图 14-2 中可以看出 U-Boot 的启动代码分布在 start.S、low_level_init.S、board.c 和 main.c 文件中。其中，start.S 是 U-Boot 整个程序的入口，该文件使用汇编语言编写，不同体系结构的启动代码是不同的；low_level_init.S 是特定开发板的设置代码；board.c 包含开发板底层设备驱动；main.c 是一个与平台无关的代码，U-Boot 应用程序的入口在此文件中。

## 14.3.1　_start 标号

在 U-Boot 工程中，入口点是_start，它被定义在 arch/arm/lib/vectors.S 文件中，具体代码如下：

```
...
26  .globl _start
27
28  /*
29   *************************************************************
30   *
31   * Vectors have their own section so linker script can map them easily
32   *
33   *************************************************************
34   */
35
36      .section ".vectors", "ax"
37
38  /*
39   *************************************************************
40   *
41   * Exception vectors as described in ARM reference manuals
42   *
43   * Uses indirect branch to allow reaching handlers anywhere in memory.
44   *
45   *************************************************************
46   */
47
48  _start:
49
50  #ifdef CONFIG_SYS_DV_NOR_BOOT_CFG
51      .word   CONFIG_SYS_DV_NOR_BOOT_CFG
52  #endif
53
54      b   reset
55      ldr pc, _undefined_instruction
56      ldr pc, _software_interrupt
57      ldr pc, _prefetch_abort
58      ldr pc, _data_abort
59      ldr pc, _not_used
60      ldr pc, _irq
61      ldr pc, _fiq
62
63  /*
64   *************************************************************
65   *
66   * Indirect vectors table
67   *
68   * Symbols referenced here must be defined somewhere else
69   *
70   *************************************************************
71   */
72
73      .globl  _undefined_instruction
74      .globl  _software_interrupt
75      .globl  _prefetch_abort
76      .globl  _data_abort
77      .globl  _not_used
78      .globl  _irq
79      .globl  _fiq
80
81  _undefined_instruction:.word undefined_instruction
82  _software_interrupt:    .word software_interrupt
83  _prefetch_abort:    .word prefetch_abort
84  _data_abort:        .word data_abort
85  _not_used:      .word not_used
```

```
86  _irq:           .word irq
87  _fiq:           .word fiq
88
89  .balignl 16,0xdeadbeef
90
91  /*
92   *****************************************************************
93   *
94   * Interrupt handling
95   *
96   *****************************************************************
97   */
98
99  /* SPL interrupt handling: just hang */
100
101 #ifdef CONFIG_SPL_BUILD
102
103     .align  5
104 undefined_instruction:
105 software_interrupt:
106 prefetch_abort:
107 data_abort:
108 not_used:
109 irq:
110 fiq:
111
112 1:
113     bl  1b          /* hang and never return */
114
115 #else   /* !CONFIG_SPL_BUILD */
116
117 /* IRQ stack memory (calculated at run-time) + 8 bytes */
118 .globl IRQ_STACK_START_IN
119 IRQ_STACK_START_IN:
120     .word   0x0badc0de
121
122 #ifdef CONFIG_USE_IRQ
123 /* IRQ stack memory (calculated at run-time) */
124 .globl IRQ_STACK_START
125 IRQ_STACK_START:
126     .word   0x0badc0de
127
128 /* IRQ stack memory (calculated at run-time) */
129 .globl FIQ_STACK_START
130 FIQ_STACK_START:
131     .word 0x0badc0de
132
133 #endif /* CONFIG_USE_IRQ */
```

_start 标号下面的代码主要是一些伪指令，用于设置全局变量，供启动程序把 U-Boot 映像从 Flash 存储器复制到内存中。

_start 标号一开始定义了 ARM 处理器 7 个中断向量的向量表，对应 ARM 处理器的 7 种模式。由于上电一开始处理器会从地址 0 执行指令，所以第一个指令会直接跳转到 reset 标号。reset 执行机器初始化的一些操作，此处的跳转指令，无论冷启动还是热启动，开发板都会执行 reset 标号的代码。

☎**提示：**reset 也属于一种异常模式，并且该模式的代码不需要返回。

## 14.3.2　reset 标号

reset 标号的代码在处理器启动的时候最先执行。reset 在 start.S 文件中定义，每种处理器目录下都有一个 start.S 文件。以 ARM9 处理器为例，reset 的代码如下：

```
...
28        .globl  reset
29
30   reset:
31        /*
32         * set the cpu to SVC32 mode
33         */
34        mrs r0, cpsr                      // 保存 CPSR 寄存器的值到 r0 寄存器
35        bic r0, r0, #0x1f                 // 清除中断
36        orr r0, r0, #0xd3
37        msr cpsr, r0                      // 设置 CPSR 为超级保护模式
38
39   #if defined(CONFIG_AT91RM9200DK) || defined(CONFIG_AT91RM9200EK)
40        /*
41         * relocate exception table
42         */
43        ldr r0, =_start
44        ldr r1, =0x0
45        mov r2, #16
46   copyex:
47        subs    r2, r2, #1
48        ldr r3, [r0], #4
49        str r3, [r1], #4
50        bne copyex
51   #endif
52
53   #ifdef CONFIG_S3C24X0
54        /* turn off the watchdog */
55
56   # if defined(CONFIG_S3C2400)
57   #  define pWTCON    0x15300000      // 看门狗寄存器地址
58   #  define INTMSK    0x14400008/* Interrupt-Controller base addresses */
59   #  define CLKDIVN   0x14800014  /* clock divisor register */
60   #else
61   #  define pWTCON    0x53000000
62   #  define INTMSK    0x4A000008/* Interrupt-Controller base addresses */
63   #  define INTSUBMSK 0x4A00001C
64   #  define CLKDIVN   0x4C000014  /* clock divisor register */
65   # endif
66
67        ldr r0, =pWTCON                   // 取出当前看门狗控制寄存器的地址到 r0
68        mov r1, #0x0                      // 设置 r1 寄存器的值为 0
69        str r1, [r0]                      // 写入看门狗控制寄存器
70
71        /*
72         * mask all IRQs by setting all bits in the INTMR - default
73         */
74        mov r1, #0xffffffff               // 设置 r1
75        ldr r0, =INTMSK                   // 取出中断屏蔽寄存器地址到 r0
76        str r1, [r0]                      // 将 r1 的值写入中断屏蔽寄存器
77   # if defined(CONFIG_S3C2410)
```

```
78        ldr r1, =0x3ff
79        ldr r0, =INTSUBMSK
80        str r1, [r0]
81   # endif
82
83        /* FCLK:HCLK:PCLK = 1:2:4 */
84        /* default FCLK is 120 MHz ! */
85        ldr r0, =CLKDIVN                    // 取出时钟寄存器地址到 r0
86        mov r1, #3                          // 设置 r1 的值
87        str r1, [r0]                        // 写入时钟配置
88   #endif  /* CONFIG_S3C24X0 */
89
90   /*
91    * we do sys-critical inits only at reboot,
92    * not when booting from ram!
93    */
94   #ifndef CONFIG_SKIP_LOWLEVEL_INIT
95        bl  cpu_init_crit                   // 跳转到开发板相关的初始化代码部分
96   #endif
97
98        bl  _main
```

程序第 34 行取出 CPSR 寄存器的值，CPSR 寄存器用于保存当前系统的状态，第 35 行使用比特清除命令清空 CPSR 寄存器的中断控制位，表示清除中断。程序第 36 行设置了 CPSR 寄存器的处理器模式位为超级保护模式，然后在第 37 行写入 CPSR 的值强制切换处理器为超级保护模式。

程序第 56～65 行定义看门狗控制器相关的变量，在第 85 行设置时钟分频寄存器的值。

程序第 95 行根据 CONFIG_SKIP_LOWLEVEL_INIT 宏的值判断是否跳转到 cpu_init_crit 标号处。请注意这里使用了 bl 指令，在执行完 cpu_init_crit 标号的代码后会返回。

### 14.3.3　cpu_init_crit 标号

cpu_init_crit 标号处的代码用于初始化 ARM 处理器关键的寄存器，代码如下：

```
...
107 /*
108  *************************************************************************
109  *
110  * CPU_init_critical registers
111  *
112  * setup important registers
113  * setup memory timing
114  *
115  *************************************************************************
116  */
117
118
119 #ifndef CONFIG_SKIP_LOWLEVEL_INIT
120 cpu_init_crit:
121     /*
122      * flush v4 I/D caches
123      */
124     mov r0, #0
125     mcr p15, 0, r0, c7, c7, 0   /* flush v3/v4 cache */ // 刷新 Cache
126     mcr p15, 0, r0, c8, c7, 0   /* flush v4 TLB */      // 刷新 TLB
```

```
127
128     /*
129      * disable MMU stuff and caches          // 关闭 MMU
130      */
131     mrc p15, 0, r0, c1, c0, 0
132     bic r0, r0, #0x00002300 @ clear bits 13, 9:8 (--V- --RS)
133     bic r0, r0, #0x00000087 @ clear bits 7, 2:0 (B--- -CAM)
134     orr r0, r0, #0x00000002 @ set bit 1 (A) Align
135     orr r0, r0, #0x00001000 @ set bit 12 (I) I-Cache
136     mcr p15, 0, r0, c1, c0, 0
137
138     /*
139      * before relocating, we have to setup RAM timing
140      * because memory timing is board-dependend, you will
141      * find a lowlevel_init.S in your board directory.
142      */
143     mov ip, lr
144
145     bl  lowlevel_init                         // 跳转到 lowlevel_init 标号
146
147     mov lr, ip
148     mov pc, lr
149 #endif /* CONFIG_SKIP_LOWLEVEL_INIT */
```

程序第 124～126 行刷新 Cache 和 TLB（Translation Lookaside Buffer，旁路缓冲）。Cache 是一种高速缓存存储器，用于保存 CPU 频繁使用的数据。在使用 Cache 技术的处理器上，当一条指令要访问内存的数据时，首先查询 Cache 缓存中是否有数据以及数据是否过期，如果数据未过期，则从 Cache 中读出数据。处理器会定期回写 Cache 中的数据到内存。根据程序的局部性原理，使用 Cache 后可以大大加快处理器访问内存数据的速度。

TLB 的作用是在处理器访问内存数据的时候进行地址转换。TLB 中存放了一些页表文件，文件中记录了虚拟地址和物理地址的映射关系。当应用程序访问一个虚拟地址时，会从 TLB 中查询出对应的物理地址，然后访问物理地址。TLB 通常是一个分层结构，使用与 Cache 类似的原理。处理器使用一些算法把最常用的页表放在最先访问的层次。

☎**提示：**ARM 处理器 Cache 和 TLB 的配置寄存器可以参考 ARM 体系结构手册。

程序第 131～136 行关闭 MMU。在现代计算机体系结构中，MMU 被广泛应用。使用 MMU 技术可以向应用程序提供一个巨大的虚拟地址空间。在 U-Boot 初始化的时候，程序看到的地址都是物理地址，无须使用 MMU。

程序第 145 行跳转到 lowlevel_init 标号处，执行与开发板相关的初始化配置。

## 14.3.4　lowlevel_init 标号

lowlevel_init 标号位于 board/samsung/smdk2410/lowlevel_init.S 文件中，代码如下：

```
...
111 .globl lowlevel_init
112 lowlevel_init:
113     /* memory control configuration */
114     /* make r0 relative the current location so that it */
115     /* reads SMRDATA out of FLASH rather than memory ! */
116     ldr     r0, =SMRDATA                      // 读取 SMRDATA 变量地址
```

```
117     ldr r1, =CONFIG_SYS_TEXT_BASE
118     sub r0, r0, r1
119     ldr r1, =BWSCON /*Bus Width Status Controller*///读取总线宽度寄存器
120     add     r2, r0, #13*4                    // 得到 SMRDATA 占用的大小
121 0:
122     ldr     r3, [r0], #4                     // 加载 SMRDATA 到内存
123     str     r3, [r1], #4
124     cmp     r2, r0
125     bne     0b
126
127     /* everything is fine now */
128     mov pc, lr
129
130 .ltorg
131 /* the literal pools origin */
132
133 SMRDATA:                                 // 定义 SMRDATA 的值
134     .word (0+(B1_BWSCON<<4)+(B2_BWSCON<<8)+(B3_BWSCON<<12)+(B4_BWSCON
        <<16)+(B5_BWSCON<<20)+(B6_BWSCON<<24)+(B7_BWSCON<<28))
135     .word ((B0_Tacs<<13)+(B0_Tcos<<11)+(B0_Tacc<<8)+(B0_Tcoh<<6)+
        (B0_Tah<<4) +(B0_Tacp<<2)+(B0_PMC))
136     .word ((B1_Tacs<<13)+(B1_Tcos<<11)+(B1_Tacc<<8)+(B1_Tcoh<<6)
        +(B1_Tah<<4)+(B1_Tacp<<2)+(B1_PMC))
137     .word ((B2_Tacs<<13)+(B2_Tcos<<11)+(B2_Tacc<<8)+(B2_Tcoh<<6)
        +(B2_Tah<<4)+(B2_Tacp<<2)+(B2_PMC))
138     .word ((B3_Tacs<<13)+(B3_Tcos<<11)+(B3_Tacc<<8)+(B3_Tcoh<<6)+
        (B3_Tah<<4)+(B3_Tacp<<2)+(B3_PMC))
139     .word ((B4_Tacs<<13)+(B4_Tcos<<11)+(B4_Tacc<<8)+(B4_Tcoh<<6)+
        (B4_Tah<<4)+(B4_Tacp<<2)+(B4_PMC))
140     .word ((B5_Tacs<<13)+(B5_Tcos<<11)+(B5_Tacc<<8)+(B5_Tcoh<<6)+
        (B5_Tah<<4)+(B5_Tacp<<2)+(B5_PMC))
141     .word ((B6_MT<<15)+(B6_Trcd<<2)+(B6_SCAN))
142     .word ((B7_MT<<15)+(B7_Trcd<<2)+(B7_SCAN))
143     .word
        ((REFEN<<23)+(TREFMD<<22)+(Trp<<20)+(Trc<<18)+(Tchr<<16)+REFCNT)
144    .word 0x32
145    .word 0x30
146    .word 0x30
```

程序第 116～120 行计算 SMRDATA 需要加载的内存地址和大小。首先在第 137 行读取 SMRDATA 的变量地址，之后计算存放的内存地址并且记录在 r0 寄存器中，然后根据总线宽度计算需要加载的 SMRDATA 大小，并且把加载结束地址存放在 r2 寄存器中。

程序第 121～125 行复制 SMRDATA 到内存。SMRDATA 是开发板上内存映射的配置，关于内存映射关系，请参考 S3C2440A 芯片手册。

### 14.3.5　main 标号

_main 标号位于 arch/arm/lib/crt0.S 中，该标号主要调用的函数有 3 个，分别为 board_init_f()、relocate_code()和 board_init_r()函数，代码如下：

```
...
67 ENTRY(_main)
68
69 /*
70  * Set up initial C runtime environment and call board_init_f(0).
71  */
```

```
 72
 73 #if defined(CONFIG_SPL_BUILD) && defined(CONFIG_SPL_STACK)
 74      ldr sp, =(CONFIG_SPL_STACK)
 75 #else
 76      ldr sp, =(CONFIG_SYS_INIT_SP_ADDR)
 77 #endif
 78 #if defined(CONFIG_CPU_V7M)
 79      mov r3, sp
 80      bic r3, r3, #7
 81      mov sp, r3
 82 #else
 83      bic sp, sp, #7  /* 8-byte alignment for ABI compliance */
 84 #endif
 85      mov r0, sp
 86      bl  board_init_f_alloc_reserve
 87      mov sp, r0
 88      /* set up gd here, outside any C code */
 89      mov r9, r0
 90      bl  board_init_f_init_reserve
 91
 92      mov r0, #0
 93      bl  board_init_f                    // 调用board_init_f()函数
 94
 95 #if ! defined(CONFIG_SPL_BUILD)
 96
 97 /*
 98  * Set up intermediate environment (new sp and gd) and call
 99  * relocate_code(addr_moni). Trick here is that we'll return
100  * 'here' but relocated.
101  */
102
103      ldr sp, [r9, #GD_START_ADDR_SP]/* sp = gd->start_addr_sp */
104 #if defined(CONFIG_CPU_V7M)
105      mov r3, sp
106      bic r3, r3, #7
107      mov sp, r3
108 #else
109      bic sp, sp, #7  /* 8-byte alignment for ABI compliance */
110 #endif
111      ldr r9, [r9, #GD_BD]           /* r9 = gd->bd */
112      sub r9, r9, #GD_SIZE           /* new GD is below bd */
113
114      adr lr, here
115      ldr r0, [r9, #GD_RELOC_OFF]    /* r0 = gd->reloc_off */
116      add lr, lr, r0
117 #if defined(CONFIG_CPU_V7M)
118      orr lr, #1                     /* As required by Thumb-only */
119 #endif
120      ldr r0, [r9, #GD_RELOCADDR]    /* r0 = gd->relocaddr */
121      b   relocate_code              // 执行重定向
122 here:
123 /*
124  * now relocate vectors
125  */
126
127      bl  relocate_vectors
128
129 /* Set up final (full) environment */
130
131      bl  c_runtime_cpu_setup /* we still call old routine here */
132 #endif
```

```
133 #if !defined(CONFIG_SPL_BUILD) || defined(CONFIG_SPL_FRAMEWORK)
134 # ifdef CONFIG_SPL_BUILD
135     /* Use a DRAM stack for the rest of SPL, if requested */
136     bl  spl_relocate_stack_gd
137     cmp r0, #0
138     movne   sp, r0
139     movne   r9, r0
140 # endif
141     ldr r0, =__bss_start              /* this is auto-relocated! */
142
143 #ifdef CONFIG_USE_ARCH_MEMSET
144     ldr r3, =__bss_end                /* this is auto-relocated! */
145     mov r1, #0x00000000               /* prepare zero to clear BSS */
146
147 subs    r2, r3, r0                    /* r2 = memset len */
148     bl  memset
149 #else
150     ldr r1, =__bss_end                /* this is auto-relocated! */
151     mov r2, #0x00000000               /* prepare zero to clear BSS */
152
153 clbss_l:cmp r0, r1                    /* while not at end of BSS */
154  #if defined(CONFIG_CPU_V7M)
155     itt lo
156  #endif
157     strlo   r2, [r0]                  /* clear 32-bit BSS word */
158     addlo   r0, r0, #4                /* move to next */
159     blo clbss_l
160  #endif
161
162  #if ! defined(CONFIG_SPL_BUILD)
163     bl coloured_LED_init
164     bl red_led_on
165 #endif
166     /* call board_init_r(gd_t *id, ulong dest_addr) */
167     mov     r0, r9                    /* gd_t */
168     ldr r1, [r9, #GD_RELOCADDR]       /* dest_addr */
169     /* 调用board_init_r()函数 */
170 #if defined(CONFIG_SYS_THUMB_BUILD)
171     ldr lr, =board_init_r             /* this is auto-relocated! */
172     bx  lr
173 #else
174     ldr pc, =board_init_r             /* this is auto-relocated! */
175 #endif
176 /* we should not return here. */
177 #endif
178
179 ENDPROC(_main)
```

程序第73～93行是为board_init_f函数调用提供环境，也就是栈指针sp初始化。程序第95～121行的主要功能是将U-Boot搬移到内存的高地址中去执行，为Kernel让出低端空间，防止Kernel解压覆盖U-Boot，其中，第114～116行的功能是将relocate后的here标号的地址保存到lr寄存器中，这样等relocate完成后，可以直接跳到relocate后的here标号继续执行。程序第131行，在relocate完成后，U-Boot的代码被搬到了内存的顶部，因此必须重新设置异常向量表的地址，c_runtime_cpu_setup()函数的主要功能就是重新设置异常向量表的地址。

## 14.3.6　board_init_f()函数

board_init_f()函数位于 common/board_r.c 文件中，其功能是初始化一些硬件设备（如串口、定时器等）并且设置 gd 结构体中的成员，U-Boot 会将自己重定向到 DRAM 最后面的地址区域，也就是将自己复制到 DRAM 最后面的内存区域中。board_init_f()函数的代码如下：

```
...
1035 void board_init_f(ulong boot_flags)
1036 {
1037 #ifdef CONFIG_SYS_GENERIC_GLOBAL_DATA
1038         /*
1039          * For some archtectures, global data is initialized and used
             before
1040          * calling this function. The data should be preserved.
             For others,
1041          * CONFIG_SYS_GENERIC_GLOBAL_DATA should be defined and use the
             stack
1042          * here to host global data until relocation.
1043          */
1044         gd_t data;
1045 
1046         gd = &data;
1047 
1048         /*
1049          * Clear global data before it is accessed at debug print
1050          * in initcall_run_list. Otherwise the debug print probably
1051          * get the wrong vaule of gd->have_console.
1052          */
1053         zero_global_data();
1054 #endif
1055 
1056         gd->flags = boot_flags;
1057         gd->have_console = 0;
1058 
1059         if (initcall_run_list(init_sequence_f))
1060             hang();
1061 
1062 #if !defined(CONFIG_ARM) && !defined(CONFIG_SANDBOX) && \
1063             !defined(CONFIG_EFI_APP)
1064         /* NOTREACHED - jump_to_copy() does not return */
1065         hang();
1066 #endif
1067 }
```

程序第 1059 行通过函数 initcall_run_list()来运行初始化序列 init_sequence_f 中的一系列函数，init_sequence_f 中包含一系列的初始化函数，init_sequence_f 也定义在 /common/board_f.c 文件中。

## 14.3.7　relocate_code()函数

relocate_code()定义在 arch/arm/lib/relocate.S 文件中，实现重定向的功能，代码如下：

```
...
79 ENTRY(relocate_code)
```

```
80      ldr r1, =__image_copy_start/* r1 <- SRC &__image_copy_start */
81      subs    r4, r0, r1          /* r4 <- relocation offset */
82      beq relocate_done           /* skip relocation */
83      ldr r2, =__image_copy_end   /* r2 <- SRC &__image_copy_end */
84
85 copy_loop:
86      ldmia   r1!, {r10-r11}      /* copy from source address [r1]    */
87      stmia   r0!, {r10-r11}      /* copy to   target address [r0]    */
88      cmp r1, r2                  /* until source end address [r2]    */
89  blo copy_loop
90
91      /*
92       * fix .rel.dyn relocations
93       */
94      ldr r2, =__rel_dyn_start    /* r2 <- SRC &__rel_dyn_start */
95      ldr r3, =__rel_dyn_end      /* r3 <- SRC &__rel_dyn_end */
96  fixloop:
97      ldmia   r2!, {r0-r1}        /* (r0,r1) <- (SRC location,fixup) */
98      and r1, r1, #0xff
99      cmp r1, #23                 /* relative fixup? */
100     bne fixnext
101
102     /* relative fix: increase location by offset */
103     add r0, r0, r4
104     ldr r1, [r0]
105     add r1, r1, r4
106     str r1, [r0]
107 fixnext:
108     cmp r2, r3
109     blo fixloop
110
111 relocate_done:
112
113 #ifdef __XSCALE__
114     /*
115     * On xscale, icache must be invalidated and write buffers drained,
116     * even with cache disabled - 4.2.7 of xscale core developer's manual
117     */
118     mcr p15, 0, r0, c7, c7, 0   /* invalidate icache */
119     mcr p15, 0, r0, c7, c10, 4  /* drain write buffer */
120 #endif
121
122     /* ARMv4- don't know bx lr but the assembler fails to see that */
123
124 #ifdef __ARM_ARCH_4__
125     mov pc, lr
126 #else
127     bx  lr
128 #endif
129
130 ENDPROC(relocate_code)
```

程序第80行将U-Boot复制的起始地址保存到r1寄存器中。程序第81行，寄存器r0保存的是U-Boot复制的目标首地址，计算出偏移地址保存到r4寄存器中。程序第82行，如果r0−r1=0，则直接跳过复制操作。程序第83行，寄存器r2保存复制之前的U-Boot代码结束地址。程序第85行，通过函数copy_loop()完成复制操作。

## 14.3.8　board_init_r()函数

board_init_r()函数定义在 common/board_r.c 文件中，该函数和 board_init_f()函数类似，也是实现初始化的功能，如串口初始化、外存初始化和环境变量初始化等，代码如下：

```
...
975 void board_init_r(gd_t *new_gd, ulong dest_addr)
976 {
977 #ifdef CONFIG_NEEDS_MANUAL_RELOC
978     int i;
979 #endif
980
981 #ifdef CONFIG_AVR32
982     mmu_init_r(dest_addr);
983 #endif
984
985 #if !defined(CONFIG_X86) && !defined(CONFIG_ARM)
    &&!defined(CONFIG_ARM64)
986     gd = new_gd;
987 #endif
988
989 #ifdef CONFIG_NEEDS_MANUAL_RELOC
990 for (i = 0; i < ARRAY_SIZE(init_sequence_r); i++)
991     init_sequence_r[i] += gd->reloc_off;
992 #endif
993
994     if (initcall_run_list(init_sequence_r))
995     hang();
996
997 /* NOTREACHED - run_main_loop() does not return */
998     hang();
999 }
```

board_init_r()函数主要通过 initcall_run_list 来运行初始化序列 init_sequence_r 中的一系列函数，init_sequence_r 中包含一系列的初始化函数，其中有两个重要的函数指针 initr_announce 和 run_main_loop()，initr_announce 函数声明从此处开始程序就将跳转到 RAM 中运行；run_main_loop()则是在进入 run_main_loop()后便不再返回。run_main_loop()定义在/common/board_r.c 文件中，代码如下：

```
740 static int run_main_loop(void)
741 {
742 #ifdef CONFIG_SANDBOX
743     sandbox_main_loop_init();
744 #endif
745    /*main_loop()can return to retry autoboot, if so just run it again */
746     for (;;)
747         main_loop();
748     return 0;
749 }
```

从代码中可以看到，run_main_loop()会进入 main_loop()函数。

## 14.3.9　main_loop()函数

U-Boot 经过初始化后，最终进入 main_loop()函数，该函数定义在 common/main.c 文件中，代码如下：

```
...
44 void main_loop(void)
45 {
46      const char *s;
47
48      bootstage_mark_name(BOOTSTAGE_ID_MAIN_LOOP, "main_loop");
49
50  #ifndef CONFIG_SYS_GENERIC_BOARD
51      puts("Warning: Your board does not use generic board.
        Please read\n");
52      puts("doc/README.generic-board and take action. Boards not\n");
53      puts("upgraded by the late 2014 may break or be removed.\n");
54  #endif
55
56 #ifdef CONFIG_VERSION_VARIABLE
57      setenv("ver", version_string);  /* set version variable */
58  #endif /* CONFIG_VERSION_VARIABLE */
59
60      cli_init();
61
62      run_preboot_environment_command();
63
64 #if defined(CONFIG_UPDATE_TFTP)
65      update_tftp(0UL, NULL, NULL);
66 #endif /* CONFIG_UPDATE_TFTP */
67
68      s = bootdelay_process();
69      if (cli_process_fdt(&s))
70          cli_secure_boot_cmd(s);
71
72      autoboot_command(s);
73
74      cli_loop();
75      panic("No CLI available");
76  }
```

# 14.4 U-Boot 移植

U-Boot 虽然支持众多的处理器和开发板，但是嵌入式系统的硬件是千差万别的，在使用 U-Boot 的时候，仍然需要针对自己的开发板进行适当的修改。幸好 U-Boot 是一个结构设计合理的软件，在移植过程中严格按照 U-Boot 的工程结构移植很容易就能取得成功。本节将介绍如何将 U-Boot 程序移植到 ARM 开发板上。

## 14.4.1 U-Boot 移植的一般步骤

从 14.2 节对 U-Boot 代码的分析中可以看出，U-Boot 移植工作主要分为处理器相关部分和开发板相关部分。由于 U-Boot 支持目前绝大多数的处理器，所以处理器移植的工作相对较少，主要是修改一些配置。对于开发板部分的移植，需要参考硬件线路的外围器件的手册。U-Boot 移植大致可以分为以下几个步骤。

### 1. 检查U-Boot工程是否支持目标平台

主要检查 U-Boot 根目录下的 Readme 文件是否提到目标平台处理器、cpu 目录下是否有目标平台的处理器目录，以及 board 目录下是否有目标平台类似的工程。如果 U-Boot 已经编写了与目标平台类似的工程文件，那么移植工作会大大减轻。

### 2. 分析目标平台类似工程的目录结构

如果 U-Boot 有与目标平台类似的工程，则需要分析目标板工程的目录结构，不同的目标板差别很大，因此分析工程目录下有哪些文件可以被新的目标开发板利用很有必要。

### 3. 分析目标平台代码

目标平台代码分析可以按照 14.3.4 节介绍的 U-Boot 启动流程分析，看哪些代码是额外的，是否需要去掉额外的代码。

### 4. 建立新的开发板平台目录

在 board 目录下建立新的开发板平台目录，目录下的文件可以从现有类似的开发板平台目录下复制得到。

### 5. 对照手册修改平台差异部分代码

对照硬件手册，按照 U-Boot 启动流程修改现有代码与新平台有差异部分的代码。

### 6. 调试新代码

新修改的代码很可能启动不了，需要通过 JTag 调试器跟踪调试。找出原因修改后再调试，直到正确启动。

以上分析的 6 个步骤并非必须严格遵守，这里仅提供一个思路，读者在移植的时候需要结合自己的目标板情况来分析。

## 14.4.2 将 U-Boot 移植到目标开发板上

移植 U-Boot 到新的目标平台会有许多问题。为了减少出错和工作量，在建立一个新的目标平台的时候可以直接复制现有的类似平台的代码目录，然后在此基础上进行修改。例如移植到 mini2440 开发板上，可以按照下面的步骤操作。

### 1. 建立新目标板工程目录

在 board/samsung 目录下建立一个 smdk2440 目录，现有的 smdk2410 目录是类似的平台，可以将 smdk2410 目录下的所有文件复制到 smdk2440 目录下。

### 2. 修改配置文件

打开 smdk2410 目录下的 Kconfig 文件，将其中的内容修改如下：

```
if TARGET_SMDK2410

config SYS_BOARD
     default "smdk2410"

config SYS_VENDOR
     default "samsung"

config SYS_SOC
     default "s3c24x0"

config SYS_CONFIG_NAME
     default "smdk2410"

endif
```

打开 smdk2410 目录下的 MAINTAINERS 文件，将其中的内容修改如下：

```
SMDK2410 BOARD
M:  David Müller <d.mueller@elsoft.ch>
S:  Maintained
F:  board/samsung/smdk2410/
F:  include/configs/smdk2410.h
F:  configs/smdk2410_defconfig
```

打开 smdk2410 目录下的 Makefile 文件，将其中的内容修改为如下：

```
obj-y   := smdk2410.o
obj-y   += lowlevel_init.o
```

将 smdk2410 目录下的 smdk2410.c 文件名修改为 smdk2440.c。

在 include/configs 目录下复制 smdk2410.h 并将名称改为 smdk2440.h，该操作是防止编译 mini2440 开发板的时候出错。将 smdk2440.h 中的字符串 2410 修改为 2440，然后配置启动参数，代码如下：

```
#define CONFIG_BOOTARGS   "root=/dev/mtdblock3 console=ttySAC0,115200
init=/linuxrc"
```

在 configs 文件中新建一个 smdk2440_defconfig 文件，在其中添加以下内容：

```
CONFIG_ARM=y
CONFIG_TARGET_SMDK2440=y
CONFIG_HUSH_PARSER=y
CONFIG_SYS_PROMPT="SMDK2440 # "
# CONFIG_CMD_USB=y
# CONFIG_CMD_SETEXPR is not set
CONFIG_CMD_DHCP=y
CONFIG_CMD_PING=y
CONFIG_CMD_CACHE=y
# CONFIG_CMD_EXT2=y
# CONFIG_CMD_FAT=y
```

打开 arch/arm/Kconfig 文件，添加以下内容：

```
config TARGET_SMDK2440
    bool "Support smdk2440"
    select CPU_ARM920T

source "board/samsung/smdk2440/Kconfig"
```

#### 3．预编译新开发板的代码并且下载和执行代码

到目前为止，可以先编译新开发板的代码，目的是验证工程文件配置是否正确。在 U-Boot 目录下执行：

```
$ make smdk2440_defconfig
$ make ARCH=arm CROSS_COMPILE=arm-linux- V=
```

make smdk2440_defconfig 命令用于生成 mini2440 开发板配置，其下一条 make 命令表示开始编译程序。编译完成后生成目标文件 u-boot，该文件可以下载到目标板上执行。如果编译成功，则说明新建立的目标板工程目录是可以使用的，然后通过 Flash 烧写工具将其烧写到 mini2440 开发板的 NOR Flash 存储器上，最后上电启动。

### 14.4.3　U-Boot 移植的常见问题

在移植 U-Boot 的过程中会遇到很多问题，最常见的是无法启动 U-Boot。如果代码中的很多地方设置有误，那么都会导致无法启动 U-Boot。对于 Stage1 的代码来说，系统的出错信息是无法打印到串口或者其他设备上的，此时可以使用 JTag 调试器调试目标开发板。

对于汇编编写的代码，一般都与系统硬件息息相关，在编写的时候需要非常仔细。建议准备 ARM 体系结构手册和 S3C2440A 芯片手册，并且认真阅读编程模型相关的章节，对硬件的初始化流程要细心分析。

此外，建议把目标板外围硬件设备的初始化工作放在 Stage2 阶段，最好使用 C 语言编写，避免使用汇编语言调试使周期加长的问题，提高开发效率。

## 14.5　小　　结

本章介绍了 Bootloader 的概念及常见的两款 Bootloader 软件，重点分析了 U-Boot 的结构和启动代码，并且给出了 U-Boot 移植的一般步骤。Bootloader 是一种与硬件联系紧密的软件，在学习的时候要结合硬件手册并对照代码分析，提高学习效率。第 15 章将介绍 Linux 内核代码结构。

## 14.6　习　　题

#### 一、填空题

1．PC 的 Bootloader 由________和 MBR 组成。

2．最初的 U-Boot 仅支持________架构的系统。

3．ViVi 有两种工作模式，分别为________模式和下载模式。

## 二、选择题

1．ViVi 针对的处理器是（　　）。

A．ARM7　　B．ARM8　　C．ARM9　　D．其他

2．在 U-Boot 工程中，入口点是（　　）。

A．_start　　B．reset　　C．_main　　D．其他

3．在 U-Boot 功能结构中，用于存放开发板相关的定义和结构的目录是（　　）。

A．api　　B．arch　　C．board　　D．tools

## 三、判断题

1．_main 标号位于 common/main.c 中。（　　）

2．建议尽可能把目标板外围硬件设备的初始化工作放在 Stage2 阶段。（　　）

3．在嵌入式系统中，每个系统的启动代码都是完全相同的。（　　）

# 第 15 章　解析 Linux 内核

内核是操作系统的核心。我们通常说的 Linux 是指 Linux 操作系统的内核，其是一组系统管理软件的集合。Linux 内核是目前流行的系统内核之一，由于其代码的高度开放性，越来越多的人参与到 Linux 内核的研究和开发中。Linux 内核的功能也在不断提高，性能在不断改进。操作系统内核是软件开发领域比较深的技术点，需要结合软硬件知识才能深入理解。本章将由浅入深地讲解 Linux 内核，带领读者进入嵌入式开发较深的领域，主要内容如下：

- 如何获取 Linux 内核代码；
- Linux 内核功能解析；
- Linux 内核代码布局简介；
- Linux 内核镜像结构简介。

## 15.1　基础知识

Linux 内核是 Linux 操作系统不可缺少的组成部分，但是内核本身不是操作系统。许多 Linux 操作系统发行商如 Red Hat 和 Debian 等都采用 Linux 内核，然后加入用户需要的工具软件和程序库，最终构成一个完整的操作系统。嵌入式 Linux 系统是运行在嵌入式硬件系统上的 Linux 操作系统，每个嵌入式 Linux 系统都包括必要的工具软件和程序库。

### 15.1.1　什么是 Linux 内核

内核是操作系统的核心部分，为应用程序提供安全访问硬件资源的功能。直接操作计算机硬件是很复杂的，内核通过硬件抽象的方法屏蔽了硬件的复杂性和多样性。通过硬件抽象的方法，内核向应用程序提供统一和简洁的接口，降低了应用程序设计的复杂程度。实际上，内核可以被看作一个系统资源管理器，内核管理计算机系统中所有的软件和硬件资源。

应用程序可以直接运行在计算机硬件上而无须内核的支持，从这个角度看，内核不是必要的。在早期的计算机系统中，由于系统资源的局限性，通常采用直接在硬件上运行应用程序的办法。运行应用程序需要一些辅助程序，如程序加载器和调试器等。随着计算机性能的不断提高，硬件和软件资源都变得复杂，需要一个统一管理的程序，操作系统的概念也逐渐建立起来。

Linux 内核最早是芬兰大学生 Linus Torvalds 由于个人兴趣编写的，并且在 1991 年发布。经过三十余年的发展，Linux 系统早已是一个公开并且有很多开发人员参与的操作系统内核。但是 Torvalds 本人继续保持对 Linux 的控制，而且 Linux 名称的唯一版权所有人仍然是 Torvalds。从 Linux 0.12 版本开始，Linux 使用 GNU（http://www.gnu.org）的 GPL（通用公共许可协议）自由软件许可协议。

由于 Linux 内核及其他 GNU 软件是开放源代码的，因此 Linux 系统发行商可以根据自己的发行需求修改内核并且对系统进行定制。如 Red Hat 把一些 Linux 2.6 内核版本的特性移植到 Linux 2.4 版本的内核中。在嵌入式系统开发的过程中，用户需要根据硬件的功能特性裁剪内核，甚至修改内核代码适应不同的硬件架构。

### 15.1.2　Linux 内核的版本

Linux 内核版本号采用两个“.”分隔的 3 个数字来表示，形式为 X.Y.Z。其中，X 是主要版本号，Y 是次要版本号，Z 代表补丁版本号。奇数代表不稳定的版本；偶数代表稳定的版本。稳定和不稳定是相对的，如 Linux 内核 1.1.0 相对于 1.0.0 来说是不稳定版本，但是与 1.1.1 对比是稳定版本。在 Linux 内核开发过程中，不稳定版本通常是在原有版本基础上增加了新的功能或者新的特性。

☎提示：通过 Linux 内核版本号可以区分出一个版本的状态，在实际使用过程中，应尽量使用偶数版本，也就是功能相对稳定的版本，并且使用功能够用的版本即可，不必盲目追求高版本内核。

### 15.1.3　如何获取 Linux 内核代码

在 PC 上，一般的 Linux 发行版都提供了内核代码。嵌入式系统没有固定的发行版，需要用户自己获取内核代码。Linux 内核代码的官方站点是 http://www.kernel.org，用户可以打开该地址找到和自己所在物理位置就近的站点下载需要的内核版本代码。高版本 Linux 内核代码文件比较大，对于国内的用户推荐使用 FTP 方式下载，或者使用断点续传工具下载，具体情况可以根据读者自身的网络情况选择。

下载 Linux 内核代码后，会得到一个类似 linux-xx.xx.xx.tar.gz 或者 linux-xx.xx.xx-tar.bz2 形式的压缩文件，xx 代表版本号。在 Linux 系统中，通常把这个文件存放在/usr/src 目录下，便于以后使用。

### 15.1.4　编译内核

学习 Linux 内核最好的方法是编译一次 Linux 内核代码，通过配置 Linux 内核，可以对内核代码有一个初步的了解。本节将介绍在 PC 上如何编译生成 2.6 版本的内核目标文件，在第 20 章中会讲解如何交叉编译用于 ARM 体系结构的 Linux 内核。

与 2.4 版本相比，2.6 版本的内核代码的编译相对容易。内核编译主要分为配置和编译两部分，其中，配置是关键，许多问题都是出现在配置环节。Linux 内核编译提供了多种方式，如下所述。

- make config：基于传统的文本界面配置方式；

- make menuconfig：基于文本模式的图形选单界面；
- make xconfig：基于图形窗口模式的配置界面；
- make oldconfig：导入已有的配置。

通常使用 make menuconfig 的方式编译，该种方式既直观又便于操作。在进行配置时，大部分选项可以使用默认值，只有少部分需要根据用户的不同需要来选择。如果需要内核支持 NTFS 分区的文件系统，则要在文件系统部分选择 NTFS 系统支持；如果系统配有网卡和 PCMCIA 卡等，则需要在网络配置中选择卡的类型。当选择相应的配置时，有 3 种选择，它们代表的含义如下：

- Y：将对应的内核功能编译进内核；
- N：不将对应的内核功能编译进内核；
- M：将对应的内核功能编译成在需要时可以动态插入内核中的模块。将与核心部分关联不大且不经常使用的功能代码编译成为可加载模块，有利于缩减内核目标文件的大小，减小内核消耗，减弱环境改变时对内核的影响。许多功能都可以这样处理，如上面提到的网卡的支持、对 NTFS 等文件系统的支持等。

配置内核最麻烦的部分在于驱动的选择，经常使用的驱动可以编译到内核中，不常用的驱动可以选择模块方式编译，便于内核在需要的时候加载。通常可以使用 lspci 命令查看 PC 的 PCI 总线有哪些设备，举例如下：

```
$lspci
00:00.0 Host bridge: ServerWorks CNB20LE Host Bridge (rev 05)
00:00.1 Host bridge: ServerWorks CNB20LE Host Bridge (rev 05)
00:02.0 PCI bridge: Intel Corp. 80960RP [i960 RP Microprocessor/Bridge]
(rev 01)
00:02.1 I2O: Intel Corp. 80960RP [i960RP Microprocessor] (rev 01)
00:04.0 Ethernet controller: 3Com Corporation 3c985 1000BaseSX (SX/TX)
(rev 01)
00:08.0 PCI bridge: Digital Equipment Corporation DECchip 21152 (rev 03)
00:0e.0 VGA compatible controller: ATI Technologies Inc 3D Rage IIC
(rev 7a)
00:0f.0 ISA bridge: ServerWorks OSB4 South Bridge (rev 4f)
00:0f.1 IDE interface: ServerWorks OSB4 IDE Controller
02:04.0 Ethernet controller: Intel Corp. 82557/8/9 [Ethernet Pro 100]
(rev 05)
02:05.0 Ethernet controller: Intel Corp. 82557/8/9 [Ethernet Pro 100]
(rev 05)
03:02.0 PCI bridge: Intel Corp. 80960RM [i960RM Bridge] (rev 01)
03:08.0 Ethernet controller: Intel Corp. 82557/8/9 [Ethernet Pro 100]
(rev 08)
```

这台 PC 上有一个 3Com 的 3c985 网卡芯片，一个 ATI 的 3D Rage 显卡芯片，两个 82557 网络控制器等。与 Windows 计算机一般使用设备厂商提供的驱动不同，Linux 驱动设备是驱动对应的芯片，一般没有固定厂商提供的驱动，Linux 的设备驱动是在内核代码里的（也支持附加的驱动代码）。实际上，Linux 设备驱动占了将近一半的内核代码。

得到 PCI 总线的设备列表以后，就可以根据需要选择对应的驱动程序了。表 15-1 列出了 5.15 版本的 Linux 内核主要部分的常用功能选项。

表 15-1　Linux 5.5 内核代码配置项及其含义

| 配 置 选 项 | 含　义 |
| --- | --- |
| General setup | 内核代码常规设置 |
| Compile also drivers which will not load | 在其他平台编译以便测试驱动程序编译流程，通常不需要 |
| Local version - append to kernel release | 是否使用自定义版本。自定义版本是在Linux内核版本号后面加入的一个特定的标识字符串（一般小于64B）。通过uname -a命令可以查看 |
| Automatically append version information to the version string | 在版本号后面自动添加版本信息。该功能需要perl和git程序支持 |
| Kernel compression mode (Gzip) | 内核镜像要用的压缩模式，如Gzip、LZMA、XZ、LZO和LZ4 |
| Default hostname | 默认主机名 |
| Support for paging of anonymous memory (swap) | 使用交换分区作为虚拟内存。该选项使用默认值即可 |
| System V IPC | 是否支持SystemV的进程间通信功能。建议使用该功能，多数应用程序都会用到，如果关闭，可能会导致许多应用程序无法工作 |
| POSIX Message Queues | 是否支持POSIX消息队列。建议使用该功能 |
| General notification queue | 内核的通用通知队列 |
| Enable process_vm_readv/writev syscalls | 启用此选项会添加系统调用process_vm_readv和process_vm_writev，这些调用允许具有正确权限的进程直接读取或写入另一个进程的地址空间 |
| uselib syscall | 此选项启用uselib syscall，这是libc5及更早版本的动态链接器中使用的系统调用。glibc不使用此系统调用。如果打算运行基于libc5或更早版本的程序，那么需要启用此系统调用。运行glibc的当前系统可以安全地禁用它 |
| Auditing support | 是否支持审计功能。使用默认值即可 |
| RCU subsystem | 同步机制 |
| Kernel .config support | 是否使用默认内核配置文件功能。内核默认配置文件可以简化再次编译内核的复杂程度。使用默认值即可 |
| Kernel log buffer size (16 => 64KB, 17 => 128KB) | 内核日志缓冲区大小（16代表64KB，17代表128KB） |
| Control Group support | 控制组支持 |
| Kernel->user space relay support (formerly relayfs) | 是否支持从内核空间向用户空间传递大量数据。使用默认值即可 |
| Initial RAM filesystem and RAM disk (initramfs/initrd) support | 初始化RAM文件系统的源文件。initramfs可以将根文件系统直接编译进内核，一般是cipo文件。对嵌入式系统有用 |
| Disable heap randomization | 禁用随机heap堆（heap堆是应用层的概念，即堆对CPU是不可见的，它的实现方式有多种，可以由OS实现，也可以由运行库实现，也可以在一个栈中实现一个堆） |
| Choose SLAB allocator | 选择内存分配管理器，建议选择 |
| Profiling support | 支持系统评测，建议不选 |
| Loadable module support | 可加载模块支持 |
| Enable loadable module support | 打开可加载模块的支持，如果打开该功能，则必须通过make modules_ install把内核模块安装在/lib/modules/中 |

续表

| 配 置 选 项 | 含　义 |
| --- | --- |
| Forced module loading | 允许强制加载模块驱动 |
| Module unloading | 允许卸载已经加载的模块，建议选择 |
| Forced module unloading | 允许强制卸载正在运行的模块，该功能危险，建议不选 |
| Module versioning support | 允许使用其他内核版本的模块，建议不选 |
| Enable the block layer | 启用块图层 |
| Block layer SG support v4 helper lib | 块层SG支持v4 helper lib |
| Block layer data integrity support | 块层数据完整性支持 |
| Zoned block device support | 分区块设备支持 |
| Enable support for block device writeback throttling | 启用对块设备写回限制的支持 |
| Block layer debugging information in debugfs | 在debugfs中阻止层调试信息 |
| Logic for interfacing with Opal enabled SEDs | 逻辑与Opal启用SEDs接口 |
| Enable inline encryption support in block layer | 在块层中启用在线加密支持 |
| Partition Types | 分区类型 |
| System Type | 包含一些系统类型选项，在配置内核时直接选择对应的芯片类型即可。对特定的平台选择相应的支持类型 |
| Kernel Features | 系统特性 |
| Symmetric Multi-Processing | 对称多处理器 |
| Maximum number of CPUs (2-32) | Linux最多支持几路CPU |
| Boot Options | 系统启动选项 |
| Support for the traditional ATAGS boot data passing | 支持传统的ATAGS启动数据传递。除非仅依赖设备树，否则建议选择该项 |
| (0x0)Compressed ROM boot loader base address | xImage存放的基地址 |
| (0x0)Compressed ROM boot loader BSS address | BSS地址 |
| Use appended device tree blob to zImage (EXPERIMENTAL) | 将附加的设备树blob用于zImage（实验） |
| Supplement the appended DTB with traditional ATAG information | 用传统的ATAG信息补充附加的DTB |
| Kernel command line type | 内核命令行类型 |
| ()Default Kernel command string | 内核启动参数 |
| Build kdump crash kernel (EXPERIMENTAL) | 支持core dump的内核调试工具。kdump表示当系统崩溃时，通过kexec工具转储内存(运行在一个主内核中不占用额外的内存区域) |
| Auto calculation of the decompressed kernel image address | 自动计算解压缩的内核映像地址 |
| UEFI runtime support | 提供对UEFI固件运行时服务的支持 |

续表

| 配 置 选 项 | 含　　义 |
|---|---|
| Enable support for SMBIOS (DMI) tables | 启用SMBIOS/DMI功能 |
| Networking Support | 网络协议支持的选项 |
| Networking options | 该选项包含支持的各种具体网络协议，在开发中可以根据需要进行配置 |
| Amateur Radio support | 业余无线电支持，一般不选 |
| CAN bus subsystem support | CAN总线子系统支持 |
| Bluetooth subsystem support | 蓝牙支持 |
| RxRPC session sockets | RxRPC会话套接字支持 |
| Plan 9 Resource Sharing Support (9P2000) | 9计划资源共享支持 |
| Device drivers | 设备驱动选项 |
| Generic Driver Options | 驱动程序通用选项 |
| Connector - unified userspace <-> kernelspace linker | 用户空间和内核空间的统一连接器 |
| Memory Technology Devices (MTD) support | MTD设备支持，嵌入式系统使用 |
| Parallel port support | 并口支持 |
| Block devices | 块设备 |
| Misc devices | 杂项设备 |
| SCSI device support | SCSI设备支持 |
| Serial ATA and Parallel ATA drivers (libata) | SATA与PATA设备 |
| Multiple devices driver support (RAID and LVM) | 多设备支持（RAID和LVM） |
| Fusion MPT device support | Fusion MPT设备支持 |
| IEEE 1394 (FireWire) support | IEEE 1394（火线） |
| Network device support | 网络设备支持 |
| Input device support | 输入设备支持 |
| Character devices | 字符设置 |
| I2C support | I$^2$C支持，I$^2$C是Philips极力推动的微控制应用中使用的低速串行总线协议，可用于监控电压、风扇转速和温度等 |
| I3C support | I$^3$C支持 |
| SPI support | SPI支持，串行外围接口（SPI）常用于微控制器（MCU）与外围设备（传感器、EEPROM、Flash、编码器、模数转换器）之间的通信，如MMC和SD卡就通常需要使用SPI |
| Dallas's 1-wire support | 一线总线支持 |
| Hardware Monitoring support | 当前主板大多都有一个监控硬件健康的设备用于监视温度、电压和风扇转速等，请按照嵌入式系统主板实际使用的芯片选择相应的子项。另外，该功能还需要I$^2$C的支持 |

续表

| 配 置 选 项 | 含　义 |
| --- | --- |
| Multimedia support | 多媒体设备 |
| Graphics support | 图形设备/显卡支持 |
| Sound card support | 声卡支持 |
| USB support | USB支持 |
| MMC/SD/SDIO card support | MMC/SD/SDIO卡支持 |
| LED Support | 发光二极管（LED）设备 |
| InfiniBand support | InfiniBand支持，InfiniBand是一个通用的高性能I/O规范，它使得存储区域网中以更低的延时传输I/O消息和集群通信消息并且提供很好的伸缩性。用于Linux服务器集群系统 |
| EDAC (Error Detection And Correction) reporting | 错误检测与纠正（EDAC）的目标是发现并报告，甚至纠正在计算机系统中发生的错误，这些错误是由CPU或芯片组报告的底层错误（内存错误、缓存错误、PCI错误、温度过高等）。在一般情况下，建议选择Y |
| Real Time Clock | 所有的PC主板都包含一个电池动力的实时时钟芯片，以便在断电后不影响时钟的功能，RTC通常与CMOS集成在一起，因此BIOS可以从中读取当前时间 |
| DMA Engine support | 从Intel Bensley双核服务器平台开始引入的数据移动加速（Data Movement Acceleration）引擎，它将某些传输数据的操作从CPU转移到专用硬件上，从而可以进行异步传输并减轻CPU负载。Intel已将此项技术变为开放的标准，将来应当会有更多的厂商支持 |
| File Systems | 文件系统配置的选项 |
| Second extended fs support | Ext2文件系统支持 |
| The Extended 3 (ext3) filesystem | Ext3文件系统支持 |
| The Extended 4 (ext4) filesystem | Ext4文件系统支持 |
| Reiserfs support | ReiserFS文件系统支持 |
| JFS filesystem support | JFS文件系统支持 |
| XFS filesystem support | XFS文件系统支持 |
| OCFS2 file system support | OCFS2文件系统支持 |
| Btrfs filesystem support | BTRFS文件系统支持 |
| Dnotify support | 文件系统变化通知机制支持 |
| Quota support | 磁盘限额支持 |
| Kernel automounter support (supports v3, v4 and v5) | 自动挂载远程文件系统 |
| FUSE (Filesystem in Userspace) support | 在用户空间挂载文件系统，建议选择 |
| CD-ROM/DVD Filesystems | ISO 9660，UDF等文件系统支持 |
| DOS/FAT/EXFAT/NT Filesystems | FAT/NTFS文件系统支持。如果用于访问存储设备，并且包含像Windows文件时选上该选项 |
| Pseudo filesystems | 伪操作系统，多指内存中的操作系统 |
| Miscellaneous filesystems | 杂项文件系统，包括ADFS、BFS、BeFS和HPFS等，比较少用，建议不选 |

续表

| 配置选项 | 含　义 |
|---|---|
| Network File Systems | 网络文件系统，其中只有NFS在产品开发过程中用。在开发过程可以选用 |
| Distributed Lock Manager (DLM) | 分布式锁管理器 |

表 15-1 给出了 Linux 5.15 内核配置的主要选项，用户需要根据自己的需要配置，不同机器的配置主要区别在驱动的配置。Linux 可以把常用的驱动编译进内核，这是 Linux 的一个特点，可以提高内核的运行效率。

对于网络部分，Linux 内核支持的网络协议众多，在一般的 PC 环境下，通常有 TCP/IP 簇就可以。如果使用拨号上网，可以选择 PPP/SLIP 等协议。其他的协议，如 AppleTalk 等，如果没有与苹果计算机互联的需求那么可以不选。

文件系统也是可以在配置时优化的部分。对于不经常使用的文件系统，可以不编译进内核。但是要注意，如 ISO9660 等文件系统要编译进来，除非不使用光驱，否则无法读取光盘的内容。

编译配置好以后，就可以编译内核了。Linux 5.15 的内核编译十分简单，分为两个步骤：首先编译内核代码，使用 make bzImage 即可完成内核代码的编译，然后使用 make modules 编译内核需要的模块。

如果编译时没有出现出错信息，那么表示内核编译成功。然后可以安装新的内核到系统目录下，使用 make modules_install 命令将模块文件安装到/lib/modules 目录下。之后使用 make install 命令安装新的内核文件到/boot 目录下。安装过程是由脚本自动完成的，安装脚本会自动修改 GRUB 的启动菜单，并且用户事先可以不用备份以前版本的内核映像文件。

新的内核映像文件安装成功后，重启计算机，会在 GRUB 启动菜单里看到新的内核版本菜单，使用新的内核版本映像文件进行启动，如果内核能正确启动，则会进入用户界面（Shell 或者图形界面），如果启动失败，那么建议记录出错信息，在重新编译内核再配置信息时需要避免这个错误。

☎**提示：**一般情况下，内核启动失败的原因是驱动设置不正确，或者某个核心模块配置不正确。在编译内核配置阶段，对于不明白的选项最好使用默认值，这样可以减小出错的概率。

## 15.2　Linux 内核的子系统

内核是操作系统的核心。Linux 内核提供了很多基本功能，如虚拟内存、多任务、共享库、需求加载、共享写时拷贝（Copy-On-Write）及网络功能等。各个功能的增加导致内核代码不断增加。Linux 内核把各个功能分成不同的子系统，通过一个整体结构把各个功能集合在一起，提高了工作效率。同时还提供动态加载模块的方式，为动态修改内核功能提供了灵活性。

## 15.2.1　系统调用接口

如图 15-1 所示为 Linux 内核功能结构示意，从图 15-1 中可以看出，用户程序通过软件中断后，调用系统内核提供的功能，这种在用户空间和内核提供的服务之间的接口称为系统调用。

系统调用是 Linux 内核提供的，用户空间无法直接使用系统调用。在用户进程中使用系统调用时必须跨越应用程序和内核的界限。Linux 内核向用户提供了统一的系统调用接口，但是在不同的处理器上系统调用的方法各不相同。Linux 内核提供了大量的系统调用，本节将从系统调用的基本原理出发讲解 Linux 系统调用的方法。

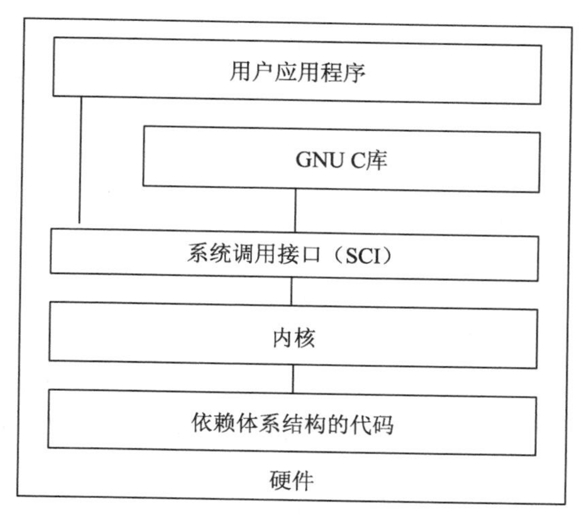


图 15-1　Linux 内核功能结构示意

如图 15-2 所示为在一个用户进程中通过 GNU C 库进行的系统调用示意，系统调用通过同一个入口点传入内核。以 i386 体系结构为例，约定使用 EAX 寄存器标记系统调用。

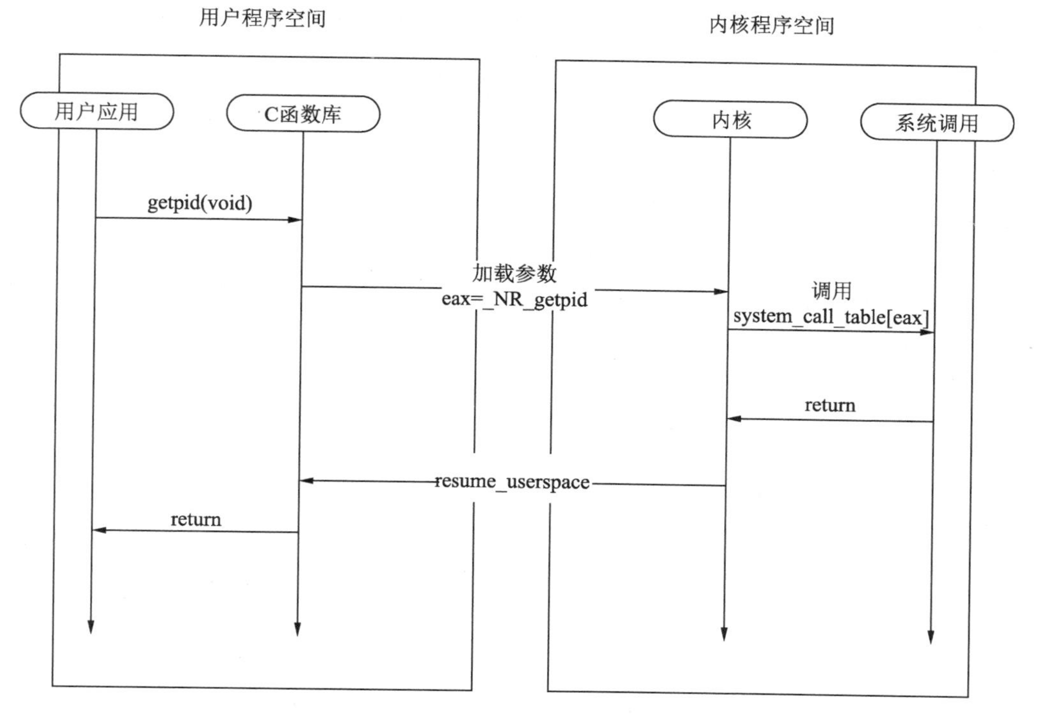


图 15-2　使用中断方法的系统调用过程

当加载了系统 GNU C 库调用的索引和参数时，就会调用 0x80 软件中断，它将执行 system_call()函数，这个函数按照 EAX 寄存器内容的标示处理所有的系统调用。经过几个简单测试，会使用 EAX 寄存器内容的索引查 system_call_table 表得到系统调用的入口，然后执行系统调用。从系统调用返回后，最终执行 syscall_exit()函数，并调用 resume_userspace()函数返回用户空间。

Linux 内核系统调用的核心是系统多路分解表。最终通过 EAX 寄存器的系统调用标识和索引值从对应的系统调用表中查出对应系统调用的入口地址，然后执行系统调用。

Linux 系统调用并不是单层的调用关系，有的系统调用会由内核进行多次分解，如 Socket 调用，所有与 Socket 相关的系统调用都与__NR_socketcall 系统调用关联在一起，通过另外一个参数获得适当的调用。

### 15.2.2　进程管理子系统

前面讲过用户使用系统提供的库函数进行进程编程，用户可以动态地创建进程，进程之间还有等待、互斥等操作，这些操作都是由 Linux 内核实现的。Linux 内核通过进程管理子系统实现进程有关的操作，在 Linux 系统中，所有的计算工作都是通过进程表现的，进程可以是短期的（执行一个命令），也可以是长期的（一种网络服务）。Linux 系统是一种动态系统，通过进程管理能够适应不断变化的计算需求。

在用户空间，进程是由进程标识符（PID）表示的。从用户角度看，一个 PID 是一个数字值，可以唯一标识一个进程，一个 PID 值在进程的整个生命周期中不会更改，但是 PID 可以在进程销毁后被重新使用。创建进程可以使用几种方式，可以创建一个新的进程，也可以创建当前进程的子进程。

在 Linux 内核空间，每个进程都有一个独立的数据结构，用来保存该进程的 ID、优先级和地址空间等信息，这个结构也称作进程控制块（Process Control Block）。所谓的进程管理就是对进程控制块的管理。

Linux 进程是通过系统调用函数 fork()产生的。调用 fork()函数的进程叫作父进程，生成的进程叫作子进程。子进程被创建的时候，除了进程 ID 外，其他数据结构与父进程完全一致。使用 fork()系统调用函数创建内存之后，子进程马上被加入内核的进程调度队列，然后使用系统调用函数 exec()把程序的代码加入子进程的地址空间，之后子进程就开始执行自己的代码。

在一个系统中可以有多个进程，但是一般情况下只有一个 CPU，在同一个时刻只能有一个进程在工作，即使有多个 CPU，也不可能和进程的数量一样多。如何让若干进程都能在 CPU 上工作，这就是进程管理子系统的工作了。Linux 内核设计了存放进程队列的结构，在一个系统中会有若干队列，分别存放不同状态的进程。一个进程可以有若干状态，具体是由操作系统来定义的，但是至少包含运行态、就绪态和等待 3 种状态，内核设计了对应的队列存放对应状态的进程控制块。

当一个用户进程被加载时会进入就绪态并加入就绪态队列，CPU 时间被轮转到就绪态队列后切换到进程的代码，进程就被执行了，在进程的时间片用完后被换出。如果进程发生 I/O 操作也会提前被换出并且存放到等待队列，在 I/O 请求返回后，进程又被放入就绪队列。

Linux 系统对进程队列的管理设计了若干不同的方法，主要目的是提高进程调度的稳定性。

### 15.2.3　内存管理子系统

内存是计算机的重要资源，也是内核的重要部分。分页是一种常见的内存管理方式，其是把计算机系统的物理内存进行等分，每个内存分片称作内存页，内存页通常是 4KB。Linux 内核的内存管理子系统用于管理虚拟内存与物理内存之间的映射关系，以及系统可用的内存空间。

内存管理要管理的不仅是 4KB 缓冲区。Linux 提供了对 4KB 缓冲区的抽象，如 slab 分配器。这种内存管理模式使用 4KB 缓冲区为基数，然后从中分配结构并跟踪内存页的使用情况，如哪些内存页是满的，哪些页面没有完全使用，哪些页面为空，这样可以根据系统需要动态调整内存的使用。

在支持多用户的系统中，由于占用的内存增大，容易出现物理内存被消耗尽的情况。为了解决物理内存被耗尽的问题，内存管理子系统规定页面可以移出内存并放入磁盘，这个过程称为交换。内存管理的源代码可以在./linux/mm 中找到。

### 15.2.4　虚拟文件系统

在前面的章节中介绍了文件操作的编程，细心的读者可能会发现，在不同格式的文件分区上，程序都可以正确地读写文件并且结果是一样的。有的读者在使用 Linux 系统的时候发现，可以在不同类型的文件分区内直接复制文件，对应用程序来说，并不知道文件系统的类型，甚至不知道文件的类型，这就是虚拟文件系统在背后做的工作。虚拟文件系统屏蔽了不同文件系统间的差异，向用户提供了统一的接口。

虚拟文件系统（Virtual File System，VFS）是 Linux 内核中的一个软件抽象层。它通过一些数据结构及其方法向实际的文件系统如 Ext2 和 VFAT 等提供接口机制。通过使用同一套文件 I/O 系统调用，即可对 Linux 中的任意文件进行操作而无须考虑其所在的具体文件系统格式，甚至文件操作可以在不同文件系统之间进行。

在 Linux 系统中，一切都可以看作文件。不仅普通的文本文件、目录可以当作文件进行处理，而且字符设备、块设备、套接字等都可以当作文件进行处理。这些文件虽然类型不同，但是却使用同一种操作方法。这也是 UNIX/Linux 设计的基本原理之一。

虚拟文件系统是实现“一切都是文件”特性的关键，是 Linux 内核的一个软件层，向用户空间的程序提供文件系统接口；同时提供了内核中的一个抽象功能，允许不同类型的文件系统存在。VFS 可以被理解为一种抽象的接口标准，系统中所有的文件系统不仅依靠 VFS 共存，也依靠 VFS 协同工作。

为了能够支持不同的文件系统，VFS 定义了所有文件系统都支持且最基本的一个概念上的接口和数据结构，在实现一个具体的文件系统时，需要向 VFS 提供符合 VFS 标准的接口和数据结构。不同的文件系统可能在实体概念上有差别，但是使用 VFS 接口时需要和 VFS 定义的概念保持一致，只有这样才能实现对用户的文件系统无关性。VFS 隐藏了具体文件系统的操作细节，因此，在 VFS 这一层以及内核的其他部分看来，所有的文件系统都是相同的。如图 15-3 所示为内核中 VFS 与实际文件系统的关系图。

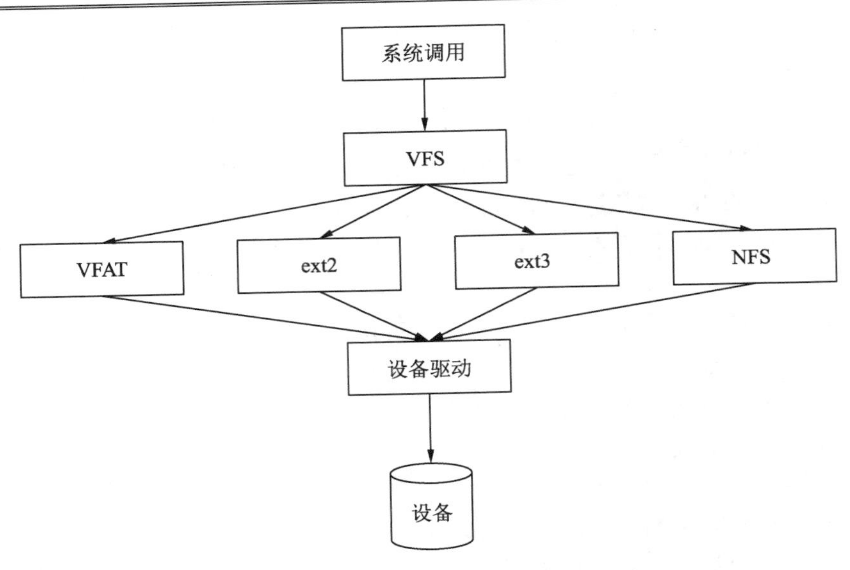


图 15-3　内核中的 VFS 与实际的文件系统的关系

从图 15-3 中可以看出，对文件系统访问的系统调用通过 VFS 软件层处理，VFS 根据访问的请求，调用不同的文件系统驱动函数来处理用户的请求。文件系统在访问物理设备的时候，需要通过物理设备驱动才能访问到真正的硬件。

### 15.2.5　网络堆栈

第 9 章介绍了在 Linux 系统中如何编写网络应用程序，使用 Socket 通过 TCP/IP 与其他计算机通信，和前面介绍的内核子系统相似，Socket 相关的函数也是通过内核的子系统完成的，担当这部分任务的是内核的网络子系统，一些资料里也把这部分代码称为“网络堆栈”。

Linux 内核提供了优秀的网络处理功能，这与网络堆栈代码的设计思想是分不开的，Linux 的网络堆栈部分沿袭了传统的层次结构，网络数据从用户进程到达实际的网络设备需要 4 个层次，如图 15-4 所示。

图 15-4 的层次是一个逻辑上的大层次划分，实际上，每层还可以分为很多层次，数据传输的路径是按照层次依次的，不能跨越某个层次。Linux 网络子系统对如图 15-5 所示的网络层次采用了类似面向对象的设计思路，把需要处理的层次抽象为不同的实体，并且定义了实体之间的关系和数据处理流程。

从图 15-5 中可以看出，Linux 内核网络子系统定义了以下 4 个实体。

- 网络协议：可以理解为一种语言，用于网络中不同设备之间的通信，是一种通信规范。
- 套接字：是内核与用户程序的接口，一个套接字对应一个数据连接，并且向用户提供了文件 I/O，用户可以像操作文件一样在数据连接上收发数据，具体由网络协议部分处理。套接字是用户使用网络的接口。
- 设备接口：是网络子系统中软件和硬件的接口，用户的数据最终是需要通过网络硬件设备发送和接收的，网络设备千差万别，设备驱动也不尽相同，通过设备接口可以屏蔽具体设备驱动的差异。

- 网络缓冲区：也称为套接字缓冲区（sk_buff），是网络子系统中的一个重要结构。网络传输数据存在许多不定因素，除了物理设备对传输数据的限制（如 MTU）之外，网络受到干扰、丢包和重传等都会造成数据不稳定，网络缓冲区通过对网络数据重新整理，使业务代码处理的数据包是完整的。网络缓冲区是内存中的一块缓冲区，是网络系统与内存管理的接口。

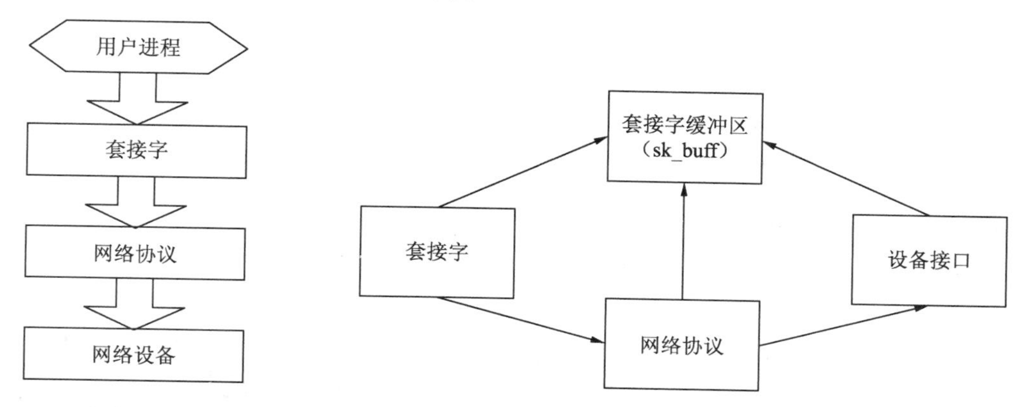


图 15-4　Linux 内核网络子系统层次结构

图 15-5　Linux 内核网络子系统各实体关系

## 15.2.6　设备驱动

随着现代计算机外部设备的不断增加，越来越多的设备被开发出来，计算机总线的发展也很迅速，操作系统的功能也在不断提升，系统软件越来越复杂，对于外部设备的访问已经不能像 DOS 时期那样直接访问了，几乎所有的设备都需要设备驱动程序。现代操作系统几乎都提供了与具体硬件无关的设备驱动接口，这样的好处是屏蔽了具体设备的操作细节，用户通过操作系统提供的接口就可以访问设备，而具体设备的操作细节由设备驱动来完成，驱动程序开发人员只需要向操作系统提供相应接口即可。

与其他的操作系统对设备进行复杂的分类不同，Linux 内核把设备分成 3 类：块设备、字符设备和网络设备。这是一种抽象的分类方法，从设备的特性抽象出了 3 种不同的数据读写方式。块设备的概念是一次 I/O 操作可以操作多个字节的数据，读写的数据会先存入缓冲区，当缓冲区满了以后才会传送数据，如磁盘可以一次读取一个扇区的数据，同时，块设备支持随机读写操作，可以从指定的位置读写数据。字符设备的访问方式是线性的，并且可以按照字节的方式访问，如串口设备，可以按照字符读写数据，但是只能按顺序操作，不能指定某个地址去访问；网络设备与前面的两种方式相比较特殊，内核专门把这类驱动单独划分出来，网络设备可以通过套接口读写数据。

Linux 内核对设备按照主设备号和从设备号的方法访问，主设备号用于描述控制设备的驱动程序，从设备号用于区分同一个驱动程序的不同设备。也就是说，主设备号和设备驱动程序对应，代表某一类型的设备，从设备号和具体的设备对应，代表同一类的设备编号。例如使用 IDE 接口的两个磁盘，主设备号都相同，但是从设备号不同。Linux 提供了 mknod 命令用于创建设备驱动程序的描述文件，后面会具体讲解。Linux 内核这种主从设备号的分类方法可以很好地管理设备。

如图 15-6 所示为用户程序从外部设备请求数据的流程，从图 15-6 中可以看出，用户进程访问外部设备是通过设备无关软件进行的，设备无关软件是内核中的各种软件抽象层如 VFS。当用户向外部设备发起数据请求时，通过设备无关软件会调用设备的驱动程序。驱动程序通过总线或者寄存器访问外部硬件设备并发起请求，驱动程序会在初始化的时候向系统的中断向量表注册一个中断处理程序。当外部硬件有请求返回时会发出中断信号，内核会调用响应的中断处理程序，中断处理程序从硬件的寄存器中读取返回的数据然后转交给内核中的设备服务子程序，由设备服务子程序把数据交给设备无关的软件，最终到达用户进程。

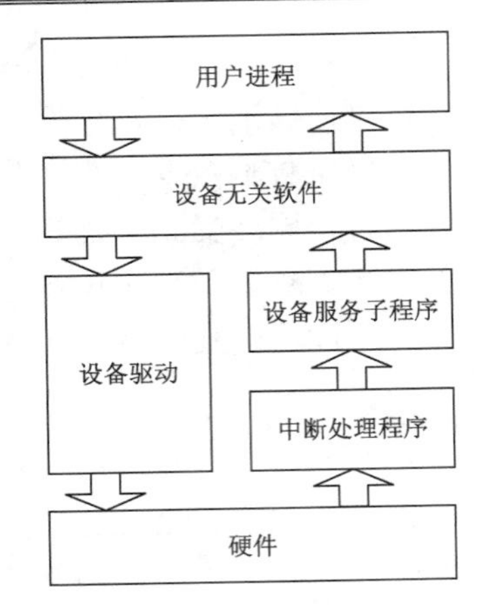


图 15-6　Linux 内核驱动程序示意

Linux 的设备驱动涉及其他子系统，如内存管理、中断管理、硬件寄存器和总线访问等。此外，大多数驱动程序为了使用方便被设计成模块，还需要设计内核模块的处理。驱动的编写和调试是一个复杂的事情，驱动代码占据 Linux 内核代码量的一半以上，在后面的章节中将会专门介绍 Linux 内核驱动开发的相关知识。

### 15.2.7　内核体系结构代码分离设计解析

Linux 内核使用了一种将体系结构（架构）相关的代码和无关的代码分离的设计思想。Linux 内核支持众多的体系结构，内核把与设备无关的代码放在 arch 目录下，对应的头文件放在 include/asm-<体系名称>目录下。这样的划分使代码结构更清晰，同时提高了代码的复用率。在 arch 目录下，每个子目录对应一种体系结构，用于存放这种体系结构对应的代码，如果代码较多则会单独建立一个目录，如 arch/arm 目录下有一个 kernel 目录，存放的是 kernel 目录中在 ARM 体系结构上特有的函数或者实现方法，不仅有 kernel 目录，而且还有多个目录。读者在阅读内核代码的时候可以从一个体系结构代码入手，对不同体系结构移植代码主要是 arch 里面的代码。

## 15.3　Linux 内核代码的工程结构

随着 Linux 内核功能的不断增加，内核代码也在飞速增长。例如，2.6 版本的内核代码早已达到数百万行。如此庞大的代码量，不仅给学习带来了困难，而且对代码的维护也是一个不小的挑战，幸好 Linux 内核开发人员早就考虑到了这一点，使得 Linux 内核代码组织有序，本节将重点介绍 Linux 内核代码的结构。

### 15.3.1　源代码目录布局

15.1.3 节介绍了如何获取 Linux 内核代码，其通常会存放在/usr/src 目录下，如果是 Linux

5.15 的内核，解压后会得到如 linux-5.15.xx 类型的目录，这个目录下存放的就是 Linux 内核代码。进入内核代码目录下，查看文件列表，会看到许多的目录和文件，如果读者的系统有 tree 这个命令或者脚本，那么可以查看到 Linux 内核代码的文件数，那是一个很庞大的结构。幸好 Linux 内核代码的工程组织是很好的，对于不同版本的内核，在工程组织上是基本一致的，有的仅是功能上的差别。

表 15-2 列出了一个 Linux 5.15 内核代码的典型目录结构，从各目录的功能介绍中可以看出，Linux 内核目录是按照功能块分解的，同时很好地兼顾了不同体系结构的代码。阅读和分析 Linux 内核代码时要注意 3 个部分：与体系结构有关的代码，它们通常存放在 arch 目录下，对应的头文件存放在 include 下，kernel 和 lib 目录中与体系结构有关的代码也被放在 arch 目录对应的目录下；编译辅助工具和脚本的代码，它们通常存放在 scripts 目录下；还有一部分不是代码，但是对阅读内核代码有很大的帮助，那就是 Documentation 目录，其中存放的是内核文档，关于 Linux 代码的多信息都存放在该目录下，是学习 Linux 代码的一个很好的途径。

表 15-2　Linux 5.15 内核目录结构

| 目 录 名 称 | 作　　用 |
|---|---|
| arch | 这个子目录包含核心源代码所支持的硬件体系结构相关的核心代码 |
| block | 一些Linux存储体系中关于块设备管理的代码 |
| certs | 此目录包含与认证和签名相关的代码 |
| crypto | 此目录包含各种常见的加密算法的C语言代码 |
| Documentation | 此目录下是一些文档，起参考作用 |
| drivers | 此目录包含内核的驱动程序代码。此部分代码占内核代码的很大一部分，其包括显卡、网卡和PCI等外围设备的驱动代码 |
| fs | 此目录包含文件系统代码 |
| include | 这个目录包括核心的大多数include文件。另外，对于每种支持的体系结构，分别有一个子目录 |
| init | 此目录包含核心启动代码 |
| ipc | 此目录包含进程间的通信代码 |
| kernel | 此目录包含主要的核心代码。同时，与处理器结构相关代码都放在arch/*/kernel目录下 |
| lib | 此目录包含核心的库代码。与处理器结构相关的库代码被放在arch/*/lib/目录下 |
| LICENSES | 此目录包含存储开源许可协议的相关文本 |
| mm | 此目录包含所有的内存管理代码 |
| net | 此目录包含核心的网络部分代码。里面的每个子目录对应网络的一个方面 |
| samples | 此目录包含内核实列代码 |
| scripts | 此目录包含用于配置核心的脚本文件 |
| security | 此目录包含内核安全模型的相关代码 |
| sound | 此目录包含音频处理的相关代码 |
| tools | 此目录包含Linux中用到的一些有用工具 |
| usr | 此目录包含initramfs相关的代码，和Linux内核的启动有关 |
| virt | 此目录包含内核虚拟机的相关代码 |

## 15.3.2　几个重要的Linux内核文件

当用户编译一个Linux内核代码时，会生成几个文件，分别是vmlinuz、initrd.img及System.map，如果读者配置过GRUB引导管理器程序，则会在/boot目录下看到以下几个文件。

### 1．vmlinuz文件

vmlinuz文件是可引导和压缩的内核文件，该文件仅包含一个最小功能的内核，在PC上通常是先执行vmlinuz，之后加载initrd.img文件，最后加载根分区。实际上，initrd.img是可选的，从文件大小来看，initrd.img比vmlinuz文件大得多，initrd.img也包含较多的功能，如果不需要额外的功能，例如在一些功能需求较小的嵌入式系统上，可以仅使用vmlinuz文件存放内核，省去了initrd.img文件。vmlinuz文件是一个可执行的Linux内核，它位于/boot/vmlinuz下，一般是一个软链接，用于链接到对应版本的文件，如vmlinuz-2.6.20。vm代表Virtual Memory，是虚拟内存的意思，Linux支持虚拟内存，没有如DOS这类系统的内存限制，能够使用磁盘空间作为虚拟内存，因此得名vm。

生成vmlinuz文件有两种方式：一种是编译内核，通过make zImage命令创建；另一种是通过make bzImage命令创建。zImage适用于小内核的情况，它的存在是为了向后的兼容性。bzImage中的b代表big的意思。zImage和bzImage都是使用Gzip压缩的，最终都生成vmlinuz文件。这个文件不是一个普通的压缩文件，在文件的开头含有Gzip解压缩的代码，因为在启动Linux内核的时候根本没有Gzip工具所需要的环境。zImage压缩的vmlinuz文件在启动的时候会解压缩到低端内存（在PC上存放在640KB以下区域），bzImage压缩的vmlinuz文件在启动时会解压缩到高端内存（在PC上存放在1MB以上区域）。如果内核比较小，可以采用zImage或者bzImage编译，如果内核较大，应采用bzImage方式编译。此外，内核编译之后还有一个vmlinux文件，是未压缩的vmlinuz文件。

### 2．initrd.img文件

initrd是initial ramdisk的缩写，是由Bootloader初始化的内存盘。在Linux内核启动之前，Bootloader会把存储介质（如闪存）中的initrd.img文件加载到内存中，内核启动时会在访问到真正的根文件系统前访问内存中的initrd.img文件系统。如果Bootloader配置了initrd.img，那么内核启动会被分成两个阶段：第一阶段先加载initrd.img文件系统中的驱动程序模块；第二阶段才会执行真正的根文件系统中的/sbin/init进程。第一阶段启动是为第二阶段启动扫清障碍，Linux的根文件系统支持多种存储介质（如IDE、SCSI和USB等），如果把这些设备的驱动都编译进内核，那么内核会十分庞大，使用initrd.img文件存放设备驱动很好地解决了这个问题。

在启动顺序上，initrd.img文件会在vmlinuz代码执行完之后加载，使用initrd.img文件可以很好地解决不同硬件环境的问题，是Linux发行版以USB设备启动的必备文件。在嵌入式系统中，在硬件相对固定的情况下，initrd.img文件的作用不像在PC上那么明显，但是对于调试设备驱动有简化调试步骤的作用。

### 3. System.map文件

System.map 是内核符号表，对应一个内核 vmlinuz 映像。System.map 文件是通过 nm vmlinux 命令生成的。在进行程序设计时会命名变量和函数，在编译以后会生成符号表。Linux 内核也会生成符号表，但是 Linux 工作的时候并不使用这些符号表，而是通过地址来标识变量或者函数。例如，内核使用 0xc0343f30 这样的地址而不是 size_t BytesRead 的方法标识一个变量，内核代码基本是用 C 语言编写的，所以允许用户使用符号表查询一个符号对应的地址，或者通过内存地址得到一个符号名称。

虽然 Linux 内核并不使用符号表，但是对于 klogd 和 lsof 等程序来说，符号表却是很重要的。另外，调试程序在调试内核的时候也需要用到内核符号表，以便得到正确的内核函数名称。klogd 程序启动的时候会按照下面 3 个路径来寻找 System.map 文件：

```
/boot/System.map
/System.map
/usr/src/linux/System.map
```

此外，System.map 是有版本信息的，klogd 程序正确地得到了对应版本的镜像文件。

## 15.4　内核编译系统

Linux 内核代码非常复杂，需要一个强大的工程管理系统，幸好 GNU 提供了 Makefile 机制，此外，内核的开发者们还提供了 Kbuild 机制。通过 Makefile 和 Kbuild 的结合，可以出色地管理 Linux 内核代码。Linux 内核的编译系统和代码结构是紧密联系的，了解内核编译系统对分析内核代码和编译内核都有帮助。

### 15.4.1　内核编译系统的基本架构

Linux 内核编译系统文件有 5 种类型，请参考表 15-3。

表 15-3　Linux内核编译系统文件分类

| 文 件 类 型 | 作　　用 |
|---|---|
| Makefile | 顶层Makefile文件 |
| .config | 内核配置文件 |
| arch/$(ARCH)/Makefile | 机器体系Makefile文件 |
| scripts/Makefile.* | 所有内核Makefile共用规则 |
| kbuild Makefiles | 其他Makefile文件 |

内核编译的入口是代码根目录下的 Makefile 文件，这个文件也是代码管理的总文件，用户通过内核配置的编译信息汇总存放在代码根目录下的.config 文件。

顶层 Makefile 文件负责产生内核映像 vmlinux 和模块。顶层 Makefile 文件根据内核配置，递归编译内核代码下所有子目录里的文件，最终建立内核映像文件。每个子目录都有一个 Makefile 文件，根据上级目录 Makefile 的配置编译指定的代码文件。这些 Makefile 使用.config 文件配置的数据构建各种文件列表，最终生成目标文件或内嵌模块。

scripts/Makefile.*包含所有的定义和规则，与Makefile文件一起编译出内核程序。

按照技术层次划分，与内核代码打交道的人可以分成以下4种。

- 用户：用户使用"make menuconfig"或"make"命令编译内核，通常不读或不编辑内核Makefile文件或其他源文件。
- 普通开发者：普通开发者维护设备驱动程序、文件系统和网络协议代码，他们维护相关子系统的Makefile文件，因此需要了解内核Makefile文件和Kbuild公共接口的详细知识。
- 体系开发者：体系开发者关注整体架构，如sparc或者ia64。体系开发者既需要了解关于体系的Makefile文件，又要熟悉内核Makefile文件。
- 内核开发者：内核开发者关注内核编译系统本身。他们需要清楚内核Makefile文件的所有内容。

本书针对的读者对象是普通开发者和体系开发者。

### 15.4.2　内核的顶层Makefile文件分析

编译内核代码的时候，顶层Makefile文件（也称为Makefile）会在开始编译子目录代码之前设置编译环境和需要用到的变量。顶层Makefile文件包含通用部分，arch/$(ARCH)/Makefile包含该体系架构所需的设置。因此arch/$(ARCH)/Makefile会设置一些变量和少量的目标。

#### 1．设置变量

在顶层的Makefile文件中定义了一些编译内核的基本变量，也是公共变量。

- LDFLAGS变量：用于存储链接器的选项，该变量会在链接时添加到命令行中。
- LDFLAGS_MODULE变量：$(LD)链接模块的选项，LDFLAGS_MODULE通常用于设置$(LD)链接模块的.ko选项。默认为"-r"即可重定位输出文件。
- LDFLAGS_vmlinux变量：$(LD)链接vmlinux选项，该选项定义链接器在链接vmlinux目标文件时使用的选项。LDFLAGS_vmlinux支持使用LDFLAGS_$@。
- OBJCOPYFLAGS变量：objcopy选项，当使用$(call if_changed,objcopy)转化a.o文件时会使用该变量定义的选项。$(call if_changed,objcopy)经常被用来为vmlinux产生原始的二进制文件。
- AFLAGS变量：$(AS)汇编选项，默认值见顶层Makefile文件，针对每个体系需要另外添加和修改该变量。
- CFLAGS变量：$(CC)编译器选项，默认值见顶层Makefile文件，针对每个体系需要另外添加和修改该变量。CFLAGS变量的值由用户对内核的配置决定。Makefile文件会根据不同的平台检测C编译器的支持选项。

#### 2．增加预设置项

在开始进入子目录编译之前，需要调用prepare规则生成编译需要的前提文件。前提文件是包含汇编常量的头文件。

### 3．目录表

体系 Makefile 文件和顶层的 Makefile 文件共同定义如何建立 vmlinux 文件的变量。其中，体系 Makefile 文件定义了与体系相关的内容，而顶层 Makefile 文件则包含通用的编译规则和变量设置。在 head-y、nit-y、core-y、libs-y、drivers-y、net-y 模块中，$(head-y)变量用于列举首先链接到 vmlinux 的对象文件，$(libs-y)变量用于列举能够找到的一组静态库文件（通常是 lib.a 文件）的目录，其余的变量用于列举能够找到的内嵌对象文件的目录。$(init-y)列举的对象位于$(head-y)对象之后，然后是$(core-y)、$(libs-y)、$(drivers-y)和$(net-y)。

顶层 Makefile 定义了所有通用目录，arch/$(ARCH)/Makefile 文件只需要增加与体系相关的目录。

### 4．引导映像

Makefile 文件定义了编译 vmlinux 目标文件所需的代码文件，它负责将这些代码文件压缩、封装成引导代码，并将其复制到适当的位置，包括执行各种安装命令，这个处理过程通常位于 arch/$(ARCH)/boot/目录下。

内核编译系统无法在 boot/目录下提供一种便捷的方法来创建目标系统文件。因此 arch/$(ARCH)/Makefile 要调用 make 命令在 boot/目录下建立目标系统文件。建议在 arch/$(ARCH)/Makefile 中设置调用的方法，并且使用完整路径引用 arch/$ (ARCH)/boot/Makefile。

建议使用"$(Q)$(MAKE) $(build)=<dir>"方式在子目录中调用 make 命令。$(archhelp)变量用来生成 make help 命令输出信息中的目标系统文件列表，该列表包含系统支持的各个架构平台，但并没有定义体系目标系统文件的规则。$(archhelp)变量包含一个用于生成目标系统文件列表的 Makefile 函数。当执行 make help 命令时，Makefile 将调用此函数并显示目标系统文件列表。如果用户想要了解哪些体系架构平台正在被内核支持，则可以运行 make help 命令获取相应的信息。

当执行不带参数的 make 命令时，make 程序会分析 Makefile 然后编译第一个目标对象。在 Linux 内核代码顶层 Makefile 文件中，第一个目标对象是 all。一个体系结构需要定义一个默认的可引导映像。"make help"命令的默认目标是以*开头的对象。

在顶层 Makefile 中通常包含生成 vmlinux 所需的各种规则和配置。为了设置编译 vmlinux 所需的目标对象，用户可以向顶层 Makefile 的 all 目标下添加相应的文件配置。

### 5．编译非内核目标

extra-y 定义了在当前目录下创建但没有在 obj-*中定义的附加的目标文件。使用 extra-y 列举目标有两个目的：一是内核编译系统在命令行中可以检查目标文件的变动情况，二是向 make clean 提供删除的文件列表。

### 6．编译引导映像命令

Kbuild 提供了编译内核需要的宏。

if_changed 是后面命令使用的基础，其用法如下：

```
target: source(s)
FORCE $(call if_changed,ld/objcopy/gzip)
```

当使用上面的命令时，内核编译系统会检查哪些文件需要更新，或者哪些命令行被改变了。使用 if_changed 的目标对象必须列举在$(targets)中，否则命令行检查将会失败，目标会一直编译。另外，赋值给$(targets)的对象没有$(obj)/前缀。if_changed 也可以和定制命令配合使用。

注意：一个常见的错误是忘记了 FORCE 前导词。

- ld 工具：用于链接目标。常使用 LDFLAGS_$@作为 ld 的选项。
- objcopy 工具：通常在 arch/$(ARCH)/Makefile 中使用，还可以通过 OBJCOPYFLAGS_$@为特定目标设置附加选项。这些选项可以指定输出文件的格式，调整符号表等。
- gzip 工具：文件压缩工具。它使用 DEFLATE 算法进行压缩，能够显著减小文件的大小，节省存储空间，并且可以通过解压还原原始文件。

#### 7．定制编译命令

当执行带 KBUILD_VERBOSE=0 参数的编译命令时，会显示简短的命令提示。如果用户定制的命令需要此种功能，那么需要设置如下两个变量：

```
quiet_cmd_<command>                // 存放显示内容
cmd_<command>                      // 执行命令
```

#### 8．预处理链接脚本

当编译 vmlinux 映像时，将会使用 arch/$(ARCH)/kernel/vmlinux.lds 链接脚本。相同目录下的 vmlinux.lds.S 文件是这个脚本预处理的变体，内核编译系统知晓.lds 文件并使用规则*lds.S -> *lds。

### 15.4.3　内核编译文件分析

Linux 内核代码使用 Kbuild 作为 Makefile 的基础架构。Kbuild 定义了若干内置变量，本节将介绍 Kbuild 主要的内置变量和常用的方法。

#### 1．目标定义

Makefile 文件的核心是目标定义。目标定义的主要功能是定义编译文件、编译选项及递归子目录的方法。在使用 Kbuild 架构的 Makefile 文件里，最简单的 Makefile 文件可以只包含一行配置，举例如下：

```
obj-y += foo.o
```

上面这行配置告诉 Kbuild 在当前目录下编译生成 foo.o 目标文件，源代码文件是 foo.c 或者 foo.S。使用 obj-y 变量会把代码编译成目标文件。如果需要编译为内核模块，可以使用 Kbuild 提供的 obj-m 变量，举例如下：

```
obj-m(CONFIG_FOO) += foo.o
```

其中，$(CONFIG_FOO)代表 y(built-in 对象)或者 m(module 对象)。如果未配置 CONFIG_FOO 变量，那么指定的代码文件不会被编译。

### 2．内嵌对象obj-y

$obj-y 是用于存放编译生成 vmlinux 的目标文件的列表，列表的内容由内核编译配置决定。Kbuild 编译$(obj-y)列表内的所有文件，之后使用“$(LD) –r”命令把目标文件打包到 built-in.o 文件中。built-in.o 文件最终被链接到 vmlinux 目标文件中。

Makefile 文件将未编译 vmlinux 的目标文件放在$(obj-y)列表中，这些列表依赖于内核配置。Kbuild 编译所有的$(obj-y)文件，然后调用"$(LD) -r"将这些文件合并到一个 built-in.o 文件中。built-in.o 经过父 Makefile 文件链接到 vmlinux。$(obj-y)中的文件顺序很重要。列表中的文件允许重复，当文件第一次出现时将被链接到 built-in.o 中，后续该文件出现时将被忽略。

链接顺序之所以重要，是因为一些函数在内核引导时将按照它们出现的顺序进行调用，如函数（module_init()/__initcall）。因此要牢记，改变链接顺序也会改变 SCSI 控制器的检测顺序和磁盘阵列。

### 3．可加载模块obj-m

$(obj-m)表示对象文件（object files）编译成可加载的内核模块。一个模块可以通过一个源文件或几个源文件编译而成。Makefile 只需要简单地把它们加载到$(obj-m)。

内核模块通过几个源文件编译而成，Kbuild 需要知道通过哪些文件编译模块，因此需要设置一个$(<module_name>-objs)变量。

Kbuild 使用后缀-objs 和-y 来识别对象文件。这种方法允许 Makefile 文件使用 CONFIG_符号值来确定一个 object 文件是否为另外一个 object 的组成部分。例如：

```
#fs/ext2/Makefile
obj-$(CONFIG_EXT2_FS) += ext2.o

ext2-y := balloc.o dir.o file.o ialloc.o inode.o \
   ioctl.o namei.o super.o symlink.o

ext2-$(CONFIG_EXT2_FS_XATTR)    += xattr.o xattr_user.o xattr_trusted.o
```

### 4．导出符号目标

在 Makefile 文件中没有特别导出符号的标记。

### 5．库文件lib-y

obj-*中的 object 文件可能会被编译到库文件--lib.a 中。所有罗列在 lib-y 中的 object 文件都会被编译到该目录下的一个库文件中。如果一个 object 文件同时出现在 obj-y 和 olib-y 中，则其不会被写入生成的库文件中，如果其出现在 lib-m 中，则会被写入库文件中。

注意，在相同的 Makefile 文件中，lib-y 文件可以列举到 buit-in 内核中，也可以作为库文件的一个组成部分。因此在同一个目录下既可以有 built-in.o，也可以有 lib.a 文件。对于内核编译来说，lib.a 文件在 libs-y 中。lib-y 通常被限制在 lib/和 arch/*/lib 目录下使用。

### 6．目录递归

Makefile 文件负责编译当前目录下的目标文件，子目录下的文件由子目录中的 Makefile

文件负责编译。编译系统使用 obj-y 和 obj-m 自动递归编译各个子目录下的文件。

如果 ext2 是一个子目录，fs 目录下的 Makefile 将使用以下赋值语句编译 ext2 子目录。例如：

```
#fs/Makefile
obj-$(CONFIG_EXT2_FS) += ext2/
```

如果将 CONFIG_EXT2_FS 设置为'y(built-in)或'm'(modular)，则对应的 obj-变量也需要设置，内核编译系统将进入 ext2 目录下编译文件。子目录 ext2 下的 Makefile 文件规定了哪些文件编译为模块，哪些是内核内嵌对象。

使用 CONFIG_变量可以指定目录名称，如果 CONFIG_变量不为'y'或'm'，则内核编译系统会跳过这个目录。

#### 7．编译标记

所有的 EXTRA_变量只能使用在定义该变量后的 Makefile 文件中。EXTRA_变量可用于 Makefile 文件的所有执行命令中。$(EXTRA_CFLAGS)是使用$(CC)编译 C 程序文件的选项。

一定要定义 EXTRA 变量，因为顶层 Makefile 文件定义了$(CFLAGS)变量并使用该变量编译整个代码树。

- ❑ $(EXTRA_AFLAGS)是每个目录编译汇编语言源文件的选项。
- ❑ $(EXTRA_LDFLAGS)和$(EXTRA_ARFLAGS)用于存储每个目录链接（linking）和归档（archiring）时使用的标记选项。
- ❑ CFLAGS_$@和 AFLAGS_$@只用于当前 Makefile 文件的命令中。$(CFLAGS_$@)定义了使用$(CC)的每个文件的选项。$@部分代表该文件。
- ❑ $(AFLAGS_$@)用在汇编语言代码文件中，含义和 AFLAGS_$@相同。

#### 8．依赖关系

内核编译记录如下依赖关系：

- ❑ 所有的前提文件(both *.c and *.h)；
- ❑ CONFIG_选项影响的所有文件；
- ❑ 编译目标文件使用的命令行。

因此，如果改变$(CC)的一个选项，那么所有相关的文件都要重新编译。

#### 9．特殊规则

特殊规则使用在内核编译没有相应规则定义的场景，典型的如编译时头文件的产生规则。其他的如 Makefile 编译引导映像的特殊规则。特殊规则的写法与普通的 Make 规则相同。Kbuild（编译程序）在 Makefile 所在的目录下不能执行，因此所有的特殊规则需要提供前提文件和目标文件的相对路径。

定义特殊规则时将使用到两个变量：$(src)和$(obj)。$(src)是 Makefile 文件目录的相对路径，当使用代码树中的文件时使用该变量$(src)。$(obj)是目标文件目录的相对路径。生成文件使用$(obj)变量。

目标文件依赖于两个前提文件。目标文件的前缀是$(obj)，前提文件的前缀是$(src)，因为它们不是生成文件。

#### 10. $(CC)支持的功能

内核可能会用不同版本的$(CC)进行编译，每个版本有不同的性能和选项，内核编译系统提供了基本的支持，用于验证$(CC)选项。$(CC)通常是指 GCC 编译器，但其他编译器也可以。另外，GCC 编译器提供了几种与$(CC)有关的功能。

- cc-option：用于检测$(CC)是否支持给定的选项，如果不支持就使用第二个可选项。
- cc-option-yn：用于检测 GCC 是否支持给定的选项，如果支持则返回'y'，否则返回'n'。
- cc-option-align：在不同的 GCC 版本中有不同的含义。定义如下：

```
gcc 版本>= 3.0：用于定义 functions、loops 等边界对齐选项
gcc < 3.00 : cc-option-align = -malign
gcc >= 3.00: cc-option-align = -falign
```

例如：

```
CFLAGS += $(cc-option-align)-functions=4
```

在上面的例子中，如果 gcc 大于或等于 3.00 则选择-falign-functions 选项，如果 gcc 小于 3.00 则选择-malign- functions 选项。

- cc-version：返回$(CC)编译器数字版本号。

版本格式是<major><minor>，均为两位数字。例如，gcc 3.41 将返回 0341。当一个特定$(CC)版本在某个方面有缺陷时，cc-version 是很有用的。例如，-mregparm=3 在一些 GCC 版本中会失败，尽管 GCC 接受这个选项。

### 15.4.4　目标文件清除机制

每个 Makefile 中都应该写一个清空目标文件（.o 和执行文件）的规则，这不仅利于重新编译，而且有利于保持文件清洁，形式如下：

```
clean:
    rm app $(OBJECTS)
```

注意清空目标文件的规则不要放在文件的开头，一般都是放在文件最后。

### 15.4.5　编译辅助程序

内核编译系统支持在编译阶段编译主机可执行程序。编译主机程序需要两个步骤：第一步是使用 hostprogs-y 变量告诉内核编译系统有主机程序可用；第二步是给主机程序添加潜在的依赖关系。在内核编译系统中，对编译辅助程序的相关说明如下：

#### 1. 简单的辅助程序

在一些情况下需要在主机上编译和运行主机程序。下面这行代码告诉 Kbuild 在主机上建立 bin2hex 程序。

```
hostprogs-always-y := bin2hex
```

Kbuild 假定使用 Makefile 相同目录下的单一 C 代码文件 bin2hex.c 编译 bin2hex。

### 2．组合辅助程序

主机程序也可以由多个 object 文件组成。定义组合辅助程序的语法同内核对象的定义方法一样，$(<executeable>-objs)包含所有用于链接最终可执行程序的对象。

### 3．定义共享库

扩展名为.so 的对象是共享库文件，并且是位置无关的 object 文件。内核编译系统提供共享库使用支持，但使用方法有限制。共享库文件需要对应的-objs 定义。共享库不支持 C++语言。

### 4．C++语言的使用方法

内核编译系统提供了对 C++主机程序的支持以用于内核配置，但不主张其他方面使用这种方法。

### 5．何时建立辅助程序

只有在需要时内核编译系统才会编译主机程序。编译方式有以下两种方式。

- 在特殊规则中作为隐式的前提需求；
- 使用$(always)。

当没有合适的特殊规则可以使用，并且进入 Makefile 文件就要建立主机程序时，可以使用变量$(always)编译主机程序。

### 6．使用hostprogs-always-$(CONFIG_FOO)

在 Kbuild 文件中的典型模式如下：

```
#scripts/Makefile
hostprogs-always-$(CONFIG_KALLSYMS)          += kallsyms
```

## 15.4.6　Kbuild 变量

Kbuild 内置了一些变量供顶层 Makefile 文件使用，顶层 Makefile 文件导出以下变量：

```
VERSION, PATCHLEVEL, SUBLEVEL, EXTRAVERSION
```

上面几个变量定义了当前内核的版本号。Makefiles 文件很少直接使用这些变量，常用$(KERNELRELEASE)代替它们。

$(VERSION)、$(PATCHLEVEL)和$(SUBLEVEL)定义了内核版本号中的 3 个基本部分例如"2"、"4"和"0"。这 3 个变量一直使用数值表示。$(EXTRAVERSION)定义了更细的补丁号，通常是短横线后面跟一些非数值字符串，如"-pre4"。

### 1．KERNELRELEASE

$(KERNELRELEASE)是一个单一字符，如"2.4.0-pre4"适合用于构造安装目录和显示版本字符串。

### 2. ARCH

ARCH 变量定义了目标系统体系结构，如"arm"、"sparc"。一些内核编译文件测试$(ARCH)用于确定编译哪个文件。默认情况下，顶层 Makefile 文件将$(ARCH)设置为与主机相同的体系结构。当进行交叉编译时，用户可以使用命令行改变$(ARCH)的值：

```
make ARCH=m68k ...
```

### 3. INSTALL_PATH

INSTALL_PATH 变量用于定义在 Makefiles 文件中安装内核映像文件和 System.map 文件的安装路径。

### 4. INSTALL_MOD_PATH, MODLIB

$(INSTALL_MOD_PATH)定义了模块安装变量$(MODLIB)的前缀。这个变量通常不在 Makefile 文件中定义，如果需要可以由用户添加。$(MODLIB)定义了模块安装目录。

在顶层 Makefile 文件中，$(MODLIB)被定义为$(INSTALL_MOD_PATH)/lib/modules/$(KERNEL RELEASE)。其中，$(MODLIB)表示内核的安装路径。用户可以使用以下命令修改$(MODLIB)的值：

```
make INSTALL_MOD_PATH=新安装路径
```

## 15.5　小　　结

Linux 内核代码非常庞大、复杂，学习它是一个不小的挑战。本章介绍了 Linux 内核的工程结构和代码结构。从嵌入式系统开发角度来说，大多数开发者没有必要一行一行地研究内核代码，只需要了解内核的机构和工作流程及常见的开发方法即可。学习内核最基本的技能是编译内核，读者可以在此基础上学习驱动开发和内核移植。第 16 章将介绍嵌入式 Linux 内核的启动过程。

## 15.6　习　　题

### 一、填空题

1. 操作系统的核心部分是________。
2. 在用户空间，进程是由________表示的。
3. 虚拟文件系统的英文简写是________。

### 二、选择题

1. 以下不属于 Linux 内核编译配置方式的是（　　）。

A. make menuconfig　　　　B. make config

C．make xconfig　　　　　　D．make oconfig

2．在 Linux 源代码目录中用于存放内核文档的目录是（　　）。

A．arch　　　　　　B．Documentation

C．ipc　　　　　　D．sound

3．对 ARCH 描述正确的是（　　）。

A．定义了目标系统体系结构

B．用于构造安装目录和显示版本字符串

C．定义了在 Makefiles 文件中安装内核映像文件的路径

D．其他

## 三、判断题

1．在 Linux 中，用户空间可以直接使用系统调用。（　　）

2．在 Makefile 文件中没有特别导出符号的标记。（　　）

3．vmlinuz 文件是可引导和压缩的内核文件。（　　）

# 第 16 章　嵌入式 Linux 的启动流程

在多数计算机上，从 Linux 开机到进入系统的命令行或者图形界面的时间并不长。计算机在后台做了什么工作才会展现出一个功能强大的系统呢？本章将分析 Linux 系统的启动流程。学习和掌握 Linux 启动的流程对了解 Linux 内核的工作流程有很大帮助。Linux 系统初始化可以分成两部分：内核初始化和系统初始化。本章将分析从打开电源开关到进入用户界面的 Linux 系统的工作过程，主要内容如下：

- Linux 内核初始化概述；
- 进入内核前的工作简介；
- 内核初始化简介；
- 如何进入用户空间。

## 16.1　Linux 内核的初始化流程

从前面讲解的知识中可以知道，操作系统是用户应用和计算机硬件之间的桥梁。操作系统管理整个系统的所有软件和硬件资源，并且向用户应用程序提供接口。在操作系统初始化的时候，系统内核检测计算机硬件，加载驱动并且设置软件环境，本节将详细分析 Linux 内核初始化所做的工作。首先给出一个典型的 Linux 系统启动的初始化流程，如图 16-1 所示。

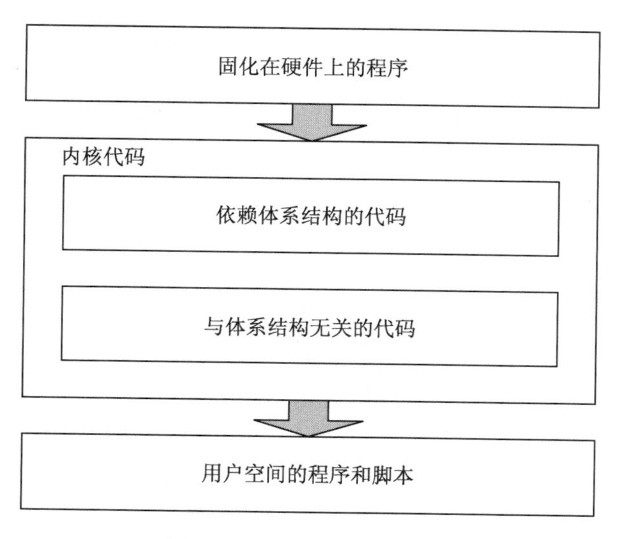


图 16-1　Linux 初始化流程

从图 16-1 中可以看出，Linux 系统启动的流程可以分为 3 个部分：固化在硬件上的程序、内核代码部分、用户空间的程序和脚本。其中，固化在硬件上的程序通常容易被忽略，可以把这一部分算作内核部分的初始化，因为这部分与内核代码关系紧密，本节将把这两部分作为一个流程进行分析。

内核代码可以分成两部分，其中：依赖体系结构的代码对应源代码 arch 目录下体系结构的代码，这些代码在每种体系结构上是不相同的；与体系结构无关的代码指源代码目录下的 kernel 目录及其他包括驱动在内的代码。

最后是用户空间，在系统初始化的时候，在用户空间会通过一些脚本建立服务进程，用户可以通过直接编辑脚本或者工具来配置启动时加载的服务进程。常见的应用程序有 udev、电子邮件服务器、HTTP 服务器等。从内核中“与体系结构无关的代码”的开始部分都是相同的，与体系结构有关的启动流程将在下面进行分析，16.5 节及以后的内容将与体系结构无关的启动流程。

## 16.2　PC 的初始化流程

先给出一个 PC 的初始化流程图，如图 16-2 所示。

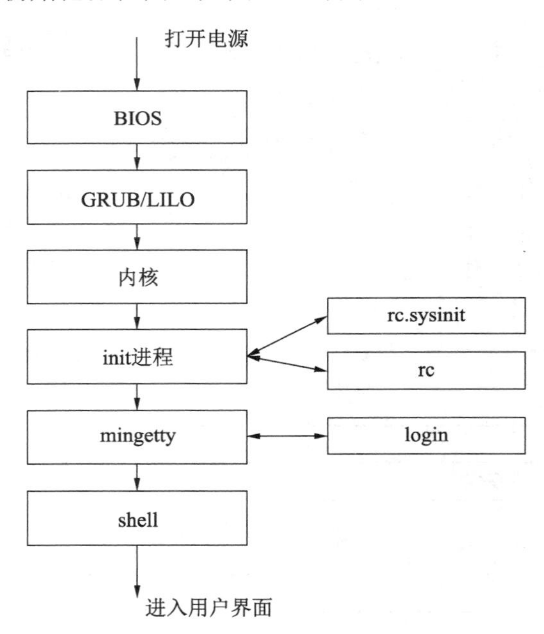


图 16-2　Linux 在 PC 上的初始化流程

从图 16-2 中可以看到，从打开电源到进入用户界面共有 7 个步骤，本节主要关注打开电源之后的 3 个步骤。在 PC 上，虽然引导软件不是烧写在 ROM 中的，但是 BIOS（Basic Input Output System，基本输入输出系统）和 GRUB/LILO 引导器扮演的是图 16-1 中所示的“固化在硬件上的程序”的角色。

### 16.2.1　PC BIOS 的功能和作用

如图 16-3 所示是 PC BIOS 的功能结构。

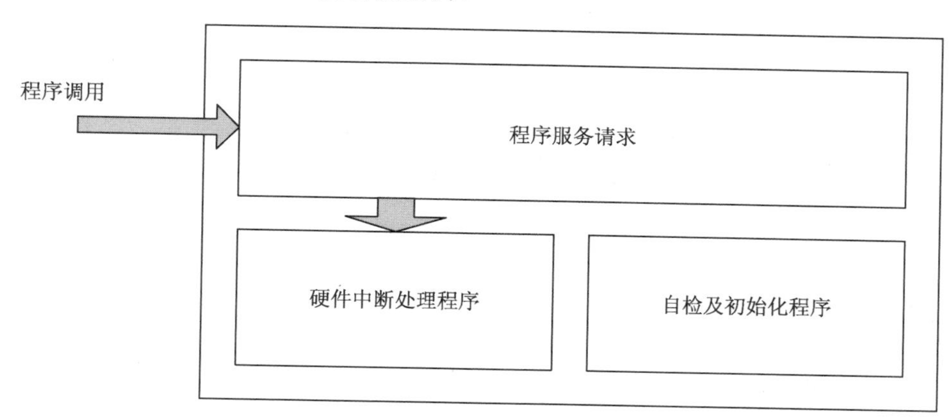


图 16-3　PC BIOS 功能结构示意

BIOS 是 PC 的一个特殊程序，一般通过特殊的手段被烧写在 PC 主板的某个存储芯片内。

图 16-3 是 BIOS 的功能结构示意，可以分成 3 个部分：自检及初始化程序是开机时最先执行的程序，负责测试 PC 上的所有硬件资源，并且对硬件和端口进行初始化操作；硬件中断处理程序是 BIOS 提供的一组系统调用，通过中断处理程序可以直接访问 PC 的硬件，中断处理程序存放在内存的中断向量表内；程序服务请求是 BIOS 向用户提供的一组调用中断处理程序的接口。

☎**提示：** 在设置 BIOS 的时候经常会听到一个术语 CMOS。CMOS 是互补金属氧化物半导体的英文缩写，是一种制造大规模集成电路的技术。CMOS 通常指 PC 主板上的一个可读写芯片，BIOS 可以把用户配置信息存储在 CMOS 里。CMOS 芯片需要外部电源的支持才能保持内容不丢失，因此 PC 主板上有一块电池为 CMOS 供电。

### 16.2.2　磁盘的数据结构

PC 最常见的外部存储设备是磁盘。磁盘可以存储大量的数据，并且具有断电信息不丢失的特点。磁盘上的数据组织格式根据不同的操作系统不完全相同。无论什么系统，对磁盘的数据组织方式有何不同，但都包含一个引导记录的数据结构。主引导记录（Main Boot Record，MBR）是位于磁盘 0 磁道 0 柱面的第一个扇区。一个扇区有 512B，MBR 占用了开始的 446B，如图 16-4 所示。

从图 16-4 中可以看出，在主引导记录下有 4 个分区信息记录，这几个记录构成了磁盘的分区信息表。主引导扇区的最后两个字节是 0x55 和 0xAA，是主引导记录扇区标志。

磁盘主引导记录包括磁盘参数和引导程序。磁盘引导程序用于检查磁盘分区表是否正确，在完成计算机自检后引导操作系统启动，最后把系统控制权交给操作系统启动程序。MBR 与操作系统无关，并且磁盘引导程序也是可以改变的，可以通过修改磁盘引导程序实现多系统共存。

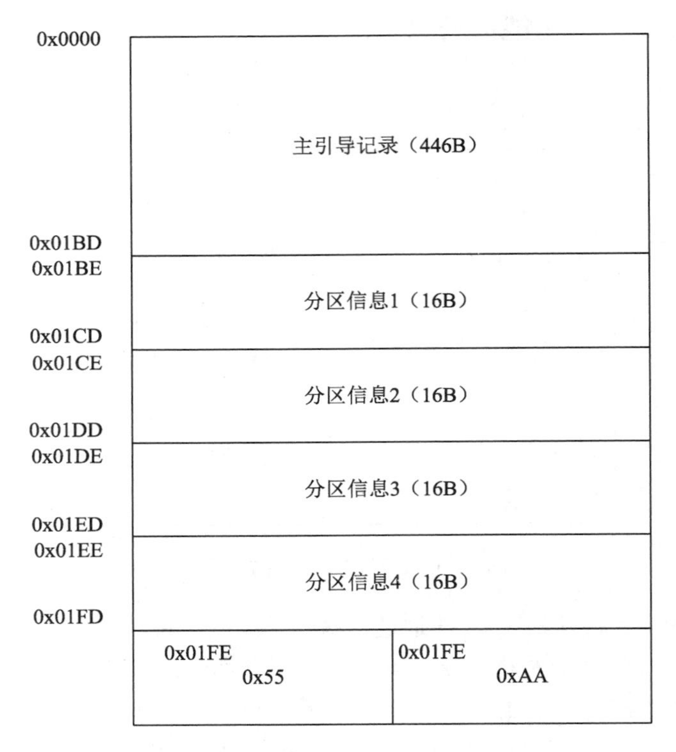


图 16-4　磁盘主引导扇区结构

### 16.2.3　PC 的完整初始化流程

在弄清楚 PC BIOS 和磁盘引导程序的结构和作用后，再介绍 PC 的启动流程。PC 加电或者复位后硬件系统会复位，复位后寄存器 CS=0xFFFF，寄存器 IP=0x0000。CPU 从 FFFF:0000H 处执行指令，这个地址只有一条 JMP（跳转）指令，跳转到系统自检程序，也就是进入 BIOS 程序存放的位置。执行自检程序通过后，BIOS 根据配置把磁盘的 MBR 扇区读入系统 0000:7C00H 处，执行 MBR 的代码。

MBR 的代码通常由操作系统修改，也可以由其他程序（如 GRUB 引导器）修改。如果计算机安装了 GRUB 引导软件，那么执行 MBR 的代码会启动 GRUB 引导软件。系统的控制权交由 GRUB 引导软件处理，GRUB 根据分区的配置信息，找到磁盘对应分区上的 Linux 内核文件并且将其加载到内存中，然后跳转到内核代码位置，最后把系统控制权交给 Linux 内核。

## 16.3　嵌入式系统的初始化

由于嵌入式系统的多样性和复杂性，一般不像 PC 那样配置 BIOS，系统中也没有像 BIOS 那样的固件。用于启动的代码必须由用户完成，通常称这部分代码为 Bootloader 程序，整个系统的启动就由它完成。Bootloader 初始化硬件设备、建立内存空间的映射，将系统的软件和硬件环境设定在一个合适的状态，为加载操作系统内核和应用程序打造一个正确的环境。Bootloader 依赖实际硬件环境，通常不存在一个通用的标准。对于不同的嵌入式系统，Bootloader 程序内容也不相同。本节以 ARM 处理器为例介绍嵌入式系统的初始化。

基于 ARM 内核的处理器系统加电或复位后，从地址 0x00000000 处取第一条指令。通常的嵌入式系统会被映射到某种类型的固态存储设备（如 EEPROM 和 Flash 等）的 0x00000000 地址。通过烧写工具可以把 Bootloader 程序写在存储器的起始位置，系统加电或复位后可以执行 Bootloader 程序。根据存储器的容量大小，可以选择将 Bootloader 压缩存储在存储器内。压缩存储的 Bootloader 程序在启动的时候会自动解压缩，并且把解压缩后的代码复制到 RAM 中，然后跳转到解压缩后的代码处执行。嵌入式 Linux 系统的一般启动流程如图 16-5 所示。

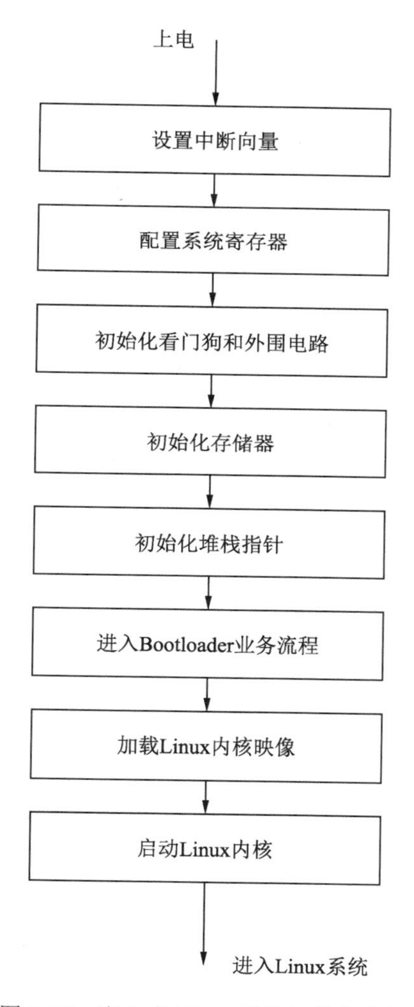


图 16-5　嵌入式 Linux 系统初始化流程

图 16-5 所示的流程的第一步是设置中断向量，主要是屏蔽中断请求，防止硬件中断打断程序的执行。配置系统寄存器用于配置系统必须设置的寄存器，这个步骤和具体的处理器有关。随后的工作是设置看门狗、初始化存储器和堆栈指针，这些工作是为以后的程序

创建工作环境。前面的流程通常是用汇编语言编写，一方面是与系统无关，另一方面是保证系统启动的速度。系统设置好以后，进入 Bootloader 业务流程。这部分代码多用高级语言编写，可以向用户提供众多功能，如设置 Linux 内核启动参数、查看和修改系统内存等。Bootloader 可以加载 Linux 内核映像到内存，然后设置指令寄存器，指向内核代码入口，最后转入 Linux 内核代码。

## 16.4　Linux 内核的初始化

Linux 内核在不同的处理器体系结构上的启动代码不完全相同，但是启动流程基本一致，本节根据嵌入式开发的需要，从 ARM 核分析 Linux 内核的初始化过程。

### 16.4.1　解压缩内核映像

大多数嵌入式应用，由于存储器空间的限制，编译后的内核映像都是压缩存放，因此进入内核的第一步首先是解压缩内核映像。在 ARM 体系结构中，Linux 内核代码的入口在 arch/arm/boot/compressed/head.S 文件中，文件的 start 标号是代码的入口点，之前定义了许多需要的常量。

```
        .section ".start", "ax"          // 定义.start 段
/*
 * sort out different calling conventions
 */
        .align
 AR_CLASS(   .arm     )
start:
        .type    start,#function
        .rept    7
        __nop
        .endr
#ifndef CONFIG_THUMB2_KERNEL
        __nop
#else
 AR_CLASS(  sub pc, pc, #3  )            // A/R: 切换到 Thumb2 模式
  M_CLASS(  nop.w           )            // M: 已处于 Thumb2 模式
        .thumb
#endif
        W(b) 1f

        .word    _magic_sig              // 程序用到的幻数
        .word    _magic_start            // zImage 映像的绝对起始地址
        .word    _magic_end              // zImage 的结束地址
        .word    0x04030201              // endianness 标志
        .word    0x45454545              // 幻数的另一种表示
        .word    _magic_table            // 附加数据表

        __EFI_HEADER
1:
 ARM_BE8(   setend  be      )            // 如果为 BE8 编译，则转到 BE8
 AR_CLASS(  mrs r9, cpsr    )
```

```
#ifdef CONFIG_ARM_VIRT_EXT
        bl    __hyp_stub_install          // 可逆地进入 SVC 模式
#endif
        mov  r7, r1                       // 保存体系结构 ID
        mov  r8, r2                       // 保存 atags 指针
```

上面的代码是程序的入口，代码给出了汇编语言的注释，这段代码的作用是设置内核映像的入口地址。

需要注意的是，不是一个汇编文件的内容完全属于一个段，也不是说先执行完某个汇编文件的代码再执行另一个汇编文件的代码。

启动代码接下来的工作是解压缩，真正的内核映像 vmlinux 是很大的，压缩后才可以放在 Flash 中，代码如下：

```
        add  r10, r10, #16384
        cmp  r4, r10
        bhs  wont_overwrite
        add  r10, r4, r9
        adr  r9, wont_overwrite
        cmp  r10, r9
        bls  wont_overwrite
        add  r10, r10, #((reloc_code_end - restart + 256) & ~255)
        bic  r10, r10, #255
        adr  r5, restart
        bic  r5, r5, #31
#ifdef CONFIG_ARM_VIRT_EXT
        mrs  r0, spsr
        and  r0, r0, #MODE_MASK
        cmp  r0, #HYP_MODE
        bne  1f
        adr_l    r0, __hyp_stub_vectors
        sub  r0, r0, r5
        add  r0, r0, r10
        bl    __hyp_set_vectors
1:
#endif
        sub  r9, r6, r5                   @ size to copy
        add  r9, r9, #31                  @ rounded up to a multiple
        bic  r9, r9, #31                  @ ... of 32 bytes
        add  r6, r9, r5
        add  r9, r9, r10
#ifdef DEBUG
        sub     r10, r6, r5
        sub     r10, r9, r10
        dbgkc     r5, r6, r10, r9
#endif
1:      ldmdb     r6!, {r0 - r3, r10 - r12, lr}
        cmp  r6, r5
        stmdb     r9!, {r0 - r3, r10 - r12, lr}
        bhi  1b
        sub  r6, r9, r6
        mov  r0, r9                       @ start of relocated zImage
        add  r1, sp, r6                   @ end of relocated zImage
        bl   cache_clean_flush
        badr r0, restart
        add  r0, r0, r6
        mov  pc, r0
wont_overwrite:
        adr  r0, LC0
        ldmia     r0, {r1, r2, r3, r11, r12}
```

```
        sub  r0, r0, r1                 @ calculate the delta offset
        orrs r1, r0, r5
        beq  not_relocated
        add  r11, r11, r0
        add  r12, r12, r0
#ifndef CONFIG_ZBOOT_ROM
        add  r2, r2, r0
        add  r3, r3, r0
1:      ldr  r1, [r11, #0]              @ relocate entries in the GOT
        add  r1, r1, r0                 @ This fixes up C references
        cmp  r1, r2                     @ if entry >= bss_start &&
        cmphs    r3, r1                 @       bss_end > entry
        addhi    r1, r1, r5             @    entry += dtb size
        str  r1, [r11], #4              @ next entry
        cmp  r11, r12
        blo  1b
        add  r2, r2, r5
        add  r3, r3, r5
#else
1:      ldr  r1, [r11, #0]              @ relocate entries in the GOT
        cmp  r1, r2                     @ entry < bss_start ||
        cmphs    r3, r1                 @ _end < entry
        addlo    r1, r1, r0             @ table.  This fixes up the
        str  r1, [r11], #4              @ C references.
        cmp  r11, r12
        blo  1b
#endif
not_relocated: mov r0, #0
1:      str  r0, [r2], #4               @ clear bss
        str  r0, [r2], #4
        str  r0, [r2], #4
        str  r0, [r2], #4
        cmp  r2, r3
        blo  1b
        tst  r4, #1
        bic  r4, r4, #1
        blne cache_on
        mov  r0, r4
        mov  r1, sp                     @ malloc space above stack
        add  r2, sp, #MALLOC_SIZE       @ 64k max
        mov  r3, r7
        bl   decompress_kernel
```

### 16.4.2　进入内核代码

接下来程序就进入内核代码。在有 MMU 的处理器上，系统会使用虚拟地址，通过 MMU 指向实际的物理地址。这里 0xC0008000 的实际物理地址就是 0x30008000。在 arch/arm/kernel/head.S 的文件中找到程序入口，代码如下：

```
...
    .arm
    __HEAD
ENTRY(stext)
 ARM_BE8(setend be)              @ ensure we are in BE8 mode

 THUMB(badr r9, 1f       )       @ Kernel is always entered in ARM.
 THUMB(bx    r9        )         @ If this is a Thumb-2 kernel,
 THUMB(.thumb            )       @ switch to Thumb now.
```

```
 THUMB(1:          )

#ifdef CONFIG_ARM_VIRT_EXT
    bl    __hyp_stub_install
#endif
    @ ensure svc mode and all interrupts masked
    safe_svcmode_maskall r9

    mrc p15, 0, r9, c0, c0          @ get processor id
    bl    __lookup_processor_type   @ r5=procinfo r9=cpuid
    movs r10, r5                    @ invalid processor (r5=0)?
 THUMB(it   eq)                     @ force fixup-able long branch encoding
    beq __error_p                   @ yes, error 'p'

#ifdef CONFIG_ARM_LPAE
    mrc p15, 0, r3, c0, c1, 4       @ read ID_MMFR0
    and r3, r3, #0xf                @ extract VMSA support
    cmp r3, #5              @ long-descriptor translation table format?
 THUMB(it   lo)             @ force fixup-able long branch encoding
    blo __error_lpae        @ only classic page table format
#endif

...

ENTRY(__secondary_switched)
    ldr_l    r7, secondary_data + 12    @ get secondary_data.stack
    mov  sp, r7
    mov  fp, #0
    b    secondary_start_kernel
...
```

执行完 arch/arm/kernel/head.S 下的汇编代码后，紧接着执行 arch/arm/kernel/head-common.S 文件。此文件供 head.S 调用，在此文件中，__mmap_switched 的 b start_kernel 跳转到 init/main.c 的 start_kernel()函数中且永不返回，代码如下：

```
...
    __INIT
__mmap_switched:

    mov r7, r1
    mov r8, r2
    mov r10, r0

    adr r4, __mmap_switched_data
    mov fp, #0

#if defined(CONFIG_XIP_DEFLATED_DATA)
   ARM(ldr  sp, [r4], #4)
 THUMB(ldr  sp, [r4])
 THUMB(add  r4, #4)
    bl    __inflate_kernel_data       @ decompress .data to RAM
    teq r0, #0
    bne __error
#elif defined(CONFIG_XIP_KERNEL)
   ARM(ldmia r4!, {r0, r1, r2, sp})
 THUMB(ldmia    r4!, {r0, r1, r2, r3})
 THUMB(mov  sp, r3)
    sub r2, r2, r1
    bl    __memcpy                    @ copy .data to RAM
#endif
```

```
  ARM(ldmiar4!, {r0, r1, sp})
 THUMB(ldmia    r4!, {r0, r1, r3})
 THUMB(mov  sp, r3)
    sub  r2, r1, r0
    mov  r1, #0
    bl   __memset                    @ clear .bss

    ldmia    r4, {r0, r1, r2, r3}
    str  r9, [r0]                    @ Save processor ID
    str  r7, [r1]                    @ Save machine type
    str  r8, [r2]                    @ Save atags pointer
    cmp  r3, #0
    strne    r10, [r3]               @ Save control register values
#ifdef CONFIG_KASAN
    bl   kasan_early_init
#endif
    mov  lr, #0
    b    start_kernel
...
```

这里给出 Linux 内核的大致流程，如图 16-6 所示。其中，内核的入口点是 start_kernel()，从这里开始是 C 语言代码。

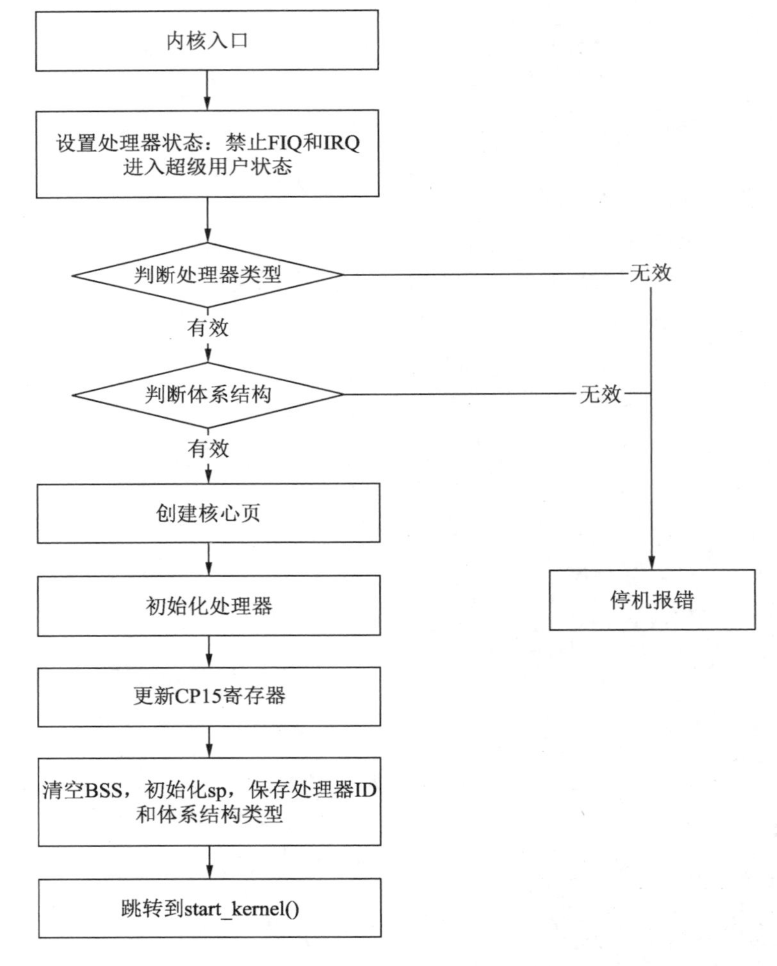


图 16-6　Linux 内核启动流程

下面的函数主要是做初始化工作，从这些函数名的名称中可以知道其做了哪些工作，包括初始化中断子系统、初始化系统计时器 RCU（Read-Copy-Update）子系统、初始化定时器、初始化 SRCU（Synchronous RCU）子系统、初始化高精度定时器子系统、初始化软中断机制、初始化时间管理子系统及初始化 kfence（一种内核内存错误检测工具）。

```
init_IRQ();
tick_init();
rcu_init_nohz();
init_timers();
srcu_init();
hrtimers_init();
softirq_init();
timekeeping_init();
kfence_init();
```

## 16.5　启动 init 内核进程

在 start_kernel()函数的最后调用了 arch_call_rest_init()，该函数又调用了 rest_init()函数，rest_init()函数用来创建内核 init 进程，这也是内核态中最后要完成的工作，代码如下：

```
noinline void __ref rest_init(void)
{
    struct task_struct *tsk;
    int pid;
    rcu_scheduler_starting();
    pid = kernel_thread(kernel_init, NULL, CLONE_FS);
    rcu_read_lock();
    tsk = find_task_by_pid_ns(pid, &init_pid_ns);
    tsk->flags |= PF_NO_SETAFFINITY;
    set_cpus_allowed_ptr(tsk, cpumask_of(smp_processor_id()));
    rcu_read_unlock();
    numa_default_policy();
    pid = kernel_thread(kthreadd, NULL, CLONE_FS | CLONE_FILES);
    rcu_read_lock();
    kthreadd_task = find_task_by_pid_ns(pid, &init_pid_ns);
    rcu_read_unlock();
    system_state = SYSTEM_SCHEDULING;
    complete(&kthreadd_done);
    schedule_preempt_disabled();
    cpu_startup_entry(CPUHP_ONLINE);
}
```

在 rest_init()函数中调用 kernel_thread()函数创建 init 进程，执行的是 main.c 中的 init()函数。

内核使用 do_initcalls()函数设置各种驱动，代码如下：

```
static void __init do_initcalls(void)
{
    int level;
    size_t len = strlen(saved_command_line) + 1;
    char *command_line;

    command_line = kzalloc(len, GFP_KERNEL);
    if (!command_line)
        panic("%s: Failed to allocate %zu bytes\n", __func__, len);
```

```
    for (level = 0; level < ARRAY_SIZE(initcall_levels) - 1; level++) {
        /* Parser modifies command_line, restore it each time */
        strcpy(command_line, saved_command_line);
        do_initcall_level(level, command_line);
    }

    kfree(command_line);
}
```

在 init 的最后会执行/sbin/init 程序，如果设置了内核启动参数，则会执行参数指定的脚本。

**注意：**/sbin/init 程序是一个软链接，它指向/lib/systemd/systemd。这里的启动 init 内核进程其实就是启动 systemd 内核进程。

# 16.6　根文件系统的初始化

Linux 内核启动后，首先要创建根文件系统，用户空间所有的操作都依赖根文件系统。本节将介绍根文件系统的结构，并结合代码分析根文件系统的初始化过程。

## 16.6.1　根文件系统简介

在内核代码启动完之后，进入文件系统初始化阶段，Linux 需要加载根文件系统。Linux 的根文件系统可以分两类：虚拟根文件系统和真实的根文件系统。Linux 内核的发展趋势是把更多的功能放在用户空间中完成，可以保持内核的精简。虚拟根文件系统也是各 Linux 发行厂商采用的一种方式，可以把初始化的工作在虚拟的根文件系统中完成，最后再切换到真实的文件系统中。

### 1．传统的initrd根文件系统

initrd 是 Init Ramdisk 的简写，表示一个内核启动时存放在内存的文件系统。initrd 的目的是把内核启动分成两个阶段，在内核中保留最少和最基本的启动代码，把各种硬件驱动放在 initrd 中，在启动过程中可以从 initrd 所挂载的根文件系统中加载需要的内核模块。这样可以在保持内核不变的情况下，通过修改 initrd 的内容就可以灵活地支持不同的硬件。在内核启动结束后，根文件系统可以重新挂载到其他设备上。

Linux 并不是必须要使用 initrd，如果把需要的功能全部编译到内核中（非模块方式），那么仅需要一个内核文件就可以。使用 initrd 可以减小内核体积并且增加其灵活性。Bootloader 能够支持常见的文件系统，否则无法加载内核映像文件和根文件系统文件。

**提示：**用户也可以制作自己的 initrd 根文件系统映像，大多数发行版提供了 mkinitrd 脚本，具体使用方法可以参考相应的文档。

### 2．initramfs根文件系统

initramfs 根文件系统是在 Linux 内核 2.5 版本中引入的技术，它实际上就是在内核映

像中附加一个 cpio 包，这个 cpio 包中有一个小型的文件系统。当内核启动时，把这个 cpio 包解开，并且把包里面的文件释放到根文件系统中。内核的一部分初始化代码会放到这个根文件系统中并作为用户进程来执行。initramfs 的方式简化了内核初始化代码，并且使初始化过程更容易定制。

### 3. 根文件系统的挂载

在内核代码 mnt_init()函数中调用 init_rootfs()函数实现初始化，然后使用 init_mount_tree()函数挂载文件系统，代码如下：

```
void __init mnt_init(void)
{
    …
    init_rootfs();
    init_mount_tree();
}
```

初始化根文件系统的 init_rootfs()函数，代码如下：

```
void __init init_rootfs(void)
{
    if (IS_ENABLED(CONFIG_TMPFS) && !saved_root_name[0] &&
        (!root_fs_names || strstr(root_fs_names, "tmpfs")))
        is_tmpfs = true;
}
```

init_rootfs()函数的作用很简单，就是对 is_tmpfs 进行设置。init_mount_tree()函数的代码如下：

```
static void __init init_mount_tree(void)
{
    struct vfsmount *mnt;
    struct mount *m;
    struct mnt_namespace *ns;
    struct path root;
    // 挂载根文件系统
    mnt = vfs_kern_mount(&rootfs_fs_type, 0, "rootfs", NULL);
    if (IS_ERR(mnt))
        panic("Can't create rootfs");
    ns = alloc_mnt_ns(&init_user_ns, false);              // 分配名字空间
    if (IS_ERR(ns))
        panic("Can't allocate initial namespace");
    m = real_mount(mnt);
    m->mnt_ns = ns;
    ns->root = m;
    ns->mounts = 1;
    list_add(&m->mnt_list, &ns->list);
    init_task.nsproxy->mnt_ns = ns;
    get_mnt_ns(ns);
    root.mnt = mnt;
    root.dentry = mnt->mnt_root;
    mnt->mnt_flags |= MNT_LOCKED;
    set_fs_pwd(current->fs, &root);
    set_fs_root(current->fs, &root);
}
```

### 16.6.2　挂载虚拟文件系统

挂载文件系统在 kernel_init()函数中实现，本节将重点分析该函数。

#### 1．基本参数初始化

到目前为止，根目录已经挂载完毕。现在可以挂载具体的文件系统，这项工作在 kernel_init()函数中完成，代码如下：

```
static int __ref kernel_init(void *unused)
{
    int ret;
    wait_for_completion(&kthreadd_done);
    kernel_init_freeable();
    async_synchronize_full();
    kprobe_free_init_mem();
    ftrace_free_init_mem();
    kgdb_free_init_mem();
    exit_boot_config();
    free_initmem();
    mark_readonly();
    pti_finalize();
    system_state = SYSTEM_RUNNING;
    numa_default_policy();
    rcu_end_inkernel_boot();
    do_sysctl_args();
    if (ramdisk_execute_command) {
        ret = run_init_process(ramdisk_execute_command);
        if (!ret)
            return 0;
        pr_err("Failed to execute %s (error %d)\n",
               ramdisk_execute_command, ret);
    }
    if (execute_command) {
        ret = run_init_process(execute_command);
        if (!ret)
            return 0;
        panic("Requested init %s failed (error %d).",
              execute_command, ret);
    }
    if (CONFIG_DEFAULT_INIT[0] != '\0') {
        ret = run_init_process(CONFIG_DEFAULT_INIT);
        if (ret)
            pr_err("Default init %s failed (error %d)\n",
                   CONFIG_DEFAULT_INIT, ret);
        else
            return 0;
    }
    if (!try_to_run_init_process("/sbin/init") ||
        !try_to_run_init_process("/etc/init") ||
        !try_to_run_init_process("/bin/init") ||
        !try_to_run_init_process("/bin/sh"))
        return 0;
    panic("No working init found.  Try passing init= option to kernel. "
          "See Linux Documentation/admin-guide/init.rst for guidance.");
}
```

在上面的代码中有一个 kernel_init_freeable()函数，此函数会调用一个 do_basic_setup()

函数。do_basic_setup()函数是一个很关键的函数，直接编译在内核的模块代码就是通过这个函数启动的，do_basic_setup()函数的代码片段如下：

```
static void __init do_basic_setup(void)
{
    cpuset_init_smp();
    driver_init();                                    // 初始化驱动
    init_irq_proc();
    do_ctors();
    do_initcalls();
}
```

与根文件系统相关的初始化函数都是由 rootfs_initcall()函数引用的，该函数会调用 populate_rootfs()函数进行初始化，代码如下：

```
static int __init populate_rootfs(void)
{
    initramfs_cookie = async_schedule_domain(do_populate_rootfs, NULL,
                        &initramfs_domain);
    usermodehelper_enable();
    if (!initramfs_async)
        wait_for_initramfs();
    return 0;
}
rootfs_initcall(populate_rootfs);
```

在 populate_rootfs()函数中调用了一个 do_populate_rootfs()函数，代码如下：

```
static void __init do_populate_rootfs(void *unused, async_cookie_t cookie)
{
    char *err = unpack_to_rootfs(__initramfs_start, __initramfs_size);
    if (err)
        panic_show_mem("%s", err);
    if (!initrd_start || IS_ENABLED(CONFIG_INITRAMFS_FORCE))
        goto done;
    if (IS_ENABLED(CONFIG_BLK_DEV_RAM))
        printk(KERN_INFO "Trying to unpack rootfs image as initramfs...\n");
    else
        printk(KERN_INFO "Unpacking initramfs...\n");
    err = unpack_to_rootfs((char *)initrd_start, initrd_end - initrd_start);
    if (err) {
#ifdef CONFIG_BLK_DEV_RAM
        populate_initrd_image(err);
#else
        printk(KERN_EMERG "Initramfs unpacking failed: %s\n", err);
#endif
    }
done:
    if (!do_retain_initrd && initrd_start && !kexec_free_initrd())
        free_initrd_mem(initrd_start, initrd_end);
    initrd_start = 0;
    initrd_end = 0;
    flush_delayed_fput();
}
```

在 do_populate_rootfs()函数中调用了 unpack_to_rootfs()函数，顾名思义，unpack_to_rootfs()函数的作用是解压缩并且释放到根文件系统。unpack_to_rootfs()实际上有两个功能，一是释放包，二是查看是否为 cpio 结构的包。该函数的最后一个参数用于设置加载系统文件的功能。unpack_to_rootfs()函数只能处理前面提到的与内核融为一体的 initramfs 类型的根文件系统，其他格式的根文件系统不进行处理，直接退出。

对于其他类型的根文件系统，只有配置了 CONFIG_BLK_DEV_RAM 宏才可以支持。从代码中可以看出，除了 initramfs 类型外，必须配置成 initrd 类型的根文件系统才被硬件识别并使用，否则都当作 cpio 格式的根文件系统来处理。

cpio 格式的根文件系统直接把文件释放到根目录下。如果是 initrd 格式的根文件系统，则将映像文件释放到/initrd.image 下，最后把 initrd 映像文件占用的内存归入伙伴系统（管理操作系统内存的一种方法，伙伴系统会尝试将一个较大的内存分割成两个较小的块来满足需求），这部分内存就可以由操作系统用于其他用途了。

### 2. 创建系统第一个进程

到这里，根文件系统映像已经释放完毕，接下来回到 kernel_init()函数：

```
static int __ref kernel_init(void *unused)
{
    …
    if (ramdisk_execute_command) {
        ret = run_init_process(ramdisk_execute_command);
        if (!ret)
            return 0;
        pr_err("Failed to execute %s (error %d)\n",
                ramdisk_execute_command, ret);
    }
    …
}
```

在 kernel_init()函数中会调用 ramdisk_execute_command()函数，该函数用来解析内核引导参数。内核引导参数是在启动内核的时候由加载程序（Bootloader 或者 Grub 等）传递给内核的，用户可以根据需要配置自己的内核引导参数。如果用户指定了 init 文件的路径，则会把参数放到这里，如果没有指定 init 参数，则默认是/init。

通过前面的分析知道，initramfs 和 initrd 类型的映像会将虚拟根文件系统释放到根目录。

在 kernel_init()函数中会调用 kernel_init_freeable()，如果映像或者虚拟文件系统没有/init，则会由 prepare_namespace()函数处理，代码如下：

```
void __init prepare_namespace(void)
{
    if (root_delay) {
        printk(KERN_INFO "Waiting %d sec before mounting root device...\n",
                root_delay);
        ssleep(root_delay);
    }
    wait_for_device_probe();
    md_run_setup();
    if (saved_root_name[0]) {
        root_device_name = saved_root_name;
        if (!strncmp(root_device_name, "mtd", 3) ||
            !strncmp(root_device_name, "ubi", 3)) {
            mount_block_root(root_device_name, root_mountflags);
            goto out;
        }
        ROOT_DEV = name_to_dev_t(root_device_name);
        if (strncmp(root_device_name, "/dev/", 5) == 0)
            root_device_name += 5;
    }
```

```
        if (initrd_load())
            goto out;
        /* wait for any asynchronous scanning to complete */
        if ((ROOT_DEV == 0) && root_wait) {
            printk(KERN_INFO "Waiting for root device %s...\n",
                saved_root_name);
            while (driver_probe_done() != 0 ||
                (ROOT_DEV = name_to_dev_t(saved_root_name)) == 0)
                msleep(5);
            async_synchronize_full();
        }
        mount_root();
    out:
        devtmpfs_mount();
        init_mount(".", "/", NULL, MS_MOVE, NULL);
        init_chroot(".");
    }
```

可以使用 root=指定根文件系统，参数值保存在 saved_root_name 变量中。如果指定了 mtd 开始的字符串作为根文件系统，就会直接挂载 mtdblock 的设备文件，否则就把设备节点文件转换成 ROOT_DEV 设备节点号。程序最后转向 initrd_load()函数执行 initrd 预处理，再挂载具体的文件系统。

### 3．挂载根文件系统

__init prepare_namespace()函数调用 devtmpfs_mount()和 init_mount()函数将当前文件系统挂载到“/”目录下。挂载根文件系统完毕后，调用 init_chroot()函数将根目录切换到当前目录下。到此，根文件系统的挂载点就成为用户空间看到的“/”了。

如果是其他文件系统，则必须先经过 initrd_load()函数的处理：

```
bool __init initrd_load(void)
{
    if (mount_initrd) {
        create_dev("/dev/ram", Root_RAM0);
        /*
         * Load the initrd data into /dev/ram0. Execute it as initrd
         * unless /dev/ram0 is supposed to be our actual root device,
         * in that case the ram disk is just set up here, and gets
         * mounted in the normal path.
         */
        if (rd_load_image("/initrd.image") && ROOT_DEV != Root_RAM0) {
            init_unlink("/initrd.image");
            handle_initrd();
            return true;
        }
    }
    init_unlink("/initrd.image");
    return false;
}
```

initrd_load()函数首先建立一个 ROOT_RAM0 设备节点，并将/initrd.image 释放到这个节点中，/initrd.image 是之前分析的 initrd 映像的内容。如果当前文件系统是/dev/ram0 则直接挂载；否则程序将转入 handel_initrd()函数处理部分，代码如下：

```
static void __init handle_initrd(void)
{
```

```
	struct subprocess_info *info;
	static char *argv[] = { "linuxrc", NULL, };
	extern char *envp_init[];
	int error;

	pr_warn("using deprecated initrd support, will be removed in 2021.\n");

	real_root_dev = new_encode_dev(ROOT_DEV);
	create_dev("/dev/root.old", Root_RAM0);
	/* mount initrd on rootfs' /root */
	mount_block_root("/dev/root.old", root_mountflags & ~MS_RDONLY);
	init_mkdir("/old", 0700);
	init_chdir("/old");

	/*
	 * In case that a resume from disk is carried out by linuxrc or one of
	 * its children, we need to tell the freezer not to wait for us.
	 */
	current->flags |= PF_FREEZER_SKIP;

	info = call_usermodehelper_setup("/linuxrc", argv, envp_init,
					 GFP_KERNEL, init_linuxrc, NULL, NULL);
	if (!info)
		return;
	call_usermodehelper_exec(info, UMH_WAIT_PROC);

	current->flags &= ~PF_FREEZER_SKIP;

	/* move initrd to rootfs' /old */
	init_mount("..", ".", NULL, MS_MOVE, NULL);
	/* switch root and cwd back to / of rootfs */
	init_chroot("..");

	if (new_decode_dev(real_root_dev) == Root_RAM0) {
		init_chdir("/old");
		return;
	}

	init_chdir("/");
	ROOT_DEV = new_decode_dev(real_root_dev);
	mount_root();

	printk(KERN_NOTICE "Trying to move old root to /initrd ... ");
	error = init_mount("/old", "/root/initrd", NULL, MS_MOVE, NULL);
	if (!error)
		printk("okay\n");
	else {
		if (error == -ENOENT)
			printk("/initrd does not exist. Ignored.\n");
		else
			printk("failed\n");
		printk(KERN_NOTICE "Unmounting old root\n");
		init_umount("/old", MNT_DETACH);
	}
}
```

handle_initrd()函数首先将/dev/ram0 挂载，然后执行/linuxrc。执行完毕后，切换根目录，再挂载具体的根文件系统。到这里，文件系统挂载的工作就全部完成了。

## 16.7　内核交出权限

Linux 内核通过调用 sys_fork()函数再调用 sys_execve()函数创建一个新的进程。系统启动后，核心态创建名为 init 的第一个用户进程。实现这种逆向迁移，Linux 内核并不会调用用户层代码。实现逆向迁移的通常做法是，在用户进程的核心栈中压入用户态的 SS、ESP、EFLAGS、CS 和 EIP 等寄存器并伪装成用户进程，然后通过 trap 进入核心态，最后通过 iret 指令返回用户态。

## 16.8　systemd 进程

早期的 Linux 系统启动进入用户态后，首先启动/sbin/init 程序，也可以通过设置内核参数"init="设置第一个启动的程序。现在的 Linux 系统启动的是 systemd，以取代 init 程序。以下是对 systemd 进程的介绍。

### 16.8.1　systemd 的 Unit

systemd 进程可以管理所有的系统资源。不同的资源统称为 Unit（单位）。Unit 有以下 12 种类型：

- Service unit：系统服务，文件扩展名以.service 结尾。
- Target unit：多个 Unit 构成的一个组，文件扩展名以.target 结尾。
- Device Unit：硬件设备，文件扩展名以.device 结尾。
- Mount Unit：文件系统的挂载点，文件扩展名以.mount 结尾。
- Automount Unit：自动挂载点，文件扩展名以.automount 结尾。
- Path Unit：文件或路径，文件扩展名以.path 结尾。
- Scope Unit：不是由 systemd 启动的外部进程。
- Slice Unit：进程组，文件扩展名以.slice 结尾。
- Snapshot Unit：systemd 快照，可以切回某个快照，文件扩展名以.snapshot 结尾。
- Socket Unit：进程间通信的 Socket，文件扩展名以.sockets 结尾。
- Swap Unit：swap 文件，文件扩展名以.swap 结尾。
- Timer Unit：定时器，文件扩展名以.timer 结尾。

注意：最常使用的 Unit 类型是 Service unit。

### 16.8.2　配置文件

每个 Unit 都有一个配置文件，告诉 systemd 进程怎么启动这个 Unit。配置文件的后缀名代表 Unit 类型，如 sshd.socket。systemd 进程默认从目录/etc/systemd/system/下读取配置文件。/etc/systemd/system/目录下存放的大部分文件都是符号链接，指向目录/lib/systemd/system/，真正的配置文件存放在/lib/systemd/system/目录下。

注意：如果省略配置文件的后缀名，systemd 的默认后缀名为.service，因此 sshd 会被理解成 sshd.service。

读者可以使用 systemctl cat 命令查看配置文件的内容，以 cron.service 文件为例，在终端输入以下命令：

```
systemctl cat cron.service
```

执行上面的命令后，会显示 cron.service 文件中的内容：

```
[Unit]
Description=Regular background program processing daemon
Documentation=man:cron(8)
After=remote-fs.target nss-user-lookup.target

[Service]
EnvironmentFile=-/etc/default/cron
ExecStart=/usr/sbin/cron -f -P $EXTRA_OPTS
IgnoreSIGPIPE=false
KillMode=process
Restart=on-failure

[Install]
WantedBy=multi-user.target
```

下面对其中的内容进行简单的介绍。

### 1. [Unit]

[Unit]通常是配置文件的第一个区块，用来定义 Unit 的元数据及配置与其他 Unit 的关系。它的主要字段如下：

- Description：当前 Unit 的描述。
- Documentation：文档地址，仅接收类型为 http://、https://、file:、info:和 man:的 URI。
- Requires：当前 Unit 依赖的其他 Unit，如果它们没有运行，则当前 Unit 会启动失败。
- Wants：与当前 Unit 配合的其他 Unit，如果它们没有运行，则当前 Unit 不会启动失败。
- BindsTo：与 Requires 类似，如果它指定的 Unit 退出，则会导致当前 Unit 停止运行。
- Before：如果该字段指定的 Unit 也要启动，那么必须在当前 Unit 之后启动。
- After：如果该字段指定的 Unit 也要启动，那么必须在当前 Unit 之前启动。
- Conflicts：这里指定的 Unit 不能与当前的 Unit 同时运行。

注意：[Unit]部分中使用的参数不仅限于 Service 类型的 Unit，对其他类型的 Unit 也是通用的。

### 2. [Service]

用于对 Service 的配置，只有 Service 类型的 Unit 才有这个区块。它的主要字段如下：

- Type：定义启动时的进程类型，包括以下几种值。

  - ➢ simple：默认值，执行 ExecStart 指定的命令启动主进程。
  - ➢ forking：以 fork 方式从父进程中创建子进程，创建之后父进程会立即退出。
  - ➢ oneshot：一次性进程，systemd 会等当前服务退出再继续往下执行。
  - ➢ dbus：当前服务通过 D-Bus 启动。
  - ➢ notify：当前服务启动完毕，会通知 systemd 再继续往下执行。
  - ➢ idle：只有其他任务执行完毕，当前服务才会运行。
- ❑ ExecStart：启动当前服务的命令。
- ❑ ExecStartPre：启动当前服务之前执行的命令。
- ❑ ExecStartPost：启动当前服务之后执行的命令。
- ❑ ExecReload：重启当前服务时执行的命令。
- ❑ ExecStop：停止当前服务时执行的命令。
- ❑ ExecStopPost：停止当前服务之后执行的命令。
- ❑ RestartSec：自动重启当前服务间隔的秒数。
- ❑ Restart：定义何种情况下 systemd 会自动重启当前服务，包括以下几种值。
  - ➢ no（默认值）：退出后不会重启。
  - ➢ on-success：只有正常退出时（退出状态码为 0）才会重启。
  - ➢ on-failure：非正常退出（退出状态码非 0）包括被信号终止和超时才会重启。
  - ➢ on-abnormal：只有被信号终止和超时才会重启。
  - ➢ on-abort：只有在收到没有捕捉到的信号终止时才会重启。
  - ➢ on-watchdog：只有超时退出才会重启。
  - ➢ always：不管是什么原因退出，总是重启。
- ❑ TimeoutSec：定义 systemd 停止当前服务之前等待的秒数。
- ❑ Environment：配置环境变量。
- ❑ RestartSec：超过规定间隔时长就重启服务。
- ❑ user：设置服务的用户名。

#### 3．[Install]

[Install]是配置文件的最后一个区块，用来定义如何启动以及是否开机启动。它的主要字段如下：

- ❑ WantedBy：它的值是一个或多个 Target，当前 Unit 激活时（enable）符号链接会放入/etc/systemd/system 目录下以 Target 名+.wants 后缀构成的子目录中。
- ❑ RequiredBy：它的值是一个或多个 Target，当前 Unit 激活时，符号链接会放入/etc/systemd/system 目录下以 Target 名+.required 后缀构成的子目录中。
- ❑ Alias：当前 Unit 可用于启动的别名。
- ❑ Also：当前 Unit 激活（enable）时被同时激活的其他 Unit。

### 16.8.3　常用命令

systemctl 是 systemd 的主命令，用于管理系统。对于用户来说，常用的是下面这些命令，用于启动和停止 Unit（主要是 Service）。

```
# 查看当前系统的所有 Unit
systemctl list-units

# 查看当前系统的所有类型为 Service 的 Unit
systemctl list-units --type=service

# 查看所有 Unit 的配置文件
systemctl list-unit-files

# 查看所有类型为 Service 的 Unit 的配置文件
systemctl list-unit-files --type=service

# 立即启动一个服务
systemctl start ****.service

# 立即停止一个服务
systemctl stop ****.service

# 重启一个服务
systemctl restart ****.service

# 杀死一个服务的所有子进程
systemctl kill ****.service

# 重新加载一个服务的配置文件
systemctl reload ****.service

# 重载所有修改过的配置文件
systemctl daemon-reload

# 显示某个 Unit 的所有底层参数
systemctl show ****.service

# 显示某个 Unit 的指定属性的值
systemctl show -p 属性名****.service

# 设置某个 Unit 的指定属性
systemctl set-property ****.service 属性名=值
```

## 16.9　初始化 RAM Disk

现代计算机的内存容量越来越大，并且价格也不断下降。相比外存储器，内存具备访问速度快、价格低廉的优势。在 Linux 系统中可以指定一块内存区域作为文件分区，用户可以像使用普通文件分区一样使用内存。本节将介绍这种内存管理技术。

### 16.9.1　RAM Disk 简介

Linux 系统提供了一种特殊的功能——初始化内存盘（Initial Ram Disk）。RAM Disk 技术与压缩映像技术结合，使用该技术后 Linux 系统可以从容量较小的内存盘上启动。使用系统内存的一部分作为根文件系统，可以不使用交换分区。换句话说，使用内存盘技术可以把 Linux 系统完全嵌入内存，不依赖其他外部存储设备。

使用 RAM Disk 技术，系统不工作在硬盘或其他外部设备上，消除了读写延迟；根文件系统和操作完全运行在 CPU/RAM 环境下，系统速度和可靠性方面比较好；此外，根文件系统也不会因为非法关机导致被破坏。

RAM Disk 唯一的缺点是对内存有一定的要求，要获得较好的性能，内存容量不能太小，目前 PC 的内存一般都很大，在内存中运行根文件系统没有问题。嵌入式系统如果配备了较大的内存也可以考虑使用 RAM Disk 技术。

### 16.9.2　如何使用 RAM Disk

RAM Disk 也称作 RAM 盘，作用是在内存中使用一块内存区域虚拟出一个磁盘。使用 RAM Disk 需要在编译内核的时候进行一些相关的存储设置，修改内容如图 16-7 所示。

```
General setup  --->
[*] Initial RAM filesystem and RAM disk (initramfs/initrd) support
          (/XXX)     Initramfs source file(s) #/XXX为文件系统所在路径


Device Drivers  --->
 [*] Block devices  --->
 <*>   RAM block device support
          (1)       Default number of RAM disks
          (4096)    Default RAM disk size (kbytes)


File systems  --->
 <*> Second extended fs support
 [*]   Ext2 extended attributes
           [*]      Ext2 POSIX Access Control Lists
           [*]      Ext2 Security Labels
```

图 16-7　存储设置

修改设置后，需要重新编译带有 RAM Disk 选项的 Linux 内核才能使用。

把 RAM Disk 编译进内核以后，就可以使用了。首先创建一个 ram 目录，如/mnt/ram 目录；然后使用 mke2fs /dev/ram 命令创建文件系统；最后使用 mount /dev/ram /mnt/ram 挂载文件分区。

☎提示：如果需要修改默认的 RAM Disk 大小，可以在启动的时候加入内核参数 ramdis_size=10000，表示修改 RAM Disk 大小为 10MB。

### 16.9.3　使用 RAM Disk 作为根文件系统实例

本实例以创建一个 Apache 网络服务器为例，演示如何从当前存在的 Linux 系统创建基于 RAM Disk 的根文件系统。创建一个 Apache 网络服务器，只需要把 httpd 配置文件服务程序放入根文件系统映像，并且加入启动文件即可。下面是具体的操作过程。

（1）在 Linux 下创建/minilinux 目录，以后以此目录创建根文件系统。在/minilinux 目录下创建 bin 目录，复制常用的工具程序如 chown、chmod、chgrp、ln 和 rm 等到 bin 目录下；建立 sbin 目录，存放系统常用的命令如 bash、e2fsck、mke2fs 和 fdisk 等到该目录下。创建 usr/bin 目录，放置 Apache 的应用程序 HTTP 及其他工具软件程序到该目录下。然后使用 ldd 命令查看上述复制的程序依赖哪些库文件，建立 lib 目录并把这些文件复制到 lib 目录下；建立 etc 目录，在该目录下存放 httpd 的配置文件；建立 dev 目录，在该目录下存放设备节点文件。

☎**提示：**以上文件可以根据自己的需要定制，注意要考虑系统内存的大小。

（2）制作 RAM Disk 映像，启动计算机的时候设置 RAM Disk 大小至少大于/minilinux 目录下的文件大小。启动完毕后，使用命令把 RAM Disk 调整到 0：

```
dd if=/dev/zero of=/dev/ram bs=1k count=30000
```

然后格式化 RAM Disk，建立 Ext2 格式的文件系统：

```
mke2fs -m0 /dev/ram 30000
```

挂载 RAM Disk 到指定目录：

```
mount /dev/ram /mnt/ram
```

复制文件到 RAM Disk：

```
cp -av /minilinux/* /mnt/ram
```

（3）制作 RAM Disk 完毕后，修改/mnt/ram/etc 目录下的 fstab 文件。此文件设置启动时系统分区的描述，负责在启动时把系统要挂载的文件系统信息传递给启动进程。这里要把 RAM Disk 作为根分区，并且不使用交换分区，配置文件内容如下：

```
/dev/ram / ext2 defaults 1 1
none /proc proc defaults 0 0
```

其中，第二行是设置 proc 文件系统，这个系统是内存的映射。

最后的工作是复制 RAM Disk 映像并且压缩，运行 df 查看各分区的大小。注意 RAM Disk 所在分区的 blocks 的值，卸载/dev/ram，将 RAM Disk 写成映像文件：

```
dd if=/dev/ram of=ram.img bs=1k count=38400
```

其中，count 是 df 结果中 blocks 的数值，读者可根据自己的系统查看结果进行替换。

运行 gzip -9v ram.img 压缩映像，得到压缩后的映像文件。

# 16.10　小　　结

Linux 的启动过程非常复杂，不仅在内核态中包含处理器模式切换、系统权限的获取、设置系统中断、初始化硬件和软件环境等，而且在用户态中也包含功能强大而复杂的脚本，读者应该认真学习，通过实践理解 Linux 启动过程的各个步骤，为学习 Linux 系统打下良好的基础。第 17 章将讲解 Linux 文件系统。

# 16.11　习　　题

## 一、填空题

1．操作系统是用户应用和计算机________之间的桥梁。

2．“依赖体系结构的代码”对应源代码________目录下体系结构的代码。

3．BIOS 的英文全称是________。

## 二、选择题

1．对引导记录描述错误的是（　　）。

A．英文全称 Main Boot Record

B．一个扇区有 512B，MBR 占用了开始的 450B

C．在主引导记录后有 4 个分区信息记录

D．位于磁盘 0 磁道 0 柱面的第一个扇区

2．在 systemd 的配置文件中，所有 Unit 类型都通用的区块是（　　）。

A．[Unit]　　　B．[Service]　　　C．[Install]　　　D．其他

3．对 RAM Disk 描述错误的是（　　）。

A．初始化内存盘，英文名为 Initial Ram Disk

B．RAM Disk 唯一的缺点是对内存有一定的要求，内存容量必须很小

C．RAM Disk 也称作 RAM 盘

D．其他

## 三、判断题

1．Service unit 文件扩展名以.target 结尾。（　　）

2．在 head.S 文件中，start 标号是代码的入口点。（　　）

3．Linux 内核通过调用 sys_fork()函数再调用 sys_execve()函数创建一个新的进程。（　　）

# 第 17 章 Linux 文件系统

Linux 系统的一个重要特点就是“一切都是文件”，从这个特点中可以看出文件的重要性。与其他系统一样，文件的管理是通过文件系统实现的。Linux 的文件系统不仅具备普通的文件管理功能，还有许多特殊的功能。本章将从文件系统的基本概念入手讲解 Linux 文件系统，主要内容如下：

- Linux 系统如何管理文件；
- 文件系统的工作原理；
- 常见的本地文件系统；
- 网络文件系统简介；
- 内核映射文件系统简介。

## 17.1 Linux 文件管理

在介绍文件系统的工作原理之前，读者首先应该对文件及文件的管理有一个初步的认识。Linux 系统的文件管理非常灵活，而且提供了强大的功能，本节将介绍 Linux 文件管理的基本内容。

### 17.1.1 文件和目录的概念

下面首先介绍 Linux 系统中文件和目录相关的几个概念。

- 文件系统是磁盘上特定格式的文件块集合，操作系统通过特定的结构可以方便地查找和访问集合内的某个磁盘块。
- 文件是建立在文件系统上的，是存储在文件系统中的一组磁盘块数据的命名对象。一个文件可以是空文件（没有占用磁盘块），也可以由任意多个磁盘块（由文件系统限制）组成。
- 文件名用来标识文件的字符串，保存在目录文件中。
- 目录是文件名或目录名的命名集合。在 Linux 系统中，目录是一种特殊文件，目录的内容是文件或者其他目录的名称。
- 路径是用“/”分隔的文件名集合。路径表示一个文件在文件系统中的位置。

使用 Linux 系统的基本命令 ls 可以查看当前目录下的所有文件和目录名称，并且按照 ASCII 码的顺序列出。以数字开头的文件名列在前面。然后是以大写字母开头的文件名，最后是以小写字母开头的文件名。ls 是目录和文件操作最常用的命令。

## 17.1.2　文件的结构

文件是 Linux 系统处理数据的基本单位，实际上，Linux 系统所有的数据及其他实体都是按照文件组织的。本节将介绍文件相关的知识。

### 1．文件的构成

无论何种类型的文件，如程序、文档、数据库和目录，都是由 I 节点（也叫索引节点）和数据构成的。在文件系统中，I 节点包含与文件有关的信息，如文件的权限、所有者、大小、存放位置和建立日期等。数据是文件真正的内容，可以为空，如空文件；也可以很大（大小由文件系统规定）。

### 2．文件的命名方法

文件名保存在目录中时是一个 ASCII 码的字符串。Linux 系统中的文件名最大支持 255 个字符。文件的名称可以使用几乎所有的 ASCII 字符，但是限制如下：

- 斜线（/）、反斜线（\）及空字符（ASCII 码是 0）都不能作为文件名。
- 以圆点（.）开头的文件名被认为是隐含文件，使用 ls 命令查看的时候默认不显示。
- 为了避免与 shell 程序冲突，应避免使用（;）、（|）、（<）、（>）、（ '）、（″ ）、（′ ）、（$）、（!）、（%）、（&）、（*）、（?）、（\）、“(”、“)”、（[]、（））作为文件名，同时应避免在文件名中出现空格。

### 3．文件名通配符

shell 程序为了一次能处理多个文件，提供了几个特别的字符称作文件名通配符。shell 程序使用文件名通配符可以查询符合指定条件的文件名。常见的通配符如下：

- 星号（*）表示 0 个或多个字符。例如，“ab*”可以表示 abc、abcd 和 abcde 等。星号通配符不匹配文件名是圆点（.）开头的隐含文件。
- 问号（?）表示匹配任意一个字符。例如，“test?”可以表示 test1、test2 和 test3 等，但是不能和 test12 匹配。可以使用多个“?”表示多个字符匹配。
- 方括号（[]）与问号的功能类似，但是表示与方括号内的任意一个字符匹配。例如，test[12]表示与 test1 和 test2 匹配，不能与 test3 和 test12 匹配。可以在方括号内写明匹配的范围，如 file_[a-z]表示可以与 file_a、file_b 一直到 file_z 匹配。还有一种取反的用法，在方括号中，在字符前加“!”号表示不想与某个字符匹配，如[!a]表示不与字符 a 匹配。

☎提示：文件通配符可以结合使用。

## 17.1.3　文件的类型

Linux 系统按照文件中的数据特点对文件划分不同的类别，称作文件类型。文件划分类型后，系统处理文件可以分类处理。应用程序按照系统划分的文件类型来处理文件，这样可以提高工作效率。Linux 内核把文件类型归类如下。

### 1．普通文件

普通文件包含各种长度的字符串或者二进制数据，特点是内核对这些数据没有结构化，也就是说内核无法直接处理这些数据。内核对普通文件的处理方式是把普通文件当作有序的字节序列，交给应用程序，由应用程序自己解释和处理。

### 2．文本文件

文本文件由 ASCII 字符组成，如脚本、编程语言源代码文件等。

### 3．二进制文件

二进制文件由计算机指令和数据组成，如编译后的可执行程序。

Linux 系统提供了一个 file 命令用来查看文件的类型，执行 file <文件名>即可得到指定文件的类型。例如，在 shell 中执行 file /bin/bash 命令会得到如下结果：

```
/bin/bash: ELF 64-bit LSB pie executable, x86-64, version 1 (SYSV),
dynamically linked, interpreter /lib64/ld-linux-x86-64.so.2,
BuildID[sha1]=33a5554034feb2af38e8c75872058883b2988bc5, for GNU/Linux
3.2.0, stripped
```

上面的结果表示/bin/bash 程序是一个 ELF 格式的 64 位可执行程序，适合 x86_64 体系结构的计算机，使用动态库链接。

### 4．目录

目录是一种特殊的文件。与普通文件不同的是，文件系统中的目录数据结构是由“I 节点号/文件名”构成的列表。I 节点是存放文件状态信息的结构，I 节点号是 I 节点表的下标，通过 I 节点号可以找到 I 节点。文件名是标识文件的字符串，同一个目录下不能有相同的文件名。

目录的第一项是目录本身，以“.”作为目录本身的名称，第二个目录项是当前目录的父目录，用“..”表示。

把一个文件添加到目录中时，该目录的大小会变长，用于容纳新文件名。当删除文件时，目录的大小并不会减少，内核仅对删除的目录项做标记，便于下次新增目录项时使用。

### 5．设备文件

Linux 系统把设备作为一种特殊的文件来处理。用户可以像使用普通文件一样使用设备，通过设备文件实现设备无关性。与普通文件不同的是，设备文件除了 I 节点信息外，不包含任何数据。有以下两类设备文件。

- 字符设备：最常用的设备，允许 I/O 传送任意大小的数据，如打印机和串口等都属于字符设备。
- 块设备：块设备有核心缓冲机制，缓冲区的数据按照固定大小的块进行传输，如磁盘、RAM 盘等都是块设备。

☎**提示**：设备文件通常放在/dev 目录下。

### 17.1.4　文件系统的目录结构

Linux 系统继承了 UNIX 系统的特点，文件系统的目录有约定的结构，并且每个目录也有约定的功能定义。在 Linux 系统中，除了根目录（/）以外，所有的磁盘分区和设备都在文件系统中，根目录（/）是所有文件和目录的开始，如图 17-1 所示。

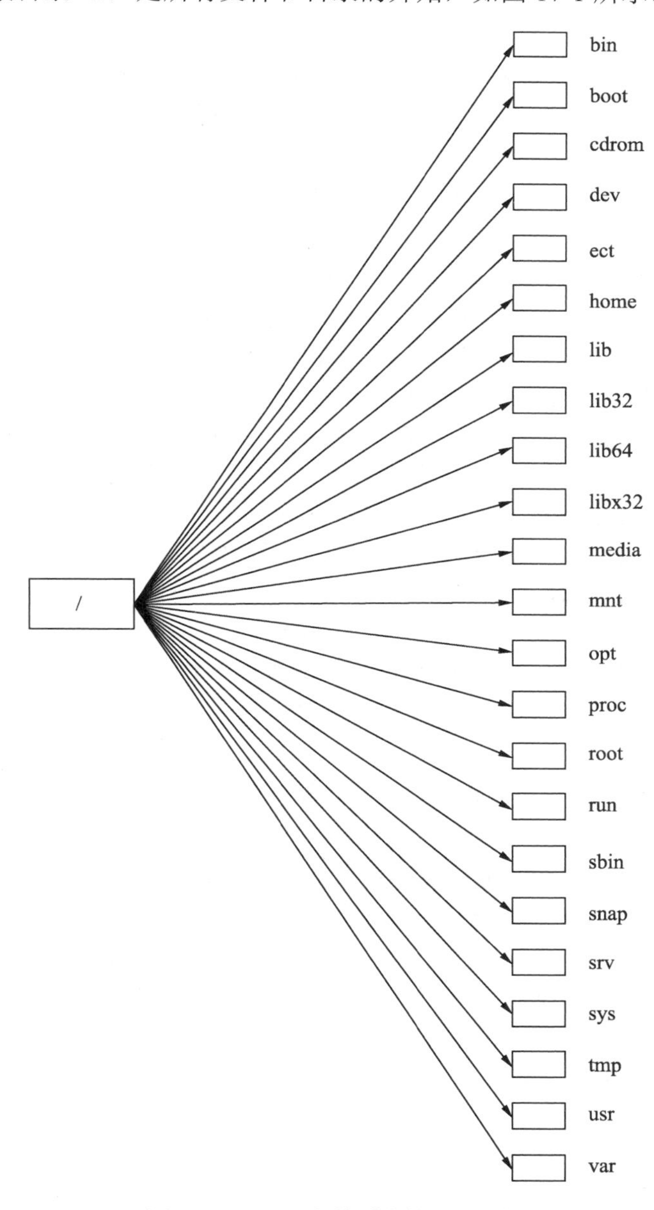


图 17-1　Linux 文件系统的目录结构

在 Linux 系统命令行状态下使用“ls / -p”命令可以得到根目录下的目录的列表，下面对图 17-1 中的主要录含义介绍如下：

- /bin：此目录包含普通用户和管理员都可以用到的命令，如 bash、csh 等 shell 程序

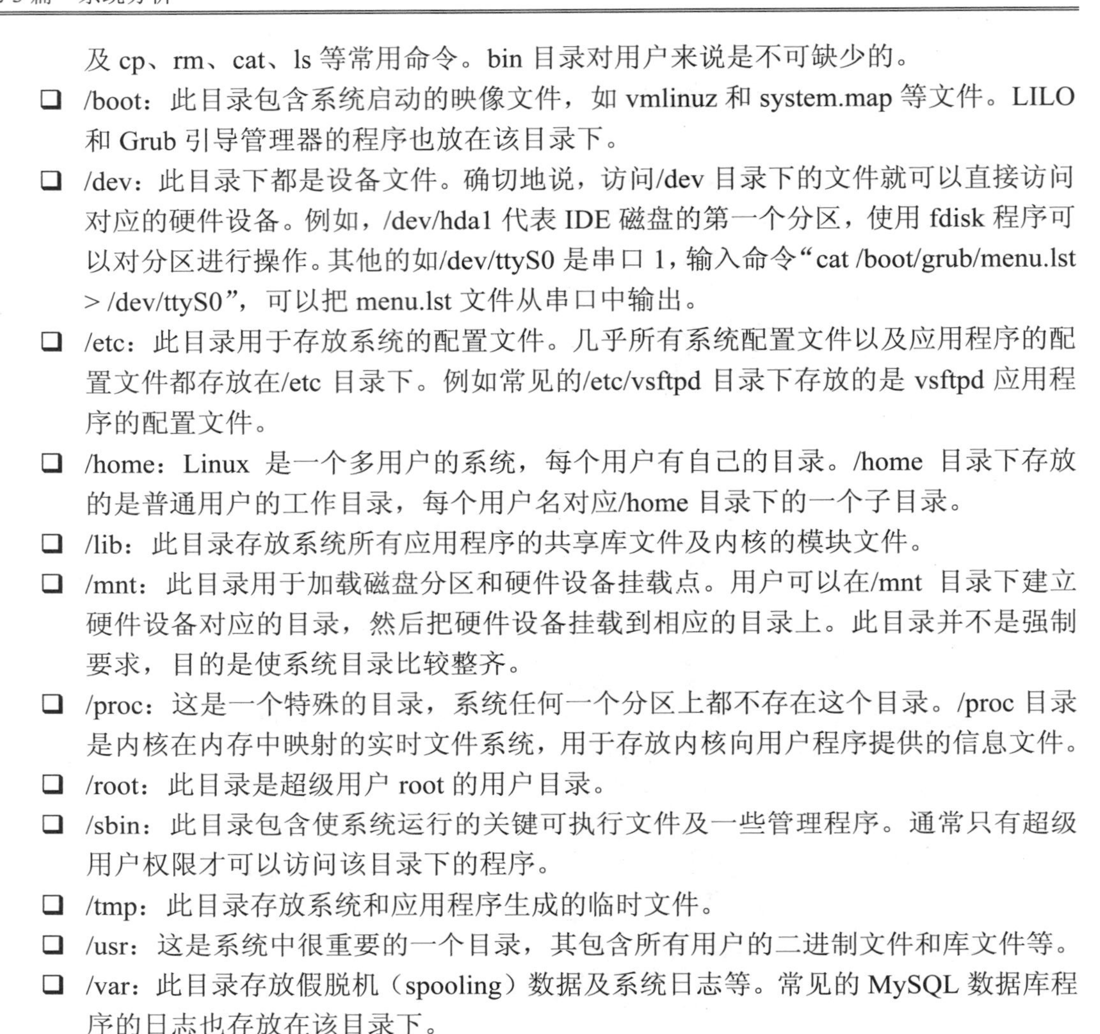

及 cp、rm、cat、ls 等常用命令。bin 目录对用户来说是不可缺少的。

- /boot：此目录包含系统启动的映像文件，如 vmlinuz 和 system.map 等文件。LILO 和 Grub 引导管理器的程序也放在该目录下。
- /dev：此目录下都是设备文件。确切地说，访问/dev 目录下的文件就可以直接访问对应的硬件设备。例如，/dev/hda1 代表 IDE 磁盘的第一个分区，使用 fdisk 程序可以对分区进行操作。其他的如/dev/ttyS0 是串口 1，输入命令“cat /boot/grub/menu.lst > /dev/ttyS0”，可以把 menu.lst 文件从串口中输出。
- /etc：此目录用于存放系统的配置文件。几乎所有系统配置文件以及应用程序的配置文件都存放在/etc 目录下。例如常见的/etc/vsftpd 目录下存放的是 vsftpd 应用程序的配置文件。
- /home：Linux 是一个多用户的系统，每个用户有自己的目录。/home 目录下存放的是普通用户的工作目录，每个用户名对应/home 目录下的一个子目录。
- /lib：此目录存放系统所有应用程序的共享库文件及内核的模块文件。
- /mnt：此目录用于加载磁盘分区和硬件设备挂载点。用户可以在/mnt 目录下建立硬件设备对应的目录，然后把硬件设备挂载到相应的目录上。此目录并不是强制要求，目的是使系统目录比较整齐。
- /proc：这是一个特殊的目录，系统任何一个分区上都不存在这个目录。/proc 目录是内核在内存中映射的实时文件系统，用于存放内核向用户程序提供的信息文件。
- /root：此目录是超级用户 root 的用户目录。
- /sbin：此目录包含使系统运行的关键可执行文件及一些管理程序。通常只有超级用户权限才可以访问该目录下的程序。
- /tmp：此目录存放系统和应用程序生成的临时文件。
- /usr：这是系统中很重要的一个目录，其包含所有用户的二进制文件和库文件等。
- /var：此目录存放假脱机（spooling）数据及系统日志等。常见的 MySQL 数据库程序的日志也存放在该目录下。

使用 Linux 系统的读者会发现，Linux 文件系统目录虽然结构工整，但是仍然存在目录层次过深的问题，从 shell 中访问某个文件，如果存放在好几层目录下，则访问很不方便。Linux 系统提供了文件链接的功能解决了这个问题。

Linux 系统有一种特殊的文件叫作链接文件，链接文件内保存了被链接文件的存放路径，链接文件可以存放在任意路径下。链接文件便于用户访问某个文件，同时也给脚本编写带来便利。在脚本中可以指定访问一个确切的文件名，这个文件是一个链接文件，当链接到具体的文件时，只需要根据不同情况修改链接文件而不需要修改脚本。链接文件分为符号链接和硬链接两种。

#### 1．符号链接

符号链接也称为软链接，是将一个路径名链接到一个文件中。实际上，链接是一个文本文件，文件内容是它所链接的目标文件的绝对路径名。所有读写链接文件的操作，按照链接文件指定的路径来操作实际的文件。

符号链接是一个新的文件，它与实际文件有不同的 I 节点号。符号链接可以链接目录，也可以在不同的文件系统之间进行链接。

当使用 ln -s 命令建立符号链接时，建议用绝对路径名，这样可以在任何工作目录下进行符号链接。当使用相对路径时，如果当前路径与软链接文件的路径不同就不能进行链接。当删除一个文件时，不会删除链接到该文件的符号链接。删除文件后，如果创建的新文件名与被删除文件同名，则符号链接继续有效，指向新的文件。

使用 ls 命令列目录的时候，符号链接显示为一种特殊的文件，在文件属性中，第一个字符显示为 l，表示符号链接。

#### 2. 硬链接

与符号链接不同，硬链接会占用目录文件中的一个目录项，一个文件可以登记在多个目录下。创建硬链接后，已经存在的文件的 I 节点号会被多个目录文件项使用。文件的硬链接数量在使用 ls 命令查看文件列表的时候显示。没有建立硬链接的文件，链接数显示为 1。

硬链接有一定的限制，由于硬链接更改了文件系统的 I 节点信息，因此硬链接仅能链接到同一个文件系统内的文件。

### 17.1.5　文件和目录的存取权限

在 Linux 系统中访问文件和目录之前需要获取相应的权限。Linux 系统规定了文件主（owner）、同组用户（group）、其他用户（others）、超级用户（root）4 种不同类型的角色。文件的控制权只有文件主和超级用户可以决定。超级用户可以修改任何文件的控制权限，系统提供了 chown 命令用于修改文件的所有权。例如：

```
chown user1 /home/test           # 修改/home/test 文件的所有者为用户 user1
# 修改/home/test 文件的所有者为用户 user1，用户组 root
chown user1:root /home/test
```

另外，文件有读（r）、写（w）和可执行（x）3 种访问权限，一个文件可以对文件主、同组用户和其他用户分别设置这 3 种访问权限，如图 17-2 所示。

在图 17-2 中，文件主、同组用户和其他用户分别有自己的访问权限，超级用户可以访问和修改任何文件的所有权和访问权。图 17-2 中有一个文件类型标志位，普通文件留空，如果是目录，则标记一个 d。目录和文件访问权限的含义不同，区别如下：

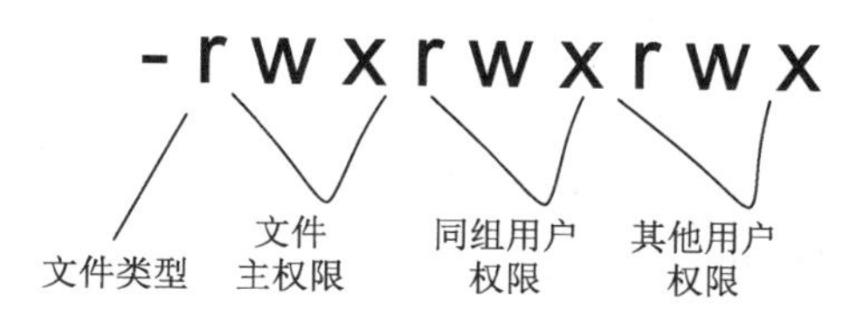


图 17-2　Linux 文件权限

- 文件存取权限：读权限（r）仅允许用户读取文件内容而无法进行其他操作；写权限（w）允许用户修改文件内容；执行权限（x）允许文件作为一个可执行程序运行。
- 目录存取权限：读权限（r）仅允许用户对目录进行列表操作，查看目录包含的文件名称等信息；写权限（w）允许删除和添加目录中的文件；执行权限（x）允许对目录进行查找操作。

Linux 系统提供的 chmod 命令用于设置文件的访问权限。只有文件主和超级用户可以使用 chmod 修改文件的访问权限。chmod 命令在执行的时候会检查文件主和调用程序的用户ID，通过比较来判断是否能执行修改权限的操作。chmod命令提供了如下两种修改文件访问权限的方式。

#### 1. 符号方式

符号方式使用字母表示文件的所有权和访问权，操作符号表示如何操作访问权限。常见的权限含义如下：

- u：用户（user）；
- g：用户组（group）；
- o：其他用户（others）；
- a：所有用户（all）；
- -：取消某个权限；
- +：添加某个权限；
- =：直接赋值某个指定的权限；
- r：可读（read）；
- w：可写（write）；
- x：可执行（execute）。

举例如下：

```
chmod a+x /home/test1
```

上面的命令表示将/home/test1文件修改为所有用户都具备执行权限。

#### 2. 数字方式

数字方式是使用数字来指定文件的访问权限。从图17-2中可以看出，文件的访问权限分成3组，每组有3个权限位。数字方式规定每个权限位可以用二进制0和1表示，每组3个权限位构成一个八进制数字，因此数字表示的权限位每组数字的取值范围在八进制数0～7之间。例如：

```
chmod 755 /home/test1
```

以上命令表示设置/home/test1文件的访问权限为文件主具备读写执行权限，同组用户和其他用户具备读写权限。

☎提示：初学者对数字设置权限的方法可能不太适应，但是用数字表示权限的方法相对符号方式要简便一些，在许多脚本中都是使用数字方式。随着使用次数不断增多，读者会发现这种方法的便利之处。

### 17.1.6 文件系统管理

多数存储设备（如磁盘和Flash）都可以分成多个分区，每个分区可以有不同类型的文件系统。在Linux系统中，文件系统可以根据需要随时装载。在系统刚启动时，只安装了根文件系统。根文件系统中主要是保证系统正常运行的操作系统的代码文件，以及若干语言编译程序、命令解释程序和相应的命令处理程序等构成的文件，此外还有大量的用户文件空间。根文件系统一旦安装上，在整个系统运行过程中是不能卸载的，它是系统的基本部分。

其他文件系统（如镜像文件系统）可以根据需要作为子系统动态安装到主系统中。/mnt 目录是为挂载文件系统设置的。挂载文件系统很简单，对于没有格式化的分区，首先进行格式化：

```
mkfs -c /dev/hda1
```

上面的命令表示将 IDE 磁盘的第一个分区格式化，之后就可以调用 mount 命令挂载文件系统了。

```
mount -t ext3 /dev/hda1 /mnt
```

上面的命令表示把刚才格式化好的 IDE 磁盘第一个分区挂载到/mnt 目录下，并且指定了分区的文件系统类型是 Ext3。mount 命令通过-t 参数指定挂载文件系统的类型，还可以使用-o 参数指定与文件系统相关的选项，如数据的处理方式等。

为了保证文件系统的完整性，在关闭文件系统之前，所有挂载的文件系统都必须进行卸载。在/etc/fstab 中配置的文件系统都可以被系统自动卸载，如果是用户手动挂载的文件系统，则需要手动卸载。使用 umount 命令可以卸载已经挂载的文件系统：

```
umount /mnt
```

上面的命令表示把挂载在/mnt 目录下的文件系统卸载掉。需要注意的是，在卸载文件系统时，当前目录不能在被卸载文件系统的路径内。

## 17.2　Linux 文件系统的原理

文件系统通过把存储设备划分成块，然后将文件分散存放在文件块中的方式把数据存储在设备中。文件系统的管理核心是对文件块的管理。文件系统要维护每个文件的文件块分配信息，而且分配信息本身也要存储在存储设备上。不同的文件系统有不同的文件块分配和读取方法。

通常有两种文件系统分配策略：块分配（block allocation）和扩展分配（extention allocation）。块分配是每当文件大小改变的时候重新为文件分配空间；扩展分配是预先给文件分配好空间，只有当文件超出预分配的空间时，一次性为文件分配连续的块。

Linux 支持众多的文件系统，实际的文件系统块分配算法非常复杂，文件系统直接影响操作系统的稳定性和可靠性。Linux 的文件系统大致可以分成非日志文件系统和日志文件系统。

### 17.2.1　非日志文件系统

日志是记录文件系统操作的手段，非日志文件系统并不记录文件系统的更新操作。记录日志有很多优点，但是非日志文件系统也可以保证稳定的工作状态。在某些情况下，非日志文件系统存在不少问题。例如写入文件操作，首先更新文件的磁盘分区占用信息 meta-data，然后写入文件内容。如果恰巧在更新文件 meta-data 信息还没有写入文件内容时计算机发生意外断点情况，则会造成严重的后果。读取未写入完成的文件会造成数据不一致的结果。

Linux 系统启动的时候会使用 fsck 程序检查磁盘。fsck 程序根据/etc/fstab 文件描述的文件系统检查 meta-data 信息是有效的。系统关闭的时候仍然会调用 fsck 程序把所有文件系统的缓冲数据写入物理设备，并确认文件系统被彻底卸载。

回到最初的问题，当发生断电的时候，文件系统缓冲区的数据很可能没有写回磁盘。重新启动计算机后，fsck 程序对磁盘进行扫描，验证数据的正确性，对于数据不一致的情况会尽力修复。检查文件系统要全面检查 meta-data 数据，需要很长时间，而且不是所有的数据都可以修复。fsck 程序对于无法修复的文件会简单地删除或者保存为另一个文件。如果是在一个文件密集的数据中心，那么这样做会造成大量文件被破坏，如果是系统的重要文件，则很可能会造成系统无法启动。

以上介绍的都是非日志文件系统存在的风险。Linux 系统支持许多非日志文件系统，许多发行版使用的 Ext2 文件系统就是非日志文件系统，其他的还有 FAT、VFAT、HPFS、NTFS 等文件系统。

### 17.2.2　日志文件系统

日志文件系统是在传统的非日志文件系统中加入了记录文件系统操作日志的功能。日志文件系统的设计思想是把文件系统的操作写入日志记录，在磁盘分区保存日志记录。使用日志文件系统最大的好处是可以在系统发生灾难如掉电的时候，最大限度地保证数据的完整性。

对日志文件系统的文件进行写操作之前，首先要操作日志文件。如果恰巧发生断电故障，重新启动计算机后，fsck 程序会根据日志记录恢复发生故障前的数据。使用日志文件系统后，文件系统的所有操作都会记录到日志中。系统每间隔一段时间会把更新后的 meta-data 和文件内容从缓冲区写入磁盘。与非日志文件系统不同的是，在更新 meta-data 之前，系统仍然会向日志文件写入一条记录。

日志文件系统每次更新 meta-data 和文件数据时都需要写同步，这些操作需要更多的 I/O 操作，无形中增加了系统开销。尽管如此，日志文件系统仍然提高了文件和数据的安全性。从全局来看，日志文件系统的优点还是多于缺点的。使用日志文件系统，当计算机出现故障的时候能最大限度地保护文件数据。计算机重新启动后可以防止 fsck 程序对文件造成的破坏，也缩短了文件系统出错的扫描时间。

Linux 系统支持混合使用日志文件系统和非日志文件系统，笔者通过对常见的日志文件系统和非日志文件系统进行对比发现，日志文件系统相比常见的 Ext2 非日志文件系统并没有太大的效率损失。有的日志文件系统采用了 B+树算法，在操作大尺寸文件时，性能很可能比非日志文件系统更好。

目前 Linux 支持的日志文件系统主要有在 Ext2 基础上开发的 Ext3 文件系统；根据面向对象思想设计的 ReiserFS；从 SGI IRIX 系统移植过来的 XFS；从 IBM AIX 系统移植过来的 JFS。其中，Ext3 完全兼容 Ext2，其磁盘结构和 Ext2 完全一样，只是加入了日志技术。后 3 种文件系统广泛使用了 B 树以提高文件系统的效率。下一节将详细介绍常见的文件系统。

# 17.3　常见的 Linux 文件系统

在了解了文件系统的原理和管理方法后，本节将介绍几种实际应用的文件系统，包括在 PC 上应用广泛的 Ext2 和 Ext3 文件系统，以及嵌入式开发最常见的 JFFS 文件系统。这些文件系统的实现虽然不同，但是核心思想基本上是一致的，只是不同的文件系统考虑的侧重点不同。了解常见的文件系统有助于嵌入式 Linux 系统的学习。

## 17.3.1　Ext2 文件系统

Ext2 文件系统是在 Linux 系统中使用最广泛的文件系统。它的设计思想是由一系列逻辑上线性排列的数据块构成，每个数据块大小相同。所有的数据块被划分成若干个分组，每个组包含相同个数的数据块，整个文件系统布局如图 17-3 所示。

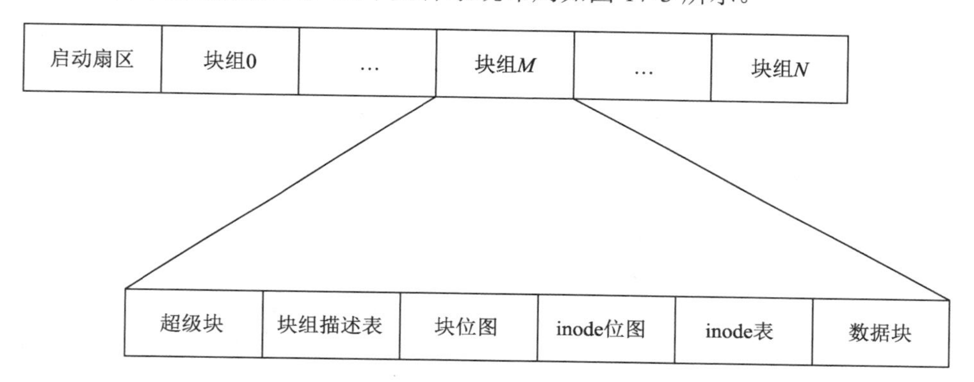


图 17-3　Ext2 文件系统布局

从图 17-3 中可以看出，每个块组内都包含一份文件系统关键信息的备份（超级块、块组描述表等）。

超级块包含对文件系统基本大小和状态的描述，管理程序可以通过超级块的信息使用和维护文件系统。文件系统安装后，通常只读取块组 0 的超级块信息。每个块都有一个超级块的备份，保证系统发生灾难后能恢复。超级块的定义如下：

```
struct ext2_super_block {
    __le32   s_inodes_count;     /* Inodes count */          // inode 个数
    __le32   s_blocks_count;     /* Blocks count */          // 分区块个数
    // 保留 inode 个数
    __le32   s_r_blocks_count;   /* Reserved blocks count */
    __le32   s_free_blocks_count;    /* Free blocks count */ // 空闲块个数
    // 空闲 inode 个数
    __le32   s_free_inodes_count;    /* Free inodes count */
    __le32   s_first_data_block; /* First Data Block */  // 空闲数据块个数
    __le32   s_log_block_size;   /* Block size */            // 块大小
    __le32   s_log_frag_size;    /* Fragment size */         // 段大小
    __le32   s_blocks_per_group; /* # Blocks per group */  // 每个块组的块数
```

```
__le32  s_frags_per_group; /* Fragments per group */   // 每组段个数
__le32  s_inodes_per_group; /* Inodes per group */    // 每组 inode 个数
__le32  s_mtime;            /* Mount time */           // 挂载时间
__le32  s_wtime;            /* Write time */
__le16  s_mnt_count;        /* Mount count */          // 挂载次数
__le16  s_max_mnt_count;    /* Maximal mount count */  // 最大挂载次数
__le16  s_magic;            /* Magic signature */
__le16  s_state;            /* File system state */    // 文件系统状态
__le16  s_errors;           /* Behaviour when detecting errors */
__le16  s_minor_rev_level;  /* minor revision level */
__le32  s_lastcheck;        /* time of last check */
__le32  s_checkinterval;    /* max. time between checks */
__le32  s_creator_os;       /* OS */
__le32  s_rev_level;        /* Revision level */
__le16  s_def_resuid;       /* Default uid for reserved blocks */
__le16  s_def_resgid;       /* Default gid for reserved blocks */
/*
 * These fields are for EXT2_DYNAMIC_REV superblocks only.
 *
 * Note: the difference between the compatible feature set and
 * the incompatible feature set is that if there is a bit set
 * in the incompatible feature set that the kernel doesn't
 * know about, it should refuse to mount the filesystem.
 *
 * e2fsck's requirements are more strict; if it doesn't know
 * about a feature in either the compatible or incompatible
 * feature set, it must abort and not try to meddle with
 * things it doesn't understand...
 */
// 第一个非保留 inode 节点号
__le32  s_first_ino;        /* First non-reserved inode */
// inode 结构大小
__le16  s_inode_size;       /* size of inode structure */
__le16  s_block_group_nr;   /* block group # of this superblock */
__le32  s_feature_compat;   /* compatible feature set */
__le32  s_feature_incompat;     /* incompatible feature set */
__le32  s_feature_ro_compat;    /* readonly-compatible feature set */
__u8 s_uuid[16];         /* 128-bit uuid for volume */  // 128 位的 UUID
char s_volume_name[16];  /* volume name */              // 卷名称
// 最后访问的目录
char s_last_mounted[64]; /* directory where last mounted */
__le32  s_algorithm_usage_bitmap; /* For compression */    // 压缩使用
/*
 * Performance hints. Directory preallocation should only
 * happen if the EXT2_COMPAT_PREALLOC flag is on.
 */
__u8 s_prealloc_blocks;  /* Nr of blocks to try to preallocate*/
__u8 s_prealloc_dir_blocks; /* Nr to preallocate for dirs */
__u16   s_padding1;
/*
 * Journaling support valid if EXT3_FEATURE_COMPAT_HAS_JOURNAL set.
 */
__u8 s_journal_uuid[16]; /* uuid of journal superblock */
```

```
    // 用于日志文件的 inode 号
    __u32    s_journal_inum;      /* inode number of journal file */
    // 用于日志文件的设备号
    __u32    s_journal_dev;       /* device number of journal file */
    // inode 删除列表起始 inode
    __u32    s_last_orphan;       /* start of list of inodes to delete */
    __u32    s_hash_seed[4];      /* HTREE hash seed */
    __u8 s_def_hash_version;      /* Default hash version to use */
    __u8 s_reserved_char_pad;
    __u16    s_reserved_word_pad;
    __le32   s_default_mount_opts;
    __le32   s_first_meta_bg;     /* First metablock block group */
    __u32    s_reserved[190];     /* Padding to the end of the block */
};
```

以上是 Ext2 超级块结构的定义，其中重要的数据已经使用中文标注。

块组描述表用来描述每个块组的控制和统计信息。所有块组的描述信息在每个块内都有备份，以备系统故障时及时恢复。通常情况下，系统只使用块组 0 的描述信息。

```
/*
 * Structure of a blocks group descriptor
 */
struct ext2_group_desc
{
    __le32   bg_block_bitmap;         /* Blocks bitmap block */  // 单块扇区数
    __le32   bg_inode_bitmap;         /* Inodes bitmap block */
    __le32   bg_inode_table;          /* Inodes table block */
    // 块组中的空闲块数
    __le16   bg_free_blocks_count;    /* Free blocks count */
    __le16   bg_free_inodes_count;    /* Free inodes count */
    __le16   bg_used_dirs_count;      /* Directories count */
    __le16   bg_pad;
    __le32   bg_reserved[3];
};
```

块组位图在对应位置表示块的使用情况，0 表示未使用，1 表示已使用。

## 17.3.2　Ext3 文件系统

Ext3 文件系统是直接从 Ext2 文件系统发展而来的，完全兼容 Ext2 文件系统。目前，Ext3 文件系统很稳定，用户可以直接过渡到 Ext3 文件系统。除增加了日志文件功能外，Ext3 文件系统的结构与 Ext2 文件系统完全相同。Ext3 既可以对 meta-data 进行日志操作，又可以对文件数据块做日志记录。具体来说，Ext3 提供日志（Journal）、预定（Ordered）和写回（Writeback）3 种日志模式。

- 日志模式：在日志模式下，文件系统每个改变涉及的 meta-data 更新和文件数据都会写入日志。使用日志模式最大限度地减小了修改文件时文件内容丢失的机会。但是，日志模式会消耗更多的磁盘空间用于记录日志。当新创建文件的时候，文件的所有数据都需要备份在日志文件中，磁盘开销很大。日志模式是 Ext3 文件系统最安全也是最慢的模式。
- 预定模式：在预定模式下，只有更新文件系统的 meta-data 时系统才会记录日志。

通常情况下，Ext3 文件系统对 meta-data 及相关文件数据分组，在写入 meta-data 之前可以写入文件数据，这种方法可以减少文件数据被破坏。

- 写回模式：该模式是在文件系统中文件数据改变的时候才进行日志操作。写回模式是 Ext3 文件系统中工作效率最高的日志操作方式。

Ext3 文件系统的日志功能是使用 Linux 内核的日志块设备（Journaling Block Device）实现的，在 Linux 内核中也称作 JDB 通用内核层。Ext3 文件系统调用 JDB 提供的接口完成日志操作，JDB 保证当计算机出现故障时能最大限度地使文件系统的数据保持完整性。

JDB 提供了日志记录、原子操作和事务 3 种接口方式，功能如下：

- 日志记录：是对文件系统低级操作的描述。JDB 的日志记录的是文件系统低级操作所涉及的数据缓冲内容。也就是说，JDB 的日志记录了文件低级操作涉及的缓冲区内容。使用 JDB 日志记录会造成大量空间浪费，但由于是直接操作文件系统的数据缓冲区，所以日志记录的速度是很快的。
- 原子操作：是文件系统对磁盘数据进行的低级操作。通常，文件系统中的一个高级操作（如写操作）是由多个原子操作组成的。
- 事务：是为提高效率所设计的一组原子操作集合。在事务中，原子操作处理的日志记录是连续的，因此能提高处理效率。

### 17.3.3 ReiserFS 文件系统

与 Ext3 文件系统不同，ReiserFS 文件系统是一个完全重新设计的文件系统。ReiserFS 文件系统适合大数据量的存储需求，可以轻松管理超大文件。ReiserFS 借鉴了面向对象思想，该文件系统分成语义层和存储层。其中，语义层用来管理命名空间和接口定义，存储层管理具体的磁盘空间。语义层解析对象名，然后通过键与存储层联系，存储层通过键确定数据在磁盘上的存储位置。在 ReiserFS 文件系统中，键的值是唯一确定的。以下是语义层和存储层的详细介绍。

#### 1. 语义层

语义层负责处理 ReiserFS 文件系统中的逻辑概念，该层定义了以下 6 种接口。

- 文件接口：用于管理文件。在 ReiserFS 文件系统中，每个文件有唯一的接口 ID。
- 属性接口：在 ReiserFS 文件系统中，文件的属性页被认为是一种文件。文件属性的值是文件内容。
- 哈希接口：目录是文件名与文件之间的映射表，ReiserFS 文件系统使用 B+树实现这种映射关系。文件名通过哈希接口计算后得到哈希值，实现与文件之间的映射关系。使用哈希接口可以避免文件名长度不定带来的搜索开销增大问题。
- 安全接口：用于安全检查操作，通常被文件接口调用。
- 项目接口：提供项目的处理方法，如拆分、评估和删除等操作。
- 键管理接口：该接口提供键分配的方法，通常在为项目分配键的时候被触发。

#### 2. 存储层

ReiserFS 文件系统使用 B+树存储数据结构，如图 17-4 所示。

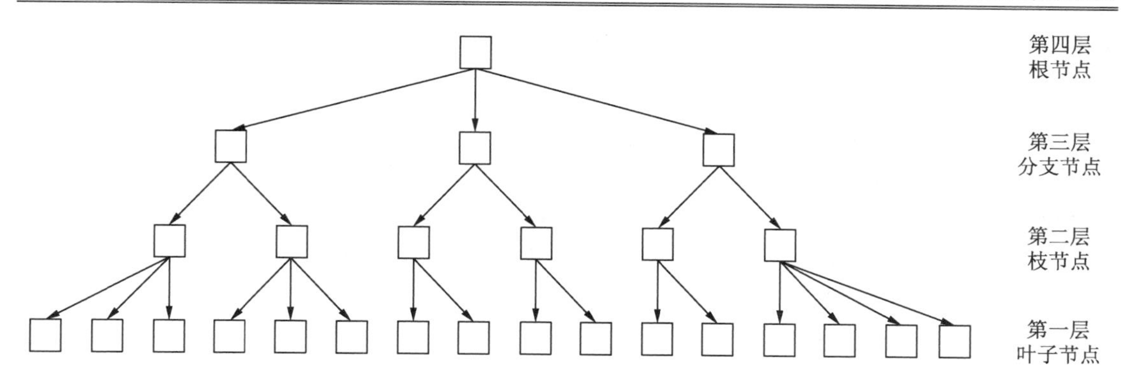


图 17-4　ReiserFS 文件系统存储结构

从图 17-4 中可以看出，ReiserFS 文件系统是通过 B+树结构组织的。在 B+树里，每个节点都有一个称作项目的数据结构。项目可以被理解为一个数据容器，一个项目对应一个节点。ReiserFS 文件系统与 Ext3 文件系统相同，通过内核 JDB 层支持 Journal、Order 和 Writeback 这 3 种日志模式。

## 17.3.4　JFFS 文件系统

JFFS 文件系统是一个在闪存上使用广泛的读写文件系统，普遍应用在嵌入式系统中，目前使用最多的是第二版本，即 JFFS2。

### 1．闪存的特性和限制

本节介绍的闪存（Flash Memory）特性和限制是从文件系统和上层软件的角度来看的，不涉及硬件的物理结构。嵌入式系统中通常说的闪存可以分成两类，即 NOR Flash 和 NAND Flash。二者的共同点如下：

- 数据表示方法：闪存使用逻辑 1 表示数据无效。被擦写过的闪存所有的数据位都是逻辑 1。
- 擦写方式：闪存的擦写是以块为单位操作的。不同的闪存块大小也不同，块大小取值可以从 4KB 到 128KB 不等。
- 寿命问题：闪存的使用寿命是由最大擦写次数决定的。由于器件制造的差异，不同的闪存寿命也不同。当闪存超过最大擦写次数后，某些块就无法读写数据了，称作坏块。只有避免反复擦写某个块才不会出现坏块。闪存可以通过硬件或者软件提供的算法使擦写操作尽量保持均匀。

NOR Flash 和 NAND Flash 的不同之处是写操作的单位不同。NOR Flash 的读写操作单位都是字节。NAND Flash 的写操作单位是页，页的大小一般是 512B 或者 2KB。此外，NAND Flash 存储器限制页的写操作次数，与具体厂商的设计有关。

### 2．闪存转换层

闪存的结构和数据访问方法与传统的磁盘不同，如果在闪存上运行传统的磁盘文件系统（如 Ext2）就需要做一个转换，一个很简单的方法就是设置一个闪存转换层（Flash

Translation Layer)。这个转换层负责屏蔽闪存的底层操作，把闪存模拟成一个具有 512B 扇区大小的标准块设备，供磁盘文件系统使用。对文件系统来说，它并不知道底层设备的细节，就像操作传统的磁盘一样。

最简单的闪存转换层就是将模拟的块设备一对一地映射到闪存上。使用闪存转换层后再写入一个块设备的扇区，闪存转换层需要做以下工作：

（1）把扇区所在的擦写块读到内存并放在缓冲（buffer）内。

（2）在缓冲中替换掉改写的内容。

（3）执行擦写块操作。

（4）把缓冲的数据写回擦写块。

上面这种方式的缺点是显而易见的。首先是效率低，更新一个扇区要重写一个块上的数据，造成数据带宽的浪费；其次是没有提供磨损平衡，频繁被更新的块很容易变成坏块；最主要的是不安全，容易引起数据丢失，如果执行第（3）步和第（4）步时系统直接掉电，则整个擦写块的数据就全部丢失了。这在嵌入式系统中是很常见的。

从上述问题中看出，闪存转换层需要模拟块设备的存储方式并且把数据块存储到闪存的不同位置，实现逻辑数据与物理数据的对应关系。此外，闪存转换层还需实现其他功能，如闪存转换层需要理解文件系统的语义、分析文件系统的读写请求等。闪存转换层的各种操作都会导致系统性能下降，因此需要一个专门针对闪存的文件系统。

### 3．JFFS2文件系统简介

JFFS2 是从 JFFS1 发展而来的，最初是由瑞典的 Axis Communications AB 公司开发的，用于公司的嵌入式设备，在 1999 年末基于 GNU GPL 发布。JFFS2 最初的发布版本基于 Linux 内核 2.0，后来，RedHat 公司将 JFFS1 移植到 Linux 内核 2.2 上并且做了大量的测试和 bug fix 工作使它稳定下来。在使用过程中，JFFS1 设计的局限被不断地暴露出来。于是在 2001 年，RedHat 公司重新实现了 JFFS，这就是 JFFS2。下面介绍 JFFS2 的关键数据结构和垃圾收集机制。

JFFS2 将文件系统的数据和 meta-data 以节点的形式存储在闪存上，节点头部的定义见图 17-5。其中，幻数屏蔽位 0x1985 用来标识 JFFS2 文件系统。

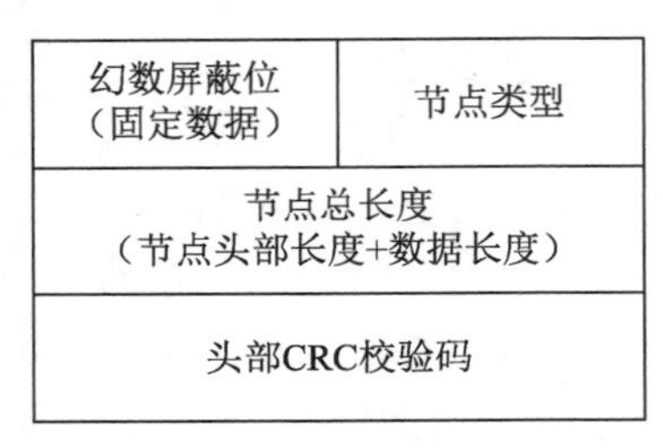

图 17-5　JFFS2 节点的头部定义

JFFS2 规范定义了 3 种节点类型。出于文件系统的扩展性和兼容性需要，JFFS2 规范规定节点类型的最高两位表示节点属性。JFFS2 规范定义的节点属性如下：

- INCOMPAT 类型。如果发现节点类型无法识别，并且节点属性是 INCOMPAT 类型，则禁止挂载文件系统。
- RECOMPAT 类型。如果发现节点类型无法识别，并且属性是 RECOMPAT 类型，则 JFFS2 只能以只读方式挂载文件系统。
- RWCOMPAT_DELETE 类型。如果发现节点类型无法识别，并且属性是 RWCOMPAT_DELETE 类型，JFFS2 文件系统在进行垃圾回收操作时，节点可以删除。
- RWCOMPAT_COPY 类型。如果节点类型无法识别，并且属性是 RWCOMPAT_COPY 类型，那么 JFFS2 在进行垃圾回收操作的时候，节点需要复制到新位置。

节点长度是包括节点头和数据的总长度。节点头部 CRC 校验码用于校验节点头部数据。

#### 4. JFFS2文件系统的垃圾回收

文件系统中的垃圾回收的目的是收回过时的节点。在 JFFS2 文件系统中，垃圾回收机制还需要考虑磨损平衡。JFFS2 文件系统维护 dirty_list 和 clean_list 两个列表，dirty_list 列表用于记录需要删除的块，clean_list 列表记录已经回收的块。磨损平衡问题需要注意，频繁地操作 dirty_list 列表中的数据块，会导致 dirty_list 列表中的数据块提前被损坏。

#### 5. JFFS2文件系统的缺点

JFFS2 文件系统挂载的时候会扫描所有的文件块，因此挂载时间要比其他文件系统长许多。JFFS2 文件系统使用概率的方法处理磨损平衡的随意性，容易产生坏块。扩展性差也是 JFFS2 文件系统的一个缺点。

### 17.3.5　CRAMFS 文件系统

在嵌入式环境下，内存和外存资源都需要节约使用。CRAMFS 文件系统需要通过 RAMDISK（虚拟磁盘）方式使用。在系统运行之后，首先要把外存（Flash）上的映像文件解压到内存中，构造起 RAMDISK 环境，这样才可以开始运行程序。这样做有一个缺点，在正常情况下，同样的代码不仅在外存中占据空间（压缩后的存在形式），而且还在内存中占用了更大的空间（解压缩之后的存在形式），浪费了嵌入式系统宝贵的资源。

CRAMFS 是这个问题的一种解决方法。CRAMFS 文件系统是专门针对闪存设计的只读压缩的文件系统，其容量上限为 256MB，采用 zlib 压缩。文件系统类型可以是 Ext2 或 Ext3。

CRAMFS 文件系统不需要一次性地将文件系统中的所有内容都解压缩到内存中，只是在系统需要访问某个位置的数据时，马上计算出该数据在 CRAMFS 中的位置，将其实时地解压缩到内存中，然后通过对内存的访问来获取文件系统中需要读取的数据。CRAMFS 解压缩及解压缩之后的内存数据的存放位置都是由 CRAMFS 文件系统本身进行维护的，整个过程对用户透明，对开发人员来说既方便又节省了存储空间。

## 17.4　其他文件系统

前面两节介绍的文件系统的特点都是管理本地的普通文件，本节将介绍两种特殊的文件系统，一个是用于网络共享的 NFS（Net File System，网络文件系统），还有一个是用于内核数据接口的/proc 文件系统。这两种系统不同于普通的文件系统，体现了 Linux 设计的巧妙及网络功能的强大。

### 17.4.1　网络文件系统

NFS 最早由 Sun 公司开发，后经 IETF 扩展，现在能够支持在不同类型的系统之间通过网络进行文件共享。也就是说 NFS 可用于不同类型的计算机、操作系统、网络架构和传输协议运行环境中的网络文件远程访问和共享。

在同一网络中使用 NFS，可以方便地在不同用户之间共享目录。如一个软件开发团队的成员可以把共同使用的服务器的目录通过 NFS 映射到本地计算机的一个目录下，然后通过访问本地目录就可以完成对远程服务器的访问。使用 NFS 访问远程计算机的目录省去了登录时输入用户名和密码的烦琐步骤。嵌入式系统使用 NFS 映射目录，用户可以像使用本地文件系统一样从嵌入式设备中存取数据，减少了文件上传和下载操作。

NFS 采用 C/S（客户端/服务器）架构。服务器端向客户端提供访问文件系统的接口，客户端通过服务器端访问文件。在 NFS 体系结构中，服务器端除提供文件访问外，还提供了文件访问权限控制。

NFS 有明显的优势：被所有用户访问的数据可以保存在中心主机上，客户在启动的时候会登录到这个路径上。例如，可以在一个主机上保留所有的用户账户，并且通过这个主机登录网络上的所有主机。所有消耗大量磁盘空间的数据都可以保存在一个单一的主机上。管理性文件可以保存在一个单一的主机上，而不必把相同的文件在每台计算机上都复制一份。

NFS 底层使用了 RPC（Remote Process Call，远程过程调用），因此在 Linux 系统中使用 NFS 时应该保证内核支持 RPC。下面介绍如何使用 NFS。

首先是配置 NFS 服务器端。在 Linux 系统中安装 NFS 程序后，需要简单地配置 NFS 服务。主要的配置文件是/etc/exports，该文件描述了 NFS 服务器向外界公开的目录及权限设置。

/etc/exports 文件中客户机的描述方式如下：

```
主机名    hostname          (单个主机)
网络组    @groupname        (NIS 网络组)
通配符    *和?              (具有通配符的 FQDN。*不匹配点号“.”)
IP 网络    ipaddr/mask      (CIDR-风格的说明，如 128.138.92.128/25)
```

/etc/exports 文件常用的导出选项如下：

```
ro                  (以只读方式导出)
rw                  (以读写方式导出，默认方式)
rw=list             (大多数客户机为只读，list 举出的主机允许以可写方式安装 NFS，其他主机
                    必须以只读方式安装)
root_squash         (将 UID 为 0 和 GID 为 0 映射(压制)成 anonuid 和 anongid 所指定的值)
no_root_squash      (运行 root 正常访问)
all_squash          (将所有的 UID 和 GID 映射到它们各自的匿名版本上)
anonuid=xxx         (指定远程 root 账号应被映射的 UID 号)
anongid=xxx         (指定远程 root 账号应被映射的 GID 号)
Secure              (远程访问必须从授权端口发起，默认使用此选项)
noaccess            (防止访问这个目录及其子目录，用于嵌套导出)
insecure            (允许从任何端口远程访问)
```

配置好 NFS 服务以后，通过执行/etc/init.d/nfs 脚本可以启动 NFS 服务。接下来介绍在 Linux 系统中如何配置 NFS 客户端。

与安装本地文件系统类似，使用 mount 命令可以挂载网络文件系统到本地目录。例如：

```
mount -o rw,hard,intr,bg test:/home/test1 /home/test1
```

上面的命令表示把主机名 test 的/home/test1 目录挂载到本机的/home/test1 下。

在使用完 NFS 之后，需要使用 umount 命令卸载 NFS，卸载方法与卸载本地文件系统完全相同。另外，也可以在/etc/fstab 文件中配置挂载 NFS，这样当系统启动的时候会自动挂载设置的 NFS。

NFS 还提供了查看统计信息的命令：

```
#nfsstat -s                      # 显示 NFS 服务器进程的统计信息
#nfsstat -c                      # 显示与客户端相关的信息
```

## 17.4.2　/proc 影子文件系统

Linux 内核提供了一个特殊的文件系统即/proc，挂载到/proc，可以在系统运行时访问内核数据结构、改变内核设置。/proc 是一个虚拟的文件系统，是一种内核及内核模块用来向进程（Process）发送信息的机制。

/proc 由内核控制，没有承载/proc 的实际设备。因为/proc 主要存放由内核控制的状态信息，所以大部分信息位于内核控制的内存中。使用 ls –l 命令查看/proc 目录可以看到，大部分文件都是 0 字节，但是查看这些文件的时候确实可以看到一些信息。这是因为/proc 文件系统和其他常规的文件系统一样，都是在虚拟文件系统层（VFS）注册的。只有当 VFS 调用/proc 请求文件、目录的 i-node 时，/proc 文件系统才根据内核中的信息建立相应的文件和目录。

在系统启动的时候内核会自动加载/proc 文件系统，嵌入式开发中经常需要制作交叉开发环境，可以通过手工加载：

```
mount -t proc proc /proc
```

上面的命令告诉内核加载/proc 文件系统到/proc 目录。

/proc 的文件可以用于访问有关内核的状态、计算机的属性、正在运行的进程状态等信息。大部分/proc 中的文件和目录提供了系统物理环境最新的信息。虽然/proc 中的文件是虚拟的，但是它们仍可以使用任意的文件编辑器来查看。当编辑程序试图打开一个虚拟文件时，这个文件就通过内核中的信息被“凭空”地（on the fly）创建了。例如，查看 CPU 的信息：

```
$ cat /proc/cpuinfo
processor     : 0
vendor_id     : GenuineIntel
cpu family     : 6
model        : 42
model name     : Intel(R) Core(TM) i3-2120 CPU @ 3.30GHz
stepping      : 7
microcode     : 0x23
cpu MHz        : 3292.569
cache size     : 3072 KB
physical id     : 0
siblings      : 2
core id        : 0
cpu cores     : 2
apicid        : 0
initial apicid     : 0
fdiv_bug     : no
hlt_bug        : no
f00f_bug     : no
```

```
coma_bug    : no
fpu        : yes
fpu_exception    : yes
cpuid level    : 13
wp        : yes
flags        : fpu vme de pse tsc msr pae mce cx8 apic sep mtrr pge mca cmov
pat pse36 clflush dts mmx fxsr sse sse2 ss ht nx rdtscp lm constant_tsc
arch_perfmon pebs bts xtopology tsc_reliable nonstop_tsc aperfmperf pni
pclmulqdq ssse3 cx16 pcid sse4_1 sse4_2 x2apic popcnt xsave avx hypervisor
lahf_lm arat epb xsaveopt pln pts dtherm
bogomips    : 6585.13
clflush size    : 64
cache_alignment    : 64
address sizes    : 40 bits physical, 48 bits virtual
power management:

processor    : 1
vendor_id    : GenuineIntel
cpu family    : 6
model        : 42
model name    : Intel(R) Core(TM) i3-2120 CPU @ 3.30GHz
stepping    : 7
microcode    : 0x23
cpu MHz        : 3292.569
cache size    : 3072 KB
physical id    : 0
siblings    : 2
core id        : 1
cpu cores    : 2
apicid        : 1
initial apicid    : 1
fdiv_bug    : no
hlt_bug        : no
f00f_bug    : no
coma_bug    : no
fpu        : yes
fpu_exception    : yes
cpuid level    : 13
wp        : yes
flags        : fpu vme de pse tsc msr pae mce cx8 apic sep mtrr pge mca cmov
pat pse36 clflush dts mmx fxsr sse sse2 ss ht nx rdtscp lm constant_tsc
arch_perfmon pebs bts xtopology tsc_reliable nonstop_tsc aperfmperf pni
pclmulqdq ssse3 cx16 pcid sse4_1 sse4_2 x2apic popcnt xsave avx hypervisor
lahf_lm arat epb xsaveopt pln pts dtherm
bogomips    : 6585.13
clflush size    : 64
cache_alignment    : 64
address sizes    : 40 bits physical, 48 bits virtual
power management:
```

上面是从一个双 CPU 的系统中得到的结果，上述的大部分信息十分清楚地给出了这个系统有用的硬件信息。/proc 下面的大部分文件可以使用 cat 文件查看，但是有些文件经过编码有一定格式，需要通过特定的程序解析，如常见的 top 和 ps 等程序就是从/proc 目录下取得信息的。下面是一些重要的文件：

```
/proc/cpuinfo (CPU 的信息，如型号、家族、缓存大小等)
/proc/meminfo (物理内存、交换空间等的信息)
/proc/mounts (已加载的文件系统的列表)
/proc/devices (可用设备的列表)
```

```
/proc/filesystems （支持的文件系统）
/proc/modules （已加载的模块）
/proc/version （内核版本）
/proc/cmdline （系统启动时输入的内核命令行参数）
```

以上讨论的都是从/proc 获取信息。实际上，通过/proc 文件系统可以修改内核参数，实现与内核的交互。读者可以观察/proc 目录下具备写属性的文件，它们都可以用来修改内核属性。

☎提示：修改/proc 下的内核参数文件有一定的风险，对于不确定功能的文件要慎重修改。

下面介绍几个常见的内核属性配置。

### 1．修改计算机名称

/proc/sys/kernel/hostname 文件保存了本机名称，命令如下：

```
echo 'lib_02' > /proc/sys/kernel/hostname
```

将计算机的名称修改为 lib_02，使用 hostname 命令可以查看计算机的名称为 lib_02。实际上，hostname 命令是通过修改/proc/sys/kernel/hostname 文件达到修改计算机名称这个目的的。

### 2．让主机不响应ping

ping 程序通过发送 ICMP Echo 报文来测试网络上某个主机是否能到达。通过设置/proc/sys/net/ipv4/icmp_echo_ignore_all 文件可以实现不响应 ping 发送的报文。

```
echo 1 > /proc/sys/net/ipv4/icmp_echo_ignore_all
```

主机不响应 ping 发送的请求报文，测试如下：

```
C:\>ping 192.168.83.195

Pinging 192.168.83.195 with 32 bytes of data:

Request timed out.
Request timed out.
Request timed out.
Request timed out.

Ping statistics for 192.168.83.195:
    Packets: Sent = 4, Received = 0, Lost = 4 (100% loss),
```

从结果中可以看出，主机没有响应其他机器发送的 ICMP 请求报文。如果要修改默认设置，只需要在 echo 中把 1 改成 0 即可。

所以，/proc 文件系统是初学者直观认识内核功能的很好的学习途径。

## 17.5　小　　结

本章介绍了 Linux 系统中的重要部分——文件系统，包括文件系统的原理、管理方式和常见的文件系统等。本章还分析了文件系统的数据结构操作方式，并且给出了实例操作。

读者应当从实际出发，多动手，通过实践学习文件系统。另外需要注意的是，对文件系统的一些操作有风险，应注意关键数据的备份，以防止文件被破坏。第 18 章将介绍如何建立嵌入式 Linux 交叉编译工具链。

## 17.6　习　　题

### 一、填空题

1．文件名是一个________码的字符串。

2．二进制文件由________指令和数据组成。

3．块组描述表用来描述每个块组的________和________信息。

### 二、选择题

1．存放系统所有应用程序的共享库文件，以及内核的模块文件的目录是（　　）。

A．lib　　B．home　　C．root　　D．dev

2．a 的含义是（　　）。

A．用户　　B．其他用户　　C．所有用户　　D．用户组

3．下列不属于 Ext3 提供的模式的选项是。（　　）。

A．日志模式　　B．读出模式　　C．预定模式　　D．写回模式

### 三、判断题

1．NFS 最早由苹果公司开发。（　　）

2．/proc 有承载/proc 的实际设备。（　　）

3．非日志文件系统不记录文件系统的更新操作。（　　）

### 四、操作题

1．使用命令将/home/text 文件的所有者设置为用户 one。

2．使用命令将本机名称修改为 myhost。

# 第 18 章　交叉编译工具

工欲善其事，必先利其器。嵌入式 Linux 开发不能缺少的就是开发工具，其中最基本的是编译工具。和传统的编译方式不同，嵌入式系统开发需要在不同的计算机上编译出开发板需要的程序，所用的编译工具也与传统的编译工具不同。本章将介绍如何安装嵌入式 Linux 开发需要的交叉编译工具，主要内容如下：

- 什么是交叉编译；
- 交叉编译工具的两种安装方式。

## 18.1　什么是交叉编译

接触过嵌入式的读者经常会听到“交叉编译”这个词，简单地说，交叉编译是指在一个平台上编写代码，然后使用工具链将代码编译为能运行在另一个操作系统或平台上的程序。例如，在 x86 平台的 PC 上编译出能运行在 ARM 平台上的程序。现在给出一个交叉编译的定义：将在某个计算机环境中运行的程序，编译为在另一种计算机平台上运行的二进制程序，这个编译过程称为交叉编译。这种编译不同平台程序的编译器称作交叉编译器。

这里提到的平台包含两个概念：体系结构（Architecture）和操作系统（Operating System）。在同一个体系结构上可以运行不同的操作系统；反过来，同一个操作系统也可以运行在不同的体系结构上。例如，x86 体系结构的计算机既可以运行 Windows 系统又可以运行 Linux 系统；同时，Linux 系统不仅能在 x86 体系结构的计算机上运行，还可以在其他体系结构的计算机（如 ARM）上运行。

交叉编译是伴随嵌入式系统的发展而来的，传统的程序编译方式生成的程序直接在本地运行，这种编译方式称作本地编译（Native Compilation）；嵌入式系统多采用交叉编译的方式，在本机编译好的程序是不能在本机运行的，需要通过特定的手段（如烧写、下载等）安装到目标系统上执行。这种编译运行的方法比较烦琐，通常受实际条件的限制。大多数的嵌入式系统的目标板系统资源都很有限，无论存储空间还是 CPU 处理能力，都很难达到编译程序的要求，而且很多目标板是没有操作系统的，需要借助其他计算机编译操作系统和应用程序。

要进行交叉编译，需要在主机中安装交叉编译工具，Linux 平台上的 ARM 交叉编译工具是 arm-linux-gcc，在 Windows 平台上运行的 ARM 交叉编译器工具是 arm-elf-gcc。这里重点介绍 Linux 平台的 arm-linux-gcc 编译工具的安装过程。

# 18.2　交叉编译产生的原因

之所以要进行交叉编译，主要有以下几个原因。

- 运行速度：目标平台的运行速度往往比主机慢得多，许多专用的嵌入式硬件被设计为低成本和低功耗，没有太高的性能。
- 性能：整个编译过程是非常消耗资源的，嵌入式系统往往没有足够的内存或磁盘空间。
- 可用性：虽然目标平台资源很充足，可以在本地编译，但是第一个在目标平台上运行的本地编译器需要通过交叉编译获得。
- 灵活性：一个完整的 Linux 编译环境需要很多支持包，交叉编译可以将各种支持包移植到目标板上，提高了开发效率。

# 18.3　安装交叉编译工具的条件

可以在多种平台上安装交叉编译工具，本书建议使用 x86 体系结构的 PC，在 Linux 系统中安装。这种选择不是强制的，只是因为 x86 体系结构是使用最广泛的。同时，使用 Linux 系统可以避免许多开发环境的设置。安装交叉编译工具需要做以下准备。

- 磁盘空间：交叉编译工具会生成大量的中间文件，至少需要 500MB 磁盘空间，建议预留 1GB 以上的磁盘空间。
- 源代码：交叉编译工具是从源代码编译的。
- 其他工具：交叉编译工具用到的工具有 bison、gmak 和 gsed 等，应该保证系统已经安装这些工具，如果 arm-linux-gcc 不能在 64 位计算机上执行，则需要安装 lib32z1 和 libgl1-mesa-dri:i386。

# 18.4　如何安装交叉编译工具

本节将使用两种方式对交叉编译工具进行安装，分为手动安装和使用 apt 工具安装，其中，使用 apt 工具安装是一种比较简单的方式。

## 18.4.1　手动安装

手动安装可以安装任意版本的 arm-linux-gcc。以下是手动安装的具体操作步骤。

### 1．下载源码包

要安装交叉编辑工具首先需要下载源码包。源码包的下载有两种方式，分别为使用浏览器下载和使用 Git 下载。

- ❑ 使用浏览器下载：这种方式需要在当前浏览器的地址栏中输入 https://developer.arm.com/downloads/-/gnu-a，进入 ARM 开发者的官网。在此官网中提供了 3 个平台（Windows、x86_64 Linux 和 AArch64 Linux）的各版本的交叉编译工具。
- ❑ 使用 Git 下载：在使用此方式下载源码包时，首先需要确定 Git 工具是否已安装。如果没有安装，可以使用以下命令进行安装。

```
apt install git
```

Git 工具安装好之后，在终端执行以下命令下载交叉编译工具，这里下载的版本是 4.8.3。

```
git clone https://gitee.com/zyly2033/arm-none-linux-gnueabi-4.8.3.git
```

### 2. 安装

下面以下载的交叉编译工具 4.8.3 为例介绍具体安装步骤。

（1）在 usr/local 下创建 arm 文件夹，并在终端执行以下命令修改 arm 文件夹的权限。

```
chmod 777 /usr/local/arm
```

（2）下载完成后会得到一个 arm-none-linux-gnueabi-4.8.3 文件夹，为了方便，将其改名为 4.8.3，并复制到 arm 文件夹中。

（3）打开 etc 文件夹下的 profile 文件，在最后添加以下代码：

```
export PATH=$PATH:/usr/local/arm/4.8.3/bin
```

（4）在终端执行以下命令，让修改后的 profile 文件生效。

```
source /etc/profile
```

（5）于在/usr/local/arm/4.83/bin 下没有 arm-linux-gcc、arm-linux-ld、arm-linux-strip 链接，因此需要在终端执行以下命令自己创建软链接。

```
ln -s arm-none-linux-gnueabi-gcc arm-linux-gcc
ln -s arm-none-linux-gnueabi-ld arm-linux-ld
ln -s arm-none-linux-gnueabi-objdump arm-linux-objdump
ln -s arm-none-linux-gnueabi-objcopy arm-linux-objcopy
ln -s arm-none-linux-gnueabi-strip arm-linux-strip
ln -s arm-none-linux-gnueabi-cpp arm-linux-cpp
ln -s arm-none-linux-gnueabi-ar arm-linux-ar
ln -s arm-none-linux-gnueabi-as arm-linux-as
ln -s arm-none-linux-gnueabi-strings arm-linux-strings
ln -s arm-none-linux-gnueabi-readelf arm-linux-readelf
ln -s arm-none-linux-gnueabi-size arm-linux-size
ln -s arm-none-linux-gnueabi-c++ arm-linux-c++
ln -s arm-none-linux-gnueabi-gdb arm-linux-gdb
ln -s arm-none-linux-gnueabi-nm arm-linux-nm
```

其中，常用的软件介绍如下：

- ❑ arm-linux-gcc：交叉编译工具。
- ❑ arm-linux-ld：交叉链接器。
- ❑ arm-linux-objdump：交叉反汇编器。
- ❑ arm-linux-objcopy：文件格式转换器。
- ❑ arm-linux-strip：去掉 elf 可执行文件的信息。

- arm-linux-ar：库管理器。
- rm-linux-as：编译 ARM 汇编程序。
- arm-linux-strings：打印目标文件初始化和可加载段中的可打印字符。
- arm-linux-readelf：交叉 elf 文件工具。
- arm-linux-nm：列出目标文件的符号清单。

### 18.4.2　使用 apt 工具安装

Ubuntu 有一个专门用来安装软件的工具 apt，可以用它全自动安装 arm-linux-gcc。此方式安装的是最新的版本，因此要注意软件的稳定性和兼容性问题。具体做法是在终端执行以下命令：

```
apt-get install gcc-arm-linux-gnueabi
apt-get install g++-arm-linux-gnueabi
```

### 18.4.3　测试

安装好交叉编译工具后需要进行测试。这里使用第 6 章的 Hello World 程序测试一下。

```
#include <stdio.h>
int main( )
{
    printf("Hello,world!\n");
    return 0;
}
```

这里应该使用交叉编译工具编译：

```
arm-linux-gcc -o hello hello.c
```

如果编译没有报错，则会生成 hello 程序。但是要注意，在 PC 上无法执行这个 hello 程序，因为 hello 程序已经被编译成 ARM 平台的可执行文件。使用 file 命令查看 hello 程序的类型：

```
file hello
hello: ELF 32-bit LSB executable, ARM, EABI5 version 1 (SYSV), dynamically
linked, interpreter /lib/ld-linux.so.3, for GNU/Linux 2.6.16, not stripped
```

可以看到 hello 程序的类型已经属于 ARM 平台。

## 18.5　小　　结

本章介绍了搭建嵌入式 Linux 开发环境最关键的工具——交叉编译工具，交叉编译是嵌入式开发不可缺少的一个环节。学习安装交叉编译工具，能学到许多有关嵌入式 Linux 系统和程序库的知识。第 19 章将介绍如何使用交叉编译工具建立 BusyBox 命令系统。

# 18.6　习　　题

## 一、填空题

1．交叉编译是在某个计算机环境运行的编译程序可以编译出另一种计算机平台的________。

2．在同一个体系结构上可以运行________的操作系统。

3．交叉编译是伴随________系统发展而来的。

## 二、选择题

1．让修改后的 profile 文件生效的命令是（　　）。

A．source /etc/profile　　B．/etc/profile

C．vim profile　　D．其他

2．arm-linux-ld 是一种（　　）。

A．库管理器　　B．交叉链接器

C．交叉连接器　　D．编译 ARM 汇编程序

3．交叉编译产生的原因不包含（　　）。

A．价格　　B．运行速度

C．性能　　D．灵活性

## 三、判断题

1．如果 arm-linux-gcc 不能在 64 位计算机上执行，则需要安装 lib32z1 和 libgl1-mesa-dri:i386。（　　）

2．在 Windows 平台上运行的 ARM 交叉编译器工具是 arm-linux-gcc。（　　）

3．同一个操作系统不可以运行在不同的体系结构上。（　　）

# 第 19 章　强大的命令系统 BusyBox

BusyBox 是嵌入式系统常用的一个命令系统，它的功能强大，占用存储容量小，这些优点都适合嵌入式系统。本章将从 BusyBox 的原理出发，介绍 BusyBox 的编译安装过程，以及如何将其应用在嵌入式系统中。BusyBox 的编译安装都是比较容易的，读者可以轻易地把 BusyBox 移植到嵌入式开发板上。本章的主要内容如下：

- BusyBox 的起源；
- BusyBox 的工作原理；
- 如何在 PC 上安装 BusyBox；
- 将 BusyBox 移植到 ARM 开发板上。

## 19.1　BusyBox 简介

BusyBox 是 Linux 平台的一个工具集合。BusyBox 可以包含最基本的系统命令，如 ls 和 cat，还可以包含功能更复杂的程序，如 grep 和 find，甚至可以把 HTTP 服务器也集成在一个软件包内。BusyBox 把 Linux 系统常用的命令和工具及服务程序集成在一个可执行文件内，通常可用空间在 1MB 左右。如果单独存放每条命令，可能需要几兆甚至几十兆的存储空间，这对存储空间紧张的嵌入式系统来说是很难接受的。BusyBox 很适合嵌入式系统，本节将介绍 BusyBox 的工作原理和安装流程。

### 19.1.1　简单易懂的 BusyBox

BusyBox 项目最初是在 1996 年发起的，当时嵌入式系统并没有开始流行。BusyBox 最初的目的是设计成一个可以安装在软盘上的命令系统，因为当时还没有可移动的大容量可擦写存储介质，软盘是最常用的存储介质。使用过软盘的读者都知道，它的容量很小，对于今天的计算机来说几乎没有什么用武之地。BusyBox 可以把常见的 Linux 命令打包编译成一个单一的可执行文件。通过建立链接，用户可以像使用传统的命令一样使用 BusyBox。

BusyBox 的出现基于 Linux 共享库。对于大多数 Linux 工具来说，不同的命令可以共享许多东西。如查找文件的命令 grep 和 find，虽然功能不完全相同，但是两个程序都会用到从文件系统搜索文件的功能，这部分代码可以是相同的。BusyBox 的便利之处是它把不同工具的代码及公用的代码都集成在一起，从而使可执行文件变小了。

BusyBox 的使用很简单，在用户命令前加入 busybox 字样即可调用 BusyBox。例如在控制台输入 busybox ls 相当于执行 ls 命令。用户也可以不用这么烦琐地输入，最简单的办法是为每个命令建立一个 BusyBox 链接，例如：

```
ln -s /bin/busybox  /bin/ls
ln -s /bin/busybox  /bin/ls
ln -s /bin/busybox  /bin/mkdir
```

以上建立了 3 个链接，分别对应 ls、rm 和 mkdir 命令。之后就可以和使用传统命令一样使用 BusyBox 了。只要链接名称不同，BusyBox 就能完成不同的功能。

## 19.1.2　BusyBox 的工作原理

在 BusyBox 中，参数通常是属于某个命令的。BusyBox 实现的方式是将它自己的名称作为参数传递给主函数 main()。当 BusyBox 被执行时，操作系统通过 shell 将参数传递给 BusyBox 的 main()函数。BusyBox 的 main()函数解析命令行参数，并调用相应的工具。回想一下 C 语言 main()函数的定义：

```
int main(int argc, char *argv[])
```

在 main()函数的定义中，argc 是传递进来的参数个数，argv 是一个字符串数组，数据的每一项都是一个参数内容。其中，argv[0]是从命令行调用的程序名。下面是一个简单的程序，使用 argv[0]确定调用哪个程序。

```
// test.c
#include <stdio.h>
/* 定义主函数 */
int main(int argc, char *argv[])
{
    int i;

    for (i = 0 ; i < argc ; i++) {                    // for 循环语句
        printf("argv[%d] = %s\n", i, argv[i]);        // 打印程序参数内容
    }

    return 0;
}
```

调用这个程序会显示调用的第一个参数是该程序的名称。可以对这个可执行程序重新命名，再次调用时就会得到该程序的新名称。另外，可以创建一个到可执行程序的符号链接，当执行这个符号链接时就可以看到这个符号链接的名称。

```
$ gcc -Wall -o test test.c
$ ./test arg1 arg2
argv[0] = ./test
argv[1] = arg1
argv[2] = arg2

$ mv test newtest
$ ./newtest arg1
argv[0] = ./newtest
argv[1] = arg1

$ ln -s newtest linktest
$ ./linktest arg
argv[0] = ./linktest
argv[1] = arg
```

BusyBox 使用符号链接屏蔽了程序调用的细节。从用户的角度看，使用 BusyBox 与使用传统的命令效果是相同的。BusyBox 为其包含的每个系统程序都建立了类似的符号链接。当用户使用符号链接调用 BusyBox 的时候，BusyBox 通过 argv[0]参数调用对应的功能函数。

### 19.1.3　安装 BusyBox

安装 BusyBox 需要从源代码开始编译。首先要获取源代码，可以从 BusyBox 的官方网站（http://busybox.net/downloads/）上下载。这个链接里有多个版本，但是高版本的 BusyBox 存在一些问题，编译过程中容易出错。推荐使用 BusyBox 1.0 版本，下面是 BusyBox 的安装过程。

（1）下载 BusyBox 的源代码文件 busybox-1.32.1.tar.bz2 到用户目录后，可以解压缩文件。

```
tar jxvf busybox-1.32.1.tar.bz2
```

（2）解压缩完毕后，将源代码放在 busybox-1.32.1 目录下，接下来配置 BusyBox。

```
cd busybox-1.32.1
make menuconfig
```

（3）BusyBox 采用了和 Linux 内核类似的配置方式，输入配置命令后弹出配置主界面，如图 19-1 所示。

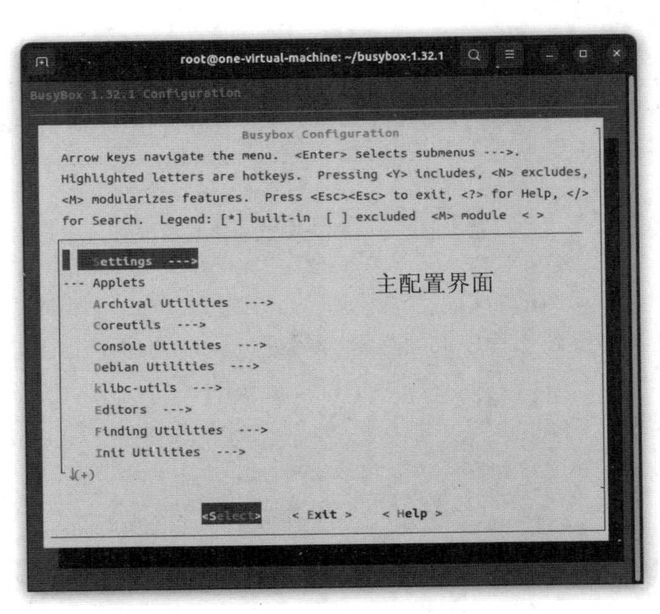


图 19-1　BusyBox 配置主界面

配置主界面列出了 BusyBox 可以配置的项目，每个子菜单下都有详细的功能设置，常用子菜单的功能设置如下。

- Archival Utilities：选择归档程序，包括常见的 ar、tar、gzip、cpio 和 rpm 等打包和归档应用程序。

- Corutils：核心程序，包括 cat、chgrp、chmod、cp、dd 和 df 等系统必要的命令。
- Console Utilities：控制台程序，设置控制台属性的几种工具。
- Debian Utilities：Debian 发行版用到的工具，因为 BusyBox 最初是为 Debian 发行版设计的。如果用户不希望使用这些工具，可以取消选择。
- Editors：编辑器，包含 patch、sed 和 vi 编辑器。其中，可以对 vi 编辑器进行详细的属性设置。如果不是特殊需要，建议使用默认设置。
- Finding Utilties：搜索工具。包括 find、grep 和 xargs。对每个工具都可以详细设置。建议使用默认配置。
- Init Utilities：系统初始化使用的工具，包括 init、reboot、poweroff 等。使用默认配置即可。
- Login/Password Management Utilities：登录和密码管理工具。这里的工具可以根据需要选择，默认没有选择任何工具。嵌入式系统通常是特定的人使用，或者不与外界网络进行连接。因此，可以不安装登录程序如 login。
- Linux Module Utilities：内核模块管理工具，包括 insmod、rmmod 和 lsmod 等。如果不需要在嵌入式系统中加载内核模块，可以不选择其下的工具。
- Linux System Utilities：Linux 系统实用程序。建议选择其下的程序，便于系统调试。
- Miscellaneous Utilities：杂项。不好归类的工具都放到了这里，可以根据需要选择。
- Networking Utilities：网络实用工具。该菜单下有 IPv6 的工具支持，目前很少有 IPv6 网络，建议不选择，可以减小 BusyBox 的大小。
- Process Utilities：进程工具，其下的选项可以根据需要选择。
- System Logging Utilities：系统日志程序。建议使用默认选择。系统日志可以帮助用户在系统出错时定位和分析问题。

用户可以根据需要选择对应的程序。程序选择完毕后，选择 Exit 命令，系统弹出一个提示界面，如图 19-2 所示。使用默认选项 Yes，按 Enter 键即可。

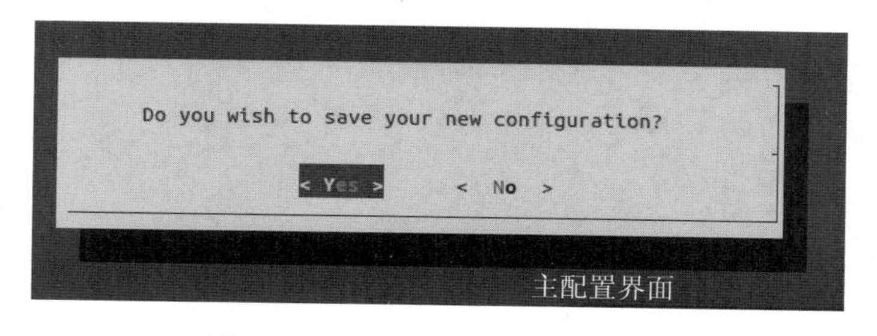


图 19-2　BusyBox 配置保存提示界面

（4）配置保存并退出后，输入 make，按 Enter 键后开始编译 BusyBox。如果没有错误，大约几分钟就可以完成编译。查看当前目录，会弹出一个名为 busybox 的可执行文件，该文件就是 BusyBox 的可执行文件，用户选择的所有命令行程序都包括在这个文件内。

（5）测试 BusyBox 能否正常运行：

```
./busybox ls
0021-shell-Fix-read-d-behavior.patch
0034-ash-remove-a-tentative-TODO-it-s-a-wrong-idea.patch
0035-ash-jobs-Fix-infinite-loop-in-waitproc.patch
0036-ash-jobs-Fix-waitcmd-busy-loop.patch
```

```
0037-shell-add-testsuite-for-wait-pid-waiting-for-other-t.patch
0042-shell-remove-FAST_FUNC-from-a-static-function.patch
0055-hush-do-not-print-killing-signal-name-in-cmd_whihc_d.patch
0056-hush-output-bash-compat-killing-signal-names.patch
AUTHORS
Config.in
INSTALL
LICENSE
Makefile
Makefile.custom
Makefile.flags
Makefile.help
NOFORK_NOEXEC.lst
NOFORK_NOEXEC.sh
README
TODO
TODO_unicode
_install
applets
applets_sh
arch
archival
busybox
busybox.links
busybox_unstripped
busybox_unstripped.map
busybox_unstripped.out
configs
console-tools
coreutils
debianutils
docs
e2fsprogs
editors
examples
findutils
include
init
klibc-utils
libbb
libpwdgrp
loginutils
mailutils
make_single_applets.sh
miscutils
modutils
networking
printutils
procps
qemu_multiarch_testing
runit
scripts
selinux
shell
size_single_applets.sh
sysklogd
testsuite
util-linux
```

把 ls 作为 BusyBox 的参数，让 BusyBox 执行 ls 命令。从结果中可以看出，BusyBox 执行 ls 命令列出了当前目录下的文件。再测试一下 cat 命令是否能用。

```
./busybox cat INSTALL
Building:
=========

The BusyBox build process is similar to the Linux kernel build:

  make menuconfig     # This creates a file called ".config"
  make               # This creates the "busybox" executable
  make install        # or make CONFIG_PREFIX=/path/from/root install

The full list of configuration and install options is available by typing:

  make help

...

Building out-of-tree:
=====================

By default, the BusyBox build puts its temporary files in the source tree.
Building from a read-only source tree, or building multiple configurations
from
the same source directory, requires the ability to put the temporary files
somewhere else.

To build out of tree, cd to an empty directory and configure busybox from
there:

  make KBUILD_SRC=/path/to/source -f /path/to/source/Makefile defconfig
  make
  make install

Alternately, use the O=$BUILDPATH option (with an absolute path) during the
configuration step, as in:

  make O=/some/empty/directory allyesconfig
  cd /some/empty/directory
  make
  make CONFIG_PREFIX=. install

More Information:
=================

Se also the busybox FAQ, under the questions "How can I get started using
BusyBox" and "How do I build a BusyBox-based system?"  The BusyBox FAQ is
available from http://www.busybox.net/FAQ.html
```

BusyBox 使用内置的 cat 命令打印出了当前目录下 INSTALL 文件的内容。到目前为止，BusyBox 已经可以正确运行了。但是只能在当前目录下运行，如果需要在系统的任何目录下运行，可以执行 make install 命令把 BusyBox 安装到系统路径下，安装脚本会创建 BusyBox 内置的命令连接，并且替换对应的系统命令。

## 19.2　交叉编译 BusyBox

BusyBox 最大的特点是占用的存储空间较小，在 PC 上的使用优势不明显。本节将介绍如何在嵌入式系统上配置安装 BusyBox。交叉编译 BusyBox 需要有交叉编译环境，第 18

章已经介绍了如何建立交叉编译环境，本节使用已经建立好的环境介绍如何交叉编译 BusyBox。

（1）首先查看 19.1.3 节编译得到的 BusyBox 可执行文件的类型：

```
$ file busybox
busybox: ELF 64-bit LSB pie executable, x86-64, version 1 (SYSV),
dynamically linked, interpreter /lib64/ld-linux-x86-64.so.2, BuildID[sha1]
=68d7495cc5e4085c15e8316c4ad109288a2c6ebb, for GNU/Linux 3.2.0, stripped
```

可执行文件的类型是 x86-64，也就是说只能在 PC 上执行，如果要在 ARM 体系的开发板上执行，则需要进行交叉编译。交叉编译不仅需要交叉编译工具，而且需要设置 BusyBox，使其能使用交叉编译工具链。

（2）在 busybox-1.32.1 根目录下找到 Makefile 文件并打开，然后将关键字 CROSS_COMPILE 和 ARCH 的内容修改为以下内容：

```
CROSS_COMPILE ?=arm-linux-
ARCH ?= arm
```

（3）输入 make，按 Enter 键后开始编译 BusyBox。编译完成后，查看可执行文件的类型。

```
$ file busybox
busybox: ELF 32-bit LSB executable, ARM, EABI5 version 1 (SYSV), dynamically
linked, interpreter /lib/ld-linux.so.3, BuildID[sha1]=
9c114a2362a905943c5b70152025c1d659511cc0, for GNU/Linux 3.2.0, stripped
```

可以看出，可执行文件已经是 ARM 平台上的文件了。细心的读者会发现，这个可执行文件是动态链接的，也就是说，该文件使用了动态库。对于嵌入式平台来说，还需要把动态库安装到开发板上，这是比较麻烦的。因此需要修改配置，把 BusyBox 修改为静态编译。

（4）使用 make menuconfig 命令进入 BusyBox 的配置界面，选择 Settings 下方的 Build Options 子菜单，如图 19-3 所示。

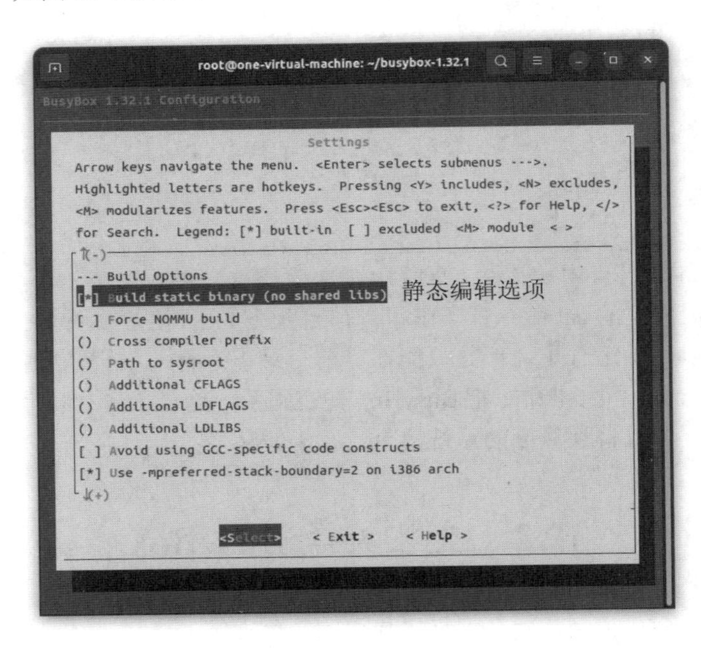


图 19-3　BusyBox 的编译选项界面

从图 19-3 中可以看出，第 1 项 Build static binary（no shared libs）指定了使用静态编译，因此这里选择该项。除了该选项外，读者可以根据需要进行其他设置。

（5）配置完毕后，保存并退出。重新编译 BusyBox，编译完成后，查看可执行文件的类型。

```
$ file busybox
busybox: ELF 32-bit LSB executable, ARM, EABI5 version 1 (SYSV), statically
linked, BuildID[sha1]=4d5dbad21842b9d9bb4e5c79f5e450e3464f9d12, for
GNU/Linux 3.2.0, stripped
```

这一次编译的结果 BusyBox 的可执行文件已经是 ARM 平台上静态链接的文件了。19.3 节将讲解如何将 BusyBox 的可执行文件安装到开发板上。

## 19.3 在目标板上安装 BusyBox

读者可以通过两种方法将 BusyBox 安装到开发板上。一种方法是在 PC 上制作 CRAMFS 镜像。这种方法的优点是便于操作，但是需要注意 BusyBox 的路径不能写错；缺点是出错后修改比较麻烦，每次都需要烧写开发板的 Flash。

如果在开发板上已经安装了系统，可以通过上传的方法把可执行文件 BusyBox 上传到开发板 Linux 系统的/bin 下，然后修改/sbin/init 链接到 busybox。

```
ln -s /bin/busybox /sbin/init
```

这样，在执行/sbin/init 程序时会执行 BusyBox 并且找到正确的入口。以此类推，把系统常用的命令都建立到 BusyBox 的软链接上，BusyBox 基本上就安装完毕了。最后还需要更新 inittab 文件以符合 BusyBox 的需要。下面给出一个 inittab 文件的范例。

```
# /etc/inittab init(8) configuration for BusyBox
#
# Copyright (C) 1999-2004 by Erik Andersen <andersen@codepoet.org>
#
#
# Note, BusyBox init doesn't support runlevels.  The runlevels field is
# completely ignored by BusyBox init. If you want runlevels, use sysvinit.
#
#
# Format for each entry: <id>:<runlevels>:<action>:<process>
// 表项格式
#
# <id>: WARNING: This field has a non-traditional meaning for BusyBox init!
#
# The id field is used by BusyBox init to specify the controlling tty for
# the specified process to run on.  The contents of this field are
# appended to "/dev/" and used as-is.  There is no need for this field to
# be unique, although if it isn't you may have strange results.  If this
# field is left blank, it is completely ignored.  Also note that if
# BusyBox detects that a serial console is in use, then all entries
# containing non-empty id fields will _not_ be run.  BusyBox init does
# nothing with utmp.  We don't need no stinkin' utmp.
#
# <runlevels>: The runlevels field is completely ignored.
#
# <action>: Valid actions include: sysinit, respawn, askfirst, wait, once,
#                      restart, ctrlaltdel, and shutdown.
```

```
// 执行动作的格式
#
#      Note: askfirst acts just like respawn, but before running the
       specified
#      process it displays the line "Please press Enter to activate this
#      console." and then waits for the user to press enter before starting
#      the specified process.
#
#      Note: unrecognised actions (like initdefault) will cause init to emit
#      an error message, and then go along with its business.
#
# <process>: Specifies the process to be executed and it's command line.
// 进程处理
#
# Note: BusyBox init works just fine without an inittab. If no inittab is
# found, it has the following default behavior:
// BusyBox 执行 inittab 文件，如果该文件不存在，则执行下面的脚本
#        ::sysinit:/etc/init.d/rcS
#        ::askfirst:/bin/sh
#        ::ctrlaltdel:/sbin/reboot
#        ::shutdown:/sbin/swapoff -a
#        ::shutdown:/bin/umount -a -r
#        ::restart:/sbin/init
#
# if it detects that /dev/console is _not_ a serial console, it will
# also run:              // 如果/dev/console 设备不是串口设备，则执行下面的命令
#        tty2::askfirst:/bin/sh
#        tty3::askfirst:/bin/sh
#        tty4::askfirst:/bin/sh
#
# Boot-time system configuration/initialization script.
# This is run first except when booting in single-user mode.
// 启动时运行的脚本
#
::sysinit:/etc/init.d/rcS

# /bin/sh invocations on selected ttys
#
# Note below that we prefix the shell commands with a "-" to indicate to
the
# shell that it is supposed to be a login shell.  Normally this is handled
by
# login, but since we are bypassing login in this case, BusyBox lets you
do
# this yourself...
#
# Start an "askfirst" shell on the console (whatever that may be)
::askfirst:-/bin/sh
# Start an "askfirst" shell on /dev/tty2-4
tty2::askfirst:-/bin/sh
tty3::askfirst:-/bin/sh
tty4::askfirst:-/bin/sh

# /sbin/getty invocations for selected ttys
tty4::respawn:/sbin/getty 38400 tty5
tty5::respawn:/sbin/getty 38400 tty6

# Example of how to put a getty on a serial line (for a terminal)
// 建立串口控制台的例子
#::respawn:/sbin/getty -L ttyS0 9600 vt100
```

```
#::respawn:/sbin/getty -L ttyS1 9600 vt100
#
# Example how to put a getty on a modem line.   // 如何建立Modem连接的例子
#::respawn:/sbin/getty 57600 ttyS2

# Stuff to do when restarting the init process  // 设置什么时候执行init程序
::restart:/sbin/init

# Stuff to do before rebooting                  // 设置重新启动之前做什么
::ctrlaltdel:/sbin/reboot
::shutdown:/bin/umount -a -r
::shutdown:/sbin/swapoff -a
```

读者可以根据自己的需要修改范例文件。

## 19.4　小　　结

本章介绍了 BusyBox 的工作原理、编译安装和移植到开发板上的技巧。读者需亲自动手实践，这对于理解 BusyBox 的工作流程有很大的帮助。另外，有兴趣的读者可以挑选 BusyBox 源代码的文件，阅读代码，理解 BusyBox 的设计思想和工作流程。第 20 章将介绍嵌入式 Linux 开发的重点——内核移植的相关内容。

## 19.5　习　　题

### 一、填空题

1．BusyBox 项目最初是在________年发起的。
2．BusyBox 的使用是在用户命令前加入________字样即可调用 BusyBox。
3．BusyBox 将________作为参数传递给 C 语言的 main()函数。

### 二、选择题

1．在控制台输入 busybox ls，相当于执行的命令是（　　）。
A．ls　　B．cd　　C．move　　D．man
2．可以选择归档程序的子菜单是（　　）。
A．Init Utilities　　B．Archival Utilities　　C．Process Utilities　　D．其他
3．在配置选项中，把 BusyBox 修改为静态编译的选项是（　　）。
A．Cross compiler prefix　　B．Additional CFLAGS
C．Build static binary(no shared libs)　　D．其他

### 三、判断题

1．BusyBox 使用字符屏蔽了程序调用的细节。　　（　　）
2．BusyBox 的出现基于 Linux 共享库。　　（　　）
3．BusyBox 最大的特点是占用的存储空间大。　　（　　）

# 第 20 章　Linux 内核移植

软件移植简单地说就是让一套软件在指定的硬件平台上正常运行。移植至少包括两个不同的硬件或者软件平台。对于应用软件来说，移植主要考虑的是操作系统的差异，重点是如何修改系统调用。本章将介绍如何进行 Linux 内核移植，需要考虑硬件平台的差异，涉及较多的知识。本章的主要内容如下：

- Linux 内核移植的要点；
- 内核体系结构框架介绍；
- 如何实现交叉编译。

## 20.1　Linux 内核移植的要点

Linux 代码完全开放及其良好的结构设计非常适用于嵌入式系统。移植 Linux 系统包括内核、程序库和应用程序，其中最主要的就是内核移植。由于 Linux 内核的开放性，出现了许多针对嵌入式硬件系统的内核版本，其中著名的包括 μClinux 和 RT-Linux 等。

Linux 本身对内存管理（MMU）有很好的支持。因此，在移植的时候首先要考虑目标硬件平台是否支持 MMU。以 ARM 平台为例，ARM7 内核的 CPU 不支持 MMU，无法直接把 Linux 内核代码移植到 ARM7 内核的硬件平台上。μClinux 是专门针对 ARM7 这类没有 MMU 的硬件平台设计的，它精简了 MMU 的部分代码。这里的目标平台是 S3C2440A，该处理器基于 ARM9 核，支持 MMU，可以直接移植 Linux 5.2.8 版本的内核代码。

在一个硬件平台中，最主要的是处理器，因此在移植之前需要了解目标平台的处理器。ARM 处理器内部采用 32 位的精简指令架构（RISC），核心结构设计相对简单，具有耗电量低的优势，被广泛应用到各种领域。下面介绍移植 Linux 内核时硬件平台需要考虑的几个问题。

### 1．目标平台

目标平台包括嵌入式处理器和周围器件，处理器可能整合了一些周围器件，如中断控制器、定时器和总线控制器等。在移植之前需要确定被移植系统对外部设备和总线的支持情况。这里的 ARM 开发板采用的是 mini2440 平台，在 S3C2440A 外围连接了许多外围设备，包括 NOR Flash 存储器、NAND Flash 存储器、网络接口芯片和 USB 控制器等。在 S3C2440A 处理器内部集成了许多常用的控制器，以及嵌入式领域常用的总线控制器。对于移植 Linux 内核来说，操作处理器内部的控制器要比外部的设备容易得多。

### 2．内存管理单元

前面提到过 MMU，对于现代计算机来说，MMU 负责内存地址保护、虚拟地址和物理地址的相互转换工作。在使用 MMU 的硬件平台上，操作系统通过 MMU 可以向应用程序提供大于实际物理内存的地址空间，使应用程序获得更高的性能。Linux 的虚拟内存管理功能就是借助 MMU 实现的。在移植的时候要考虑目标平台的 MMU 操作机制，这部分代码是较难理解的，最好能在相似代码的基础上修改一下，降低开发难度。

### 3．内存映射

嵌入式系统大多都没有配备磁盘，外部存储器只有 Flash，并且系统内存也非常有限。内存控制器（Memory Controller）负责内部和外部存储器在处理器地址空间的映射，由于硬件预设的地址不同，导致每种平台内存映射的地址也不同。在移植时需要参考硬件用户手册，得到内存地址的映射方法。

### 4．存储器

由于嵌入式系统多用 Flash 存储器作为存储装置。对于文件系统来说，在 PC 上流行的 Ext2 和 Ext3 文件系统在嵌入式系统中无法发挥作用。幸好 Linux 支持许多文件系统，针对 Flash 存储器可以使用 JFFS2 文件系统。在移植的时候，不必要的文件系统都可以裁剪掉。

## 20.2　Linux 内核的平台代码结构

移植 Linux 是一项复杂的工作，不仅对目标硬件平台的资源要充分了解，还需要了解 Linux 内核代码，尤其是与体系结构有关的部分。本节从内核的平台代码入手，先介绍内核的工作原理，然后讲解如何将一个普通的 Linux 内核移植到以 S3C2440A 为目标平台的开发板上。

第 15 章介绍过 Linux 内核代码结构，与平台相关的代码主要存放在 arch 目录下，对应的头文件在 include 目录下。以 ARM 平台为例，在 arch 目录下有一个 arm 子目录，存放所有与 ARM 体系有关的内核代码。

Linux 内核代码的目录基本是按照功能块划分的，每个功能块的代码存放在一个目录下。例如：mm 目录下存放的是内存管理单元的相关代码；ipc 目录下存放的是进程间通信的相关代码；kernel 目录下存放的是进程调度的相关代码等。

arch 目录下的每个平台的代码都采用了与内核代码相同的目录结构。以 arch/arm 目录为例，该目录下的 mm、lib、kernel 和 boot 目录与内核目录下对应目录的功能相同。此外，还有一些以字符串 mach 开头的目录，对应不同处理器特定的代码。从 arch 目录结构中可以看出，平台相关的代码都存放到 arch 目录下，并且使用与内核目录相同的结构。使用 SourceInsight 工具可以看到许多同名函数，原因就是内核代码调用的函数是与平台相关的，每个平台都有自己的实现方法。对于内核来说，先使用相同的名称调用函数，然后通过编译选项选择对应平台的代码。

将内核移植到新的平台上的主要任务是修改 arch 目录下对应体系结构的代码。一般来说，已有的体系结构都提供了完整的代码框架，移植时只需要按照代码框架编写对应硬件平台的代码即可。在编写代码的过程中，需要参考硬件的设计原理，包括图纸、引脚连线和操作手册等。

## 20.3　实现交叉编译

Linux 内核 2.6 以上的各个版本都对 ARM 处理器有很好的支持，并且对三星公司的 S3C2440 处理器芯片也提供了一定的支持。但是，嵌入式硬件系统的差别很大，将 Linux 内核移植到新的开发板上，仍然需要修改或者增加针对特定硬件的代码。

Linux 内核使用了复杂的工程文件结构，当向内核添加新的代码文件时需要让内核工程文件知道。对于 ARM 处理器来说，相关的文件都存放在 arch/arm 目录下：

```
// make 使用的配置文件
drwxrwxr-x 5 root root  4096 8月   9  2019 boot
// ARM 处理器通用启动代码
drwxrwxr-x 2 root root  4096 8月   9  2019 common
// ARM 处理器通用函数
drwxrwxr-x 2 root root  4096 8月   9  2019 configs
drwxrwxr-x 2 root root  4096 8月   9  2019 crypto
drwxrwxr-x 5 root root  4096 8月   9  2019 include
-rw-rw-r-- 1 root root 67099 8月   9  2019 Kconfig
-rw-rw-r-- 1 root root 64914 8月   9  2019 Kconfig.debug
-rw-rw-r-- 1 root root  2097 8月   9  2019 Kconfig-nommu
// 基于 ARM 处理器的各种开发板配置
drwxrwxr-x 2 root root  4096 8月   9  2019 kernel
// ARM 处理器内核相关代码
drwxrwxr-x 3 root root  4096 8月   9  2019 kvm
drwxrwxr-x 2 root root  4096 8月   9  2019 lib
// ARM 处理器用到的库函数
drwxrwxr-x 2 root root  4096 8月   9  2019 mach-actions
drwxrwxr-x 2 root root  4096 8月   9  2019 mach-alpine
drwxrwxr-x 2 root root  4096 8月   9  2019 mach-artpec
drwxrwxr-x 2 root root  4096 8月   9  2019 mach-asm9260
drwxrwxr-x 2 root root  4096 8月   9  2019 mach-aspeed
drwxrwxr-x 2 root root  4096 8月   9  2019 mach-at91
drwxrwxr-x 2 root root  4096 8月   9  2019 mach-axxia
drwxrwxr-x 2 root root  4096 8月   9  2019 mach-bcm
drwxrwxr-x 2 root root  4096 8月   9  2019 mach-berlin
drwxrwxr-x 2 root root  4096 8月   9  2019 mach-clps711x
drwxrwxr-x 2 root root  4096 8月   9  2019 mach-cns3xxx
drwxrwxr-x 3 root root  4096 8月   9  2019 mach-davinci
drwxrwxr-x 2 root root  4096 8月   9  2019 mach-digicolor
drwxrwxr-x 3 root root  4096 8月   9  2019 mach-dove
drwxrwxr-x 3 root root  4096 8月   9  2019 mach-ebsa110
drwxrwxr-x 2 root root  4096 8月   9  2019 mach-efm32
drwxrwxr-x 3 root root  4096 8月   9  2019 mach-ep93xx
drwxrwxr-x 3 root root  4096 8月   9  2019 mach-exynos
drwxrwxr-x 3 root root  4096 8月   9  2019 mach-footbridge
drwxrwxr-x 2 root root  4096 8月   9  2019 mach-gemini
```

```
drwxrwxr-x 2 root root  4096 8月   9  2019 mach-highbank
drwxrwxr-x 2 root root  4096 8月   9  2019 mach-hisi
drwxrwxr-x 3 root root  4096 8月   9  2019 mach-imx
drwxrwxr-x 2 root root  4096 8月   9  2019 mach-integrator
drwxrwxr-x 3 root root  4096 8月   9  2019 mach-iop13xx
drwxrwxr-x 3 root root  4096 8月   9  2019 mach-iop32x
drwxrwxr-x 3 root root  4096 8月   9  2019 mach-iop33x
drwxrwxr-x 3 root root  4096 8月   9  2019 mach-ixp4xx
// Intel IXp4xx 系列网络处理器
drwxrwxr-x 2 root root  4096 8月   9  2019 mach-keystone
drwxrwxr-x 3 root root  4096 8月   9  2019 mach-ks8695
drwxrwxr-x 2 root root  4096 8月   9  2019 mach-lpc18xx
drwxrwxr-x 3 root root  4096 8月   9  2019 mach-lpc32xx
drwxrwxr-x 2 root root  4096 8月   9  2019 mach-mediatek
drwxrwxr-x 2 root root  4096 8月   9  2019 mach-meson
drwxrwxr-x 2 root root  4096 8月   9  2019 mach-milbeaut
drwxrwxr-x 2 root root  4096 8月   9  2019 mach-mmp
drwxrwxr-x 2 root root  4096 8月   9  2019 mach-moxart
drwxrwxr-x 2 root root  4096 8月   9  2019 mach-mv78xx0
drwxrwxr-x 2 root root  4096 8月   9  2019 mach-mvebu
drwxrwxr-x 2 root root  4096 8月   9  2019 mach-mxs
drwxrwxr-x 3 root root  4096 8月   9  2019 mach-netx
drwxrwxr-x 2 root root  4096 8月   9  2019 mach-nomadik
drwxrwxr-x 2 root root  4096 8月   9  2019 mach-npcm
drwxrwxr-x 2 root root  4096 8月   9  2019 mach-nspire
drwxrwxr-x 3 root root  4096 8月   9  2019 mach-omap1
drwxrwxr-x 3 root root 12288 8月   9  2019 mach-omap2
drwxrwxr-x 2 root root  4096 8月   9  2019 mach-orion5x
drwxrwxr-x 2 root root  4096 8月   9  2019 mach-oxnas
drwxrwxr-x 2 root root  4096 8月   9  2019 mach-picoxcell
drwxrwxr-x 2 root root  4096 8月   9  2019 mach-prima2
drwxrwxr-x 3 root root  4096 8月   9  2019 mach-pxa
// Intel PXA 系列处理器
drwxrwxr-x 2 root root  4096 8月   9  2019 mach-qcom
drwxrwxr-x 2 root root  4096 8月   9  2019 mach-rda
drwxrwxr-x 2 root root  4096 8月   9  2019 mach-realview
drwxrwxr-x 2 root root  4096 8月   9  2019 mach-rockchip
drwxrwxr-x 3 root root  4096 8月   9  2019 mach-rpc
drwxrwxr-x 3 root root  4096 8月   9  2019 mach-s3c24xx
// 三星 S3C24xx 系列处理器
drwxrwxr-x 3 root root  4096 8月   9  2019 mach-s3c64xx
drwxrwxr-x 2 root root  4096 8月   9  2019 mach-s5pv210
drwxrwxr-x 3 root root  4096 8月   9  2019 mach-sa1100
drwxrwxr-x 2 root root  4096 8月   9  2019 mach-shmobile
drwxrwxr-x 2 root root  4096 8月   9  2019 mach-socfpga
drwxrwxr-x 3 root root  4096 8月   9  2019 mach-spear
drwxrwxr-x 2 root root  4096 8月   9  2019 mach-sti
drwxrwxr-x 2 root root  4096 8月   9  2019 mach-stm32
drwxrwxr-x 2 root root  4096 8月   9  2019 mach-sunxi
drwxrwxr-x 2 root root  4096 8月   9  2019 mach-tango
drwxrwxr-x 2 root root  4096 8月   9  2019 mach-tegra
drwxrwxr-x 2 root root  4096 8月   9  2019 mach-u300
drwxrwxr-x 2 root root  4096 8月   9  2019 mach-uniphier
```

```
drwxrwxr-x 2 root root  4096 8月   9  2019 mach-ux500
drwxrwxr-x 2 root root  4096 8月   9  2019 mach-versatile
drwxrwxr-x 2 root root  4096 8月   9  2019 mach-vexpress
drwxrwxr-x 2 root root  4096 8月   9  2019 mach-vt8500
drwxrwxr-x 3 root root  4096 8月   9  2019 mach-w90x900
drwxrwxr-x 2 root root  4096 8月   9  2019 mach-zx
drwxrwxr-x 2 root root  4096 8月   9  2019 mach-zynq
-rw-rw-r-- 1 root root 13282 8月   9  2019 Makefile
drwxrwxr-x 2 root root  4096 8月   9  2019 mm
// ARM 处理器内存函数相关代码
drwxrwxr-x 2 root root  4096 8月   9  2019 net
drwxrwxr-x 2 root root  4096 8月   9  2019 nwfpe
drwxrwxr-x 2 root root  4096 8月   9  2019 oprofile
drwxrwxr-x 2 root root  4096 8月   9  2019 plat-iop
drwxrwxr-x 3 root root  4096 8月   9  2019 plat-omap
drwxrwxr-x 3 root root  4096 8月   9  2019 plat-orion
drwxrwxr-x 3 root root  4096 8月   9  2019 plat-pxa
drwxrwxr-x 3 root root  4096 8月   9  2019 plat-samsung
drwxrwxr-x 3 root root  4096 8月   9  2019 plat-versatile
drwxrwxr-x 4 root root  4096 8月   9  2019 probes
drwxrwxr-x 2 root root  4096 8月   9  2019 tools                    // 编译工具
drwxrwxr-x 2 root root  4096 8月   9  2019 vdso
drwxrwxr-x 2 root root  4096 8月   9  2019 vfp
drwxrwxr-x 2 root root  4096 8月   9  2019 xen
```

在 arch/arm 目录下有许多子目录和文件。其中，以 mach 字符串开头的子目录用于存放某种特定的 ARM 内核处理器的相关文件，如 mach-s3c24xx 目录存放的是 S3C2410 和 S3C2440 相关的文件。另外，在 mach 目录下还会存放针对特定开发板硬件的代码。

- boot 目录存放的是与 ARM 内核通用的启动相关的文件；kernel 目录下存放的是与 ARM 处理器相关的内核代码；mm 目录下存放的是与 ARM 处理器相关的内存管理部分的代码。以上这些目录的代码一般不需要修改，除非处理器有特殊的地方，只要是基于 ARM 内核的处理，一般都使用相同的内核管理代码。
- Kconfig 文件是内核使用的选项菜单配置文件，在执行 make menuconfig 命令的时候会显示出菜单。Kconfig 文件描述了菜单项，包括菜单项的属性与其他菜单项的依赖关系等。通过修改 Kconfig 文件，可以告知内核有关编译的宏，内核顶层的 Makefile 通过 Kconfig 文件知道需要编译哪些文件及连接关系。
- Makefile 文件是一个工程文件，在每个体系结构的代码中都有这个文件。Makefile 文件描述了当前体系结构目录下需要编译的文件以及对应的宏的名称。内核顶层 Makefile 通过 Kconfig 文件配置的宏，结合 Makefile 定义的宏关联的代码文件去链接用户编写的代码。

通过分析 ARM 处理器体系目录的结构，加入针对 mini2440 开发板（其使用的是 S3C2440 处理器芯片）的代码修改 Kconfig 文件和 Makefile 文件。

### 20.3.1　加入编译菜单项

修改 arch/arm/mach-s3c2410/Kconfig 文件，在 endmenu 之前加入以下内容：

```
...
```

```
87 config ARCH_MINI2440                                  // 开发板名称宏定义
88   bool "mini2440"                                     // 开发板名称
89   select CPU_S3C2440                                  // 开发板使用的处理器类型
90   help
91     Say Y here if you are using the mini2440.         // 帮助信息
```

在笔者的计算机上是在第 87 行加入修改内容，读者可以根据自己的计算机配置在正确位置加入配置代码。Kconfig 文件与开发板有关的代码定义在 startmenu 和 endmenu 之间，使用 config 关键字标示一个配置选项，配置选项会出现在 make menuconfig 的菜单项中。

## 20.3.2　实现编译

加入编译菜单项后，就可以进行编译了，具体操作步骤如下：

（1）将 arch/arm/configs/mini2440_defconfig 文件复制到内核代码的顶层目录下。执行 cp mini2440_defconfig .config 命令，将 mini2440_defconfig 改名为.config 文件。

（2）执行 make ARCH=arm CROSS_COMPILE=arm-linux- menuconfig 命令，弹出内核设置图形界面。

（3）在内核设置界面中选择 System Types 菜单项，进入 System Types 界面。

（4）选择 SAMSUNG S3C24XX SoCs Support 选项，进入 SAMSUNG S3C24XX SoCs Support 界面，如图 20-1 所示。

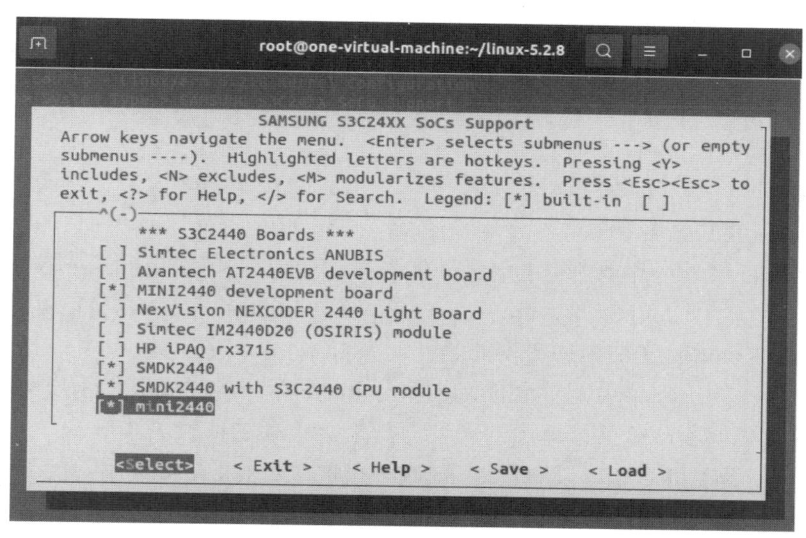


图 20-1　SAMSUNG S3C24XX SoCs Support 界面

（5）选择 S3C2440 Boards 中的 mini2440 菜单项，此菜单项是在 20.3.1 节中添加的。保存并退出内核配置界面。在命令行中输入 make ARCH=arm CROSS_COMPILE=arm-linux- bzImage 命令编译内核代码，在 arch/arm/boot 目录下会生成 bzImage 文件，针对开发板的内核代码编译成功。

通过 U-Boot 或者其他 Bootloader 工具，可以把代码烧写到开发板的 Flash 存储器上，然后重新启动开发板，可以从液晶屏看到启动过程打印的提示信息。

☎提示：由于没有设置 USB 控制器和声音控制器，所以开发板上 USB 及与声音相关的功能都无法使用。

## 20.4　小　　结

本章介绍了如何移植 Linux 内核代码到新的开发板。移植内核到新的硬件平台上是一件烦琐的事情，读者在移植过程中需要有耐心。移植内核代码涉及软件和硬件的相关知识，读者应该结合硬件提供的电路图纸和手册，利用现有的软件工具和代码，构建符合需求的内核代码。第 21 章将讲解 Linux 内核和应用程序的调试技术。

## 20.5　习　　题

**一、填空题**

1．Linux 内核代码目录基本是按照________划分的。
2．软件移植是让一套软件在指定的________平台上正常运行。
3．目标平台包括嵌入式________和周围器件。

**二、选择题**

1．ARM7 内核的 CPU 不支持（　　）。
A．MMU　　B．ARM720T
C．EmbededICE 软件调试　　D．其他
2．在 arch 目录下，存放所有与 ARM 体系有关的内核代码的子目录是（　　）。
A．arm　　B．arc　　C．arm64　　D．其他
3．下列对 Kconfig 文件描述错误的是（　　）。
A．内核使用的选项菜单配置文件，在执行 make 命令的时候会显示出菜单
B．描述了菜单项，包括菜单项的属性与其他菜单项的依赖关系等
C．Makefile 通过 Kconfig 文件知道需要编译哪些文件及连接关系
D．其他

**三、判断题**

1．Linux 的物理内存管理功能就是借助 MMU 实现的。（　　）
2．在 Linux 中，针对 Flash 存储器可以使用 JFFS2 文件系统。（　　）
3．移植内核到新的平台的主要任务是修改 drivers 目录下对应体系结构的代码。（　　）

# 第 21 章　内核和应用程序调试技术

调试程序的目的是定位程序中的问题。调试程序无外乎这几种方式：查看程序运行时的内部数据、跟踪程序运行、查看信号量的变化。调试器就是帮助程序员调试程序的工具。本章将介绍 Linux 系统中最基本的调试器 gdb 的使用方法以及内核调试的技术，主要内容如下：

- gdb 调试器简介；
- 基本的调试技术简介；
- 如何调试意外终止的程序；
- 如何使用 printk()函数调试 Linux 内核；
- Linux 内核调试技术简介。

## 21.1　使用 gdb 调试应用程序

gdb 是 GNU 开源组织发布的一款调试器，提供了丰富的功能。gdb 调试器不仅能调试普通的应用程序，还可以调试正在运行的进程、线程甚至 Linux 内核。gdb 是一个开源的调试器，不仅能调试 C 语言编写的代码，还可以调试 Ada、C++、Java 和 Pascal 等语言编写的程序。gdb 支持 Linux 和 Windows 等多种平台，可以非常方便地调试各种类型的程序。gdb 最大的不足是它是一个命令行工具，对初学者来说入门比较难，尤其是用惯了 Visual Studio 之类图形化调试器的开发人员可能比较难适应。

gdb 的功能可以分成 4 类：提供多种方式加载被调试的程序；为程序设置断点，可以根据用户设置的表达式设置断点；检查程序运行过程中各种状态和信号的变化情况；可以动态改变程序执行的环境。下面介绍 gdb 在 Linux 环境下的各种调试技术。

## 21.2　基本的调试技术

gdb 的功能通过内部的命令和启动时的命令行提供，命令行的格式如下：

```
gdb [options] [executable-file [core-file or process-id]]
gdb [options] --args executable-file [inferior-arguments ...]
```

在 gdb 的命令行中可以输入参数和选项，包括指定被调试程序的参数和进程号等。一般使用“gdb <被调试程序名>”的形式启动 gdb，不需要指定参数。有关 gdb 的参数和内置命令可以参考官方网站上提供的附录。下面介绍 gdb 的基本功能。

在介绍 gdb 的功能之前，首先给出一个例子程序，该程序的功能是从一个 Web 服务器上获取网页，请参考实例 21-1。

**【实例 21-1】**从 Web 服务器上获取网页示例程序。

```
01  //
02  // HttpDemo.c
03  //
04  // 功能：使用 HTTP 从网站上获取一个页面
05  //
06  #include <string.h>
07  #include <sys/types.h>
08  #include <sys/socket.h>
09  #include <netinet/in.h>
10  #include <netdb.h>
11  #include <stdio.h>
12  #include <fcntl.h>
13  #include <errno.h>
14  #include <signal.h>
15
16  void sig_int(int sig);
17
18  /* 解析 HTTP 头的函数 */
19  int GetHttpHeader(char *buff, char *header);
20
21  /* 打印出错信息 */
22  #define PRINTERROR(s) \
23  fprintf(stderr,"\nError at %s, errno = %d\n", s, errno)
24
25  /* 主函数 */
26  int main()
27  {
28      int bytes_all = 0;
29      char *host_name = "www.sohu.com";
30      int nRet;
31      int sock_fd;                                     // Socket 句柄
32      struct sockaddr_in server_addr;
33      struct hostent *host_entry;
34      char strBuffer[2048] = {0};                      // 存放返回的数据
35      char strHeader[1024] = {0};                      // 存放 HTTP 请求报文头
36
37      /* 安装 SIGINT 信号响应函数 */
38      signal(SIGINT, sig_int);
39
40      sock_fd = socket(PF_INET, SOCK_STREAM, 0);
41      if (sock_fd == -1) {
42      PRINTERROR("socket()");
43      return -1;
44      }
45
46      host_entry = gethostbyname(host_name);          // 获取域名对应的 IP 地址
47      server_addr.sin_port = htons(80);               // 设置服务器端口号
48      server_addr.sin_family = PF_INET;               // 设置 Socket 类型
49      server_addr.sin_addr= (*(struct in_addr*)*(host_entry->h_addr_
        list));
50
51      /* 连接到服务器 */
52      nRet = connect(sock_fd, (struct sockaddr*)&server_addr, sizeof
        (struct     sockaddr_in));
53      if (nRet == -1){
54          PRINTERROR("connect()");
```

```
55            close(sock_fd);
56            return -1;
57        }
58
59        /* 构造 HTTP 请求报文头 */
60        sprintf(strBuffer, "GET / HTTP/1.1\r\n");
61        strcat(strBuffer, "Accept */*\r\n");
62        strcat(strBuffer, "Connection: Keep-Alive\r\n");
63
64        /* 发送 HTTP 请求 */
65        nRet = send(sock_fd, strBuffer, strlen(strBuffer), 0);
66        if (nRet == -1) {
67            PRINTERROR("send()");
68            close(sock_fd);
69            return -1;
70        }
71
72        /* 获取服务器返回的页面内容 */
73        while(1)
74        {
75            /* 等待服务器返回页面内容 */
76            nRet = recv(sock_fd, strBuffer, sizeof(strBuffer), 0);
77            if (nRet == -1)
78            {
79                PRINTERROR("recv()");
80                break;
81            }
82
83            bytes_all += nRet;          // 累加服务器返回页面内容的字节数
84
85            if (0==GetHttpHeader(strBuffer, strHeader)) {
86                printf("%s", strHeader);
87            }
88
89            /* 检查服务器是否关闭连接 */
90            if (nRet == 0) {            // 没有数据返回，表示连接已经关闭
91                fprintf(stderr,"\n %d bytes received.\n", bytes_all);
92                break;
93            }
94
95            /* 打印服务器返回的内容 */
96            printf("%s", strBuffer);
97        }
98
99        /* 关闭连接 */
100       close(sock_fd);
101
102       return 0;
103
104 }
105
106 void sig_int(int sig)               // 中断信号响应函数
107 {
108     printf("Ha ha, we get SIGINT!\n");
109 }
110
111 /* 获取 HTTP 请求报文头 */
112 int GetHttpHeader(char *buff, char *header)
113 {
```

```
114     char *p, *q;
115     int i=0;
116
117     p = buff;                                       // 缓冲区头
118     q = header;                                     // 协议头
119
120     if (NULL==p)                                    // 参数检查
121         return -1;
122     if (NULL==q)
123         return -1;
124
125     while('\0'!=(*p)) {                             // 检查字符串是否结束
126         q[i] = p[i];
127         if ((p[i]==0x0d)&&(p[i+1]==0x0a)&&
128             (p[i+2]==0x0d)&&(p[i+3]==0x0a)) {       // 判断是否句子结尾
129             q[i+1] = p[i+1];
130             q[i+2] = p[i+2];
131             q[i+3] = p[i+3];
132             q[i+4] = 0;
133             return 0;
134         }
135         i++;
136     }
137     return -1;
138 }
```

实例 21-1 的程序是在本地创建一个 Socket，然后连接到指定的 Web 服务器并发送一个 HTTP 请求。等待 HTTP 服务器返回响应后，解析响应的 HTTP 头。有关 HTTP 的信息请读者参考其他文档，这里仅举例说明程序的工作流程。程序的详细功能将在调试过程中进行说明，在调试之前，需要编译程序：

```
gcc -g -o HttpDemo HttpDemo.c
```

注意：编译的时候加入了-g 参数，目的是告诉 gcc 在目标文件中生成调试信息。如果不加-g 参数，则 gdb 无法找到供调试用的信息。

## 21.2.1　列出源代码

列出源代码是一个必要的功能。对于 gdb 这种命令行调试器来说，调试过程中屏幕的信息在不断更新，如果没有查看源代码功能，那么用户操作将会很不方便。gdb 显示代码的命令是 list。

（1）启动 gdb 调试器：

```
gdb HttpDemo
```

gdb 会启动并且调入 HttpDemo 程序，出现下面的界面。

```
$ gdb HttpDemo
GNU gdb (Ubuntu 12.0.90-0ubuntu1) 12.0.90
Copyright (C) 2022 Free Software Foundation, Inc.
License GPLv3+: GNU GPL version 3 or later <http://gnu.org/licenses/gpl.html>
This is free software: you are free to change and redistribute it.
There is NO WARRANTY, to the extent permitted by law.
Type "show copying" and "show warranty" for details.
This GDB was configured as "x86_64-linux-gnu".
```

```
Type "show configuration" for configuration details.
For bug reporting instructions, please see:
<https://www.gnu.org/software/gdb/bugs/>.
Find the GDB manual and other documentation resources online at:
    <http://www.gnu.org/software/gdb/documentation/>.

For help, type "help".
Type "apropos word" to search for commands related to "word"...
Reading symbols from HttpDemo...
(gdb)
```

首先是一大堆版权信息，还有 gdb 的版本号等。如果没有提示错误，则表示已经成功装入被调试的 HttpDemo 程序，(gdb)是 gdb 的命令行提示符。

（2）进入 gdb 调试环境后，输入命令 list，然后按 Enter 键，将会打印出最开始的代码。

```
(gdb) list
13  #include <errno.h>
14  #include <signal.h>
15
16  void sig_int(int sig);
17
18  /* 解析 HTTP 头的函数 */
19  int GetHttpHeader(char *buff, char *header);
20
21  /* 打印出错信息 */
22  #define PRINTERROR(s) \
```

（3）在调试环境下继续输入 list 命令，按 Enter 键后将会得到下面的代码：

```
(gdb) list
23  fprintf(stderr,"\nError at %s, errno = %d\n", s, errno)
24
25  /* 主函数 */
26  int main()
27  {
28      int bytes_all = 0;
29      char *host_name = "www.sohu.com";
30      int nRet;
31      int sock_fd;                        // Socket 句柄
32      struct sockaddr_in server_addr;
```

gdb 将显示从第 23 行开始的 10 行代码。用户如果想看某一行代码，那么可以指定行号。如 HttpDemo.c 这个文件，一开始没有看到第 1 行，现在从第 1 行列出代码：

```
(gdb) list 1
1   //
2   // HttpDemo.c
3   //
4   // 功能：使用 HTTP 协议从网站获取一个页面
5   //
6   #include <string.h>
7   #include <sys/types.h>
8   #include <sys/socket.h>
9   #include <netinet/in.h>
10  #include <netdb.h>
```

gdb 从第 1 行开始显示了 10 行代码。细心的读者会发现，list 命令每次都显示出 10 行代码，这是 gdb 默认的设置。list 命令可以指定显示代码的区间，如显示第 17～20 行代码，可以做如下操作：

```
(gdb) list 17,20
17
18  /* 解析 HTTP 头的函数 */
19  int GetHttpHeader(char *buff, char *header);
20
```

（4）在调试过程中，代码会经常改变，使用行号的方法很不方便。gdb 提供了通过函数名称显示代码的功能。例如在本例中，显示 GetHttpHeader()函数的代码操作如下：

```
(gdb) list GetHttpHeader
108     printf("Ha ha, we get SIGINT!\n");
109 }
110
111 /* 获取 HTTP 头 */
112 int GetHttpHeader(char *buff, char *header)
113 {
114     char *p, *q;
115     int i=0;
116
117     p = buff;                              // 缓冲区头
```

gdb 打印出了 GetHttpHeader()函数的内容，同时还显示了该函数前 4 行的文件内容，这个功能可以方便用户参考代码的上下文。

☎**提示：**用户在输入函数名时，可以像使用命令行一样输入函数名的开头部分，然后通过 Tab 键补全整个函数名。

一个软件的应用程序往往是由多个文件编译而成的。gdb 在启动二进制文件调试的时候，默认显示 main()函数所在的文件内容，可以通过“list <文件名>:<函数名>”或者“list <文件名>:<行号>”的形式指定文件的函数名称或者开始的行号，读者可以自己试验一下。

## 21.2.2　断点管理

调试中最常用的功能就是断点。断点的意思是在程序代码某处做一个标记，当程序运行到此处的时候就会停下来，等待用户的操作。断点通常被设置在程序出错的前面几行，当程序运行到断点处时，程序员通过单步运行程序并且查看相关变量状态可以定位错误。

### 1．设置断点

gdb 提供了一组设置断点的命令，可以对指定的行或者函数设置断点，也可以通过表达式设置断点以及断点到达后可以执行的命令。下面介绍基本的断点操作方法。设置断点使用 break 命令，后面可以是行号或者函数名。例如，在第 43 行设置一个断点，可以进行如下操作：

```
(gdb) break 43
Breakpoint 1 at 0x13fb: file HttpDemo.c, line 43.
```

gdb 给出一个设置断点的提示，包括断点所在的文件名和行号。接下来，在函数 GetHttpHeader()中设置一个断点：

```
(gdb) b GetHttpHeader
Breakpoint 2 at 0x172d: file HttpDemo.c, line 115.
```

gdb 给出了断点所在的文件和行号。

☎提示：在操作过程中，可以不输入 break，使用一个字符 b 代替 break 命令，方便用户操作。但是需要注意，不是所有的命令都可以简化成一个字母。gdb 对常用的命令做了简化，对于简化后有歧义的命令可以多输入几个字符，只要能消除歧义即可，在后面的调试过程中将会具体说明。

### 2. 查看断点

调试过程中可以随时通过命令 info breakpoints 显示已经设置的断点，操作如下：

```
(gdb) info breakpoints
Num     Type           Disp Enb Address            What
1       breakpoint     keep y   0x00000000000013fb in main at HttpDemo.c:43
2       breakpoint     keep y   0x000000000000172d in GetHttpHeader
                                                   at HttpDemo.c:115
```

在断点显示结果中：Num 是断点编号；Type 是断点类型，普通断点显示 breakpoint；Disp 是显示状态；Enb 代表断点是否打开，y 表示打开，n 表示关闭；Address 是断点在内存中的相对地址；What 是断点在源代码文件中的位置。

### 3. 关闭断点

断点可以在需要的时候打开或者关闭，使用 disable 命令关闭断点，使用 enable 命令打开断点。举例如下：

```
(gdb) disable 2
(gdb) info breakpoints
Num     Type           Disp Enb Address            What
1       breakpoint     keep y   0x00000000000013fb in main at HttpDemo.c:43
2       breakpoint     keep n   0x000000000000172d in GetHttpHeader
                                                   at HttpDemo.c:115
```

使用 disable 命令关闭断点 2，查看结果发现断点 2 的 Enb 字段值变为 n，表示断点被关闭。接下来打开刚关闭的断点：

```
(gdb) enable 2
(gdb) info breakpoints
Num     Type           Disp Enb Address            What
1       breakpoint     keep y   0x00000000000013fb in main at HttpDemo.c:43
2       breakpoint     keep y   0x000000000000172d in GetHttpHeader
                                                   at HttpDemo.c:115
```

从结果中可以看出，断点 2 再次被打开。

### 4. 删除断点

在 gdb 调试环境下，对于不再需要的断点可以通过 delete 命令删除，举例如下：

```
(gdb) delete 1
(gdb) info breakpoints
Num     Type           Disp Enb Address            What
2       breakpoint     keep y   0x000000000000172d in GetHttpHeader
                                                   at HttpDemo.c:115
```

删除断点 1 后，查看结果发现只留下断点 2。请读者注意，删除一个断点后，其他断点的名称不会改变。

## 21.2.3　执行程序

执行程序比较简单，gdb 提供了 run 和 continue 两个命令。这两个命令的共同特点是，在遇到用户设置的断点后会停下来。不同的是，run 命令仅用在程序最开始执行的时候。也就是说，run 命令把整个程序运行起来，程序运行以后不能使用 run 命令，因为程序不能被反复调试运行。continue 命令只能在程序运行后执行，主要用在程序被断点停止以后，通过 continue 命令继续执行。

调试程序可以控制程序单步执行，有两个命令 next 表示执行下一条语句，step 表示跳转到函数内部执行。执行程序的命令将在 21.2.6 节介绍。

## 21.2.4　显示程序变量

gdb 提供了 print 和 display 两条显示命令。这两条命令的功能基本相同，区别在于 display 命令可以锁定显示的变量或者寄存器，当执行程序时，每执行一次都会显示被锁定的变量。print 命令只能在调用的时候显示指定的变量或者寄存器值。例如，使用 print 命令显示程序中的变量值，代码如下：

```
28        int bytes_all = 0;
(gdb) print bytes_all
$1 = 0
(gdb) n
29        char *host_name = "www.sohu.com";
(gdb) print bytes_all
$2 = 0
```

程序运行到第 28 行的时候，使用 print 命令打印 bytes_all 变量的值，此时变量虽然还没有赋值，但是编译器将其设置为了 0。然后向下运行一条指令，此时 gdb 没有自动给出 bytes_all 变量的值，需要再次调用 print 命令，最后是已经赋值的 bytes_all 变量的值。同样的过程使用 display 命令再执行一遍，操作如下：

```
28        int bytes_all = 0;
(gdb) display bytes_all
1: bytes_all = 5
(gdb) n
29        char *host_name = "www.sohu.com";
1: bytes_all = 0
```

在程序执行到第 28 行时，运行 display 命令打印 bytes_all 变量的值，得到的结果与 print 命令一样。接着向下运行一条指令，gdb 自动显示出 bytes_all 变量的值。

一般来说，print 命令适合偶尔显示某个变量的值，display 命令适合调试程序中循环部分的代码，省去了每次手动输入显示变量。

当不需要显示某个变量的时候，可以使用 undisplay 命令删除指定的变量，例如：

```
(gdb) undisplay 1
(gdb) n
34        char strBuffer[2048] = {0};                // 存放返回的数据
```

使用 undisplay 命令删除了指定的变量，继续运行一条语句，gdb 不会打印出 bytes_all 变量的值了。

## 21.2.5　信号管理

gdb 的一个特色是能模拟操作系统向被调试的应用程序发送信号。使用“signal <信号名称>”发出指定的信号。Linux 系统常见的信号如表 21-1 所示。

表 21-1　Linux系统常见的信号

| 信号名称 | 含　义 | 信号名称 | 含　义 |
|---|---|---|---|
| SIGHUP | 程序挂起 | SIGALRM | 警告信号 |
| SIGINT | 向程序发出中断 | SIGTERM | 程序终止信号 |
| SIGQUIT | 退出信号 | SIGSTOP | 程序停止信号 |
| SIGILL | 遇到非法指令 | SIGCHLD | 子进程信号 |
| SIGKILL | 杀死进程信号 | SIGPOLL | 轮询信号 |
| SIGSEGV | 段错误 | | |

下面的例子展示了 signal 命令的用法：

```
(gdb) b 40
Breakpoint 1 at 0x13ad: file HttpDemo.c, line 40.
(gdb) run
Starting program: /home/tom/dev_test/21/HttpDemo
[Thread debugging using libthread_db enabled]
Using host libthread_db library "/lib/x86_64-linux-gnu/libthread_db.so.1".

Breakpoint 1, main () at HttpDemo.c:40
40        sock_fd = socket(PF_INET, SOCK_STREAM, 0);
(gdb) signal SIGINT
Continuing with signal SIGINT.
Ha ha, we get SIGINT!

Breakpoint 1, main () at HttpDemo.c:40
40        sock_fd = socket(PF_INET, SOCK_STREAM, 0);
```

进入 gdb 调试后，设置程序断点在第 40 行，因为程序在第 38 行使用 signal()函数设置了 SIGINT 信号的响应函数。运行程序，将会自动停止在第 40 行。此时使用 signal()函数向程序发送 SIGINT 信号，程序会收到信号并且调用信号响应函数。信号响应函数在实例 21-1 程序的第 106 行。

使用 singal 命令可以很方便地模拟出程序需要的各种信号，达到模拟程序运行环境的作用。在本例中，程序对 SIGINT 信号的处理方式是打印一句话。如果在程序中没有处理 SIGINT 信号，则默认会退出程序，举例如下：

```
(gdb) signal SIGINT
Continuing with signal SIGINT.

Program terminated with signal SIGINT, Interrupt.
The program no longer exists.
```

gdb 给出提示“Program terminated with signal SIGINT, Interrupt.”，表示调试过程被终止。

### 21.2.6　调试实例

在学习了 gdb 的基本使用方法以后，本节给出一个 gdb 调试的实例。首先运行 gdb 调试实例 21-1 编译后的程序，把断点设定在 main()函数中：

```
GNU gdb (Ubuntu 12.0.90-0ubuntu1) 12.0.90
Copyright (C) 2022 Free Software Foundation, Inc.
License GPLv3+: GNU GPL version 3 or later http://gnu.org/licenses/gpl.html
This is free software: you are free to change and redistribute it.
There is NO WARRANTY, to the extent permitted by law.
Type "show copying" and "show warranty" for details.
This GDB was configured as "x86_64-linux-gnu".
Type "show configuration" for configuration details.
For bug reporting instructions, please see:
<https://www.gnu.org/software/gdb/bugs/>.
Find the GDB manual and other documentation resources online at:
    <http://www.gnu.org/software/gdb/documentation/>.

For help, type "help".
Type "apropos word" to search for commands related to "word"...
Reading symbols from HttpDemo...
(gdb) b main
Breakpoint 1 at 0x1318: file HttpDemo.c, line 27.
```

然后运行程序，程序运行到 main()函数处停住。

```
(gdb) run
Starting program: /home/tom/dev_test/21/HttpDemo
[Thread debugging using libthread_db enabled]
Using host libthread_db library "/lib/x86_64-linux-gnu/libthread_db.so.1".

Breakpoint 1, main () at HttpDemo.c:27
27   {
```

可以看到，程序在第 27 行停住，这一行是 main()函数内的第一个可执行语句。接下来使用 next 语句单步执行程序：

```
(gdb) next
28      int bytes_all = 0;
```

☎**提示：**可以用 n 表示 next 语句的简写，并且不用每一行都输入 n 然后按 Enter 键，可以直接按 Enter 键。直接按 Enter 键后，gdb 会自动执行上一条语句。

在本例中，单步执行每一条语句，然后查看每条语句的变量值。读者可自己完成这个过程，这里不再列出每条语句的执行步骤。当执行完第 46 行以后，查看 host_entry 变量，会发现该变量的值是 0，这是一个指针变量，值为 0 是非法的，如果引用这个变量，则会造成不可预料的结果。实际上，这里是程序的一个 Bug，没有判断指针是否合法，在本例中，这个 Bug 会导致致命的错误。21.4 节将会分析如何调试产生致命错误的程序。

## 21.3　多进程调试

在嵌入式中，需要采集多种信号或者响应外部设备发送的某种协议请求。对于这种需求，往往需要在 Linux 系统中设置一些进程，本节将介绍多进程和多线程程序的调试方法。

gdb 提供了多进程程序的调试功能，其调试过程对用户来说很简单，用户只需要指定进程的 ID 和带有调试信息的程序文件即可调试，其余的过程与普通程序调试基本类似。本节给出一个创建子进程的程序，在子进程中有一个错误，使用 gdb 调试器跟踪子进程的代码。

**【实例 21-2】**多进程调试代码。

```
01 // MultiProcess.c
02 # include <sys/types.h>
03 # include <unistd.h>
04 # include <stdlib.h>
05 # include <stdio.h>
06
07 int main()
08 {
09  pid_t  pid;                                    // 定义子进程 ID
10
11  pid = fork();
12  if (pid <0) {                                  // 创建子进程
13    printf("fork err\n");
14    exit(-1);
15  } else if (pid == 0) {
16    /* child process */
17    // sleep(60);
18
19    int a = 10;
20    int b = 100;
21    int c = 0;
22    int d;
23
24    d = b/a;
25    printf("d = %d\n", d);
26    d = a/c;
27    printf("d = %d\n", d);                       // 除 0 错误
28
29    exit(0);
30  } else {
31    /* parent process */
32    sleep(4);
33    wait(-1);                                    // 等待子进程结束
34    exit(0);
35  }
36
37  return 0;
38 }
```

实例 21-2 的程序很简单，在第 11 行使用系统调用函数 fork()创建一个子进程。子进程的代码是第 17～27 行，其中，在第 27 行中有一个除 0 的错误。调试过程如下：

（1）编译程序，加入调试信息。

```
$ gcc -g MultiProcess.c
```

编译后生成 a.out 文件，执行文件会异常退出。

（2）使用 gdb 调试子进程的代码，打开 MultiProcess.c 文件第 17 行的注释，目的是让子进程的代码在执行之前等待一段时间，便于 gdb 调试器设置断点。修改好代码后，重新编译程序。

（3）重新打开一个 shell，便于查看子进程的 ID。

（4）回到编译程序的 shell，执行 a.out 文件。然后切换到新打开的 shell，查看子进程 ID。

```
$ ps -e | grep a.out
   5499 pts/0    00:00:00 a.out
   5500 pts/0    00:00:00 a.out
```

a.out 程序有两个进程，进程号较大的是子进程，因为先有父进程，之后创建的是子进程。在本例中，6311 是子进程 ID。

（5）打开 gdb 调试器，输入“attach 5500”，连接到 5500 号进程。

```
$ gdb
GNU gdb (Ubuntu 12.0.90-0ubuntu1) 12.0.90
Copyright (C) 2022 Free Software Foundation, Inc.
License GPLv3+: GNU GPL version 3 or later <http://gnu.org/licenses/gpl.
html>
This is free software: you are free to change and redistribute it.
There is NO WARRANTY, to the extent permitted by law.
Type "show copying" and "show warranty" for details.
This GDB was configured as "x86_64-linux-gnu".
Type "show configuration" for configuration details.
For bug reporting instructions, please see:
<https://www.gnu.org/software/gdb/bugs/>.
Find the GDB manual and other documentation resources online at:
    <http://www.gnu.org/software/gdb/documentation/>.

For help, type "help".
Type "apropos word" to search for commands related to "word".
(gdb)  attach 5500
Attaching to process 5500
Reading symbols from /home/tom/dev_test/21/a.out...
Reading symbols from /lib/x86_64-linux-gnu/libc.so.6...
Reading symbols from /usr/lib/debug/.build-id/69/
389d485a9793dbe873f0ea2c93e02efaa9aa3d.debug...
Reading symbols from /lib64/ld-linux-x86-64.so.2...
Reading symbols from /usr/lib/debug/.build-id/61/
ef896a699bb1c2e4e231642b2e1688b2f1a61e.debug...
[Thread debugging using libthread_db enabled]
Using host libthread_db library "/lib/x86_64-linux-gnu/libthread_db.so.1".
0x00007f9716c987fa in __GI___clock_nanosleep (clock_id=clock_id@entry=0,
flags=flags@entry=0, req=req@entry=0x7ffd21298c50, rem=rem@entry=
0x7ffd21298c50) at ../sysdeps/unix/sysv/linux/clock_nanosleep.c:78
78  ../sysdeps/unix/sysv/linux/clock_nanosleep.c: 没有那个文件或目录.
```

设置连接到 5500 号进程后，gdb 会自动查找当前目录的 a.out 文件并且加载。

（6）程序加载完毕后，在程序第 19 行设置断点，然后输入 cont 等待程序运行到第 19 行。

```
(gdb) b 19
Breakpoint 1 at 0x7f9716c98878: file ../sysdeps/unix/sysv/linux/clock_
nanosleep.c, line 28.
(gdb) cont
Continuing.
```

gdb 给出提示 Continuing，表示正在等待程序运行到断点。由于在代码中设置了 60s 的延迟，所以需要等待一段时间，子进程代码会停在第 26 行并给出提示：

```
Program received signal SIGFPE, Arithmetic exception.
0x0000564c52f34268 in main () at MultiProcess.c:26
26        d = a/c;
(gdb)
```

到目前为止，gdb 可以连接到系统指定的一个进程中并且设置断点。以后的调试与 21.2.6 节的程序调试基本相同，读者可以自行完成。

gdb 调试多进程需要注意几个问题，如果不指定可执行文件的路径，则 gdb 会自动加载当前目录的 a.out 文件；使用 gcc 编译程序需要加入-g 参数生成调试信息，否则 gdb 无法调试。

## 21.4　调试意外终止的程序

先给出如下代码：

```
01  //
02  // test.c
03  //
04
05  # include <stdio.h>
06  # include <string.h>
07  # include <stdlib.h>
08
09  int main(int argc, char *argv[])
10  {
11      char *ptr = NULL;
12
13      strncpy(ptr, "abc", 3);
14      return 0;
15  }
```

在执行以下命令后，会生成一个 test 文件。

```
gcc -o test test.c
```

如果读者运行 test 程序，将会得到一个出错提示如下：

```
$ ./test
段错误 (核心已转储)
```

上面的提示表示程序中出现了访问非法地址或者段越界的错误。段错误是一类严重的程序错误，出现这类错误后，程序会异常终止，无法继续运行。核心已转储的意思是程序出错时的环境已经被转存。

转存环境信息是 Linux 内核提供的一种功能，当应用程序发生致命错误退出的时候，内核会把出错时的环境信息记录下来并存放到一个文件中，这个文件称为 core 文件。gdb 可以识别 core 文件的格式，并且恢复程序出错时候的状态信息，方便调试。

一般来说，程序转存的 core 文件的存储路径可以使用以下命令查看：

```
cat /proc/sys/kernel/core_pattern
```

开发者可以对这个存储路径进行修改。笔者将其设置到了 corefile 目录下，并且将 core 文件的名称改为了 core_文件名_进程号_ unix 时间。在本例中，当程序出错时，使用 ls 命令查看并没有发现 core 文件，原因是 Linux 设置了一个 core 文件的缓冲区，在大部分发行版上这个缓冲区的值是 0，因此没有写入文件。通过命令 ulimit 可以查看缓冲区大小，在笔者的计算机上的配置如下：

```
$ ulimit -a
real-time non-blocking time  (microseconds, -R) unlimited
core file size              (blocks, -c) 0
data seg size               (kbytes, -d) unlimited
scheduling priority                 (-e) 0
file size                   (blocks, -f) unlimited
pending signals                     (-i) 29750
max locked memory           (kbytes, -l) 1013420
max memory size             (kbytes, -m) unlimited
open files                          (-n) 1024
pipe size                (512 bytes, -p) 8
POSIX message queues         (bytes, -q) 819200
real-time priority                  (-r) 0
stack size                  (kbytes, -s) 8192
cpu time                   (seconds, -t) unlimited
max user processes                  (-u) 29750
virtual memory              (kbytes, -v) unlimited
file locks                          (-x) unlimited
```

加入-a 参数用于查看当前用户的各种缓冲区配置信息，其中，第一项是 core 文件缓冲配置，默认是 0。

（1）修改 core 文件缓冲区，使用-c 参数配置：

```
$ ulimit -c 1024
```

以上命令的意思是设置 core 文件缓冲区大小为 1024 个块。

（2）core 缓冲区设置完毕后，查看配置：

```
$ ulimit -a
real-time non-blocking time  (microseconds, -R) unlimited
core file size              (blocks, -c) 1024
data seg size               (kbytes, -d) unlimited
scheduling priority                 (-e) 0
file size                   (blocks, -f) unlimited
pending signals                     (-i) 29750
max locked memory           (kbytes, -l) 1013420
max memory size             (kbytes, -m) unlimited
open files                          (-n) 1024
pipe size                (512 bytes, -p) 8
POSIX message queues         (bytes, -q) 819200
real-time priority                  (-r) 0
stack size                  (kbytes, -s) 8192
cpu time                   (seconds, -t) unlimited
max user processes                  (-u) 29750
virtual memory              (kbytes, -v) unlimited
file locks                          (-x) unlimited
```

此时 core 文件缓冲区已经被修改。重新运行 test 程序，然后查看 corefile 目录，发现多出了一个名为 core_test_3981_1671025700 的文件，将此文件移动到 test 文件目录下。

（3）使用“gdb <程序名> <core 文件名>”载入 core 文件，并且在屏幕上打印出错环境信息。

```
$ gdb test core_test_3981_1671025700
GNU gdb (Ubuntu 12.0.90-0ubuntu1) 12.0.90
Copyright (C) 2022 Free Software Foundation, Inc.
License GPLv3+: GNU GPL version 3 or later <http://gnu.org/licenses/
gpl.html>
```

```
This is free software: you are free to change and redistribute it.
There is NO WARRANTY, to the extent permitted by law.
Type "show copying" and "show warranty" for details.
This GDB was configured as "x86_64-linux-gnu".
Type "show configuration" for configuration details.
For bug reporting instructions, please see:
<https://www.gnu.org/software/gdb/bugs/>.
Find the GDB manual and other documentation resources online at:
    <http://www.gnu.org/software/gdb/documentation/>.

For help, type "help".
Type "apropos word" to search for commands related to "word"...
Reading symbols from test...
(No debugging symbols found in test)
[New LWP 3981]
[Thread debugging using libthread_db enabled]
Using host libthread_db library "/lib/x86_64-linux-gnu/libthread_db.so.1".
Core was generated by `./test'.
Program terminated with signal SIGSEGV, Segmentation fault.
#0  0x000055a4140d5144 in main ()
```

从列出的内容来看，出错原因是 Core was generated by `./test'.，下面一行是 Program terminated with signal SIGSEGV, Segmentation fault.，表示是算术异常。

此外，gdb 还提供了 where、up 和 down 这 3 个命令来帮助调试 core 文件。where 命令可以显示出错语句的调用过程，up 和 down 命令可以沿着出错语句所在的位置向上或者向下查看语句。

# 21.5　内核调试方法

普通程序在调试过程中有操作系统的支持，可以跟踪变量和信号，读写内存。相比之下，内核的调试过程就“艰苦”多了，不仅没有操作系统的支持，调试手段本身就很复杂。此外，在内核调试过程中，不仅有来自软件的信号，也有来自硬件的中断，调试时要特别注意。Linux 内核在调试方面，提供了多种调试方法，本节将介绍几种常见的内核调试方法。

## 21.5.1　printk 打印调试信息

printk()是内核提供的一个打印函数，作用是向终端打印信息，是一种最常用的 Linux 内核调试方法。内核通常使用 printk()函数打印提示信息和出错信息。在内核调试中最常用的方法是使用 printk()函数打印可能出错的地方，帮助调试。内核使用 printk()函数而不使用 printf()函数，原因是 printf()函数是由 glibc 库提供的，Linux 内核的函数是不能依赖任何程序库的，否则制作出的映像文件就无法被加载。

printk()函数的用法与 printf()函数一致。不同的是，printf()函数是可以被中断的，而 printk()函数不会被中断。实际使用效果是，printk()函数输出的内容不会被其他程序打断，保证了输出的完整性。

printk()函数提供了打印内容的优先级管理功能，在 Linux 内核中定义了几种优先级：

```
#define KERN_EMERG  KERN_SOH "0"  /* 紧急事件，用于系统崩溃时发出提示信息 */
#define KERN_ALERT  KERN_SOH "1"  /* 报告消息，提示用户必须立即采取措施 */
```

```
#define KERN_CRIT    KERN_SOH "2"/* 临界条件，在发生严重的软硬件操作失败时提示 */
#define KERN_ERR     KERN_SOH "3"/* 错误条件，硬件出错时打印的消息 */
#define KERN_WARNING KERN_SOH "4"/* 警告条件，对潜在问题的警告消息 */
#define KERN_NOTICE KERN_SOH "5"/* 公告信息 */
#define KERN_INFO    KERN_SOH "6"/* 提示信息，通常用于打印启动过程或者某个硬件的状态 */
#define KERN_DEBUG  KERN_SOH "7"/* 调试消息 */
```

以上这几种事件按照从 0～7 的顺序，优先级依次降低，用户在使用的时候可以选择合适的优先级。一般来说，0～3 级是针对驱动和硬件设备相关的代码，4～7 级是针对软件的代码。printk()函数的使用举例如下：

```
printk(KERN_INFO "Kernel Information!\n");
```

上面的语句会在 Linux 内核的日志中加入“[ 1907.232800] Kernel Information! ”字符串。查看 Linux 内核信息可以使用 dmesg 命令。

一般情况下，Linux 使用存放在/var/log 目录下的 syslog、kern.log、messages 和 DEBUG 这 4 个文件存放 printk()函数打印的内核信息。其中，syslog 和 kern.log 文件存放系统输出的变量值；messages 文件存放提示信息；DEBUG 文件仅存放 KERN_DEBUG 级别的调试信息。printk()函数在第 4 篇的驱动开发相关章节还会用到。

### 21.5.2　动态输出

printk()函数的打印功能是全局的，使用动态输出可以有选择地输出某个模块或某个子系统的信息，pr_debug()/dev_dbg()就是使用了动态输出。

控制动态调试信息打印的方法如下：

```
// 打开指定文件中所有的动态调试信息
echo  'file 文件名 +p' > /sys/kernel/debug/dynamic_debug/control
// 打开指定模块中所有的动态调试信息
echo  'module 模块名 +p' > /sys/kernel/debug/dynamic_debug/control
// 打开指定函数中所有的动态调试信息
echo  'func 函数名 +p' > /sys/kernel/debug/dynamic_debug/control
// 打开系统中所有的动态调试信息
echo -n '+p' > /sys/kernel/debug/dynamic_debug/control
// 关闭指定文件中所有的动态调试信息
echo  'file 文件名 -p' > /sys/kernel/debug/dynamic_debug/control
```

除了 p 选项外，动态调试也支持其他选项用于输出一些额外信息，如函数名、行号、模块名称及线程 ID 等。

- p：打开动态调试打印；
- f：输出函数名；
- l：输出行号；
- m：输出模块名称；
- t：输出线程 ID。

### 21.5.3　BUG_ON()和 WARN_ON()宏

Linux 中的 BUG_ON()宏和 WARN_ON()宏主要用于调试作用。本小节将进行详细的介绍。

### 1. BUG_ON()宏

在内核中的很多地方都可以看到BUG_ON()这样的语句，它充当着内核运行时的断言，即不该执行BUG_ON()这条语句，一旦执行即抛出Oops。BUG_ON()宏的定义如下：

```
#ifndef HAVE_ARCH_BUG
#define BUG() do { \
    printk("BUG: failure at %s:%d/%s()!\n", __FILE__, __LINE__, __func__); \
    barrier_before_unreachable(); \
    panic("BUG!"); \
} while (0)
#endif

#ifndef HAVE_ARCH_BUG_ON
#define BUG_ON(condition) do { if (unlikely(condition)) BUG(); } while (0)
#endif
```

其中，panic()函数定义在kernel/panic.c中，其会导致内核崩溃并打印Oops。

```
void panic(const char *fmt, ...)
{
    static char buf[1024];
    va_list args;
    long i, i_next = 0, len;
    int state = 0;
    int old_cpu, this_cpu;
    bool _crash_kexec_post_notifiers = crash_kexec_post_notifiers;
    local_irq_disable();
    preempt_disable_notrace();
    this_cpu = raw_smp_processor_id();
    old_cpu  = atomic_cmpxchg(&panic_cpu, PANIC_CPU_INVALID, this_cpu);
    if (old_cpu != PANIC_CPU_INVALID && old_cpu != this_cpu)
        panic_smp_self_stop();
    console_verbose();
    bust_spinlocks(1);
    va_start(args, fmt);
    len = vscnprintf(buf, sizeof(buf), fmt, args);
    va_end(args);
    if (len && buf[len - 1] == '\n')
        buf[len - 1] = '\0';
    pr_emerg("Kernel panic - not syncing: %s\n", buf);
#ifdef CONFIG_DEBUG_BUGVERBOSE
    /*
     * Avoid nested stack-dumping if a panic occurs during oops processing
     */
    if (!test_taint(TAINT_DIE) && oops_in_progress <= 1)
        dump_stack();
#endif
    kgdb_panic(buf);
    if (!_crash_kexec_post_notifiers) {
        __crash_kexec(NULL);
        smp_send_stop();
    } else {
        crash_smp_send_stop();
    }
    atomic_notifier_call_chain(&panic_notifier_list, 0, buf);
    kmsg_dump(KMSG_DUMP_PANIC);
    if (_crash_kexec_post_notifiers)
        __crash_kexec(NULL);
```

```
#ifdef CONFIG_VT
    unblank_screen();
#endif
    console_unblank();
    debug_locks_off();
    console_flush_on_panic(CONSOLE_FLUSH_PENDING);
    panic_print_sys_info();
    if (!panic_blink)
        panic_blink = no_blink;
    if (panic_timeout > 0) {
        pr_emerg("Rebooting in %d seconds..\n", panic_timeout);
        for (i = 0; i < panic_timeout * 1000; i += PANIC_TIMER_STEP) {
            touch_nmi_watchdog();
            if (i >= i_next) {
                i += panic_blink(state ^= 1);
                i_next = i + 3600 / PANIC_BLINK_SPD;
            }
            mdelay(PANIC_TIMER_STEP);
        }
    }
    if (panic_timeout != 0) {
        if (panic_reboot_mode != REBOOT_UNDEFINED)
            reboot_mode = panic_reboot_mode;
        emergency_restart();
    }
#ifdef __sparc__
    {
        extern int stop_a_enabled;
        stop_a_enabled = 1;
        pr_emerg("Press Stop-A (L1-A) from sun keyboard or send break\n"
             "twice on console to return to the boot prom\n");
    }
#endif
#if defined(CONFIG_S390)
    disabled_wait();
#endif
    pr_emerg("---[ end Kernel panic - not syncing: %s ]---\n", buf);
    suppress_printk = 1;
    local_irq_enable();
    for (i = 0; ; i += PANIC_TIMER_STEP) {
        touch_softlockup_watchdog();
        if (i >= i_next) {
            i += panic_blink(state ^= 1);
            i_next = i + 3600 / PANIC_BLINK_SPD;
        }
        mdelay(PANIC_TIMER_STEP);
    }
}
```

调用 panic()不但会打印错误消息(Oops)而且还会挂起整个系统，因此，只有在极端恶劣的情况下才使用它。对于 BUG_ON()函数，只有当括号内的条件成立时才抛出 Oops。

### 2．WARN_ON()宏

WARN_ON()宏会调用 dump_stack 打印堆栈信息，它的功能没有 BUG_ON()宏强大，不是抛出 Oops。有时也可以将 WARN_ON()宏作为一个调试技巧。例如，进入内核的某个函数后，不知道这个函数是怎么一级一级被调用的，可以在该函数中加入一个 WARN_ON(1)宏。

### 21.5.4　使用/proc 虚拟文件系统

使用 printk()打印函数是一种简单、易用的内核调试手段。但是，使用 printk()函数存在两个比较大的缺点：每次要打印内核的内容时都需要重新编译内核，操作烦琐，调试效率低；大量使用 printk()函数会降低系统性能，甚至使系统运行速度明显变慢。

printk()打印函数的内核通过 syslogd 进程记录到磁盘的 log 文件中。每次打印输出，syslogd 进程都会同步输出文件，因此每次打印都要引起磁盘操作。长期使用 printk()函数还会导致磁盘文件过大。为了解决 printk()函数带来的负面影响，内核开发者通常使用/proc 文件系统。

在第 17 章中介绍过，/proc 是一个虚拟的文件系统。/proc 目录下有许多文件和目录。实际上，/proc 下的每个文件都关联一个内核函数。当用户读取文件时，内核函数会生成文件内容，如/proc/modules 文件会列出当前内核已经加载的模块列表。内核开发者可以通过创建自己的/proc 文件输出调试信息。

现在许多的 Linux 命令行工具都使用/proc 文件系统，如 ps、top 和 uptime 等命令。创建一个/proc 文件系统的只读文件，内核必须实现一个函数在文件被读取的时候产生数据。当进程读取文件时，会使用 read()系统调用函数读取文件。用户可以把输出调试内容的函数注册到系统中，当系统读取文件的时候，会调用用户注册的函数把调试内容输出到文件中。

/proc 使用虚拟文件输出内核信息。在使用虚拟文件之前，首先要创建虚拟文件。内核提供了 proc_create ()调用函数，用于创建/proc 虚拟文件，定义如下：

```
struct proc_dir_entry *proc_create(const char *name, umode_t mode, struct
proc_dir_entry *parent, const struct proc_ops *proc_ops);
```

其中：name 是要创建的文件名；mode 是文件权限；parent 用于说明文件的位置；proc_ops 用于说明文件的操作函数。

在调试结束后，需要从内核中移除/proc 虚拟文件，可以使用 remove_proc_entry()函数来移除，定义如下：

```
extern void *remove_proc_entry(
   const char          *name,                         /* 要删除文件的名称 */
   struct proc_dir_entry *parent);                    /* 文件的父目录 */
```

直接指定文件名和文件的父目录即可移除文件，同时，向文件输出数据的回调函数也从内核中被移走了。从内核及时移除不需要的内容是一个安全的做法，可以减小内核出错的概率。此外，过多的调试模块驻留在内核中对系统的运行速度也有影响。

使用/proc 虚拟文件的方法调试内核比较方便，因此通常用在驱动程序的调试中。对内核的调试也可以编写一个内核模块，创建/proc 虚拟文件，不需要时可以卸载内核模块。使用/proc 虚拟文件无须编译内核即可调试，简化了内核开发者的工作。关于内核模块的编写请参考第 22 章。

# 21.6　小　　结

本章介绍了嵌入式 Linux 开发中内核和应用程序的调试技术。调试是软件开发必不可少的一个环节，也是一个程序员的基本功。调试程序要以程序的工作流程为出发点，使用调试工具分析程序在执行过程中变量、信号、寄存器值的变化是否正确，找出发生错误的原因。调试程序是一个操作性很强的工作，读者应该多实践，不断提高调试程序的能力。第 22 章将介绍 Linux 设备驱动开发的相关内容。

# 21.7　习　　题

**一、填空题**

1．gdb 是 GNU 开源组织发布的一款________。

2．设置断点使用________命令。

3．/proc 实现了使用________文件输出内核信息。

**二、选择题**

1．SIGQUIT 信号的含义是（　　）。

A．退出信号　　B．程序挂起　　C．警告信号　　D．杀死进程信号

2．list 17,20 命令的功能是（　　）。

A．显示第 17～20 行代码　　B．显示第 17 行和第 20 行代码

C．显示第 17～47 行的代码　　D．其他

3．对 printk 函数描述正确的是（　　）。

A．向终端打印信息　　B．可被中断的

C．打印提示信息和出错信息　　D．其他

**三、判断题**

1．关闭断点使用 disable 命令。（　　）

2．gdb 在启动二进制文件调试的时候，默认显示 main()函数所在的文件内容。（　　）

3．print 可以锁定显示的变量或者寄存器。（　　）

**四、操作题**

1．创建一个 hello.c 文件，此文件实现输出字符串 Hello 的功能，然后编译程序并成功调试信息。

2．启动 gdb 并且调入 hello 程序。

# 第4篇 项目实战

⏭ 第22章 Linux设备驱动开发基础知识

⏭ 第23章 网络设备驱动程序开发

⏭ 第24章 Flash设备驱动开发

⏭ 第25章 USB驱动开发

# 第 22 章　Linux 设备驱动开发基础知识

驱动程序（Device Driver）也称作设备驱动程序。驱动程序是用于计算机和外部设备通信的特殊程序，相当于软件和硬件的接口，通常只有操作系统能使用驱动程序。在现代计算机体系结构中，操作系统并不直接与硬件打交道，而是通过驱动程序与硬件通信。本章将介绍 Linux 设备驱动程序的相关知识，主要内容如下：

- 设备驱动程序的功能和用途；
- 如何编写 Linux 内核模块；
- Linux 内核驱动分类简介；
- PCI 局部总线简介。

## 22.1　设备驱动简介

驱动程序是附加到操作系统的一段程序，通常用于硬件通信。每种硬件都有自己的驱动程序，其中包含硬件设备的信息。操作系统通过驱动程序提供的硬件信息与硬件设备通信。由于驱动设备的重要性，在安装操作系统后，需要安装驱动程序，外部设备才能正常工作。Linux 内核自带了相当多的设备驱动程序，几乎可以驱动目前主流的各种硬件设备。

在同一台计算机上，虽然设备是相同的，但是由于操作系统不同，驱动程序还是有很大差别的。无论什么系统，驱动程序的功能都是相似的，可以归纳为下面 3 点：

- 初始化硬件设备。这是驱动程序最基本的功能，初始化通过总线识别设备访问设备寄存器，按照需求配置设备的端口和中断等。
- 向操作系统提供统一的软件接口。设备驱动程序向操作系统提供了一类设备通用的软件接口，如磁盘设备向操作系统提供了读写磁盘块和寻址等接口，无论哪种品牌的磁盘驱动，向操作系统提供的接口都是一致的。
- 提供辅助功能。现代计算机的处理能力越来越强，操作系统有一类虚拟设备驱动可以模拟在真实设备上的操作。例如，虚拟打印机驱动向操作系统提供了打印机的接口，在系统中没有打印机的情况下仍然可以执行打印操作。

Linux 内核是一个整体结构，其通过内核模块的方式向开发人员提供了一种动态加载程序到内核的能力。通过内核模块，开发人员可以访问内核资源，内核还向开发人员提供了访问底层硬件和总线的接口。因此，Linux 系统的驱动是通过内核模块实现的。下面首先介绍如何编写 Linux 内核模块，之后介绍硬件驱动的基本知识和总线的知识。

# 22.2　Linux 内核模块简介

Linux 内核模块是一种可以被内核动态加载和卸载的可执行程序。通过内核模块可以扩展内核的功能，内核模块通常被用于设备驱动和文件系统中。如果没有内核模块，当向内核添加相应功能时就需要修改代码、重新编译内核、安装新内核等步骤，不仅烦琐，而且容易出错，不易于调试。

## 22.2.1　内核模块速览

前面介绍过，Linux 内核是一个整体结构，可以把内核想象成一个庞大的程序，各种功能结合在一起。当修改和添加新功能的时候，需要重新生成内核，效率较低。为了弥补整体式内核的缺点，Linux 内核的开发者设计了内核模块机制。从代码角度看，内核模块是一组可以完成某种功能的函数集合。从执行角度看，内核模块可以看作一个已经编译但是没有链接的程序。

对于内核来说，模块包含在运行时可以链接的代码。模块代码可以被链接到内核中作为内核的一部分，因此称作内核模块。从用户角度来看，内核模块是一个外挂组件，当需要的时候就挂载到内核中，不需要的时候可以删除。内核模块为开发者提供了动态扩充内核功能的途径。

内核模块是一个应用程序，但是与普通的应用程序有所不同，区别在于：

- 运行环境不同。内核模块运行在内核空间，可以访问系统中几乎所有的软件和硬件资源；普通应用程序运行在用户空间，访问的资源受到限制。这也是内核模块与普通应用程序主要的区别。由于内核模块可以获得与操作系统内核相同的权限，所以在编程的时候应该格外注意，有可能在用户空间看到的一点小错误在内核空间就会导致系统崩溃。
- 功能定位不同。普通应用程序为了完成某个特定的目标，功能定位明确；内核模块是为其他内核模块及应用程序服务的，通常提供的是通用的功能。
- 函数调用方式不同。内核模块只能调用内核提供的函数，访问其他函数会导致运行异常；普通应用程序可以调用自身以外的函数，只要能正确链接就能运行。

## 22.2.2　内核模块的结构

内核编程与用户空间编程的最大区别就是程序的并发性。在用户空间，除多线程应用程序外，大部分应用程序的运行是顺序执行的，在程序执行过程中不必担心被其他程序改变执行的环境。而内核的程序执行环境要复杂得多，即使最简单的内核模块也要考虑到并发执行的问题。

在内核空间，同一时间内有多个进程在运行，不止一个程序试图访问驱动程序模块。此外，大部分的设备都能够向处理器发送中断信号，导致一个内核模块的程序在没有调用完毕之前又被多次调用，这个过程称作代码的重入。支持重入的代码称作可重入代码。在

Linux 内核中，无论内核代码，还是驱动代码，必须是可重入的，否则会出现严重的问题。

设计内核模块的数据结构时要注意，由于代码的可重入特性，所以必须保证数据结构在多线程环境下不被其他线程所破坏，对于共享数据应该采用加锁的方法进行保护。驱动程序员的通常会犯的错误是假定某段代码不会出现并发，而这个结果就是数据被破坏且很难调试。

内核模块提供了一个 current 指针，其指向当前正在运行的进程。前面提到，内核模块代码是可重入的，同一段代码可能有多个进程请求，内核模块通过 current 指向调用自身的进程，可以把数据准确地返回给指定的进程。current 是 Linux 内核中的一个全局变量，定义在 asm/current.h 文件中。current 是一个指向当前正在运行的进程（task）的指针，该指针指向一个 task_struct 结构，这个结构体定义在 linux/sched.h 头文件中。

Linux 内核模块使用的是物理内存，这一点与应用程序不同。应用程序使用的是虚拟内存，虚拟内存有一个巨大的地址空间，在应用程序中可以分配大块的内存。内核模块可供使用的内存非常小，最小的可能是一个内存页面（4096B）。在编写内核模块代码的时候要注意内存的分配和使用。

从内核模块的动态加载特性中可以看出，内核模块至少支持加载和卸载这两种操作。因此，一个内核模块至少包括加载和卸载两个函数。在 Linux 5.15 内核中，通过 module_init()宏可以在加载内核模块的时候调用内核模块的初始化函数，module_exit()宏可以在卸载内核模块的时候调用内核模块的卸载函数。内核模块的初始化和卸载函数有固定的格式，定义如下：

```
static int __init init_func(void);              // 初始化函数
static void __exit exit_func(void);             // 清除函数
```

上面两个函数的名称可以由用户自己定义，但是必须使用规定的返回值和参数格式。static 修饰符的作用是函数仅在当前文件中有效，外部不可见；__init 关键字告诉编译器，该函数代码在初始化完毕后会被忽略；__exit 关键字告诉编译器，该函数代码仅在卸载模块的时候被调用。

### 22.2.3　内核模块的加载和卸载

Linux 内核提供了一个 kmod 的模块用来管理内核模块。kmod 模块与用户态的 kmodule 模块通信，获取内核模块的信息。下面介绍内核模块的加载和卸载过程。

#### 1. 加载内核模块

通过 insmod 和 modprobe 命令都可以加载一个内核模块。insmod 命令加载内核模块的时候不检查内核模块的符号是否已经在内核中定义。modprobe 命令不仅检查内核模块符号表，而且还会检查模块的依赖关系。此外，Linux 内核可以在需要加载某个模块时通过 kmod 机制通知用户态的 modprobe 加载模块。Linux 内核模块的加载过程示意如图 22-1 所示。

当使用 insmod 加载内核模块时，首先使用特权级系统调用函数查找内核输出的符号。通常，内核输出符号被保存在内核模块列表的第一个模块结构里。insmod 命令把内核模块加载到虚拟内存中，利用内核输出符号表来修改被加载的模块中没有解析的内核函数和资源地址。

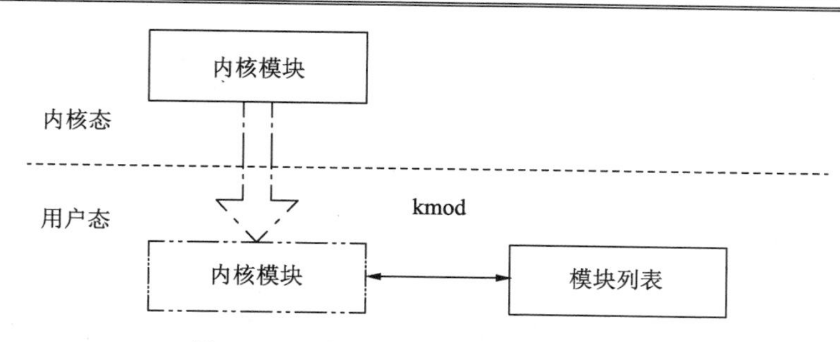


图 22-1　Linux 内核模块的加载过程示意

修改完内核模块中的函数和资源地址后，insmod 使用特权指令申请存放内核模块的空间。因为内核模块是工作在内核态中的，所以访问用户态的资源需要进行地址转换。申请好空间后，insmod 把内核模块复制到新空间，然后把模块加入内核模块列表的尾部，并且设置模块标志为 UNINITIALIZED，表示模块还没有被引用。内核模块被安装到内核以后，insmod 使用特权指令告诉内核新增加的模块初始化和清除函数的地址，供内核调用。

### 2. 卸载内核模块

内核模块的卸载过程相对于加载要简单一些，主要问题是对模块引用计数的判断。当一个内核模块被其他模块引用时，自身的引用计数器会增加 1。

使用 rmmod 命令卸载一个内核模块。rmmod 命令会从内核模块列表中查找指定的模块，判断模块引用计数是否为 0，对于应用计数为 0 的模块则将其从内核模块列表中删除，然后释放模块占用的内存；否则将模块计数减 1。Linux 内核模块的卸载过程示意如图 22-2 所示。

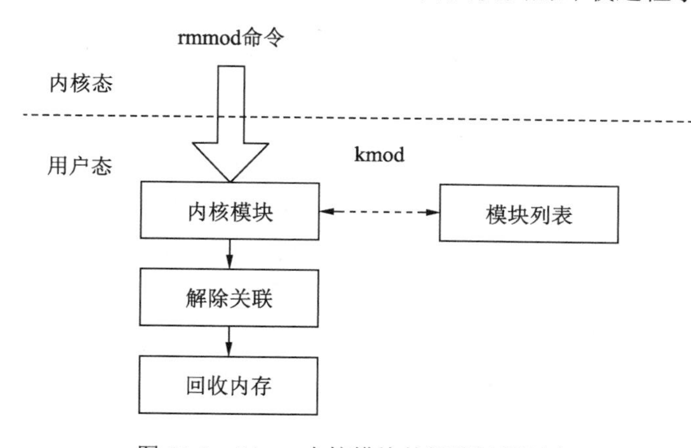


图 22-2　Linux 内核模块的卸载过程示意

## 22.2.4　编写一个基本的内核模块

第 6 章给出了一个输出“Hello，World!”的 C 程序作为基本的编程入门程序，本节同样给出一个类似的程序作为内核模块的入门程序，请参考实例 22-1。

**【实例 22-1】**基本的内核模块代码。

```
01  /* 内核模块: ModuleHelloWorld.c */
02  # include <linux/init.h>
```

```
03  # include <linux/module.h>
04  # include <linux/kernel.h>
05
06  MODULE_LICENSE("GPL");                          // 设置内核模块版权协议
07  MODULE_AUTHOR("Tom");                           // 设置内核模块的作者
08
09  /* init function */
10  static int __init hello_init(void)              // 模块初始化函数
11  {
12      printk(KERN_ALERT "(init)Hello,World!\n");      // 打印一条信息
13      return 0;
14  }
15
16  /* exit function */
17  static void __exit hello_exit(void)             // 模块退出清除函数
18  {
19      printk(KERN_ALERT "(exit)Hello,World!\n");      // 打印一条信息
20  }
21
22  module_init(hello_init);                        // 设置模块初始化函数
23  module_exit(hello_exit);                        // 设置模块退出时的清除函数
```

程序第 6 行是一个版权协议声明，这里使用 GPL 版权协议。内核在加载模块的时候会读取版权协议，如果没有指定版权协议，在加载内核模块的时候会出现一个警告信息；第 7 行是声明模块的作者，该行不是必要的；内核模块中定义了初始化函数 hello_init()和清除函数 hello_exit()，并且在第 22 行使用 module_init()宏设置初始函数，在第 23 行使用 module_exit()宏设置清除函数。在 printk()函数中使用高优先级设置输出，因为默认优先级可能不会在屏幕上输出内容。

## 22.2.5　编译内核模块

编译内核模块需要建立一个 Makefile，主要目的是使用内核头文件，因为内核模块对内核版本有很强的依赖关系。下面介绍在 Ubuntu Linux 系统中如何编译 Linux 内核模块。

（1）在系统命令行 shell 下安装当前版本的 Linux 内核源代码。

```
$ sudo apt-get install linux-source
```

编译内核模块不需要重新编译内核代码，但前提是需要使用与当前内核版本相同的代码。

（2）安装内核代码完毕后，在 ModuleHelloWorld.c 同一目录下编写 Makefile，内容如下：

```
1ifneq ($(KERNELRELEASE),)
2   obj-m := ModuleHelloWorld.o
3else
4   KERNELDIR ?= /lib/modules/$(shell uname -r)/build
5   PWD := $(shell pwd)
6default:
7   $(MAKE) -C $(KERNELDIR) M=$(PWD) modules
8endif
```

程序第 1 行检查是否定义了 KERNELRELEASE 环境变量，如果已经定义，则表示该模块是内核代码的一部分，直接把模块的名称添加到 obj-m 环境变量下即可；如果未定义环境变量，则表示在内核代码以外编译，设置 KERNELDIR 和 PWD 环境变量，然后通过内核脚本编译当前文件，生成内核模块文件。

（3）Makefile 建立完毕后，在 shell 下输入 make，然后按 Enter 键编译内核模块。

```
$ make
make -C /lib/modules/5.15.10/build M=/home/tom/dev_test/22 modules
make[1]: 进入目录“/root/linux-5.15.10”
  CC [M]  /home/tom/dev_test/22/ModuleHelloWorld.o
  MODPOST /home/tom/dev_test/22/Module.symvers
  CC [M]  /home/tom/dev_test/22/ModuleHelloWorld.mod.o
  LD [M]  /home/tom/dev_test/22/ModuleHelloWorld.ko
make[1]: 离开目录“/root/linux-5.15.10”
```

（4）编译结束后，生成 ModuleHelloWorld.ko 内核模块，通过 modprobe 加载内核模块。

```
$ sudo insmod ./ModuleHelloWorld.ko
$ dmesg | tail -n 1
[20496.670411] (init)Hello,World!
```

在加载过程中可以看到 hello_init()函数的输出信息。

（5）加载内核模块成功后，可以使用 rmmod 命令卸载内核模块。

```
$ sudo rmmod ModuleHelloWorld
$ dmesg | tail -n 1
[20519.018853] (exit)Hello,World!
```

当卸载模块时，内核会调用内核的卸载函数，输出 hello_exit()函数的内容。

模块卸载以后，使用 lsmod | grep ModuleHelloWorld 命令查看模块列表，如果没有任何输出，则表示 ModuleHelloWorld.ko 内核模块已经被成功卸载。

## 22.2.6　为内核模块添加参数

驱动程序常需要在加载的时候提供一个或者多个参数，内模块提供了设置参数的能力。通过 module_param()宏可以为内核模块设置一个参数，定义如下：

```
module_param(参数名称,类型,属性)
```

其中：参数名称是加载内核模块时使用的参数名称，在内核模块中需要有一个同名的变量与之对应；类型是参数的类型，内核支持 C 语言常用的基本类型；属性是参数的访问权限。接下来为实例 22-1 的程序增加两个参数。

**【实例 22-2】**增加内核模块参数。

```
01  /* 内核模块: ModuleHelloWorldPara.c */
02  # include <linux/init.h>
03  # include <linux/module.h>
04  # include <linux/kernel.h>
05
06  MODULE_LICENSE("GPL");
07  MODULE_AUTHOR("Shakespeare");
08
09  static int initValue = 0;       // 模块参数 initValue = <int value>
10  static char *initName = NULL;   // 模块参数 initName = <char*>
11  module_param(initValue, int, S_IRUGO);
12  module_param(initName, charp, S_IRUGO);
13
14  /* init function */
15  static int hello_init(void)
16  {
```

```
17      printk(KERN_ALERT"initValue = %d initName = %s\n",initValue,
          initName);                                     // 打印参数值
18      printk(KERN_ALERT "(init)Hello,World!\n");
19      return 0;
20  }
21
22  /* exit function */
23  static void hello_exit(void)
24  {
25      printk(KERN_ALERT "(exit)Hello,World!\n");
26  }
27
28  module_init(hello_init);
29  module_exit(hello_exit);
```

在程序第 9 行和第 10 行增加了两个变量 initValue 和 initName，分别是 int 类型和 char*类型。程序第 11 行设置 initValue 为 int 类型的参数，第 12 行设置 initName 为 char*类型的参数。重新编译，带参数加载模块：

```
$ sudo insmod ./ModuleHelloWorldPara.ko initValue=123 initName="test"
$ dmesg | tail -n 2
[20663.505972] initValue = 123 initName = test
[20663.505979] (init)Hello,World!
```

从输出结果中可以看出，内核模块的参数被正确传递到了程序中。

# 22.3　Linux 设备驱动工作方式简介

Linux 系统把设备驱动分成字符设备、块设备和网络设备 3 种类型。内核为设备驱动提供了注册和管理的接口，并且设备驱动还可以使用内核提供的其他功能，还可以访问内核资源。本节首先介绍一种常见的总线结构，然后分别介绍 3 种类型的设备驱动的特点，并且给出一个字符设备的例子。其他类型的设备驱动将在后面章节中介绍。

## 22.3.1　PCI 局部总线简介

早期的计算机有众多总线标准。从最初的 8 位总线、16 位总线，到目前主流的 32 位总线，不同厂商都制定了自己的总线标准。不同的总线设备给设备驱动设计带来了麻烦，直到后来 PCI（Peripheral Component Interconnect）局部总线出台，这种局面才得到缓解，并且逐步成为实际标准。

PCI 是外设部件互连标准。PCI 局部总线标准最早由英特尔公司制定，最初主要应用在 PC 上。目前已经被越来越多的嵌入式系统及其他类型的计算机系统所使用。设计 PCI 的原因是由于之前的总线有许多缺点，总结为以下几点：

- 总线速度过慢。早期的 ISA 和 EISA 总线速度都非常慢，ISA 总线速度只有 8.33MHz，EISA 只有 33MHz，无法满足速度不断提高的硬件设备需求。提高总线的传输速度不仅需要提高工作频率，还需要优化总线结构。
- 总线地址分配方法复杂。早期的一些地址总线对外部设备的地址设置比较单一，同一时间，一个地址只能供一个设备使用。也就是说，总线限制了外部设备的地址。因此，改变外部设备需要重新设置其总线地址，这非常容易出错。

- 总线资源共享效率低。早期的计算机系统，外部设备的处理能力较低，设备之间传递信息需要通过 CPU，总线不具备管理功能。随着技术的发展，现在的许多设备都有自己的处理芯片，对总线的要求也不断提高，早期的总线已经很难适应目前的设备了。

PCI 总线正是为早期总线标准的各种弊端而设计的。PCI 总线首先考虑到了速度问题，传输带宽可以达到 133Mbps，总线工作频率最高可达 66MHz。最早推出的 PCI 总线是 32 位宽的，后来又推出了 64 位宽的 PCI 总线，可以适应传输能力更强的外部设备。PCI 总线采用软件配置地址和其他总线信息的方法，避免了手工配置设备在总线地址方面的麻烦。此外，PCI 还支持通过桥的方式扩展总线的处理能力。

PCI 总线设计之初就不是针对特定处理器平台的，因此，在一些高性能的嵌入式平台上其已经有广泛的应用。

## 22.3.2　Linux 设备驱动的基本概念

在 Linux 系统中，所有的资源都是作为文件管理的，设备驱动也不例外，设备驱动通常是作为一类特殊的文件存放在/dev 目录下。查看/dev 目录，得到系统中的所有设备列表如下：

```
$ ls -l /dev
brw-rw----  1 root disk     7,   5 12月 15 09:41 loop5
brw-rw----  1 root disk     7,   6 12月 15 09:41 loop6
brw-rw----  1 root disk     7,   7 12月 15 09:41 loop7
brw-rw----  1 root disk     7,   8 12月 15 09:41 loop8
brw-rw----  1 root disk     7,   9 12月 15 09:41 loop9
crw-rw----  1 root disk    10, 237 12月 15 09:41 loop-control
```

这里仅列出了一部分文件，设备文件属性最开始的一个字符 c 表示该设备文件关联的是一个字符设备；b 表示关联的是一个块设备。在文件列表的中间部分有两个数字，第一个数字称作主设备号，第二个数字称作次设备号。

在内核中使用主设备号标识一个设备，次设备号供设备驱动使用。在打开一个设备的时候，内核会根据设备的主设备号得到设备驱动，并且把次设备号传递给驱动。Linux 内核为所有设备都分配了主设备号，在编写驱动程序之前需要参考内核代码 Documentation/admin-guide/devices.txt 文件，确保使用的设备号没有被占用。

在使用一个设备之前，需要使用 Linux 提供的 mknod 命令。mknod 命令的格式如下：

```
mknod [OPTION]... NAME TYPE [MAJOR MINOR]
```

其中：NAME 是设备文件名称；TYPE 是设备类型，c 代表字符设备，b 代表块设备；MAJOR 是主设备号，MINOR 是次设备号。OPTION 是选项，-m 参数用于指定设备文件的访问权限。

Linux 内核按照外部设备的工作特点把设备分成字符设备、块设备和网络设备 3 种基本类型。在编写设备驱动的时候，需要使用内核提供的设备驱动接口，向内核提供具体设备的操作方法。

### 22.3.3　字符设备

字符设备是 Linux 系统最简单的一类设备。应用程序可以像操作普通文件一样操作字符设备。常见的串口和调制解调器都是字符设备。编写字符设备驱动需要使用内核提供的 register_chrdev()函数注册一个字符设备驱动，该函数的定义如下：

```
int register_chrdev(unsigned int major, const char *name, const struct
file_operations *fops);
```

参数 major 是主设备号，name 是设备名称，fops 是指向函数指针数组的结构指针，驱动程序的入口函数都在这个指针内部。如果 register_chrdev()函数的返回值小于 0，则表示注册设备驱动失败，如果设置 major 为 0，则表示由内核动态分配主设备号，该函数的返回值是主设备号。

使用 register_chrdev()函数成功注册一个字符设备后，会在/proc/devices 文件中显示设备信息，笔者的计算机上的信息显示如下：

```
$ cat /proc/devices
Character devices:
  1 mem
  4 /dev/vc/0
  4 tty
  4 ttyS
  5 /dev/tty
  5 /dev/console
  5 /dev/ptmx
  5 ttyprintk
  6 lp
  7 vcs
 10 misc
 13 input
 14 sound/midi
 14 sound/dmmidi
 21 sg
 29 fb
 89 i2c
 90 mtd
 99 ppdev
108 ppp
116 alsa
128 ptm
136 pts
180 usb
189 usb_device
202 cpu/msr
204 ttyMAX
226 drm
236 aux
237 cec
238 lirc
239 ipmidev
240 hidraw
241 vfio
242 wwan_port
243 bsg
244 watchdog
```

```
245 remoteproc
246 ptp
247 pps
248 rtc
249 dma_heap
250 dax
251 dimmctl
252 ndctl
253 tpm
254 gpiochip

Block devices:
  7 loop
  8 sd
  9 md
 11 sr
 65 sd
 66 sd
 67 sd
 68 sd
 69 sd
 70 sd
 71 sd
128 sd
129 sd
130 sd
131 sd
132 sd
133 sd
134 sd
135 sd
253 device-mapper
254 mdp
259 blkext
```

其中：Character devices 是字符设备驱动列表；Block devices 是块设备驱动列表，数字代表主设备驱动，后面是设备驱动的名称。

与注册驱动相反，内核提供的 unregister_chrdev()函数用于卸载设备驱动，定义如下：

```
void unregister_chrdev(unsigned int major, const char *name);
```

其中，major 是主设备驱动号，name 是设备驱动的名称。内核会比较设备驱动名称与设备号是否相同，如果不同，则 unregister_chrdev()函数返回-EINVAL。错误地卸载设备驱动可能会带来严重的后果，因此在卸载驱动的时候应该判断函数的返回值。

在 register_chrdev()函数中有一个 fops 参数，该参数指向一个 file_operations 结构，该结构包含驱动上的所有操作。随着内核功能的不断增加，file_operations 结构的定义也越来越复杂，Linux 5.15 的 file_operations 结构定义如下：

```
struct file_operations {
    struct module *owner;
    loff_t (*llseek) (struct file *, loff_t, int);
    ssize_t (*read) (struct file *, char __user *, size_t, loff_t *);
    ssize_t (*write) (struct file *, const char __user *, size_t, loff_t *);
    ssize_t (*read_iter) (struct kiocb *, struct iov_iter *);
    ssize_t (*write_iter) (struct kiocb *, struct iov_iter *);
    int (*iopoll)(struct kiocb *kiocb, bool spin);
    int (*iterate) (struct file *, struct dir_context *);
    int (*iterate_shared) (struct file *, struct dir_context *);
    __poll_t (*poll) (struct file *, struct poll_table_struct *);
```

```
    long (*unlocked_ioctl) (struct file *, unsigned int, unsigned long);
    long (*compat_ioctl) (struct file *, unsigned int, unsigned long);
    int (*mmap) (struct file *, struct vm_area_struct *);
    unsigned long mmap_supported_flags;
    int (*open) (struct inode *, struct file *);
    int (*flush) (struct file *, fl_owner_t id);
    int (*release) (struct inode *, struct file *);
    int (*fsync) (struct file *, loff_t, loff_t, int datasync);
    int (*fasync) (int, struct file *, int);
    int (*lock) (struct file *, int, struct file_lock *);
    ssize_t (*sendpage) (struct file *, struct page *, int, size_t, loff_t
*, int);
    unsigned long (*get_unmapped_area)(struct file *, unsigned long,
unsigned long, unsigned long, unsigned long);
    int (*check_flags)(int);
    int (*flock) (struct file *, int, struct file_lock *);
    ssize_t (*splice_write)(struct pipe_inode_info *, struct file *, loff_t
*, size_t, unsigned int);
    ssize_t (*splice_read)(struct file *, loff_t *, struct pipe_inode_info
*, size_t, unsigned int);
    int (*setlease)(struct file *, long, struct file_lock **, void **);
    long (*fallocate)(struct file *file, int mode, loff_t offset,
            loff_t len);
    void (*show_fdinfo)(struct seq_file *m, struct file *f);
#ifndef CONFIG_MMU
    unsigned (*mmap_capabilities)(struct file *);
#endif
    ssize_t (*copy_file_range)(struct file *, loff_t, struct file *,
            loff_t, size_t, unsigned int);
    loff_t (*remap_file_range)(struct file *file_in, loff_t pos_in,
                   struct file *file_out, loff_t pos_out,
                   loff_t len, unsigned int remap_flags);
    int (*fadvise)(struct file *, loff_t, loff_t, int);
} __randomize_layout;
```

在 file_operations 结构中，每个成员都是一个函数指针，指向具有不同功能的函数。对于字符设备来说，常用的函数成员如表 22-1 所示。

表 22-1　file_operations结构的常用函数成员

| 函数成员名称 | 含　义 |
| --- | --- |
| open | 当打开设备的时候内核会调用该函数 |
| read | 当对设备进行读操作的时候内核会调用该函数 |
| write | 当对设备进行写操作的时候内核会调用该函数 |
| release | 当用户关闭设备的时候内核会调用该函数 |
| llseek | 文件指针定位函数，用于设置文件的读写位置 |
| poll | 用于查询设备是否可读写 |

## 22.3.4　块设备

与字符设备相比，块设备要复杂得多。块设备与字符设备的主要区别是块设备带有缓冲，字符设备没有。块设备传输数据只能以块作为读写单位，而字符设备是以字节作为最小读写单位的。块设备对于 I/O 请求有对应的缓冲区，可以选择相应的顺序，如采用特定的调度策略等；字符设备只能顺序访问。此外，块设备提供了随机访问的能力，而字符设备只能顺序读取数据。

块设备提供了一个类似字符设备的访问函数结构 block_device_operations，定义如下：

```
struct block_device_operations {
    blk_qc_t (*submit_bio) (struct bio *bio);
    int (*open) (struct block_device *, fmode_t);
    void (*release) (struct gendisk *, fmode_t);
    int (*rw_page)(struct block_device *, sector_t, struct page *, unsigned
int);
    int (*ioctl) (struct block_device *, fmode_t, unsigned, unsigned long);
    int (*compat_ioctl) (struct block_device *, fmode_t, unsigned, unsigned
long);
    unsigned int (*check_events) (struct gendisk *disk,
                    unsigned int clearing);
    void (*unlock_native_capacity) (struct gendisk *);
    int (*getgeo)(struct block_device *, struct hd_geometry *);
    int (*set_read_only)(struct block_device *bdev, bool ro);
    void (*swap_slot_free_notify) (struct block_device *, unsigned long);
    int (*report_zones)(struct gendisk *, sector_t sector,
            unsigned int nr_zones, report_zones_cb cb, void *data);
    char *(*devnode)(struct gendisk *disk, umode_t *mode);
    struct module *owner;
    const struct pr_ops *pr_ops;
    int (*alternative_gpt_sector)(struct gendisk *disk, sector_t *sector);
};
```

其中，open、release 和 ioctl 等函数的功能与字符设备相同。块设备提供了一个特有的函数成员即 getgen()函数，用于向系统汇报驱动器信息。

关于块设备的更多知识将在第 24 章详细介绍。

### 22.3.5　网络设备

在 Linux 内核中，网络设备是一类特殊的设备，因此被单独设计为一种类型的驱动。与其他设备不同的是，网络设备不是通过设备文件访问的，在/dev 目录下不会看到任何网络设备。因此，网络设备的操作不是通过文件操作实现的。

Linux 内核为了抽象网络设备界面，为其定义了一个接口用于屏蔽网络环境下各种网络设备的差别。内核对所有网络设备的访问都通过这个抽象的接口，该接口对上层网络协议提供相同的操作方法。关于网络设备的介绍请参考第 23 章。

## 22.4　字符设备驱动开发案例

在 Linux 内核驱动中，字符设备是最基本的设备驱动。字符设备包含对设备的基本操作，如打开设备、关闭设备和 I/O 控制等。学习其他设备驱动最好从字符设备开始。本节将给出一个字符设备驱动实例，帮助读者学习字符设备驱动的开发。

### 22.4.1　开发一个基本的字符设备驱动

首先给出一个字符设备实例，功能是建立一个名为 GlobalChar 的虚拟设备，设备内部只有一个全局变量供用户操作。设备提供了读函数读取全局变量的值并且返回给用户，写函数把用户设定的值写入全局变量，代码如下：

```
01  /* GlobalCharDev.c */
02  # include <linux/module.h>
03  # include <linux/init.h>
04  # include <linux/fs.h>
05  # include <asm/uaccess.h>
06
07  MODULE_LICENSE("GPL");
08  MODULE_AUTHOR("GongLei");
09
10  # define DEV_NAME "GlobalChar"
11
12  static ssize_t GlobalRead(struct file *, char *, size_t, loff_t*);
13  static ssize_t GlobalWrite(struct file *, const char *, size_t,
14  loff_t*);
15
16  static int char_major = 0;
17  static int GlobalData = 0;          // "GlobalChar" 设备的全局变量
18
19  // 初始化字符设备驱动的 file_operations 结构体
20  struct file_operations globalchar_fops =
21  {
22      .read = GlobalRead,
23      .write = GlobalWrite
24  };
25
26
27  /* 模块初始化函数 */
28  static int __init GlobalChar_init(void)
29  {
30      int ret;
31
32      ret = register_chrdev(char_major, DEV_NAME, &globalchar_fops);
33      // 注册设备驱动
34      if (ret<0) {
35          printk(KERN_ALERT "GlobalChar Reg Fail!\n");
36      } else {
37          printk(KERN_ALERT "GlobalChar Reg Success!\n");
38          char_major = ret;
39          printk(KERN_ALERT "Major = %d\n", char_major);
40      }
41      return ret;
42  }
43
44  /* 模块卸载函数 */
45  static void __exit GlobalChar_exit(void)
46  {
47      unregister_chrdev(char_major, DEV_NAME);   // 注销设备驱动
48      return;
49  }
50
51  /* 设备驱动读函数 */
52  static ssize_t GlobalRead(struct file *filp, char *buf, size_t len,
    loff_t *off)
53  {
54      if (copy_to_user(buf, &GlobalData, sizeof(int))) {
55              // 从内核空间复制 GlobalData 到用户空间
```

```
56          return -EFAULT;
57      }
58      return sizeof(int);
59  }
60
61  /* 设备驱动写函数 */
62  static ssize_t GlobalWrite(struct file *filp, const char *buf, size_t
    len, loff_t *off)
63  {
64      if (copy_from_user(&GlobalData, buf, sizeof(int))) {
65      // 从用户空间复制 GlobalData 到内核空间
66          return -EFAULT;
67      }
68      return sizeof(int);
69  }
70
71  module_init(GlobalChar_init);
72  module_exit(GlobalChar_exit);
```

上面的代码中有 4 个函数，GlobalChar_init()函数是模块初始化函数，在该函数中调用 register_chardev()函数注册字符设备；GlobalChar_exit()函数是模块清除函数，在该函数中调用 unregister_chardev() 函数卸载注册的字符设备。程序第 20 行定义了一个 file_operations 结构的变量 globalchar_ops，在其中设置了读写函数。GlobalRead()函数读取全局变量 GlobalData，并且把数据复制到用户空间，GlobalWrite()函数把用户空间的数值复制到全局变量 GlobalData 中。在内核中操作数据时要区分数据的来源，对于用户空间的数据要使用 copy_from_user()函数复制，使用 copy_to_user()函数回写，不能直接操作用户空间的数据，否则会产生内存访问错误。

（1）模块代码编写好之后，编写 Makefile 文件如下：

```
01  ifneq ($(KERNELRELEASE),)
02      obj-m := GlobalCharDev.o
03  else
04      KERNELDIR ?= /lib/modules/$(shell uname -r)/build
05      PWD := $(shell pwd)
06  default:
07      $(MAKE) -C $(KERNELDIR) M=$(PWD) modules
08  endif
09
```

（2）Makefile 文件编写好以后，编译模块文件得到内核模块 GlobalCharDev.ko。

（3）加载内核模块，并且查看内核模块加载打印的信息。

```
$ sudo insmod ./GlobalCharDev.ko
$ dmesg | tail -n 2
[20859.912414] R13: 0000561457ad5750 R14: 0000561455db0888 R15:
0000561457ad58a0
[20859.912416]  </TASK>
```

从打印的结果中可以看出，设备已经被正确地加载。

（4）查看内核分配的主设备号：

```
$ cat /proc/devices | grep GlobalChar
235 GlobalChar
```

从结果中可以看出，内核给 GlobalChar 设备分配的主设备号是 235。

（5）使用 mknod 命令建立一个设备文件：

```
$ sudo mknod -m 666 /dev/GlobalChar c 235 0
```

```
$ ls -l /dev/GlobalChar
crw-rw-rw- 1 root root 235, 0 12月 15 22:23 /dev/GlobalChar
```

mknod 命令使用-m 参数指定 GlobalChar 设备可以被所有用户访问。到这里，已经正确地添加了一个字符设备到内核，下面需要测试驱动程序能否正常工作。

## 24.4.2　测试字符设备

为了测试编写的字符设备是否能正常工作，可以编写一个应用程序测试一下能否正常读写字符设备。下面给出一段读写字符设备 GlobalCharDev 的代码：

```
01  /* GlobalCharTest.c */
02  # include <sys/types.h>
03  # include <sys/stat.h>
04  # include <stdio.h>
05  # include <fcntl.h>
06  # include <unistd.h>
07
08  #define DEV_NAME "/dev/GlobalChar"
09
10  int main()
11  {
12      int fd, num;
13
14      /* 打开设备文件 */
15      fd = open(DEV_NAME, O_RDWR, S_IRUSR | S_IWUSR);
16      if (fd<0) {
17          printf("Open Deivec Fail!\n");
18          return -1;
19      }
20
21      /* 读取当前设备数值 */
22      read(fd, &num, sizeof(int));
23      printf("The GlobalChar is %d\n", num);
24
25      printf("Please input a number written to GlobalChar: ");
26      scanf("%d", &num);
27
28      /* 写入新的数值 */
29      write(fd, &num, sizeof(int));
30
31      /* 重新读取设备数值 */
32      read(fd, &num, sizeof(int));
33      printf("The GlobalChar is %d\n", num);
34
35      close(fd);
36      return 0;
37  }
```

程序首先使用 open()函数打开设备文件，然后使用 read()函数读取字符设备的值，open()系统调用函数最终会被解释为字符设备注册的 read 调用。程序读出字符设备的值后在屏幕上打印出来，然后提示用户输入新的数值。用户输入新的数值后，程序在第 22 行读入，然后在第 29 行写入字符设备。写入新的值后，程序在第 32 行重新读取了字符设备的值，并且打印出结果。程序输出结果如下：

```
$ ./GlobalCharTest
```

```
The GlobalChar is 0
Please input a number written to GlobalChar: 120
The GlobalChar is 120
```

从程序输出结果来看，最初从设备得到的数值是 0，用户输入 120 后写入字符设备，重新读出的数值也是 120，与用户的设置相同，表示设备驱动程序的功能正确。

## 22.5　小　　结

本章介绍了 Linux 驱动开发的基础知识，包括如何开发内核模块、Linux 设备驱动原理、驱动程序分类等，并且给出了一个字符设备的驱动开发实例。内核模块是开发设备驱动的基础，因此必须掌握。在后面的几章将会详细介绍 Linux 设备驱动开发的相关内容。

## 22.6　习　　题

### 一、填空题

1．驱动程序通常用于________通信。

2．内核编程与用户空间编程最大的区别就是程序的________。

3．编译内核模块需要建立一个________。

### 二、选择题

1．用于检查内核模块符号表，而且还会检查模块的依赖关系的命令是（　　）。

A．insmod　　B．modprobe　　C．rmmod　　D．其他

2．PCI 之前的总线有许多缺点，不包括（　　）。

A．总线速度过慢　　B．总线地址分配方法复杂

C．总线资源共享效率低　　D．价格昂贵

3．在 file_operations 结构中用于查询设备是否可读写的函数成员是（　　）。

A．open　　B．read　　C．poll　　D．llseek

### 三、判断题

1．网络设备的操作通过文件操作实现。（　　）

2．编写字符设备驱动需要使用内核提供的 register_chrdev()函数注册一个字符设备驱动。（　　）

3．块设备没有带缓冲。（　　）

### 四、操作题

1．使用代码编写一个 test 模块，在加载模块时显示 test module init，卸载模式时显示 test module exit。

2．使用命令查看/dev 目录，得到系统所有设备的列表。

# 第 23 章　网络设备驱动程序开发

计算机与外界通信是通过网卡完成的。网卡包括网络控制器和网络接口两个部分，网卡不仅是一个网络数据收发的设备，还肩负网络底层协议处理的任务。网络设备在 Linux 内核中是一类复杂的设备，在学习网卡驱动的时候需要掌握网络和内核协议栈的基本知识。本章将从网络的基本知识入手，逐步介绍网络协议和内核协议栈，最后讲解网卡驱动编程，并且对嵌入式系统常见的 DM9000 网卡驱动展开分析。本章的主要内容如下：

- OSI 网络参考模型简介；
- TCP/IP 简介；
- 以太网的工作原理；
- 内核网络设备驱动框架简介；
- DM9000 网卡驱动分析。

## 23.1　网络基础知识

网卡是使用网络的必备设备之一。网卡的主要功能是处理网络上的数据，在学习网卡驱动之前需要掌握必要的网络知识。本节将介绍网络的基本模型和参考结构，然后介绍使用最广泛的协议 TCP/IP，最后介绍以太网的相关知识。

### 23.1.1　OSI 网络参考模型

世界上有多种不同架构的网络，目前最流行的互联网就是一种多架构的网络集合。多种架构网络互联的根本问题是不同网络架构术语的统一，OSI 网络参考模型正是为解决这个问题而提出的。

OSI 网络参考模型是由国际标准化组织 ISO 提出的一个网络互联模型。虽然目前没有一个网络是完全按照 OSI 网络参考模型设计的，但是该模型对网络协议之间的互联起到了重要作用。

OSI 网络参考模型是一个逻辑结构，采用分层的概念划分网络，任意两种网络协议只要采用 OSI 网络参考模型设计，都能相互通信。计算机网络通信是一个复杂的过程，OSI 采用的分层思想简化了网络的设计。分层是一种构造技术，通过明确定义每一层的功能来规范网络数据的传输。OSI 定义了 7 层网络结构，如图 23-1 所示。

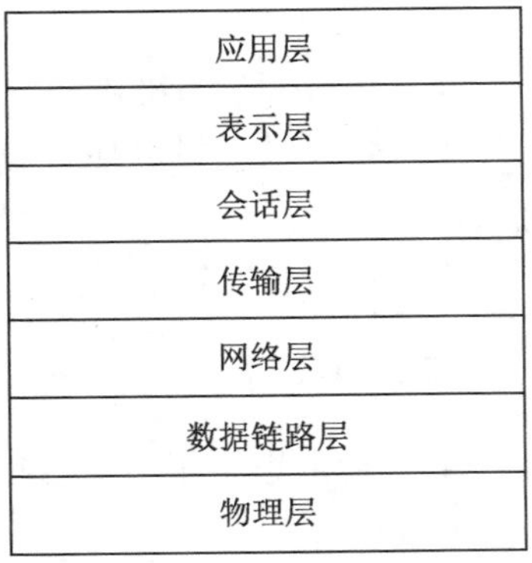

| 应用层 |
|---|
| 表示层 |
| 会话层 |
| 传输层 |
| 网络层 |
| 数据链路层 |
| 物理层 |

图 23-1　OSI 网络参考模型

从图 23-1 中可以看出，7 层协议从高到低依次为应用层、表示层、会话层、传输层、网络层、数据链路层和物理层。除最低一层外，每层只能使用下一层提供的功能；除最高一层外，每层向上一层提供功能；任何一层都不能跨层使用其他层提供的功能。这些规则是网络协议工作的基础。下面介绍各层的功能。

- 应用层：该层对应用程序提供通信服务，如一个文件传输的应用程序就工作在该层。
- 表示层：该层的主要功能是定义数据格式，如文件传输程序允许使用二进制和 ASCII 码方式传输数据。如果采用二进制方式，那么数据发送和接收的时候不会改变文件内容。如果选择 ASCII 格式，那么数据发送的时候需要把文本转换为 ASCII 字符集的数据后才能发送，接收的时候需要按照 ASCII 字符集的方式解释接收到的数据。此外，表示层还能提供加密服务，如对发送的数据采用某种加密算法进行加密。
- 会话层：该层定义了计算机通信过程中会话的建立、控制和结束的方法。会话是一个逻辑概念，网络上的数据是按照数据包的方式传输的。每个数据包都包含一定的特征信息，会话层通过识别出指定的信息向上一层提供连续的数据，而不是一个个数据包。
- 传输层：该层的主要功能是控制网络数据的传输。传输层通过附加在数据包的信息提供了差错恢复协议和无差错恢复协议，并且对接收到的数据包提供了重新组织排序功能。
- 网络层：该层定义数据包传输的过程，通过附加在数据包的逻辑地址，定义了数据包的传送路径，并且为大数据包提供了分片和重组的方法。
- 数据链路层：该层定义数据包在链路上如何传输，与具体的协议有关。
- 物理层：该层定义了网络设备的物理特性，包括接插件规范、电压、电流和编码等内容。物理层通常在协议中有多个规范来定义细节。

通过 OSI 网络参考模型，可以很容易地套用一个具体的网络协议，降低了网络协议之间互联的复杂度。此外，采用 OSI 分层思想设计的网络协议，传输数据包可以做到分层管理、易于调试，并且数据传输的稳定性也会大大提高。

## 23.1.2　Linux 系统内核与 TCP/IP

目前应用最广泛的网络就是互联网，互联网采用 TCP/IP 作为通信协议。TCP/IP 是由许多协议组成的协议簇，其中最主要的协议就是 TCP（传输控制）和 IP（互联网）。TCP/IP 最早由美国国防高级研究计划署在 ARPANET 上实现，随着不断的发展，其成为目前互联网上使用最广泛的协议，已经成为计算机网络通信事实上的标准协议。

### 1．TCP/IP与OSI参考模型的对应关系

TCP/IP 一开始就是基于异构网络的，许多公司都支持它，特别是 UNIX 系统对于 TCP/IP 的普及起到了推动作用。Linux 系统内核对 TCP/IP 也有良好的支持。TCP/IP 隐藏了通信的底层细节，提高了网络应用开发的效率，使程序员可以把主要精力放在与高层协议的通信上，不必关注底层的细节，并且高层的协议独立于操作系统，使应用程序可以方便地移植到其他系统上。

TCP/IP 只有 4 层：应用层、传输层、网络层和网络接口层。TCP/IP 与 OSI 参考模型的对应关系如图 23-2 所示。

| TCP/IP分层 | OSI网络参考模型 |
|---|---|
| 应用层 | 应用层 |
| | 表示层 |
| | 会话层 |
| 传输层 | 传输层 |
| 网络层 | 网络层 |
| 网络接口层 | 数据链路层 |
| | 物理层 |

图 23-2　TCP/IP 与 OSI 网络参考模型对比

图 23-2 仅是一个参考，TCP/IP 是在 OSI 网络参考模型之前就被设计出来了，因此两者之间并没有严格的对应关系。在 TCP/IP 中实际上没有与 OSI 链路层和物理层对应的层次，并且由于 TCP/IP 支持异构网络，在不同的硬件设备上 TCP/IP 的链路层设计是不同的。

TCP/IP 通过 RFC（Requests for Comments）系列文档发布。RFC 是由 IETF 组织维护的一组 Internet 草案文件。IETF 组织由一些在 TCP/IP 的某个技术领域有特定职能和贡献的人组成，每个发布的协议都会分配一个 RFC 编号。TCP/IP 的每个协议都是标准的，并且有对应的 RFC 编号，但不是所有的 RFC 都是标准协议。

### 2．TCP/IP分层结构

在 TCP/IP 簇中，每个协议都有自己的协议头。协议头可以理解为一小段二进制数据，由长度不等的字段组成，用来说明协议所包含的信息。使用 TCP/IP 传输数据，在发送端按照协议层次从高到低依次在要传递的数据前加入各层协议的协议头，在接收端按照协议层次从低到高依次解析协议头。在一个 TCP/IP 的实现中，每层只负责解析本层的协议头，并且把解析后的数据交给相关的层次处理。一个 TCP/IP 数据包示例如图 23-3 所示。

| 网络链路层协议包头 | 网络层协议包头 | 传输层协议包头 | 应用层协议包头 | 用户数据 |
|---|---|---|---|---|

图 23-3　TCP/IP 数据包的典型结构

在 TCP/IP 中，根据功能划分，每层都包括多个协议，下面分别介绍各层常见的协议。

1）网络接口层协议

网络接口层也称作网络访问层，负责向网络发送和接收 TCP/IP 数据包，该层屏蔽了网络的具体差异。在不同的网络上，网络接口层的网络访问方法和数据帧格式等都不相同。TCP/IP 支持以太网、令牌环网、串行链路、ATM 和点对点等网络接口，支持 PPP、SLIP、PPPoE 和 IEEE 802.x 协议。

2）网络层

网络层负责数据包的寻址、打包和路由工作。路由的意思是寻找数据包在网络中的传输路径。网络层提供了 ARP、IPv4、IPv6、ICMP 和 IGMP 协议。下面介绍常见的几种协议。

- ARP（Address Resolution Protocol，地址解析协议）把数据包的逻辑地址翻译成网络硬件对应的媒体访问控制地址。与 ARP 对应的还有一个协议是 RARP，目的是通过网络接口地址获取数据包的逻辑地址。
- IP 是 TCP/IP 的核心，它是一个数据报协议，负责主机之间数据包传输过程的寻址和路由。IP 是没有连接的，通过该协议传输的数据包在网络上并不能保证可以有序地传输。因此，IP 是不可靠的网络协议。IP 传输数据包采用“尽力而为”的方式，数据包在传输过程中可能会出现发送丢失、出错、重复或者延迟等问题，因此需要更高层的协议保证数据包的准确性。

此外，网络层还提供了 ICMP 和 IGMP 两个差错控制协议，用于获取和提供网络状态。例如常用的网络侦测工具 ping，就是利用 ICMP 实现的。

3）传输层

传输层提供了数据包的传输控制，包括面向连接的 TCP 和 UDP。TCP 最早出现在传输层，是 TCP/IP 簇中重要的协议之一。TCP 弥补了 IP 的不足，能够保证数据包在丢失后重发，能够删除多余的数据包，并且能否按照发送顺序重组数据包。

4）应用层

应用层允许应用程序访问其他层的服务。应用层定义了供应用程序使用的数据交换协议，其中包含大量的协议并且还在不断的开发中。最常见的协议包括 HTTP（超文本传输协议）、FTP（文件传输协议）和 SMTP（简单邮件传输协议）等。应用层协议丰富了网络应用。

## 23.2　以太网基础

以太网是目前局域网使用最广泛的通信标准，最初由施乐公司提出。以太网是一个技术标准而不是具体的网络。该标准定义了在局域网（LAN）内使用的电缆类型和信号处理方法。最初的以太网设备之间使用 10Mbps 速率传递数据包，目前最高的以太网速率已经能达到 100Gbps。许多厂商都开发了支持以太网的软件和硬件，因此，以太网是开发性最好的局域网标准。一个典型的以太网结构示意如图 23-4 所示。

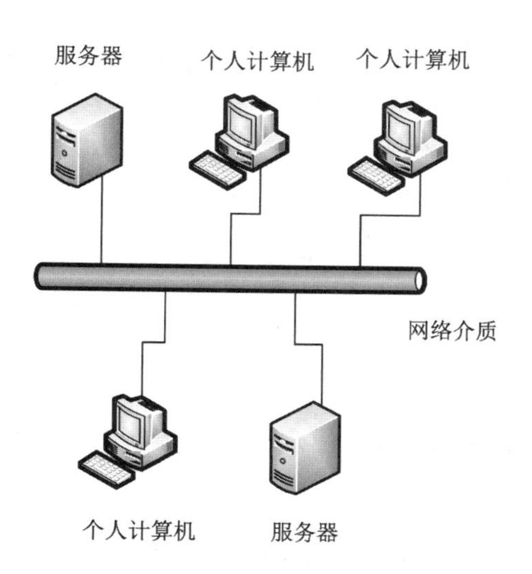

图 23-4　典型的以太网结构示意

从图 23-4 中可以看出，一个典型的以太网是由网络节点和网络介质组成的。网络介质可以是多种多样的，如同轴电缆和双绞线；网络节点可以是服务器或者个人计算机。

## 23.2.1　工作原理

以太网是一种广播式的网络，任何节点都可以向网络中的所有的节点发送数据，所有的网络节点都是平等的，没有一个主控节点。广播式的网络存在一个问题，即同一时刻如果有多个节点发送数据，就会导致信号之间的冲突，使数据遭到破坏。为此，以太网设计了一种载波监听多路访问冲突检测（CSMA/CD）机制。该机制的工作原理是监听网络是否有信号传输，如果没有则发送数据，如果有信号则过一段时间后继续检测，直到网络上没有信号再发送数据。

在以太网中的一个节点上发送数据的工作过程如下：

（1）监听网络是否有信号在传输，如果有信号，表示网络处于繁忙状态，则继续监听，直到网络空闲为止。

（2）如果没有检测到网络上的传输信号则发送数据。

（3）在传输数据过程中继续监听，如果发现网络有信号冲突（其他节点也发送数据），则执行退避算法。退避算法会随机等待一段时间，然后重复执行步骤（1）。

（4）如果发送过程中没有冲突，则数据包发送成功，在发送下一个数据包前必须延迟一个固定时间（每种网络有自身的规定）后才可以执行步骤（1）。

☎提示：以太网规范规定了节点每次只允许发送一个数据包。

在以太网中，当两个数据帧同时发送到物理介质上时，如果发生完全重叠或者部分重叠，则称作产生冲突（Collision）。当冲突发生时，网络上的所有数据都被视为无效数据，因此冲突是影响以太网性能的重要因素。产生冲突的原因很多，有一个重要因素是，随着以太网中节点的增加，冲突也会随之增加。因此，在一个以太网中，节点数量需要控制，否则要采取减少冲突的一些方法。

## 23.2.2　常见的以太网标准

从以太网的产生至今已经有多种以太网标准，每种标准的最大差异就是传输速度提高了。下面介绍几种常见的以太网标准。

### 1. 标准以太网

最初的以太网使用 CSMA/CD 访问控制方法，网络吞吐量只有 10Mbps，称为标准以太网。以太网都遵守 IEEE 802.3 标准，支持双绞线和同轴电缆两种传输介质。

☎提示：IEEE 是电气与电子工程师协会的缩写，该协会制定了一系列计算机接口和电气标准。

### 2. 快速以太网

传统的标准以太网的吞吐量很难满足日益增长的网络需求。1993 年，GrandJunction 公司推出了 10/100Mbps 的以太网集线器和接口卡。随后各厂商都推出了自己的 100Mbps

以太网设备，IEEE 对 100Mbps 的以太网设备进行了全面研究，提出了 802.3u 标准，由此出现了快速以太网的概念。

在快速以太网出现之前，已经有了 10Mbps 以上吞吐量的局域网，使用光纤分布式接口（FDDI），是一种昂贵的网络传输设备。快速以太网采用了与标准以太网相同的技术，通过改进传输介质提高了网络吞吐量，是一种廉价的局域网解决方案。

#### 3．千兆以太网

千兆以太网是比较新的高速以太网技术，网络吞吐量可以达到 1000Mbps。千兆以太网最大的特点是继承了以太网价格较低的优点，采用了与标准以太网相同的帧格式和网络协议，对上层应用透明。因此，千兆以太网最大限度地保护了对现有设备的投资，可以在不更换现有设备的情况下拥有更高的带宽容量。由于协议相同，千兆以太网可以很好地兼容 10Mbps 和 100Mbps 以太网。

#### 4．万兆以太网

万兆以太网是目前常用的最新的以太网技术，其规范包含在 IEEE 802.3ae 标准中。万兆以太网使用光纤作为传输介质，并且改进了网络传输技术，极大地提高了网络吞吐量。

**说明：**现在有更快的 25GBASE-T、40GBASE-T 和 100GBASE-T 这 3 种标准，最高传输速度分别为 25Gbps、40Gbps 和 100Gbps。

### 23.2.3　拓扑结构

以太网支持总线型和星型拓扑结构。总线型结构的特点是使用电缆少、价格便宜，但是管理成本高，网络故障不易定位。此外，总线型网络采用共享访问机制，容易造成网络堵塞。早期的以太网使用同轴电缆作为传输介质，通常使用总线结构，主要是便于连接。总线型网络适合规模小的网络，并且网络中的节点很少变动。

星型网络结构的特点是管理方便、容易扩展、网络故障容易定位，但是需要专用的网络设备作为网络交换核心，并且需要更多的网线，成本较高。星型网络使用双绞线作为传输介质，需要集线器或者交换机作为网络核心节点，通过双绞线将所有节点与核心节点连接构成星型网络结构。星型网络的布线比总线型网络简单，并且可以通过网络级联扩展网络容量。

目前应用最广泛的是使用双绞线作为传输介质的星型网络，总线型网络已经被淘汰，而使用光纤的以太网由于成本较高还没有被广泛应用。

### 23.2.4　工作模式

以太网中最基本的设备就是以太网卡，以太网卡可以在半双工和全双工模式下工作。半双工模式基于以太网的 CSMA/CD 机制工作。传统的以太网使用半双工模式，在同一时间只能向一个方向传输数据，当有两个或两个以上节点传输数据时会导致网络产生数据冲突，降低网络传输速度。

在全双工模式下，两端之间的数据传输是同时进行的，发送方和接收方能够同时发送和接收数据，因此不会发生冲突。在全双工模式下，不需要再使用冲突检测电路。在全双工模式下，一个连接只使用一个端口，因为双方同时进行数据传输，所以没有必要使用多个端口进行切换。在这种模式下，连接的双方可以在全速率条件下进行数据传输，并且可以同时传输和接收数据，因此效率达到了 100%。

## 23.3　网卡的工作原理

网卡的全称是网络适配器或者网络接口卡（Network Interface Card，NIC），是计算机联网的必备设备。通常说的网卡是 PC 上的概念，网卡由网络控制芯片和网络接口两部分组成。在嵌入式系统中，通常把网络接口芯片和网络接口及其他芯片都安装在同一块线路板上，甚至有的 CPU 内部集成了网络控制器，仅需要在外部引出网络接口即可。

作为网络通信中的一个概念，这里把网卡作为一个整体来介绍。在计算机系统中，网卡负责把用户传递的数据转换为网络能识别的电信号，并且把网络上的电信号还原成数据传递给用户。网卡技术参数涉及带宽、总线接口、电气接口等。网卡还提供了网络数据包的存取控制和数据缓存等功能。如图 23-5 所示为 PC 接口使用的网卡。

图 23-5　PCI 接口使用的网卡

从图 23-5 中可以看出，一个网卡最少提供了两个接口。一个是与计算机系统连接的总线接口，还有一个是与网络连接的网络接口。在 PC 上，网卡通常使用 PCI 接口与 CPU 通信，在嵌入式系统中通常使用专门的 MII 接口或者 CPU 的通用 I/O 接口。在以太网中，目前应用最广泛的是双绞线（RJ-45 标准）接口，该接口由 8 条线按照两两交错的方式结合在一起，最后 4 对线被封装在一个胶皮套内。每对双绞线有一根线作为接地线，另一根可以发送或者接收数据，在不同的以太网标准中对双绞线的使用有不同的定义。按照不同的以太网标准，网卡支持不同的速率，包括 10Mbps、100Mbps 和 1000Mbps 等。

在一个网卡中，网络接口通常包括网络接口物理插槽和网络变压器，后者负责信号的转换。网络控制芯片通常包括 PHY 和 MAC 两部分，同时还集成了接口控制器和内部缓存等部件，并且向外部提供了寄存器访问接口。PHY 负责处理网络传输的电气信号，MAC 负责处理网络链路协议。

为了提高网络接口的兼容性，工程师们设计出了一种网络介质无关接口（MII）。该接口的设计思想是计算机与网络控制芯片通信使用一种统一的接口，而不必关心具体的网络类型。MII 是一种接口标准，使用该标准的网络控制器可以与不同的 CPU 接口，简化了网络设备与计算机间的设计程序。

## 23.4　内核网络分层结构

Linux 内核对网络驱动程序使用统一的接口，并且对于网络设备采用面向对象的思想设计。Linux 内核采用分层结构处理网络数据包。分层结构与网络协议的结构匹配，既简化了数据包处理流程，又便于扩展和维护。

### 23.4.1　内核网络结构

在 Linux 内核中，对网络部分按照网络协议层、网络设备层、设备驱动功能层和网络媒介层的分层体系进行设计。

网络驱动功能层主要通过网络驱动程序实现。在 Linux 内核中，所有的网络设备都被抽象为一个接口来处理，该接口提供了所有的网络操作。前面提到的 net_device 结构表示一种网络设备接口。网络设备接口既包括软件虚拟的网络设备接口，如环路设备，又包括网络硬件设备，如以太网卡。

在 Linux 内核中，对 IPv4 协议网络可以按照下面的方法划分。

- Socket 层：该层处理 BSD 兼容的 Socket 操作，每个 Socket 在内核中通过 Socket 结构体实现。该部分相关的文件有 net/socket.c。
- INET Socket 层：BSD Socket 向用户提供了一个一致性的网络编程接口。INET 层是其中的 IPv4 网络协议的接口，相当于建立了 AF_INET 形式的 Socket。在该层使用 Socket 结构保存接口上额外的参数，主要文件有 net/ipv4/protocol.c、net/ipv4/af_inet.c 和 net/core/sock.c。
- TCP/UDP 层：实现传输层操作，该层使用 inet_protocol 和 proto 结构，主要文件有 net/ipv4/udp.c、net/ipv4/datagram.c、net/ipv4/tcp.c、net/ipv4/tcp_input.c 和 net/ipv4/tcp_output.c。
- IP 层：实现网络层操作，该层使用 packet_type 结构表示，主要文件包括 net/ipv4/

ip_forward.c、net/ipv4/ip_fragment.c、net/ipv4/ip_input.c 和 net/ipv4/ip_ output.c。

- 驱动程序：网络设备驱动程序，使用 net_device 结构表示，主要文件包括 net/core/dev.c 和 driver/net 目录下的所有文件。

## 23.4.2　与网络有关的数据结构

内核对网络数据包的处理都是基于 sk_buff 结构的，该结构是内核网络部分最重要的数据结构。网络协议栈中各层协议都可以通过对该结构的操作，实现本层协议数据的添加或者删除。使用 sk_buff 结构避免了网络协议栈各层来回复制数据而产生的效率低下问题。sk_buff 结构如下：

```
struct sk_buff {
    union {
        struct {
            /* These two members must be first. */
            struct sk_buff        *next;
            struct sk_buff        *prev;
            union {
                struct net_device *dev;
                unsigned long     dev_scratch;
            };
        };
        struct rb_node       rbnode;
        struct list_head list;
    };
    union {
        struct sock      *sk;
        int           ip_defrag_offset;
    };
    union {
        ktime_t       tstamp;
        u64       skb_mstamp_ns; /* earliest departure time */
    };
    char          cb[48] __aligned(8);
    …
    sk_buff_data_t       tail;
    sk_buff_data_t       end;
    unsigned char        *head,
            *data;
    unsigned int     truesize;
    refcount_t       users;

#ifdef CONFIG_SKB_EXTENSIONS
    /* only useable after checking ->active_extensions != 0 */
    struct skb_ext       *extensions;
#endif
};
```

sk_buff 结构管理的指针主要有以下 4 个：

- head 指向数据缓冲（PacketData）的内存首地址；
- data 指向当前数据包的首地址；
- tail 指向当前数据包的尾地址；
- end 指向数据缓冲的内存尾地址。

对于 sk_buff 结构的操作，内核提供了一组函数，下面介绍几个重要的函数。

### 1. 分配和释放函数

```
struct sk_buff*alloc_skb (unsigned int len, gdp_t priority);   // 分配函数
struct sk_buff*dev_alloc_skb (unsigned int len);
void kfree_skb (struct sk_buff*skb);
#define dev_kfree_skb(a)    consume_skb(a)                      // 释放函数
```

alloc_skb()函数分配一个缓冲区，并且把 data 和 tail 指针初始化为 head；dev_alloc_skb()函数调用 alloc_skb()函数分配的缓冲区，并且把 priority 设置为 GFP_ATOMIC，然后设置 data 指针与 head 指针中间空余 16B，这 16B 的空间用于填写硬件头。

kfree_skb()函数供内核调用释放一个缓冲区。dev_kfree_skb()函数供驱动程序调用释放缓冲区，可以处理缓冲区加锁问题。

### 2. 在缓冲区尾部添加数据

skb_put()函数用于追加数据到 skb_buff 缓冲区的尾部，该函数添加完数据后会修改 tail 指针，并且更新 len 长度。

```
void *skb_put (struct sk_buff*skb, unsigned int len);
```

### 3. 在缓冲区首部添加数据

skb_push()函数添加数据到缓冲区首部，之后会修改 data 和 len。

```
void *skb_push (struct sk_buff*skb, unsigned int len);
```

## 23.4.3　内核网络部分的全局变量

Linux 内核网络部分有几个重要的全局变量，网络接口和协议都使用这些全局变量完成网络功能。

### 1. 与协议有关的全局变量

在 net/socket.c 文件的第 223 行中定义了一个与网络协议有关的全局变量 net_families，其定义如下：

```
static const struct net_proto_family __rcu *net_families[NPROTO]
__read_mostly;
```

net_proto_family 结构用于注册新的网络协议。在 Linux 内核中，每种网络协议都由唯一的协议号和对应的协议处理程序来标识。这些协议号由内核维护，而协议的处理程序则需要由协议的开发者实现并在内核中注册。注册一个新的网络协议可以使用 net_proto_family 结构，并将其记录到 net_families 全局变量中。在 Socket 的相关代码实现中会用到 net_families 全局变量。

### 2. 与包类型有关的全局变量

在 net/core/dev.c 文件中定义了两个与包类型有关的全局变量：

```
struct list_head ptype_base[PTYPE_HASH_SIZE] __read_mostly;
struct list_head ptype_all __read_mostly;  /* Taps */
```

# 23.5　内核网络设备驱动框架

Linux 内核网络设备是一类特殊的设备。网络设备虽然借用了传统设备（字符设备/块设备）的一些概念，却有其自身的特点。对应用程序来说，访问网络设备不需要通过文件句柄，而是通过 Socket 网络接口。因此，网络设备结合了设备驱动和内核网络协议，结构和工作流程都比较复杂。

## 23.5.1　net_device 结构

在 Linux 内核中，网络设备最重要的数据结构就是 net_device 结构，它是网络驱动程序最重要的部分。net_device 结构保存在 include/linux/netdevices.h 头文件中，了解该结构对理解网络设备驱动有很大的帮助。net_device 结构十分庞大，这里不列出该结构的代码，仅给出结构的解释，请读者参考 Linux 5.15 内核代码。

内核中所有网络设备的信息和操作都在 net_device 设备中，无论注册网络设备，还是设置网络设备参数，都会用到该结构，下面介绍其主要的数据成员。

### 1．设备名称

在 name 成员中记录网络设备的名称，大部分 Linux 对局域网设备命名使用“eth<数字>”的方式，在网络驱动中可以设置 name 域，也可以留空，由内核自动分配网络设备名称。

### 2．总线参数

总线参数用于设置设备的地址空间，主要包括下面几个参数。

- 中断请求号（IRQ）：该参数需要在启动或者设备驱动初始化时设置。中断请求号用于内核响应相应的中断，如果设备没有中断请求号则可以设置为 0。中断请求号也可以是变量，由内核自动分配。网络设备驱动一般都提供了设置 IRQ 的功能，可以在加载设备驱动的时候手动设置 IRQ。此外，还可以通过网络配置命令 ifconfig 设置 IRQ。
- 基地址（base_addr）：设备占用的基本输入/输出（I/O）地址空间。如果系统没有分配 I/O 地址或者不支持 I/O 地址分配，则可以设置为 0。该参数同样可以被用户设置或者通过 ifconfig 命令设置。
- mem_start 和 mem_end 是共享内存的起始和结束地址。如果没有共享内存，那么这两个变量取值为 0。可以通过驱动程序 mem 参数配置共享内存的起始地址。
- dma：该参数标识正在使用的 DMA 通道，Linux 系统允许自动探测 DMA 通道。如果没有使用 DMA 通道，则将该参数设置为 0。在驱动程序中可以通过 dma 参数设置 DMA 通道。

总线参数是从用户角度对网络设备进行控制的，在驱动程序中需要设置这些参数，否则会被重用。

### 3．协议参数

在网络驱动程序中需要提供协议层参数，以便更加智能地执行任务，协议参数也被保存在网络设备结构中。常见的协议参数如下。

- mtu：该参数指定网络数据包的最大长度，不包括设备自身附加的底层数据头长度。mtu 通常被 IP 使用，用来选择大小适合的数据包。
- type：该参数指定设备所连接的物理介质类型。常见的以太网物理介质类型如表 23-1 所示。

表 23-1　常见的以太网物理介质类型

| 定 义 名 称 | 含　　义 |
| --- | --- |
| ARPHRD_NETROMARPHRD_ETHER | 10Mbps或100Mbps以太网适配器 |
| ARPHRD_EETHER | 实验用网卡（没有使用） |
| ARPHRD_AX25 | AX.25接口 |
| ARPHRD_PRONET | PROnet token ring（未使用） |
| ARPHRD_CHAOS | ChaosNET（未使用） |
| ARPHRD_IEE802 | 802.2 networks notably token ring |
| ARPHRD_ARCNET | ARCnet接口 |
| ARPHRD_DLCI | Frame Relay DLCI |

☎提示：在表 23-1 中标注“未使用”的接口，虽然定义了这种类型，但是没有支持这种接口的协议。

### 4．链接层变量

- hard_header_len：该变量表示网络缓冲区中硬件帧的大小。该值与将来添加的硬件帧头部的长度可能不一致。
- dev_addr：该变量是一个字符数组，用于保存物理地址。如果物理地址长度小于字符数组长度，则从左到右存放物理地址，并且使用 addr_len 成员变量标识物理地址的长度。实际上，许多介质没有物理地址，该变量通常为 0。有些介质的物理地址可以通过 ifconfig 工具设置，因此可以不初始化该变量。需要注意的是，如果没有设置设备的物理地址，则无法传输数据包。

### 5．接口标志

在 include/uapi/linux/if.h 头文件中定义了一些接口标识，用于表示接口属性，起到提高网络接口兼容性的作用。常见的接口标识如表 23-2 所示。

表 23-2　Linux内核常见的接口标识

| 接 口 标 识 | 含　　义 |
| --- | --- |
| IFF_UP | 接口已经激活 |
| IFF_BROADCAST | 设置设备广播地址有效 |
| IFF_DEBUG | 标识设备调试能力已打开 |

续表

| 接 口 标 识 | 含　　义 |
| --- | --- |
| IFF_LOOPBACK | 使用环回设备 |
| IFF_POINTOPOINT | 使用点对点设备（包括SLIP和PPP设备）。点对点设备通常没有子网掩码和广播地址 |
| IFF_RUNNING | 接口已经激活 |
| IFF_NOARP | 接口不支持ARP。因此，接口必须具有一个静态地址转换表，或者不进行地址映射 |

## 23.5.2　数据包的接收流程

在 Linux 内核中，一个网络数据包到达网卡后，需要经过链路层、传输层和 Socket 的处理才能到达用户空间，如图 23-6 所示。

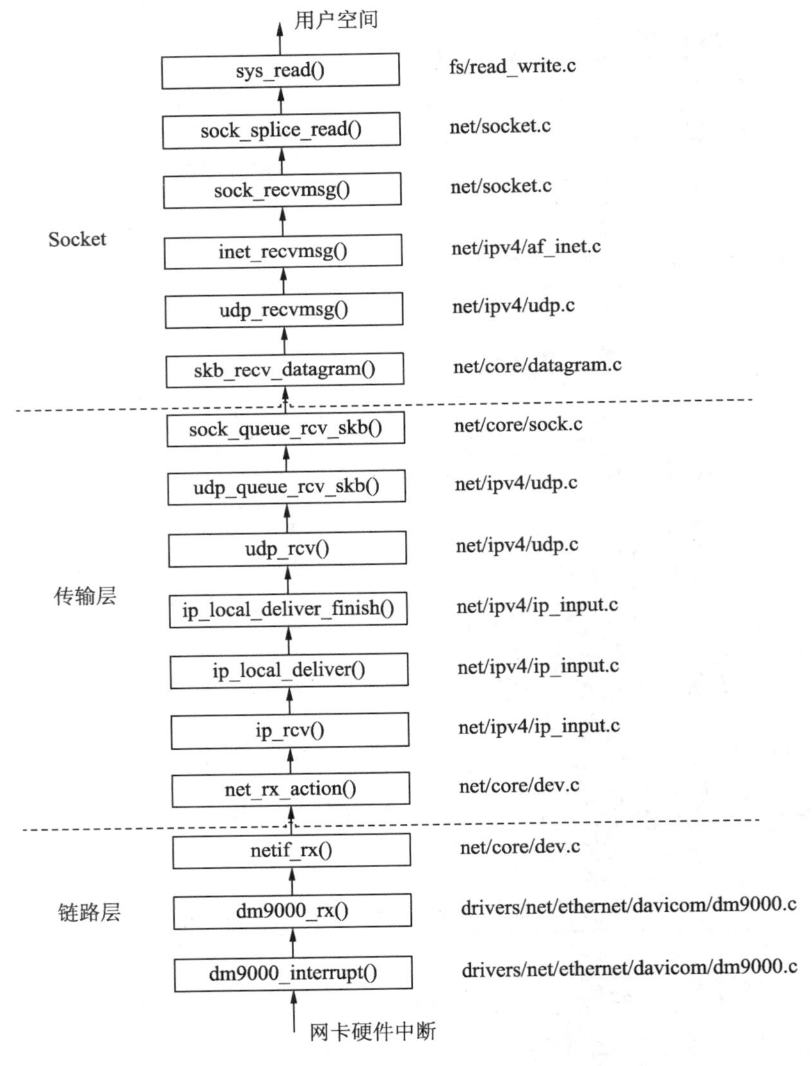


图 23-6　Linux 内核接收网络数据包的流程

以 DM9000 网卡为例，当网卡收到数据包以后调用中断处理函数 dm9000_interrupt()，该函数检查中断处理类型，如果接收数据包中断，则调用 dm9000_rx()函数接收数据包到内核空间。

dm9000_rx()函数接收数据包完成后，内核会继续调用 netif_rx()函数，该函数的作用是把网卡接收到的数据提交给协议栈处理。

协议栈使用 net_rx_action()函数处理接收数据包队列，在该函数处理数据包时，如果是 IP 数据包，则提交给 ip_rcv()函数处理。ip_rcv()函数主要是检查一个数据包 IP 头的合法性，检查通过后交给 ip_local_deliver()和 ip_local_deliver_finish()函数处理，之所以分开处理是因为内核中有防火墙相关的代码需要动态加载到此处。

IP 头处理完毕后，以 UDP 数据包为例将交由 udp_rcv()函数处理，与 ip_rcv()函数类似，该函数检查 UDP 头的合法性，然后交给 udp_queue_rcv_skb()函数处理，最后提交给 sock_queue_rcv_skb()函数处理。

数据包进入 Socket 部分的第一个函数是 skb_recv_datagram()，该函数从内核的 Socket 队列中取出数据包，交给 Socket 部分的 udp_recvmsg()函数，该函数负责处理 UDP 数据，可以把多个 UDP 数据包中的数据组合后提交给 inet_recvmsg()函数进行处理，最后通过 sock_recvmsg()函数处理后提交给 sock_splice_read()函数。

sock_splice_read()函数读取接收到的缓冲数据，然后把数据返回给 sys_read()系统调用函数。sys_read()系统调用函数最终把数据复制到用户空间，供用户使用。

## 23.5.3　数据包的发送流程

本节还是以 UDP 数据包的发送流程为例，介绍在 DM9000 网卡上如何发送一个数据包，如图 23-7 所示。

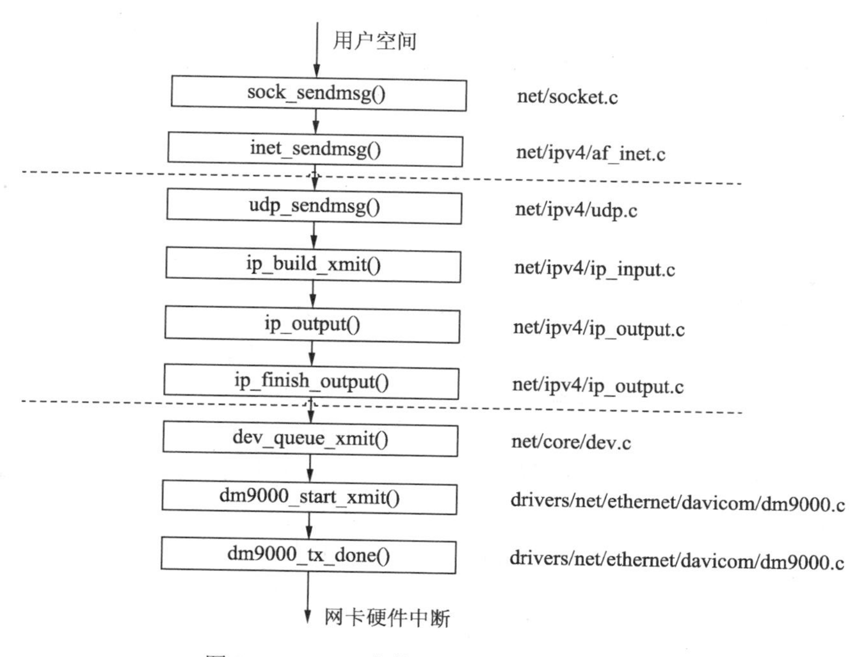


图 23-7　Linux 内核网络数据包的发送流程

当用户空间的应用程序通过 Socket 函数 sendto()发送一个 UDP 数据时，sock_sendmsg()函数调用 inet_sendmsg()函数处理，inet_sendmsg()函数会把要发送的数据交给传输层的 udp_sendmsg()函数来处理。

udp_sendmsg()函数在数据前加入 UDP 头，然后把数据交给 ip_build_xmit()函数来处理，该函数根据 Socket 提供的目的 IP 和端口信息构造 IP 头，最后交给 ip_output()函数写入发送队列，写入完成后由 ip_finish_output()函数处理后续工作。

链路层的 dev_queue_xmit()函数用于处理发送队列，调用 DM9000 网卡的发送数据包函数 dm9000_start_xmit()发送数据包，发送完毕后，调用 dm9000_tx_done()函数处理发送结果。

## 23.6　DM9000 网卡驱动分析案例

DM9000 是嵌入式系统常用的一款网络控制芯片，提供了丰富的功能和开发接口，具有很高的性价比，因此得到了广泛应用。本节将介绍 DM9000 网卡芯片的工作原理，以及在 Linux 中的驱动分析。

### 23.6.1　DM9000 芯片简介

DM9000 是 DAVICOM 公司的一款高度集成、低功耗的快速以太网处理器，该芯片集成了 MAC 和 PHY。DM9000 可以和 CPU 直接连接，支持 8 位、16 位和 32 位数据总线宽度。该芯片支持 10Mbps 和 100Mbps 自适应以太网接口，内部有 16KB 的 FIFO 及 4KB 的双字节 SRAM，支持全双工工作。

DM9000 内部还集成了接收缓冲区，可以在接收到数据的时候把数据存放到缓冲区中，链路层可以直接把数据从缓冲区中取走。与其他网卡控制芯片相比，DM9000 从硬件连接到驱动都相对简单，适合初学者学习。

### 23.6.2　网卡驱动程序框架

在一个网络驱动程序中，一般都会提供一个 platform_driver 结构变量。platform_driver 结构包括网卡驱动的相关操作函数，通过 module_platform_driver 注册到内核设备驱动列表中。内核会根据驱动程序中的设备描述来设置网卡的中断和定时器，并且在网络数据包到来的时候调用网卡对应的处理函数。

通常，网卡需要向内核提供下面几个接口函数。

- probe：加载网卡驱动的时候执行，主要用于初始化网卡硬件接口，设置网络接口函数。
- remove：卸载网卡驱动的时候执行该函数，用于从系统中注销网络接口函数。

网络设备驱动主要是按照内核网络数据包处理流程中用到的数据结构，设置对应的处理函数供内核使用。下面详细分析 DM9000 网卡驱动程序。

### 23.6.3 DM9000 网卡驱动的数据结构

DM9000 网卡驱动位于 drivers/net/ethernet/davicom/dm9000.c 文件中，有两个主要的数据结构 dm9000_driver 和 board_info。其中，dm9000_driver 是 platform_driver 结构，定义如下：

```
static struct platform_driver dm9000_driver = {
    .driver = {
        .name    = "dm9000",                              // 网卡名称
        .pm    = &dm9000_drv_pm_ops,
        .of_match_table = of_match_ptr(dm9000_of_matches),
    },
    .probe    = dm9000_probe,                             // 加载驱动函数
    .remove   = dm9000_drv_remove,                        // 删除驱动函数
};
```

dm9000_driver 结构定义了网卡的名称为 dm9000，并且定义了两个驱动接口函数。其中：dm9000_probe()函数在加载驱动的时候被内核调用，用于检测网卡设备并且分配资源，设置网络接口控制器；dm9000_drv_remove()函数在卸载驱动的时候被调用，用于释放网卡驱动占用的资源。

DM9000 网卡驱动还设置了供 DM9000 网络控制芯片使用的 board_info 结构，定义如下：

```
struct board_info {
    void __iomem*io_addr;                   // 控制寄存器地址
    void __iomem*io_data;                   // 数据寄存器地址
    u16      irq;                           // 中断号，在嵌入式系统中常常无效
    u16      tx_pkt_cnt;                    // 已发送的数据包个数
    u16      queue_pkt_len;                 // 数据包发送队列中的数据包个数
    u16      queue_start_addr;              // 数据包发送队列的起始地址
    u16      queue_ip_summed;
    u16      dbug_cnt;
    u8       io_mode;
    u8       phy_addr;                      // 网卡物理地址
    u8       imr_all;
    unsigned intflags;
    unsigned intin_timeout:1;
    unsigned intin_suspend:1;
    unsigned intwake_supported:1;
    enum dm9000_type type;
    void (*inblk)(void __iomem *port, void *data, int length);
    void (*outblk)(void __iomem *port, void *data, int length);
    void (*dumpblk)(void __iomem *port, int length);
    struct device   *dev;
    struct resource *addr_res;
    struct resource *data_res;
    struct resource *addr_req;
    struct resource *data_req;
    int       irq_wake;
    struct mutex addr_lock;
    struct delayed_work phy_poll;
    struct net_device  *ndev;
    spinlock_t  lock;
    struct mii_if_info mii;
    u32      msg_enable;
    u32      wake_state;
```

```
    int      ip_summed;
    struct regulator *power_supply;
};
```

board_info 结构存放在 net_device 结构的私有数据部分，DM9000 驱动的接口处理函数会使用该结构访问网络控制芯片。

在 board_info 结构中，io_addr 和 io_data 成员变量存放的是控制寄存器和数据寄存器地址；tx_pkt_cnt 记录发送的数据包个数；queue_pkt_len 记录发送队列中的数据包个数；queue_start_addr 记录数据包发送队列的起始地址；phy_addr 是网卡的物理地址（MAC 地址）。

### 23.6.4　加载驱动程序

在 dm9000.c 文件的第 1802 行使用 module_platform_driver 来完成向 Linux 内核注册 dm9000_driver 驱动的操作，代码如下：

```
module_platform_driver(dm9000_driver);
```

内核会调用 dm9000_driver 结构中的 probe 函数成员也就是 dm9000_probe()函数设置网卡驱动，函数定义如下：

```
static int
dm9000_probe(struct platform_device *pdev)
{
    struct dm9000_plat_data *pdata = dev_get_platdata(&pdev->dev);
    struct board_info *db;
    struct net_device *ndev;
    struct device *dev = &pdev->dev;
    const unsigned char *mac_src;
    int ret = 0;
    int iosize;
    int i;
    u32 id_val;
    int reset_gpios;
    enum of_gpio_flags flags;
    struct regulator *power;
    bool inv_mac_addr = false;
    power = devm_regulator_get(dev, "vcc");
    if (IS_ERR(power)) {
        if (PTR_ERR(power) == -EPROBE_DEFER)
            return -EPROBE_DEFER;
        dev_dbg(dev, "no regulator provided\n");
    } else {
        ret = regulator_enable(power);
        if (ret != 0) {
            dev_err(dev,
                "Failed to enable power regulator: %d\n", ret);
            return ret;
        }
        dev_dbg(dev, "regulator enabled\n");
    }
    reset_gpios = of_get_named_gpio_flags(dev->of_node, "reset-gpios", 0,
                        &flags);
    if (gpio_is_valid(reset_gpios)) {
        ret = devm_gpio_request_one(dev, reset_gpios, flags,
                        "dm9000_reset");
        if (ret) {
            dev_err(dev, "failed to request reset gpio %d: %d\n",
                reset_gpios, ret);
```

```
            goto out_regulator_disable;
        }
        msleep(2);
        gpio_set_value(reset_gpios, 1);
        msleep(4);
    }
    if (!pdata) {
        pdata = dm9000_parse_dt(&pdev->dev);
        if (IS_ERR(pdata)) {
            ret = PTR_ERR(pdata);
            goto out_regulator_disable;
        }
    }
    ndev = alloc_etherdev(sizeof(struct board_info));
                            // 分配资源，在私有数据区保存 board_info 内容
    if (!ndev) {
        ret = -ENOMEM;
        goto out_regulator_disable;
    }
    SET_NETDEV_DEV(ndev, &pdev->dev);
    dev_dbg(&pdev->dev, "dm9000_probe()\n");
    db = netdev_priv(ndev);
    db->dev = &pdev->dev;
    db->ndev = ndev;
    if (!IS_ERR(power))
        db->power_supply = power;
    spin_lock_init(&db->lock);
    mutex_init(&db->addr_lock);
    INIT_DELAYED_WORK(&db->phy_poll, dm9000_poll_work);
    db->addr_res = platform_get_resource(pdev, IORESOURCE_MEM, 0);
                                                        // 获取 I/O 地址
    db->data_res = platform_get_resource(pdev, IORESOURCE_MEM, 1);
    if (!db->addr_res || !db->data_res) {
        dev_err(db->dev, "insufficient resources addr=%p data=%p\n",
            db->addr_res, db->data_res);
        ret = -ENOENT;
        goto out;
    }
    ndev->irq = platform_get_irq(pdev, 0);
    if (ndev->irq < 0) {
        ret = ndev->irq;
        goto out;
    }
    db->irq_wake = platform_get_irq_optional(pdev, 1);
    if (db->irq_wake >= 0) {
        dev_dbg(db->dev, "wakeup irq %d\n", db->irq_wake);
        ret = request_irq(db->irq_wake, dm9000_wol_interrupt,
                IRQF_SHARED, dev_name(db->dev), ndev);
        if (ret) {
            dev_err(db->dev, "cannot get wakeup irq (%d)\n", ret);
        } else {
            ret = irq_set_irq_wake(db->irq_wake, 1);
            if (ret) {
                dev_err(db->dev, "irq %d cannot set wakeup (%d)\n",
                    db->irq_wake, ret);
            } else {
                irq_set_irq_wake(db->irq_wake, 0);
                db->wake_supported = 1;
            }
        }
    }
```

```
    iosize = resource_size(db->addr_res);
    db->addr_req = request_mem_region(db->addr_res->start, iosize,
                    pdev->name);                    // 请求内存地址
    if (db->addr_req == NULL) {                     // 检查地址寄存器是否有效
        dev_err(db->dev, "cannot claim address reg area\n");
        ret = -EIO;
        goto out;
    }
    db->io_addr = ioremap(db->addr_res->start, iosize);
                                                    // 映射网络适配器 I/O 地址
    if (db->io_addr == NULL) {                      // 检查网络适配器 I/O 地址是否有效
        dev_err(db->dev, "failed to ioremap address reg\n");
        ret = -EINVAL;
        goto out;
    }
    iosize = resource_size(db->data_res);   // 计算数据寄存器地址空间
    db->data_req = request_mem_region(db->data_res->start, iosize,
                    pdev->name);                    // 请求内存地址
    if (db->data_req == NULL) {                     // 检查数据寄存器地址是否有效
        dev_err(db->dev, "cannot claim data reg area\n");
        ret = -EIO;
        goto out;
    }
    db->io_data = ioremap(db->data_res->start, iosize);
                                                    // 映射网络适配器的数据寄存器地址
    if (db->io_data == NULL) {                      // 检查 I/O 地址是否有效
        dev_err(db->dev, "failed to ioremap data reg\n");
        ret = -EINVAL;
        goto out;
    }
    ndev->base_addr = (unsigned long)db->io_addr;  // 设置网络设备的 I/O 地址
    dm9000_set_io(db, iosize);                      // 设置 DM9000 寄存器地址
    if (pdata != NULL) {                            // 设置 DM9000 寄存器地址
        if (pdata->flags & DM9000_PLATF_8BITONLY)   // 8 位 I/O 位宽
            dm9000_set_io(db, 1);
        if (pdata->flags & DM9000_PLATF_16BITONLY)  // 16 位 I/O 位宽
            dm9000_set_io(db, 2);
        if (pdata->flags & DM9000_PLATF_32BITONLY)  // 32 位 I/O 位宽
            dm9000_set_io(db, 4);
        if (pdata->inblk != NULL)                   // 入链路函数
            db->inblk = pdata->inblk;
        if (pdata->outblk != NULL)                  // 出链路
            db->outblk = pdata->outblk;
        if (pdata->dumpblk != NULL)                 //dump()函数
            db->dumpblk = pdata->dumpblk;
        db->flags = pdata->flags;
    }
#ifdef CONFIG_DM9000_FORCE_SIMPLE_PHY_POLL
    db->flags |= DM9000_PLATF_SIMPLE_PHY;
#endif
    dm9000_reset(db);                               // 复位 DM9000 网络控制芯片
    for (i = 0; i < 8; i++) {                       // 多次尝试，DM9000 有时会读取错误
        id_val  = ior(db, DM9000_VIDL);
        id_val |= (u32)ior(db, DM9000_VIDH) << 8;
        id_val |= (u32)ior(db, DM9000_PIDL) << 16;
        id_val |= (u32)ior(db, DM9000_PIDH) << 24;
        if (id_val == DM9000_ID)
            break;
```

```
        dev_err(db->dev, "read wrong id 0x%08x\n", id_val);
    }
    if (id_val != DM9000_ID) {                  // 检查芯片 ID 是否正确
        dev_err(db->dev, "wrong id: 0x%08x\n", id_val);
        ret = -ENODEV;
        goto out;
    }
    id_val = ior(db, DM9000_CHIPR);
    dev_dbg(db->dev, "dm9000 revision 0x%02x\n", id_val);
    switch (id_val) {
    case CHIPR_DM9000A:
        db->type = TYPE_DM9000A;
        break;
    case CHIPR_DM9000B:
        db->type = TYPE_DM9000B;
        break;
    default:
        dev_dbg(db->dev, "ID %02x => defaulting to DM9000E\n", id_val);
        db->type = TYPE_DM9000E;
    }
        if (db->type == TYPE_DM9000A || db->type == TYPE_DM9000B) {
        ndev->hw_features = NETIF_F_RXCSUM | NETIF_F_IP_CSUM;
        ndev->features |= ndev->hw_features;
    }
    ndev->netdev_ops= &dm9000_netdev_ops;
    ndev->watchdog_timeo    = msecs_to_jiffies(watchdog);
    ndev->ethtool_ops   = &dm9000_ethtool_ops;
    db->msg_enable      = NETIF_MSG_LINK;           // 设置 MII 接口
    db->mii.phy_id_mask  = 0x1f;
    db->mii.reg_num_mask = 0x1f;
    db->mii.force_media  = 0;
    db->mii.full_duplex  = 0;
    db->mii.dev      = ndev;
    db->mii.mdio_read    = dm9000_phy_read;         // 以 MII 方式读函数
    db->mii.mdio_write   = dm9000_phy_write;        // 以 MII 方式写函数
    mac_src = "eeprom";
    for (i = 0; i < 6; i += 2)
        dm9000_read_eeprom(db, i / 2, ndev->dev_addr+i);
    if (!is_valid_ether_addr(ndev->dev_addr) && pdata != NULL) {
        mac_src = "platform data";
        memcpy(ndev->dev_addr, pdata->dev_addr, ETH_ALEN);
    }
    if (!is_valid_ether_addr(ndev->dev_addr)) {
        mac_src = "chip";
        for (i = 0; i < 6; i++)
            ndev->dev_addr[i] = ior(db, i+DM9000_PAR);
    }
    if (!is_valid_ether_addr(ndev->dev_addr)) {
        inv_mac_addr = true;
        eth_hw_addr_random(ndev);
        mac_src = "random";
    }
    platform_set_drvdata(pdev, ndev);
    ret = register_netdev(ndev);
    if (ret == 0) {
        if (inv_mac_addr)
            dev_warn(db->dev, "%s: Invalid ethernet MAC address. Please set
using ip\n",
                ndev->name);
        printk(KERN_INFO "%s: dm9000%c at %p,%p IRQ %d MAC: %pM (%s)\n",
            ndev->name, dm9000_type_to_char(db->type),
```

```
                db->io_addr, db->io_data, ndev->irq,
                ndev->dev_addr, mac_src);
    }
    return 0;
out:
    dev_err(db->dev, "not found (%d).\n", ret);
    dm9000_release_board(pdev, db);
    free_netdev(ndev);
out_regulator_disable:
    if (!IS_ERR(power))
        regulator_disable(power);
    return ret;
}
```

## 23.6.5　停止和启动网卡

停止网卡是用户使用 ifdown 命令设置网卡暂时停止，用户的命令通过系统调用最终会调用网卡驱动的停止函数，对于 DM9000 网卡驱动来说这个函数是 dm9000_shutdown()：

```
static void
dm9000_shutdown(struct net_device *dev)
{
    struct board_info *db = netdev_priv(dev);
    dm9000_phy_write(dev, 0, MII_BMCR, BMCR_RESET);     // 重启 PHY
    iow(db, DM9000_GPR, 0x01);                           // 关闭 PHY
    dm9000_mask_interrupts(db);
    iow(db, DM9000_RCR, 0x00);  /* Disable RX */         // 停止接收数据包
}
static int
dm9000_stop(struct net_device *ndev)
{
    struct board_info *db = netdev_priv(ndev);
    if (netif_msg_ifdown(db))
        dev_dbg(db->dev, "shutting down %s\n", ndev->name);
    cancel_delayed_work_sync(&db->phy_poll);
    netif_stop_queue(ndev);                            // 停止数据包发送队列
    netif_carrier_off(ndev);
    free_irq(ndev->irq, ndev);                         // 释放所有中断请求
    dm9000_shutdown(ndev);
    return 0;
}
```

与关闭网卡相反，用户使用 ifup 命令可以启动一个网卡，内核会调用一个网卡启动函数。DM9000 网卡的 dm9000_open()函数供内核在启动网卡时调用，函数定义如下：

```
static int
dm9000_open(struct net_device *dev)
{
    struct board_info *db = netdev_priv(dev);
    unsigned int irq_flags = irq_get_trigger_type(dev->irq);
    if (netif_msg_ifup(db))
        dev_dbg(db->dev, "enabling %s\n", dev->name);
    if (irq_flags == IRQF_TRIGGER_NONE)
        dev_warn(db->dev, "WARNING: no IRQ resource flags set.\n");
    irq_flags |= IRQF_SHARED;
    iow(db, DM9000_GPR, 0);
    mdelay(1);
    dm9000_init_dm9000(dev);
    if (request_irq(dev->irq, dm9000_interrupt, irq_flags, dev->name,
```

```
            dev))                                     // 申请 IRQ
        return -EAGAIN;
    dm9000_unmask_interrupts(db);
    db->dbug_cnt = 0;
    mii_check_media(&db->mii, netif_msg_link(db), 1);
    netif_start_queue(dev);                           // 启动包发送队列
    schedule_delayed_work(&db->phy_poll, 1);
    return 0;
}
```

### 23.6.6　发送数据包

网卡驱动程序需要向内核提供两个发送数据包的回调函数，一个用于发送数据包，另一个用于数据包发送完毕之后的处理。DM9000 向内核提供的 dm9000_start_xmit()函数用于发送数据包，定义如下：

```
static int
dm9000_start_xmit(struct sk_buff *skb, struct net_device *dev)
{
    unsigned long flags;
    struct board_info *db = netdev_priv(dev);
    dm9000_dbg(db, 3, "%s:\n", __func__);
    if (db->tx_pkt_cnt > 1)
        return NETDEV_TX_BUSY;
    spin_lock_irqsave(&db->lock, flags);
    writeb(DM9000_MWCMD, db->io_addr);
    // 将网络数据包复制到网卡控制器的存储器 SRAM 中
    (db->outblk)(db->io_data, skb->data, skb->len);
    dev->stats.tx_bytes += skb->len;    // 发送字节数统计加上当前数据包长度
    db->tx_pkt_cnt++;                   // 发送数据包总数加 1
    if (db->tx_pkt_cnt == 1) {
        dm9000_send_packet(dev, skb->ip_summed, skb->len);
    } else {
        db->queue_pkt_len = skb->len;
        db->queue_ip_summed = skb->ip_summed;
        netif_stop_queue(dev);          // 停止接收队列
    }
    spin_unlock_irqrestore(&db->lock, flags);
    dev_consume_skb_any(skb);
    return NETDEV_TX_OK;
}
```

数据包发送完毕后，内核会调用后续的处理函数，DM9000 驱动程序提供了 dm9000_tx_done()函数，定义如下：

```
static void dm9000_tx_done(struct net_device *dev, struct board_info *db)
{
    int tx_status = ior(db, DM9000_NSR);    /* Got TX status */
    // 判断是否已经有一个数据包发送完毕
    if (tx_status & (NSR_TX2END | NSR_TX1END)) {
        db->tx_pkt_cnt--;
        dev->stats.tx_packets++;
        if (netif_msg_tx_done(db))
            dev_dbg(db->dev, "tx done, NSR %02x\n", tx_status);
        if (db->tx_pkt_cnt > 0)
            dm9000_send_packet(dev, db->queue_ip_summed,
                        db->queue_pkt_len);
        netif_wake_queue(dev);              // 通知内核开启接收队列
```

```
    }
}
```

### 23.6.7　接收数据包

DM9000 向内核提供了一个 dm9000_rx()函数，该函数是处理 DM9000 网络控制芯片接收数据包中断的回调函数。dm9000_rx()函数使用了一个自定义的 dm9000_rxhdr 结构，该结构与 DM9000 网络控制器提供的数据包接收信息对应。dm9000_rx()函数的定义如下：

```
struct dm9000_rxhdr {
    u8   RxPktReady;
    u8   RxStatus;
    __le16   RxLen;
} __packed;
static void
dm9000_rx(struct net_device *dev)
{
    struct board_info *db = netdev_priv(dev);
    struct dm9000_rxhdr rxhdr;
    struct sk_buff *skb;
    u8 rxbyte, *rdptr;
    bool GoodPacket;
    int RxLen;
    do {
        ior(db, DM9000_MRCMDX);
        rxbyte = readb(db->io_data);            // 读取网络控制器的状态
        if (rxbyte & DM9000_PKT_ERR) {
            dev_warn(db->dev, "status check fail: %d\n", rxbyte);
            iow(db, DM9000_RCR, 0x00);    /* Stop Device */
            return;
        }
        if (!(rxbyte & DM9000_PKT_RDY))
            return;
        GoodPacket = true;
        writeb(DM9000_MRCMD, db->io_addr);   // 向控制器发起读命令
        (db->inblk)(db->io_data, &rxhdr, sizeof(rxhdr));
        RxLen = le16_to_cpu(rxhdr.RxLen);
        if (netif_msg_rx_status(db))
            dev_dbg(db->dev, "RX: status %02x, length %04x\n",
                rxhdr.RxStatus, RxLen);
        if (RxLen < 0x40) {
            GoodPacket = false;
            if (netif_msg_rx_err(db))
                dev_dbg(db->dev, "RX: Bad Packet (runt)\n");
        }
        if (RxLen > DM9000_PKT_MAX) {          // 判断数据包是否超过 1536B
            dev_dbg(db->dev, "RST: RX Len:%x\n", RxLen);
        }
        if (rxhdr.RxStatus & (RSR_FOE | RSR_CE | RSR_AE |
                    RSR_PLE | RSR_RWTO |
                    RSR_LCS | RSR_RF)) {
            GoodPacket = false;
            if (rxhdr.RxStatus & RSR_FOE) {
                if (netif_msg_rx_err(db))
                    dev_dbg(db->dev, "fifo error\n");
                dev->stats.rx_fifo_errors++;
            }
            if (rxhdr.RxStatus & RSR_CE) {
```

```
                if (netif_msg_rx_err(db))
                    dev_dbg(db->dev, "crc error\n");
                dev->stats.rx_crc_errors++;
            }
            if (rxhdr.RxStatus & RSR_RF) {
                if (netif_msg_rx_err(db))
                    dev_dbg(db->dev, "length error\n");
                dev->stats.rx_length_errors++;
            }
        }
        if (GoodPacket &&
            ((skb = netdev_alloc_skb(dev, RxLen + 4)) != NULL)) {
            skb_reserve(skb, 2);
            rdptr = skb_put(skb, RxLen - 4);
            /* Read received packet from RX SRAM */
            (db->inblk)(db->io_data, rdptr, RxLen);
                                    // 把数据包从 DM9000 控制器复制到 sk_buff;
            dev->stats.rx_bytes += RxLen;        // 更新接收字节数
            skb->protocol = eth_type_trans(skb, dev);
            if (dev->features & NETIF_F_RXCSUM) {
                if ((((rxbyte & 0x1c) << 3) & rxbyte) == 0)
                    skb->ip_summed = CHECKSUM_UNNECESSARY;
                else
                    skb_checksum_none_assert(skb);
            }
            netif_rx(skb);                       // 通知上层协议栈收到数据包
            dev->stats.rx_packets++;             // 更新包计数器
        } else {
            (db->dumpblk)(db->io_data, RxLen);
        }
    } while (rxbyte & DM9000_PKT_RDY);  // 判断网络控制器是否处于准备好的状态下
}
```

## 23.6.8　中断的处理

网络设备驱动需要提供中断处理函数和定时处理函数供内核使用。当网络控制器向CPU 发出中断时，由内核调用中断处理函数。定时器处理函数被内核的一个定时器周期地调用。DM9000 网卡驱动设计了 dm9000_interrupt()函数来响应网络控制器发送的中断请求，定义如下：

```
static irqreturn_t dm9000_interrupt(int irq, void *dev_id)
{
    struct net_device *dev = dev_id;
    struct board_info *db = netdev_priv(dev);
    int int_status;
    unsigned long flags;
    u8 reg_save;
    dm9000_dbg(db, 3, "entering %s\n", __func__);
    spin_lock_irqsave(&db->lock, flags);
    reg_save = readb(db->io_addr);            // 保存当前中断寄存器的值
    dm9000_mask_interrupts(db);
    int_status = ior(db, DM9000_ISR);
    iow(db, DM9000_ISR, int_status);          // 清空 ISR 状态
    if (netif_msg_intr(db))
        dev_dbg(db->dev, "interrupt status %02x\n", int_status);
    if (int_status & ISR_PRS)                 // 判断是否收到数据包中断
        dm9000_rx(dev);                       // 调用接收数据包函数
```

```
    if (int_status & ISR_PTS)                // 判断是否发送数据包中断
        dm9000_tx_done(dev, db);             // 调用发送数据包函数
    if (db->type != TYPE_DM9000E) {
        if (int_status & ISR_LNKCHNG) {
            schedule_delayed_work(&db->phy_poll, 1);
        }
    }
    dm9000_unmask_interrupts(db);
    writeb(reg_save, db->io_addr);
    spin_unlock_irqrestore(&db->lock, flags);
    return IRQ_HANDLED;
}
```

## 23.7　小　　结

在网络通信中，计算机通过网卡（包括网络控制器和网络接口）与其他网络节点通信。由于不同的网络有不同的协议，网卡的设计不仅需要兼顾网络上数据包的处理，还涉及主机网络协议栈的接口。网卡驱动在 Linux 内核中是一类复杂的设备驱动，读者在学习网卡设备驱动的时候要从网络协议入手，在了解了网络协议和内核协议栈的工作流程后，学习网卡驱动编程会比较容易入手。

## 23.8　习　　题

### 一、填空题

1．OSI 网络参考模型的全称是________。

2．TCP/IP 通过________系列文档发布。

3．DM9000 是________公司的一款高度集成、低功耗的快速以太网处理器。

### 二、选择题

1．TCP/IP 的分层不包括（　　）。

A．应用层　　B．表示层　　C．网络层　　D．网络接口层

2．IFF_POINTOPOINT 的解释正确的是（　　）。

A．点对点设备使用　　B．接口已经激活　　C．环回设备使用　　D．其他

3．对于 DM9000 网卡驱动可以实现中断处理的函数是（　　）。

A．dm9000_rx()　　B．dm9000_tx_done()

C．dm9000_interrupt()　　D．其他

### 三、判断题

1．最初的以太网使用 CSMA/DC 访问控制方法。　　（　　）

2．全双工模式使用点对点连接方式。　　（　　）

3．驱动程序调用 kfree_skb()函数释放缓冲区，并且可以处理缓冲区加锁。　　（　　）

# 第 24 章　Flash 设备驱动开发

Flash 存储器是近几年来发展最快的存储设备，通常也称作闪存。Flash 属于 EEPROM（带电可擦除可编程只读存储器），是一类存取速度很高的存储器。它既有 ROM 断电可保存数据的特点，又有易于擦写的特点。Flash 可以在断电的情况下长期保存信息，因此被广泛地应用在 PC 的 BIOS 和嵌入式系统的存储设备中。本章的主要内容如下：

- Linux Flash 驱动结构简介；
- 内核 MTD 层简介；
- Flash 编程框架简介；
- Flash 驱动实例。

## 24.1　Linux Flash 驱动结构

Linux 内核对 Flash 存储器有很好的支持。内核设计了一个 MTD（Memory Technology Device，内存技术设备）结构来支持 Flash 设备，用户只需要按照 MTD 的要求设置 Flash 设备的参数并且提供驱动，就可以让 Flash 设备很好地工作。本节将介绍内核 MTD 的系统结构。

### 24.1.1　什么是 MTD

MTD 是 Linux 内核为支持闪存设备设计的一个驱动中间层。对内核其他部分来说，MTD 屏蔽了闪存设备的细节；对于闪存设备驱动来说，只需要在 MTD 中间层提供接口就可以支持闪存设备。Linux 内核中一些与 MTD 相关的术语解释如下：

- JEDEC：全称为 Joint Electron Device Engineering Council，中文名称为电子电器设备联合会。该组织指定了一类闪存的规范。
- CFI：全称为 Common Flash Interface，中文意思为通用闪存接口，是 Intel 公司发起的一个 Flash 接口标准。
- OOB：全称为 Out of band，中文意思为带外数据。某些闪存设备支持带外数据。例如，一个 NAND Flash 存储器每 512B 的块中就有一个 16B 的额外数据，用来存放纠错信息和校验数据。
- ECC：全称为 Error Correction Code，中文意思为错误纠正码。所有的 Flash 存储器都有位交换的现象，就是说可能写入的是二进制 1，而读出的是二进制 0，造成数据错误，采用 ECC 校验码可以纠正错误的位。ECC 需要硬件或软件的算法支持。
- EraseSize：擦除一个闪存块的尺寸。

- BusWidth：MTD 设备的总线宽度。
- NAND：一种存储技术，请参考 24.2 节。
- NOR：一种存储技术，请参考 24.2 节。

### 24.1.2　MTD 系统结构

Linux 内核 MTD 设备的相关代码在 drivers/mtd 目录下，设计 MTD 的目的是使新的闪存设备更便于使用。MTD 设备可以分为 4 层，如图 24-1 所示。

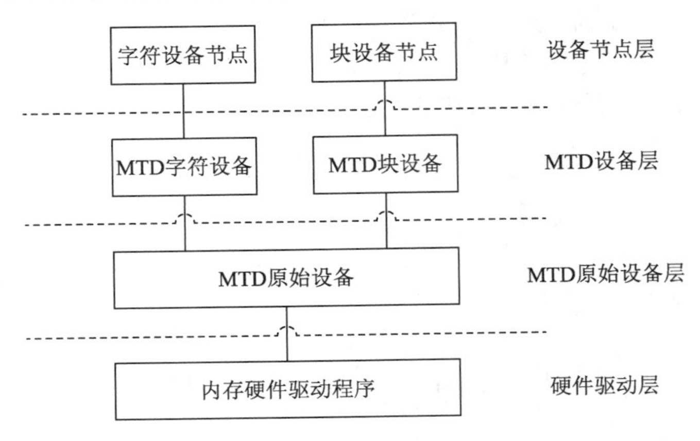


图 24-1　Linux 内核的 MTD 层次结构

从图 24-1 中可以看出，内核 MTD 从上到下可以分成设备节点层、MTD 设备层、MTD 原始设备层和硬件驱动层。在内核中，文件系统和根文件系统都可以建立在 MTD 的基础上。下面介绍各层的功能。

#### 1．设备节点层

通过 mknod 命令可以在/dev 目录下建立 MTD 字符设备节点（主设备号为 90）和 MTD 块节点（主设备号为 31），通过设备节点可以访问 MTD 字符设备和块设备。

#### 2．MTD设备层

MTD 设备层基于 MTD 原始设备，向上一层提供文件操作函数，如 lseek()、open()、close()、read()和 write()等。MTD 块设备定义了一个描述 MTD 块设备的结构 mtdblk_dev，并且声明了一个 mtdblks 数据用于存放系统所有注册的 MTD 块设备。MTD 设备层代码存放在 drivers/mtd/mtd_blkdevs.c 和 drivers/mtd/mtdchar.c 文件内。

#### 3．MTD原始设备层

MTD 原始设备层由两部分组成，一部分包括 MTD 原始设备的通用代码，另一部分包括特定的 Flash 数据，如闪存分区等。MTD 原始设备的 mtd_info 结构描述定义了有关 MTD 的大量数据和操作函数。

drivers/mtd/mtd_part.c 文件定义了 mtd_part 全局变量作为 MTD 原始设备分区结构，其中包含 mtd_info 结构。drivers/mtd/maps 目录存放的是特定的闪存数据，该目录下的每个文件都对应一种类型开发板上的闪存。通过调用内核提供的 add_mtd_device()函数，可以建立一个 mtd_info 结构并加入系统存在的 MTD 设备列表中，通过 del_mtd_device()函数可以从系统存在的 MTD 设备列表中移除一个闪存设备。

#### 4．硬件驱动层

硬件驱动层负责在系统初始化的时候驱动闪存硬件。在 Linux 内核 MTD 设备中，NOR Flash 设备遵守 CFI 结构标准，驱动代码存放在 drivers/mtd/chips 目录下。NAND Flash 设备驱动代码存放在 drivers/mtd/nand 目录下。

在 Linux 内核 MTD 技术中，比较难理解的是设备层和原始设备层的关系，如图 24-2 所示。

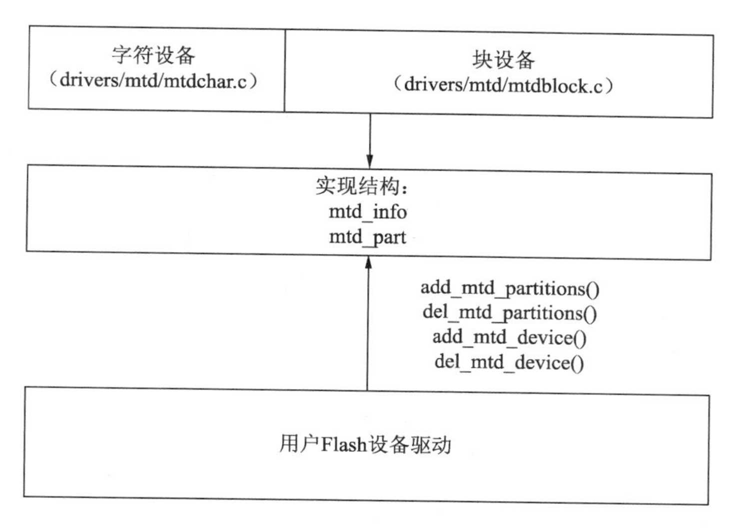


图 24-2 Linux 内核 MTD 设备层和原始设备层的调用关系

一个 MTD 原始设备可以通过 mtd_part 结构被分成多个 MTD 原始设备，然后注册到系统存在的 MTD 设备列表中。在系统存在的 MTD 设备列表中，每个 MTD 原始设备都可以注册为一个 MTD 设备。其中：字符设备的主设备号是 90，次设备号如果是奇数则为只读设备，如果是偶数则为可读写设备；块设备的主设备号是 31，次设备号为连续的自然数。

## 24.2 Flash 设备基础

NAND 和 NOR 是两种不同的 Flash 存储技术，它们有不同的工作范围。编写一个闪存设备驱动不仅需要了解 MTD 结构，还需要知道闪存设备的硬件原理。本节将介绍两种闪存工作原理，并且比较它们之间的异同。

### 24.2.1 存储原理

NAND 和 NOR 闪存都使用三端器件作为存储单元，学过模拟电子技术的读者可能知道一种叫作场效应管的器件，与此原理类似。三端器件分为源极、漏极和栅极，栅极利用电场效应控制源极与漏极之间的连通和中断。有的三端器件采用的是单个栅极，有的是双栅极，如图 24-3 所示。

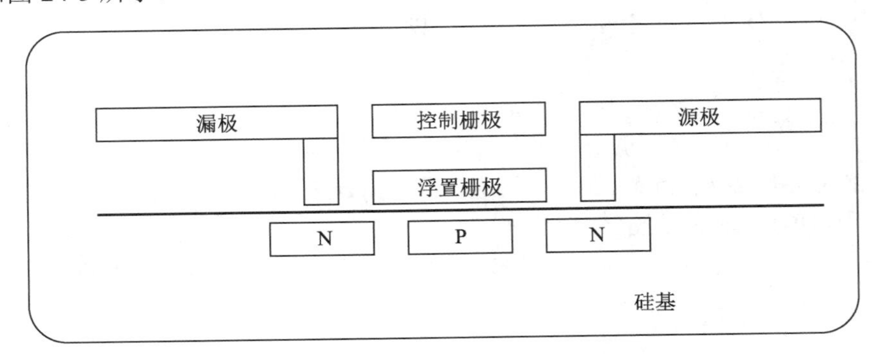


图 24-3　三端器件的存储原理

从图 24-3 中可以看出，三端器件的底部是一个硅基，用来存放硅材料。浮置栅极是由氮化物夹在两层二氧化硅中间构成的，中间的氮化物可以存储电荷，达到存储数据的目的。

程序向数据单元写入数据的过程就是向浮置栅极中间注入电荷的过程。从物理角度看，写入数据有热电子注入（Hot Electron Injection）和 F-N 隧道效应（Fowler Nordheim Tunneling）两种。这两种技术的区别是，一种通过源极给浮置栅极充电，另一种通过硅基给浮置栅极充电。NOR Flash 通常使用热电子注入方式，而 NAND Flash 使用 F-N 隧道效应充电。

Flash 存储器在写入数据前必须把数据擦除，从物理角度看就是把浮置栅极的电荷释放掉。两种 Flash 都是通过 F-N 隧道效应放电。

对于程序来说，向浮置栅极注入电荷表示写入二进制数据 0，没有注入电荷表示二进制 1。因此，擦除 Flash 数据是写 1 而不是写 0，这一点与传统的存储设备不同。

NOR 和 NAND Flash 具有相同的存储单元，工作原理也相同。每次按照一定大小的块读取数据会降低存取时间，NAND Flash 只能按照串行读取数据，而 NOR Flash 可以按照块读取数据。为了读取数据，必须对存储单元进行编址。NAND Flash 把存储单元分成若干块，每个块又可以分成页，每页的大小是 512B。NOR Flash 的地址线是并联方式的，因此 NOR 可以使用直接寻址方式存取数据。

## 24.2.2　性能比较

NOR Flash 技术最早是由 Intel 公司研发出来的，紧接着东芝公司研发出了 NAND Flash 技术。NOR 闪存的特点是支持片内执行（Execute In Place），应用程序不必加载到 RAM 就可以直接运行，简化了软件开发过程。NOR 闪存的读取速率非常高，但是容量通常不大，因为容量大成本就会显著增加。此外，NOR 闪存的写入和擦除速度非常慢，不利于大量数据存储。

NAND Flash 的特点是存储密度高，写入和擦除速度都比 NOR Flash 快，适合大数据量存储。但是，NAND Flash 需要特殊的存储电路进行控制，并且只有空的或者已经擦除的单元才能写入数据，因此必须在写入数据之前先擦除块。

NAND 的擦除是比较简单的，而 NOR 需要在擦除块之前把所有的数据都写为 0。NOR 按照 64～128KB 为一块进行擦除，平均时间为 5s 左右。而 NAND 以 8～32KB 为单位擦除，时间为 4ms 左右。以下是两种闪存擦除速度的对比：

- NAND 的写入速度高于 NOR；
- NOR 的读速度高于 NAND；
- NAND 的擦除速度远高于 NOR；
- NAND 的擦除单元小，因此需要的擦除电路也会减小。

除了要考虑上述几点因素外，还需要考虑 NAND 和 NOR 的接口。NOR Flash 存储器带有 SRAM 接口，有足够多的引脚用来寻址，可以读取内部的每个字节。而 NAND Flash 存储器是串行地读取数据，需要复杂的 I/O 电路，只能有 8 个引脚用来传输数据、地址和控制信息。从接口特点看，NAND 的读写单位通常是 512B 的块，更适合替代磁盘之类的块存储设备。

NAND Flash 的单元尺寸比 NOR 器件小一倍，同样的芯片面积可以提供高于 NOR 一倍的容量，降低了成本，价格也随之降低。因此 NAND 更适合存储数据，而 NOR 适合存储代码。NAND 存储器的擦写次数通常在 100 万次左右，而 NOR 只有 10 万次左右。

所有的闪存都存在位交换问题。位交换是指存储器内的数据某一位或者几位读出的数据和写入的数据不同，如写入的数据是 1 而读出的是 0。发生位交换可能是读出不正确，只需要重读几次就可以了，也可能是真的有问题，需要采取必要的纠错算法，如采用 ECC 进行纠正。因此在闪存控制器中需要提供必要的硬件纠错电路。

NAND 闪存存在坏块的问题。反复擦写的块可能导致损坏，称为坏块，因此 NAND 的坏块是随机分布的。NAND 的接口还有坏块问题，导致 NAND 的使用要复杂得多，需要额外的控制电路进行辅助。在使用 NAND 之前需要进行坏块扫描，发现坏块后要标记为不可用。

## 24.3 内核 MTD 层

由于 NOR 和 NAND Flash 的物理特性差异，Linux 内核设计了 MTD 层用于管理两种不同类型的 Flash 设备。MTD 层对内核空间的其他部分屏蔽了 Flash 的差异，有几个比较重要的数据结构在设计闪存驱动的时候需要了解，本节将以 Linux 内核 2.6.18 版本为例进行介绍。

### 24.3.1 mtd_info 结构

mtd_info 结构是 MTD 原始设备层的一个重要结构，该结构包含大量关于 MTD 的数据和操作，定义在 include/linux/mtd/mtd.h 头文件中。mtd_info 结构成员主要由数据成员和操作函数两部分组成。

mtd_info 结构的数据成员定义如下：

```
...
236 struct mtd_info {
```

```
237     u_char type;                                    // MTD 类型
238     uint32_t flags;                                 // 标志位
239     uint64_t size;                                  // MTD 设备总大小
240
241     /* "Major" erase size for the device. Naïve users may take this
242      * to be the only erase size available, or may use the more detailed
243      * information below if they desire
244      */
245     uint32_t erasesize;                             // 擦除的块大小
246     /* Minimal writable flash unit size. In case of NOR flash it is 1
        (even
247      * though individual bits can be cleared), in case of NAND flash it is
248      * one NAND page (or half, or one-fourths of it), in case of ECC-ed
        NOR
249      * it is of ECC block size, etc. It is illegal to have writesize = 0.
250      * Any driver registering a struct mtd_info must ensure a writesize
        of
251      * 1 or larger.
252      */
253     uint32_t writesize;                             // 写入块大小
254
255     /*
256      * Size of the write buffer used by the MTD. MTD devices having a
        write
257      * buffer can write multiple writesize chunks at a time. E.g. while
258      * writing 4 * writesize bytes to a device with 2 * writesize bytes
259      * buffer the MTD driver can (but doesn't have to) do 2 writesize
260      * operations, but not 4. Currently, all NANDs have writebufsize
261      * equivalent to writesize (NAND page size). Some NOR flashes do have
262      * writebufsize greater than writesize.
263      */
264     uint32_t writebufsize;
265
266     uint32_t oobsize;                               // 每个数据块 OOB(带外)数据的大小
267     uint32_t oobavail;                              // 每个块的可用 OOB 字节数
268
269     /*
270      * If erasesize is a power of 2 then the shift is stored in
271      * erasesize_shift otherwise erasesize_shift is zero. Ditto
        writesize.
272      */
273     unsigned int erasesize_shift;
274     unsigned int writesize_shift;
275     /* Masks based on erasesize_shift and writesize_shift */
276     unsigned int erasesize_mask;
277     unsigned int writesize_mask;
278
279     /*
280      * read ops return -EUCLEAN if max number of bitflips corrected on
        any
281      * one region comprising an ecc step equals or exceeds this value.
282      * Settable by driver, else defaults to ecc_strength.  User can
        override
283      * in sysfs.  N.B. The meaning of the -EUCLEAN return code has changed;
284      * see Documentation/ABI/testing/sysfs-class-mtd for more detail.
285      */
286     unsigned int bitflip_threshold;
287
288     /* Kernel-only stuff starts here. */
289     const char *name;                               // MTD 设备名称
```

```
290     int index;                                          // 索引
291
292     /* OOB layout description */
293     const struct mtd_ooblayout_ops *ooblayout;      // ECC 工作布局
294
295     /* NAND pairing scheme, only provided for MLC/TLC NANDs */
296     const struct mtd_pairing_scheme *pairing;
297
298     /* the ecc step size. */
299     unsigned int ecc_step_size;                      /* the ecc step size. */
300
301     /* max number of correctible bit errors per ecc step */
302     unsigned int ecc_strength;
303
304     /* Data for variable erase regions. If numeraseregions is zero,
305      * it means that the whole device has erasesize as given above.
306      */
307     int numeraseregions;
308     struct mtd_erase_region_info *eraseregions;
```

程序第 237 行 type 成员表示底层物理设备的类型，取值范围包括 MTD_RAM、MTD_ROM、MTD_NORFlash、MTD_NANDFlash 和 MTD_PEROM。程序第 238 行 flags 成员包括 MTD_ERASEABLE（可擦除）、MTD_WRITEB_WRITEABLE（可编程）、MTD_XIP（可片内执行）、MTD_OOB（NAND 带外数据）、MTD_ECC（支持自动 ECC）几个选项。NAND 存储器厂商通常推荐使用 ECC 功能，以降低数据出错的概率。

在 mtd_info 结构中还提供了操作函数，包括读写函数、同步函数、加锁解锁函数、坏块管理函数和电源管理函数。对于 NAND 需要提供坏块管理函数，设备加解锁函数主要用于驱动多个闪存设备，电源管理函数可以根据系统需要提供。操作函数的定义如下：

```
...
        // 擦写回调函数
314     int (*_erase) (struct mtd_info *mtd, struct erase_info *instr);
315     int (*_point) (struct mtd_info *mtd, loff_t from, size_t len,
316                 size_t *retlen, void **virt, resource_size_t *phys);
317     int (*_unpoint) (struct mtd_info *mtd, loff_t from, size_t len);
318     int (*_read) (struct mtd_info *mtd, loff_t from, size_t len,
319                size_t *retlen, u_char *buf);            // 读数据
320     int (*_write) (struct mtd_info *mtd, loff_t to, size_t len,
321                 size_t *retlen, const u_char *buf);  // 写数据
322     int (*_panic_write) (struct mtd_info *mtd, loff_t to, size_t len,
323                    size_t *retlen, const u_char *buf);
324     int (*_read_oob) (struct mtd_info *mtd, loff_t from,
325                 struct mtd_oob_ops *ops);              // 读带外数据
326     int (*_write_oob) (struct mtd_info *mtd, loff_t to,
327                  struct mtd_oob_ops *ops);             // 写带外数据
328     int (*_get_fact_prot_info) (struct mtd_info *mtd, size_t len,
329                       size_t *retlen, struct otp_info *buf);
330     int (*_read_fact_prot_reg) (struct mtd_info *mtd, loff_t from,
331                    size_t len, size_t *retlen, u_char *buf);
332     int (*_get_user_prot_info) (struct mtd_info *mtd, size_t len,
333                       size_t *retlen, struct otp_info *buf);
334     int (*_read_user_prot_reg) (struct mtd_info *mtd, loff_t from,
335                       size_t len, size_t *retlen, u_char *buf);
336     int (*_write_user_prot_reg) (struct mtd_info *mtd, loff_t to,
```

```
337                         size_t len, size_t *retlen,
338                         const u_char *buf);
339     int (*_lock_user_prot_reg) (struct mtd_info *mtd, loff_t from,
340                        size_t len);
341     int (*_erase_user_prot_reg) (struct mtd_info *mtd, loff_t from,
342                         size_t len);
343     int (*_writev) (struct mtd_info *mtd, const struct kvec *vecs,
344             unsigned long count, loff_t to, size_t *retlen);
345     void (*_sync) (struct mtd_info *mtd);                    // 同步函数
346     int (*_lock) (struct mtd_info *mtd, loff_t ofs, uint64_t len);
347     int (*_unlock) (struct mtd_info *mtd, loff_t ofs, uint64_t len);
348     int (*_is_locked) (struct mtd_info *mtd, loff_t ofs, uint64_t len);
349     int (*_block_isreserved) (struct mtd_info *mtd, loff_t ofs);
    // 检查坏块函数
350     int (*_block_isbad) (struct mtd_info *mtd, loff_t ofs);
351     int (*_block_markbad) (struct mtd_info *mtd, loff_t ofs);
352     int (*_max_bad_blocks) (struct mtd_info *mtd, loff_t ofs, size_t
    len);
353     int (*_suspend) (struct mtd_info *mtd);
354     void (*_resume) (struct mtd_info *mtd);
355     void (*_reboot) (struct mtd_info *mtd);
356     /*
357      * If the driver is something smart, like UBI, it may need to maintain
358      * its own reference counting. The below functions are only for
     driver.
359      */
360     int (*_get_device) (struct mtd_info *mtd);
361     void (*_put_device) (struct mtd_info *mtd);
362
363     /*
364      * flag indicates a panic write, low level drivers can take
     appropriate
365      * action if required to ensure writes go through
366      */
367     bool oops_panic_write;
368
369     struct notifier_block reboot_notifier; /* default mode before reboot */
370
371     /* ECC status information */
372     struct mtd_ecc_stats ecc_stats;
373     /* Subpage shift (NAND) */
374     int subpage_sft;
375
376     void *priv;                                          // 私有数据
377
378     struct module *owner;
379     struct device dev;
380     int usecount;
381     struct mtd_debug_info dbg;
382     struct nvmem_device *nvmem;
383     struct nvmem_device *otp_user_nvmem;
384     struct nvmem_device *otp_factory_nvmem;
385
386     /*
387      * Parent device from the MTD partition point of view.
388      *
```

```
389         * MTD masters do not have any parent, MTD partitions do. The parent
390         * MTD device can itself be a partition.
391         */
392        struct mtd_info *parent;
393
394        /* List of partitions attached to this MTD device */
395        struct list_head partitions;
396
397        union {
398            struct mtd_part part;
399            struct mtd_master master;
400        };
401    };
```

程序第 376 行 priv 成员指向一个私有变量，驱动程序将私有的数据结构存放到这里，类似于 DM9000 网卡驱动的私有数据。

mtd_info 定义的回调函数在设备驱动中并不能看到其注册信息，因为 mtd_info 结构可以针对 NOR 和 NAND 设备，可以认为是一个抽象的结构。mtd_info 结构对上层屏蔽了闪存设备的类型，是一个大而全的结构，NOR 和 NAND 分别实现了 mtd_info 结构中对应的成员。

内核向闪存驱动提供了两个函数用于注册和注销 MTD 设备，函数定义如下：

```
int add_mtd_device(struct mtd_info *mtd);
int del_mtd_device (struct mtd_info *mtd);
```

上面这两个函数都有一个 mtd_info 结构的参数，用于指定注册和注销的设备。

## 24.3.2　mtd_part 结构

mtd_part 结构定义在 include/linux/mtd/mtd.h 中，用于描述分区信息，定义如下：

```
...
211 struct mtd_part {
212     struct list_head node;  // list 节点，用于将 MTD 分区添加到父分区列表
213     u64 offset;             // 该分区的偏移地址
214     u64 size;               // 分区大小
215     u32 flags;              // 原始标志
216 };
```

一个 Flash 存储器可以分成多个分区，闪存分区的概念类似于磁盘的分区。在 mtd_part 结构中，node 成员是一个 list 节点，用于将 MTD 分区添加到父分区列表，offset 表示分区对于存储器起始位置的偏移地址，size 表示一个分区的大小，flags 是原始标志。

## 24.3.3　mtd_partition 结构

在内核代码 drivers/mtd/mtdpart.c 文件中定义了添加和删除闪存分区的函数如下：

```
int add_mtd_partitions(struct mtd_info *master, const struct mtd_partition
*parts, int nbparts);
int del_mtd_partitions(struct mtd_info *master);
```

驱动程序可以使用这两个函数向内核添加或者删除闪存分区。其中，add_mtd_partitions()函数使用了一个 mtd_partition 结构类型的参数，定义在 include/linux/mtd/

partitions.h 头文件中：

```
...
15  /*
16   * Partition definition structure:
17   *
18   * An array of struct partition is passed along with a MTD object to
19   * mtd_device_register() to create them.
20   *
21   * For each partition, these fields are available:
22   * name: string that will be used to label the partition's MTD device.
23   * types: some partitions can be containers using specific format to
    describe
24   *   embedded subpartitions / volumes. E.g. many home routers use
    "firmware"
25   *   partition that contains at least kernel and rootfs. In such case an
26   *   extra parser is needed that will detect these dynamic partitions and
27   *   report them to the MTD subsystem. If set this property stores an array
28   *   of parser names to use when looking for subpartitions.
29   * size: the partition size; if defined as MTDPART_SIZ_FULL, the partition
30   *   will extend to the end of the master MTD device.
31   * offset: absolute starting position within the master MTD device; if
32   *   defined as MTDPART_OFS_APPEND, the partition will start where the
33   *   previous one ended; if MTDPART_OFS_NXTBLK, at the next erase block;
34   *   if MTDPART_OFS_RETAIN, consume as much as possible, leaving size
35   *   after the end of partition.
36   * mask_flags: contains flags that have to be masked (removed) from the
37   *   master MTD flag set for the corresponding MTD partition.
38   *   For example, to force a read-only partition, simply adding
39   *   MTD_WRITEABLE to the mask_flags will do the trick.
40   * add_flags: contains flags to add to the parent flags
41   *
42   * Note: writeable partitions require their size and offset be
43   * erasesize aligned (e.g. use MTDPART_OFS_NEXTBLK).
44   */
45
46  struct mtd_partition {
47  const char *name;                    // 分区名称
48  const char *const *types;            // 要使用的解析器的名称
49  uint64_t size;                       // 分区大小
50  uint64_t offset;                     // 主 MTD 分区内的偏移
51  uint32_t mask_flags;                 // 要屏蔽此分区的主 MTD 标志
52  uint32_t add_flags;                  // 要添加到分区的标志
53  struct device_node *of_node;
54  };
```

### 24.3.4　map_info 结构

NOR Flash 驱动使用 map_info 结构作为核心数据结构。该结构定义了 NOR Flash 的基址、位宽、大小等信息以及闪存的操作函数。map_info 结构定义在 include/linux/mtd/map.h 头文件中：

```
...
173 /* The map stuff is very simple. You fill in your struct map_info with
```

```
174    a handful of routines for accessing the device, making sure they handle
175    paging etc. correctly if your device needs it. Then you pass it off
176    to a chip probe routine -- either JEDEC or CFI probe or both -- via
177    do_map_probe(). If a chip is recognised, the probe code will invoke
       the
178    appropriate chip driver (if present) and return a struct mtd_info.
179    At which point, you fill in the mtd->module with your own module
180    address, and register it with the MTD core code. Or you could partition
181    it and register the partitions instead, or keep it for your own private
182    use; whatever.
183
184    The mtd->priv field will point to the struct map_info, and any further
185    private data required by the chip driver is linked from the
186    mtd->priv->fldrv_priv field. This allows the map driver to get at
187    the destructor function map->fldrv_destroy() when it's tired
188    of living.
189 */
190
191 struct map_info {
192     const char *name;
193     unsigned long size;
194     resource_size_t phys;
195 #define NO_XIP (-1UL)
196
197     void __iomem *virt;                                          // 虚拟地址
198     void *cached;
199
        // 总线宽度
200     int swap; /* this mapping's byte-swapping requirement */
201     int bankwidth; /* in octets. This isn't necessarily the width
202            of actual bus cycles -- it's the repeat interval
203          in bytes, before you are talking to the first chip again.
204          */
205
206 #ifdef CONFIG_MTD_COMPLEX_MAPPINGS
207     map_word (*read)(struct map_info *, unsigned long);    // 读函数
208     void (*copy_from)(struct map_info *, void *, unsigned long, ssize_t);
209
        // 写函数
210     void (*write)(struct map_info *, const map_word, unsigned long);
211     void (*copy_to)(struct map_info *, unsigned long, const void *,
        ssize_t);
212
213     /* We can perhaps put in 'point' and 'unpoint' methods, if we really
214     want to enable XIP for non-linear mappings. Not yet though. */
215 #endif
216     /* It's possible for the map driver to use cached memory in its
217        copy_from implementation (and _only_ with copy_from). However,
218        when the chip driver knows some flash area has changed contents,
219        it will signal it to the map driver through this routine to let
220        the map driver invalidate the corresponding cache as needed.
221        If there is no cache to care about this can be set to NULL. */
222     // 缓存的虚拟地址
223     void (*inval_cache)(struct map_info *, unsigned long, ssize_t);
224     /* This will be called with 1 as parameter when the first map user
225     * needs VPP, and called with 0 when the last user exits. The map
```

```
226      * core maintains a reference counter, and assumes that VPP is a
227      * global resource applying to all mapped flash chips on the system.
228      */
229      void (*set_vpp)(struct map_info *, int);
230
231      unsigned long pfow_base;
232      unsigned long map_priv_1;
233      unsigned long map_priv_2;
234      struct device_node *device_node;
235      void *fldrv_priv;
236      struct mtd_chip_driver *fldrv;
237 };
```

### 24.3.5　nand_chip 结构

NAND 闪存使用 nand_chip 结构描述存储设备的信息，该结构定义在 include/linux/mtd/rawnand.h 头文件中：

```
...
1255 struct nand_chip {
1256     struct nand_device base;
1257     struct nand_id id;
1258     struct nand_parameters parameters;
1259     struct nand_manufacturer manufacturer;
1260     struct nand_chip_ops ops;
1261     struct nand_legacy legacy;
1262     unsigned int options;
1263
1264     /* Data interface */
1265     const struct nand_interface_config *current_interface_config;
1266     struct nand_interface_config *best_interface_config;
1267
1268     /* Bad block information */
1269     unsigned int bbt_erase_shift;
1270     unsigned int bbt_options;
1271     unsigned int badblockpos;
1272     unsigned int badblockbits;
1273     struct nand_bbt_descr *bbt_td;
1274     struct nand_bbt_descr *bbt_md;
1275     struct nand_bbt_descr *badblock_pattern;
1276     u8 *bbt;
1277
1278     /* Device internal layout */
1279         unsigned int page_shift;
1280     unsigned int phys_erase_shift;
1281     unsigned int chip_shift;
1282     unsigned int pagemask;
1283     stat    unsigned int subpagesize;
1284
1285     /* Buffers */
1286     u8 *data_buf;
1287     u8 *oob_poi;
1288     struct {
1289         unsigned int bitflips;
1290         int page;
```

```
1291    } pagecache;
1292    unsigned long buf_align;
1293
1294    /* Internals */
1295    struct mutex lock;
1296    unsigned int suspended : 1;
1297    int cur_cs;
1298    int read_retries;
1299    struct nand_secure_region *secure_regions;
1300    u8 nr_secure_regions;
1301
1302    /* Externals */
1303    struct nand_controller *controller;
1304    struct nand_ecc_ctrl ecc;
1305    void *priv;
1306 };
```

Linux 内核在 MTD 层完成了 NAND 驱动，主要文件是 drivers/mtd/nand/raw/nand_base.c。

## 24.4　Flash 设备框架

由于 NOR Flash 和 NAND Flash 设备的差异，内核对这两种类型的 Flash 设备设计了不同的驱动和管理方式。NOR Flash 的操作相对简单一些，NAND Flash 不仅需要提供读写函数，还需要提供 ECC 校验函数和坏块管理函数。

### 24.4.1　NOR Flash 设备驱动框架

Linux 内核提供了 map_info 结构来描述 NOR Flash 设备，驱动程序围绕该结构操作，通过内核提供的注册函数把芯片的信息提交给内核，并且提供必要的操作函数。一个 NOR Flash 设备的 Linux 驱动程序与 MTD 层的关系如图 24-4 所示。

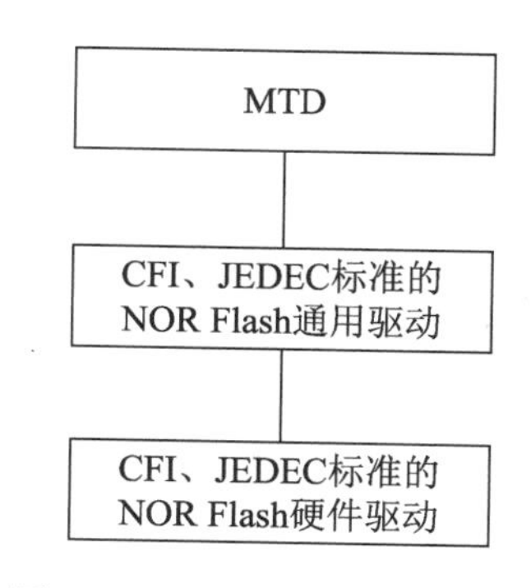


图 24-4　Linux 内核 NOR Flash 驱动程序与 MTD 层的关系

在一个 NOR Flash 设备驱动程序中，主要考虑初始化和清除两个部分。NOR Flash 驱动初始化需要做几项工作，首先是初始化 map_info 结构，根据目标板的硬件情况设置 map_info 结构的 name、size、bandwidth 和 phys 成员。此外，如果目标板的闪存有分区，还需要根据分区情况定义与分区对应的 mtd_ partition 数组，把实际的分区信息记录在数组里。使用 do_map_probe()函数探测 NOR Flash 芯片，函数定义如下：

```
struct mtd_info *do_map_probe(const char *name, struct map_info *map);
```

do_map_probe()函数的 name 参数可以是 cfi_probe 和 jedec_probe，这两个名称代表两种不同的 NOR Flash 接口标准，该参数指定内核去探测两种不同接口标准的芯片驱动。

注册闪存分区可以通过 add_mtd_device()函数添加 mtd_info 结构中描述的分区信息，也可以通过 parse_mtd_partitions()函数检查闪存上的分区，然后通过 add_mtd_partitions()函数添加。

在模块卸载的时候，需要调用 del_mtd_partitions()函数卸载已经注册的闪存分区，然后使用 map_destroy()函数释放闪存对应的 map_info 结构。一个典型的 NOR Flash 驱动程序模型如图 24-5 所示。

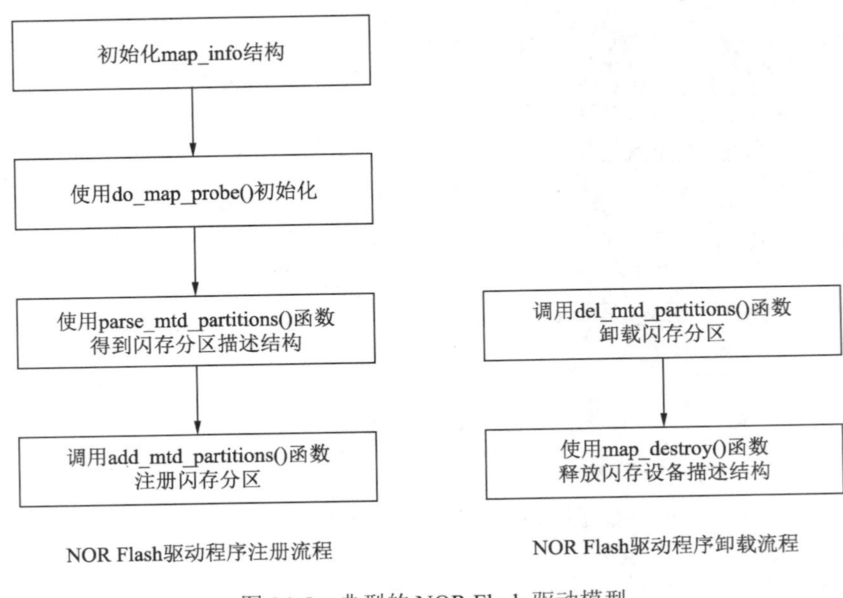


图 24-5　典型的 NOR Flash 驱动模型

## 24.4.2　NAND Flash 设备驱动框架

nand_chip 结构用于描述 NAND Flash 设备信息，该结构与 MTD 层的关系如图 24-6 所示。

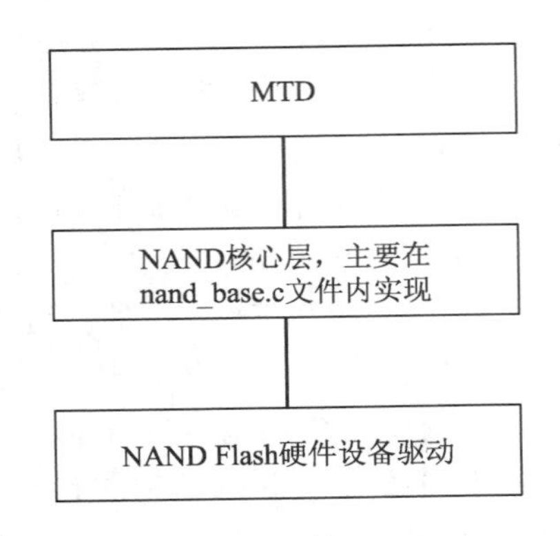


图 24-6　Linux 内核 NAND Flash 驱动程序与 MTD 层的关系

在 MTD 层的映射下，编写 Linux 系统 NAND Flash 设备驱动工作量相对较小，主要集中在向内核提供必要的设备硬件信息。

与 NOR Flash 类似，如果 NAND 闪存有分区，则需要定义 mtd_partition 结构数组记录目标板硬件的结构。在加载内核模块函数中需要分配 nand_chip 结构的内存。

设置好 nand_chip 结构后，使用 nand_scan()函数检查 NAND Flash 设备。该函数会读取 NAND 芯片的 ID，并且设置相关结构。卸载 NAND Flash 设备比较简单，可使用 nand_cleanup()函数卸载相关结构。一个 NAND Flash 设备的初始化和清除流程如图 24-7 所示。NAND Flash 设备的清除只需要调用 nand_cleanup()函数，即可卸载相关的数据结构，实现对设备的资源清理。

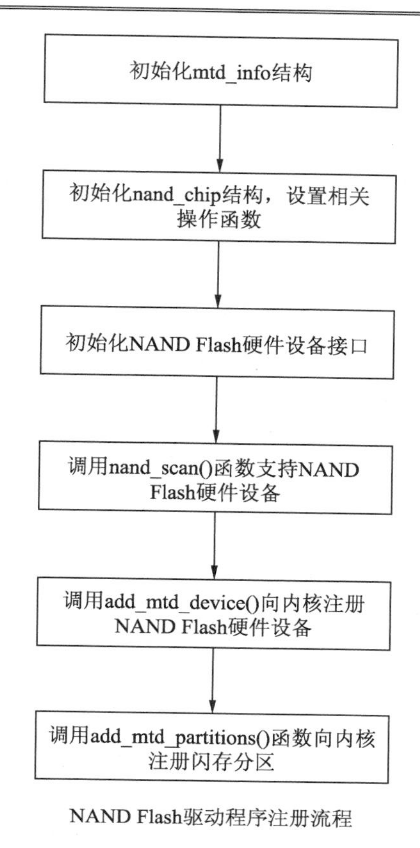


图 24-7　典型的 NAND Flash 驱动模型

# 24.5　NAND Flash 设备驱动分析案例

NAND Flash 需要控制器才能操作，驱动程序相对复杂。在 NAND Flash 驱动程序中，主要工作是配置 NAND 控制器。在 Linux 5.15 内核代码 drivers/mtd/nand/raw/s3c2410.c 文件中，包含 S3C2410、S3C2412 和 S3C2440 平台上的 NAND Flash 驱动。本节将重点分析 S3C2440 平台上的 NAND Flash 驱动程序。

## 24.5.1　S3C2440 NAND 控制器简介

S3C2440 芯片内部集成了 NAND Flash 控制器，在芯片手册 Figure 6-1 中给出了一个 NAND Flash 控制器的功能框图，如图 24-8 所示。

从图 24-8 中可以看出，S3C2440 的 NAND 控制器由 SFR、ECC、存储器接口和控制状态机等组成。SFR 是特殊功能的寄存器；ECC 硬件单元支持产生 ECC 校验码；用户可以通过控制和状态寄存器配置 NAND 控制器，并且得到控制器和闪存芯片的状态。

NAND 控制器与存储芯片之间的连接线主要包括控制线和数据线。其中，数据线既可以传输数据也可以向存储器传输控制命令。操作计算机硬件设备需要考虑设备的操作时序。

计算机硬件设备是在一定的时钟频率下工作的，所谓时序就是操作设备时不同信号之间的同步关系。S3C2440 NAND 控制器需要写入命令/地址的时序和读写数据的时序，如图 24-9 和图 24-10 所示。

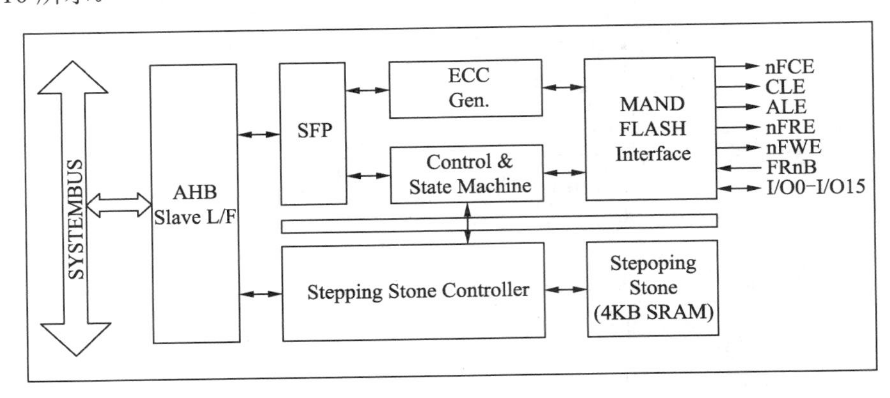


图 24-8　S3C2440 NAND Flash 控制器功能框架示意

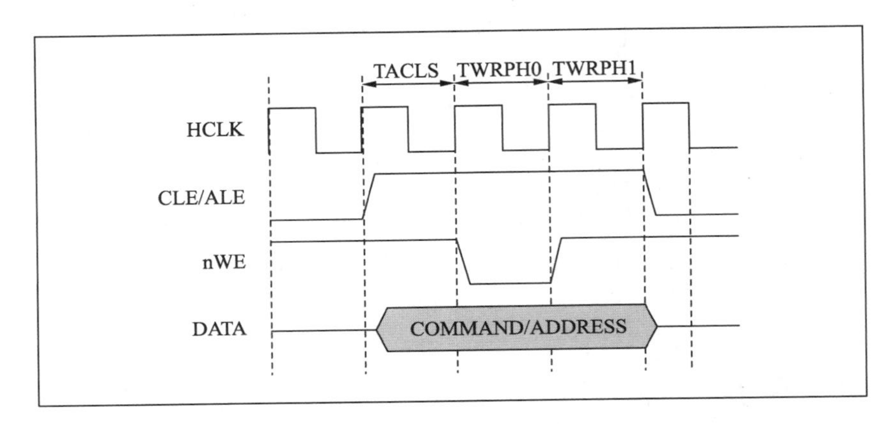


图 24-9　S3C2440 NAND 控制器发送命令/地址时序

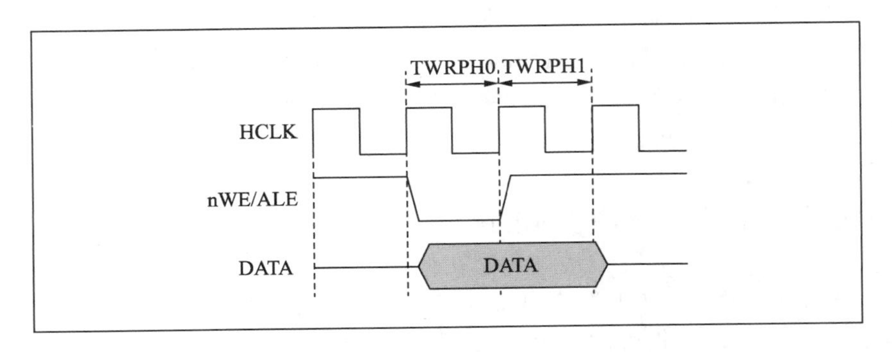


图 24-10　S3C2440 NAND 控制器数据读写时序

图 24-9 是 S3C2440 NAND 控制器向闪存芯片发送一个命令或者地址时的工作时序。其中：HCLK 表示系统时钟信号；CLE 表示命令锁存信号有效；ALE 表示地址锁存信号有效；nWE 表示写信号；DATA 表示地址线上传输的数据，当闪存写入一个命令时，NAND 控制器需要设置 CLE 信号为 1（高电平），表示使用命令锁存，设置 nWE 为 0（低电平）

代表写入操作。锁存信号的作用是保持数据线上的数据不被其他操作破坏。CLE/ALE 信号可以通过 S3C2440 内部的 NFCONF 寄存器配置，在 24.6.6 节将会详细讲解。

图 24-10 是 S3C2440 NAND 控制器从闪存读写一个数据的工作时序。其中，HCLK 是系统时钟信号，nWE 是写信号；nRE 是读信号。从闪存中读写一个数据时，首先是按照图 24-9 的时序写入一个读命令，然后设置 nRE 为 0（低电平），就可以从数据线读出数据了。

NAND 控制器连接到 S3C2440 内部的系统总线上，并且向用户提供了一组寄存器用于操作 NAND Flash 芯片，常见的控制和状态寄存器如表 24-1 所示。

表 24-1　S3C2440 NAND Flash驱动器常用的寄存器

| 寄存器名称 | 地　　址 | 作　　用 |
| --- | --- | --- |
| NFCONF | 0x4e000000 | 配置寄存器，提供NAND控制器的配置接口，可以配置引脚时序、闪存块大小和位宽等 |
| NFCONT | 0x4e000004 | 设置控制器的传输模式、是否加锁以及是否使用ECC等 |
| NFCMMD | 0x4e000008 | 命令寄存器，发送读写或者其他命令 |
| NFADDR | 0x4e00000c | 地址寄存器，设置读写数据的地址 |
| NFDATA | 0x4e000010 | 数据寄存器，读写闪存数据时使用 |
| NFSTAT | 0x4e000020 | 状态寄存器，获取控制器的操作状态 |

表 24-1 是 S3C2440 NAND Flash 驱动器常用的寄存器，剩余的寄存器主要与 ECC 校验有关，这里不予讨论。NAND 设备驱动程序需要配置表 24-1 中的寄存器。

## 24.5.2　数据结构

S3C2410、S3C2412 和 S3C2440 这 3 个处理器在 NAND 控制器部分存在一些差异。为了在 3 款处理器中都可以驱动同样的 NAND Flash 闪存，在 drivers/mtd/nand/raw/s3c2410.c 文件中定义了 s3c2410_nand_mtd 结构和 s3c2410_nand_info 结构用于存放相关的信息。s3c2410_nand_mtd 结构的定义如下：

```
114 struct s3c2410_nand_mtd {
115     struct nand_chip        chip;        // 内核 nand_chip 结构
        // 封装后的 mtd_partition 结构，加入了 S3C2440 的一些属性
116     struct s3c2410_nand_set      *set;
117     struct s3c2410_nand_info     *info;  // S3C2440 状态信息，私有数据
118 };
```

s3c2410_nand_mtd 结构可以当作 mtd_info 结构的封装，加入了 NAND 控制器需要的一些属性。chip 成员与提供给内核的 nand_chip 结构一致，是 NAND 闪存驱动的核心数据结构；set 成员封装了 mtd_partition 结构，用于描述与分区有关的信息，如分区的起始地址、长度和名称等；info 成员是 s3c2410_nand_info 结构的变量，用于描述与 NAND 控制器配置相关的信息，定义如下：

```
...
151 struct s3c2410_nand_info {
152     /* mtd info */
153     struct nand_controller      controller; // 硬件控制字结构
154     struct s3c2410_nand_mtd     *mtds;  // 指向 s3c2410_nand_info 结构
```

```
        // 主要包含 NFCONF 寄存器的配置
155     struct s3c2410_platform_nand    *platform;
156
157     /* device info */
158     struct device               *device;
159     struct clk              *clk;           // 时钟
160     void __iomem                *regs;          // 寄存器
161     void __iomem                *sel_reg;
162     int                 sel_bit;
163     int                 mtd_count;
164     unsigned long               save_sel;
165     unsigned long               clk_rate;
166     enum s3c_nand_clk_state         clk_state;
167
168     enum s3c_cpu_type           cpu_type;       // CPU 类型
169
170 #ifdef CONFIG_ARM_S3C24XX_CPUFREQ
171     struct notifier_block       freq_transition;
172 #endif
173 };
```

在 s3c2410_nand_info 结构中，controller 成员是指向与硬件控制器相关的操作函数和数据结构的指针，用于驱动和控制硬件控制器进行读写操作。mtds 成员是指向全局 s3c2410_nand_mtd 结构的指针，该结构体定义了 NAND 闪存的分区信息、操作函数等全局变量，用于管理 NAND 闪存中所有的分区。platform 成员是指向与平台相关的寄存器配置的指针，用于在驱动程序中设置一些与硬件平台相关的参数和配置信息，如时钟、中断、GPIO 等。

### 24.5.3　注册驱动

注册驱动调用的是 module_platform_driver()函数，定义如下：

```
1291 module_platform_driver(s3c24xx_nand_driver);
```

在 module_platform_driver()函数中注册了 S3C24xx 平台，即注册了 s3c2412、S3C2410 和 S3C2440 等平台。s3c24xx_nand_driver 变量用于描述 S3C24xx 平台 NAND 驱动的相关操作，定义如下：

```
...
1279 static struct platform_driver s3c24xx_nand_driver = {
1280     .probe      = s3c24xx_nand_probe,           // 驱动初始化函数
1281     .remove     = s3c24xx_nand_remove,          // 驱动卸载函数
1282     .suspend    = s3c24xx_nand_suspend,         // 设备挂起(用于电源管理)
1283     .resume     = s3c24xx_nand_resume,          // 设备恢复(用于电源管理)
1284     .id_table   = s3c24xx_driver_ids,
1285     .driver     = {
1286         .name   = "s3c24xx-nand",               // 设备名称
1287         .of_match_table = s3c24xx_nand_dt_ids,
1288     },
1289};
```

s3c24xx_nand_probe()函数用于探测并初始化与处理器相关的 NAND 闪存硬件设备。在 s3c24xx 平台上，s3c24xx_nand_probe()函数是 s3c24xx_nand_probe()函数的具体实现，定义如下：

```
…
1082 static int s3c24xx_nand_probe(struct platform_device *pdev)
1083 {
1084     struct s3c2410_platform_nand *plat;
         // 主要结构，NAND Flash 信息都记录在该结构中
1085     struct s3c2410_nand_info *info;
1086     struct s3c2410_nand_mtd *nmtd;          // 内核 mtd_info 结构指针
1087     struct s3c2410_nand_set *sets;          // mtd_partition 结构指针
1088     struct resource *res;
1089         int err = 0;
1090     int size;
1091     int nr_sets;
1092     int setno;
1093
1094     info = devm_kzalloc(&pdev->dev, sizeof(*info), GFP_KERNEL);
1095     if (info == NULL) {
1096         err = -ENOMEM;
1097         goto exit_error;
1098     }
1099
         // 让驱动的私有指针指向 NAND Flash 结构
1100     platform_set_drvdata(pdev, info);
1101
1102     nand_controller_init(&info->controller);
1103     info->controller.ops = &s3c24xx_nand_controller_ops;
1104
1105     /* get the clock source and enable it */
1106
1107     info->clk = devm_clk_get(&pdev->dev, "nand");// 获取处理器时钟的频率
1108     if (IS_ERR(info->clk)) {
1109         dev_err(&pdev->dev, "failed to get clock\n");
1110         err = -ENOENT;
1111         goto exit_error;
1112     }
1113
1114     s3c2410_nand_clk_set_state(info, CLOCK_ENABLE);
1115
1116     if (pdev->dev.of_node)
1117         err = s3c24xx_nand_probe_dt(pdev);
1118     else
1119         err = s3c24xx_nand_probe_pdata(pdev);
1120
1121     if (err)
1122         goto exit_error;
1123
1124     plat = to_nand_plat(pdev);
1125
1126     /* allocate and map the resource */
1127
1128     /* currently we assume we have the one resource */
1129     res = pdev->resource;
1130     size = resource_size(res);
1131
1132     info->device    = &pdev->dev;
1133     info->platform  = plat;                  // 设置平台相关结构
1134
         // 设置寄存器的地址空间
1135     info->regs = devm_ioremap_resource(&pdev->dev, res);
1136     if (IS_ERR(info->regs)) {
1137         err = PTR_ERR(info->regs);
```

```
1138         goto exit_error;
1139     }
1140
1141     dev_dbg(&pdev->dev, "mapped registers at %p\n", info->regs);
1142
1143     if (!plat->sets || plat->nr_sets < 1) {
1144         err = -EINVAL;
1145         goto exit_error;
1146         }
1147
1148     sets = plat->sets;
1149     nr_sets = plat->nr_sets;
1150
1151     info->mtd_count = nr_sets;
1152
1153     /* allocate our information */
1154
1155     size = nr_sets * sizeof(*info->mtds);
1156     info->mtds = devm_kzalloc(&pdev->dev, size, GFP_KERNEL);
1157     if (info->mtds == NULL) {
1158         err = -ENOMEM;
1159         goto exit_error;
1160     }
1161
1162     /* initialise all possible chips */
1163
1164     nmtd = info->mtds;
1165
1166     for (setno = 0; setno < nr_sets; setno++, nmtd++, sets++) {
1167         struct mtd_info *mtd = nand_to_mtd(&nmtd->chip);
1168
1169         pr_debug("initialising set %d (%p, info %p)\n",
1170             setno, nmtd, info);
1171
1172         mtd->dev.parent = &pdev->dev;
         // 设置 nand_chip 结构的相关数据和操作
1173         s3c2410_nand_init_chip(info, nmtd, sets);
1174
1175         err = nand_scan(&nmtd->chip, sets ? sets->nr_chips : 1);
1176         if (err)
1177             goto exit_error;
1178
1179         s3c2410_nand_add_partition(info, nmtd, sets);
1180     }
1181
1182     /* initialise the hardware */
1183     err = s3c2410_nand_inithw(info); // 初始化 S3C2410_NAND_Flash 控制器
1184     if (err != 0)
1185         goto exit_error;
1186
1187     err = s3c2410_nand_cpufreq_register(info);
1188     if (err < 0) {
1189         dev_err(&pdev->dev, "failed to init cpufreq support\n");
1190         goto exit_error;
1191     }
1192
1193     if (allow_clk_suspend(info)) {
1194         dev_info(&pdev->dev, "clock idle support enabled\n");
1195         s3c2410_nand_clk_set_state(info, CLOCK_SUSPEND);
1196     }
1197
```

```
1198     return 0;
1199
1200   exit_error:
1201     s3c24xx_nand_remove(pdev);            // 出错处理，卸载驱动
1202
1203     if (err == 0)
1204         err = -EINVAL;
1205     return err;
1206 }
```

## 24.5.4　驱动卸载

当卸载驱动时调用 s3c2410_nand_remove()函数释放驱动占用的资源，函数定义如下：

```
...
764 static int s3c24xx_nand_remove(struct platform_device *pdev)
765 {
766     struct s3c2410_nand_info *info = to_nand_info(pdev);
767
768     if (info == NULL)
769         return 0;
770
771     s3c2410_nand_cpufreq_deregister(info);
772
773     /* Release all our mtds  and their partitions, then go through
774      * freeing the resources used
775      */
776
777     if (info->mtds != NULL) {              // 判断是否有 mtd 分区
778         struct s3c2410_nand_mtd *ptr = info->mtds;
779         int mtdno;
780
781         for (mtdno = 0; mtdno < info->mtd_count; mtdno++, ptr++) {
782             pr_debug("releasing mtd %d (%p)\n", mtdno, ptr);
783             WARN_ON(mtd_device_unregister(nand_to_mtd(&ptr->chip)));
784             nand_cleanup(&ptr->chip);   // 释放分区结构
785         }
786     }
787
788     /* free the common resources */
789
790     if (!IS_ERR(info->clk))
791         s3c2410_nand_clk_set_state(info, CLOCK_DISABLE);
792
793     return 0;
794 }
```

程序第 768 行首先判断 info 结构是否有效，如果 info 结构有效，则在第 777 行判断是否建立了 mtd 分区。如果配置了 mtd 分区，则使用 nand_cleanup()函数释放 mtd 分区。

## 24.5.5　初始化 NAND 控制器

s3c2410_nand_inithw()函数负责初始化 NAND 控制器，函数定义如下：

```
...
370 static int s3c2410_nand_inithw(struct s3c2410_nand_info *info)
371 {
```

```
372     int ret;
373
374     ret = s3c2410_nand_setrate(info);
375     if (ret < 0)
376         return ret;
377
378     switch (info->cpu_type) {
379     case TYPE_S3C2410:
380     default:
381         break;
382
383     case TYPE_S3C2440:
384     case TYPE_S3C2412:
385         /* enable the controller and de-assert nFCE */
386
387         writel(S3C2440_NFCONT_ENABLE, info->regs + S3C2440_NFCONT);
388     }
389
390     return 0;
391 }
```

程序第374行调用了s3c2410_nand_setrate()函数，该函数负责设置控制器的定时信息，函数定义如下：

```
...
289 static int s3c2410_nand_setrate(struct s3c2410_nand_info *info)
290 {
291     struct s3c2410_platform_nand *plat = info->platform;
292     int tacls_max = (info->cpu_type == TYPE_S3C2412) ? 8 : 4;
293     int tacls, twrph0, twrph1;
294     unsigned long clkrate = clk_get_rate(info->clk);
295     unsigned long set, cfg, mask;
296     unsigned long flags;
297
298     /* calculate the timing information for the controller */
299
300     info->clk_rate = clkrate;
301     clkrate /= 1000;    /* turn clock into kHz for ease of use */
302
303     if (plat != NULL) {
304         tacls = s3c_nand_calc_rate(plat->tacls, clkrate, tacls_max);
305         twrph0 = s3c_nand_calc_rate(plat->twrph0, clkrate, 8);
306         twrph1 = s3c_nand_calc_rate(plat->twrph1, clkrate, 8);
307     } else {
308         /* default timings */
309         tacls = tacls_max;
310         twrph0 = 8;
311         twrph1 = 8;
312     }
313
314     if (tacls < 0 || twrph0 < 0 || twrph1 < 0) {
315         dev_err(info->device, "cannot get suitable timings\n");
316         return -EINVAL;
317     }
318
319     dev_info(info->device, "Tacls=%d, %dns Twrph0=%d %dns,
320         Twrph1=%d %dns\n",tacls, to_ns(tacls, clkrate), twrph0,
321          to_ns(twrph0, clkrate),twrph1, to_ns(twrph1, clkrate));
322
323     switch (info->cpu_type) {
324     case TYPE_S3C2410:
```

```
325         mask = (S3C2410_NFCONF_TACLS(3) |
326             S3C2410_NFCONF_TWRPH0(7) |
327             S3C2410_NFCONF_TWRPH1(7));
328         set = S3C2410_NFCONF_EN;
329         set |= S3C2410_NFCONF_TACLS(tacls - 1);
330         set |= S3C2410_NFCONF_TWRPH0(twrph0 - 1);
331         set |= S3C2410_NFCONF_TWRPH1(twrph1 - 1);
332         break;
333 
334     case TYPE_S3C2440:
335     case TYPE_S3C2412:
336         mask = (S3C2440_NFCONF_TACLS(tacls_max - 1) |
337             S3C2440_NFCONF_TWRPH0(7) |
338             S3C2440_NFCONF_TWRPH1(7));
339 
340         set = S3C2440_NFCONF_TACLS(tacls - 1);
341         set |= S3C2440_NFCONF_TWRPH0(twrph0 - 1);
342         set |= S3C2440_NFCONF_TWRPH1(twrph1 - 1);
343         break;
344 
345     default:
346         BUG();
347     }
348 
349     local_irq_save(flags);
350 
351     cfg = readl(info->regs + S3C2410_NFCONF);
352     cfg &= ~mask;
353     cfg |= set;
354     writel(cfg, info->regs + S3C2410_NFCONF);
355 
356     local_irq_restore(flags);
357 
358     dev_dbg(info->device, "NF_CONF is 0x%lx\n", cfg);
359 
360     return 0;
361 }
```

## 24.5.6　设置芯片操作

s3c2410_nand_init_chip()函数用于初始化 nand_chip 结构并且设置相关的操作，函数定义如下：

```
...
846 static void s3c2410_nand_init_chip(struct s3c2410_nand_info *info,
847                    struct s3c2410_nand_mtd *nmtd,
848                    struct s3c2410_nand_set *set)
849 {
850     struct device_node *np = info->device->of_node;
851     struct nand_chip *chip = &nmtd->chip;
852     void __iomem *regs = info->regs;
853 
854     nand_set_flash_node(chip, set->of_node);
855 
    // 通用的写缓存函数
856     chip->legacy.write_buf    = s3c2410_nand_write_buf;
857     chip->legacy.read_buf     = s3c2410_nand_read_buf;//通用的读缓存函数
    // 通用的查找芯片函数
858     chip->legacy.select_chip  = s3c2410_nand_select_chip;
```

```
859     chip->legacy.chip_delay   = 50;
860     nand_set_controller_data(chip, nmtd);
861     chip->options      = set->options;
862     chip->controller   = &info->controller;
863
864     /*
865      * let's keep behavior unchanged for legacy boards booting via pdata
        and
866      * auto-detect timings only when booting with a device tree.
867      */
868     if (!np)
869         chip->options |= NAND_KEEP_TIMINGS;
870
871     switch (info->cpu_type) {
872         case TYPE_S3C2410:
                // 设置 I/O 地址
873             chip->legacy.IO_ADDR_W = regs + S3C2410_NFDATA;
874             info->sel_reg = regs + S3C2410_NFCONF; // 设置 NFCONF 寄存器
875             info->sel_bit = S3C2410_NFCONF_nFCE;
                // 设置命令寄存器
876             chip->legacy.cmd_ctrl  = s3c2410_nand_hwcontrol;
                // 设置设备状态检测函数
877             chip->legacy.dev_ready = s3c2410_nand_devready;
878         break;
879
880         case TYPE_S3C2440:
881             chip->legacy.IO_ADDR_W = regs + S3C2440_NFDATA;
882             info->sel_reg   = regs + S3C2440_NFCONT;
883             info->sel_bit   = S3C2440_NFCONT_nFCE;
884             chip->legacy.cmd_ctrl  = s3c2440_nand_hwcontrol;
885             chip->legacy.dev_ready = s3c2440_nand_devready;
886             chip->legacy.read_buf  = s3c2440_nand_read_buf;
887             chip->legacy.write_buf = s3c2440_nand_write_buf;
888             break;
889
890         case TYPE_S3C2412:
891             chip->legacy.IO_ADDR_W = regs + S3C2440_NFDATA;
892             info->sel_reg   = regs + S3C2440_NFCONT;
893             info->sel_bit   = S3C2412_NFCONT_nFCE0;
894             chip->legacy.cmd_ctrl  = s3c2440_nand_hwcontrol;
895             chip->legacy.dev_ready = s3c2412_nand_devready;
896
897             if (readl(regs + S3C2410_NFCONF) & S3C2412_NFCONF_NANDBOOT)
898                 dev_info(info->device, "System booted from NAND\n");
899
900             break;
901     }
902
903     chip->legacy.IO_ADDR_R = chip->legacy.IO_ADDR_W;
904
905     nmtd->info     = info;                    // 指向全局 mtd_info 结构
906     nmtd->set      = set;
907
908     chip->ecc.engine_type = info->platform->engine_type;
909
910     /*
911      * If you use u-boot BBT creation code, specifying this flag will
912      * let the kernel fish out the BBT from the NAND.
913      */
914     if (set->flash_bbt)
```

```
915         chip->bbt_options |= NAND_BBT_USE_FLASH;
916  }
```

## 24.5.7　电源管理

S3C2440 平台上 NAND 闪存的电源管理使用 s3c24xx_nand_suspend()和 s3c24xx_nand_resume()函数。s3c24xx_nand_suspend()函数在设备进入休眠状态后会被内核调用，该函数的定义如下：

```
...
1211 static int s3c24xx_nand_suspend(struct platform_device *dev,
     pm_message_t  pm)
1212 {
1213    struct s3c2410_nand_info *info = platform_get_drvdata(dev);
1214
1215    if (info) {                          // 判断 mtd_info 结构是否有效
1216        info->save_sel = readl(info->sel_reg);
1217
1218        /* For the moment, we must ensure nFCE is high during
1219         * the time we are suspended. This really should be
1220         * handled by suspending the MTDs we are using, but
1221         * that is currently not the case. */
1222
1223        writel(info->save_sel | info->sel_bit, info->sel_reg);
1224
1225        s3c2410_nand_clk_set_state(info, CLOCK_DISABLE);
1226    }
1227
1228    return 0;
1229 }
```

休眠状态是让 NAND 控制器暂停工作，程序第 1215 行判断 mtd_info 结构是否有效。s3c24xx_nand_resume()函数在系统恢复的时候被调用，该函数的定义如下：

```
...
1231 static int s3c24xx_nand_resume(struct platform_device *dev)
1232 {
1233        struct s3c2410_nand_info *info = platform_get_drvdata(dev);
1234        unsigned long sel;
1235
1236    if (info) {                              // 判断 mtd_info 结构是否有效
1237        s3c2410_nand_clk_set_state(info, CLOCK_ENABLE);
1238            s3c2410_nand_inithw(info);       // 初始化 NAND 控制器
1239
1240        /* Restore the state of the nFCE line. */
1241
1242        sel = readl(info->sel_reg);
1243        sel &= ~info->sel_bit;
1244        sel |= info->save_sel & info->sel_bit;
1245        writel(sel, info->sel_reg);
1246
1247        s3c2410_nand_clk_set_state(info, CLOCK_SUSPEND);
1248    }
1249
1250    return 0;
1251 }
```

程序第 1236 行判断 mtd_info 结构是否有效。如果有效就启动和初始化 S3C24XX 系列芯片中的硬件 NAND 控制器，并启用或禁用 NAND 时钟，以确保 NAND Flash 的读写操作能够正确进行，从而最大化地降低功耗和电磁干扰。

## 24.6　小　　结

本章讲解了 Flash 存储器相关的硬件知识和 Linux 对 Flash 设备的支持，包括 Flash 的硬件结构、工作原理以及 MTD 的系统结构。本章给出了两种类型 Flash 设备的驱动程序框架，并且给出了实际驱动实例。学习硬件驱动开发的前提是了解硬件的工作原理，在此基础上学习 Flash 设备驱动会更容易。第 25 章将介绍 USB 驱动开发的相关知识。

## 24.7　习　　题

**一、填空题**

1．MTD 是 Linux 内核为支持闪存设备设计的一个________中间层。

2．NAND 和 NOR 闪存都使用________作为存储单元。

3．mtd_info 结构成员主要由________成员和________函数两部分组成。

**二、选择题**

1．OOB 解释正确的是（　　）。

A．电子电器设备联合会　　B．带外数据

C．错误纠正码　　D．通用闪存接口

2．MTD 分层不包含（　　）。

A．设备节点层　　B．MTD 设备层

C．MTD 原始设备层　　D．软件驱动层

3．下列可以用来卸载驱动的函数是（　　）。

A．s3c2410_nand_init_chip()　　B．s3c24xx_nand_probe()

C．s3c2410_nand_remove()　　D．其他

**三、判断题**

1．S3C2440 芯片内部集成了 NOR Flash 控制器。（　　）

2．NAND Flash 驱动程序使用 nand_chip 结构描述 NAND Flash 设备。（　　）

3．NAND 的写入速度低于 NOR。（　　）

# 第 25 章　USB 驱动开发

USB 是目前最流行的系统总线。随着计算机硬件的不断扩展，各种设备使用不同的总线接口越来越多，导致计算机外部总线种类繁多，管理困难，USB 总线正是由此而诞生的。USB 总线提供了所有外部设备的统一连接方式，并且支持热插拔，方便厂商对设备的开发及用户的使用。本章将详细介绍 USB 的相关知识，主要内容如下：

- USB 总线体系结构简介；
- USB 体系的工作流程；
- Linux 内核如何实现 USB 体系；
- USB 设备驱动开发实例。

## 25.1　USB 体系概述

USB（Universal Serial Bus）是一个总线协议标准，最初是由 Intel、NEC、Compaq、DEC、IBM 和 Microsoft 等公司联合制定的。到目前为止，USB 共有 1.x、2.0、3.x 和 4.0 这 4 个标准，它们的主要区别是传输速率不同，在体系结构上也有一些差别。

### 25.1.1　USB 的设计目标

USB 的设计目标是对现有的 PC 体系进行扩充，但是目前不仅是 PC，大部分嵌入式系统都支持 USB 总线和接口标准。USB 设计主要遵循下面几个原则。

- 易于扩充外部设备：USB 一个接口最多支持 127 个设备。
- 灵活的传输协议：支持同步和异步数据传输。
- 设备兼容性好：可以兼容不同类型的设备。
- 接口标准统一：不同的设备之间使用相同的设备接口。

USB 标准在发展过程中出现了 4 个版本，即 1.x、2.0、3.x 和 4 标准。其中已经应用的有 1.1、2.0、3.x 和 4.0 标准。USB 1.x 标准的最大数据传输率是 12Mbps，而 USB 2.0 的最大数据传输速率是 480Mbps，并且 USB 2.0 接口标准向下兼容 USB 1.1 接口标准。USB 3.0 标准的设计传输速率为 5Gbps。USB 4 标准的设计传输速率为 40Gbps。从 USB 接口标准的传输率中可看出，USB 接口可以支持多种数据传输速率。实际上，USB 接口标准把 USB 设备分为低速、中速和高速设备，如表 25-1 所示。

表 25-1　USB设备按照速率分类

| 分　　类 | 传　输　率 | 应　　用 | 特　　点 |
| --- | --- | --- | --- |
| 低速设备 | 10～20Kbps | 键盘和鼠标等输入设备 | 易用，支持热插拔，价格低 |
| 中速设备 | 500Kbps～10Mbps | 宽带网络接入设备 | 易用，支持热插拔 |
| 高速设备 | 25Mbps或更高 | 音视频设备、磁盘 | 易用，带宽高，支持热插拔 |

从表 25-1 中可以看出，USB 1.1 接口标准可以覆盖低速设备和中速设备，而高速设备需要支持 USB 2.0 以上的接口标准。USB 接口标准具有以下特色。

#### 1．易用性

USB 虽然有不同的接口标准，但是对用户来说，使用相同的连接电缆和接口连接头，便于不同设备之间的互联。此外，USB 总线屏蔽了接口的电器特性，并且支持自动检测外部设备和设置驱动等，方便用户的操作。

#### 2．应用广泛

USB 接口标准适用于不同的设备，传输率从几百比特到几百兆比特不等，覆盖了绝大多数的计算机外部设备。USB 支持在同一条线路上同时使用同步和异步两种数据传输模式，多个设备可以同时操作。在主机和设备之间可以传输多个数据流和信息流。

#### 3．健壮性

USB 接口标准在传输协议中支持出错处理和差错恢复机制，对于热插拔操作，用户感觉完全是实时操作。另外，USB 接口标准支持对缺陷设备的认定。

### 25.1.2　USB 体系简介

USB 接口标准支持在主机和外部设备之间进行数据传输。在 USB 体系结构中，主机预定了各种类型外部设备使用的总线带宽。当外部设备和主机在运行时，USB 总线允许添加、设置、使用和拆除外设。

在 USB 体系结构中，一个 USB 系统可以分成 USB 互联、USB 设备和 USB 主机 3 个部分。USB 互联是 USB 设备和 USB 主机之间进行连接通信的操作，主要包括以下几项：

- 总线拓扑结构：USB 主机和 USB 设备之间的连接方式。
- 数据流模式：描述 USB 通信系统中数据如何从发出方传递给使用方。
- USB 调度：USB 总线是一个共享链接，对可以使用的链接进行调度以支持同步数据传输，并且省去了优先级判定的开销。

USB 的物理链接是一个有层次的星形结构，如图 25-1 所示。

从图 25-1 中可以看出，在一个节点上连接多个设备需要使用 USB 集线器（USB HUB），每个 USB 集线器在星形的中心，每条线段都是点点连接。从主机到 USB 集线器或者设备，以及从 USB 集线器到设备都是点点连接。

USB 体系结构规定，在一个 USB 系统中，只有唯一的一个主机。USB 和主机系统的接口称作主机控制器，主机控制器由主机控制器芯片、固件程序和软件共同实现的。USB

设备包括 USB 集线器和功能器件。其中：USB 集线器的作用是扩展总线端点，向总线提供更多的连接点；功能器件是用户使用的外部设备，如键盘和鼠标等。USB 设备需要支持 USB 总线协议，对主机的操作提供反馈并且提供设备性能的描述信息。

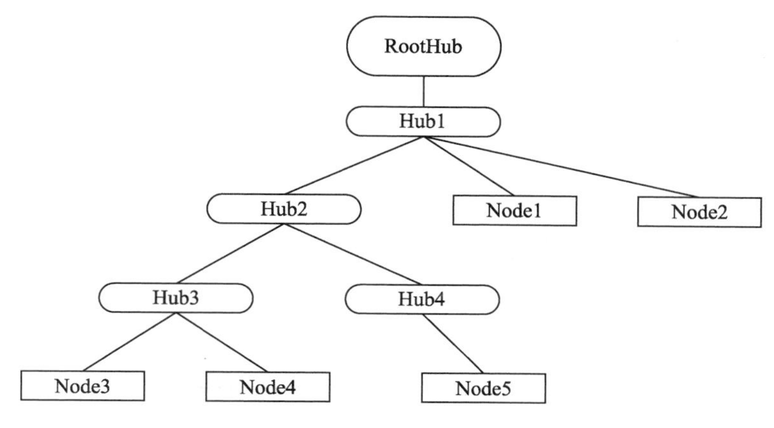


图 25-1　USB 体系的拓扑结构

### 25.1.3　USB 体系的工作流程

USB 总线采用轮询方式控制数据传输。主机控制器在初始化过程中会对所有的数据传输进行设置，以保证数据传输的正确性和可靠性。主机控制设置初始化所有的数据传输。USB 总线每次执行传输动作最多可以传输 3 个数据包。每次开始传输时，主机控制器发送一个描述符描述传输动作的种类和方向，这个数据包称作标志数据包（Token Packet）。USB 设备收到主机发送的标志数据包后，解析出数据包的数据。

USB 数据传输的方向只有两种：主机到设备或者设备到主机。当一个数据传输开始时，由标志包标示数据的传输方向，然后从发送端开始发送数据。接收端发送一个握手的数据包表明数据是否传送成功。主机和设备之间的 USB 数据传输可以看作一个通道。USB 数据传输有流和消息两种通道。消息是有格式的数据，而流是没有数据格式的。USB 有一个默认的控制消息通道，在设备启动的时候被创建，因此设备的设置查询和输入控制信息都可以使用默认的消息控制通道来完成。

## 25.2　USB 驱动程序框架

Linux 内核提供了完整的 USB 驱动程序框架。USB 总线采用树形结构，在一条总线上只能有一个主机设备。Linux 内核从主机和设备两个角度观察 USB 总线结构。本节将介绍 Linux 内核的 USB 驱动程序框架。

### 25.2.1　Linux 内核 USB 驱动框架简介

如图 25-2 所示为从主机和设备两个角度观察 USB 总线结构的示意。

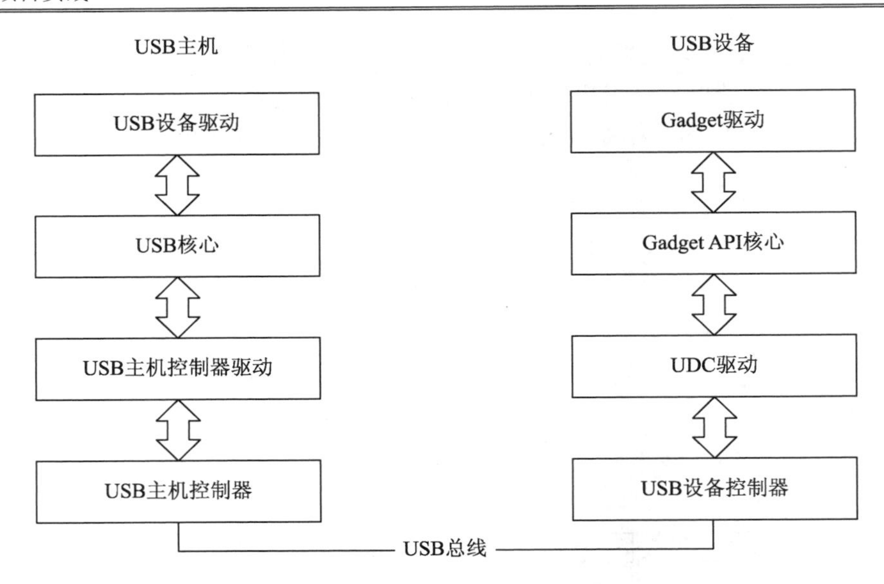


图 25-2　Linux 内核 USB 总线结构

从图 25-2 中可以看出，Linux 内核的 USB 驱动是按照主机驱动和设备驱动两套体系实现的，下面介绍这两套体系的结构和特点。

## 1．基本结构

图 25-2 的左侧是主机驱动结构。主机驱动的最底层是 USB 主机控制器，提供了 OHCI、EHCI 和 UHCI 这 3 种类型的总线控制功能。在 USB 控制器的上一层是 USB 主机控制器驱动，分别对应 OHCI、EHCI 和 UHCI 这 3 种类型的总线接口。USB 核心层连接 USB 控制器驱动和设备驱动，是两者的转换接口。USB 设备驱动层提供了各种设备的驱动程序。USB 主机部分的设计结构完全是从 USB 总线特点出发的。在 USB 总线上可以连接不同类型的设备，包括字符设备、块设备和网络设备。所有类型的 USB 设备都是用相同的电气接口，使用的传输协议也基本相同。用户在使用某种特定类型的 USB 设备时，需要处理 USB 总线协议。内核完成所有的 USB 总线协议处理并且向用户提供编程接口。

图 25-2 右侧是设备驱动结构。与 USB 主机类似，USB 设备提供了相同的层次结构与之对应。但是在 USB 设备上使用名为 Gadget API 的结构作为核心。Gadget API 是 Linux 内核实现的对应 USB 设备的核心结构。Gadget API 屏蔽了 USB 设备控制器的细节，控制 USB 设备实现具体的功能。

## 2．设备

每个 USB 设备提供了不同级别的配置信息。一个 USB 设备可以包含一个或多个配置，不同的配置使设备表现出了不同的特点。其中，设备的配置是通过接口组成的。Linux 内核定义的 USB 设备结构如下：

```
struct usb_device_descriptor {
    __u8  bLength;                      // 设备描述符的长度
    __u8  bDescriptorType;              // 设备类型

    __le16 bcdUSB;                      // USB 版本号(使用 BCD 编码)
```

```
        __u8  bDeviceClass;                         // USB 设备类型
        __u8  bDeviceSubClass;                      // USB 设备子类型
        __u8  bDeviceProtocol;                      // USB 设备协议号
        __u8  bMaxPacketSize0;                      // 传输数据的最大包长
        __le16 idVendor;                            // 厂商编号
        __le16 idProduct;                           // 产品编号
        __le16 bcdDevice;                           // 设备出厂号
        __u8  iManufacturer;                        // 厂商字符串索引
        __u8  iProduct;                             // 产品字符串索引
        __u8  iSerialNumber;                        // 产品序列号索引
        __u8  bNumConfigurations;                   // 最大的配置数量
    } __attribute__ ((packed));
```

从 usb_device_descriptor 结构定义中可以看出，在设备描述符中定义了与 USB 设备相关的多条信息。

### 3．接口

在 USB 体系中，接口是由多个端点组成的。一个接口代表一个基本功能，是 USB 设备驱动程序控制的对象。一个 USB 设备至少有一个接口，功能复杂的 USB 设备可以有多个接口。接口定义如下：

```
    struct usb_interface_descriptor {
        __u8  bLength;                              // 描述符的长度
        __u8  bDescriptorType;                      // 描述符类型

        __u8  bInterfaceNumber;                     // 接口编号
        __u8  bAlternateSetting;                    // 备用接口编号
        __u8  bNumEndpoints;                        // 端点数量
        __u8  bInterfaceClass;                      // 接口类型
        __u8  bInterfaceSubClass;                   // 接口子类型
        __u8  bInterfaceProtocol;                   // 接口使用的协议
        __u8  iInterface;                           // 接口索引字符串数值
    } __attribute__ ((packed));
```

### 4．端点

端点是 USB 总线通信的基本形式，每个 USB 设备接口可以认为是端点的集合。主机只能通过端点与设备通信。USB 体系结构规定每个端点都有一个唯一的地址，由设备地址和端点号决定端点的地址。端点还包括与主机通信使用的属性，如传输方式、总线访问频率、带宽和端点号等。端点的通信是单向的，通过端点传输的数据只能从主机到设备或者从设备到主机。端点定义如下：

```
    struct usb_endpoint_descriptor {
        __u8  bLength;                              // 描述符的长度
        __u8  bDescriptorType;                      // 描述符类型

        __u8  bEndpointAddress;                     // 端点地址
        __u8  bmAttributes;                         // 端点属性
        __le16 wMaxPacketSize;                      // 端点接收的最大数据包长度
        __u8  bInterval;                            // 轮询端点的时间间隔

        /* NOTE:  these two are _only_ in audio endpoints. */
```

```
    /* use USB_DT_ENDPOINT*_SIZE in bLength, not sizeof. */
    __u8  bRefresh;
    __u8  bSynchAddress;
} __attribute__ ((packed));
```

### 5．配置

配置是一个接口的集合。Linux 内核配置的定义如下：

```
struct usb_config_descriptor {
    __u8  bLength;                          // 描述符的长度
    __u8  bDescriptorType;                  // 描述符类型

    __le16 wTotalLength;                    // 配置返回数据长度
    __u8  bNumInterfaces;                   // 最大接口数
    __u8  bConfigurationValue;              // 配置参数值
    __u8  iConfiguration;                   // 配置描述字符串索引
    __u8  bmAttributes;                     // 供电模式
    __u8  bMaxPower;                        // 接口的最大电流
} __attribute__ ((packed));
```

配置描述符定义了配置的基本属性和接口数量等信息。

## 25.2.2　主机驱动结构

USB 主机控制器有以下 3 种类型。

- OHCI：英文全称是 Open Host Controller Interface，是用于 SiS 和 Ali 芯片组的 USB 控制器。
- UHCI：英文全称是 Universal Host Controller Interface，是用于 Intel 和 AMD 芯片组的 USB 控制器。UHCI 类型的控制器比 OHCI 控制器的硬件结构简单，但是需要额外的驱动支持，因此从理论上说速度较慢。
- EHCI：是 USB 2.0 规范提出的一种控制器标准，可以兼容 UHCI 和 OHCI。

### 1．USB主机控制器驱动

Linux 内核使用 usb_hcd 结构描述 USB 主机控制器驱动。usb_hcd 结构定义了 USB 主机控制器的硬件信息、状态和操作函数，定义如下：

```
struct usb_hcd {

    /*
     * housekeeping                         // 控制器的基本信息
     */
    struct usb_bus      self;
    struct kref     kref;

    const char      *product_desc;      // 厂商名称字符串
    int         speed;      /* Speed for this roothub.
                             * May be different from
                             * hcd->driver->flags & HCD_MASK
                             */
    char        irq_descr[24];          // 驱动和总线类型
```

```
    struct timer_list   rh_timer;                  // 根 hub 轮询时间间隔
    struct urb      *status_urb;                   // 当前的 urb 状态
#ifdef CONFIG_PM
    struct work_struct  wakeup_work;
#endif
    struct work_struct  died_work;                 // 硬件信息和状态

    /*
     * hardware info/state
     */
    const struct hc_driver  *driver;               // 控制器驱动使用的回调函数
    /*
     * OTG and some Host controllers need software interaction with phys;
     * other external phys should be software-transparent
     */
    struct usb_phy      *usb_phy;
    struct usb_phy_roothub  *phy_roothub;

    /* Flags that need to be manipulated atomically because they can
     * change while the host controller is running.  Always use
     * set_bit() or clear_bit() to change their values.
     */
    unsigned long       flags;
#define HCD_FLAG_HW_ACCESSIBLE          0
#define HCD_FLAG_POLL_RH                2
#define HCD_FLAG_POLL_PENDING           3
#define HCD_FLAG_WAKEUP_PENDING         4
#define HCD_FLAG_RH_RUNNING             5
#define HCD_FLAG_DEAD                   6
#define HCD_FLAG_INTF_AUTHORIZED        7
#define HCD_FLAG_DEFER_RH_REGISTER      8

    /* The flags can be tested using these macros; they are likely to
     * be slightly faster than test_bit().
     */
#define HCD_HW_ACCESSIBLE(hcd)  ((hcd)->flags & (1U << HCD_FLAG_HW_
ACCESSIBLE))
#define HCD_POLL_RH(hcd)    ((hcd)->flags & (1U << HCD_FLAG_POLL_RH))
#define HCD_POLL_PENDING(hcd)   ((hcd)->flags & (1U << HCD_FLAG_POLL_
PENDING))
#define HCD_WAKEUP_PENDING(hcd) ((hcd)->flags & (1U << HCD_FLAG_WAKEUP_
PENDING))
#define HCD_RH_RUNNING(hcd) ((hcd)->flags & (1U << HCD_FLAG_RH_RUNNING))
#define HCD_DEAD(hcd)       ((hcd)->flags & (1U << HCD_FLAG_DEAD))
#define HCD_DEFER_RH_REGISTER(hcd)  ((hcd)->flags & (1U << HCD_FLAG_DEFER_
RH_REGISTER))

    /*
     * Specifies if interfaces are authorized by default
     * or they require explicit user space authorization; this bit is
     * settable through /sys/class/usb_host/X/interface_authorized_default
     */
#define HCD_INTF_AUTHORIZED(hcd) \
    ((hcd)->flags & (1U << HCD_FLAG_INTF_AUTHORIZED))

    /*
     * Specifies if devices are authorized by default
     * or they require explicit user space authorization; this bit is
     * settable through /sys/class/usb_host/X/authorized_default
     */
    enum usb_dev_authorize_policy dev_policy;
```

```
    /* Flags that get set only during HCD registration or removal. */
    unsigned    rh_registered:1;        // 是否注册根 hub
    unsigned    rh_pollable:1;
    unsigned    msix_enabled:1;
    unsigned    msi_enabled:1;
    /*
     * do not manage the PHY state in the HCD core, instead let the driver
     * handle this (for example if the PHY can only be turned on after a
     * specific event)
     */
    unsigned    skip_phy_initialization:1;

    /* The next flag is a stopgap, to be removed when all the HCDs
     * support the new root-hub polling mechanism. */
    unsigned    uses_new_polling:1;     // 是否允许轮询根 hub 的状态
    unsigned    wireless:1;
    unsigned    has_tt:1;
    unsigned    amd_resume_bug:1;
    unsigned    can_do_streams:1;
    unsigned    tpl_support:1;
    unsigned    cant_recv_wakeups:1;
            /* wakeup requests from downstream aren't received */

    unsigned int    irq;                    // 控制器的中断请求号
    void __iomem    *regs;                  // 控制器使用的内存和 I/O
    resource_size_t     rsrc_start;         // 控制器使用的内存和 I/O 起始地址
    resource_size_t     rsrc_len;           // 控制器使用的内存和 I/O 资源长度
    unsigned    power_budget;

    struct giveback_urb_bh  high_prio_bh;
    struct giveback_urb_bh  low_prio_bh;

    /* bandwidth_mutex should be taken before adding or removing
     * any new bus bandwidth constraints:
     *   1. Before adding a configuration for a new device.
     *   2. Before removing the configuration to put the device into
     *      the addressed state.
     *   3. Before selecting a different configuration.
     *   4. Before selecting an alternate interface setting.
     *
     * bandwidth_mutex should be dropped after a successful control message
     * to the device, or resetting the bandwidth after a failed attempt.
     */
    struct mutex        *address0_mutex;
    struct mutex        *bandwidth_mutex;
    struct usb_hcd      *shared_hcd;
    struct usb_hcd      *primary_hcd;


#define HCD_BUFFER_POOLS    4
    struct dma_pool     *pool[HCD_BUFFER_POOLS];

    int         state;
#   define  __ACTIVE        0x01
#   define  __SUSPEND       0x04
#   define  __TRANSIENT     0x80

#   define  HC_STATE_HALT       0
#   define  HC_STATE_RUNNING    (__ACTIVE)
```

```
#   define  HC_STATE_QUIESCING  (__SUSPEND|__TRANSIENT|__ACTIVE)
#   define  HC_STATE_RESUMING   (__SUSPEND|__TRANSIENT)
#   define  HC_STATE_SUSPENDED  (__SUSPEND)

#define HC_IS_RUNNING(state) ((state) & __ACTIVE)
#define HC_IS_SUSPENDED(state) ((state) & __SUSPEND)

    /* memory pool for HCs having local memory, or %NULL */
    struct gen_pool        *localmem_pool;

    /* more shared queuing code would be good; it should support
     * smarter scheduling, handle transaction translators, etc;
     * input size of periodic table to an interrupt scheduler.
     * (ohci 32, uhci 1024, ehci 256/512/1024).
     */

    /* The HC driver's private data is stored at the end of
     * this structure.
     */
    unsigned long hcd_priv[]
            __attribute__ ((aligned(sizeof(s64))));
};
```

### 2. OHCI控制器驱动

usb_hcd 结构与通用的 USB 控制器的结构类似。OHCI 主机控制器是 usb_hcd 结构的具体实现，内核使用 ohci_hcd 结构描述 OHCI 主机控制器，定义如下：

```
struct ohci_hcd {
    spinlock_t        lock;

    /*
     * I/O memory used to communicate with the HC (dma-consistent)
                                          // 用于 HC 通信的 I/O 内存地址
     */
    struct ohci_regs __iomem *regs;

    /*
     * main memory used to communicate with the HC (dma-consistent).
                                          // 用于 HC 通行的主内存地址
     * hcd adds to schedule for a live hc any time, but removals finish
     * only at the start of the next frame.
     */
    struct ohci_hcca*hcca;
    dma_addr_t        hcca_dma;

    struct ed         *ed_rm_list;          // 被移除的列表
    struct ed         *ed_bulktail;         // 列表最后一项
    struct ed         *ed_controltail;      // 控制列表最后一项
    struct ed         *periodic [NUM_INTS];

    void (*start_hnp)(struct ohci_hcd *ohci);

    /*
     * memory management for queue data structures
                                             // 内存管理队列使用的数据结构
     *
     * @td_cache and @ed_cache are %NULL if &usb_hcd.localmem_pool is used.
     */
   struct dma_pool      *td_cache;
```

```
    struct dma_pool      *ed_cache;
    struct td        *td_hash [TD_HASH_SIZE];
    struct td        *dl_start, *dl_end;
    struct list_headpending;
    struct list_headeds_in_use;

    /*
     * driver state
     */
    enum ohci_rh_state  rh_state;
    int          num_ports;
    int          load [NUM_INTS];
    u32          hc_control;                          // HC 控制寄存器复制
    unsigned long        next_statechange;            // 挂起/恢复
    u32          fminterval;                          // 保存的寄存器
    unsigned     autostop:1;
    unsigned     working:1;
    unsigned     restart_work:1;

    unsigned long        flags;
/* 以下是各厂家芯片的 ID 定义 */
#define OHCI_QUIRK_AMD756   0x01
#define OHCI_QUIRK_SUPERIO  0x02
#define OHCI_QUIRK_INITRESET    0x04
#define OHCI_QUIRK_BE_DESC  0x08
#define OHCI_QUIRK_BE_MMIO  0x10
#define OHCI_QUIRK_ZFMICRO  0x20
#define OHCI_QUIRK_NEC      0x40
#define OHCI_QUIRK_FRAME_NO 0x80
#define OHCI_QUIRK_HUB_POWER    0x100
#define OHCI_QUIRK_AMD_PLL  0x200
#define OHCI_QUIRK_AMD_PREFETCH 0x400
#define OHCI_QUIRK_GLOBAL_SUSPEND   0x800
#define OHCI_QUIRK_QEMU     0x1000


    unsigned     prev_frame_no;
    unsigned     wdh_cnt, prev_wdh_cnt;
    u32          prev_donehead;
    struct timer_list   io_watchdog;

    struct work_struct  nec_work;

    struct dentry        *debug_dir;

    unsigned long          priv[] __aligned(sizeof(s64));

};
```

OHCI 主机控制器是嵌入式系统最常用的一种 USB 主机控制器。

### 25.2.3　设备驱动结构

USB 协议规定了许多种 USB 设备类型。Linux 内核实现了音频设备、通信设备、人机接口、存储设备、电源设备和打印设备等几种 USB 设备类。

### 1. 基本概念

Linux 内核实现的 USB 设备类驱动都是针对通用的设备类型设计的，如存储设备类，只要 USB 存储设备是按照标准的 USB 存储设备规范实现的，就可以直接被内核 USB 存储设备驱动程序所驱动。如果一个 USB 设备是非标准的，则需要编写对应设备的驱动程序。

Linux 内核为不同的 USB 设备分配了设备号。在内核中还提供了一个 usbfs 文件系统，通过 usbfs 文件系统，用户可以方便地使用 USB 设备。为了使用 usbfs，通过 root 权限在控制台输入 mount –t usbfs none /proc/bus/usb，可以将 USB 文件系统加载到内核。当插入一个 USB 设备的时候，内核会试图加载对应的驱动程序。

### 2. 设备驱动结构

内核使用 usb_driver 结构体描述 USB 设备驱动，定义如下：

```
struct usb_driver {
    const char *name;

    int (*probe) (struct usb_interface *intf,
          const struct usb_device_id *id);                // 探测函数

    void (*disconnect) (struct usb_interface *intf);       // 断开连接函数

    int (*unlocked_ioctl) (struct usb_interface *intf, unsigned int code,
        void *buf);                                        // I/O 控制函数

    // 挂起函数
    int (*suspend) (struct usb_interface *intf, pm_message_t message);
    int (*resume) (struct usb_interface *intf);            // 恢复函数
    int (*reset_resume)(struct usb_interface *intf);

    int (*pre_reset)(struct usb_interface *intf);
    int (*post_reset)(struct usb_interface *intf);

    const struct usb_device_id *id_table;
    const struct attribute_group **dev_groups;

    struct usb_dynids dynids;
    struct usbdrv_wrap drvwrap;
    unsigned int no_dynamic_id:1;
    unsigned int supports_autosuspend:1;
    unsigned int disable_hub_initiated_lpm:1;
    unsigned int soft_unbind:1;
};
```

实现一个 USB 设备驱动主要是实现 probe()和 disconnect()函数接口。probe()函数在插入 USB 设备的时候被调用，disconnect()函数在拔出 USB 设备的时候被调用。在 25.2.4 节中将详细讲解 USB 设备驱动程序框架。

### 3. USB请求块

urb（USB request block，USB 请求块）的功能类似于网络设备中的 sk_buff，用于描述 USB 设备与主机通信的基本数据结构。urb 结构在内核中的定义如下：

```
struct urb {
    /* private: usb core and host controller only fields in the urb */
    // 私有数据，仅供 USB 核心和主机控制器使用
    struct kref kref;                          // urb 引用计数
    int unlinked;
    void *hcpriv;                              // 主机控制器私有数据
    atomic_t use_count;                        // 并发传输计数
    atomic_t reject;                           // 传输即将失败标志

    // 公有数据，可以被驱动使用
    struct list_head urb_list;                 // 链表头
    struct list_head anchor_list;
    struct usb_anchor *anchor;
    struct usb_device *dev;                    // 关联的 USB 设备
    struct usb_host_endpoint *ep;    /* (internal) pointer to endpoint */
    unsigned int pipe;                         // 管道信息
    unsigned int stream_id;
    int status;                                // 当前状态
    unsigned int transfer_flags;
    void *transfer_buffer;                     // 数据缓冲区
    dma_addr_t transfer_dma;                   // DMA 使用的缓冲区
    struct scatterlist *sg;
    int num_mapped_sgs;
    int num_sgs;
    u32 transfer_buffer_length;                // 缓冲区大小
    u32 actual_length;                         // 实际接收或发送数据的长度
    unsigned char *setup_packet;
    dma_addr_t setup_dma;                      // 设置数据包缓冲区
    int start_frame;                           // 等时传输中返回初始帧
    int number_of_packets;                     // 等时传输中缓冲区数据
    int interval;                              // 轮询的时间间隔
    int error_count;                           // 出错次数
    void *context;
    usb_complete_t complete;
    struct usb_iso_packet_descriptor iso_frame_desc[];
};
```

内核提供了一组函数来操作 urb 类型的结构变量。urb 的使用流程如下。

（1）创建 urb。在使用之前，USB 设备驱动需要调用 usb_alloc_urb()函数创建一个 urb，函数定义如下：

```
struct urb *usb_alloc_urb(int iso_packets, gfp_t mem_flags);
```

iso_packets 参数表示 urb 包含的等时数据包的数目，当其为 0 时表示不创建等时数据包。mem_flags 参数是分配内存标志。如果分配 urb 成功，则 usb_alloc_urb()函数返回一个 urb 结构类型的指针，否则返回 0。

内核还提供了释放 urb 的函数，定义如下：

```
void usb_free_urb(struct urb *urb);
```

当不使用 urb 的时候（退出驱动程序或者挂起驱动），需要使用 usb_free_urb()函数释放 urb。

（2）初始化 urb，设置 USB 设备的端点。使用内核提供的 usb_int_urb()函数设置 urb 的初始结构，定义如下：

```
void usb_init_urb(struct urb *urb);
```

（3）提交 urb 到 USB 核心。分配并设置 urb 完毕后，使用 usb_submit_urb()函数把新的 urb 提交到 USB 核心，函数定义如下：

```
int usb_submit_urb(struct urb *urb, gfp_t mem_flags);
```

参数 urb 指向被提交的 urb 结构，mem_flags 是传递给 USB 核心的内存选项，用于告知 USB 核心如何分配内存缓冲区。如果函数执行成功，则 urb 的控制权被 USB 核心接管，否则 usb_alloc_urb()函数返回错误。

### 25.2.4　USB 驱动程序框架

Linux 内核代码中的 driver/usb/usb-skeleton.c 文件是一个标准的 USB 设备驱动程序。如果要编写一个 USB 设备的驱动，则可以参考该文件，也可以直接修改该文件来驱动新的 USB 设备。下面以 usb-skeleton.c 文件为例来分析 usb-skel 设备驱动框架。

#### 1. 基本数据结构

usb-skel 设备使用自定义结构 usb_skel 来记录设备驱动使用的所有描述符，该结构定义如下：

```
struct usb_skel {
    struct usb_device    *udev;                  // USB 设备描述符
    struct usb_interface  *interface;            // USB 接口描述符
    struct semaphore  limit_sem;                 // 互斥信号量
    struct usb_anchor    submitted;
    struct urb        *bulk_in_urb;
    unsigned char          *bulk_in_buffer;      // 数据接收缓冲区
    size_t            bulk_in_size;              // 数据接收缓冲区大小
    size_t            bulk_in_filled;
    size_t            bulk_in_copied;
    __u8          bulk_in_endpointAddr;          // 入端点地址
    __u8          bulk_out_endpointAddr;         // 出端点地址
    int           errors;
    bool          ongoing_read;
    spinlock_t        err_lock;
    struct kref       kref;
    struct mutex      io_mutex;
    unsigned long         disconnected:1;
    wait_queue_head_t     bulk_in_wait;
};
```

usb-skel 设备驱动把 usb_skel 结构存放在 urb 结构的 context 指针里。通过 urb，设备的所有操作函数都可以访问 usb_skel 结构。其中，limit_sem 成员是一个信号量，当有多个 usb-skel 类型的设备存在于系统中时，需要控制设备之间的数据同步。

#### 2. 驱动程序注册

与其他 Linux 设备驱动程序一样，usb-skel 驱动使用 module_usb_driver()宏进行注册，定义如下：

```
module_usb_driver(skel_driver);
```

module_usb_driver()宏注册了一个 usb_driver 类型的结构变量，该变量的定义如下：

```
static struct usb_driver skel_driver = {
    .name =      "skeleton",                         // USB 设备名称
    .probe =skel_probe,                              // USB 设备初始化函数
    .disconnect =   skel_disconnect,                 // USB 设备注销函数
    .suspend =  skel_suspend,
    .resume =   skel_resume,
    .pre_reset =skel_pre_reset,
    .post_reset =   skel_post_reset,
    .id_table = skel_table,                          // USB 设备 ID 映射表
    .supports_autosuspend = 1,
};
```

在 skel_driver 结构变量中，定义了 usb-skel 设备的名称、设备初始化函数、设备注销函数和 USB ID 映射表。其中，usb-skel 设备的 USB ID 映射表定义如下：

```
static const struct usb_device_id skel_table[] = {
    { USB_DEVICE(USB_SKEL_VENDOR_ID, USB_SKEL_PRODUCT_ID) },
    { }                     /* Terminating entry */
};
```

在 skel_table 中只定义了一个默认的 usb-skel 设备的 ID。其中，USB_SKEL_VENDOR_ID 是 USB 设备的厂商 ID，USB_SKEL_PRODUCT_ID 是 USB 设备 ID。

### 3．设备初始化

从 skel_driver 结构中可以知道，usb-skel 设备的初始化函数是 skel_probe()函数。设备初始化的主要工作是探测设备类型，分配 USB 设备用到的 urb 资源，注册 USB 设备操作函数等。skel_class 结构变量记录了 usb-skel 设备信息，定义如下：

```
static struct usb_class_driver skel_class = {
      .name =        "skel%d",                       // 设备名称
      .fops =        &skel_fops,                     // 设备操作函数
      .minor_base = USB_SKEL_MINOR_BASE,
};
```

name 变量使用%d 通配符表示一个整型变量，当一个 usb-skel 类型的设备连接到 USB 总线时，会按照子设备编号自动设置设备名称。fops 是设备操作函数结构变量，定义如下：

```
static const struct file_operations skel_fops = {
    .owner =    THIS_MODULE,
    .read =     skel_read,                     // 读操作
    .write =    skel_write,                    // 写操作
    .open =     skel_open,                     // 打开操作
    .release =  skel_release,                  // 关闭操作
    .flush =    skel_flush,
    .llseek =   noop_llseek,
};
```

skel_ops 定义了 usb-skel 设备的操作函数。当在 usb-skel 设备上发生相关事件时，USB 文件系统会调用对应的函数进行处理。

### 4．设备注销

skel_disconnect()函数在注销设备的时候被调用，定义如下：

```
static void skel_disconnect(struct usb_interface *interface)
{
    struct usb_skel *dev;
```

```
    int minor = interface->minor;

    dev = usb_get_intfdata(interface);
    usb_set_intfdata(interface, NULL);

    // 取消注册 USB 设备并将其从系统中移除
    usb_deregister_dev(interface, &skel_class);

    mutex_lock(&dev->io_mutex);
    dev->disconnected = 1;
    mutex_unlock(&dev->io_mutex);

    usb_kill_urb(dev->bulk_in_urb);
    usb_kill_anchored_urbs(&dev->submitted);

    kref_put(&dev->kref, skel_delete);           // 减小引用计数

    dev_info(&interface->dev, "USB Skeleton #%d now disconnected", minor);
}
```

# 25.3　USB 驱动案例剖析

USB 体系支持多种类型的设备。在 Linux 内核中，所有的 USB 设备都使用 usb_driver 结构来描述。对于不同类型的 USB 设备，内核使用传统的设备驱动模型进行管理，然后映射到 USB 设备驱动上，最终完成对特定类型的 USB 设备的驱动。

## 25.3.1　USB 串口驱动

USB 串口驱动的关键是向内核注册串口设备结构，并且设置串口的操作。下面是一个典型的 USB 串口驱动分析。

### 1．驱动初始化函数

usb_serial_init()函数是一个典型的 USB 串口驱动初始化函数，定义如下：

```
static int __init usb_serial_init(void)
{
    int result;

    usb_serial_tty_driver = tty_alloc_driver(USB_SERIAL_TTY_MINORS,
            TTY_DRIVER_REAL_RAW | TTY_DRIVER_DYNAMIC_DEV);
    if (IS_ERR(usb_serial_tty_driver))
        return PTR_ERR(usb_serial_tty_driver);

    /* Initialize our global data */
    result = bus_register(&usb_serial_bus_type);        // 注册总线
    if (result) {
        pr_err("%s - registering bus driver failed\n", __func__);
        goto exit_bus;
    }

    usb_serial_tty_driver->driver_name = "usbserial";  // 串口驱动名称
    usb_serial_tty_driver->name = "ttyUSB";             // 串口设备名称
```

```
    usb_serial_tty_driver->major = USB_SERIAL_TTY_MAJOR;// 串口设备主设备号
    usb_serial_tty_driver->minor_start = 0;      // 串口设备从设备号起始 ID
    usb_serial_tty_driver->type = TTY_DRIVER_TYPE_SERIAL; // 设备类型
    usb_serial_tty_driver->subtype = SERIAL_TYPE_NORMAL; // 设备子类型
    usb_serial_tty_driver->init_termios = tty_std_termios; // 串口设备描述
    usb_serial_tty_driver->init_termios.c_cflag = B9600 | CS8 | CREAD
                        | HUPCL | CLOCAL;        // 串口设备初始化参数
    usb_serial_tty_driver->init_termios.c_ispeed = 9600;
    usb_serial_tty_driver->init_termios.c_ospeed = 9600;
    tty_set_operations(usb_serial_tty_driver, &serial_ops);
    result = tty_register_driver(usb_serial_tty_driver); // 注册串口驱动
    if (result) {
        pr_err("%s - tty_register_driver failed\n", __func__);
        goto exit_reg_driver;
    }

    /* register the generic driver, if we should */
    result = usb_serial_generic_register();      // 注册 USB 串口驱动
    if (result < 0) {
        pr_err("%s - registering generic driver failed\n", __func__);
        goto exit_generic;
    }

    return result;

/* 失败处理 */
exit_generic:
    tty_unregister_driver(usb_serial_tty_driver);   // 注销 USB 串口设备

exit_reg_driver:
    bus_unregister(&usb_serial_bus_type);           // 注销总线

exit_bus:
    pr_err("%s - returning with error %d\n", __func__, result);
    tty_driver_kref_put(usb_serial_tty_driver);
    return result;
}
```

函数首先调用 tty_alloc_driver()函数分配一个串口驱动描述符，然后设置串口驱动的属性，包括驱动的主从设备号、设备类型和串口初始化参数等，串口驱动描述符设置完毕后，调用 usb_serial_generic_register()函数注册 USB 串口设备。

### 2. 驱动释放函数

驱动释放函数用来释放 USB 串口设备驱动申请的内核资源，函数定义如下：

```
static void __exit usb_serial_exit(void)
{
    usb_serial_console_exit();

    usb_serial_generic_deregister();

    tty_unregister_driver(usb_serial_tty_driver);       // 注销串口设备
    tty_driver_kref_put(usb_serial_tty_driver);
    bus_unregister(&usb_serial_bus_type);
    idr_destroy(&serial_minors);
}
```

### 3. 串口操作函数

USB 串口设备驱动使用的是 tty_operations 类型的结构，该结构包含串口的所有操作，定义如下：

```
static const struct tty_operations serial_ops = {
    .open =             serial_open,                    // 打开串口
    .close =            serial_close,                   // 关闭串口
    .write =            serial_write,                   // 串口写操作
    .hangup =           serial_hangup,
    .write_room =           serial_write_room,
    .ioctl =            serial_ioctl,                   // I/O 控制操作
    .set_termios =      serial_set_termios,             // 设置串口参数
    .throttle =             serial_throttle,
    .unthrottle =           serial_unthrottle,
    .break_ctl =            serial_break,               // break 信号处理
    .chars_in_buffer =  serial_chars_in_buffer,         // 缓冲处理
    .wait_until_sent =  serial_wait_until_sent,
    .tiocmget =         serial_tiocmget,                // 获取 I/O 控制参数
    .tiocmset =         serial_tiocmset,                // 设置 I/O 控制参数
    .get_icount =           serial_get_icount,
    .set_serial =           serial_set_serial,
    .get_serial =           serial_get_serial,
    .cleanup =          serial_cleanup,
    .install =          serial_install,
    .proc_show =        serial_proc_show,
};
```

serial_ops 结构变量设置的所有串口操作函数，均使用内核 USB 核心提供的标准函数，函数定义在 drivers/usb/serial/generic.c 文件中。

## 25.3.2　USB 键盘驱动

USB 键盘驱动与串口驱动结构类似，不同的是，USB 键盘驱动使用 USB 设备核心提供的 usb_keyboard_driver 结构作为核心结构。下面针对 USB 键盘驱动的重点部分进行介绍。

### 1. 驱动注册

USB 键盘驱动注册函数的定义如下：

```
module_usb_driver(usb_kbd_driver);
```

module_usb_driver()函数向内核注册一个 USB 设备驱动，它使用的是 usb_kbd_driver 结构变量，用于描述 USB 键盘驱动程序，定义如下：

```
// usb_kbd_driver 结构体
static struct usb_driver usb_kbd_driver = {
    .name =      "usbkbd",                          // 驱动名称
    .probe =usb_kbd_probe,                          // 检测设备函数
    .disconnect =   usb_kbd_disconnect,             // 断开连接函数
    .id_table = usb_kbd_id_table,                   // 设备 ID
};
```

从 usb_kbd_driver 结构定义中可以看出，usb_kbd_probe()函数是设备检测函数；usb_kbd_ disconnect()函数是断开设备连接函数。在 usb_keyboard 结构中还用了一个 usb_kbd_id_table 结构变量用于描述设备 ID，定义如下：

```
static const struct usb_device_id usb_kbd_id_table[] = {
    { USB_INTERFACE_INFO(USB_INTERFACE_CLASS_HID, USB_INTERFACE_
SUBCLASS_BOOT,
        USB_INTERFACE_PROTOCOL_KEYBOARD) },
    { }                         /* Terminating entry */
};

MODULE_DEVICE_TABLE (usb, usb_kbd_id_table);
```

2．设备检测函数

设备检测函数在插入 USB 设备的时候被 USB 文件系统调用，负责检测设备类型是否与驱动相符。如果设备类型与驱动匹配，则向 USB 核心注册设备。设备检测函数的定义如下：

```
static int usb_kbd_probe(struct usb_interface *iface,
             const struct usb_device_id *id)
{
    struct usb_device *dev = interface_to_usbdev(iface);
    struct usb_host_interface *interface;
    struct usb_endpoint_descriptor *endpoint;
    struct usb_kbd *kbd;
    struct input_dev *input_dev;
    int i, pipe, maxp;
    int error = -ENOMEM;

    interface = iface->cur_altsetting;

    if (interface->desc.bNumEndpoints != 1)          // 检查设备是否符合
        return -ENODEV;

    endpoint = &interface->endpoint[0].desc;
    if (!usb_endpoint_is_int_in(endpoint))
        return -ENODEV;

    pipe = usb_rcvintpipe(dev, endpoint->bEndpointAddress);  // 创建端点的管道
    maxp = usb_maxpacket(dev, pipe, usb_pipeout(pipe));

    kbd = kzalloc(sizeof(struct usb_kbd), GFP_KERNEL);
    input_dev = input_allocate_device();             // 分配 input_dev 结构体
    if (!kbd || !input_dev)
        goto fail1;

    if (usb_kbd_alloc_mem(dev, kbd))                 // 分配设备结构占用的内存
        goto fail2;

    kbd->usbdev = dev;
    kbd->dev = input_dev;
    spin_lock_init(&kbd->leds_lock);

    if (dev->manufacturer)                           // 检查制造商的名称
        strlcpy(kbd->name, dev->manufacturer, sizeof(kbd->name));

    if (dev->product) {                              // 检查产品名称
        if (dev->manufacturer)
            strlcat(kbd->name, " ", sizeof(kbd->name));
```

```
        strlcat(kbd->name, dev->product, sizeof(kbd->name));
    }

    if (!strlen(kbd->name))
        snprintf(kbd->name, sizeof(kbd->name),
            "USB HIDBP Keyboard %04x:%04x",
            le16_to_cpu(dev->descriptor.idVendor),
            le16_to_cpu(dev->descriptor.idProduct));

    usb_make_path(dev, kbd->phys, sizeof(kbd->phys));
    strlcat(kbd->phys, "/input0", sizeof(kbd->phys));

    input_dev->name = kbd->name;                    // 输入设备名称
    input_dev->phys = kbd->phys;                    // 输入设备的物理地址
    usb_to_input_id(dev, &input_dev->id);           // 输入设备 ID
    input_dev->dev.parent = &iface->dev;

    input_set_drvdata(input_dev, kbd);

    input_dev->evbit[0] = BIT_MASK(EV_KEY) | BIT_MASK(EV_LED) |
        BIT_MASK(EV_REP);
    input_dev->ledbit[0] = BIT_MASK(LED_NUML) | BIT_MASK(LED_CAPSL) |
        BIT_MASK(LED_SCROLLL) | BIT_MASK(LED_COMPOSE) |
        BIT_MASK(LED_KANA);

    for (i = 0; i < 255; i++)
        set_bit(usb_kbd_keycode[i], input_dev->keybit);
    clear_bit(0, input_dev->keybit);

    input_dev->event = usb_kbd_event;
    input_dev->open = usb_kbd_open;
    input_dev->close = usb_kbd_close;

    /* 初始化中断 urb */
    usb_fill_int_urb(kbd->irq, dev, pipe,
            kbd->new, (maxp > 8 ? 8 : maxp),
            usb_kbd_irq, kbd, endpoint->bInterval);
    kbd->irq->transfer_dma = kbd->new_dma;
    kbd->irq->transfer_flags |= URB_NO_TRANSFER_DMA_MAP;

    kbd->cr->bRequestType = USB_TYPE_CLASS | USB_RECIP_INTERFACE;
    kbd->cr->bRequest = 0x09;
    kbd->cr->wValue = cpu_to_le16(0x200);
    kbd->cr->wIndex = cpu_to_le16(interface->desc.bInterfaceNumber);
    kbd->cr->wLength = cpu_to_le16(1);

    /* 初始化控制 urb */
    usb_fill_control_urb(kbd->led, dev, usb_sndctrlpipe(dev, 0),
            (void *) kbd->cr, kbd->leds, 1,
            usb_kbd_led, kbd);
    kbd->led->transfer_dma = kbd->leds_dma;
    kbd->led->transfer_flags |= URB_NO_TRANSFER_DMA_MAP;

    error = input_register_device(kbd->dev);    // 注册输入设备
    if (error)
        goto fail2;

    usb_set_intfdata(iface, kbd);                   // 设置接口私有数据
    device_set_wakeup_enable(&dev->dev, 1);
    return 0;
```

```
    fail2:
        usb_kbd_free_mem(dev, kbd);
    fail1:
        input_free_device(input_dev);
        kfree(kbd);
        return error;
    }
```

设备检测函数一开始检测设备类型，如果与驱动程序匹配，则创建USB设备端点，分配设备驱动结构占用的内存。分配好设备驱动使用的结构后，申请一个键盘设备驱动节点，然后设置键盘驱动，最后设置USB设备的中断urb和控制urb，供USB设备核心使用。

### 3. 设备断开连接函数

当设备断开连接的时候，USB文件系统会调用usb_kbd_disconnect()函数释放设备占用的资源，函数定义如下：

```
static void usb_kbd_disconnect(struct usb_interface *intf)
{
    struct usb_kbd *kbd = usb_get_intfdata (intf);

    usb_set_intfdata(intf, NULL);                    // 设置接口私有数据为NULL
    if (kbd) {
        usb_kill_urb(kbd->irq);                      // 终止urb
        input_unregister_device(kbd->dev);           // 注销输入设备
        usb_kill_urb(kbd->led);
        // 释放设备驱动占用的内存
        usb_kbd_free_mem(interface_to_usbdev(intf), kbd);
        kfree(kbd);
    }
}
```

usb_kbd_disconnect()函数释放了USB键盘设备占用的urb资源，然后注销设备，最后调用usb_kbd_free_mem()函数释放设备驱动结构变量占用的内存。

## 25.4　小　　结

本章介绍了Linux内核USB驱动体系结构、USB设备驱动结构等知识，并在最后给出了两个USB设备驱动开发实例。USB是目前流行的总线接口之一，物理接口简单，但是协议和操作非常复杂。读者在学习USB设备驱动开发的过程中，掌握USB的体系结构会得到事半功倍的效果。

## 25.5　习　　题

### 一、填空题

1．USB是一个________协议标准。

2．USB 接口标准支持________和________之间进行数据传输。

3．USB 总线采用________方式控制。

## 二、选择题

1．主机驱动的最底层是（　　）。

A．USB 主机控制器　　B．主机控制器的驱动

C．USB 核心　　D．设备驱动

2．usb_device_descriptor 结构中不包含的成员为（　　）。

A．bLength　　B．bcdUSB　　C．iProduct　　D．bRefresh

3．usb_alloc_urb()函数的功能是（　　）。

A．创建 urb　　B．初始化 urb　　C．申请 urb 空间　　D．其他

## 三、判断题

1．USB 体系结构规定，在一个 USB 系统中可以有多个主机。（　　）

2．内核使用 usb_driver 结构体描述 USB 设备驱动。（　　）

3．USB 数据传输的方向只有一种：从主机到设备。（　　）